催眠术
大全

曹兴泽 编著

中国华侨出版社
北京

图书在版编目（CIP）数据

催眠术大全 / 曹兴泽编著 . — 北京 : 中国华侨出
版社 , 2018.4

ISBN 978-7-5113-7584-1

Ⅰ . ①催… Ⅱ . ①曹… Ⅲ . ①催眠术 Ⅳ .
① B841.4

中国版本图书馆 CIP 数据核字（2018）第 041281 号

催眠术大全

编　　著：曹兴泽

责任编辑：兰　蕙

封面设计：韩立强

文字编辑：孟英武

美术编辑：杨玉萍

经　　销：新华书店

开　　本：889mm×1194mm　1/32　印张：22　字数：650 千字

印　　刷：北京市松源印刷有限公司

版　　次：2018 年 5 月第 1 版　2018 年 5 月第 1 次印刷

书　　号：ISBN 978-7-5113-7584-1

定　　价：39.80 元

中国华侨出版社　北京市朝阳区静安里 26 号通成达大厦 3 层　邮编：100028

法律顾问：陈鹰律师事务所

发 行 部：（010）58815874　　　传真：（010）58815857

网　　址：www.oveaschin.com　　E－m a i l：oveaschin@sina.com

如果发现印装质量问题，影响阅读，请与印刷厂联系调换。

前言

催眠术是一种运用暗示等手段让受术者进入催眠状态，并由此产生神奇功效的方法。它是以人为诱导引起的一种特殊的类似睡眠又非睡眠的意识恍惚的心理状态。作为一种神奇的心理操控术，催眠术能够直接作用于人的心灵，对于改变信念与行为模式有特殊的功效。随着研究越来越深入，催眠术的应用越来越广泛，涉及心理保健和医学界、商业界、教育界、体育界、司法界等多个领域。大量的临床实践也表明，催眠术在减压放松、消除身心疲劳感、改善睡眠、提高休息质量、调整心态、增强自信与改善情绪等方面都有特殊的功效。无论是对需要缓解压力、增强业务能力的职场白领，还是对希望增强记忆力、开发潜能的学生；无论是对渴望放松身心、控制体重、提升自信心和表现力的爱美人士，还是对想要改善睡眠质量、强化免疫力的老年人都有着不俗的效果。

催眠术不是与人们生活不相干的奇怪法术，也不是遥不可及的高深修行，而是最直接、最简单的帮助人们缓解压力的心灵放松手段。懂得催眠术，你可以帮助家人催眠，帮助同事催眠，或者自我催眠，与大家一起享受催眠带来的减压放松、消除身心疲惫、提高睡眠质量、调整心态、增强自信心与改善情绪等神奇功效。

催眠这么好，会用它的人却非常少。鉴于此，我们推出这本《催眠术大全》。本书针对读者对催眠所抱有的各种关心、疑虑和问题入手，从神奇的催眠术、催眠与梦、学习催眠术就是这么简单、每个人都可以成为催眠师、奇妙的自我催眠术、催眠术的应用等方面系统介绍了催眠术的历史、现状及作用机制，阐述了催眠与暗示的关系以及催眠诱导的各种方法，详细列举了现代催眠术专家惯用的催眠疗法，结合真实个案详尽揭示了改变生活状态、消除心理阴影、戒掉怪异行为等催眠施术的全过程，让读者充分了解催眠的心理机制，并学会使用催眠术。

强大、流行的催眠术，可以帮助我们轻松建立新的习惯与新的态度，拥有全新的个性与人生观！读完本书，你不但学会帮别人催眠，还学会了通过自我催眠改善整体身心状态、开发个人潜能。催眠这么有用，还等什么呢？让我们一起来学习吧！

目录

第一章
神奇的催眠术

第一节 催眠术的历史和现状 /3

初探催眠术 /3

催眠术的端倪 /4

催眠术的发展 /8

20 世纪的催眠学 /18

第二节 全面认识催眠术 /24

什么是催眠术 /24

催眠术的原理 /31

催眠的心灵状态与阶段 /35

催眠过程 /38

正确看待舞台催眠表演 /54

催眠不可思议的作用 /64

对催眠术的一些疑问 /75

第二章

催眠与梦

第一节　西方学者的解梦学说与理论 /99

弗洛伊德的解梦理论 /99

梦是愿望的表达和满足吗 /100

梦与精神病类似吗 /102

童年经历是梦的重要来源吗 /107

荣格的分析心理学说 /109

用梦境阐释集体潜意识 /112

弗罗姆的新精神分析学说 /115

第二节　梦与意识、潜意识 /118

意识与潜意识的关系 /118

梦与潜意识的关系 /120

潜意识在梦中是怎样体现的 /123

潜意识具有预测性吗 /124

通过梦境了解潜意识的波动 /127

梦是潜意识的象征性语言 /128

梦是打开人格最深层的钥匙 /131

第三节　梦与心理学的关系 /134

梦与心理的关系 /134

梦的补偿与心理平衡作用 /136

梦中的自我 /138

梦境与情绪象征 /139

梦反映做梦者的矛盾心理吗 /141

梦中的心灵感应现象 /144

梦都是自私的吗 /147

梦可以辅助心理治疗吗 /149

第四节　催眠对解梦有哪些帮助 /152

掀起催眠术的"盖头"来 /152

生理学是如何研究催眠现象的 /153

心理学是如何研究催眠现象的 /155

梦为何会从记忆中悄悄溜走 /159

如何运用催眠法解梦 /162

实施催眠解梦的 6 个步骤 /163

催眠就是唤醒潜意识吗 /166

催眠是通过联想发生作用的吗 /168

催眠完全是心理作用吗 /170

催眠的成功与否完全在于预期的作用吗 /171

通过催眠与做梦者对话 /172

第三章

学习催眠术就是这么简单

第一节　实施催眠必须了解的 8 个问题 /177

哪些人可以成为催眠师 /177

哪些人能被催眠 /179

在哪儿可以被催眠 /181

催眠时的坐姿 /184

催眠语有哪些使用要求 /185

催眠师应做好哪些准备工作 /189

受催眠者应注意哪些问题 /191

催眠师应遵循什么原则 /193

第二节　最具威力的语言——催眠暗示 /195

催眠暗示，生活中无处不在 /195

催眠暗示的巨大作用 /196

催眠中最常用的 6 类暗示 /199

催眠暗示的传递途径 /203

如何正确使用暗示 /206

暗示使用不当的处理方法 /210

第三节　催眠诱导 /213

催眠诱导，带你进入催眠状态 /213

凝视法 /216

深呼吸法 /219

常用的 4 种传统催眠诱导法 /221

提高成功率的 4 种压迫诱导法 /224

混淆诱导法 /228

直接诱导法 /231

手臂合开诱导法 /236

渐进式放松诱导法 /238

第四节　如何进入深层催眠状态——催眠深化 /241

催眠深化，催眠诱导的延续 /241

反复诱导进行催眠深化 /242

数数法 /243

身体摇动法 /244

意象法 /246

第五节　归来的路——催眠唤醒 /250

催眠唤醒，结束受催眠者的催眠状态 /250

催眠唤醒的物理方法 /251

心理学的言语暗示唤醒方法 /252

自然清醒法 /255

唤醒受催眠者的 4 个要点 /256

第四章

每个人都可以成为催眠师

第一节　神奇的瞬间催眠术 /261

10 秒之内将你催眠 /261

催眠前的暗示是重点 /263

瞬间催眠的方法 /264

第二节　不可思议的集体催眠术 /269

一种别开生面的催眠术 /269

集体催眠前测试 /271

集体催眠介绍 /273

集体催眠诱导 /274

集体催眠深化 /276

集体催眠的唤醒 /282

第三节　轻松掌握 12 种催眠方法，晋升催眠师 /285

躯体放松法 /285

言语催眠法 /288

口令催眠法 /291

抚摸催眠法 /295

睡眠催眠法 /297

数数催眠法 /299

联想催眠法 /301

通过观念产生运动进行催眠 /304

气合催眠法 /306

怀疑者催眠法 /307

反抗者催眠法 /309

杂念者催眠法 /311

第四节　成为催眠专家的必备技术 /314

绝不能将操作简单化 /314

后暗示催眠法 /315

持续，将催眠效果发挥到最好 /319

榜样，让受催眠者更容易进入催眠状态 /321

时机，把握住最佳的瞬间 /323

第五节　专业催眠师的必备素质 /328

催眠师应具备的品质 /328

催眠师应具备的知识和技能 /330

催眠师应具备的心理素质 /331

第五章

奇妙的自我催眠术

第一节　揭开自我催眠的神秘面纱 /335

美妙的"高峰体验"与自我催眠 /335

什么是自我催眠术 /340

自我催眠的应用 /343

哪些人最需要使用自我催眠术 /347

哪些人不能使用自我催眠术 /347

第二节　自我催眠的步骤 /349

选定目标是关键 /349

编写自我催眠的暗示语 /353

3 种方法迅速增强暗示效果 /359

自我催眠的准备工作 /365

如何进行自我诱导 /366

自我催眠的再唤醒与深化 /372

第三节　触手可及的自我催眠练习 /374

快速自我催眠法 /374

放松法自我催眠 /376

温暖法自我催眠 /379

静坐法自我催眠 /383

沉重法自我催眠 /386

心跳法自我催眠 /390

想象法自我催眠 /392

呼吸法自我催眠 /395

腹部调控法自我催眠 /396

专注法自我催眠 /398

前额法自我催眠 /401

第四节　自我催眠助你缓解心理压力 /404

缓解压力，带来轻松 /404

改变你对压力的感受 /406

在家里进行解压催眠 /407

在办公室里进行解压催眠 /421

到大自然中自我催眠 /426

第六章

催眠术的应用

第一节　远离生理疾病 /435

不再失眠 /435

晕车（船）不再烦恼 /440

远离神经衰弱 /442

解决消化不良及厌食问题 /445

解决儿童遗尿问题 /447

解决口吃 /450

轻松降血压 /452

远离皮肤疾病 /454

控制疼痛 /455

第二节　　解决心理问题 /466

消除恐惧症 /466

不再害羞 /480

减轻压力 /481

增强自尊心 /491

战胜自卑感 /503

克服焦虑和害怕 /506

治愈儿时留下的创伤 /515

解除心理阴影 /528

战胜郁闷 /530

克服考试怯场 /538

消除学校恐惧症 /542

第三节　　用自我催眠术完善自身 /545

催眠减压，收获阳光心情 /545

不再做聚会中的"壁花" /546

超然自信，应对自如 /549

别怀疑，催眠就是能增强注意力 /551

催眠助你再现梦境 /552

永别了，坏习惯 /554

催眠助你更加果断高效 /555

精力更加充沛 /557

激发强烈的取胜欲望 /559

催眠也能给你动力 /560

提高记忆力 /562

增强免疫功能 /563

快速康复 /565

创造性地解决问题 /566

戒烟 /568

第四节　其他应用 /576

增强创造力 /576

年龄倒退与推进 /583

法庭催眠 /586

虚假记忆综合征 /587

改善学习过程 /589

提高你的记忆力和学习能力 /598

提高学习的兴趣，增强学习的自信 /599

在管理中如何应用催眠 /601

对孩子的催眠 /603

儿童催眠的方法 /606

儿童在催眠状态中的表现 /613

儿童期心理问题的主要根源 /615

第七章

催眠测试

第一节　被暗示性测试 /619

手指靠拢测试 /619

手纠缠测试 /621

热错觉测试 /623

印象测试 /624

第二节　催眠敏感度测试 /625

雪佛氏钟摆测试 /625

手臂升降测试 /630

柠檬（苹果）观想测试 /631

双手紧握测试 /634

身体后倒测试 /637

第三节　催眠深度测试 /640

眼皮沉重 /640

手臂僵直 /641

数字遗忘 /643

痛觉丧失 /644

无中生有 /646

有中变无 /647

第四节　催眠易感性人格特质测试 /650

催眠易感性与人格特质之间的密切关系 /650

卡特尔16种人格因素测验问卷 /656

卡特尔16种人格因素测验的计分规则与结果 /683

第一章

神奇的催眠术

第一节
催眠术的历史和现状

初探催眠术

追溯起来，催眠术与许多事物有着相同的发展历程，早在遥远的古代，人们就对它有所了解，或者说有了对它认识的萌芽。下面我们就先来简单介绍一下人们对催眠术的认识历程。

自远古以来，人类就着迷于（有时是恐惧）心灵的力量。古往今来，发掘人类意识秘密并发挥其潜能的探索者层出不穷。古代，埃及、希腊、罗马以及其他一些文明古国所采取的技术与我们今天所知道的催眠术极为相似，但这都处在萌芽阶段。

到了中世纪，一些伟大的医师仅仅通过触摸就可以达到治疗效果。之后，随着理性时代的来临，先驱科学家们试图理解并解释意识的奥秘。安东·梅斯默和詹姆士·布莱德，甚至西格蒙德·弗洛伊德都置身于先驱者的队伍之中，使催眠最终成为最具疗效的工具之一，为催眠的广泛应用做出巨大贡献。

翻过漫长的历史书卷，进入现代，催眠也有了长足的发展。不难发现，催眠已经真正成为一门有理有用的应用科学。现在，在很多国家有名望的大学、医院里，都设有催眠研究室，并积极地把催眠应用于医学、教学、产业等领域，进行可行性研究。

乍一看，催眠给人以神秘、魔术般的印象，这也是合乎情理的。但是，认真研究一下催眠就会知道，催眠不是像魔术、占卜那样虚幻的东西，也不仅仅是催眠、被催眠这一简单的过程，实

❋ 催眠是不是一种超自然的实践

催眠并不是什么神秘的东西，也不是什么新鲜产物。

很早以前，美国医学协会就已经通过了催眠的认证，并且催眠已经被应用于精神方面的治疗了，但是它不涉及任何所谓幽灵或者其他奇妙现象。

所以说，催眠过程就是让你保持自然放松的过程。

现在，你开始全身放松。

际上，它有着非常严密、完整的理论，是一门古老而又年轻的大有作为的科学。

催眠术的端倪

据心理治疗学家查考，尽管走上科学化道路是在西欧，催眠术的最初发源地却是埃及、印度和中国。当时埃及人似乎使用了一种医疗方法：当病人"入睡"时，或者至少是闭上双眼时，牧师讲话并把手放在病人身上，借助语言来治疗病人，使其得到快速康复。这一技术在3000多年前就已得到应用。古代中国和印度也被认为使用过这种医疗方法。

在古代的东方，这种"类催眠"现象是举不胜举的。像中国古代的江湖术士所惯用的让人神游阴间地府等，事实上都是借助于催眠术的力量，使人产生种种幻觉或进入自由书写状态。据中国古代文献记载，在周穆王时期，就有西极幻术师来中原，能投身于水火、贯穿金石、移动城邑、变万物的形态、解他人的忧虑。这些传说中自然有不实之处，但仍可窥见催眠术的迹象。

希腊人有一种被称为睡眠神庙的建筑，病急求医的患者躺在这里睡一觉，在睡觉时，疾病的治疗方法就会在梦境中出现。最受欢迎的神庙是供奉希腊医神阿斯克勒庇俄斯的神庙。阿斯克勒庇俄斯是约公元前 1200 年的一位医师，他杰出的医术使他受到希腊人和罗马人的尊崇，人们称他为"医神"。

古罗马的僧侣每当从事祭祀活动的时候，就先在神的面前进行自我催眠，呈现出有别于常态的催眠状态下的种种表现，然后为教徒们祛病消灾。由于僧侣们的状态异乎寻常，教徒们疑为神灵附体，故而产生极大的暗示力量。古罗马的一些寺庙还为虔诚的教徒们实施祈祷性的集体催眠，让他们凝视自己的肚脐，不久就会双眼闭合，呈恍惚状态，这时可以看到"神灵"，还可听到神的旨意，等等。不过，较早有意识地将催眠与暗示运用于疾病治疗的，当推古希腊和古埃及的医生们。他们早在公元前 2 世纪，就比较广泛地以此作为治疗疾病的手段了。譬如，古希腊的著名医生阿斯克列比亚德就曾亲自从事过这一方面的实践。

整个罗马史上，这些睡眠神庙一直存在，并被认为是再平常不过的求医途径。当时的人们相信神会入梦并传授治疗方法，随时随地直接治愈病人，或者病人可以遵循医疗指示自行治疗。传说一个瞎了一只眼睛的病人不顾他人的怀疑到神庙求助，当他睡觉时，一个神出现在他眼前，熬了一些药草，涂抹在他失明的眼睛上，当他醒来时，那只眼睛便重见光明了。

当然，我们不能草率地把这些古代做法当成催眠。但是，这些例子告诉我们，古代人也许已经认识到了大脑和想象力可以用于治疗疾病，催眠已经初露端倪了。

御 触

御触现象备受关注，很多人能够通过碰触患者治愈疾病，其中就包括希腊的伊庇鲁斯王皮拉斯。他因与罗马交战赢得的两次胜利而闻名，皮拉斯还有另一样了不起的本领：他可以用大脚趾碰触病人而治愈其疾病。此外至少还有两位罗马皇帝——维斯巴西安和哈德良以拥有同样的本领而著称，但他们不是用脚触碰。

御触：最早的催眠术

　　催眠的应用早在 3000 多年前的古埃及就已经开始，古代的医师们称之为"御触"，即大人物通过碰触病人而治愈其疾病。这说明了心灵和想象的力量在治疗中也是举足轻重的。

> 大人物，譬如说国王，能够通过碰触患者治愈疾病。

> 这种碰触治疗其实指的是如今所谓的暗示力量，即病人对自己会被治愈深信不疑，而这种信念会反过来帮助身体自行疗伤。

　　距离我们的时代更近的英国忏悔王爱德华和其同时代的法国国王菲利普一世都拥有碰触治疗的本领。这种碰触治疗其实指的是如今所说的暗示力量，即病人对自己会被治愈深信不疑，而这种信念会反过来帮助身体自行疗伤。对皇室、神职人员和其他显要人物可以碰触治疗的信仰贯穿中世纪始末并一直延续至近代。英国立宪君主查理二世在统治期间曾上千次使用"御触"。

　　瓦伦丁·格瑞特里克是众所周知的"抚摩师"，因具有用双手治愈疾病的惊人本领而著名。17 世纪，这位出生在爱尔兰的士兵、政府官员因其超凡的能力而声名远播，他可以治愈包括淋巴结核和疣类等疾病。有趣的是，在他的治疗过程中，一些病人仿佛进入了深深的恍惚状态而感觉不到疼痛。与之相吻合的是，现代催眠中，一些患者在恍惚中也会丧失痛觉，感觉不到疼痛。格瑞特里克在当时受到了一些科学家和国王查理二世的关注。他的主要治疗手法就是隔着病人的衣服进行抚摩，有时候也使用药剂。格瑞特里克有可能无意识地"催眠"了病人，使其收到了会被治愈的心理暗示。

想象与磁铁

中世纪时，学术界和伟大的思想家们一直在思索心灵的力量，尤其是想象力和意志力是如何影响治疗过程的。14世纪的作家彼得·阿巴诺认为单凭语言就可以治愈病人。之后，乔治·匹克托里斯·凡·维灵根声称，如果治疗者和病人都发挥想象力的话，符咒或咒语会收到更好的医疗效果。这一理论听起来跟我们现在的安慰剂效不无相似之处，即尽管病人没有服用任何药物（有时服下一颗糖丸），疾病最终还是被治愈。这是因为病人认为自己吞下了一颗真的药丸，使心灵意念作用到身体上，从而达到治愈效果。

这种想象力疗法的另一位拥护者是生于瑞士的医师、科学家和炼金学家帕拉赛索斯。他是倡导化学物质和矿物治疗的医学先驱者之一。同时，他也清楚地意识到了心灵的力量，将想象力称为治疗"工具"。帕拉赛索斯认为："围绕病人的精神氛围大大影响到病情。当然并非诅咒或者福佑发生了作用，而是病人的思想、想象力带来了疗效。"但是，想象力并不能主宰一切。

海尔神父

帕拉赛索斯提出一种理论——磁铁能够以吸引铁的方式吸引疾病。这一理论在接下来的几个世纪里被众多科学家进一步发展完善，其理念是人体中有一种有磁性的液体，这种液体一旦出现缺陷（发生损伤）就会引起疾病，而磁铁可以治愈疾病。

将这个观点发扬光大的人当属18世纪的天文学家和牧师麦克斯米伦·海尔神父。他是一位杰出的科学家，后来成为当时奥匈帝国首都维也纳皇家天文台台长。他也对帕拉赛索斯的磁铁治疗观很着迷。同时，人们在18世纪中叶发现磁铁可以人工合成，这也促进了他对磁铁疗法兴趣的高涨。海尔发现，他可以通过在病人周围以各种方式摆放磁铁来治愈或缓解很多疾病，其中包括他自己所患的风湿病。尽管海尔似乎在治疗方面取得了巨大成就，但若不是另一位维也纳医师于 1774 年前来拜访的话，他也无法在催眠史上占有一席之地。这位拜访者就是弗兰茨·安东·梅斯默。至此，现代催眠学就要拉开序幕了。

伽斯纳神父

伽斯纳神父曾在 18 世纪 70 年代因为高超的医疗本领而名噪一时。他相信自己可以通过驱散患者体内的邪恶精灵而达到治愈目的。他具有表演天赋，在广受欢迎的"表演"中，他身着长斗篷，手拿巨大的十字架，嘴里念叨着拉丁咒语。他告诉病人当他驱魔时，他们会倒在地上死去，一旦恶鬼被驱走，他们就会起死回生，疾病也消失得无影无踪。伽斯纳神父的医术是催眠术的先兆：先使患者进入恍惚状态，然后运用暗示的力量使他们确信自己的疾病或者问题已经解决了。弗兰茨·安东·梅斯默认为神父不知不觉间使用了动物磁流，伽斯纳神父却相信自己是借助了上帝的力量驱除了恶鬼。

催眠术的发展 〉

Mesmerizing（实施催眠、迷惑的）和 mesmeric（催眠的、迷人的）这两个单词，它们都得名于弗兰茨·安东·梅斯默。梅斯默于 1734 年出生于靠近今天德国和瑞士交界处的康士坦茨湖畔。梅斯默性格古怪，被当时的很多人认为是骗子。以今天的标准来看，他的有些理论确实奇怪，但是他仍然被尊为催眠史上最为重要的人物之一。梅斯默似乎从未理解过心灵的真正力量，如果他仍然在世的话，也肯定会将当今有关心灵力量的观点拒之门外，但是他的荣誉、人格魅力乃至其所用方法的显著疗效，都极大地鼓励着后世的先驱者们前仆后继、孜孜不倦地探索催眠的真正原理。

梅斯默的父亲是一位猎场看守人，年轻的梅斯默先后攻读了神学和法律，之后逐渐对成就他一生事业功名的领域——医学产生了浓厚的兴趣。他于1765年毕业于享有声望的维也纳医学院。这位年轻的医生对行星和潮汐等自然现象很是着迷，这使他潜心钻研了外界自然力对人体的影响。他在大学论文中写道（之前也有其他科学家写过了）：世间存在着某种无所不在的引力流体。以该流体为媒介，行星等大型天体可以对包括人体在内的其他物体施加影响。尽管这对我们来说比较怪异，但在当时却并非标新立异或特别罕见。梅斯默由此迈出了探索之路的第一步，这也就是后来世人所知的"动物磁流学说"。

起初，梅斯默在维也纳是一名普通的从业医师，他与一个富有的寡妇玛莉亚·安娜·冯·宝施成婚，生活宽裕。这时他结识了年轻早熟的作曲家莫扎特，便和妻子步入了上流社会。1774年的一场风波永远改变了梅斯默的生活。他的一个病人弗朗西斯卡·奥斯特琳身患神经紧张病，对常规治疗毫无反应。好奇心大作的梅斯默决定试用一个同时代医师——麦克斯米伦·海尔神父的非正统治疗方法。他让奥斯特琳喝下含有铁的液体，然后把磁铁附着在她的身体上。几个疗程后，病人重获健康。

这对于梅斯默来说是个转折点，他深信自己发现了磁性的力量。不久，他开始将自己关于普遍流体的理论与这一新发现结合起来。他断言宇宙间存在着一种无所不在的磁流，将包括人类在内的万物联系在一起，这样，"动物磁流学说"就诞生了。梅斯默坚信，疾病是由于人体内的磁流不畅、出现阻塞而引起的。他尝试使用磁铁来对病人体内的磁流施加影响，疏通阻塞，治愈疾病。

梅斯默相信自己使用磁铁和铁棒的疗法可用物理原理进行解释。他认为世间存在着一种无所不在的磁流，人体内也存在着类似的流动磁力。梅斯默相信自己通过操纵这一磁流可以治愈包括神经紧张在内的多种疾患。他还认为对疗程施加影响的是自己强有力的动物磁性，他只是把这一磁性传导给病人。他的目标是在治疗者和患者之间建立一种"磁极"。梅斯默的病人几乎都是女性，而治疗的一部分就是抚摩病人——他的动机遭到怀疑。

梅斯默坚信他的治疗原理是纯生理的，与心理无关；他认为是磁流产生了疗效。在治疗过程中，他完全忽视了病人的心灵或想象——现代催眠学说的基石之一。

梅斯默的新型治疗手段使他一夜成名。名门望族（尤其是妇女）成群结队地来拜访他，他开始当众进行治疗表演。除此之外，他还免费为穷人们提供医疗服务，帮助妇女战胜分娩的痛苦。梅斯默的声誉达到巅峰。然而，他仍不被科学界信服，人们仍然对他的医术持怀疑态度。

后来发生的一件事迫使梅斯默背井离乡。来自维也纳的玛丽亚·特丽莎·帕拉迪斯是一名歌手兼钢琴师，18岁的玛丽亚备受皇后的宠爱。她从小双目失明，在众多知名医师试图为她恢复视力都以失败告终后，梅斯默于1777年开始为她治疗。治疗工具是稀奇古怪的东西——金属和玻璃棒、盛满了水和铁屑填充物的浴室，很显然这是想要将磁流集中。这种治疗似乎有些成效，据梅斯默所说，玛丽亚的视力确实有所恢复。这让那些之前为玛丽亚医治却未见效果的医生大发嫉妒，他们互相勾结，怂恿玛丽亚的父母将女儿带离梅斯默的看护。结果，玛丽亚再次陷入完全失明的状态，梅斯默的声誉也一落千丈。沮丧而愤怒的梅斯默被迫离开维也纳，到了巴黎。

有一段时间，梅斯默认为巴黎是孕育他特殊理论的肥沃土地，据说王后玛丽·安托瓦内特对他的研究很感兴趣，然而他古怪奇异的理论再次让他惹祸上身。主流科学家坚持认为梅斯默是个骗子，而看起来花里胡哨的梅斯默催眠术也全都是骗局。为解决争议，国王路易十六于1784年成立了一个委员会，专门调查动物磁流学说，最后得出了动物磁流根本子虚乌有的结论。这一诋毁性结论给了梅斯默重重一击。

再次遭到科学界的唾弃之后，这位时运不济的医生离开巴黎，踏上了旅行之路。他仍然坚信自己的理论，仍然治疗病人，但再也无法向科学界证明自己的价值。梅斯默的后半生生活舒适却默默无闻，于1815年在家乡附近的小村庄逝世。

为何梅斯默这样一个行为怪异的医生在催眠史上如此受推崇呢？他留给我们的遗产在于，他能够利用对恍惚中的病人进行暗示的力量。他在治疗中使用的玻璃棒、磁铁和铁屑本身都是没有任何效果的，但是它们可以帮助病人全神贯注地接受暗示，相信自己会痊愈。这才是梅斯默的治疗手段产生疗效的真正原因。对梅斯默的医疗方法感兴趣的医师们渐渐认识到，成功的关键并非磁性或动物磁流，而是心灵意念的力量。因此，尽管梅斯默自己搞错了理论根据，但他在这一领域的先驱工作为后世开启了大门。他的成就激励着后世去探索心灵以及催眠的真正力量。

普赛格侯爵的磁性睡眠

梅斯默去世后，动物磁流学说依然没有销声匿迹。一些狂热者摆脱了怀疑的眼光，不断进行新的探索，使这一主题得以延续。最为重要的先驱者之一当属法国贵族地主普赛格侯爵阿尔曼德。普赛格侯爵曾经短期学习过梅斯默的疗法，并在他的工人身上进行了试验。使他大为惊讶的是，他发现自己可以使一个叫作维克多·瑞斯的年轻牧羊人进入类似睡眠的状态，同时自己又可以同他交谈。侯爵显然是发现了催眠性恍惚。他肯定没有意料到会有此发现，因为作为梅斯默的忠实信徒，他相信患者会经历一次危象和数次痉挛。侯爵称这种恍惚状态为梦游——现代催眠学说中称之为"磁性睡眠"。然而，梅斯默的这位学生很快开始怀疑这种现象的基础原理是基于磁流的存在的理论，于是，他重点强调了两项重要的心理素质——意念和信仰，认为同时拥有这两种素质的治疗者就会获得成功。这一观点使他远离了梅斯默等人使用的浴室、玻璃棒和类似道具，也使他摆脱了梅斯默引起的危象和痉挛。侯爵的另一项重要贡献是，当病人处于恍惚状态时，他与其对话，并对其疾病进行暗示。这是催眠疗法的起源。

继普赛格的发现之后，其他磁力说的实践者也纷纷发现自己可以诱导病人进入恍惚状态，而且还发现了现代催眠中的其他状态，譬如肢体僵硬症（在恍惚状态中部分肢体暂时性无法动弹）和健忘症。普赛格直到今天还不为人熟知，但他是催眠发展史上当之无愧的无名英雄。

磁力学说渐渐传播开来，但认为这是一个以磁流从治疗者到患者传导为基础的生理过程的人愈来愈少。意念和心灵的运用愈来愈受到重视，葡萄牙神父荷西·法里亚进一步将其发扬光大。法里亚爱出风头，但他提出了催眠发展史上的两个重要观点。首先，神父让病人凝视一个固定不动的物体——通常是他的手，这种催眠诱导方法在以后得以广泛应用。其次，法里亚强调了类睡眠状态（恍惚）的重要性在于心灵对暗示的接受能力强。这也是现代催眠学说的一个关键特点。

然而，法国科学界——当时世界的科学中心之一——对磁力学说漠然视之、不为所动，催眠术的演变史暂时转向他处。

詹姆斯·伊斯岱的外科麻醉催眠术

催眠史上更为著名大师是詹姆士·伊斯岱。伊斯岱于19世纪40年代在印度加尔各答的一家医院工作。当时外科手术面临的一个突出问题是找不到有效的麻醉法。对此，伊斯岱采取的解决方案是利用当时仍被广泛称为梅斯默术的催眠方法对患者实施麻醉。

伊斯岱从欧洲听说了这一非正统的医术而且认为并无风险，大可一试，结果引人注目。伊斯岱和其他医师使用催眠术在这家医院里进行了3000多例手术，术后死亡率从以前的50%降至5%。最令人称道的一次是，对一个男病人的瘤切除手术，病人后来完全恢复并声称在瘤切除时没有感到任何疼痛。然而，伊斯岱的巨大成功并没有为催眠术在医学上的使用带来突破，他的方法遭到很多欧洲同行的怀疑。19世纪40年代，醚和氯仿先后被发现，利用二者制造的麻醉剂开始盛行，催眠术被束之高阁。

在英国，梅斯默术的医学使用同样激起了疑云重重。约翰·伊利欧森在催眠史上的地位举足轻重，因为当他开始对这一主题产生兴趣之时，他已经是医学界德高望重的领头人物了。这样一位声名显赫的人士公开拥护磁流学说，不可避免地引发了英国医学界的激烈辩论。一个名叫拜伦·杜波德的法国人在19世纪30年代将奇妙的梅斯默术介绍给了伊利欧森。鉴于自己亲眼所见，身为英国伦敦大学医学院资深医师的伊利欧森，开始将这一技术用于手术麻醉。他的具体操作是将一枚磁化金属（比如镍币）在患者身上移动，这叫作磁力移动或梅斯默移动。伊利欧森在正统医

✳ 外科麻醉催眠术

在欧洲，催眠术被广泛应用于外科手术，发展十分繁荣。之所以出现这种繁荣景象，是因为有研究表明，接受催眠术的患者比完全麻醉的患者产生的副作用小得多。

利用催眠方法对患者实施麻醉，最令人称道的一次是对一个男病人的瘤切除手术，这个体积惊人的瘤重达103磅（46.7千克）。病人后来完全恢复并声称在瘤切除时没有感到任何疼痛。

而且接受催眠术的病人比实施麻醉的病人在手术后的恢复时间会缩短一半。

术著作中报告了他使用梅斯默术所获得的巨大成果，同时他相信这是纯粹的生理过程，与心理无关。在一个病例中，他声称一位患乳腺癌的妇女在几个疗程后完全康复。然而，医学机构对此再次置若罔闻，原因并非催眠术没有疗效，而是没有人可以进行有理有据的解释。

尽管医学机构对梅斯默术可以说是深恶痛绝，但社会上很多人对 19 世纪 40 年代和 50 年代进行的一些梅斯默术表演深深着迷。在英国，1851 年被称为"梅斯默狂热年"。借助于铺天盖地的书籍、宣传册、报纸、杂志报道以及游行表演者，人们对催眠的兴趣空前高涨。

"催眠术之父"

弗兰茨·安东·梅斯默固然是催眠史上最为瞩目的名字，但"催眠之父"的桂冠当属苏格兰医师詹姆士·布莱德。布莱德具备了梅斯默所不具备的一切。他头脑冷静、实事求是，进行系统化的科学研究，不为表演技巧或夸大的语言所动摇。他的一个不朽成就是发明了"催眠术"的固定说法，该名得自希腊睡眠之神海普诺思。不过他后来认识到使用这个意思为"睡眠"的字眼并不是最恰如其分的选择。同样重要的是，布莱德非常清楚催眠是什么以及不是什么。他反对来自梅斯默的磁流和磁性学说，认清了催眠的心理本质。

1841 年，布莱德对催眠产生兴趣之时正在英国的曼彻斯特工作。他观看了卖弄张扬的法国梅斯默术师查尔斯·得·拉封丹纳的表演，起初是半信半疑。然而，在后来与拉封丹纳及其同事的一次私人会面中，这个法国术师使其追随者陷入了深深的恍惚中，这使布莱德深信其中确实存在着值得研究的科学现象。布莱德急于弄懂他的亲眼所见，对梅斯默术进行了两年试验后，他出版了以此为主题的书——《催眠学》。他在这本出版于 1843 年的书中首次使用了术语"催眠术"。

布莱德是第一位真正的现代催眠学家。他没有将这种现象与超自然联系起来，他不相信内在原因是磁流或动物磁性。他不像任何梅斯默术师一样进行抚摸，而是让患者把注意力集中在一件物体上——通常是他放置手术刀的盒子——从而引发恍惚。他还清楚地认识到心灵的力量可以影响到身体，而且按照恍惚的不同程度加以区分。

尽管布莱德是一位备受尊敬的医师，但他的催眠观点在英语国度里并没有被立即接受。不过，他的观点在后来大大影响了一些国家催眠术的发展进程。

源于欧洲的梅斯默术于19世纪30年代和40年代在美国盛行一时。众多欧洲梅斯默术师在19世纪30年代将梅斯默术引入美国，从而使其迅速流行，其中最为著名的是法国人查尔斯·波殷·圣·索沃尔。美国的医师很快吸纳了这一思想，并发明了自己的技术和对这一现象的命名。美国最著名的先驱者是拉·罗伊·桑德兰德，他对观众讲述这一话题直至将其中很多人催眠。另一位梅斯默术的实施者是菲尼艾斯·奎姆贝，他发现可以通过把自己实施催眠并将"精神能量"移到患者体内达到治愈目的。

催眠术在法国的发展

19世纪中期，美英两国对催眠一度高涨的兴趣日益消退，这时法国一马当先，充当了领路人。这源于两个偶发事件。第一个是在1860年，苏格兰催眠学先驱詹姆士·布莱德的一篇研究论文在巴黎的一次科学聚会上宣读。当时在场的有一位名叫安勃罗斯·奥古斯·赖波的医生。赖波亲手试验了布莱德论文中描述的催眠方法并发现了其有效性。事实上，这位乡村医生发现自己甚至不必像布莱德推荐的那样让患者凝视某个物体，只要赖波相信并暗示恍惚或者一种睡眠状态，他就可以成功地将患者导入恍惚状态并借助于暗示的力量治愈疾患。这种催眠方式与现代催眠手段极为相近。然而赖波却默默无闻，毫无声望。为了将自己的发现公之于众，赖波出版了一本书，然而这本书在数年之中仅卖出5本，赖波对催眠学做出的巨大贡献似乎要永不为人所知了。

这时，第二件事情发生了。南希大学的一位知名医学教授得知了赖波的观点并被深深吸引，这位教授就是希波列特·伯明翰。他将一个"无可救药"的病人"推荐"给赖波，初衷是想证实赖波是个骗子。结果恰恰相反，他对赖波能够治愈病人坐骨神经痛的医术大为赞叹，盛情邀请赖波到大学里与他一起工作。两人一起成为催眠学"南希学派"的创始人。他们相信催眠更加倾向于心理反应，而非生理，暗示的力量至关重要。两人还坚信在医生与患者之间建立亲和关系的重要性，这与很多现代催眠学家的观点不谋而合。由于伯明翰德高望重，人们对催眠学的信任度也与日俱增。

影响更大的是当时的医学泰斗马丁·夏柯特对催眠学的接纳。身处巴黎的夏柯特专攻神经病学，是一位才华横溢的科学家和内科医师。这位极具人格魅力的法国人被称为"神经病学的拿破仑"，他被催眠深深吸引，并在患者身上加以应用。他的这一举动使催眠最终成为一个严肃的研究课题。不过，夏柯特的催眠观点与南希学派以及大多数现代观点南辕北辙。夏柯特认为催眠是歇斯底里症（癔症）的一种形式，在有些情况下催眠疗法甚至会带来危险。两大阵营——伯明翰、赖波带领的南希学派和夏柯特带领的巴黎学派——就催眠的真正本质苦苦相争。尽管夏柯特才华出众、声望颇高，最终却是南希学派占了上风。催眠作为一个争论的问题和研究的课题被越来越多的人所熟悉，然而，他们无法预见的是，夏柯特的一个弟子不久就要扭转乾坤，将催眠再次推回到科学疑云中去。

南希学派和巴黎学派僵持不下的一个问题是：人们在恍惚状态中能否被游说做违背自己意愿的事情。伯明翰认为被实施催眠的对象会顺其自然地成为一个机器人，完全依从催眠师的指挥。巴黎学派则坚持认为人们在催眠状态中不会丧失本性，只是会沉迷于演戏之中。

其实，从现代对催眠术的研究来看，绝大多数的催眠学家认为，人们在催眠中是无法被迫违背自己的本质信仰和道德观说话或做事的。只有你想要达到无意识行为的一种变化时，才能达到这种变化。也就是说，如果你不想达到那种变化或者做出那种行为，那么反映你真实想法的潜意识就不会要求你去做。的确，在每个人的潜意识中都有一个坚守不移的任务，那就是保护自己。每个人的内在都有这样一个极其重要的自我保护机制，从而使人们不会因外界的引导和刺激而做出潜意识里并不认同的事情。

弗洛伊德与催眠术

众所周知，西格蒙德·弗洛伊德是心理学发展史上影响最为深远的人物。不为人熟知的是，这位心理学分析的始祖在事业早期曾经是催眠学的倡导者。

弗洛伊德早在19世纪80年代在巴黎学医时便开始接触催眠，而当时将催眠介绍给他的正是他的导师——法国权威精神病学家让−马丁·夏柯特。事实上，弗洛伊德很早便对这个课题产生了兴趣。当时他在维也纳学医，碰巧观看了备受赞誉的丹麦舞台催眠术师卡尔·汉森的表演。他在催眠秀中的亲眼所见使他坚信了催眠现象的真实性。

师从夏柯特数年后，弗洛伊德成为催眠学的公开拥护者，并在自己的治疗中加以运用。他对病人使用直接暗示，他还与同样身为科学家的朋友约瑟夫·布洛伊尔合作，对病人实施催眠疗法。二人最为著名的病例是对安娜·欧的治疗。安娜患有当时被列为癔症的一系列症状。布洛伊尔发现，当她被催眠后，她可以将这些症状追根溯源到现实生活中，并由此得以治愈。

弗洛伊德对大脑的隐秘部分——潜意识及其对人体的影响几近痴迷，催眠学理论帮助他进一步探索这一课题。然而，19世纪90年代中期，他抛弃了催眠学，代之以自由联想方法。

　　为何他摒弃了催眠学而选择了其他领域呢？原因肯定不是他怀疑催眠的有效性，因为弗洛伊德多次成功运用这一技术，必然清楚其有效性。不过，他发现催眠中使用的暗示效果不能持久，同时他还担心患者会通过将自身的强烈情感移到治疗者身上（这一过程叫作移情）而对后者产生过度的依赖感。

　　一些批评者提出，弗洛伊德并不十分擅长催眠术，因此才想出自己擅长的一项新技术——自由联想。也许，更大的可能性是弗洛伊德对当时实施催眠术的专断方式不甚满意：患者以一种极其直接的方式被告知自己将要进入睡眠状态，而今天更受欢迎的方法是间接的所谓容许性的手段。

　　无论真正原因到底是什么，最终结果是，弗洛伊德的抉择使催眠学在 19 世纪来临之际丧失了成为大脑科学前沿学科的机会。

20 世纪的催眠学 〉〉

皮埃尔·简列特

　　20 世纪初期，科学界对催眠学的兴趣与日递减，部分原因是弗洛伊德与其他一些科学家在心理分析领域引领了新方向。催眠术不再被当成理解大脑技能的工具，也不再被用来治疗患者。这样，催眠术在历史上又一次被杂耍艺人和表演术师们用来哗众取宠，而科学再次将其拒之门外。直到今天，舞台催眠师仍然坚称是他们的前辈在19世纪末20世纪初维持了催眠学的生命。

不过，仍然有一些医学专家一如既往地支持催眠事业的发展，法国人皮埃尔·简列特就是其中之一。简列特认识到他所称的"潜意识"是与意识并存的永久性状态。他认为，大脑在催眠中被分离，即分裂为意识和潜意识。而在深度恍惚中，潜意识实施有效控制。简列特认为一个人遇到的问题可以被强迫进入他的潜意识中，出现癔症症状。这个观点以及简列特的潜意识理论都与弗洛伊德的理论很相似。与其同时代人不同的是，简列特依然相信催眠的作用。1919年，他虽不得不伤感地接受催眠被忽略的现实，却预言道：催眠终有一天会再次成为严肃科学的研究领域。

克拉克·赫尔

另一位对催眠兴趣不减的专家是美国心理学家波里斯·萨迪斯。他在1898年出版了一本对心理学意义重大的著作《暗示心理学》。在英国，约翰·米尔恩·卜兰威尔于1903年出版了著作《催眠术：历史、实践与理论》。这本书使学术界对于催眠术的兴趣得以延续。

当时，催眠学的最主要人物是美国学者克拉克·赫尔，他是当时最受尊崇的心理学家。赫尔于1918年获得了威斯康星大学的心理学博士学位，并在接下来的15年中将大部分时间用于研究催眠术，尤其是暗示感受性。他的努力终于结出了硕果，他于1933年出版了著作《催眠与暗示感受性》，这本书直至今天仍然是该领域的重要文献。赫尔的首要成就之一是鼓励各大学和研究所进行催眠学研究。在此之前，大部分的研究都是由个体治疗催眠师在接受催眠的患者身上进行的，因此缺乏科学严密性和精确度，而科学机构对催眠仍持怀疑态度。1930年，身在耶鲁的赫尔被禁止在学生身上进行催眠实验，因为学校当权者害怕这会带来危险。

米尔顿·艾瑞克森

在 1923 年的一次讲座上，威斯康星大学的一位年轻的心理学学生对克拉克·赫尔的催眠术展示大为着迷，他将受催眠者拉到一旁，自己进行了亲身实验。这名学生就是米尔顿·艾瑞克森。由此开始，他踏上研究催眠的征程，最终成为美国催眠学界的泰斗。他既是研究者又是从业者，在长期的职业生涯中对数千人实施了催眠。艾瑞克森出身贫寒，在世的大部分时间疾病缠身，但他却出类拔萃，极具人格魅力，一直把催眠术用作治疗工具。他最为重要的观点之一是无意识的心灵是自我治愈的无比强大的工具。他相信，我们每个人体内都蕴藏着自我帮助、自我修复的能力。

艾瑞克森在个人成长道路上跨越了无数障碍，最终成为美国最负盛名的催眠学家。他出生于内华达州的一个贫苦家庭，17 岁时身患小儿麻痹症，行动大大受限，医生诊断说他将永远失去行走能力，但他凭借顽强的抗争证实了医生论断的错误性。在以后的生命中，艾瑞克森受到病魔的一次又一次攻击，经历了小儿麻痹症的数次病变，除此之外，艾瑞克森还是色盲和音盲。但他从未退缩，与疾病进行了一次又一次的抗争。他说，由于年轻时患病导致行动受限，他对肢体行动以及人们如何进行语言和非语言交流非常敏感，这使他能更好地观察和理解病人的反应。他所遇到的麻烦不仅是生理方面。在事业早期，当时不相信催眠术的医学权威威胁他，要没收他的行医执照。

艾瑞克森对催眠术做出的最大贡献是研发了诱导恍惚和对无意识大脑进行暗示的有效技巧。在他之前的恍惚诱导方法十分单一、教条，接受催眠的患者只是被告知自己感到困倦、将要进入恍惚状态。艾瑞克森没有完全摒除这一方法，但主张根据患者个体的个性和需要对治疗师的手法加以调整。他研发了被称为间接催眠或"容许性"催眠的技巧，通过运用语言使患者融入双向过程中去。他们会有效地将自己导入恍惚状态。其中一个著名手法是"混乱"技术，即通过在混杂的句子中使用毫无意义的词语，使有意识的头脑发生涣散，继而使患者进入恍惚状态。艾瑞克森还在催眠中使用隐喻和讲故事的手法，对他来说，语言的想象性使用非常重要。他总是在治疗手法上极为创新，并且相信几乎每个人都可以被催眠。艾瑞克森写下了大量催眠著作，但成为他永久性遗产的仍然是这一实用而创新的催眠疗法。当今的许多从业人员都在他的著作中得到了启发。

催眠术论战

美国催眠治疗师大卫·艾尔曼是一位舞台催眠师的儿子，研究出了迅速有效的恍惚引导技巧。他着重于绕过大脑的判断技能而导入恍惚。与艾瑞克森一样，他的催眠技巧和手段也被当今催眠师广为采用。

❋ 20世纪的催眠学

20世纪初期，科学界对催眠学的兴趣与日递减，部分原因是弗洛伊德与其他一些科学家在心理分析领域引领了新方向。

赫尔　　他于1933年出版了著作《催眠与暗示感受性》。

米尔顿·艾瑞克森　　他最为重要的观点之一是无意识的心灵是自我治愈的无比强大的工具。他相信，我们每个人体内都蕴藏着自我帮助、自我修复的能力。

大卫·艾尔曼　　他是一位舞台催眠师的儿子，研究出了迅速有效的恍惚引导技巧。他着重于绕过大脑的判断技能而导入恍惚。

20世纪后半期，催眠的医疗运用——催眠疗法——越来越普遍。与此同时，关于催眠性质的两种互相冲突的理论也在发展之中。

论战的一方认为人们在催眠中的意识状态发生变化。另一方则是学院派（也称自由主义思想流派），他们坚称催眠状态根本不存在，催眠中发生的一切都可以通过现存的心理现象得以解释。学院派中有部分美国学术界人士，西奥多·色诺芬·巴伯尔就是其一，他认为接受催眠的患者在催眠中的所作所为源于"任务动机"，即患者高度合作的意愿。他还认为患者在催眠状态下的行为来自于自身的想象。

与此针锋相对的是一些理论学家，比如已故的欧内斯特·希尔加德，他是斯坦福大学的资深心理学教授，20世纪后半期催眠科学研究的先驱者。希尔加德认为，被催眠的人们会做出一些自身特有的行为。他规避了"状态"这个词，而是代之以"催眠范畴"。这场关于催眠性质的论战一直延至今日。

20世纪催眠学界的另一位重要人物是柯盖特大学的心理学教授乔治·埃斯塔布鲁克，他与艾瑞克森正好相反，提倡传统的直接催眠诱导法。他的典型做法就是对患者说诸如"你马上要睡着了……我叫你时你才会醒……"的话。他还相信，在福利事业和间谍领域利用催眠具有潜在可能性。

在1943年出版的著作《催眠术》中，埃斯塔布鲁克指出被实施催眠的敌人队伍会危害到美国国防。两年后，他协助撰写了一部名为《心灵之死》的小说，小说中，德国人催眠了美国军人，使其自相残杀。

催眠术的现状

21世纪来临时，催眠术已经走过了漫长的发展道路。它最初起源于弗兰茨·安东·梅斯默的动物磁流学说，前景并不被看好，而如今催眠学已正式成为一个合法的科学研究领域，还是一种宝贵的治疗工具。每天世界各地都有成千上万的人使用催眠来戒掉坏习惯、缓解疼痛或进行其他治疗；运动员、政治家、媒体明星和商界精英纷纷借助催眠来赢得更大成功。然而，仍然有很多人对其半信半疑。造成这种情况的部分原因是社会上各种媒体对催眠的报道和描绘；还有部分原因应归咎于一些催眠术的不当使用者，他们将催眠术用于不可告人的目的。

一些人不愿将催眠看成一个严肃课题的另一原因是，科学家们还不能充分解释其作用机制。就连学术界都对催眠的性质甚至其真实性争论不休，那么大众感到迷惑也就大可以原谅了。

值得庆幸是，催眠正在稳步赢得医学界的认可和接纳。早在1958年，美国医学学会就宣布它是安全的，没有任何副作用。此前3年，英国医学学会也做过类似声明，证实催眠是一个有效的医疗工具，可用于治疗精神神经病、缓解病痛。同时，美国和其他地方的众多医院也纷纷开始使用催眠缓解病人的疼痛，并借此帮助病人适应其他治疗方法。

第二节
全面认识催眠术

什么是催眠术 〉

催眠术概述

现代科学日新月异，取得了无数惊人的突破，但是人类大脑精密复杂的运作机制仍然是个没有完全解开的谜。这样说来，学术界仍然对催眠性质及其作用机制众说纷纭便不足为奇了。这并不代表催眠是虚假的。实际上，科学家在实验中已经证明，人们的大脑被催眠后确实会发生变化，催眠现象是真实可测的。而且，很多医学专家也已经认可了催眠在治疗某些病症、缓解疼痛方面卓有成效。然而，还是没有一个普遍接受的理论可以确切解释催眠的性质以及运作原理，现存的大量科学观点各有不同，有时还互相冲突。

催眠是以人为诱导（如放松、单调刺激、集中注意力、想象等）引起的一种特殊的心理状态，其特点是受催眠者自主判断、自主意愿行动减弱或丧失，感觉、知觉发生歪曲或丧失。在催眠过程中，受催眠者遵从催眠师的暗示或指示，并做出反应。催眠的深度因个体的催眠感受性、催眠师的威信与技巧等的差异而不同。催眠时暗示所产生的效应可延续到催眠后的苏醒活动中。以一定程序的诱导使受催眠者进入催眠状态的方法就称为催眠术。

催眠术在中外民间源远流长，近一、二十年来，随着由单纯的生物医学模式向生理、社会、心理这一新的医学模式的转变，社会、心理因素对疾病和健康的影响日益受到重视，使催眠术有了新的发展。

根据不同的施术方式、时间和条件，催眠术的种类划分也很多。

按施术者可分为自我催眠、他人催眠。按暗示条件可分为言语催眠，即运用语言进行暗示；操作催眠，是运用行为、动作、音乐或电流等作为暗示性刺激达到催眠状态。按意识状态可分为苏醒时催眠和睡眠时催眠。按进入催眠的速度可分为快速催眠和慢速催眠。按接受催眠的人数可分为个别催眠和集体催眠。按距离又可分为近体和远离，后者如电话、书信、遥控催眠。按催眠程度又可分轻度、中度和深度三种。

由于催眠术离不开暗示的方法，所以又可称为暗示催眠术，作为心理治疗的一种方法，也叫暗示催眠治疗。

什么是催眠

如果问 100 个催眠师，催眠的准确定义是什么，那么就可能会得到多于 100 种的答案。事实上，对于催眠的定义并没有一个统一的答案。通常人们对催眠到底是什么、不是什么是没有一个统一的定论的。大部分关于催眠的定义还是用来描述催眠是如何被导入的，而不是具体去解释什么是催眠。

出于指导意义，一个简短而广泛的综合定义得到了大多数人的认可。它涵盖了催眠的所有要点：催眠是一种注意范围被集中缩小的状态，在该状态下，建议性和暗示性可以被极大地提高。

人们可以通过很多办法进入催眠状态，从而让外界的建议、信息瞬时或持久地进入深层大脑。但是催眠并不能直接改变人，它只是能让人保持长久稳定的、最有利于进行改变的状态。

治疗学所使用的催眠状态纯粹是为了帮助催眠师达到治疗的目的，在该状态下，很多积极的想法、价值观念等会被高效率地吸收并且导入人的大脑深处，从而给人带来可喜的转变。对比之下，舞台催眠师所提出的催眠建议或指令只在舞台表演过程中发挥作用，而临床医学催眠师所发出的建议或指令会在催眠开始后保持长久的效用。

事实上，医疗方面的建议只是推荐给受催眠者的两种建议中的一种。有些建议或提示是用来立刻改变受催眠者的信念、态度或行为的，而另一些建议和指令是用来引导受催眠者的一种滞后反应的，这种反应只在催眠后的一段时间才表现出来。这种建议或指令被称为催眠后指令。这两种建议形式都是有效的，而且在催眠过程中均被广泛应用。

什么样的人才能被有效催眠

很多打算尝试催眠的人向催眠师提出的最常见的问题就是"我能被催眠吗"，回答往往是"是的"。

其实，催眠就好比一种力量——一种属于大脑的力量。催眠是你曾经多次进入的一种精神状态或操作过程，只是你不曾意识到而已。举个例子，当你在看电视或阅读小说的时候，就有可能已经进入催眠状态了。催眠治疗师把它称为"催眠行为"。催眠行为与催眠治疗的不同在于，后者的目的是让受催眠者进入一种指定的状态，并利用这种精神力量在实践中获益。比如说，电视节目制作人会通过广告来引导你进入催眠行为，从而去购买他们推销的产品；一个政治领袖会在演讲中利用自己关于精神领域的知识去感染那些听众。

对每个人来说，催眠既是一种技巧也是一种天赋。技巧是需要你去学习和练习的东西，天赋则是你本身所具备的能力。几乎每个人都具备一定程度的催眠方面的天赋。所以，可以肯定地说，你是可以被催眠的。

为了便于理解，我们把关于催眠的技术和天赋比作一个人的音乐天赋。很多人都有使用乐器的天赋（哪怕它是潜在的）。经过多次尝试、接触和练习，这些人会变得非常熟练，甚至会变成杰出的音乐家。还有一些在音乐方面极有天赋的人，只需要极少的练习或培训，就可能以出色的表现来震惊听众。然而，有些人先天失聪，也就没有音乐天赋了，对他们来说，再多的练习也不可能帮助他们在音乐方面成功。

对于催眠而言，大多数人都一样，都存在着一定的可能被催眠的潜质。至于你能够在催眠方面变得多么熟练，很大程度上取决于你有多大的兴趣以及你的练习程度。也许你具备这方面的天赋，可以选择简便、迅速地进入深度催眠。如果你想去参加舞台催眠表演，那么催眠师一定会注意到你，而你也很可能成为这方面的明星。你可能以惊人的效率来催眠自己，而不用像别人那样，需要经过大量的练习才能做到。还有极个别的人，天生就没有一点被催眠的天赋，因而不管他们怎么去尝试，也不可能被催眠。这种催眠缺陷产生的原因可能是由于精神或智力方面的失调导致的，也可能是一些大脑内部组织受损导致的。

如果天生就具备催眠的潜质，那么你可以充分利用这种潜质，不断完善这种技巧，尽快进入催眠。到底有多快呢？答案有两种：一种是你可能进入极度深层的催眠状态，另一种是你只进入了初步的催眠状态。但是必须牢记："初步的、中间状态的催眠，对于你想要达到的最终自我完善的目的，都是不可或缺的过程。"这句话的意思是说，只要你不是那种对催眠没有任何反应的人，你就可以通过不断的努力达到催眠，实现自己的目标。至于你能够达到哪种程度的催眠，很大程度上取决于你的决心和练习。最乐观的情况是在你第一次尝试催眠的时候就能成功，这样在以后的催眠过程中，你会越做越好、越做越快。

就像梅斯默理论刚刚提出来时，极度昏迷性催眠让很多人感到困惑、恐慌。为了避免类似的现象发生，这里先阐明一下什么是"极度昏迷"。其实有好多种极度昏迷的催眠状态，其中之一被催眠治疗师称为"梦游"。这也是媒体最感兴趣的一种，以至于把梦游当成催眠的主要象征。在现实生活中，有一些人容易进入这种深层的催眠状态。在催眠医学中，我们把这些人称为"梦游者"，因为他们很容易进入梦游状态。

梦游者在深层催眠状态下可以做出很多在初级催眠状态不可能发生的事情。他们几乎可以接受任何非威胁性的建议、指令。他们可以返回到任何年龄段。可以想起以前发生的任何事情，可以激活自己的记忆，可以自动控制身体。他们甚至还可以接受一些特殊的非正常的催眠后指令，并且对催眠时周围发生的事情毫无知觉。这些人相当富有传奇色彩。那种愉快的体验是催眠爱好者的梦想。但是它太少见了，估计全球只有不到20%的人具备梦游的能力。

❋ 什么样的人才能被有效催眠

催眠就好比一种力量———一种属于大脑的力量。催眠是你曾经多次进入的一种精神状态，或操作过程，虽然有时你可能意识不到。

在生活中，当你在看电视或阅读小说的时候，就有可能已经进入催眠状态了。催眠理疗师把它称作"催眠行为"。

老公，我要买这个洗发水！

电视节目制作人也是通过广告来引导你进入催眠行为，从而去购买他们推销的产品。

一个政治领袖会在演讲中，利用自己关于精神领域的知识去感染那些听众。

那些舞台催眠师，往往希望人们相信他们是可以让任何上台参与表演的人进入梦游的催眠状态的，而事实上，这是不太可能的，除非前去观看表演的观众足够多，而且正好其中有一两个人是那种能够梦游的人。就算这样，也需要催眠师费很大力气正好把他们挑出来。事实上，任何一个中等水平的催眠师都可以不费吹灰之力将这种具备梦游能力的人带入深度催眠状态。而这些人对那些催眠指令非常敏感而且容易接受。也就是说，他们表面上是被催眠师催眠了，其实是由于他们自身具备这种潜能。

到目前为止，很多人还是固执地认为，只有梦游才是真正的催眠。这种想法，就好像认为只有像铅锤一样潜入到水平面以下两万里的深度才叫真正的潜水一样不可取。催眠是一个相对性的概念。很多人因为忽视了这一点而对催眠产生了误解。

催眠、沉思以及第一状态

催眠与沉思的区别是什么？由于用来定义两个不同的名词的方法有很多，所以，就不能保证哪种是对的、哪种会让人产生误解。问题的关键是，你自己如何看待催眠与沉思的关系，你是否认为它们是一样的。观点不同所做的定义自然也就不同了。催眠是一种注意范围被集中缩小的状态，在这种状态下，建议性和暗示性可以被极大地提高。要给沉思下定义就不那么简单了，因为沉思有很多种。如果你所指的沉思就是那种保持安静状态，口中念念有词，然后达到心无杂念、心如止水的境界的话，那么这种沉思与催眠之间既有相似之处，也有不同之时。可以肯定的是，这种沉思的方法有时可以帮助沉思者进入催眠状态。但是这两者之间最大的区别就是它们的目的不同。催眠不仅仅是为了保持思绪的宁静，更重要的是利用这种精神状态来将自己想要的外部建议和指令导入大脑的潜意识中去。沉思就不一样了，沉思者只是从大脑的自我平静状态中直接受益，它不像催眠那样可以得到自己想要的既定目标。沉思者只能通过不断的练习而振奋精神，保持平和的心态或得到某种满足感。除此之外，不能做任何像催眠可以做到的改变、完善。

此外，还有许多其他形式的沉思，其中有一种叫作"活动式沉思"。在这种形式的沉思中，你可以一边放松自己的身体，一边进入一种带有自己目的和想法的沉思状态。这种形式的沉思事实上是与广泛意义上的催眠是一样的。不同之处就在于它们用来进入状态的方法、技巧有所不同。

很多人会问"创造性想象"是否也可以被用来定义催眠，回答是肯定的。事实上，它也是属于催眠的一种形式。这种创造性想象曾被夏科特·岗卫广泛使用且风靡一时。他告诉人们应该先从头到脚地放松自己，然后再开始利用创造性想象来引导他们的大脑内部做出一些包括体内及体外的调整。这种放松总是能让人进入一种可建议性状态。而那些想象则是用来帮助创造或是支持你预期想要的结果。"创造性想象"的支持者没有把它的一些其他特征或群化关系定义为催眠，这是很明智的。为什么呢？因为虽然催眠术已经被广泛地传播，而且被接受认可有些年了，但是仍然有些人对"催眠"一词感到恐惧。

此外，还有一些学过大脑控制术的人，他们专门教别人如何进入一种大脑集中的状态——第一状态。"第一状态"是否与"催眠"是一回事呢？这主要取决于你如何定义它，以及你使用它的最终目的。当一个人进入了所谓"第一状态"后，他的身体开始放松，而这时他的大脑注意力很集中，比较容易接收或吸取新的信息，那么可以断定，这就是一种催眠状态。但是，催眠并不是总发生在"第一状态"。可以说，"第一状态"与"催眠"经常是重叠的，但不是同一个概念。

催眠术的原理

为了理解催眠的基本原理，将意识与潜意识正确区分开来是很重要的。

你是否曾经冥思苦想过，为什么要改变自己不希望有的态度和举动是如此困难？例如，为什么你不能痛下决心戒掉吸烟的习惯、为什么不能将你爱吃的油炸面圈扔到一边……答案就在这里。有些人会说"是的，我一定会改变的"，而另一部分人则说"不可能，我一直都这样，改不过来"。由此可见，在我们的大脑里隐藏着两种不同的倾向，即同意或不同意某些东西被改变。

人们头脑中的每一个想法或意识至少存在着两种不同的倾向，我们把它们称为意识和潜意识。意识也可以被称为积极意识或既定意识，它包括了一个人当前所关注的领域。它促使你决定开始阅读这本书，它让你做出各种决定，比如早饭吃什么、给谁打电话，以及下班后去哪里等。

潜意识则是大脑中隐藏在人所关注的事情表面之下的一种功能性倾向。正是由于潜意识的作用，使你在还是一个初学者的时候，阅读本书每页的文字时会感到像是在破译密码一样痛苦。

潜意识同样会作用于你的身体。它知道如何在最短的时间里伤害你的心灵，如何让你对自己的早餐感到恶心，以及其他许多由于你没有给予适当的积极意识而引起的不良反应。有些潜意识早在你出生时就已经建立起来了，比如你的一些身体反应。潜意识的其他功能则是在你后期的学习阅读过程中，伴随着大脑意识的形成而悄然滋生的。潜意识在你的记忆系统里无孔不入，它禁锢着你所有的特性以及信念，不让它们被侵扰或改变，潜意识会让你持续地保持原有的、经常的行为模式。

不管你是否已经意识到，事实上意识和潜意识之间都是存在着信息传递的。比如说，当你想要看书时，意识就会传达信息给潜意识，以便完成使用你的胳膊和手部的肌肉来翻书的动作。经过长期的锻炼，潜意识会针对意识经常使用的信息做出简单而迅速的回应，并通过准确的肌肉部位、运动方式和一些辅助措施来实现你的目标。通常情况下，潜意识是服从意识的指令的，但有时情况会相反，因为潜意识会对意识做出的突然改变产生抵触。当你计划改变自己曾经一贯的行为、信仰或者态度时，这种抵触作用就会表现得更加强烈。

大脑程序

在电脑程序员中流行着一句话——"垃圾进，垃圾出。"它的意思就是说，当你向电脑输入错误数据后，你一定会想方设法把它清除掉，使结果不至于那么糟糕。

在某些方面，人的大脑就好像一台复杂的电脑。人的思维模式以及一系列行为就好像安装在电脑里的既定程序一样。有些"程序"是你自己"安装"的。比如，当你第一次吃巧克力的时候，你非常喜欢它的味道和品质，于是你便开始经常吃巧克力，以至于养成了吃巧克力的规律性习惯。而其他一些"程序"则是由你的老师或父母"安装"的，例如，他们可能经常鼓励你去接触一些新古典主义的艺术品，当你成年以后，你就会对这些古典艺术品非常欣赏，而且会去收藏它们。

同样，你身边的朋友也许从儿时起就开始影响你精神生活方面的习惯。就拿抽烟来说，当你的朋友第一次给你一支烟的时候，你会觉得非常不适应。但是慢慢地，你就会习惯抽烟时那种放松的感觉，从而接受了它。30年后，你仍然在抽烟，你的潜意识里已经习惯了抽烟时的感觉。这种"程序"已经深深地刻在了你的大脑里，尤其在你感到有压力的时候，它会显得格外活跃。就像计算机里的程序在接到正确指令后会被激活一样，当某种想法产生或者某一事件发生时，存在于你潜意识里的"程序"也就被激活了。这在你平时的学习中是很重要的，很多时候，有利于你发挥优势。然而，某一天，你可能会意识到你不再想要使用过去的那一套思维和行动方式；可能你想要把过去存在于你脑中的一些"垃圾"清除掉；抑或你想要在大脑中添加一些新的程序，比如一种新的态度或者行为。于是，你渴望改变编程的过程。

重新编程

修改、安装或者卸载计算机中的一个程序，相对来说比较简单，而要改变大脑中的程序就不那么简单了。

你的大脑就好像一个装有过滤和防御等安全系统的机器，这些过滤器专门用来扫描那些新的想法和行为，从而判断它们是否是你真正想要的东西。它将新的想法和信息与你现有的知识和信念做对比，由于这些新的东西与你大脑中的固有程序不兼容，所以要接受这些突然的改变，过程会很缓慢。改变程序的过程有助于使你的信仰、性格、感觉与现实更加协调，因为你的潜意识不具备识别能力。

所有想法、建议一经通过过滤系统，就被确认为正确指令。所以，安全系统不会轻易接受每一个建议而让你的想法变来变去。如果没有安全系统的保障，你将处于一种混乱状态。可以想象，没有了这些识别保障过程，你每天接受成千上万的信息，大脑将是多么混乱。你大脑中的安全系统有时可能会拒绝接受你想要的改变，甚至是一些发自你内心的想法。它可能阻止一些有益的想法进入你的大脑、融入你的生活。它之所以这么做，是因为它是根据过去的经历以及以前接受的信念。例如，很多吸烟者都会有一段时间觉得戒烟很难，因为他们已经接受了这样一种信念："戒烟非常不容易。"

有好多种方法可以被用来对付大脑中的安全系统，当然对比之下有些方法比其他的更为有效、可取。例如，有些人带着强烈

✳ 催眠的潜质

对于催眠而言，大多数人都一样，都存在着一定的可能被催眠的潜质。至于你能够在催眠方面变得多么熟练，很大程度上取决于你有多大的兴趣以及你的练习程度。

一个人有多快进入催眠状态，答案有两种：一种是你可能进入极度深层的催眠状态，另一种是你只进入了初步的催眠状态。

极度昏迷性催眠让人感到困惑、恐慌。其中之一被催眠理疗师称为"梦游"。在现实生活中，有很多人容易进入这种深层的催眠状态。

的愿望去改变自己，他们不断地重复一个新的举动，以便让它变成一种习惯。当然很多时候，这种方法会受到阻挠和挫折，无功而返。由于你不断地做新的尝试，就会慢慢地制服或掩盖大脑中的安全系统，你的大脑内部就会接受这种新的做事方法，使它成为一种习惯。

另一种对付安全系统的方法就是使用坚定的信念。通过不断地重复你的信念，最终可能导致你想要的改变。通过几天、几周或者几个月的不断重复，你的大脑接受的信息快要达到饱和状态，它开始慢慢地确定你的信念为正确指令并且接受了它，从而给出你想要的结果。当然，这个改变的过程通常比较慢，而且会附带一些疑点，有时也可能被挫败。这是因为很多人既没有坚强的意志来强化自己的大脑接受新的信念和行为，也没有足够的耐心来天天重复自己的信念。幸运的是，这里还有一种更为简便的方法来对付你大脑中的安全系统。

利用催眠来解除你大脑中的安全系统

催眠其实是你用来改变自己的一种更为可取的方法。它可以通过解除或绕开你大脑中的安全系统而直接与大脑进行长时间的对话。在这种情况下，安全系统形同虚设，而大脑却可以立刻接受来自外界的诸如停止吸烟、保持食欲以及其他任何你想要大脑吸收的东西。你所提出的新建议就好像一套新的程序，催眠可以不经过层层检测和怀疑轻松地帮你将这个程序安装到大脑中。这种改变比之前提到的那些方法更快更简单。这就是催眠在改变自我方面会如此简单有效而且受人青睐的原因。

催眠的心灵状态与阶段 〉

催眠的一个重要部分是恍惚状态。潜意识此时摆脱了有意识心灵判断能力的束缚，开始接受暗示。

首先，来看一下我们所经历的不同心灵状态。第一个是清醒时的 β 状态。在这种状态下，我们的大脑高度警惕，能够正常使用推理和逻辑。科学家们测量了不同状态下的大脑活动，并使用脑电图仪（EEG）对活动进行监控。在 β 状态下，脑电波的活动速度在每秒 14 ~ 30 周。

第二个心灵状态叫作 α 状态，此时脑电波活动速度为每秒 8 ~ 13 周，我们的心灵仍然处于警惕状态，但较为放松。我们在这种心灵状态下通常更具创造性，更容易接受新信息、发挥想象力。一些催眠学家认为，这一状态是从有意识心灵进入无意识心灵的门户。我们每天都会经历 α 状态，比如沉迷于电影中、马上要睡着或刚刚睡醒时。催眠学家认为，我们进入 α 状态时也就开始进入恍惚了。

第三个心灵状态是 θ 状态，此时脑电波活动速度为每秒 4 ~ 8 周。这一状态高度放松、平和，伴有睡梦。它有时被称为睡梦状态。当我们进入深度睡眠或刚从深度睡眠中苏醒时都会体验到 θ 状态。

最后是 δ 状态，脑电波活动速度少于每秒 4 周。这属于深度睡眠状态，心灵完全失去意识，催眠还不能达到这一状态。

需要指出的是，各个水平的脑电波并不严格地局限于某种特定心灵状态。比如，当我们处于 β 清醒状态时，大脑里仍然存在 α 或 θ 电波。以上 4 种状态是按照占主导地位的某种波长来划定的，它们对于催眠的意义在于——催眠性恍惚发生于 α 和 θ 状态，就在这时，对无所不在的无意识心灵的暗示才不会受到有意识心灵判断能力的阻碍。当接受催眠的患者的判断官能开始退居二线时，暗示才能作用于无意识。

催眠恍惚经常被划分为 6 个不同阶段或深度，每一个阶段都伴随着催眠师诱导出的不同表现。催眠师懂得如何诱导并辨识这些不同程度的恍惚状态。

第一阶段：这一阶段伴随着瞌睡，放松开始，受催眠者开始"想睡觉"。其实，催眠并非睡眠，催眠师在这时使受催眠者出现第一次肌肉僵直。也就是说，受催眠者的一些肌肉开始变得沉重，受催眠者无法移动它们。首当其冲的通常是肌肉较少的眼睑。受催眠者的眼睛会紧紧闭上，并且感觉自己没有力气睁开双眼。

第二阶段：这个时候，受催眠者的某些肌肉组会出现僵直，比如一只胳膊。他们还可能会有沉重感或漂浮感。同第一阶段相比，这一阶段可以被看作是轻度恍惚。恍惚程度逐渐加深接近第三阶段时，则进入中度恍惚，这时，受催眠者的双腿甚至全身都会僵直。

第三阶段：在中度恍惚的第一层，受催眠者除了感到肌肉僵直外，味觉和嗅觉还可以被改变。这时，催眠师将一朵香气扑鼻的玫瑰放到受催眠者的鼻子下方，对其潜意识暗示说它闻起来像只臭袜子，受催眠者的身体便会做出相应的反应。在这个水平上，催眠师还可以使受催眠者忽略一个数字的存在。例如，催眠师可

伴随着瞌睡，放松开始。受催眠者接近大脑的一些肌肉开始变得沉重，受催眠者无法移动它们。

受催眠者的某些肌肉组会出现僵直，比如一条胳膊。还可能会有沉重感或漂浮感。

在中度恍惚的第一层，受催眠者除了感到肌肉僵直外，味觉和嗅觉还可以被改变。

随着恍惚程度加深，催眠师可以诱导受催眠者，使其出现丧失记忆的现象。

深度恍惚第一层。经常伴随正性幻觉，即催眠师可以诱导受催眠者看到或听到不存在的事物或声音。

进入程度最深的恍惚，受催眠者会出现麻醉现象，这时可以为他们做外科手术。

以暗示说数字 3 不存在，那么当受催眠者从 1 数到 5 时会直接从 2 跳到 4，把 3 漏掉。

第四阶段：随着中度恍惚的程度加深，催眠师可以诱导受催眠者出现健忘症——丧失记忆。这时可以加入后催眠暗示（关于受催眠者想要达到的习惯或行为变化）以确保受催眠者的有意识心灵不会阻碍无意识心灵发挥作用。其他现象包括部分肢体的感觉缺乏——麻木，以及痛觉丧失——无痛觉状态。

第五阶段：深度恍惚的第一层经常伴随着正性幻觉，即催眠师可以诱导受催眠者看到或听到不存在的事物或声音。例如，催眠师说一个空花瓶里放着某种花，那么受催眠者就能够对花进行描述。舞台催眠师在这时常常使用不平常的后催眠暗示，于是当受催眠者"醒来"时，他可能就会像鸭子一样嘎嘎叫或者像鸟一样扇动"翅膀"。

第六阶段：在这个程度最深的恍惚中，受催眠者会出现被麻醉现象，这时可以为他们做外科手术。另一个现象是负面幻觉，即受催眠者看不到或听不到实际存在的事物和声音。

上述 6 个阶段可以大致概括催眠症状，但受催眠者经历一些阶段的时间可能有所不同，而且不同个体之间的恍惚程度与行为举止也可能有很大差异。

催眠治疗师的大部分治疗工作可以在前 3 个阶段——较为轻度的恍惚状态中——进行。这 3 个阶段被称为记忆留存阶段，后 3 个深度恍惚阶段常常被称为失忆阶段。

催眠过程

诱 导

如果恍惚是催眠的关键，那么使别人进入恍惚的能力就至关重要了，这一过程通常被叫作诱导。当我们自己进入恍惚状态时，比如做白日梦，无意识心灵的关注点是白日梦的对象。而当一个人引导另一个人进入恍惚状态时，受催眠者无意识心灵的关注点是催眠师或者其无意识心灵与催眠师进行沟通。催眠师与主体无意识心灵之间的这种关系就是亲和感。在催眠疗法中，建立二者之间的高度亲和感通常被认为对成功具有重要意义。催眠师和主体进行催眠前沟通的大部分目的就是帮助接受催眠的患者增进了解和信任感，从而增强亲和感。催眠师会通过沟通为每个特定主体设计恍惚诱导的最佳方式和最佳台词。

1. 诱导的方法

※恍惚诱导

恍惚诱导的方法多种多样，它们在接近方式、时间长短和气氛上有所不同。它们是命令式的或允许式的。这里将探讨诱导的不同类型以及它们作用的方式。虽然诱导方式彼此完全不同，但它们都会产生以下结果：放松身体和精神；注意力集中；减少对外界环境和日常事务的注意；更强的内在感觉注意。

※固定诱导

固定诱导是将受催眠者的注意力集中在感兴趣的很小的一个点上，例如摆动的钟摆、墙上的一个点或一个蜡烛。当全神贯注在固定的一点上时，你的注意力会从外界景象和声音上直接被拉到目标上面。诱导需要几秒钟或二三十分钟，具体时间取决于你的暗示感受性。

使用此诱导，你要在一个舒适的位置上，并点上蜡烛，在它燃烧和闪烁时盯着火焰，全部的注意力都要集中在火焰上。

诱导可以这样开始：看着火焰燃烧和闪烁，你的眼睛继续盯着火焰，全神贯注在火焰上。看着火焰闪烁，眼睛继续盯着。当你看着火焰燃烧时，你的眼睛会变得沉重、变得沉重，你的眼睛变得越来越沉重……越来越沉重……直到闭上。

※快速诱导

快速诱导会非常快地引起催眠状态。该诱导由简短、快速的命令组成：闭上你的眼睛；低下头，让你的下巴碰到胸部；胳膊举到肩膀的高度。当你的胳膊觉得很轻，好像漂浮的时候，你就进入催眠了。

该诱导在有很高的暗示感受性的人身上会成功，大多数人会觉得太突然、不能放松。快速诱导与催眠治疗的关系最为密切。进行示范的催眠师能给观众一个暗示感受性测试快速确定其暗示感受性，然后他能用快速诱导对高敏感的人做出验证。在个人实践中，医生可能要与病人接触几次后才能确定他是高暗示感受性的。那么，在治疗这个人时，医生就可以用快速诱导以节省时间。

※间接诱导

间接诱导不同于其他方法，它不使用任何直接的方式，相反，诱导交流是通过类比、象征的方式。该催眠方法对那些抵制其他多种直接诱导方式的人尤为适用。原因很简单：一个人是很难去抵制、拒绝他并未意识到的暗示的。

在间接诱导中，如果催眠师治疗一个因压力而心律不齐的病人，那么催眠师会讲一些老式的水泵如何被强健的老农民使用，当农民规律地、有节奏地抽水，水泵是如何可靠并且良好地工作的。

如果医生在治疗一个有梦游症状的孩子，他可能会讲一个关于冬眠的熊的故事，述说熊对温暖、睡眠的需要，以及长久休息带给动物的愉快。对于难以融入集体当中的大孩子，他不参加集体活动、经常搞破坏，医生会讲述迁徙的鸟经常要排队飞行，它们如何一起迁移，鸟群中的每只鸟如何占据一个相等的位置。还可能集中讲述每只鸟保持相同节律和速度，以便使鸟群作为一个整体和谐地、优美地迁徙。

米尔顿·埃瑞克森是一名隐喻学硕士，他成功地治疗了多种症状的病人。在一个病例中，他曾面对一位过着隐喻生活的病人。这个年轻人用床单裹着自己，走向病房，声称是耶稣。埃瑞克森走向那个人说："我知道你曾是个木匠。"当这个病人回答"是"的时候，埃瑞克森让他完成一个项目。他让病人做一个书架。这是病人康复过程的重要一步。

米尔顿·埃瑞克森并没有直接说明年轻人不是耶稣，而是暗示他"曾是个木匠"，这样，米尔顿·埃瑞克森就间接地使年轻人在做书架的过程中转变了自己"是耶稣"的隐喻。

※放松诱导

放松诱导就是指自动放松身体的每块肌肉。放松过程可以从头开始向下进行，也可以从脚趾开始向上进行。这种方法在催眠他人或自我催眠时都可以使用。可以这样开始：深呼吸，闭上眼睛开始放松。只想着放松你身体从头到脚的每一块肌肉。

※改进的放松诱导

改进的放松诱导是为了满足那些难于放松的人的需要。它广泛用于压力控制，合并了身体和精神上的放松。与经典放松诱导所需的 20 ~ 25 分钟相比，该过程大约需要 30 ~ 40 分钟。

当人们需要放松身体某一特定部位，以减轻肩部、胸部、腿部或其他部位的慢性紧张状态时，这个诱导最为实用。改进的放松诱导能一次放松身体的主要肌肉，首先集中在紧张的颈部，然后是肩部、后背等。使用时，可以从头部开始，向下进行；也可以从脚开始，或从身体的任何部位开始。改进的放松诱导可以这样开始：让你自己舒适一些。注意力集中在你的右肩膀、绷紧右肩。（停顿）现在放松右肩膀。（停顿并重复 3 次）注意力集中在你的左肩膀、绷紧左肩。（停顿）现在放松左肩膀。（停顿并重复 3 次）现在集中在你的右胳膊……

不管你从哪里开始，你每个部位的主要肌肉都绷紧、放松 3 次。当全身都做了一遍时，你就彻底放松了。

如果恍惚是催眠的关键，那么使别人进入恍惚的能力就至关重要了。这一过程通常被叫作诱导。

无意识中的亲切感是诱导成功的关键。

当一个人引导另一个人进入恍惚状态时，被催眠者无意识心灵的关注点是催眠师或者其无意识心灵与催眠师进行沟通。

催眠师与主体无意识心灵之间的这种关系就是亲和感。

你眼前是一片大海。

我眼前是一片大海。

在催眠疗法中，建立二者之间的高度亲和感通常被认为对成功具有重要意义。

催眠师和主体进行催眠前沟通的主要目的就是帮助患者增进了解和信任感，从而增强亲和感。

催眠师会通过沟通为每个特定主体设计恍惚诱导的最佳方式和最佳台词。

总之，诱导就是引导被催眠对象进入催眠师设计的角色中。

2. 诱导的语言

诱导的语言是为了交流观点、思想和感觉。它把你的注意力集中在你自己、你的内心经历以及你的身体上。它有助于你沉浸于幻想的世界中，并在意识水平之下进行交流。下面是诱导语言的关键组成部分。

（1）同义词：不仅仅使用一个描述性的词汇，而是用同义词来强化要描述的状态。它们能增强暗示，例如，你现在感觉自在、放松、平静、舒适等。

（2）解释性暗示：通过重复和解释暗示，加强理解、确保持续。例如，感到轻松流过你的身体、感到放松的温暖、放松身体的每块肌肉、感觉身体所有肌肉都放松。

（3）连接词：连接词有2个功能，保持语言流畅，防止独白被打断；进行一个指示。如"现在放松，并感觉所有肌肉都放松，然后深呼吸，并放松胳膊的所有肌肉，由于你已放松，感觉暖流流过你的身体"……在这段话里，连接词"并"是反应的一个提示。

（4）指定时间：指定时间的词用于加强语气和强调。它们可提示暗示开始或结束的时间。例如，下面的任何提示都可以用来指示暗示的开始，"现在，就在此刻，放松你身体的全部紧张"；"马上，你会感到完全放松"；"早上，你会焕然一新、放松地醒来"。暗示的末尾可以有这样的信号，"2个小时后，你会停止学习，结束考前准备"。

3. 诱导的声音

你或许有对公共演讲者的演讲感到厌倦和麻木的经历，无论你如何努力都不能集中注意力。你不断地将自己拉回到所处的情形，并强迫自己仔细听每一个词。但是，事与愿违的是，你的思路还是漂移了。你的思路漂移是因为演讲者的声音将你带入一个恍惚的状态。事实上，某些人声音的语调、音量和其缺乏变化的特性，使它们具有很高的催眠性。

由于声音本身就可以诱导恍惚状态，所以你用来诱导催眠的声音对于你整个的催眠经历是至关重要的。声音可以是强迫性和指令性的，也可以是舒适美妙的。在你录下自己的诱导之前，仔细看一下以下催眠声音的特征。

基本诱导的声音主要是两种类型：单调的和有节奏的。

单调的声音使你的注意力本身变得集中，因为没有其他任何干扰或转移注意力的因素。单调的声音无论是在程度还是音量上都是没有变化的。它一直嗡嗡响："你将继续放松，现在放松你前额的所有肌肉，感受肌肉的平滑，平滑并且放松，休息你的眼睛。"

有节奏的声音或者歌舞会的声音使你平静，麻痹你，使你进入恍惚状态。用这种声音，可以预见句子中的重音。它们设定了一种舒适、温柔和可预料的节奏模式。例如，"……再深入，再深入，再深入，直到完全放松……"或者"现在你正放松你背部的所有肌肉"。

在这基本的交流中，还有其他重要的因素。它们在整个诱导过程中不常用，并且零散分布于或是单调的或是有节奏的基本声音中。这些因素包括：

（1）为了强调和加强的字词扭曲。有时候，为了达到特定的语气效果，将字词扭曲。例如，"感受那些肌肉的松……弛和放松，感受小腿肌肉的松……弛和放松，它们松……弛得像橡皮带"。在改进的放松诱导时，你很难放松和感到舒适的情况下，这些字词的扭曲特别有用。

（2）音调的提高。声音变化的水平随调的提高而变化。这种在单调或节奏性声音中产生的渗透情绪放松状态的语调是用作提示的。语调提升是为了强调催眠后的暗示，如："现在你将停止吸烟！"它也用作给出从诱导中醒来的命令，如："七，八，九，十，睁开眼睛，恢复过来，感觉好极了！"

（3）不间断的节奏。这种不间断的节奏是通过使用连接建立起来的。连续的语言引导你沿着诱导的方向前进。例如："感觉你自己放松，继续放松，更深入地放松，感觉你整个身体在越来越放松……"这种不间断的话形成一种节奏，带你进入到一种恍惚的状态，停止任何干扰，让你的注意力没有任何机会被转移。

（4）无声的停顿。为了使你有一个反应提示或指令的时间，诱导者使用了无声的停顿。例如："现在，深呼吸，（停顿）现在呼气。（停顿）"这种停顿也用于改进的放松诱导中。"注意你的右脚，绷紧你的右脚，（停顿）现在放松你的右脚。（停顿）"给每一个反应以足够的时间是完全必要的。否则，你将感觉到着急或匆忙，从而放松也是不可能的。

4. 诱导的步骤 _____

在诱导之前，一般要对受施者进行暗示感受性测试，目的是测试他对暗示的接受和反应能力。暗示感受性越强，就越容易接受催眠。强烈的反应并不是说你会接受改变你行为的那些暗示，它只是意味着你是一个很好的接受者——一位好的接受者是成功的催眠治疗的第一步。

※僵硬手臂练习

确保你处于完全舒适的状态。伸展你的腿和胳膊，现在开始放松。闭上眼睛，深呼吸……呼气……放松。完全放松。放松你的腿，背向下，放松肩。放松你的肩、胳膊、脖子和脸。放松整个身体，就是放松。然后再深呼吸……呼气……释放，放松。注意你呼吸的节奏。随着呼吸的节奏开始涨落，当你吸气时，放松你的呼吸，开始感觉你身体的漂流并淹没在放松过程当中。你周围的声音不再重要，忽略它们，放松。让你全身从头顶到脚趾的每一块肌肉都彻底放松。在你轻轻吸气时，放松。呼气时，释放任何紧张，包括身体的、精神的和思想的紧张。

现在举起你的一只胳膊，伸直。握拳，并且要握紧，拳头握紧，现在你的胳膊变得僵直，变得非常僵直。你的胳膊僵直，非常僵直。你的整个胳膊从肩膀到拳头都很僵直了。你的胳膊又直又硬，不会弯曲。你试着弯胳膊，胳膊却更僵直。你僵直的胳膊不动，伸直，不能被移动，没有什么能移动你的胳膊，它从肩膀到拳头都完全僵直，完全僵直。你的胳膊完全僵直。现在要从五数到一。当说"五"的时候你开始放松胳膊，你听到每个数时，要越来越放松你的胳膊，当说"一"的时候，你的胳膊要在你的身旁彻底放松。"五"……开始放松胳膊……"四"……感到你的胳膊放松……"三"……放松……"二"……"一"。你的胳膊完全放松了。

你的反应程度说明了你的暗示感受性。如果你的胳膊变得僵直，并在开始数五之前都保持僵直，那么你是一个容易受暗示影响的人。

※提桶练习

重复僵直手臂练习的第一段，进行放松。在你的面前伸开2只胳膊，与肩平齐。想象你每只手都提着1个桶，手指卷曲绕在水桶的手柄上，握着2个桶。左手的桶是由纸做成的，由纸做的。它是空的，感觉非常轻，左手的桶非常轻、非常轻，因为它是纸做的。左手提着轻的桶。右手的桶是铁做成的，是由很重、很重的铁做成的，桶里面有些石头。当你提着重铁桶时，越来越多的石头被扔进桶里，直到桶被完全填满。桶里完全装满石头，石头堆到了桶顶。桶太重了，把你的右胳膊向下拉。装着石头的桶把你的胳膊向下拉，你的胳膊向下，因为铁桶太重了、太重了。

在这项练习中，你的胳膊会从它在肩膀所处的初始位置移动一定距离。左右手之间的距离越大，你越容易受暗示影响。

※手部握紧练习

重复僵直手臂练习的第一段，进行放松。在你前面紧握双手，把双手握得很紧，双手握得很紧。在你紧握双手时，想象你的手上沾着非常粘的胶水，胶水开始变干，牢牢的、紧紧的。胶水变干让你的双手粘在一起，你的手紧紧粘在一起。你的手好像不再是两只分开的手了，它们是一只。你的手指和手掌牢牢地、紧紧地粘在了一起，非常牢固、紧密。你试验看看胶水把手粘得有多紧，发现你的手、手掌、手指是被粘在了一起。它们粘在一起。

它们如此紧密地粘在一起，好像一只手。它们被非常、非常紧地粘在了一起，感觉像一只手。数 3 下你也不能把手分开。你越用力将手分开，它们就粘得越紧。你每次听到一个数字，它们就粘得更紧。

5. 诱导的过程

※开始诱导

深吸一口气，闭上眼睛，开始放松。只想着放松你身体的每一块肌肉……当你将注意力集中到呼吸和内在感觉的时候，对外界环境的感知力将降低。通过深呼吸，你开始意识到内在的感觉，引导你的身体放松。结果是你的脉搏减慢，呼吸减慢。你开始集中，将你的注意力转移到所给你的指示上。

※身体的系统放松

开始放松你脸部的肌肉，特别是颌部的肌肉，牙齿分开一点使它放松……当你集中放松身体每块肌肉的时候，你将进一步放松。你将更注意到内部功能，对感觉的感受性增加。

※建立深度放松的想象

漂向完全放松的越来越深的境界。感觉到一个很重、很重的东西吊起你的肩膀……漂向越来越深的想象有助于你进入更深的催眠状态。当"重物"吊起你的肩膀时，你肩膀的紧张就释放了。你身体感觉到的任何不同都证明了变化暗示正在发生。

建立轻盈的感觉，要使用下面的想象。你感觉越来越轻，漂浮越来越高，进入放松的舒适状态。诱导中指定的向上或是向下的方向是无关紧要的，只要它能给你带来身体感觉的变化即可。

※加深催眠

想象一个美丽的阶梯，共有 10 阶，这 10 个阶梯把你带到一个特别的、平静的、美丽的地方。马上开始从 10 向后数到 1，你想象着从阶梯走下，每走一个阶梯，你感觉身体越来越放松，每下一个阶梯，就更加放松，10，更加放松。9……8……7……6……

5······4······3······2······1······更放松，更放松······为了进一步加深催眠状态，数数通常是从 10 数到 1。加深催眠时，从 10 向后数到 1；返回到完全的意识状态时，从 1 向前数到 10。

虽然上面用了阶梯的想象，为了增强你向下的感觉，你可以用任何你喜欢的想象去代替。或许你想用电梯下降 10 层的想象，如下所示：你在一个电梯里面，感觉到自己开始下降。当你看着楼层数字通过，你看着数字 10······现在是 9······

这时，你的四肢开始发软或僵直。你的注意力开始集中，你的暗示感受性增强。你也会经历一个强烈的想象力增强的过程。周围环境停滞了。

※特别的地点

现在想象你在一个平静的、特别的地点。你可以想象这个特别地点，你甚至能感觉到它。你一个人在那里，你独自一人，没有人打扰你。这是世界上适于你的最平静的地方。

你所选择的特别地点，对于你以及你的经历都应该是独特的。可以是你真实参观的地方或者是你想象的。这个地点不必是真实的。你可以坐在漂浮在平静海面上的一个巨大蓝色枕头上，你也可以在悬挂在太空中的吊床上伸着懒腰，你还可以在云彩中央。你的特别地点必须是你能独处，并能使你产生积极感觉的地方。在这个特别地方，你会增强对进一步暗示的接受能力。也就是说，一旦产生了平静的感觉，你会对想象作出反应，这能加深催眠后的暗示。

※总结诱导

在特别地点再享受一会儿，然后开始从 1 数到 10，你开始恢复完全意识，好像休息了很长时间而精神振奋。现在开始恢复，1······2······上来······3······4······5······6······7······8······9······10。睁开你的眼睛，完全回来，感觉好极了，非常好。

完成诱导，要暗示一种舒适的感觉，避免突然返回，否则会引起睡意或头痛。你应该感觉放松、精神振奋。你可以四处走走，确定完全清醒了，并祝贺自己做得好。

暗 示

从学术上讲，暗示是一种信仰或行动的建议，可以没有干扰、没有挑剔地被接受。换句话说，当你被催眠，在放松状态时，比起你在完全清醒时的意识状态，你的潜意识主要对暗示做出反应。暗示经过一个直接的通道到达潜意识，在那里它很容易被相信、改变行为、产生影响。

下面是一些通过使用暗示能够实现的目标：

目标	暗示
加深催眠	放松，随着你的呼吸，让你的精神和身体更加放松
改变情绪	感觉你的胳膊越来越沉……感觉你的愤怒消失……
改变行为	你现在是不抽烟的人了，你不想抽烟……
产生幻想	想象你在一片野生的、绿色的宁静草地上……

暗示主要分为以下几个种类：

1. 按性质划分

失败的人生都是由于消极的暗示造成的。消极的暗示包括给自己胡乱贴标签、一些负面的口头禅、侮辱性的外号及周围人的负面评价等。通常来讲，我们是不提倡使用消极暗示的，但是在确有必要的情况下，例如进行改变行为习惯时，也会使用诸如厌恶疗法等带有强烈负面暗示性信息的技术。

积极的暗示是成功的人生必不可少的元素。人们在成长过程中，总会遇到各种各样的挫折、伤害、哀愁等，这些很容易导致我们消极的思维。因此，能始终保持积极的生活态度的人总是占极少数的。

2. 按来源划分

其实，从根本上而言，一切暗示都是自我暗示，也就是说只有被自我接受才能产生效力。环境暗示又可以分为他人暗示与周围事物暗示。环境暗示的最大好处就是当事人无法对其进行否定，能够或者说只能自然而然地接受。

3. 按方向划分

反向暗示的力量是正向暗示力量的数倍。需要特别注意的是，涉及安全以及情绪方面的正向暗示，实际上是一种隐性的反向暗示。比如"我要睡觉"，睡觉是生理安全性问题，同时有些许的情绪因素。越是暗示自己睡觉，反而越睡不着。

4. 按逻辑性划分

直接暗示是指以说服教育的方式，强迫当事人接受，容易引起当事人的质疑和反抗，这实际上是明示；间接暗示是指借助某种方式，采取比较隐晦、含蓄的手段，在不知不觉中改变当事人的思维和行为，这也是真正意义上的暗示。

5. 按受暗示者的状态划分

清醒暗示：指人们在意识状态很清醒的情况下接受外界或他人的情绪、愿望、观念、判断、态度等的影响，暗示受催眠者可以进入催眠状态。例如，在催眠前使用的："相信自己的能力，相信自己将会成功地进入一个无比放松、无比舒适的状态。"

催眠中暗示：指在不同程度的催眠状态下，催眠师给予受催眠者相应的暗示，让受催眠者的心理、生理和行为产生变化。利用这类暗示深化受催眠者的催眠状态。例如，在催眠过程中使用的："好，现在请你慢慢地放下你的手臂，你的手臂每下降一点，你都会感觉更加放松、更加舒适，直到你的手臂完全放下，你就会进入前所未有的放松状态，这个时候你就会感觉全身都很轻松……"

催眠后暗示：指在催眠过程中，催眠操作者给予的那些让受催眠者在催眠唤醒后、意识清醒状态下发生影响的暗示。例如，"好，现在慢慢地告别……暂时告别这片绿色的草地，当你想要回来时，你随时都可以回来……"和"在下一次的催眠中，你会更深地进入放松状态……"就是催眠后暗示，前者可以使受催眠者在生活中很快地放松下来，而后者则能够使受催眠者在下一次的治疗中更容易进入催眠状态，取得更好的催眠效果。

6. 按照暗示的功能划分

现实指令暗示：按照现实状况，直接指示受催眠者该怎样做或者做什么。例如在催眠中所使用的："把你的手松开时，你就会

※ 催眠暗示的分类

暗示是催眠中最重要的组成部分，关系到催眠最终的成败，每种类型的暗示产生的作用也各有不同。

催眠暗示
- 直接暗示 —— 让受催眠者知道催眠师的意图而使用的暗示。
- 间接暗示 —— 为不让受催眠者知道真正意图而使用的暗示。

威光暗示的不同应用

威光暗示是一种利用本身具有的权威作为暗示并对受暗示者产生影响的暗示。从古至今许多权威人物都应用过它。

我是天神的儿子，是你们尊贵的王！

感觉到全身的肌肉在随之放松……你会感觉到全身的肌肉在随之放松……"

意念动作性暗示：暗示受催眠者集中注意力默想一个动作，由此引发出现实外的动作。例如："集中注意力，想象你的手臂在不断地向下沉……向下沉……向下沉……"

反应抑制性暗示：使用某种暗示使受催眠者对后面的一些指令不能做出反应。例如："当我数到1的时候，你会发现你的左手臂想举也举不起来了，你会发现你的左手臂想举也举不起来了……试着举一下你的左手臂，你会发现你的左手臂想举也举不起来了……"

认知歪曲性暗示：让受催眠者对现实的认知发生歪曲，并将这些弯曲的认知当作现实。例如："接下来我会请你从1数到109，但是我已经拿掉了数字5，所以你唯一的数法是1、2、3、4、6、7、8、9、10……"暗示受催眠者没有了5，结果受催眠者在数数字时就没有数5，这是一种较高层次的暗示，通常暗示性不高的人不会对此做出反应。

以上是常见的催眠暗示分类法。其实催眠中暗示的运用，并不像人们认为的那样简单，暗示语言种类的选择以及层次性编排都是经过仔细推敲的。一般人会认为，可以借助催眠状态下当事人潜意识开放，信息的接受能力大大加强，采取直接而积极的暗示，实际上并非如此。

在催眠过程中，催眠师会根据实际需要，采取数种暗示的交集，以获得最佳的暗示组织模式，从而取得最高、最强的暗示效果。

唤　醒

一旦催眠师做出了治疗暗示，达成了催眠目的，最后的任务就是将主体带出恍惚，回到正常意识。传统方法是，催眠师告诉受催眠者他会在某个时刻打一下响指，将受催眠者带离恍惚引入清醒状态。这种表演气息浓厚的技巧现在仍然被一些舞台催眠师

✳ 催眠唤醒的物理方法

　　催眠唤醒就是在催眠治疗完成之后，使受催眠者结束其催眠状态并恢复到清醒的意识状态中的过程。让受催眠者从催眠状态中清醒过来的方法就是催眠唤醒。

不唤醒受催眠者会发生什么

　　如果不唤醒，受催眠者不会在很短时间内自然醒来。一些受催眠者会从催眠状态转入睡眠状态，等到睡眠状态结束之后，才会自然醒来。

两种物理唤醒法

你会很快醒过来的。

你会立刻醒过来。

　　在受催眠者的前额上轻轻喷气或是轻轻按摩眼睑及眼球，并同时施加唤醒暗示，也可以对着受催眠者大声呼喊，或做一些引起痛觉的动作。

　　假如对大声呼喊及其他刺激不敏感，可以对着脸轻轻地喷一些冷水，或把他们的脸暴露在冷空气中，受催眠者对冷水或冷气都会很敏感。

采用，因为它显得更加戏剧化。不过很多催眠治疗师认为这种方法太突然了。我们都有过类似体验——白日梦或睡眠突然被打断会使我们受到惊吓。一种更为常用的方法是，催眠师告诉受催眠者他要慢慢地从10往前倒数，他一边数，受催眠者一边感到自己正慢慢地脱离恍惚状态，等到催眠师数到最后的时候，受催眠者就已完全清醒了。一些催眠师把这一过程变得更加温柔，他们告诉受催眠者会自然而然地进入清醒状态，其目的在于尽可能地使这一过程平稳自然。有时如果有背景音乐，催眠师可以引导受催眠者在音乐停止时从恍惚中醒来。

接受催眠的人在疗程过后能够记起催眠过程，除非在恍惚中接受了遗忘暗示。他们经常会在催眠过后感到放松或者感觉很健康，但却没有其他任何具体迹象告诉他们"被催眠"过。他们有时会感觉自己"昏睡"了几个小时，而不是只有几分钟，这是因为催眠可以影响我们的时间感。有些人会感到精神振作，就好像是刚刚很香甜地睡了一大觉——许多人都说自己在催眠过后睡眠质量大大提高。不过也有一些人坚持认为自己从来没有进入过恍惚状态，即使催眠师告知他们确实被催眠过。

人们的反应会各种各样。催眠学家指出，恍惚诱导是一种没有任何副作用的完全自然的过程，但是，受催眠者最好是在疗程结束、面对外界的喧嚣之前小憩几分钟，就好比是从深度睡眠中醒来要休息片刻一样。

正确看待舞台催眠表演

舞台催眠的娱乐性

很多人对催眠的认识完全来自于娱乐业，即舞台催眠。在18世纪梅斯默时代，催眠表演师就已存在，且享有很高的声望。当代的舞台催眠师有的带着舞台作品四处巡游或出现在集市中，有的还在电视中频频亮相。

对大多数人来说，对催眠的直接认识也是来自演艺者。他们本身就是很有天分的催眠师，他们的表演是一个精彩纷呈、引人入胜的舞台催眠世界。的确，在催眠史上，正是美国和欧洲的舞台催眠使这项技术保留下来，但是，舞台表演也会出差错并导致问题产生。一些催眠治疗师认为，虽然很多舞台催眠师颇有造诣，但给催眠学带来了不好的影响。因此，一定要正确看待舞台催眠表演。

舞台催眠与催眠研究和催眠治疗到底有什么不同？本质上它们没有太大差别，舞台催眠师也是先诱导观众进入催眠恍惚状态，绕过意识头脑而对无意识心理施加暗示作用的。而两者最主要的区别当然在于，出现在舞台或电视上的催眠节目纯粹以娱乐为目的，而非治疗，所以舞台催眠师给观众施加的暗示往往和临床催眠师所用的暗示大不相同。参与舞台表演的志愿者可能会被要求学鸭子蹒跚或嘎嘎叫、学鸟儿拍翅膀、跳芭蕾舞、遭遇外星人，或拍想象中的苍蝇。在催眠治疗中，很少会用到这些被舞台催眠师所用的暗示。

另一个重要的区别是催眠导入的速度和催眠深度。在催眠治疗时，催眠师往往需要用较长的时间为病人进行催眠导入。比起其他人来说，有些个体可能更不容易接受催眠，因此催眠医师需要为具体的客户选择最合适的催眠导入方式。此外，催眠医师相当多的治疗工作常常是在相对轻度的催眠中进行的。

相反，舞台催眠师必须快速地进行催眠导入，时间过长、催眠导入过慢会让观众觉得枯燥乏味。同样，舞台表演者为了达到让催眠对象遗忘的效果，通常会让其进入深度的催眠状态，所以只能选择那些催眠接受性好的观众参与节目。

这也是为什么舞台催眠师从准备活动一开始就必须对观众进行仔细观察和检验的原因。他们要看哪位观众对催眠的接受度最高，并做些暗示性试验看哪位做出的反应最好。比如，催眠师会让观众闭上眼睛，想象有一只胳膊上系着氢气球。催眠师还会暗示他们的胳膊正变得越来越轻，并在不受意识控制下开始上浮，如果某位观众的胳膊在测试中有移动，他就有可能是催眠的合适人选。表演者也会看谁愿意主动成为催眠的对象。比起那些对催眠抱有怀疑态度或根本无动于衷的人来说，这些积极性强的观众更加适合做舞台催眠的对象。

需要选择最合适的观众是舞台催眠师为什么在表演时选择人数大大超过表演实际所需的原因，这样他可以在台上淘汰那些实际不容易进行深度催眠的观众。由于舞台催眠师在选择合适的催眠对象方面都受过很好的训练，催眠失败这种情况通常不会发生。

不要以为舞台催眠师挑选催眠对象是一种欺骗。舞台催眠本质上是一种娱乐活动，观众掏钱是为了看催眠师轻松地将人催眠，并提供娱乐表演，而不是看催眠师花去过多的演出时间来诱导对催眠接受性差的人。所以，应该把挑选恰当的催眠对象当作表演者的一项职业技巧。

同时，这种选择也回答了舞台催眠的一个重要问题——催眠能让人做违背其意愿和观念或平常行为之外的事情吗？这不能一概而论，但催眠师认为在多数情况下，不可能让人们做他们不情愿做的事情。因此，如果观众在舞台催眠中渴望参与，说明他们已经乐意接受催眠。但是，一般人们是不会像小鸡一样在舞台上又跑又叫的。

舞台催眠师

尽管用途和目的截然不同，优秀的舞台催眠师在催眠诱导和暗示技巧方面，绝不比催眠医师逊色。在舞台催眠早期，的确有冒牌的舞台催眠师哄骗观众相信他们有催眠的本领，而参加表演的"志愿者"都是催眠师的同伙。在当代，这种事情是很少发生的，具有真才实学的催眠师在不断地涌现。技巧十分娴熟的催眠师能在很短的时间内让个体进入深度催眠，并快捷有效地对其施加暗示。此外，有很多舞台催眠师曾经做过催眠医师，有的后来转变成了催眠医师，还有的同时担任这两个角色，因此，舞台催眠与催眠医疗之间其实并非像表面看上去那样迥然不同。

但是，舞台催眠师这一职业也需要一些特殊的才华和气质。首先，舞台催眠师必须善于舞台表演，是优秀的演艺者，并热爱表演。其次，他们得有支配性人格，或至少在表演过程中能掌握局面。在催眠治疗中，催眠医师和病人需要互相配合，但是在舞台上，催眠师必须要驾驭各环节的进程。因此，那种委婉、单向、缓慢地对个体进行诱导的暗示决不能使用。舞台催眠师选用的暗示必须直接并让人觉得难以违抗。

同样，表演的气氛也很重要。舞台催眠师应该能创造群体气氛并激发观众对节目的好奇心，这样才能使参加表演的观众拥有正确的心态，感觉自己的确在参与表演。

催眠表演的技巧

舞台催眠师的时间比较紧迫，他们必须对参与观众进行快速催眠诱导，以免观众感到表演乏味。因此，舞台催眠师往往会从观众中选择那些能对直接指令做出反应并容易接受催眠的个体。常用的一种方法是让一群观众自愿登上舞台，让他们松弛下来之后，再暗示他们的眼睑变得越来越重，眼睛难以睁开。对这些简单的诱导反应比较好的那些人就被留在舞台上，而其他人则回到观众席。强烈的舞台感染力能很快让观众感觉舞台催眠师已完全掌握了舞台表演。舞台催眠师也常给观众一种假象——自己运用了魔力将人催眠并用暗示控制他，而这也能使参与者更主动地配合催眠诱导，马上进入深度催眠状态。这些都是舞台催眠的要素。比如，有些催眠师在舞台上会利用"手部感应"，似乎告诉观众他在用自己的双手向受催眠者传递能量。这种梅斯默时期的做法虽然已经过时，但却增添了表演的戏剧性。运用舞台技术也是一个关键的因素——表演一开始就必须营造恰当的氛围：完美地融合灯光、音乐和戏剧感等因素。

来观看舞台催眠的人大都认为，舞台催眠是一种无害的、可以给人乐趣的消遣方式，但是，很多从事催眠治疗的专业人士却对这种消遣很不放心。批评者认为这种表演使催眠变得哗众取宠，公众对催眠产生了歪曲的理解，未能将催眠的各种益处告诉人们，因而毁坏了催眠的名声。刚接触催眠治疗的人常常问催眠医师这样的问题：医生是不是会让他做舞台上的那些无聊的动作，比如鸭子走、像鸡一样咯咯地叫。因此，批评者说舞台催眠对催眠的扭曲可能会让那些准备接受催眠治疗的人望而却步。

然而，舞台催眠师的观点却针锋相对，他们称催眠表演对人不存在任何害处。他们说，舞台催眠表演让人们了解了催眠的潜在影响力，从而能使他们更容易相信催眠在治疗方面的用途。无论孰是孰非，舞台催眠与催眠医疗已经共处了数十年，估计这种对立的关系还会延续很久。

舞台催眠是否有害

批评者所提出的最重要的问题是舞台催眠是否对观众具有潜在的危害。首先是对身体的危害。有报纸曾报道过，参加舞台催眠的人因在催眠状态下做个别异常的举动而擦破甚至扭断四肢。甚至还有报道说，有人因舞台催眠师暗示他是芭蕾舞演员而做了"劈叉"，结果痛苦不堪。

在英国，一位年轻女士在舞台催眠中因为要去洗手间而从舞台边上跳了下去，结果摔断了腿。这位女士从4英尺（1英尺＝0.3048米）高处掉下，腿部两处骨折，打石膏打了7个月。在经法院外调解之后，她得到了3万美元的赔偿。另外，有个年轻男子因在舞台催眠中把洋葱当作苹果吃下之后，开始吃洋葱上瘾，每天吃掉6个洋葱。经过了好几个月他才戒掉了自己的"洋葱瘾"。

批评者认为，舞台催眠除了对肢体的潜在危害，还有更让人担忧的其他危害——对心理的潜在危害。他们觉得催眠表演师过分关注娱乐效果，因而不能保证受催眠者是否能应对被催眠后的经历，或是否能从中慢慢恢复过来。当催眠对象在催眠状态下出现紧张，或其生活中曾被遗忘的痛苦经历被唤醒时，就会带来麻烦。2001 年，英国的一场意义重大的法律诉讼就是由此引发的。一个名为琳·豪沃思的女士把一位舞台催眠师告上了法庭。豪沃思来自于英格兰西北部的玻尔通镇，在舞台催眠师菲尔·代蒙（真名为菲利普·格林）的一次催眠秀中被催眠。在表演的过程中，这位女士回溯到自己的童年，并回忆起自己曾经被虐待的经历。豪沃思说此后因为这种经历，她一度患上抑郁症和自杀癖，并因此两次将车开向大树企图自杀。法院判给她的赔偿价值约 1 万美元。早在 1989 年，英国政府就颁布了相关的职业原则，规定舞台催眠师决不能使用年龄倒退法。菲尔·代蒙也声称自己遵守了职业原则，并没有使用年龄倒退法，但是法官却坚持是他的不当暗示使豪沃思回溯到自己的童年。

1998 年，有一桩案例将电视催眠大师保罗·麦肯那也牵扯了进去。这位催眠大师不仅在英国享有盛誉，在美国也非常出名。一位从事家具抛光业、名叫克里斯多夫·盖茨的男子在参加了麦肯那的一场表演后患上了精神分裂症，因此将这位催眠大师告上了法院。在催眠表演中，盖茨被暗示自己能学摇滚巨星迈克尔·杰克逊做太空漫步、能学外星人讲话，并能通过一副特殊的眼镜透视别人。而在演出之后，他被送到医院住了 9 天。

1993 年，莎隆·塔芭恩的官司应该是有关舞台催眠方面影响力最大的案例。那年，在参加完英格兰西北部兰开夏郡一家酒馆的催眠表演之后 5 小时，24 岁的塔芭恩死亡。催眠师不知道她对电有恐惧症，在这场表演中暗示她将会经历 1 万伏高压电击，而塔芭恩在表演结束 5 小时后因呕吐造成窒息而死。当地的死亡调查判定塔芭恩女士自然死亡，而窒息很可能是由癫痫发作所致。法院后来裁决，尽管不能排除催眠引发其死亡的可能性，但却没有充分的证据推翻自然死亡的鉴定。

这场灾难的直接影响是促使英国政府对舞台催眠进行了重新审查，塔芭恩女士的母亲玛格丽特·哈珀则成立了"反对舞台催眠"组织。然而，政府组织的专家小组最终还是认为没有证据表明舞台催眠对参加者存在严重危害，且相比其他很多活动来说，舞台催眠的危害要小很多。

1997年，来自宾夕法尼亚州利哈伊顿市的舞台催眠师威廉·尼尔在一场演出后被告上法庭。一名叫尼科尔·亨德森的女士说尼尔在主题为《惊人的尼尔》的表演中，被催眠的男生造成她的脸部受伤。她说，这个男生是在听到尼尔暗示"对你旁边的人做一件平常从未想到过的事情"之后转过身来，重击了她的脸，并造成她左眼下部开裂。亨德森要求尼尔支付4万美元的赔偿金。但是，尼尔的律师安东尼·罗伯蒂对事实却有不同的理解，他说："他们正准备离开舞台，就在这个时候，男生的胳膊不小心撞上了这位女生的脸部。这纯粹是场意外。"他解释说，对于这场意外尼尔没有办法控制，所以也不应对此负责。

之后，这场官司在法院外得以解决，赔偿金额是多少没有被透露，也没有任何人承担事故的责任。罗伯蒂说这场官司打得很荒谬，本来就不应该有官司。在法院里大家不停地争论舞台催眠的后果，有些批评者强烈要求严格控制舞台催眠，甚至干脆取缔这种活动。但表演者指出，只要催眠师遵守有关观众的安全和健康方面的职业准则，就根本不需要担心会发生不良后果。根据该准则，催眠表演师必须尊重其催眠对象，并保证在催眠表演结束时取消对其所施加的催眠后暗示。

舞台催眠的过去和现在

美国催眠师麦吉尔所提供的数据表明，在19世纪末，正是舞台催眠才使得催眠术没有被公众完全忘记。在那个年代，弗洛伊德的心理分析一统心理学的天下，科学领域对催眠学非常轻视。麦吉尔的理论表明，多亏了那时受到广泛欢迎的众多舞台催眠师，催眠学才不至于被完全埋没。

自从 18 世纪末梅斯默催眠术盛行以来，舞台催眠和催眠的学术研究就一直在并行发展。在精心设计的舞台上，催眠师为了吸引愿意付费接受催眠治疗的病人，常常不但做表演，而且还发表演讲。当梅斯默催眠术风行西方国家的时候，催眠成了一种流行的室内活动。催眠严肃的治疗用途和催眠的表演娱乐之间的界线有时会比较模糊，同样，名副其实的催眠师和那些诱骗观众的江湖人士有时也难以区分。

催眠学非常重要的一位先驱——詹姆士·布莱德医生居然是从法国拉封丹纳的表演中获得了启发。这位苏格兰医生在看了法国人的表演之后称自己并不觉得怎么样，其实却对催眠术产生了强烈的好奇心。后来，布莱德医生成为最早使用"催眠"这个词的人。

在 19 世纪三四十年代，人们对梅斯默催眠术的兴趣高涨，并很快将其应用于舞台表演。

早期的舞台催眠并非对人体绝对无害。一个 1894 年的案例是这样的：有一位叫弗朗兹·诺伊柯姆的欧洲催眠师照看过一位名叫艾拉·萨拉蒙的年轻女孩。他曾治愈这位女孩的神经障碍，但是与其他很多催眠师一样，诺伊柯姆不仅从事催眠治疗还做催眠表演。在催眠表演中，他将艾拉用作自己催眠表演的媒介。通常情况下，观众中会有某个有心理疾病的人主动到舞台上来，而诺伊柯姆则会将女孩催眠并让她移情于参加催眠的人，以找到舞台上病人的心理问题。这种被称为"通灵术"的技术在当时非常普遍。在一次表演中，诺伊柯姆对施加给艾拉的暗示稍微做了改变，他告诉艾拉她的灵魂将离开她的身体进入病人的身体中。暗示了两次，艾拉都出其不意地对催眠师新的暗示产生了抵抗，这使诺伊柯姆感到恼火。于是，他让这个女孩进入更深的催眠层次，再一次下达指令让她的灵魂离开身体。就在表演还未结束时，艾拉失去了生命。验尸结果表明艾拉死于心力衰竭，而这很可能是由催眠暗示导致的，诺伊柯姆因而被指控犯了杀人罪并被判刑。

在美国，舞台催眠的兴盛开始于19世纪90年代，那时的催眠表演师有赫伯特·弗林特等。在20世纪相当长的一段时期里，1913年出生于帕洛阿图市的麦吉尔曾占据舞台催眠领域最辉煌的位置，被称为美国舞台催眠泰斗。与其他舞台催眠师一样，他起先只对舞台催眠的神奇感兴趣，之后才开始专注于催眠研究。麦吉尔的著作包括享有盛名的《舞台催眠百科全书》。在他的职业生涯中，他把催眠的舞台表演、学术研究以及临床治疗结合到一起。同时，他也是首先使用电视这一新媒介的舞台催眠师，他的工作激发了全世界很多当代舞台催眠师的灵感。

今日的舞台催眠师

今天，在全世界各地有成千上万名舞台催眠师，其中最成功的一部分经常作为嘉宾或者表演者频频出现在电视节目中。比如，在《杰—雷诺晚间秀》和《大卫深夜秀》两个电视节目中就常见到美国著名的催眠师兼喜剧演员吉姆·旺德（心理学博士）的身影。今天，催眠表演师有非常广泛的表演场所，在集市、毕业典礼、宴会、会议活动、私人派对以及旅游客轮上，都能看到他们的表演。

他们的表演风格迥异、内容纷呈，但"幽默"是大多数表演的主题。舞台催眠师经常说自愿参与节目的观众才是表演真正的主角，正是观众的参与赋予了各场催眠表演引人入胜的独特性和互动性。舞台催眠的批评者说，一些参与者可能会感到尴尬和羞辱。但事实上，多数有经验的催眠师都想方设法不让观众感到尴尬，并在表演前就告诉观众将会发生什么。

表演者不同，暗示的组合也会不同。每个舞台催眠师都有自己独特的暗示，所以他们表演的套路也是八仙过海，各显神通，但表演的基本模式却比较相似：把志愿者叫上台，对其进行催眠诱导，对其进行不同的暗示以及催眠后暗示。唯一可能会限制暗

✳ 舞台催眠师的技巧

舞台催眠和催眠治疗本质上没什么不同，不过有时为了舞台效果，舞台催眠师会给观众表演"催眠"兔子、鸡等动物。这在一定程度上对观众正确认识催眠起到了误导的作用。

1. 两者最大的区别在于，舞台催眠以娱乐为目的，而非治疗，舞台催眠师给观众施加的暗示和临床催眠师的暗示往往大不相同。

就是你了。这位观众，你随我上台一起表演吧。

2. 舞台催眠师要看哪位观众对催眠的接受度最高，并做些暗示性试验看哪位做出的反应最好，并以此来挑选观众。

大家请看好，水晶球会把他变成小狗。

3. 舞台催眠师常常误导观众，让观众以为舞台催眠师有魔力，他们用一些完全没有必要的动作或者道具来迷惑观众，增加表演的戏剧性。

示内容的是催眠师的想象力。

女催眠师

尽管舞台催眠这个行业基本上被男性主宰，但是女催眠师的数量也在不断地增加，其中包括来自圣地亚哥的克里丝汀·米歇尔。作为自成一格的女性舞台催眠师，她的表演生涯起步于拉斯维加斯。她的特点是能让参加催眠的观众认为自己是火星来客，能让男士以为自己是超级名模。与其他许多舞台催眠师一样，米歇尔起初曾接受过催眠临床治疗方面的职业训练。最著名的女性舞台催眠师先驱非莫琼·布兰登和帕特·考林斯莫属。前者被认为是最早的女舞台催眠师，她的名望在 20 世纪 50 年代达到最高峰；后者是才华横溢、极具魅力的表演者，当催眠术治愈了自己的癔症麻痹后，她对催眠产生了兴趣，从而在 20 世纪 60 年代开始了自己的舞台催眠事业。

催眠不可思议的作用 〉

催眠为什么可以产生神奇的作用

催眠对我们的生活起着不可思议的作用，很多接触过催眠治疗的人都惊叹于它的神奇。

其实，催眠被运用于治疗已有多年的历史了。而在现代医学中，催眠不仅可以有效地帮助我们放松身体，缓解压力，戒除不良嗜好，纠正不恰当的行为习惯，还可以帮助我们增强自信，增进自我觉察能力。催眠还可以帮助我们解决心理冲突，治疗身心疾病。此外还能增强我们的记忆力，提高学习和工作效率。

如此看来，催眠真的具有很多神奇的作用，那么，这些神奇的作用到底是如何产生的呢？

一般人在催眠状态下会更加容易进入潜意识领域，潜意识类似一台电脑，它将我们的五官感觉到的东西储存起来，并且具有更强大而持久的威力。实践证明，积极、正面的心理能够调整并纠正被扰乱和被破坏的身心状态与行为模式，催眠治疗也正是利用人们的受暗示性，通过不同的暗示引导人们进入一种放松的状态，并且使人们在这种状态中产生较为深刻的心理状态变化，从而使某些症状减轻或消失，使疾病明显好转。

那么，催眠术又是怎样帮助我们放松身体、缓解压力的呢？

其实，当人们进入催眠状态的时候，身体的感觉或者行为的一部分会从意识当中分离出去，从而在无意识当中进行记忆并发挥作用，所以非常易于接受某种心理暗示。特别是人们感觉到有压力的时候，身体的肌肉和精神是呈紧张状态的，使用催眠技术可以让我们迅速进入放松状态，身心愉快，达到缓解压力的目的。

催眠术除了可以帮助我们治疗身体疾病，缓解自身压力外，在治疗心理疾病方面也有着非常神奇的作用。催眠技术可以与精神分析、认知行为治疗、家庭治疗等各种心理治疗的理论及技术相结合，对焦虑症、强迫症、恐惧症等各种心理障碍及睡眠障碍、紧张性头痛等各种身心疾病起到很好的治疗效果。

综上所述，催眠术在我们的生活中发挥着非常重要的作用，对于身心疾病的治疗、压力的缓解等都有着很神奇的功效。如果能将催眠术普及于大众，必将使我们的生活更加美好。

催眠能让人忘记失恋的痛苦

爱情是这个世界上最美好、最动人的感情，痴男怨女们为了心中神圣的爱情而爱得死去活来，两个人在一起不合适，一方理智地要分开，另一方却肝肠寸断、痛不欲生……

也许，很多人都有失恋的经历。从心理角度来看，失恋可以说是人生中最严重的挫折之一。所以常常有人会问催眠师："我失恋了，现在痛彻心扉、伤心欲绝、生不如死，催眠可不可以让我忘记这些痛苦和伤心？可不可以将这段感情忘记得干干净净？"

在深度催眠状态下，催眠师的确可以下指令让你忘却某些记忆，产生所谓的失忆现象。而且，这也是一种可以逆转的机制，失去的记忆并不是被抹除了，只是被放到了潜意识更深之处，暂时不去提取而已，如果日后有需要还是可以再下指令唤回来的。

然而，一个有职业道德的催眠师是不会这样做的。因为失恋的痛苦是不应该这样处理的。治疗师会希望受催眠者从这些悲伤、痛苦的经历中蜕变和成长，学习到新的智慧。只要受催眠者愿意探索，这些痛苦的经历也能带来正面的、积极的、喜悦的启发。

如果失恋的痛苦确实非常大，超越了受催眠者所能承受的极限，这时，催眠师可以适度地暗示对方："你的潜意识是非常有智慧的，你的潜意识知道怎么样对你最好、最有利，等一下当我从 1 数到 10 的时候，如果有一些记忆适合遗忘的话，潜意识就会帮助你遗忘掉，等你结束催眠的时候，你就会觉得整个人变得非常轻松、非常舒适，你只会记得你需要记得的东西……"一段时间之后，催眠师觉得时机成熟时，可以再打开那些封锁的记忆，做进一步的分析与处理。

失恋以后的痛苦和挫折感受会因来访者的人生观、性格、恋爱时间的长短以及恋爱程度的深浅等因素的不同而不同。一般情况下，催眠师是按照受催眠者受伤害的程度来进行适当的治疗。当然，催眠师会希望受催眠者在催眠的过程中对自己有更多、更深的认识。经历是一种财富，不管是愉快、成功的经历，还是痛苦、挫折的经历，都能让人成长，经历过这些，才会更加懂得生命的意义，更加感恩生活、珍惜生命。

因此，遇到失恋的情况，正确的处理方法是通过催眠师的帮助，重新回到那段痛苦、悲伤、挫折的经历当中，重新认识之前发生的事情，将痛苦、悲伤、挫折的情绪发泄出来，重新接纳、演绎并能超越这些消极的情绪。虽说是要迎接这痛苦，但是转痛苦为智慧，即便是以后再次面对它，也能做到心平气和，并且感谢它使自己变得更加坚强，感谢它给自己带来成长的启迪。

催眠可以使忘却的记忆重现

记忆是大脑系统活动的过程，人的记忆一般可分为识记、保持和重现三个阶段。记忆重现指在人们需要的时候，能把已识记过的材料或者信息从大脑里重新分辨并提取出来的过程。

有些人利用催眠来犯罪，而警察也是可以运用催眠来破案的。利用催眠进行犯罪的例子有很多，利用催眠进行破案的例子也有很多。例如，警察局在侦破一个系列抢劫杀人案时，在催眠师的帮助下，对证人进行了催眠，使证人重新回忆，引导证人说出犯罪嫌疑人的相貌及身体特征，然后据此画出了犯罪嫌疑人的肖像，成功地侦破了案件。

有这样一个案例：在一个阳光温暖的下午，商场门前车水马龙，人来人往。这时，一位20岁出头的女子提着包，急匆匆地走上商场的台阶，准备进入商场购物。突然，一声枪响，现场变得一片混乱，伴随着一阵阵惊慌失措的呼叫，人们惊恐万分地四散奔跑。当这个年轻女子从惊恐中回过神来时，发现她面前有一位老先生躺在了血泊中。

警察闻声立即赶到了现场，但是，凶手已经逃之夭夭。作为现场的目击证人，年轻女子必须到警察局作证，但是，她却怎么也说不清楚事情的来龙去脉。因为她当时只想赶紧进入商场买东西而没有其他任何的杂念。直到突然听到了枪声，她只见人们慌乱地四处奔逃。究竟是谁开的枪，她根本就无从回忆，警察因此感到很棘手。

后来，警察局找来了催眠师帮忙。催眠师在了解情况之后对调查人员说，目击证人由于极度惊慌、恐惧，在大脑中就很难形成犯罪嫌疑人的肖像，但是在心灵深处，却清晰地留下了犯罪嫌疑人的信息。这就需要对证人进行催眠，激活她的记忆。得到当事人的允许以后，催眠师对这位年轻女子进行催眠，以使她回忆起当时案发的情景。这位年轻女子被安置在催眠椅上，接受催眠师的催眠。

催眠师对她进行暗示诱导：

"你从马路那边一直走过来，是想去买东西吗？"

"是的，我想去买一些衣服。"她不假思索地回答。

"你是不是去商场买衣服？"

"是的。"

催眠师继续暗示她：

"你现在正从马路那边一直走过来，往商场走去，你已经踏上了商场的台阶。商场入口处人非常多、非常拥挤？"

"是的，人非常多，很拥挤。"年轻女子回答。

"你看一看你前面的人，他们都是什么样的人？"

被催眠的女子接受催眠师暗示之后，抬头向前看。停留了片刻，回答说：

"什么样的人都有，小孩儿、老先生、老太太，可是，这些人我一个也不认识。"

"那你见到一位穿黑色大衣的老先生吗？"

她稍微迟疑了一下，摇摇头说："我没看见。"

"你肯定能看见他，你再仔细找一找。"催眠师提示她说。

她又向前仔细地观望，然后激动地回答说："啊！是的，我看见了，他正从商场里走出来，走得很匆忙，看上去非常慌张的样子。"

"后面有人跟踪她吗？"

她又引颈向前放眼搜寻，回答道：

"是的，有。一个戴帽子的男人，但是他的帽子压得非常低。"

"那个男人大概有多大？"

"应该有 30 岁吧。"

"那他的脸上有什么明显的特征吗？"

"长方脸，嘴角好像有一个黑痣。"

"之后他做什么？"

记忆回溯找失物的步骤

　　通过催眠找东西就是通过催眠进入我们的潜意识，循着一些能够回忆起来的线索，把我们回忆不起来、却依然存在于大脑里的有关记忆翻出来看看，就像警察调查失窃案时把监控摄像头的录像翻出来看一样。

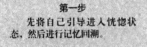

第一步
先将自己引导进入恍惚状态，然后进行记忆回溯。

回到最后一次看到照片的时候。

第二步
回溯到最后一次看到失物的时间，开始在记忆里寻找。

上周三，放到了沙发旁边。

第三步
通过时钟想象将时间调到现在，开始找东西。

找到了！

"他走到了老先生身边……"

被催眠的年轻女子突然失声惊叫起来："啊！是他，就是他！他从口袋里掏出了一把手枪，把那个老先生打死了！"

"然后那个男人往哪里跑了？"

"他用手压了压帽子，飞快地跑进了商场里去，一直都没有回头！"

在被催眠状态中，这位年轻女子回忆起了她当时的所见所闻，提供了凶犯的相貌特征。警察局根据她提供的特征，很快就抓获了凶犯。

催眠除了使目击者的记忆重现以外，还可以让很多有心理困扰和心理阴影的人找回自信，重新回到正常工作与生活的状态中，相信催眠术的研究工作在不久的将来会有更大的发展。

催眠可以促发"无中生有"的生理效应

催眠不是气功，不是宗教，更不是魔术，而是一种全身心放松的方法，主要针对的是心理调整，是心理医护人员治疗心理疾病的重要手段。

使人忘记失恋的痛苦、使忘却的记忆重现，这只是催眠的诸多神奇效果中的两个。在催眠学界，较多地为人们所谈论的是催眠另一种奇特的作用——促发"无中生有"的生理效应。催眠师只需要对受催眠者做一个特定的暗示，而不用对其进行真实的刺激物作用，就能够使受催眠者不仅在主观上产生一定的心理体验，而且生理上也会产生出相应的效应。

在催眠术中，最为著名的就是"人桥"事件，所谓"人桥"就是通过催眠将人弄得像块钢板，横架在两把椅子之间，让中间悬空，人躺在上面，而且到一定的时候腹部上可以站人。这种奇特的现象，一定会令很多人惊叹不已。当然，这也是一种极端的催眠现象，正是有了这种奇特的生理效应，才显示出催眠术的神奇效果！

现在大家已经都知道，在催眠状态中，只要催眠师发出指令，受催眠者就能够按照其指令行动，完全遵从，丝毫不差。"人工记印实验"是人们所共知的由催眠直接造成生理变化的著名例证。

实验是这样进行的：首先，催眠师取出一块大拇指指盖大小的湿纸片，然后贴在受催眠者的额头或手背的皮肤上。催眠师在使受催眠者进入催眠状态之后，就下指令暗示他，在贴纸的地方会有发热的感觉。受催眠者集中注意去体验这种发热的感觉，过了一段时间之后，催眠师揭去那块发湿的纸片，人们发现受催眠者被贴上纸片的这块皮肤果然已经发红了。更有甚者，如果催眠师用一枚硬币或一块金属片贴在受催眠者的手臂上，并暗示他说，硬币或金属片是发烫的，他的皮肤很快会被烫得起水泡。在片刻以后，受催眠者被硬币或金属片所覆盖的皮肤果真起了水泡，与真实情况中的烫伤别无二致。

在另一个催眠实例中，催眠师递给受催眠者一杯白开水，请他喝下，同时还暗示他："这是一杯糖水，里面放了很多糖，所以非常甜。"受催眠者喝下白开水之后，很高兴地说："这杯糖水的确非常甜。"如果催眠的效果仅此而已，似乎倒也并不显得有多么神奇。不过令人惊异的并不是受催眠者在主观心理上觉得这是一杯糖开水，觉得喝下去非常甜，而是受催眠者在生理上产生了变化。人们对被催眠者进行了抽血化验，惊奇地发现受催眠者血液中的含糖量大大增高了。显而易见，催眠师的这个暗示，不仅引起了受催眠者在心理上发生了变化，同时，也造成了其生理上的变化。这种生理上的变化只有当事人才能够体会得到，而普通的旁观者则很难感受得到。

实际上，使人产生幻觉的催眠现象也是屡见不鲜的。通常，在催眠状态中，催眠师可以通过各种暗示，使受催眠者把不存在的东西看成是存在的，产生各种各样的幻觉。法国的催眠大师贝恩海姆曾经做过这样一个催眠实验：在使一名受催眠者进入催眠状态之后，贝恩海姆便暗示他说，在床上坐着一位女士，她手中拿着一篮杨梅要送给他吃，当他醒过来以后，可以走到床前向她握手道谢，并接过杨梅吃下去。这位受催眠者醒来之后，果然走到空无一人的床前，煞有介事地向实际并不存在的女士说道："谢谢你，太太。"并做出握手状，然后接过幻想中的那一篮杨梅，津津有味地吃了起来，边吃边感叹杨梅的甘甜。

催眠暗示甚至可以使受催眠者陷入"人工假死"的状态，即出现一切自然死亡的特征，如呼吸中断、心跳脉搏停止等。可见，与使人忘记失恋的痛苦、使忘却的记忆重现等效果一样，催眠的这种"无中生有"的效应，同样令人咋舌。

催眠术作为一门高新技术，不可滥用，一旦违规使用，其危害性是不可估计的。所以和克隆技术、异类移植等技术一样，催眠术的研究和应用将会受到严格的限制和管理。

催眠能让一个人重返童年时代

催眠是否真能让时光倒流，让一个人重返童年时代，这一直是让人困惑的问题。其实，催眠可以通过运用年龄倒退来实现和解决这个问题，也就是说可以对储存在低层潜意识的早年记忆进行唤醒。年龄倒退就是催眠师向受催眠者下达指令，要求受催眠者的心智回到从前的某个时候，这个时候可以是前两天、几个星期之前、几年前、几十年前。

例如，催眠师这样暗示受催眠者："我现在正在降低你的年龄，一岁一岁地减去，数着你的年龄时，时光就会渐渐地倒退，你会变得越来越年轻，好，现在请你深深地吸气，吸满之后就静静地呼气，随着呼气放松你的全身。好，吸气……吸气……呼气……放松全身。"给予这样的暗示之后，催眠师接着从受催眠者现在的年龄开始一岁一岁地向后倒数，一直数到所确定的年龄为止。如果催眠师数到受催眠者4岁的时候，受催眠者就会表现出4岁小孩儿的动作、神态、语气等，他会像小孩儿一样咬自己的手指、哭闹、撒娇，甚至他的声音、语词和音调也像个孩子一样，如果让他唱歌，他就会像孩子一样扭来扭去地边拍手、边唱歌。

催眠学家经过对受催眠者的年龄倒退现象研究发现，经年龄倒退之后所测得的智力与其该年龄阶段的智力并不相符，虽然它仍低于实际的智力，但是仍然有成熟性趋向，也就是说不同催眠师对不同的受催眠者进行实验，所得到的结果是不一样的。

对于在催眠中出现年龄倒退现象的原因，各学者说法不一。有的学者说是真实的——可以称之为真实性派，有的学者则认为是具有欺骗性的——可以称之为假装性派。也有的学者说这只是一种模仿行为，只是为了遵从催眠师的指令，顺从催眠师的心意——可以称之为模仿派。持这种观点的学者认为催眠中的年龄倒退是一种模仿性行为，是一种完全沉浸于角色之中的角色扮演，受催眠者只是遵循催眠师的指令，按照催眠师的要求来模仿某一阶段儿童的行为、语言以及情感等。可以设想，既然催眠时可以出现年龄倒退的现象，那么，是否也可以显示出年龄速进的现象呢？其实，催眠师也可以暗示受催眠者的年龄在增长，并且让他成为某个年龄阶段的人，然后让他说出或者做出该年龄阶段的事。通常情况下，受催眠者常常会说出他与他的儿子在一起聊天、登山、踢球的事情，以及他的事业、工作情况等。这种对于生活的描述也反映出了人在自然情况下的一种意识状态。

关于年龄倒退的实质至今还没有明确的定义。不过，大家对于速老现象的解释和年龄倒退的假设是相仿的。真实性派一直在期待着事实的验证，模仿性派认为受催眠者是在按照他个人的愿望来想象他以往（年龄倒退）以及今后（年龄速进，速老）的生活状况，而持假装性观点的人，则坚持认为速老现象同年龄倒退一样，是一种毫无根据的假装。不管是哪种观点，大家都相信，催眠术的年龄倒退与速老现象在未来一定会有水落石出的那一天，或许这一天离我们并不遥远。

催眠可以激发特异功能

催眠真的可以开发出人的内在潜力，并赋予人新的力量吗？特异功能真的存在吗？人们常说的特异功能其实是人类潜在能量的一种体现，它的研究对象主要可以归为两类：一类是认识上的超常现象，称为"超感官知觉"；一类是意念直接作用于外界事物，称为"心灵致动"。特异功能的具体内容很庞杂，例如遥视、透视、预知、思维传感、意念移物、意念治疗、灵魂出窍、附体重生、幻影续存等。特异功能以人的冥想为基础，能量化人的心智，程序化人的生活，物质化人的梦想。

特异功能是无法被证伪的一种现象，也就是说，它的正确与否，暂时不能通过科学的方法进行验证，现在科学对特异功能还不能给出一个合理、完善的解释。特异功能在魔术表演中可以看到。那么，在生活中，一般的人能被催眠激发出特异功能吗？

关于这一点，虽然有许多立论严谨的专家及学者都有着一致的意见：没有足够的证据能够证明催眠可以激发特异功能。但是，催眠师给出的答案却是肯定的。他们都认为，催眠可以引导人将自己的意识状态调整到不同的频道，如果刻意地转到特异功能的频道，那么特异功能就自然而然地出来了。但问题的关键是，催眠师有必要这样做吗？这样做，对当事人有益吗？就好像一些一夜暴富的人，后来反而被那骤得的巨大财富给毁了一样，人们对于上天赋予的特殊的功能，往往会很难接受，或者是很难从容地驾驭，突然而来的特异功能，对于人们来讲不见得是一件好事情。所以，为了生活的平静，还是回到平常状态比较好。

以前有过这样的案例，一位非常精明能干的女人在经过前世催眠之后，发现自己在比较暗的环境中竟然可以看见人体四周的灵光——这称为"眼通"。起初，她非常兴奋，花了大量的时间来测试自己的这个能力，而这眼通也是越磨越利，过了半个月之后，她的能力进步到一眼就可以知道对方的情绪状态、身体状况、心灵修为，以及一定时间范围里的未来命运。

正因为有了这种与众不同的能力，她的生活渐渐地发生了改变，她慢慢感觉到自己有点负担不了这个新能力所带来的新挑战，例如，她开始觉得自己有责任、有义务帮助身边的人，这些问题困扰、纠缠着她。经过与催眠师的一番讨论之后，这个女人理智地要求催眠师对她进行催眠，以把眼通关掉。

还有的人在激发特异功能之后可以"看"到远方发生的事情，也可以穿透障碍物看到内部的东西，还有的人可以感觉得到别人的思维，也有的人可以预知未来数小时或几天内会发生的事情等。人所用过的物品或者碰触到其本人，就能说出这个人过去所经历的事。还有一种类型的特异功能——产生、发放能量操控外界事物。这种能力包括以意念使物件移动、种子发芽的念力，使物体从封闭的容器穿壁而出的"空间移转"能力等。

如果有人在进行催眠治疗的过程中，因为解除了某些内在的情结，而打通了某些淤积的能量，意外地开启了自己的特异功能，那么，催眠师也会认为这是自然发生的，可以接受的。毕竟化繁为简，顺乎天然才是使用催眠术的最高境界。

从修行的角度来看，古往今来许多大师也都曾经指出，悟道之后，神通就自然显现，而在没有悟道之前，如果神通跑出来了，也以不用为上，否则，神通反而会成为障道的逆缘。所以，催眠师一般也不希望把人的特异功能牵引出来，而希望人是平凡的。

对催眠术的一些疑问 >

催眠是不是"让人睡觉"

由于种种原因，很多人对催眠都存在着不同程度的误解和疑问。没有接受过催眠的人都很想搞清楚催眠是不是让人睡觉，"催眠"一词是否存在着消极的含义。大家也都想知道催眠是否有害，是不是一种大脑的控制，被催眠后的感受怎样，催眠以后的状态和平时有什么区别，等等。

在关于催眠术的诸多疑问中，第一个当是催眠是不是"让人睡觉"。很多人一提到催眠通常就会望文生义，催眠，催眠，不就是催人入眠、催人睡眠吗？其实，这不仅在普通大众眼里经常有人这么想，就连医学界、心理学界也常有人这么认为。一些受催眠者在经过催眠治疗过后，会对催眠师说："您催眠的时候，我并没有睡着啊，您说的每一句话我都能听到，周围人说的话我也能听得到……"那么，催眠到底是不是让人睡觉呢？如果是的话为什么还会有这种清醒的状况呢？如果不是那为什么醒来以后会如此轻松自在呢？

其实，催眠和睡眠完全是两回事，睡眠是人对整个环境和自身知觉的一种高度抑制，而在催眠状态下，受催眠者对于周围的反应则是被抑制的部分抑制得更深，而被唤起注意的部分比平时还要注意力集中。事实上，在催眠状态下，受催眠者甚至比平时更清醒，更不用说比睡觉时候了！睡觉的时候人的大脑处于休眠的状态，中途还会做梦，而催眠的时候就不会有这种情况发生。

那么催眠和睡眠到底有哪些区别呢？

（1）催眠和睡觉的性质是不同的，催眠是一种技术，目的是要对受催眠者进行催眠治疗，而睡眠并没有这种目的，睡眠只是一种单纯的休养生息。

（2）催眠属于心理和生理的范畴，而睡眠则属于生理的范畴，是生命活动所必需的。催眠可以消除精神上的痛苦，可以促进、帮助人类机体的健康发展，并通过调动、发挥人的自我调节机能来实现全部身心的良好发展；而睡眠主要是使精力和体力得到休息与恢复，以便接下来更好地工作与学习。

（3）处于催眠状态中的受催眠者，虽然大脑皮层的大部分区域已经被抑制，但是皮层上仍有一点是高度兴奋的，反应非常灵敏，对于催眠师的问题也会做出相应的回答，而处于普通睡眠状

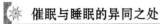

从字面上理解，催眠似乎就是"催人入眠"，受催眠者的表现看上去和睡着了一样，实际上催眠与睡眠有很大差别。

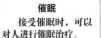

催眠
接受催眠时，可以对人进行催眠治疗。

睡眠
正在睡眠时，精力和体力会得到恢复。

特征：可以在暗示下做出某些动作和行为，在没收到觉醒暗示前，即使睁开眼，也还是在催眠状态中。

特征：肌肉处于松弛状态，一般情况下，只要眼睛睁开，便立即恢复到清醒的状态，不需要任何暗示。

两者后期差异很大。

对比受催眠者与睡眠者的脑电图，就会发现，两者脑电图波形只是在前期有些相似，后期有很大差别。

从实验可以看出，催眠和睡眠的相似，不过是表面上的相似，实际上，两者在功能上、表现上都不是一回事。

态的人，意识活动则是完全停止的，对外界毫不自知，更不可能配合别人回答问题。

（4）虽然人在催眠状态下也是在休息，但是休息的深度和质量要高于一般的睡眠，有时只是被催眠了十多分钟，但是受催眠者感觉好像睡了很久，身心得到彻底的放松，达到了自然的状态，这是普通的睡眠无法比的。

（5）处于催眠状态中的受催眠者，有时在催眠师的暗示下，其肌肉可以僵直得像一块钢板。而处于普通睡眠状态中的人，一般肌肉都是处于松弛状态，没有特别的影响和刺激是不会有较强烈的反应的。

（6）处于催眠状态中的受催眠者，经过催眠师的暗示会做出某些动作和行为，比如痛哭、大笑、呕吐、出汗等，而在睡眠状态下的人则远远没有如此丰富的活动，他们只会在梦中才能感受到。

（7）处于催眠状态中的受催眠者，在没有收到催眠师的苏醒暗示之前，即使是睁开眼睛，也仍然是在催眠状态之中。而处于睡眠状态中的人，眼睛一旦睁开，便立即恢复到清醒的状态，不需要任何暗示便回到现实生活中来。

从以上7点完全可以看出，催眠和睡眠完全是两回事。

受催眠者会不会做出违背自己意愿的事

有人不愿意接受催眠的原因是对催眠存在很大的恐惧感，他们担心自己在被催眠的过程中受到控制、失去理智而把一些隐私暴露出来、当众出丑或者做出一些违背自己意愿的事情。例如有一些人担心自己会在催眠时完全听任催眠师的摆布，甚至泄露自己的银行卡密码。还有一些人，他们对催眠抱有一种不切实际的幻想，期望得到某些不可能的结果，其实这些想法都是不正确的，而且是没有科学根据的。

绝大多数的催眠学家认为，人在催眠中是无法被迫违背自己的信仰和道德观说话或做事的。催眠学家指出这样一个事实：只有你想要达到某种无意识行为的变化时，你才能达到这种变化。比如说，如果你并不是真的想要戒烟的话，那么，几次催眠治疗都不太可能使你将烟戒掉。

其实，每个人的内在都有一个极其重要的机制——自我保护机制，所以，在被催眠的过程中，受催眠者是不会做出违背自己意愿的事情，这一点人们完全不需要担心。

即使舞台催眠师想要使一些观众进入深度催眠状态，并让他们做出一些诸如学鸡叫等不正常举动，也是因为受催眠者事实上已经认可了催眠师，在潜意识里接受了催眠师的这一安排，而且在完成催眠后，受催眠者一般会有愉快的感觉，不会因为这些举动有所焦虑或者烦恼。

但是，在此必须要说明的是，一些催眠学家认为，这个问题要比看上去复杂得多。他们认为，通过对暗示进行重组再构，就可以使其看起来与主体的意愿相一致，就可以使这个人做出一些在正常状态下不会做的举动。鉴于催眠从业人员良莠不齐，接受催眠的人也需要注重催眠师的道德品质与专业素养，确保到正规合格的机构去治疗。

在每个人的潜意识中都有一个坚定不移的任务，那就是保护自己。这个自我保护机制使人们不会因外界的引导和刺激而做出潜意识里并不认同的事情。即使是在催眠状态中，人的潜意识也会像一个忠诚的卫士一样异常坚决地保护着自己。所以，人们根本不用担心会做出违背自己意愿或者说出格的事情。

被催眠以后，受催眠者的感受如何

多数人理解的催眠就是把受催眠者引导进一个失去自我意识，一切思维、动作、行为都受制于人的特殊心理状态。那么，那些受催眠者被催眠以后的感受到底是怎样的呢？为什么会有这些感受呢？在与催眠师沟通的过程中，受催眠者生理上会发生怎样的变化呢?

在一些电视节目中，曾经有人当场演示过"催眠人桥"：将自愿体验催眠的观众导入催眠状态之后，把他们的身体置于两个椅子之间，腹部是悬空的，然后，让一个体重一百多斤的人站在受催眠者的腹部上。演示完毕之后，场内的观众询问了受催眠者被催眠之后的感觉。有的受催眠者表示，在整个过程中自己是非常清醒的，可以很清楚地听到指令，也清楚地知道自己在干什么；有的受催眠者则觉得整个过程模模糊糊，感觉腹部所承受的重量像是一本书或一根铅笔、一个气球的重量；还有受催眠者说腹部所承受的是一个热乎乎的熨斗。不同的人因受催眠的程度不同，得到的感受也不同。

总的说来，所有的受催眠者都感到自己腹部上面一百多斤的重量变轻了。在"催眠人桥"的演示当中，受催眠者的注意力被完全集中在全身肌肉的收缩上，整个人变得像一块钢板一样，从而使得腰部肌肉的巨大力量被唤醒，变得无比坚硬。在整个过程中，由于受催眠者并没有失去意识，所以，他能够知道所发生的一切，也同样能记住当时生理上的感觉。

被催眠后会有这样的感受是因为大脑中控制我们行为和感受的部分"意识"在起着作用，我们的意识负责思考、判断、发出命令，同时也要接收信息、体验感受。而我们的"潜意识"则在时刻保护着我们的安全，让我们能够知冷知热、知痛知痒。例如，当我们的手被火烫到后就会立即缩回去，然后，有人可能会惊叫一声，而整个缩手的动作或许还不到一秒钟的工夫，却牵动了指端、臂部一百多块肌肉的连锁反应，这就是潜意识的作用。而意识则是这一系列动作之后的一种痛的感觉，因为，很少有人会在被烫伤之后缩手，他们通常是感觉很烫就会及时缩手。

在日常生活中，我们本身的潜意识能量是很容易被忽略的。其实，潜意识的能量是非常巨大的。虽然人们只有在特殊的条件下才能感受到潜意识的巨大力量，但是通过催眠，让意识的范围缩小集中在一个非常小的点上，却可以将潜意识的力量爆发出来。这也正是人本身的一股力量，催眠术在这个时候起到一个唤醒潜意识的作用。

催眠就是催眠师与受催眠者的潜意识沟通的过程。随着受催眠者潜意识作用的上升，意识的作用就会越来越弱，这便是催眠的深化。心理学家一般是将催眠分为3个阶段：浅催眠、中度催眠与深度催眠。

在浅催眠状态下，人的感觉并不是很明显，主要体现在精神愉悦、身体慵懒而不想动，但是其意识仍然是比较清醒的，能够清楚地知道周围发生的一切事情。因此，很多进入浅催眠的受催眠者都不承认自己进入了催眠状态。但是，如果催眠师下达观念运动指令或者引导出肌肉强直的现象，受催眠者就会不得不承认他确实是进入了催眠状态。等到浅催眠被解除之后，受催眠者的意识清醒，完全知道自己的行为，并且会感到非常轻松和舒适。浅催眠是人们最容易进入的一个阶段。

进入中度催眠后，感觉是相对比较多的，例如，人体温度的变化很明显、痛觉消失以及无法完全知晓周围发生的事情。在中度催眠结束之后，当事人只能回忆起某些片段，而且醒来之后，他会感觉仿佛是畅快淋漓地大睡了一场，非常放松、舒适。中度催眠被解除之后，受催眠者能保留部分的记忆，但是内容更接近于催眠指令而非真实情况。中度催眠后，被催眠者与催眠师之间也会保持良好的沟通和互动，不过潜意识却变得异常活跃和敏感。

进入深度催眠状态后，除了催眠师的声音之外，受催眠者的其他感觉几乎全部消失了。受催眠者身心放松，对于催眠指令反应良好，但是受催眠者的意识是不清醒的，甚至不知道当时四周的状况，沉浸在非常主观的个人世界里。当结束催眠时，受催眠者很可能无法记得催眠中发生过的那些事情。有的受催眠者记忆、人格都会发生变化，有的则反映自己像是进入了另外一个世界一样，这些和被催眠者的受暗示性程度的高低有着一定的联系。

在进行一般的心理治疗时，深度催眠状态并不重要。心理治疗重在当事人对过往经验的重新诠释。而人生经验的诠释，需要清醒的意识来参与，所以，中度催眠是最合适的。在国外，人们除了可以在心理治疗机构接受、感受催眠，还可以看到催眠师在舞台上表演的"催眠秀"。国内的催眠发展得比较晚，催眠秀的节目也比较少，无论治疗还是表演都还不够成熟，因此，在选择时一定要慎重。除此之外，对催眠过度恐惧和紧张的人，或是不愿意了解尝试和深层沟通的人，也不要轻易去体验催眠。

接受催眠术是不是有害

生活中，几乎所有的催眠师都会宣称催眠很安全，只会带来好的效果，不会有害于人们的身体，但是还是有不少人认为接受催眠术是有害健康的。人们之所以对催眠术有很多的误解，原因就是没有真正深入了解催眠术。有些人认为催眠是一种病态的心理现象，人在处于催眠状态中时，会出现许多他们认为的不良现象，包括大脑皮层会受到严重的损伤、意志丧失、智商降低等。甚至有些人认为，被催眠后就像酒精中毒一样，会导致受催眠者精神失常。那么，接受催眠术是否真的有害呢？简单的麻痹对人的身体有副作用吗？

其实，认为接受催眠有害的人可能是看到了正在接受催眠的人。处于中度或深度催眠状态中的受催眠者，绝大部分都是目光呆滞无神，面部也毫无表情，无条件地接受催眠师的一切指令。受催眠者哪怕是见到自己的父母、配偶、子女、好友等，也都全然不认识。其实，这只是在催眠状态中大脑皮层大部分的区域被暂时抑制了而已，在经过暗示之后就会逐渐清醒过来，也会慢慢恢复到正常状态。

虽然在被催眠之后，一些受催眠者有种种过于被动或是烦躁、发狂甚至是精神失常的表现。但是，这样的事情极少发生。

那么，造成这种表现的原因是什么呢？是催眠术本身固有的缺陷，还是由于催眠师施术不当呢？经过研究发现，答案是后者。所以专家、学者都一直强调人们要找正规的催眠机构进行治疗，只要催眠师规范操作，就不会有这种情况发生。

其实，那些不利的表现不仅可能在催眠施术中出现，在其他心理疗法中也可能出现。一方面，在绝大多数情况下，催眠可以使人的身心机能得到有效的休息和恢复，并通过调动、发挥人的自我调节机能来促进、帮助人类机体的健康发展，以及实现全部身心的良好发展。另一方面，专家还需要对受催眠者的一些不良或不正常的反应做深入的分析。由于在清醒的意识中，许多欲求、本能和压抑都被深深地隐匿于潜意识中，它们的确客观存在着，但是又不为他人和自己知晓。在催眠状态下，它们被彻底地释放出来，毫无保留地展现在自己面前。这并不是一件坏事，充分发泄出来只会有益于身体和心理健康。某些缺乏专业知识的人，误以为那些表现不是受催眠者所固有的，而是由于催眠所造成的，所以对催眠术产生误解，并由此开始恐惧催眠。

还有一些人看到，在催眠结束之后，某些受催眠者出现了紧张、头痛、恶心、焦躁、抑郁或者是难以苏醒等现象。他们认为这些现象也是催眠术本身造成的。事实上，造成这些不良现象的原因并不是催眠术本身，而是催眠师的技术。也就是说，催眠师没有能够按照催眠术的科学程序进行，因此导致催眠术的失败。所以专家和学者一直在强调催眠治疗和训练催眠内容时，应该由接受过专业训练并有实践经验的催眠师实施催眠。

造成催眠师失败的原因主要是以下几点：

催眠师解除催眠的程序不够完全、完整。也就是说，在受催眠者醒来之前的准备工作没有做好，具体说来，就是催眠师没有下达或没有反复强调受催眠者在醒来以后会忘记在催眠过程中的全部经历，以及醒来之后会感到精神特别愉快、振奋，情绪状态极佳等暗示指令，导致受催眠者醒来后会有轻微的精神萎靡和头疼现象。

需要受催眠者在自愿的情况下接受催眠治疗，而不是在被强迫、出于无奈的情况下才接受催眠治疗。受催眠者的不安与抵抗在很大程度上影响着催眠的效果，如果对催眠师的暗示指令进行抵触或者拒绝的话，就会在催眠治疗之后造成不适应的感觉。需要催眠师特别注意的是，最好在受催眠者欣然同意的情况下再对其施术，只有双方有了良好的沟通，相互信任，才能达到催眠的最佳效果。

由于受催眠者的个体差异，所以有一些受催眠者的身心不是一个十分协调的系统。有的时候，心理在催眠的时候恢复了，但是生理上没有同步恢复，落实到催眠施术中来说，就是没有跟上步伐，所以才会出现了不安、不舒适、不愉快等感受。这种情况在受催眠者接受了深度催眠之后是最容易发生的。其实，要解决这一问题并非难事，只要催眠师能够意识到这一现象的存在，多进行几次生理状态暗示就可以完全恢复。这样一来，受催眠者也会及时调整心理，苏醒后不适的感觉就可以得到圆满解决。

在催眠过程中，处理方法不当。比如，没有根据受催眠者本身的特点来进行催眠，针对具有内向、退缩、羞怯等人格特征的受催眠者，催眠师仍然以严厉的态度来进行，这样就会使受催眠者感到更加的惶恐、紧张，如果催眠师的暗示语非常强硬、严厉的话，那么接受催眠的人就会一直惴惴不安。一旦紧张、惶恐的心理一直处于受催眠者的潜意识中，那么在施术结束、醒来之后，受催眠者就会出现不安、不愉快、恶心、头痛之感。所以，催眠师要根据受催眠者的接受暗示状态进行及时的指令调整，催眠师此时也应竭力使受催眠者确立一个观念：催眠师是为了我的身心健康而对我实施催眠术的。这样才可以让其稳定地进入催眠状态，从而轻松、愉快地完成催眠治疗。

催眠有副作用吗

催眠是否有副作用也是人们非常关心的一个问题。对于这个问题，催眠师一直都在不停地强调、不停地解释，以消除大家的担心。

实施催眠术可能是有副作用的，但是这个副作用发生与否在于催眠师，而不在于催眠术本身。如果一个催眠师的基本功以及技术修为还达不到的话，他会忽略掉一些必需的暗示。而少了这些环节，就会让受催眠者在清醒之后出现一些迷茫、头昏、倦怠、四肢乏力、头重脚轻等生理反应。当然，这里面不可避免地也有受催眠者自身的一些原因，有的受催眠者会在这个过程中自主判

❋ 催眠到底有没有副作用

催眠引起的副作用几乎全部来自于催眠师的错误操作，如果你想进行催眠治疗，一定要选择一个责任心强、有经验的催眠师。

催眠之后我似乎有点头晕，该怎么办呢？

生理反应：有些催眠师因为自身经验不足或技艺不精。可能会忘记施加一些必需的暗示。导致受催眠者在被唤醒后有迷茫、头昏、四肢乏力、头重脚轻等不良生理反应。

用的方法和我的不一样呢！

因病施治：催眠和中医有一点是很相似的，催眠也讲求因病施治。对不同对象，在不同阶段，针对不同反应，会制定不同的治疗方案。但如果没有仔细分析来访者的具体情况，就容易出现一些问题。

我们都知道不能因噎废食，对于催眠可能的副作用，也应该这么看：催眠的副作用并不像药物的副作用一样不可避免，但即使出现副作用，也有办法来补救和解决。

断，或者按照自主意愿行动，有时候也会减弱催眠暗示的力量。受催眠者心理一旦强烈地排斥，那么就有可能会造成知觉发生歪曲或丧失。

不过，这些副作用完全可以通过催眠暗示一一消除。对于一个专业的催眠师来说，是很少出现这种低级错误的。只要操作得当，就不会有任何副作用或者不良后果。

人们对催眠副作用的认识很大一部分是从小说、电影里看到的——催眠师利用催眠控制别人去做一些危及社会及他人利益的事情。这种情况在现实中是很少出现的，通常情况下，一个高水平的催眠师会自始至终恪守自己的职业操守，不会去做那些有违职业道德的事情。当然，在受催眠者觉得不放心的情况下，也可以请第三人在旁陪同，以起到监督的作用。

有的催眠师在治疗的过程当中，会发现受催眠者心理情绪方面的反复。这是一种很正常的现象。比如，有严重失眠的受催眠者，在经过几次催眠治疗之后，受催眠者会有几天睡眠非常差，情绪也出现了非常大的反复。这是很正常的，而且这也是问题完全解决的前兆。

在治疗心理障碍的时候，在催眠的初期，受催眠者可能会感觉没有自我，感觉自我意识弱了很多，感觉这样很不舒适，但这恰恰是一个潜意识改变心理防御机制的过程，完全是正常的，所以不需要过多担心。

另外，在进行催眠的过程当中，移情是必需的。移情是指在以催眠疗法和自由联想法为主体的精神分析过程中，受催眠者对催眠师产生的一种非常强烈的情感。原因其实很简单，在催眠的过程中，催眠师直接和一个完全暴露的潜意识进行了沟通、交流，这样能和受催眠者非常迅速地建立起亲和感与信任感，催眠师就是需要这样一种完全的依赖和绝对的信任，来进行心理暗示以及灵性改变。这也正是催眠效果显著的一个非常重要的原因。当然，在心理治疗完毕之后，催眠师也会用相当多的次数对受催眠者进行解移情的催眠处理，这种处理并不复杂，经过处理后，催眠者就会恢复过来，感情如初。

综上所述，催眠后的副作用主要是在催眠中以不当的暗示语造成的，只要经过再一次的催眠性暗示就能消除，因此不必有所顾虑。催眠副作用常见的表现如下：

1. 一般性反应

在深催眠状态下受催眠者忽然醒来，或经过较长时间的催眠而突然醒来，或是在醒来之前催眠师没有给受催眠者以轻松、愉快的暗示，这些都会导致有些受催眠者出现头晕、头痛、无力、倦怠、多梦等不适应的症状。即便催眠后有不适感，也能在下一次催眠中得以解除，不会给受术者留下后患。

2. 记忆力减退

如果出现记忆力减退的情况，那很有可能是由于在催眠状态下运用了不当的暗示。如果确实有不当的暗示损伤了受催眠者的记忆，甚至对以往的某些记忆也有影响的话，受催眠者就可以在下一次的催眠中进行增强记忆的训练，催眠师可以对其施以增强记忆能力的暗示："通过信息证明，你的记忆功能非常好，在今后的学习、工作或生活中，你会感到你的记忆力非常好，不会再因为记忆力差而苦恼。"经过暗示，受催眠者的记忆可以得到相应的提高。

3. 情绪改变

在催眠中，由于催眠师对受催眠者的暗示不当，或者对于受催眠者心理矛盾的症结揭露之后没有给予正确的诱导和分析，那么醒来后就会使受催眠者的情绪变得急躁、抑郁甚至疯狂，并且会持续很长一段时间才能慢慢恢复。

4. 人格改变

人格的改变也是由于催眠暗示不当造成的，因此催眠师应该注意避免发生这种情况。一旦发生了，一定要处理好这些问题，不要给受催眠者带来更多的、不必要的伤害。尤其需要指出的是，催眠师在实施催眠时不能以本人的一些不良人格影响受催眠者，迫使受催眠者发生改变。

一个合格的催眠师要对操作的全过程正确把握，对催眠状态的典型特征了然于心，对催眠过程中的突发事件妥善处理，并且能娴熟、准确地运用暗示指导受催眠者，敏锐地观察受催眠者的表情、神态以及心理变化。

我为什么不容易被催眠

通常情况下，对于第一次做催眠治疗的人，催眠师会为其实施催眠敏感度或催眠易感性的测试。催眠敏感度、催眠易感性，都是指一个人进入催眠状态的难易程度。催眠敏感度是较为常用的称呼，催眠敏感度测试包括雪佛氏钟摆测试、手臂升降测试、双手紧握测试、身体后倒测试、柠檬（苹果）观想测试等；而催眠易感性测试主要是卡特尔16种人格因素测验。

一般来讲，约有95%的人都有相当程度的催眠敏感度，而另外5%的人很难被催眠。也就是说，只要一个人是正常的，就能够被催眠，只是催眠时间的长短有所不同。有一些很难被催眠的人必须被施以反复、长时间的诱导，有的可能需要三四个小时才能进入催眠状态。而那些敏感度高的人，几分钟就可以进入状态。所以，时间越长就越考验催眠师的耐心和技术。

催眠敏感度越高的人，就越能让催眠师得心应手，轻松地施展各种催眠技巧。有些人认为容易被骗的人就容易被催眠，这种观点是不正确、不科学的。事实上，许多精明能干的、社会成就高的人是很容易被催眠的。当然，催眠敏感度是一种十分稳定的特征，通常是在青春期以前最高，然后呈逐渐下降的趋势，年纪超过七十的老人，就没有那么容易被催眠了。

被催眠从一定程度上来讲是一种能力，这种能力越高的人，就越能从催眠中获得相应的益处。一般来说，有下面特质的人，其催眠敏感度会比较高：

　　容易放松。

　　愿意信赖催眠师。

　　专注力高。

　　好奇心强。

　　想象力丰富。

　　智商高。

我真的被催眠了吗

　　可能每个开始尝试催眠的人，都会怀疑自己是否真的被催眠了。许多被催眠过或者听过催眠录音带的人，都有一个共同的疑问，那就是："当时我真的被催眠了吗？如果是的话，怎么我没有感觉呢？"其实，催眠并不是人们想象中的那种会陷入无意识的状态，也不会有非常明显的生理反应。

　　基本上，在低度与中度的催眠状态下，当事人的意识是很清醒的，就算进入深度催眠状态，有的人也会内心杂念平息，感觉比平常要更加清醒。所以才有人会怀疑自己有没有真的被催眠。这些对催眠表示怀疑的人，还会有这样的一个疑问：不论是催眠师说的话还是动作，我都清楚地知道，这样的催眠会有效果吗？

　　答案当然是肯定的，因为几乎所有的催眠治疗都可以在"感觉上很清醒"的催眠状态下完成。那么，到底怎样才能知道自己是不是真的被催眠了呢？这里有几个诀窍，归纳为以下几点：

　　首先，在自我意志不参与的情况下，会体验到潜意识接管的状态。例如，要求受催眠者不控制、不压抑的条件下，手臂能够自动举起来，身体会摇晃，食指能够自行弹动等。

　　其次，想要调动自我意志，却无法克服催眠师的禁止指令。例如，催眠师下指令暗示受催眠者，从1数到10的时候，会跳过6，对于很多人来说，这是一次非常震撼的体验，尤其是对于那些数到5之后拼命想数出6却数不出来的人，则将成为终生难忘的一刻。当然，常常练习自我催眠的人不需要从 1 数到 10，只要闭上眼睛，让自己安静下来，就能进入很舒服、放松的状态，进行积极的自我暗示。

最后，催眠师下指令暗示受催眠者展现出平常所没有的能力，这种能力让受催眠者自己感觉到惊奇万分。例如，某位催眠师在一群人中选择了几位催眠敏感度比较高的人，并对他们下指令说："等一下当我在你的后脑勺连续轻拍三下时，你就会睁开眼睛，并且发现你可以看到人体的气场，清楚地看见包围在人体周围的灵光。然后，我要请你仔细地看清楚在场的每一个人。"为了避免后遗症，催眠师再加一道指令说："你这种看见灵光的能力只可以维持 5 分钟，5 分钟之后，你就会恢复原状，一切如常。"结果，几个人尝试之后表示确如催眠师所说。

前世催眠真的存在吗

关于催眠里面前世的这个说法，催眠界一直以来都争论不休。国外很多专家一直在研究前世催眠，甚至有一些大学专门成立了超心理学系，研究前世、前世催眠以及心灵感应等神秘的话题。实际上，催眠里面所谓的"前世"，未必是大家传统意义上所理解的前世，而很有可能就是受催眠者内心的呈现，也许是人的一种渴望，也许是人的瞬间记忆。

有人说，人的灵魂是永生的，死亡只是肉体的死亡，灵魂则是可以进入另外一个生命周期的。在一些国家和民族、部落里，人们甚至欢庆死亡，因为他们认为，人的灵魂步入了一个新的发展阶段。也曾经有报告提到过，人们在被催眠之后，能够回忆起自己"前世"的生活。"前世"真的存在吗？

科学家们普遍表示很难接受催眠能够让人回忆起前世的这种观点。有研究报告曾经指出，受催眠者能够叙述出那样详细的故事，除非他是真正经历过那样的生活，否则是绝对不可能讲得出来的。关于这一点，各界专家们也都做了大量的实验。可是，即

✳ 如何看待前世催眠

很多人对前世催眠感兴趣，那么前世催眠是怎么出现的呢？为什么有些催眠师自己不相信前世，却也会对受催眠者进行前世催眠呢？

前世记忆是怎么出现的

心理学家认为人类的记忆机制是一种再创造的过程，没有完全客观精确的回忆，有些人甚至会随着内在的期待与需求，杜撰出栩栩如生的虚假记忆，但这些不妨碍其解决问题的有效性。

为什么使用前世催眠

催眠师对前世催眠的看法不尽相同。很多催眠师并不相信有什么前世，但他们有时也会使用前世催眠，甚至设法让受催眠者相信前世，这是因为有时前世催眠对受催眠者解除困扰有很好的效果。

何时采用
对身心健康有益的方法技巧，可对适合的患者果断使用。

何时不采用
对于身心健康无益、不实用甚至有害的方法和技巧，即使符合科学依据，也应该果断摒弃。

使能够证明那些事情的真实性，受催眠者能够回忆起的被催眠之前不曾知晓的事情难道就是前世的生活吗？

如果我们要承认人在催眠状态下能够回忆起自己"前世"的生活，那么又必须接受这种观点——受催眠者能够回忆起的被催眠之前不曾知晓的事情，就是自己前世的生活。有观点认为，那些受催眠者叙说的仍然是他们在现实生活中所了解的一些事情，只不过是因为他们在很长一段时间里没有想过这些事情而已。其实除了催眠之外，人似乎也可以通过做梦来回忆自己的前世。

不管是催眠状态，还是梦境状态，都是人的意识进入了不同的层次。只要人们能够学会自我放松，就会很容易进入这些状态。其实，能够回忆起自己"前世"的人都具有非常好的催眠易感性，当催眠师暗示他们能够回忆起自己的"前世"时，他们就会按照催眠师的指令，想象出自己"前世"的生活，并且相信自己"前世"就是那样生活的。可以说，他们能够回忆起的信息是准确的，但是不完全是自己真正的经历，其中有一部分可能是来自影视、书本等，还有一部分则极有可能是杜撰的。

　　另外，催眠不一定就是促使他们回忆起这些事情的直接原因，催眠的作用很大程度上只是使那些催眠敏感度比较高的人相信自己的确曾经有过这样的"前世"生活。

　　有一个受催眠者说自己从来没有去过草原，可是在催眠状态下可以清晰地看到草原上的场景，好像真的就是"前世"一样。这个受催眠者完全有可能是在电视、图片上等看到过草原的景色，而且当时印象比较深刻，再加上自己丰富的想象力，塑造出了一幅草原的风景。这位受催眠者为什么会选择"前世"是在草原，其实这只是反映出了他真实的内心世界——对草原的某种热爱、眷恋，而不是真的回忆起了所谓的"前世"。

　　其实，在实际的催眠治疗过程中，催眠师并不会过多地关注催眠"前世"是不是真的，他们更多关注的往往是这种催眠对于受催眠者是不是有好处。对于我们来说，以开放的心灵、批判的态度来面对催眠治疗，才是明智的选择。

进入催眠状态会不会醒不过来

　　相信很多初涉催眠的人都问过催眠师这样一个问题：如果我进入催眠状态，会不会醒不过来呢？事实上，这是不可能发生的，迄今为止也没有任何医学文献曾记载过这种情况。这就好像无论夜间的睡眠多么舒适而深沉，人总是会醒过来一样。这一点首先要肯定。但是同时也会有这样的情况：因为催眠实在太放松、太舒适了，所以受催眠者暂时就不想醒来了，但是这并不等同于进入催眠状态之后就真的醒不过来了。

在经过催眠师的暗示之后，受催眠者就会在身心放松的同时，回忆起自己曾经美好的经历，这就会使人很想沉浸在其中，而不想那么快醒过来，恢复到现实的状态，在这种能够暂时摆脱世俗忧愁烦恼的轻松愉悦心情中，可能会有个别受催眠者在接到结束催眠的指示时反问说："可以等一下再结束吗？我想继续体验一下，这种感觉很好。"

这时候，催眠师可能会继续让受催眠者好好享受这种美妙的感觉，同时催眠师也会暗示受催眠者，等到受催眠者享受够了的时候，就随时可以睁开眼睛。因此，担心催眠程度过于深，会一直陷在催眠状态中醒不过来的想法是不正确的，也是不科学的。

在催眠的过程中，受催眠者和催眠师会保持非常密切的感应关系。在旁观者看来，受催眠者好像什么都不知道，其实他一直和催眠师进行着潜意识的沟通，保持着密切联系，催眠师下达唤醒指令之后，受催眠者就会醒来。当然，如果在非常放松、非常舒适的催眠状态下，进入自然的睡眠状态，也是很正常的事情。同样，在平时正常的自然睡眠状态中，也可以通过催眠术使其转入催眠状态，这就称为睡眠性催眠术。

孕妇也能被催眠吗

孕妇可以被催眠吗？当然可以。

对于孕妇的催眠一般是心理操作，不需要服用药物，所以在安全问题上是不用担心的。尤其是在怀孕初期，与化学有关的药物孕妇最好不要服用，尤其是在前3个月——胎儿发育的关键期，孕妇应当尽量不服药以降低畸形儿的概率。每个孕妇可以根据自身的知识水平、性格、兴趣、爱好以及其他实际情况，订立一个适合自己的催眠计划。催眠的方法不必过于强求一律，只要是对自己有帮助，适合自己的就可以。

孕妇只要懂得运用催眠的技巧，就可以适当地施以催眠来加强健康、缓解症状、自我治疗。当然，现代的医疗技术和生产环境可以为孕妇的生产提供非常安全的照护，因此孕妇只需要心情放松，多给自己信心即可，不要给自己增加不必要的压力。

在催眠的过程中，孕妇要始终保持乐观的心情，催眠师也应当给予正面暗示，暗示可以是：你将会生下非常可爱、漂亮、聪明的宝宝，你的生产过程会很顺利，而且产后你会迅速恢复身材，甚至会变得比原来更好，孩子以后也会健康快乐地成长，人见人爱。

当孕妇的情绪发生变化时，其腹中的宝宝也会接受相应的变化。所以，在孕期时，孕妇及家人都会注意胎教。在胎教的过程中进行催眠的话效果也会更好，因为催眠可以使孕妇放松，减少她们的焦虑，消除她们恶心的感觉。同时，催眠也可以使生产过程缩短3个小时左右，使生产过程更加顺利。对于麻醉药过敏的孕妇，催眠不仅可以助产，更可以增加母子双方的安全，同时还可以提高孕产妇及胎儿的健康水平。

但是，现在还少有妇产科医生懂得运用催眠。

能将动物催眠吗

动物也能被催眠吗？动物不懂人类的语言，为什么可以被催眠呢？看过催眠秀、催眠表演的人一般都会产生这样的疑问。

稍微了解一些催眠术的人都知道，暗示是催眠现象产生的关键所在，是催眠的心理学基础。催眠师正是借助暗示的力量将受催眠者引入催眠状态，并对其开展心理治疗、进行潜能开发等。那么，那些根本无法听懂人类语言的动物，怎么接收这些暗示的指令呢？

实际上动物是不会被催眠的，因为它们无法了解人类的语言。所谓的"动物催眠"与人类的催眠治疗是毫无关系的。人们通常所提及的"动物催眠"是通过压迫动物颈部动脉的方法带领它们进入

✳ 动物催眠的秘密

　　动物催眠不是真的催眠，只是舞台催眠师利用动物本身的生理特点使其出现如同睡眠一样的现象罢了。以下就是几个常见的动物催眠使用的方法。

1. 催眠青蛙： 把青蛙肚皮朝上放在桌上，用手指按住肚皮几秒钟后松开，青蛙会保持刚才的姿势。要结束时，在旁边打个响指，同时快速把它翻转过来，它就会很快醒过来。

我是被吓晕的。

这种高难度的俯卧撑让我头好晕啊！

2. 催眠龙虾： 让龙虾大头朝下，让它的头和两只钳子支撑身体，几秒钟后它就会一直保持这样的姿势不动了。要结束时只要把它重新平放在桌上就行了。

没办法，我不装死就没胡萝卜吃……

3. 催眠兔子： 把兔子肚皮朝上两耳分开放于桌上，保持 30 秒后小心地挪开手，它会一直保持不动。要结束时朝它鼻子猛吹一口气，同时把它侧翻过来，它会立刻醒来跳走。

　　能被"催眠"的动物还有很多种，只要掌握了动物的生理特性，即使你一丁点儿催眠理论都不懂，也可以顺利地把它们"催眠"了。

所谓的"催眠状态"，我们日常所提及和使用的催眠则是指人类通过采用特殊的行为技术并结合特定的言语暗示，使接受催眠的人进入到催眠状态中。从这个角度来看，人和动物的催眠本质上是不同的，所以，"动物催眠"不属于人们日常所提及的催眠范畴。

常见的鸡、鸭、兔子、青蛙甚至鳄鱼，在催眠师的催眠下，它们的肌肉就像软掉了一样，任由催眠师摆布，再或者是催眠师对着这些动物摆弄一番或者耳语一番之后，它们就逐渐安静下来，静止不动了。催眠师的这些手法会让那些不明白其中道理的人会产生对催眠的恐惧感。

其实，在真正了解了答案以后就会消除恐惧了。在观看催眠师进行动物催眠表演时，心细的人可以发现他在操作的过程中不时用拇指按住动物的颈部动脉，等到它窒息休克之后就松开了手，这个时候，动物已经四肢瘫软了。在观众们的赞叹声中，这位催眠师就完成了一次所谓的"动物催眠"表演。

除了让动物窒息进入所谓的"催眠状态"之外，还有其他的方法来进行动物催眠表演。例如，不同的动物有着不同的神经敏感区，有催眠师就是通过刺激这些动物的神经敏感区来使它们进入短暂的休克状态；还有一些动物在遇到强烈的外界刺激时，会出现"假死"状态或"木僵"状态，从而也可以达到圆满的舞台效果。一些催眠师会对动物进行爱抚以达到"催眠"，这一点，其实我们在生活中不难体会。对于那些与自己特别亲近的小宠物，比如小狗，如果被我们抚摸得非常舒适的话，小狗就会进入浅浅的睡眠状态。另外，还有一些催眠师会使用驯兽员的方法，利用食物刺激来使动物装死以配合其表演"动物催眠"。

第二章

催眠与梦

第一节
西方学者的解梦学说与理论

弗洛伊德的解梦理论 ⟩

西格蒙德·弗洛伊德，奥地利医生、心理学家、哲学家、精神分析学的创始人。弗洛伊德解梦理论主要集中在《梦的解析》、《精神分析引论》、《精神分析引论新讲》和《精神分析纲要》等作品中。归纳一下，弗洛伊德的解梦理论主要包括以下几点：

梦是一种在现实中实现不了和受压抑的愿望的满足。在《梦的解析》中，这个欲望被弗洛伊德总结为力比多。力比多是把德语翻译过来的叫法，指一切身体器官的快感。在弗洛伊德看来，"我"分为本我、自我以及超我，本我就是最本能的反应，因此欲望就不仅仅来自于力比多，它还受其他求生的本能、自我保护的本能等的影响。

梦分为愿望之梦、焦虑之梦和惩罚之梦。

这三者实质上都是愿望的满足。我们清醒时、糊涂时所有的愿望、担忧或者做错的事都会在梦中出现。不过，弗洛伊德说创伤梦不是对欲望的满足，这是欲望满足理论的例外。

梦的材料和来源包括四个方面：做梦是前一天的残念；睡眠中躯体方面的刺激；幼年经验，儿童时期发生的事情在成年后的梦境中反复出现；人类历史经验的累积，即人类在历史活动中积累的经验会流传下来，并在梦中呈现。但是单独的某一方面的材料形成不了梦，需要和压抑的欲望结合才能形成梦。

弗洛伊德在《论梦》中说，梦的作用是维持睡眠，而不是影响睡眠。

梦的内容分为显梦和隐梦。解梦是治疗师利用患者对梦中意境的想象，揭示出隐梦的意义。通过稽查作用和梦的伪装，隐藏的愿望才能进入意识组成显梦。

这里的稽查作用是指使隐梦所包含的无意识冲动进一步伪装和转化成显梦的内容。这种转化过程也就是做梦的过程。

强调象征作用。对象征的熟悉可以让人很快地解梦。

弗洛伊德指出，象征作用有时可以使我们省略询问梦者这一环节而对梦直接进行解释。做到这一点的前提是，我们要熟悉梦的象征和梦者的相关情况和做梦前的情况，这样我们才能直接解梦。象征并不排斥想象，我们既要利用梦者的联想，又要利用解梦者的有关象征知识来弥补联想的不足。

一个梦可以做出很多方面的解释。比如同一个梦境，在不同的人脑出现，或者是在同一个人处于不同状态时出现，都有不同的解释。

梦是自我和本我的交战。自我是人的本能体现，而人的本能往往要受到道德的约束，也就是经常被超我所禁止。所以我们可以在梦中看到冲突的欲望。

梦是愿望的表达和满足吗

弗洛伊德把梦的实质理解为：梦是一种愿望达成，它可以算是一种清醒状态精神活动的延续，是由错综复杂的智慧活动所产生的。他引用大量的梦的例证证明梦的意义在于愿望的满足。他指出，使愿望在梦中得到满足可用以维持精神的平衡，同时也是为了保护睡眠不受干扰。

弗洛伊德多次进行自我实验，他故意吃很咸的食物，控制饮水，在口渴的状态下入睡。晚上梦见喝水，痛饮甘泉。他从梦中醒来确实想喝水。梦中的喝水可以缓解他的渴，他就不用醒来，睡眠得以保证。弗洛伊德认为这是一种"方便的梦"。

弗洛伊德年轻时，经常晚上工作到深夜，早上贪睡而懒于起床。早上到来时，梦见自己起床梳洗，心理上有了交代，继续睡下去就觉得心安理得。他还发现与他一样贪睡的医院同事裴皮的梦。有一天早上，裴皮睡得正香，房东太太喊道："裴皮先生，快起床，您该上班了。"于是他梦见自己睡在医院的某个病房里，床头牌号还写着自己的名字，裴皮在梦中想，既然自己已经到了医院还住进了病房，就一翻身又继续睡觉。

有位朋友的妻子梦见来月经，请教弗洛伊德是什么意思。弗洛伊德推测说她怀孕了，而她的愿望是不要怀孕，所以在梦中月经如期而至。

另一位夫人梦见上衣沾满了乳汁，弗洛伊德解释她已有了一个孩子。这个孩子并非是第一胎，年轻的妈妈希望即将诞生的孩子比上一个孩子有更多的奶水吃。

一位年轻女人因终年在隔离病房里，照顾患传染病的小孩，许久没有参加社交活动。她告诉弗洛伊德，她梦见一大群人欢娱。弗洛伊德解释说，她希望孩子的病早日康复，满足她参加社交活动的愿望。

弗洛伊德认为，不论是简单的还是复杂的梦，本质上都是愿望的达成。儿童的心理较之成人的单纯，所做的梦也就单纯。他说，就像我们研究低等动物的构造发育，以了解高等动物的构造一样，我们应该多探讨儿童心理学，以了解成人的心理。小孩的梦，是简单明显的愿望达成，虽然它比起成人的梦显得枯燥，但却提供了梦的本质是愿望的达成。虽然它比成人的梦简单，但却证明了人的梦的本质。因为儿童的梦简朴、明白、易懂，它未曾化装或很少化装，有摄入心魄的自然美。分析儿童的梦不需要任何技术。

1896 年夏天，弗洛伊德和妻子、8 岁的小女儿、5 岁 3 个月的儿子，以及邻居家 12 岁的小男孩一起去旅行。他的小女儿对邻居家的男孩有好感，两人玩得十分开心。第二天早餐时小女儿说："昨晚我梦见艾米尔成了我们家的人，和我们一样叫爸爸、妈妈，和我们同睡一个房间。妈妈进来，在每个人的枕头下塞了一块巧克力。"小女儿想让邻居家孩子成为永远的好朋友的愿望在梦中得到满足。

儿童的梦是愿望的满足，成人的梦也是如此，这点在文艺作品和日常生活中论据很多。施温德作的名画《囚犯的梦》，可被看作是梦的满足的典型代表。囚犯想从窗口逃走，因为阳光从窗口射入牢房，将他从梦中唤醒。重叠而立在窗前的妖神，无疑代表囚犯攀缘上窗所应继续站立的位置。站在顶端而靠近窗口的妖神的面貌，恰好和梦者面貌相似。

在解梦的过程中，我们会发现，梦不仅能用来满足愿望，还有启发自己思路、认识环境等多种用途。

梦与精神病类似吗

不同流派的心理学家对梦有着不同的解释。早期的一些心理学家认为梦没有意义，而到了今天，这种观点已不复存在。第一个提出对梦的全面解释的是奥地利心理学家弗洛伊德。这是一位心理学界的伟人，他曾和马克思、爱因斯坦一起，被誉为对 20 世纪思想影响最大的三个犹太人。继弗洛伊德之后提出的新的对梦的解释，无不多或少受到他的影响。虽然新的解释往往反对和批评弗洛伊德，但是它们的产生也同样是由于弗洛伊德梦理论的激发。这使得当今任何一本谈梦的书，都不能不谈及弗洛伊德对梦的解释。

作为一名医生，弗洛伊德经常要治一些精神病人或其他"脑子有毛病"的人。别人往往对这些人的话不屑一顾，但是他却总觉得这些人的话也值得分析。比如这些人是一辆撞坏了的汽车吧，我们不正好可以看看汽车内部的结构吗？如在车子完好时，我们还看不到它的内部呢！在这个分析心理有毛病的人的过程中，他发现梦和精神病有些类似，于是他又用科学的方法研究梦。

有一天，他终于发现了梦的秘密。他高兴极了，高兴得发出狂言，说："在这个酒馆里应该竖一块石碑，上边写上'某年某月某日，弗洛伊德博士发现了梦的秘密'。"

这话看起来够狂傲的吧，可是现在心理学家们不觉得他狂傲，反而说他伟大。因为，他的确发现了梦的秘密。

弗洛伊德指出，梦的材料来自三方面：一是身体状态，二是日间印象，三是儿童期的经历。梦的材料来源于身体所受刺激，这是几乎每个人都承认的事实。例如一个人如果饿了，在梦里就会梦见吃饭；如果一个人脚冷了，就可能会梦见在雪地里行走；如果一个人咽喉肿痛，就可能梦见被人卡住脖子，如此等等。弗洛伊德虽然也同意身体所受刺激会影响梦的具体内容，但是他却认为这些身体所受的刺激只是被梦作为素材使用而已，对梦的意义影响不大。

白天经历的事会进入晚上的梦，这也是很多人都注意到的事实。假如临睡前看了一场战争的影片，有些人在晚上就可能会做战争的梦。再如弗洛伊德自己的例子：梦中"我写了一本有关某种植物的学术专论"，其来源是"当天早上我在书商那儿看到一本有关樱草属植物的学术专论"。弗洛伊德指出，两三天前发生的事，如果在做梦前一天曾想到，也同样会在这天晚上的梦里出现。但是，他认为梦绝不仅仅是白天生活中琐事的重现。梦中，我们借助白天的一些小事，目的在于用这些小事影射另外的更重要的心事。

弗洛伊德提出，那些清醒时早已忘记了的童年往事也会在梦中重现。例如，"有一个人决定要回他那已离开多年的家乡。出发当晚，他梦见他身处一个完全陌生的地点，正与一个陌生人交谈。等到他一回到家乡，才发现梦中那些奇奇怪怪的景色，就正是他老家附近的景色，那个梦中的陌生人也是实有其人的。"再如，"一个30多岁的医生，从小到现在常梦到一只黄色的狮子，后来有一天他终于发现了'实物'——一个已被他遗忘的瓷器做的黄狮子，他母亲告诉他，这是他儿时最喜欢的玩具。"

弗洛伊德关于梦的一个重要观点是，梦的唯一目的是满足愿望。例如，口渴时做梦喝水。梦可以满足人的愿望，这一点相信任何人都不会有异议。我们日常生活中，也总是把美好而又难以实现的愿望称为"美梦"、"梦想"。但是说梦的唯一目的是满足愿望，则并不是谁都能同意。一个人做噩梦被人追杀，难道是他内心有被杀的愿望吗？弗洛伊德认为是的，所有的梦都是为满足愿望。

他举例说，某女士梦见她最喜爱的外甥死了，躺在棺材里，两手交叉平放，周围插满蜡烛。情景恰恰和几年前她的另一个外甥死时一样。

表面上看，这不会是满足她愿望的梦，因为她不会盼着外甥死。但是，弗洛伊德发现，这个梦只不过是一个"伪装后"的满足愿望的梦。这位女士爱着一个男人，但由于家庭反对而未能终成眷属。她很久没有见过他了，只是在上次她的一个外甥死时，那个男人来吊丧，她才得以见他一面。这位女士的梦，实际上意思是："如果这个外甥也死了，我可以再见到我爱的那个人。"

弗洛伊德由"梦是愿望的达成"出发，推断有些梦是"伪装后"的愿望达成，那么，梦中为何要伪装呢？说到这里，就要讲一下他提出的另一个重要理论了。

弗洛伊德认为人的心灵是由三个部分组成的，分别叫"本我"、"自我"和"超我"。每个人的心都是这三个"人"组成的小团体。

"本我"代表人的本能，就像我们心里隐藏着的一个人，极端任性，像一个小孩子一样不懂事。贪吃好色，谁惹了它，它就想报复；一点没涵养。只想怎么高兴怎么来，不管别人怎么想。要是依着它，它会无法无天地想干什么就干什么。

弗洛伊德说，不管你自己是否承认，每个人都有这个本我，有这么一面。让我们不自欺地想一想，你自己也一定有这么一个本我：想为所欲为不受约束，贪图享受，喜欢金钱美女。

当然，本我的欲望也不一定都是坏的，有时它只是喜欢玩玩游戏，晒晒太阳。但是不容否认，本我欲望中有不少不道德的想法。

如果人只有本我，人们会不考虑未来，只想及时行乐，不讲法律不讲道德，完全放纵自己，这个世界将会一片混乱。

好在我们的心灵中，还有一个部分叫"自我"，自我是聪明的，知道一个人不能任意胡为。所以当见到一个美女时，本我虽然恨不得立即占有她，但是自我却不许本我这样做。自我可能会说："慢慢来，让我先送给她一支玫瑰，先赢得她的好感。"

弗洛伊德说，本我只求快乐，而自我讲现实原则，它要看一个愿望是不是现实，要考虑满足自己愿望的方法。

自我虽然也想一夜暴富，却不一定想抢银行，因为它考虑到这样做后果堪忧——也许会被枪毙。

而且我们还有良心，良心也好像心灵里的另一个人一样，不过这是一个严厉的人。弗洛伊德称为"超我"。超我像个警察，它像盯贼一样盯着本我，不许它干坏事。

本我的欲望发泄不了，就只好靠幻想安慰自己。从而编一些美梦。在心灵的世界里，本我总是偷偷摸摸地出版一些诲淫诲盗的书，超我不禁怒火冲天，决定采取书籍检查制度，不允许坏书"出版"。

本我为了躲过"书籍检查"，只好故意把话说得含糊、晦涩、拐弯抹角，再用上些双关语等等，于是"书"终于骗过了检查，得以出版，也就是说，进入了我们的意识。

梦就是这样形成的。在睡着了以后，本我就开始了幻想，但是超我这个检察官却总在"检查书报"，于是本我只好做伪装。经过伪装后的梦是梦的显意，而它所要表达的意义是潜藏着梦的隐意。

弗洛伊德总结说：为了伪装，梦采用了一些特殊的构造形式，或者说，一些特殊的骗术。弗洛伊德归纳为以下几类：凝缩、移置，视觉化，象征和再度校正。

凝缩，是把有联系的几个事物转化为一个单一的形象或单一的内容。

移置，指梦把重要的内容放在梦里不引人注意的情节上。这有些像一个害羞的借钱者，他先和有钱人东拉西扯他说好多话，然后好像顺口提起一样，捎带说起借钱的事。

视觉化，指把心理内容转变为视觉形象。梦好像一个黑社会的成员，他不能把黑社会联络的信息写在留言簿上。如果他写上："明天到翠华楼去，我们要和某帮打架。"那么，警察就会赶到翠华楼。于是，为了躲避警察，黑社会成员在墙上画了一个咧着嘴拿着个木棍的小孩，头上有一朵花，同伴看到后就明白了。而外人却以为那只不过是小孩乱画的。

象征，指用一个事物代表另一个事物。

当超我不小心让一些不允许出现的内容出现在梦里，本我就会通过一些话去努力减少这些内容的影响。例如，在梦里加上一句话"这不过是个梦"。再比如，改造梦的回忆，让梦者对梦的一些"敏感性"的内容尽快遗忘掉。

弗洛伊德运气不好，年纪好大了还没被提为副教授。有一次他总算被两位教授提名为副教授候选人。这天，一位朋友 R 来访后，他做了个梦："我的朋友是我的叔叔——我对他很有感情。我看见他的脸就在眼前，略有变形。它似乎拉长了，周围长满黄色胡须，看上去很是独特。"

弗洛伊德说"R 是我的叔叔"，这能意味着什么？他的叔叔是什么样的人呢？弗洛伊德告诉我们："30 多年前，他为了赚钱卷入违法交易，并为此受到了法律制裁。""我父亲说他不是坏人，是被人利用的傻瓜。"因此，梦的第一个意思是，R 是傻瓜。

在实际生活中，R 早就被提名为教授候选人了，但是却迟迟得不到正式任命。弗洛伊德现在也被提名，正在担心自己会遭到像 R

一样的命运。他在梦里把 R 说成傻瓜，用意是安慰自己："他是傻瓜，所以当不上教授。我又不是傻瓜，我怎么会当不上教授呢？"

为什么在梦里他对 R 很有感情呢？弗洛伊德解释，这不过是一种伪装罢了。把人家说成傻瓜，良心上过不去，于是就装出对 R 有感情来掩饰。

"叔叔是罪犯"又让他想到，另一个同事 N 也是迟迟评不上教授，而 N 涉嫌男女关系问题。所以这个梦还有个意思是："N 是罪犯，我又不是罪犯，我怎么会当不上教授呢？"

弗洛伊德又解释道："梦里我把两位同事一个当作傻瓜，一个当成罪犯，仿佛我像部长一样发号施令。"梦为什么这样做呢？"部长拒绝任命我为教授，因而在梦中我便占了他的位置，这就是我对他的报复。"

童年经历是梦的重要来源吗

弗洛伊德在《日常生活的心理分析》一书中对日常生活中出现的专有名词遗忘、外国字遗忘、一般名词与字序的遗忘、童年回忆与遮蔽性记忆、语误、读误和笔误、"印象"及"决心"的遗忘、"误引行为"、"症状性行为"及"偶发行为"、"双重错失行为"和其他各种错误行为等现象进行分析，探讨产生这些现象的心理根源，从中发掘潜意识的存在。弗洛伊德不仅引用一般人在日常生活中所发生的材料，也引用了自己的实际经验，然后经由自我分析的方法，进行透彻的研究。

弗洛伊德说过："遗忘的机制，尤其是想不起名字，或将名字暂时遗忘，都是当时出现的潜意识的一股怪思潮，阻挠了名字的有意再现。在被阻挠的名字和阻挠该名字的症结之间，存在着一种自始就有的关联，或者是一种经由表面关系而形成的（也许是经过人为的方法）关联。避免唤醒记忆中的痛苦，是这类阻挠的动机之一。"

在弗洛伊德的精神分析学中，童年生活经历的遗忘问题始终都占据很重要的地位。在歇斯底里病的研究和梦的解析中，歇斯底里病患者的病源多数是早已潜伏在童年生活的"痛苦"经历中。而在梦中出现的许许多多奇形怪状的幻影也不过是童年生活经历中那些被压抑的因素的重视。

曾经有人说过，如果能详尽地重现童年生活的内容，我们就可以对任何一个人的心理特征和心理活动规律了如指掌。但是，可惜的是，童年生活的绝大部分内容都已从记忆的王国里消失了。只要我们仔细地回忆自己的童年，我们就会发现其中的绝大部分已经销声匿迹，而忘记的那部分又恰恰是对自己的一生具有重要意义的内容。按照弗洛伊德的观点，童年生活中的绝大部分内容都被压缩到潜意识中去，而那些能勾起痛苦回忆的部分就是被压抑得最厉害的部分。然而，这些被压抑的部分又最活跃、最不安分。所以，它们虽被压抑在心理的底层，但要千方百计表现自己。意识对它们的自我表现企图给予了严密的监督，以致使它们不得不以变态心理或梦幻的形式表现出来。

当弗洛伊德研究日常心理时，他又发现被压抑在潜意识中的童年痛苦经历，有时也可以片断地、不成规律地、改装地表现在日常记忆中。这是一种偶发现象，是在意识不备或注意力转移的时候偶然表现出来的。这一现象再次证明被压抑在潜意识深处的童年痛苦回忆一刻也没有停止活动。它们虽然在大多数情况下无法在正常心理活动中显现出来，但在偶然情形下，一旦有与之相关的心理因素出现在意识层面上（哪怕是只有一点点的连带关系），又存在着其他有利于它们显现的条件（如意识注意力的暂时分散等），它们就可以显现出来。但是，即使在这种情况下，其显现的程度也是极其有限的（只能是片断的、破碎不堪的或甚至是被歪曲、被改装了的）。意识绝不容许这些痛苦的童年经历"肆无忌惮"地表现出来，因此，纵然有机会它们也只能零碎地表现出来。

《日常生活中的心理分析》一书中有这样一个童年的遮蔽性记忆的例子，说明这一记忆所隐含的内在意义。

有位24岁的青年，梦到了一幕5岁时的情景：在花园的凉亭里，他坐在姑姑身旁的一个矮凳上。她正教他认字母，他觉得自己很难分清字母"m"和"n"。所以他要求姑姑告诉他如何区别二者。姑姑说，"m"这个字母整整比"n"多了一笔。这段完整的记忆意味着什么呢？是不是表明这个青年从小就好学，而且即使到长大后也仍然有很强烈的求知欲，以致念念不忘早期学习的那段印象？可是为什么他只偏偏记住了这一段？为什么记得如此完整而清晰？就连这位青年自己也无法回答这些问题。

弗洛伊德认为，这段记忆遮蔽了童年时期另一个重要的心理，即儿童想要了解男人与女人的区别的好奇心。这种好奇心几乎为大多数儿童所共有。显然，这位青年在童年时也有这种好奇心。弗洛伊德说："就像他想分清m和n这两个字母一样，后来他也想知道男孩和女孩究竟有何不同，真希望姑姑在这方面也能教教他。

正如弗洛伊德的发现，潜意识在生活中总会时不时地冒出头来，人在日常生活中也如同在梦中一样经常发生潜意识的干扰性活动，这也就有力地证明了潜意识的原始心理活动是做梦心理和精神病发作的基础，也是常态心理的基础。

荣格的分析心理学说

在梦的研究中，另一位大师级的人物是瑞士心理学家荣格。卡尔·古斯塔夫·荣格是瑞士著名心理学家、精神分析学家，在世界心理学界享有很高的声望，是现代心理学的鼻祖之一。荣格在分析心理学的思想体系中，曾对梦的形成机理作出了专门论述。

荣格认为，梦有象征意义，但梦的象征作用主要体现的是集体无意识，只有将梦具体化后才能真正理解它们的含义。

他认为，梦给了人们一个在生活中寻找平衡的途径。因此，荣格认为梦的功能主要是一种补偿性的。他指出梦总是强调另一方面以维持心理平衡，梦的一般功能是希冀恢复心理的平衡，它通过制造梦的内容来重建整个精神的平衡。比如，一个人劳动了很长时间，整个大脑里充斥着劳动，他就会在睡眠中梦到进行某种娱乐或休闲活动，以消除疲劳。因此，荣格认为，梦是试图告诉梦者他必须尽快处理可以改进生活质量的事情，梦里所出现的情境大多是在现实中所无法经历的。但是，到底怎么样才能明白梦传达的信息呢？

荣格认为，在梦的解释过程中，最重要的是尽可能多了解梦者，但是，"现实中的梦者"只提供了一部分的解梦信息。为了得到梦者的无意识信息，荣格也像弗洛伊德一样运用自由联想进行解梦。他的自由联想比弗洛伊德所规定的更加严格与严谨，荣格希望联想直接与梦的意象相连，这样，所收集到的梦的不同部分的联想就可以加以比较，并与梦者梦里的情境相对照，从而得出梦者梦境的内容。

有些梦本来就无法解释，在这种情况下唯一可做的只能是瞎猜了。荣格对此的解释是，对一些特殊的梦的堵截，还没有找到一个切实可靠的方法或令人满意的理论。

荣格对梦的精神分析还有一个特点，他不仅重视对梦进行个别分析，还非常重视对梦的系列分析。他认为，跟梦的个别分析相比，对梦的系列分析更重要，因为梦者在一段时期内做的梦的系列，可以提供一个连贯的人格画面，它们可以通过揭示某些反复出现的主题，显露出梦者心灵的主要倾向。

我们来看一个例子：一个病人来找荣格。他40多岁，出身寒微，靠奋斗当了一所学校的校长。近来他患了一种病，眩晕、心悸、恶心、衰弱无力，类似瑞士的高山病。

他说他做过三个梦。第一个梦是：

他梦见自己身在瑞士的小村庄里。身穿黑色长袍，显得庄重严肃；他腋下夹着几本厚书。有几个孩子是他的同学。

孩子们说:"这家伙不常在这儿露面。"

荣格是这么解梦的:不要忘了你已从小村庄走到了校长位子。有如一个登山者,你一天爬到了海拔6000英尺,已经累坏了,不要想再"往上爬"了。荣格说:你产生高山病症状也正是这个原因。

校长的第二个梦是:

他急于出席重要会议,但衣服找不到了。好不容易找到衣服,帽子又找不到了。找到东西出门又忘了公文包,等他取了公文包跑到火车站,火车刚刚开出。他的注意力被引向铁轨。

他处在A处,心想:"司机如果聪明,机头到D处时不要加速,要不然他身后处于拐弯处的车厢就要出轨。"机头刚到D,司机就全速行驶。果真火车出轨了,于是他大叫一声醒来。

荣格说他梦中的阻碍是自己的内心。内心提醒他不要急着上火车。火车司机就是他的理智,司机看到前边的路是笔直的,就急于加速。正如他急于追求更大的成就。但是司机却忘了火车尾巴,正如他忘了他的心灵的另一部分——无意识。

他的第三个梦里梦到了一个怪物,半像螃蟹半像蜥蜴。

他用竹竿轻敲怪物的头,把它打死了。

荣格说这个梦反映了梦者的"英雄主题",他与怪物的搏斗,是英雄与龙搏斗这种神话的变形。这个怪物又是脑脊髓系统和交感神经系统的象征。梦的意思是再次提醒他,如果再这样下去,你的身体要和你作对了。

三个梦都是要警告他,不要继续拼命工作。

其实,荣格的解梦学说也有许多不足。

首先,他把梦看成是由某个主体传递出来的信息,具有创造性,但他却无法解释这个创造主体是什么。

其次,他认为梦并无显、隐意之分,只是朴实地宣告它们是什么以及它们的意思是什么,但对梦为何使用象征手法却避而不谈。

再次,荣格认为:"梦是持续不断的,甚至清醒的时候也在做梦，只不过是在清醒的时候，意识的呼声如此之大，梦的低语便被湮没无闻罢了。"

用梦境阐释集体潜意识

弗洛伊德大胆研究了人类未开垦的心理学领域——潜意识，从而把潜意识理论推向顶峰。其后，弗氏弟子从潜意识出发把精神分析运动发扬光大，荣格可以说是潜意识理论的集大成者。

荣格是弗洛伊德的得意门生，但后期他与弗洛伊德的观点发生分歧，从此在探索潜意识的道路上分道扬镳。他扩大了弗洛伊德的潜意识概念，把集体的或种族的为所有人承继下来的并为所有人所共有的潜意识包括在内，从而提出"集体潜意识"的概念。集体潜意识位于心灵深处，这是荣格提出的一个引起最多争议而又最晦涩难懂的概念。

荣格举了自己的一个梦为例：我在一幢陌生的两层高的楼房里，这是"我"的房屋，我发现自己是在楼上，这间精致的客厅是用洛可可风格的老式家具布置的，墙上挂着优美的古画。我惊讶，这怎么会是我的房子呢？心想倒也不坏，但不知楼下是什么样子。沿楼梯下到底层，楼下的一切更古老，大约是15世纪或16世纪的房屋，家具陈设是中世纪的、红砖地面，到处光线昏暗。我从一间房走到另一间房，心想要把整幢房子都察看一遍。我遇到一扇沉重的门，推开之后，发现了通向地下室的石阶。沿石阶下去，便置身于一间华美的拱顶厅堂，看来年代十分久远。由墙上的古砖我断定是罗马时代的旧物，于是兴趣大增，更仔细地察看地面。地面由石板铺成，一块石板上有环，拉起这块石板，便看见一条狭窄的石阶小路通向更深处。我又沿此石阶而下，进到岩石间一个低矮的洞穴，地面有很厚的灰。中间有散落的骨头和碎陶，像是原始文化的遗迹。我找到了两个人类颅骨，已裂成两半。至此我便醒了过来。

对于这个奇特的梦，荣格本人认为，这幢房子就是他精神活动的象征。楼上的客厅象征意识部分。虽然式样古旧一点，却有可以居住的气氛。楼下是潜意识的第一层。越往下越异样、越昏暗。在洞穴里他找到了原始文化的遗迹，就是他自己身体里原始人性所在，人的原始精神活动接近于兽性。在这史前时代的洞穴里，原始人居住之前便由兽类占有的。

他突出心理结构的整体性，认为人格结构由3个层次组成：意识（自我）、个人潜意识（情结）和集体潜意识（原型）。个人潜意识是人格结构的第二层，作用比意识大，包括一切被遗忘的记忆、知觉和被压抑的经验，以及梦和幻想等。荣格认为个人潜意识的内容是情结，情结往往具有情绪色彩，来源于童年时期的心理创伤。他对于情结的观点与弗洛伊德不同的是，他将情结分为三种：一是整体人格结构中一个独立存在的较小的人格结构，是一些相互联系的潜意识内容的群集；二是可以影响意识活动，并对人的行为和思想产生很大影响的情结；三是可以把个体潜意识及其被压抑的内容与集体潜意识及其原型联结起来的情结。

集体潜意识是人格结构最底层的潜意识，它是人类在漫长的历史演变过程中积累下来的沉淀物，包括祖先在内的世世代代的活动方式和经验库存在人脑中的遗传痕迹，如人对黑暗的恐惧等。

由此我们可以看出，荣格的梦论与弗洛伊德的梦论的基本分歧是，弗洛伊德认为梦是被压抑的欲望的满足，荣格则认为梦是潜意识智慧的表现。在荣格看来，潜意识中充满了智慧，正如在弗洛伊德看来，潜意识中充满了欲望。荣格还断言潜意识中的智慧比意识更具有洞察力。在睡眠中，由于解除了压抑，潜意识中的智慧得以表现。荣格举出许多例证来证明自己的观点。第一次世界大战爆发前的几个月，荣格在一次旅途中，突然被一种压倒一切的幻觉镇住了：他看见一场大洪水把北海和阿尔卑斯山之间的北部和地势低洼的所有土地都淹没了。荣格写道："我意识到，一场可怕的大灾难正在发展之中。我看见了滔天的黄色巨浪，漂浮在水面上的文明的残片及成千上万具被淹死的尸体。整个汪洋大海然后变成了一个血海。这一幻觉持续了大约有一小时。我感到迷惑不解，心里作呕，同时又为自己的无能为力而感到惭愧。"荣格在随后的几个月内，曾多次梦见类似的恐怖场面，如冰雪覆盖大地，冻死了所有的绿色植物。直到第一次世界大战爆发，荣格才真正理解了自己的梦，原来那些梦是对大灾难的预言。

　　荣格进而修正了弗洛伊德过于强调早期经验的倾向，他把梦分为"回顾"和"展望的"，认为梦既代表过去的欲望，但也倾向未来，具有指出做梦者的目标的功能。这种向前展望的功能，是在潜意识中对未来成就的预测和期待，是某种预演、某种蓝图或事先匆匆拟就的计划。它的象征性内容有时会勾画出某种冲突的解决。

　　荣格梦论对弗洛伊德梦论的另一个方面的修正，是关于梦与潜意识的问题。弗洛伊德是从个人经验去寻找梦的意义；荣格不仅从个人经验，而且从种族经验去寻找梦的意义，认为后者是更为深层的。荣格提出集体潜意识概念，认为同一种族的个体，有些共同的、不为个体自觉的经验，但这些经验会在梦中表现出来。集体潜意识主要由一些原型构成，如人类有生而怕黑怕蛇的倾向，这种倾向就可以视为原型，这是人类自古以来在黑暗中受到惊吓或遭到毒蛇咬伤的痛苦经验，世代相传的结果。荣格所谓的原型中还有阿妮玛和阿妮姆斯等等。阿妮玛指男人身上的女性特征，阿妮姆斯指女人身上的男性特征。也就是说，每个人的人格中包含着一些异性特征，人格中的同性与异性特征有冲突、有和谐，从而构成人的活动的动力之一，也成为梦的动因之一。

　　荣格进而把梦看成是一种宗教现象，认为梦中的声音不是我们自己的，而是由超越我们的更高来源所发出的声音。梦是比我们自己更伟大的智慧的启示。

弗罗姆的新精神分析学说

　　美国心理学家弗洛姆也认为梦所用的是象征语言。弗罗姆，精神病学家、新精神分析学家、精神分析学派的代表人物之一。弗罗姆在接受精神分析训练之前，曾系统学习过社会学和心理学，他的梦心理学理论中表现出了强烈的社会哲学色彩。弗罗姆认为，梦都是有意义的，有些梦好像没有意义，但仔细想想却大有深意。

　　弗罗姆在批判地继承弗洛伊德和荣格关于梦的学说基础上，提出了关于梦的第三种理论。

　　弗罗姆认为，梦是人的天性的表现，是我们在睡眠状态下各种心理活动的有意义的和重要的表现。它既表现了"合理的"或"不合理的"欲望，也表现了理性与智慧。在梦中，爱与理性、欲望与道德、邪恶与善良都能得到表现。弗罗姆认为，这种观点既吸收了弗洛伊德和荣格的理论中合理的一面，又不是二者的简单综合，它比前两种理论包含更丰富的内容，也具有更广阔的解释性。

　　弗罗姆的梦论是以他的社会潜意识理论为基础的。他一方面继承了弗洛伊德的潜意识理论中的部分观点，另一方面，弗罗姆也同意荣格从广泛的意义上理解潜意识的观点，认为潜意识中的智慧可能比意识更具洞察力，从而将梦解释为潜意识智慧的表现。但他不同意荣格用集体潜意识解梦，即将梦归结为超越我们自身的祖先的启示，将集体潜意识看成是种族经验遗传的结果。弗罗姆认为潜意识中的智慧恰恰是我们自己最真实的智慧而不是祖先的智慧，压抑是由我们的现实处境造成的，是由我们生活于其中的社会文化造成的，因而我们的潜意识（梦）的内容往往是我们对自己现实处境的洞察，对我们生活于其中的社会文化的实质的洞察。但在苏醒的状态下，这些洞察被假象和谎言掩盖了。

　　弗洛姆强调社会经济因素对人的心理影响的决定作用。弗洛姆把经济、政治、文化等社会因素对人的心理作用放在重要而突出的地位，并认为社会对人的影响在于形成具有社会烙印的人格，把传统精神分析学说对人的心理活动的研究扩展到社会对个人产生影响的大层面。

正如卢文格所言："弗洛姆主要关心社会性格，即在不同社会中占支配地位的性格结构。这种关心导致他强调社会和经济对性格的决定因素，而不是其他决定因素。"

弗洛姆用精神分析的观点去分析人的本性及人的需要，同时强调经济、政治、文化、思想等社会因素的作用，认为在社会影响下实现个性化的过程也就是性格形成的过程。致力于把弗洛伊德和马克思的思想"综合"起来，形成了人本主义精神分析。人本主义精神分析以人作为目的和一切社会活动的出发点，其价值判断由具有主体性的人所发出，通过对人的病态心理的剖析，鞭挞社会对人的操纵和否定，呼唤人的尊严的回归。

荣格的集体潜意识与弗洛姆的社会潜意识的区别在于，集体潜意识直接指普遍的精神，其中绝大部分是无法成为意识的。社会潜意识与压抑的社会性格密切相关，指人的经验的某个部分，是不被既定社会所认识的，社会潜意识即普遍精神在全社会中被压抑的那部分。

正如弗洛伊德已经指出的，在梦中，非理性的冲动可以在一定程度上逃避意识的检查，换一个角度说，就是可以逃避社会禁忌的作用，使苏醒状态下被压抑的欲望得到替代的满足。睡眠比苏醒状态更自由。不同时代不同文化的梦有很大的差异，但有一点是肯定的，即梦的内容是在苏醒状态下受压抑的那些欲望和观念。从这里，我们很容易看出弗罗姆对弗洛伊德的梦论的继承和发展。

所以，梦突破了苏醒状态下的逻辑、语言和社会禁忌的作用，也就是突破了"过滤器"的作用，使潜意识的心理内容得以实现。这些潜意识的内容既不同于弗洛伊德的非理性的本能冲动，也不是荣格所说的先天的种族遗传的神秘经验，而是在一定的处境特别是在一定的社会文化条件下受压抑的那些心理内容。弗罗姆的梦论是其整个心理学说的有机组成部分。

弗罗姆认为，人在清醒时，虽然是能动的，能确定目标、制订方案付诸行动，但另一方面，由于各种现实利益（包括阶级利益）的考虑，由于意识形态和社会舆论的作用，我们常常不知不觉地生活于谎言或假象之中，生活于相互猜忌或憎恨之中。而我们的正确判断和爱的情感，却受到压抑。所以，在苏醒状态下，我们虽然是清醒的，但从另一个角度看，我们又是糊涂的。

我们进入睡眠，就开始做梦，这时我们不能合乎逻辑地思考，不能去行动去实现目标。然而我们又是奇迹的创造者，去创造一些史无前例的故事。在睡眠状态下，我们是自由的，不再受各种谎言的干扰，不再受现实利益的驱使，因而有可能做出更正确的判断。也就是说，我们在做梦时有可能比在苏醒时表现得更为智慧。所以，做梦是另一种意义上的清醒。睡着了，也就是醒来了。

第二节
梦与意识、潜意识

意识与潜意识的关系

　　潜意识具有无穷的力量，它隐藏在心灵深处，能够创造魔术般的奇迹。爱默生说："在你我出生之前，在所有的教堂或世界存在之前，潜意识这种神奇的力量就存在了。这是一个伟大永恒的真实力量，是生命运动的法则，只要你牢牢抓住这个能改变一切的魔术般的力量，就能够治愈你心灵的创伤，愈合你身体的伤痛，摆脱心中的恐惧，摆脱贫穷、失败、痛苦和沮丧。你所要做的一切就是将自己的精神、情感与你所期待的美好愿望结合为一体，富有创造力的潜意识会为你做出安排。"

　　意识与潜意识具有相互作用，意识控制着潜意识，潜意识又对意识有重要影响。

　　有这样一个有趣的事例：有位大使与人交谈时，他的一位侍者总在一旁侍候。后来，这位侍者得了神经方面的病，不得不住院治疗。在医院中，侍者居然与病友大谈政治、外交，还提出了许多深刻的见解。大使为之震惊，深为自己埋没了这样一位人才而愧疚，决定任命他为秘书。不料，侍者病好后，再问他有关政治、外交方面的问题时，他竟一无所知。

　　侍者的表现说明了意识对潜意识的制约作用。侍者在大使与人交谈的过程中，听到了许多政治、外交方面的观点，这些信息都贮存到了他的潜意识中。平时，由于意识的控制，这些认识一直埋藏在大脑深处，难以显现。而当他患病，意识处于迷糊状态时，那些贮存在大脑深处的潜意识开始活跃，于是便与病友大谈起了外交、政治。可当意识恢复正常后，潜意识就又被牢牢地控制住了。这时，再问他政治、外交方面的事情，他就不可能轻易发表见解了。

潜意识的神奇力量被许多伟大的科学家、诗人、歌唱家、作家和发明家深刻了解。

歌剧男高音卡鲁索有一次突然怯场，因为害怕，他的喉咙开始痉挛，无法再唱了。还有几分钟就要出场了，他感到恐惧，大滴汗水从脸上淌了下来。他浑身发抖地对自己说："他们要嘲笑我了，我无法唱了。"他到后台对着那里的人大声说："小我要把大我掐死。""滚出去，小我！大我要唱歌啦！"如此这般后，潜意识回应了他，他镇定地走上台，结果唱得好极了，全场为之轰动。

在这里，大我指的就是潜意识中的力量和智慧。心理有两个层次，一个是有意识的，符合理性的；一个是潜意识的，不符合理性的，卡鲁索显然知道这一点。

意识如同船长，在驾驶台上工作，他指挥船的方向，对机舱的操作员发布命令。机舱的人根据命令操作各种仪表等，他们不用管船向哪个方向行驶，只要执行命令就行。如果船长用他的罗盘发出错误的指令，船就会触礁，操作员只能服从命令，别无选择。船长是船的主人，他发布命令。

同样，你的意识就是你身体、你的周围环境以及你所从事的一切事务的主人。你的意识向你的潜意识发布命令，因为你的意识能做出判断，接受认为是合理的事情。当你的理性（小我）充满恐惧、担忧、焦急的时候，你的潜意识（大我）会以恐惧、绝望等影响你的意识。当出现这种情况的时候，你要像卡鲁索那样，坚定地对非理性的我说："请安静一下，我能控制你，你必须听我的指挥，你（这个小我）不准乱说乱动。"

你每天都在你的潜意识中根据你的思维习惯播种，所以你的身体和你的环境所收获的就是你在潜意识中所播下种子的果实。意识和潜意识代表心理的两重性，人的心理好比是一个花园，你就是心灵的园丁。

如果你说："我不喜欢吃樱桃。"如果你无意中喝了樱桃汁，你就会觉得不舒服。因为你的潜意识对你说："主人（意识）不喜欢。"这一个例子很好地说明了意识和潜意识之间的区别和各自的工作方式。如果你说："如果晚上我喝咖啡，我会在夜里3点醒来。"因此，一旦晚上喝咖啡，你的潜意识就会暗示你，好像在说："主人想让你晚上睡不着觉。"你的潜意识每天24小时不停地工作，不断地为你效劳，将你习惯思维的果实呈现在你的面前。

心理、精神、意志这些东西最奇妙，看不见，也摸不着，似乎它们本身没有一丝一毫的实际力量。但是，你只要恰当地运用它们，充分掌握激发它们的技巧和方法，借由它们来影响潜意识，就能发挥出你想象不到的巨大的力量，创造出奇迹。

潜意识大师摩菲博士说过："我们要不断地用充满希望与期待的话，来与潜意识交谈，于是潜意识就会让你的生活状况变得更明朗，让你的希望和期待实现。"只要你不去想负面的事情，而选择有积极性、正面性、建设性的事情，你就可以左右你自己的命运。

梦与潜意识的关系

研究人员认为，梦主要是由潜意识控制的。潜意识是和意识相对的概念。意识在医学、心理学及哲学界有着不同的观点，但一般认为，意识或者心灵，它涉及心理现象的广泛领域，既无处不在，也深奥莫测。意识是人脑所特有的反映内部和外界客观现实的机能，也是人在清醒时对自我和周围事物的觉知状态。

与意识相对而言，无意识则是人未意识到的一切心理活动的总和，是人不自觉的认识和体验的统一，是人脑重要的、辅助性的反映形式，是与语言没有明显联系的大脑皮层中兴奋较弱部位的活动。

潜意识的来源

弗洛伊德认为，精神病与内心被压抑的愿望或观念有关。当受到某种特殊刺激后，这些被压抑的愿望或痛苦就会以不正常的活动形式表现出来，造成精神病。这种被压抑在心灵深处的、平时意识不到的精神活动就叫潜意识。

弗洛伊德将"意识"分为三个部分，即意识、前意识、潜意识。

在他看来，前意识里边的东西，只要借助注意，就可以进入意识。但潜意识里的内容，想进入意识时，就要受到抗拒。

潜意识是每个人的心理活动的源泉，但我们对它的存在又一无所知。这一人类心理的决定性部分没有时间感、地点感和是非感，它像个婴儿一样对法律、伦理和禁忌一无所知，它只知道自己需要什么，若不设法得到满足绝不罢休。这种冲动在每个人的心灵深处造成一个"追求满足"的固定需要，这就是"享乐原则"。

潜意识藏有我们童年的大概记忆，这些是我们以为早已遗忘了的，但实际上还珍藏着；它还包括我们自己感觉到的秘密、怨恨、爱以及某些强烈而原始的热情和欲望。

一般人并不知道自己的身上居然会有这些不道德的观念和欲望。我们醒着的时候，潜意识因素大大地影响与掌控着我们的日常生活，它影响我们思考感觉和行动的方式；在夜间，它又出现在我们所做的梦里。

潜意识里的东西，还可以通过升华的方式出现在意识里，把那些可能是不道德的违反伦理的强烈潜意识愿望和诉求，利用升华作用而以较能接受的形式出现在日常生活当中。梦是通向潜意识的必由之路。

潜意识的特征

潜意识具有原始性。潜意识是人的精神机构中最初级、最简单、最基本的因素。它的产生早于意识和前意识。意识是经过发展而转化了的潜意识，但是并不是所有的潜意识都能成为意识，这取决于外部环境和潜意识本身的性质。

潜意识具有冲动性。由于潜意识的原始性才使得潜意识具有很强的冲动性、活跃性。潜意识的冲动性来自它的原始性，它在人的心理序列居于领先地位，最先在人的心理活动中出现。

潜意识具有非时间性。

潜意识活动具有非道德性。

潜意识具有非语言性。在潜意识或本我中没有思维的概括能力，它的表达主要是借助知觉材料，并无语言参与。

潜意识的心理意义

潜意识会导致人做梦，而潜意识对清醒时的我们又有哪些意义呢？

观察到自我潜意识心灵的存在。梦能够充分显示出人类体验的两分性——意识能力与潜意识能力。在梦中，我们的潜意识心灵比任何时候都更强烈地具有实体感。此时，对潜意识心灵戏剧化呈现出来的产物，我们可以触摸和感受到，呈现出极强的真实性。

熟悉自己潜意识心灵。因为意识使我们可以和自己做的梦做有目的地交互作用，所以我们就能够对自己的梦境进行仔细的观察和体验。

承认潜意识是我们心灵的伙伴。

接受"自我"和潜意识之间的关系。

梦可以看作是潜意识的思维工具和潜意识思维的成果，通过对梦的解释，就能挖掘出深藏在梦里的潜意识的高度智慧和丰富的信息资源，帮助我们正确地认识问题和解决问题，走出困境。因此，梦境的剖析对于分析心理以及心理调整都具有重要的意义和价值。

潜意识在梦中是怎样体现的

梦在弗洛伊德的潜意识理论中有着举足轻重的地位，梦的研究证明了潜意识活动的丰富性，是研究被压抑的潜意识的最便利方法，梦的研究可视为研究神经病的引线。

梦不完全是一种躯体现象，而是一种不规则的反应的产物或物理刺激所引起的有意义的心理现象。梦代表一种警告，一种决心，一种准备，代表人的潜意识历程。梦的隐含是一种异常复杂的心理动作，梦的内容的改造是为了满足潜意识的欲望。梦是心灵在睡眠中对前一日或前几日经验的反映，是醒时心理活动的继续。

梦的元素本身并不是原有的思想，而是梦者所不知道的某事某物的化装的代替物。解梦就是利用梦者对这些元素的"自由联想"使它被代替的观念进入意识之内，再由这些观念，推知隐藏在背后的原念。自由联想不仅依赖于解梦者所给予的刺激观念，而且有赖于梦者的潜意识活动，即有赖于当时没有意识到的含有强烈的情感价值的思想和兴趣（即情结）。

梦之所以奇异难解，是由于梦的化装作用，化装的主要动因在于梦的"检查作用"。凡是在梦中较明确的成分之中，出现一种在记忆里较模糊的成分，这便是检查作用的结果。检查作用常用修饰、暗示、影射等来代表真正的意义，而梦的元素中重心的移置和改组则是检查作用的有力工具。可见，材料的省略、更动和改组，是梦的检查作用的活动方式和化装作用的方法。检查作用的本质是自我本能的理性规范对性本能的潜意识冲动加以审查、删略和变形。检查作用和化装作用相互制约，被检查的欲望愈强，化装程度愈大；检查的要求愈严格，则化装愈繁复。化装的功用在于以自我所认可的倾向对夜间睡眠里出现的不道德"恶念"施行检查，即进行内心批判。

梦的工作所回溯的时期往往是原始的或退化的，即退回个体的幼年或种族的初期。幼年的经验在记忆中往往是一个空白，只有通过彻底的分析才能将它们召回。梦的这种倒退作用，不仅是形式的，而且是实质的；不仅将我们的思想译成一种原始的表现方式，而且唤醒了原始的精神生活的特点。这些古老的幼稚的特性，以前曾独占优势，后来却只得退处于潜意识之内。强烈的被压抑的潜意识加上有意识思想的影响，构成了倒退作用的条件。这可视为关于梦的性质的最深刻的了解。

梦是欲望的满足。这是梦的主要性能，这种满足主要指欲望内容的满足，至于某些梦中不快的情感则维持不变。事实上，梦者常常摒斥和指责一些原可产生快感的欲望，这时焦虑就乘机而起，以代替检查作用。焦虑表明被压抑的欲望的力量太大；非检查作用所能制伏。人类的精神生活中颇多"惩罚"倾向，它们强大有力，可视为某些"痛苦"的梦的主因。惩罚本身也不失为一种满足，它满足的乃是检查者的欲望。

一言以蔽之，梦是了解认识潜意识的最重要的途径和渠道。

潜意识具有预测性吗 〉

梦与现实是一对矛盾统一体，二者是密不可分的，离开了梦的现实，将是枯燥而空虚的，梦为现实生活填补了空缺，也帮助人放松了处于紧张状态下的神经；梦的基础来源于现实，离开了现实，梦也将不复存在。

根据事物变化发展的客观规律，事物发展到一定程度后，往后再发生的事会成为一种必然，这种必然原本存在于人的潜意识当中，潜意识是梦的源头所在，梦因此具有预见性。当人们开始着手做一件事时，潜意识就会根据人的本性和种种客观因素对这一事件的发生及其结果做出预测，而人本身并不会真正想到这些，它完全隐藏在潜意识里，不能被人发现，却是真实存在着的。在做梦的时候，这些存在于潜意识里的想法或情景等就会反映在梦境当中。梦醒后的一段时间里，现实世界则有可能发生与梦境相同或类似的事件。

一个学生讲述其初三时的一个梦境。睡前，她在做物理练习题，而临睡前做的最后一道题她并未解出来，由于困倦便沉沉睡去。梦中，她又在做那道物理题，借助了计算器，在就快醒时解出了答案，醒后发现，那道题的正确答案正是她梦到的答案。

该梦者在长时间做同一门功课的题后，思维开始混乱，原本在正常状态下能够解出的题却解不出来了，然而潜意识中存在的智慧却不受影响，于是通过梦的形式传达给梦者。因此，可以看出，潜意识有时也会使梦通过象征的形式向梦者传达信息，所谓梦的预见性实际只是潜意识对现实事物的客观分析的结果。

太过真实的梦会扰乱人的正常思维，使梦幻与现实混淆。生活节奏较快、长期从事脑力劳动的人一天中接触的事物大都是与自己工作有关的，而很多事物也在经历的过程中逐渐进入潜意识中去，而做梦者本身并不会感觉到这一点，只有进入梦境之后，这些早已被储存在潜意识中的东西才会被反映出来，而反映在梦中的场景却像自己经历的一个真实事件。做梦者醒后一般不会对整个梦记忆得很深，往往在一段时间以后，当回忆某件事或某个细节时，分不清到底是梦还是现实。如果这样的情况频繁发生，则会扰乱人的正常思维。导致这种情况的原因在于梦者本身，因为这样的人的生活长期都处于一种固定模式下，很少接触相对新鲜的事物。如此便使潜意识中储存的信息相对单一，便不能构成丰富多变的梦境。梦与现实生活联系十分紧密，使人愉快的梦可以保证人健康积极地度过一整天；与现实太过类似的梦不但不会使人在睡眠中放松自己，反而会增加压力，使人变得消极并且思想受束缚而机械化。

在《梦的解析》一书中，弗洛伊德提出梦是人的欲望的反映，与愿望有关，然而较为现实的（即通过努力可实现的）愿望很少在梦中有所反映，幻想中非现实的愿望则会频繁在梦中得以实现，而且这种愿望必须是长时间存在于人的脑海，而非短暂的冲动。

同样，每个人也都不同程度地对某一个或几个事物而感到恐惧，那些使人长时间感到恐惧的事物也会为梦所反映出来。比如，小孩会经常梦到大灰狼、鬼怪等一些大人常为他们描述的事物；长期为一种病所折磨的患者则会梦到与自己的病有关的事，而这样的梦常常表现为噩梦。不论是由愿望引起的梦还是由恐惧的事物引起的梦，都经常与现实相反，即反梦。虽然与现实相反，这样的梦却对人有很大的启示作用，尤其由恐惧产生的梦，它往往能揭示梦者自己本身未意识到的缺点与不足，以警示做梦者需要改进。

潜意识的内容与它相对应的梦是有因果联系的，因此将潜意识转化为前意识可以控制人不做某个梦。通常潜意识都是不能被人感知的，人并不知道自己的潜意识中有些什么，也无法感知它的存在。而前意识即我们通常所说的意识，人的日常行为、语言等都受它的支配。梦是潜意识的产物，即梦来源于不可感知的潜意识而基本不会以其他形式或途径产生梦。由此可以发现，人类可以控制自己不去做某个梦，办法就是将潜意识中存在的事物转化为前意识，如此便会使一些事物从潜意识里分离出来进入可被感知的前意识，从而切断梦的来源这条途径，使人不会做与这个事物相关的梦了。

一个人每天都要经历很多事情、得到很多知识，如此积累起来，便构成了丰富多彩的人生。然而正是如此，也构成了与现实脱轨的怪梦。目前心理学家已经发现，智者所经历的这种梦比较多，造成这种现象的原因就在于智者拥有多于常人的智慧和更为丰富的人生体验。人的一生所经历到的大部分都会在梦里有反映，经历的事物越多、越丰富，能够被梦反映的也就越多，然而梦者处在睡眠过程中时不具有逻辑思维能力，不能合理有序地将各个事物安排好，只有任凭大脑随机将几个事物联系在一起，这种联系不存在因果、包含与被包含、先行后序等，只是无序地排列。无序排列的事物越多，梦就会越复杂、越离奇，而这些与现实脱节的怪梦实际上是毫无意义的。

通过梦境了解潜意识的波动

弗洛伊德认为，梦是对愿望的满足，不过，这种愿望在梦中的表现，有时是直接的，有时是间接的，有时则是以相反的形式出现的。有一次，弗洛伊德的一个朋友的夫人，做了一个来月经的梦，这样的梦她过去几乎没有做过，她向弗洛伊德讨教。弗洛伊德告诉她，夫人做这个梦意味着内心深处存在着"有月经就好了"的想法，如果反过来看的话，这个梦可以解释为夫人目前的月经暂时停止了。这位夫人听后惊讶地告诉弗洛伊德，自己正处于妊娠期，她对弗洛伊德的解释异常钦佩。应该说，像这样内心潜意识的欲求，在梦中按其本来面目直接或不很曲折地表现出来的情况，其判断是比较容易的。当然，由于梦的本质和机制十分复杂，许多内容对于人类来说，还是未知世界，所以，难以解释的梦仍然不少，甚至占梦的大多数。但是，按照弗洛伊德的精神分析方法，还是可以解开不少神秘之梦的锁结。

弗洛伊德的助手费兰斯分析一位女性梦见一只小白狗被绞死的梦的例子，曾被许多书引用。费兰斯经过分析后认为，这条小白狗实际上是这位太太所讨厌的妹妹的形象。在分析梦的过程中，这位女性说出了一些情况，她对烹调很擅长，并且有时还亲手勒死鸽子、小鸟等来烹饪，但她绝不认为这是件愉快的事情，所以很想辞去这项工作。当费兰斯问她是否有特别讨厌的人时，她说出了妹妹的名字，并义愤填膺地说起了妹妹对她丈夫"就像训练好了的鸽子一样"，使她十分厌恶。她在梦中勒死小白狗的方法同勒死鸽子的方法实际是一样的，而鸽子、白狗其实都已拟人化了，很可能就是她妹妹的形象。果然这位太太在做此梦之前曾与妹妹激烈地争吵，还把妹妹从她房间里赶了出来，骂道："滚出去，但愿别让狗咬着我的手！"分析到此，女士承认，她确实有过"妹妹死了就好了"的想法，而她的妹妹身材矮小，皮肤白皙，就像小白狗一样。

梦是潜意识得以发泄的最佳场所，有人说："若以梦中的行为做出判罪的依据，那么人人都是罪犯。"这类似的看法其实柏拉图在其名著《理想国》中就有阐释。他认为在梦中"……人们会犯下各式各样的一切愚行与罪恶——甚至乱伦或任何不合自然原则的结合，或弑父，或吃禁止食用的食物等罪恶也不除外，这些罪恶，在人有羞耻心及理性的伴同下，是不会去犯的"。所以，弗洛姆在其著作《梦的精神分析》中说："柏拉图与弗洛伊德一样，把梦当作我们内心无理性野兽天性的表现。"但是，弗洛伊德又认为，人们在梦中也不是完全肆无忌惮的，由于"检察官"或"看门人"的作用，梦境常得经由化装后才能象征性地呈现出来。所以弗洛伊德在《精神分析引论》中说："梦的表面意义无论是合理的或荒谬的、明了的或含糊的，我们都不会理会，这绝不是我们所要寻求的潜意识思想。"

同样的梦境可能因梦境分析者对其显意、隐意及象征意义有不同的理解，其解释的结果也就可能迥然不同，甚至大相径庭。所以心理医生在为被分析者解梦之前都必须对其生活环境、生活习惯、心理状况有个大致的了解。对不熟悉的被分析者可通过交谈或自由联想而掌握线索。我们可以科学地将解梦概括为："解梦者可根据解梦的需要，询问这类梦境的出现是经常的或偶然的，做梦者的体会是什么，做梦者平时对梦是否有兴趣，做梦者生活的顺递，再结合做梦者的性别、年龄、素质强弱、性格、职业、服装、音容笑貌、近期生活状况等方面综合分析，得出结论。"与其说解梦是一门科学，还不如说解梦是一门艺术。正如弗洛姆在《梦的精神分析》中说的："它正如其他任何艺术一样，需要知识、才能、实际操作与耐心。"

梦是潜意识的象征性语言

对梦的解释过程就是对显梦的逆向翻译过程，这个过程与梦者制造梦境的过程相反，是对梦的还原。只有了解梦的制造过程，才能准确地理解梦的心理含义。尽管梦有一个精确的逻辑，用分析还原的方式把梦的显意转化为潜意识的文本即梦的隐意时，其意义具有唯一性。但是，就同一个梦来说，梦的意义却可以进行扩展。梦的精确逻辑与梦的意义的可扩展性两者并无矛盾。因为基于弗洛伊德式的分析还原解梦方法是一种客观层面的解梦，其要义即将梦的内容"打碎"或"拆散"，将其还原为做梦者对外部情境或对象的记忆。但在精神分析大师荣格看来，做梦者才是所做之梦的全部原因，做梦者就是全部的梦，所有梦的细节都表现了做梦者没有意识到的种种内心矛盾、体验、倾向和看法。

要想通过梦的解释准确聆听心灵深处的声音，必须了解梦的象征意义。梦是潜意识的象征性语言，这种象征通常以图像化的"素材"和"场景"呈现出来，但就象征本身而言并不具备单一的意义，只能根据梦境的具体需要来确定。对梦中出现的各种象征的理解是准确解梦的关键，梦中一般有两种不同的象征类型，即"偶发性象征"和"普遍性象征"。

偶发性象征是一种在象征与所代表的某物之间没有内在联系而只具有某种偶然联系的象征，这种偶然联系往往只有做梦者本人才能理解，它与做梦者本人的生活事件有直接的关系。例如，某人在某个城市曾经有过一段非常恐惧和沮丧的经历，以至于在以后的日子里当他听到这个城市的名字就会与恐惧的情绪联系在一起，如同他把自己快乐的情绪和另一个让他经历快乐的城市名字联系在一起一样。

普遍性象征是这样一种象征：在特定的文化背景下，象征与所代表的东西（意义）之间具有普遍的内在关联，这种关联深深地根植于人类情绪与情感体验的共同经验中，并为所有人或大多数人所理解。例如，梦中出现的蛇、太阳、水火、河流、桥梁与道路、房屋、车、人们熟知的各种动物、生活中人类共有的某些物品如电视机等，这些象征的心理意义不仅容易理解，而且不同的人对其意义的联想内容基本相同。

下面是一位受困于幼年情节而不能进入恋爱状态的女孩子的一个梦，梦中表达了对爱情充满憧憬与迷惘，梦中使用的象征几乎全部是普遍象征。

一个光线朦胧的时刻，我在像是一个生长着竹林和矮小梅树的寺庙的后花园，有翻墙者（不该进来的人但不是小偷）进来，我想阻止他们，没想到他们人多势众，我骑上一匹高大结实的枣红马一路飞奔，逃离他们的追赶……

梦中的许多事物的象征都能唤起人们共同的心理体验和联想。但尽管属于普遍象征，由于象征具有多重意义，因而象征在某一梦中出现时，其确切意义往往需要补充两方面的资料才能最终决定，一是做梦者本人的自由联想资料，二是梦的象征在意义上的关系是否符合梦自身的逻辑结构，因为梦具有精确的逻辑结构，而不是思想碎片的随意拼凑，解梦者须综合考虑这些因素才能对一个梦的完整意义进行准确解读。例如，"寺庙"包含的意义很宽泛，可以指"修身养性的场所"，也可以指"远离尘世的精神世界、单身并压抑的自我、没有异性光顾的身体"等，而在这个梦中，寺庙的准确含义只能解释为"做梦者没有异性光顾的身体"，生长着竹林和梅树的后花园则指"隐秘的性器官"和"充满情感期待的内在的精神世界"。这样，"翻墙者为什么不是小偷"也就得到了合理的解释，暗指"强行侵入她身体和隐秘的情感世界的男人"。

所以，无论象征的意义多么的复杂和难以把握，放到特定的梦境中，其意义通常具有单一性或一致性。从这个意义上说，梦具有自身严密的逻辑结构和精确的心理意义，而并非可以随意理解的潜意识语言。偶发性象征与普遍性象征之间并无明显的界限，象征的意义受制于文化与亚文化的差异性，当一个偶发性象征被大多数人理解或者成为大多数人的经验以后，就变成了普遍性象征。一位来访者梦到自己与上司说话，嘴里吐出的却是玉米粒，"玉米粒"的象征意义就难以理解，其实这个象征与"骂人"有关：在做梦者的故乡，用粗俗的语言说话的人被称为"玉米棒子"。做梦者实际上是在以伪装的方式来表达自己对那位上司的不满。

梦是打开人格最深层的钥匙 〉

在弗洛伊德眼中，梦是一种精神现象，是一种心理活动，是一种愿望实现，是一种清醒状态精神活动的延续。梦并非空穴来风，梦亦非毫无意义，也不是意识昏睡，梦是被压抑的愿望经过伪装的满足。

"梦可以告诉你想隐藏些什么和隐藏的动机，解梦之人要拼接梦，并找出邪恶之源。"这句话是惊悚悬念大师希区柯克 1945 年拍摄的电影《爱德华大夫》中的经典台词。这部心理学领域电影的开山之作，是电影史上第一批以精神分析学为主题的影片之一。蓝色的音乐，萧瑟的寒风，冷漠的石碑，零落的枯枝，黑白的简单色调叙述了一个贯彻弗洛伊德理论的悬念迭生的心理分析故事。

故事发生在一个精神病疗养院，默奇逊院长即将退休，医学界著名的爱德华医生前来继任。新来的爱德华年轻英俊、风度翩翩，身上的个性魅力以及学术光环让美丽的女主角心理医生康斯坦丝情愫萌动。然而，之后的相处中，康斯坦丝渐渐察觉到爱德华的异常举动，他忘记自己书中阐述的理论，看见印有黑色竖纹的白色布料会头晕，遇到病人出血几近昏厥……随后，大家得知真正的爱德华医生已经遇难，而来者是伪装的，是一个被某些可怕的事情困扰的失忆症病人——约翰·布朗。约翰忘却了自己的身份，爱德华医生女秘书的供词更使他背负了谋杀的罪名。

康斯坦丝凭着爱与心理学特有的直觉认定约翰不是凶手，她试图用精神分析的方法帮他回忆起隐藏在记忆深处的真相。警察的追捕迫使两人躲避至康斯坦丝的老师、心理学家阿历克斯家中，正直善良的心理学家收留了他们并帮助康斯坦丝一起治疗约翰，他们希望通过剖析约翰的梦境找到真正的凶手。

约翰的梦是影片的核心剧情，解梦则是剧情高潮，影片多处成功地运用了弗洛伊德的解梦原理，解梦过程的精湛以及梦的解释重组令人拍案叫绝。弗洛伊德认为，梦不像其表面显示的那样只是一堆毫无意义的表象，它是通向潜意识的捷径，是打开人格最深层的钥匙。通过对梦进行分析，可以揭示出被人压抑到潜意识中的过去事件。人具有两种心理机能：原发过程和继发过程，前者以梦为代表，以凝缩、移置和象征为特点，毫不顾忌时空规范，并用睡眠时满足欲望的幻觉来缓解本能的冲动；后者以日常清醒的思维为代表，严格遵循语法和形式逻辑。

梦是一种象征，每一个象征都是不可忽视的细节，是破译和重组整合的关键。约翰梦中所出现的每一件物品、摆设，每一个人，每一个动作，每一句对话仿佛都具有特定含义。梦由人的意识产生，约翰的梦境与现实息息相关，白色屋顶代表雪山、络腮胡男子代表爱德华医生，与络腮胡赌博时他得到21点纸牌代表纽约21点赌场，呵斥络腮胡滚出他地盘的蒙面男子就是凶手，凶手扔出的变形车胎轮子代表左轮手枪……当把梦境和现实联系起来就会发现那些看似天马行空的梦其实就是现实世界中凶案发生的反照。

谋杀发生在爱德华与约翰滑雪时，为了让约翰彻底摆脱噩梦，康斯坦丝和他来到滑雪场，危急关头，约翰终于忆起儿时的情形，摆脱了犯罪情结。原来约翰年幼时与弟弟玩耍，失手把2岁的弟弟从楼门外台阶两旁的滑台上推下去摔死了。适逢寒冬，大雪纷飞，尽管这只是一个意外，但它给约翰幼小的心灵所造成的伤害却是无比震撼而强烈的，从此噩梦开始伴随着他，令他备受心灵的自我谴责与折磨，一直影响了他的童年、青年时代。他心底的内疚感一直存在，尽管事情已过去20多年，似乎一切都已忘记，但两条平行线条（代表着门前的两个滑台）对他仍然起着某种作用，让他莫名地紧张恐惧。

当他与爱德华医生一起滑雪，爱德华忽然被人枪杀，现实中的情境——雪地、白光、滑雪板、笔直的滑雪道接近了他潜意识的情绪源，童年的体验和眼前的感受合而为一。那一刻，他的意识完全混乱，深信自己就是杀人凶手，为了逃脱"罪责"，他开始扮演爱德华医生的角色，同时仍然无法摆脱潜意识里可怕情境的困扰。警察按约翰提供的线索找到了爱德华医生的尸体，但他仍然无法摆脱谋杀的指控。默奇逊院长的一句话，令康斯坦丝如梦方醒，联系约翰的梦境，整个案件终于水落石出，真正的凶手就是在医院工作了20年、无法接受自己被爱德华接替的默奇逊医生。

　　电影中解梦被赋予了新的意义，即让有心理障碍的人了解自己潜意识行为产生的原因，通过让他面对自我来克服心理障碍。解梦，找出它的隐义，就能恢复部分潜意识心理内容，并将其置于理性分析中。梦以幻觉和伪装的形式表现被压抑的内容，它使不为人承认的愿望获得部分满足。梦的来源是潜意识，意识的愿望只有得到潜意识中相似愿望的加强，才能成功地产生梦。每个梦都是愿望的实现，即以伪装的形式表达或满足某种潜意识的欲望。

第三节
梦与心理学的关系

梦与心理的关系

人的心理活动是神经系统高级部位——脑的功能，而梦则是心理活动的一个方面，并且人白天的一切心理活动都会影响到夜晚梦中的心理活动。因此，梦也是心理活动中必不可少的部分。

人的心理活动是一个十分复杂的大脑生理活动，它最基本的特征之一，就是能够反映人的情绪。情绪是人类最基本的对外界反映的特征之一，它是人类大脑神经生理反应与"意识"整合时产生的。当外界的反应冲动从扣带回向大脑皮质扩展时，心理过程便渗入了情绪色彩。

人白天心理活动中的情绪，在夜晚的梦中也同样反映出来，正如人们常说的"日有所思，夜有所梦"。梦的内容千奇百怪，梦中人义愤填膺，或焦虑不安，或沉浸在幸福甜蜜之中。经过不少科学家长期的研究，一般认为，梦是有一定精神基础和物质基础的。它是人类精神活动的一种方式，是现实生活中内容的折射与反光。

人的心理活动都在梦境中表现出来，只不过这种心理上表现有点经过变形而展现于人的梦中。要研究表明，情绪与梦境有关。例如喜者多梦欢乐愉快；怒者多梦焦躁不安；忧者多梦心绪不宁；悲者多梦凄楚哀怨；惊者多梦惊心动魄、惶恐胆怯；信鬼神者，多梦妖魔鬼怪；梦境杂乱混沌者，心中多不安与担忧。还有一些梦与个人愿望、思想活动有关，这些思维的痕迹已深深地印在脑海里，睡眠时又重新反映出来。

梦可以起到"安全阀"的作用，也就是说，如果在睡眠中，人类机体冲动得到发泄，醒后就会约束自己的言行，能更好地适应现实的困难和处境。如果不让某人在睡眠中做梦，这个人就会在白天表现出异常言行，甚至产生犯罪危害社会的行为。

梦，实际上是自己演给自己看的小品，就像一个人在自己观看电视一样，他总会去找那些自己最喜欢的看，他看的内容多多少少可能与这个观看者有些类似或是他向往的地方，这正是你心理上或心灵中发生反映的结果。一个人可能在自己的梦里找到自己，梦虽然是假的，却不会欺骗你。

人在做梦的时候，大脑皮质是在极低水平下工作的，对事情的分析有时是错误的，记忆也可能有缺陷或残缺不全。所以梦中的自我同现实中的自我有时看起来是分离的，没有连续性。但作为同一个大脑，有的心理学家认为，梦中的自我仍然在关心着白天的事情，不过只是用了不同的方式来看待这个问题而已。人在梦中，是以一种奇特而复杂的生活回忆他的过去和预演未来。

所谓发现现在的自己，在心理学上称为自我，也就是意识当中的自己，我们称为"清醒我"。当然，现今心理中的是自我，但是在心理学上，我们所要探测的心灵，比现在这层自我更加深刻。

由于潜意识被压抑在内心深处，被封闭起来，所以平常人们无法发现它。它存在的证据是，当压抑的力量薄弱时，这个无意识的心灵就会来到有意识的世界。人在睡觉时，自我压抑力量较弱，无意识的心灵便容易浮上意识层面。这正表现在梦里，所以梦是平常自己压抑着的另一面。

梦是一种奇妙的心理现象，虽然身体处于睡眠的状态，但脑海里，却如同清醒般地拼命思考着。现实生活中不可能发生的事情，在梦境里却都有可能实现。虽然是做梦者本身自导自演，观众也仅限于本人，但每一次却仍有新的剧情发展。让人不可思议的是，几乎所有人在起床后不久，就无法完全记得做梦的内容。因此，做梦是否为我们心灵的自身心理生理上的需要，就成为科学家们的研究热点。

另外，研究人员也尝试别的实验，就是把睡到一半的实验者突然叫醒，唯一区别的是，这一次是在他尚未产生梦境便打断其睡眠。同样观察他们在白天的行为，则没有发现较异常的变化。

众所周知，梦是"看"的东西。在清醒时的感情可由言语、动作行为来表现，但在梦中有情感表现，就只能"看"。它常是由欲望、恐惧、爱情、嫉妒、矛盾等因素纠结的部分组成。

人在清醒的时候，常能以较冷静、理性、明确的态度处理自己的感情、压抑自己的行为。但在梦境里，那种抑制力在降低，因而会做出平时不敢想象的行为。因此，梦扮演着将自己心底真实的情感，转化成为一个视觉影像，再传达出来的角色。由于梦境里全然是视觉化的影像，因此，我们则可能通过心理分析着手，来发现"睡梦我"心灵深处的真实意义。

梦的补偿与心理平衡作用

在对梦的研究过程中，人们发现梦具有心理平衡作用。人们平时被压抑的个性会在梦中得到释放，现实中无法实现的愿望也能在梦中得到满足，这在一定程度上能够缓解人们的心理压力。也就是说，梦的心理意义在于补偿，通过梦，潜意识可以指出或补充意识活动的不足，使精神活动更加完善，也更加充实，从而使整个心理功能趋于稳定。

心理学家荣格也肯定了梦的心理补偿作用，这是一种内在的自我平衡调节系统。比如，很多心理医生在临床实践中会发现，幸福的人常做悲伤的梦，闲适的人常做紧张的梦，抑郁的人常做快乐的梦，满足的人常做失落的梦。荣格认为，梦的作用是补偿，如果一个人的个性发展不平衡，当他过分地发展自己的一个方面，而压抑自己的另外一些方面时，梦就会提醒他注意这些被压抑的方面，从而完善、充实人们的精神世界。这样的梦将会有利于人们的身心健康，能使心理及行为更加趋于和谐。

例如，当一个人过分强调自己的强，不表达自己的弱，即他只表现自己的强悍、勇敢的气质，而不承认自己也有温情，甚至软弱的一面时，他也许就会梦见自己置身于某种令人手足无措、异常惊恐的场景里，这种梦境就是对他的个性的平衡。

梦对人脑的调节作用主要表现在两个方面：一方面，舒缓平和的梦境可以帮助人们调节清醒时紧张忙碌的心理状态；另一方面，苏醒时某些不能得到满足的欲望可以在梦中实现。相应地，如果人们无梦或者少梦，那么可能会出现两种情况：一方面，白天的紧张情绪若不能通过做梦得以修复，那么长期紧张的状态会导致人的心理崩溃；另一方面，人们会因为累积过多的难以实现的欲望而饱受折磨。所以，哲学家尼采所说的"梦是白天失去的快乐与美德的补偿"正是对上述理论的精炼概括。

具体来说，由于人在梦中以右脑活动占优势，而苏醒后则以左脑占优势，在机体24小时昼夜活动的过程中，清醒与睡梦的状态交替出现，可以达到神经调节和精神活动的动态平衡。因此，梦是协调人体心理世界平衡的一种方式，特别是对人的注意力、情绪和认识活动有较明显的作用。

梦是大脑调节中心平衡机体各种功能的结果，做梦也可以维持大脑的健康发育和正常思维的发展。做梦能使脑的内部产生极为活跃的化学反应，使脑细胞的蛋白质合成和更新达到高峰，而迅速流过的血液则带来氧气和养料，并把废物运走，这就使得本身不能更新的脑细胞会迅速更新其蛋白质成分，以准备来日投入紧张的活动。所以，可以说，做梦有助于脑功能的增强。

脑中的一部分细胞在清醒时不起作用，但当人入睡时，这些细胞却在"演习"其功能，于是形成了梦。梦给人痛苦或愉快的回忆，做梦锻炼了脑的功能，梦有时能指导你改变生活，还可部分地解决醒时的冲突，将使你的生活更加充实。

做甜蜜的美梦，常常会给人带来愉快、舒适、轻松等美好的感受，使其头脑清醒、思维活动增强，这有助于人的消化和身心健康，对稳定人的情绪、促进和提高人的智慧活动能力、萌发灵感和创造性思维都有所裨益。

上述理论也可以用来解释现实生活中很幸福的人为何常常做糟糕的梦：人的担忧多半来源于消极的自我暗示，总是认为自己现在拥有的东西可能会失去，认为自己随时会"出事"，心理学家把这种自我暗示看成一种自我预言，因为很多抱有此类想法或经常做这类梦的人最后可能真的会"出事"，但这"事"绝非是梦惹的祸，而是人自身不断重复暗示的结果。所以，改变一个人对梦的解释，在解梦时自己安抚自己，尽量以合理、积极的态度去认识梦境就可以改变梦给人带来的心情。

梦中的自我

自我是一个人潜在意识的原形，现在正被个性发展的需要所叠加。人有一种尽可能排斥兽性和阴影的倾向，然而人格完整的秘密深深隐藏在自我之中。人的潜意识和未来密切相关，做梦者可能第一次在梦中看到一种使之振奋的自我形象，这种形象可能会成为自我完整的个性的象征。

梦境，是你本身自我心灵中的一个舞台，因为心灵中的奥妙只有自己才清楚。做梦的大脑与白天清醒时的大脑是同一个脑子，只不过是有左右脑的区别而已。在这个梦中舞台上，登场人物中可能每个角色都是你所认识的，都是你所熟悉的人。然而，也有完全不认识的陌生人，也有些是曾见过却叫不出名字的人。

重要的是，做梦者是决定谁出场谁不出场的人物，即使是不具任何意义的小角色，也必须由做梦者来决定。换句话说，梦中登场的人物不仅具有深层的意义，而且所演出的或令人惊心动魄，或扣人心弦的故事，大多与个人过去的经历、现在的体验以及对未来的设想有关。

大多数梦都具有一定的象征性和隐喻性，描述了做梦者生活中人际关系的某些重要特色。梦中双关语是重要的信息，而且由于多是视觉双关语，很容易明白。不过有些双关语或隐喻就没有那么简单了，要通过更多的发问才能发现它真正的意义。

隐喻性的思考方式对于了解梦的真正隐含信息有关键的效用。如果你确能欣赏并把隐喻看成一种表现风格，那么你就能比较灵活地了解梦境。当一个人运用智慧解破梦中的隐喻或双关语时，获得的乐趣本身就是梦境体验的收获。心理分析的目的，就在于去发现隐喻与双关语的意义以及梦中象征动作的意义，并利用它们对今天的生活产生积极的影响。

梦是大脑的潜意识和意识两个层面之间的对话——它们很微妙地讲着不同的语言。尽管有意识的大脑可能认为自己已经理解了潜意识在梦中说的话，但事实上它像一位缺乏经验的翻译那样，经常未能准确地理解和解释那些语言真正的含义。为此，我们要想做好自我心理、心灵的翻译，就要深入了解梦的表现形式。

梦境与情绪象征 ⟩

梦是人的情绪舞台。每当白天的活动结束后，人对这些活动的感受并没有结束，而是留待梦中分解。梦境所表现情绪的好坏，将会影响第二天起床时的心情：是去迎接世界给我们的挑战，还是逃避出现在我们面前的困难呢？

有实验表明，梦以两种方式表达情绪：第一种是渐进式，其中的梦境由一个走向另一个，做梦者在其中总是取得最后的成功，即使是从坏事开始；第二种是重复式，梦境也由一个到另一个，但每一个梦境都有某种相似性，做梦者总是摆脱不掉不愉快的情绪梦。

在白天，我们的情绪可以尽情地表现或发泄，而梦中的我们采用什么手段来表现自己的情绪呢？梦中的情绪是经过了加工的，多采用象征、夸张以及其他方式来表现，虽然与白天的实际情况可能在具体形式上有所区别，但梦中的情绪却和白天的情绪大多在本质上保持一致。

另外，还存在另一种情况，某些人在现实生活中可能会有一些不符合自己道德观念的情绪。白天，他们无法把这些情绪正常地表达出来，于是便会通过梦境来传达，这些情绪在梦境中有时候可能表现得非常明显，有时候却需要通过隐晦的象征方式表现出来。

例如，生活中的酸甜苦辣影响着人们的情绪，人难免会有喜怒哀乐，但是在现实生活中，我们的情绪可能无法得到有效的宣泄。比如，一个人与他人发生矛盾时，可能会争执几句，绝大多数的人迫于外界环境，为了维护自己的形象，虽然生气但可能也只是发发牢骚作罢，但在梦里，他们便可能与人争吵、怒骂甚至打斗，这种愤怒的情绪与白天的怒气是一致的。

再比如，一个人梦见自己的奶奶去世了，她十分悲痛。做梦者在白天确实接到过家人的电话，得知奶奶生病的事实，于是她晚上做了这个梦。正常来说，这个梦可以理解为她担心奶奶会因病去世，如此来看，梦中的情绪反应的应该是她真正的情绪。她因这个梦焦躁不安，即使获知奶奶病情好转之后依然非常痛苦，于是她去向心理医生寻求帮助。心理医生在与她交谈的过程中发现，这个人与她的奶奶关系非常不好，因为一些事情双方积怨很深，所以，在她奶奶还未去世的情况下，她的这个梦可能隐含着她希望奶奶死去的想法，并且她也正是因为意识到了这一点，所以承受着自己对自己的道德谴责，并感觉到不安与焦虑。如此看来，一个人梦中的真正情绪也可能是隐晦的、婉转的，是需要深入挖掘的。

科学家将做梦者梦中的情绪在一定范围内作过记录和统计，

主要形式包括这几种：忧虑，包括恐惧、焦虑和迷惑；愤怒和挫败感；悲伤；快乐；激动，包括惊讶。其中忧虑的情绪占绝对优势，比例为40%；愤怒、快乐和激动各占18%；悲伤最少，占6%。所以，梦中的心态64%为消极的或不愉快的（忧虑、愤怒、悲伤），而积极愉快的（快乐），仅占18%。

另外，梦的形成与人们的思想观念和心理状态及体验等心理活动的关系最为密切。根据临床观察，心情平静则梦也平淡宁静；心情紧张不安则梦也恐怖可怕；心情郁闷则多做烦恼的梦。总之，梦常常能够体现梦者的情绪和心态。

梦反映做梦者的矛盾心理吗

内心的矛盾常常出现在一些恐惧的梦或焦虑的梦中。火车就要开了，你急着要赶车，但是就是跑不动。有人追你，你要逃走，但是就是跑不动。恶鬼来了，你想搏击，但是手却抬不起来……这是一种很可怕的感觉。

弗洛伊德早就指出，这种梦反映着梦者内心中的矛盾。

他心灵的一部分想逃脱，想赶上火车，而心灵的另一部分却不想逃脱，不想赶上火车，这时就会出现想跑跑不动的情况。同样，遇见鬼动不了也是因为心灵的另一部分不想动。

总是如此吗？这不敢保证，但是我们遇到的这类梦境总是如此解释。动不了是由于内心矛盾。

例如一个女孩梦见同班一男生持刀冲过来，她想跑却跑不动。为什么，因为她一方面害怕那个男生会"袭击"她，另一方面却又希望他能"袭击"她。

在梦中干什么事总出错也往往反映出内心的矛盾。例如前面引用的荣格所说梦例：一个校长梦见赶火车时，不是这个忘了就是那个丢了。最后好容易出了门路上又走不动。

原因是他内心中有另一个声音告诉他，不要这样急于追逐名利。

有一个女孩，提供了这样一个梦例。"五一"假期中她原想去男朋友那里参观牡丹花，但终未成行。结果"五一"后她经常梦见自己不远千里去找男友。

总是历经千辛万苦，梦见自己清晰地见到男朋友学校的校门，但不知为什么总见不到他。于是拼命拨电话到男友的寝室。但是男友不是去上课就是在很多人的大操场上踢球，反正就是找不到他。接下来又梦见男友打电话说他来看她，但当她急急忙忙去接男友的时候，却又在约定的地点找不到人了。

这种一直无法见面的梦代表着什么呢？这个女孩通过最近的心理变化，找到了梦的答案。她说："我自己急于见到他，向他说明一些误解，所以总是梦见去找他。但我又唯恐见到他，他不能原谅我，不能冰释这些误解，所以梦中无论如何努力总也见不到他，是潜意识中害怕见到他。"

这种又想见又怕见的矛盾，就引出梦见去找但是找不到的情节。

还有一种情况，走不动代表一种否定。弗洛伊德有这么一个例子：

"我因为不诚实而被指控。这个地方是私人疗养院和某种机构的混合。一位男仆出场并且叫我去受审。我知道在这梦里，某些东西不见了，而这审问是因为怀疑我和失去的东西有关。因为知道自己无辜，而且又是这里的顾问，所以我静静地跟着仆人走。在门口，我们遇见另一位仆人，他指着我说'为什么你把他带来呢？他是个值得敬佩的人'。然后我就独自走进大厅，旁边有许多机械，使我想起了地狱以及地狱中的刑具。在其中一个机器上直躺着我的同事，他不会看不见我，不过他对我却毫不注意。然后他们说我可以走了。不过我找不到自己的帽子，而且也没法走动。"

这个梦中细节的意思，我们已经无法破译。因为弗洛伊德没有说明做梦者当时的具体情况。但是我们仍旧可以看到，这个梦如同一部欧·亨利式的短篇小说，在结尾处突然翻转。在梦的前边，他一直自认无辜，而且仆人也认为他无辜，甚至审查者最后也相信了他无辜。但是，在他可以走了的时候，他的"有罪"却使他走不了了。

因此这梦的意思正是：尽管人人都以为你无辜，你也自以为无辜，但你不是。

说到底这仍是一种内心矛盾，内心中一部分认为自己无辜，而另一部分反对。

费慈·皮尔斯是完型心理治疗的创始人，他发展出优势者对抗劣势者的观念。安·法拉戴在解梦的时候，把这些观念做了进一步的发挥，并加入秘密破坏者的观念。

简言之，皮尔斯把我们心中权威命令"应当"做的事，视为优势部分——无懈可击的完美主义者。如果我们凭着冲动，正要做出某些不"该"做的事时，这一部分则会正告我们，将会发生可怕的结局。例如，一个人一方面在用功读书，另一方面又想去溜冰。她梦见不去溜冰实在是虚掷宝贵的光阴，而做这个梦的那段时间里，她正处于"认真读书"的痛苦冲突中，那优势的部分威胁："如果你胆敢去溜冰，那么未来投身科技领域的生涯规划将付诸流水。"她相信优势部分的命令，也就是说，如果她把精神放在溜冰上，就不可能完美。她很害怕即使稍微心动，随便去溜个冰也将前功尽弃，成为一名不入流的溜冰艺人。她的重要个人需求——让精力与创造力有个宣泄口，遭到强烈否定。而她人格中的另外部分则化身为劣势者。

而她的心声却说："我要溜冰！"在她远离运动的日子里，这个念头经常出现。一到晚上，这个劣势部分就以做梦的方式嘲弄她，在冰地上愉快滑行、舞蹈。劣势部分代表着遭到优势部分打压的基本需求，它会自行反抗，甚至以打击优势部分而满足自己。

法拉戴所谓的神秘破坏者，可能是优势部分，也可能是劣势部分，它们以神秘的方式在梦中让我们受挫。如果梦中事情遭受挫折，你可以把这个破坏者拟人化，问其为什么安排暴风雨，把你的车子吹离路面。假如你错过班机，遗失钱包，触不到近在咫尺的人物，那就是秘密破坏者在梦中作怪。如果它对你提出的问题有了回应，而且是用强烈批评性的口吻，要求你应该如何如何；假如你不听，它又警告你将会有如何如何的灾祸。那么可以确定，这是优势部分的夸张演出，正在反映你的生活中的困扰。

反之，如果秘密破坏者语多抱怨，自认受害，摇尾乞求优势部分放它一马，那么，这种抱怨会破坏你的意向，不让你遵守优势部分要求的，正是你的劣势部分。

梦中的心灵感应现象

梦与心灵感应的关系引起了研究者们的浓厚兴趣。很多人可能曾经有过这样的体验：这个场面或事件似曾相识，可在现实生活中自己并没有这样的经历，其实，这是发生在梦中的体验。

比如，某中年男子病情危急的时候，他远在海南上大学的弟弟，多次来电话询问家中是否有什么事情发生。家里人为了不影响他学习，告诉他没有什么事情发生，可他觉得心里非常难受，总是觉得家中有什么事情隐瞒着自己，放假后他才知道当时哥哥病重的真相。他说当时心里有一股难以忍受的痛苦，预感到家中有什么重大的事情发生。

诸如此类的案例还有很多，这种现象常发生于有血缘关系的亲人或相爱的情侣之间，在双胞胎之中发生的频率更高。

1960 年，约翰和他的太太琼斯还在英国工作。一天晚上，琼斯做了一个奇怪的梦：她在房中熟睡，突然听到有人在呼唤自己，她努力使自己清醒起来，分辨出那是她的双胞胎弟弟汤姆的声音，于是她睁开了眼睛，看到汤姆正站在离自己不远的咖啡桌旁，还穿着飞机驾驶员的制服，但令她惊恐的是，汤姆的脸上一片空白，没有眼、耳、口、鼻。琼斯很害怕，正在这时，汤姆的身影摇晃起来，并渐渐地远去，直到消失得无影踪。

琼斯被吓醒了，很长时间她无法确定那是不是一场梦，直到她的丈夫也醒过来并安慰她。当时，汤姆正在纽约经营包机服务事业。第二天，琼斯赶紧给家里打了一个电话，得知家中并没有什么事情才安心。两年之后约翰和太太回国，琼斯和弟弟聊起了那个梦，没想到汤姆大惊失色，告诉她大概两年前自己确实经历了一次危险的飞行，当时他的双擎飞机的两个引擎都坏了，飞机向下猛冲，在即将坠地的时刻一个引擎突然发动，这才幸免于难。

这就是心灵感应。心灵感应属于超心理学的范围，现代超心理学研究认为，心灵感应有两层意思，一种是预言性的心灵感应，即做了梦，在后来的某时某地竟发现一种现实景象跟该梦中出现的景象一模一样，这种现实景象就是预言性的心灵感应；另一种就是在时间上梦中的景象与现实某处发生的景象完全吻合的心灵感应。

梦的预示作用，其实就是对我们未来生活的一种预演，它让我们先在心理的层面上对未来的生活有一个准备。作为生命运动中的物质性和统一性的客观存在，心灵感应（或心灵传感）现象是与生俱来的，是人自身潜在的智慧，是绝大多数普通人的潜能并非极少数人才有的天赋。而后天的特殊开发，都可以使人们具有这种心灵感应的功能。

一些透视梦在预见或者预示未来事件时很明显，另一些梦则倾向于以象征的、隐晦的形式来表现这种信息。这些梦中确实有特异功能的影子，有时这些信息甚至非常完整，但你要非常仔细认真才能发现它。

曾经有这么一个事例：一个年轻女子做过这样一个梦：她母亲睡在起居室里的一张折叠床上，她则睡在毗邻的一间卧室里的某个位置上，低头看着一位好朋友的尸体躺在那张折叠床上，什么东西都很准确。她和母亲都以同样的姿势站立着。她说："她是我最好的朋友。"

做梦之后刚刚一个月,不幸的事发生了。但是和梦中的情况恰恰相反,那位好朋友没有去世,而她的母亲却在睡觉时心脏病发作去世了。后来她的朋友走进屋子,她们各自站在和梦中一样的位置上——她以同样的声调说出了那句话。

弗洛伊德认为,古老的信念认为梦可预示未来,也是有一定道理的。荣格曾说过:"这种向前展望的功能……是在潜意识中对未来成就的预测和期待,是某种预演、某种蓝图或事先匆匆拟就的计划。它的象征性内容有时会勾画出某种冲突的解决……"

梦的预示作用越来越真实地显现在人们的面前,尽管在梦学的悠悠发展史中,人们及一些科学家忽略甚至否定了这种作用的存在,但是,越来越多的心理学家与生理学家在长期的探索中,以无可争议的科学实事和梦例肯定并解释了梦的这种预示作用。

梦的心灵感应的另一个内容就是梦与现实事件发生的"共时性",也就是说是"有意义的巧合"。

虽然心灵感应的原因尚未查明,但是这一现象还是不难理解的。必定是脑内有一种特殊的感知能力,借助这种能力,人接到了远处人或物发出的信息,并且把这种信息转化成梦。

梦的心灵感应现象常发生在相互关心、熟悉的人之间。国外的研究者发现,心灵感应最明显的是孪生姐妹或姐弟,当其中一方遭到不幸时,另一方常有典型的同样部位的不适感或梦中心灵感应。没有血缘关系的夫妇也会有心灵感应的梦,在长期的身心共同交流的生活过程中,彼此产生了心灵上的共鸣,因而会产生梦中的心灵感应。

虽然梦中的心灵感应反映了特异功能的信息,但是有时它又歪曲了这些信息。有象征性的梦中,歪曲的过程甚至更加巧妙。

尽管有许多例子已经表明梦可以预示未来的事或心灵感应,但我们还是应该对这类事抱有求真务实的态度,我们在相信这些神秘体验的事实的同时,要从科学的角度与范畴去理解梦的真正含义，有的目前我们不可能尽善尽美地解说，但我们可以让后来的人们去研究和探索。即使这些神秘的体验真的存在，也不能证明宿命论和有神论的观点。

从目前的科学研究结果来看，梦中的心灵感应是人类的一种自身存在潜能与天赋，它并不是少数人的本事，通过后天特殊的训练与开发（如气功等）是完全可以人人都能达到的。并且梦的预示功能也许就是爱因斯坦所说的四维空间的一种效应，其实质就是人脑的一种潜在功能。若按照中医天人相应的观点来看，这些神秘的体验无非是天人相通、天人相应的一种具体表现罢了，并没有什么神秘性可言。

梦都是自私的吗 >

梦中大多数时候都有自己，但是也有少数时候梦里没有自己，好像在讲别人的事。不知你有没有过这种梦。梦里你像看电影一样，看别人在干这干那，或者干脆你就梦见看电影，一大段梦全是电影。

其实那全是在说你自己的事，电影的故事也是在说你的事。十有八九那主人公就是你的化身，当然也可能电影是某一个配角是你的化身，但是那可能性较小。因为谁不愿意做主角啊，在生活中做主角不容易，但是在梦里反正没人和你争，你何必不做主角。

这样说究竟有什么证据呢？当然有，根据就是每次有人讲完这样的梦，解梦师都能找出那个人物实际上是他自己的象征。有人说梦里我不是在看电影吗，怎么同时又成了剧中人？实际上这一点也不奇怪，这就叫"客观地看自己"，是自己的一部分看另一部分，或者，是现在的自己看过去的自己，就好像一个人看自己的录像片一样。你可能有过这种梦：一开始是看电影，看着看着，你变成了电影中的一个人了。你后来变成的那个人，从一开始就是你自己。电影就是你的内心生活的真实反映。

很多心理咨询师在热线电话中，经常遇到这种情况；某个人打电话说她的一个朋友有某种心理问题，问应该如何解决。在这种情况下，多数心理咨询师都不会让那个人亲自来，因为谁都不愿承认自己有心理疾病，往往会借"朋友"的名义来掩饰。

解梦师都会自然地询问一些常规的问题：你的朋友年龄多大了？她的家庭是什么样的？她的工作如何？慢慢地，咨询师会随意地省略主语并问一些只有有这个心理问题的人自己才能回答的问题，比如，是不是早晨起来时心情最好，或者，忍不住要不停洗手，那么在外边没有水的地方呢？若不洗心里什么感受？这时咨询者就会不知不觉忘了她是在谈"朋友"的事，而渐渐地融入了咨询师所创造的聊天氛围，一点点说出自己的心事。

梦中由"看电影"变成自己参与，由电影中的人转为自己，这个过程和一开始掩饰自己的身份，在取得信任之后再说出自己的问题的情况是一样的。

有一个女孩子的梦非常具有典型色彩。她和男友恋爱，遭到了父母的反对，于是在梦中，爸爸妈妈被姐姐送到精神病院去了。爸爸把自行车锁弄开，和妈妈，还有"我"一起逃走了。

一开始似乎说的全是爸妈姐三人的事，爸妈被送到精神病院，而逃走时也只需要他俩逃走，为什么突然加上一句"还有我"呢？说穿了，前面用爸妈代表男朋友和自己。被关的毕竟还是她自己。说着说着，梦就把实话说出来了"还有我"。这个梦还是讲自己而不是讲爸妈和姐。

还有些梦，虽然是有自己在场，但所涉及的事，却与自己关系很小，是一些国家大事甚至国际上的事件。例如墨西哥爆发甲流的时候，有人梦见自己成为记者去写报道。然而，事实上，他一直在担心自己在国外的亲人患上甲流，希望尽早知道消息。写报道是新闻和消息的象征，代表着第一时间的意思。

在梦中，潜意识就是那么自私。我们知道，自私就容易隐藏一些秘密，所以有些梦不要只看表象，这就是梦的象征给我们提出的难题。

梦可以辅助心理治疗吗

心理治疗又称精神治疗，是以良好的医患关系作为桥梁，运用心理学的技术与方法治疗病人心理疾病的过程。简单地说就是，心理治疗是心理治疗师对人的心理与行为问题进行修正的过程。

心理治疗与精神刺激是相互区分的，是相对立的。精神刺激是用语言、动作给人造成精神上的打击、精神上的创伤和不良的情绪反应；心理治疗则是用语言、表情、动作、态度和行为向对方施加心理上的影响，解决心理上的矛盾，达到治疗疾病、恢复健康的目的。

利用梦进行心理治疗由来已久，在 2000 多年前的古希腊就已经出现了最早的梦的分析治疗诊所，但是，把"梦"作为心理治疗的素材，把"梦的解析"引入心理学领域，并开创了一种新的心理疗法的是精神分析学大师弗洛伊德。自弗洛伊德创立梦学系统知识以来，运用解梦来进行心理治疗得到普及。弗洛伊德首先在心理治疗中给了梦很高的地位，继而荣格又在心理治疗中提到了解梦这一方式的重要意义，今天的心理咨询与治疗中运用的解梦技术和理念多半源自这两位心理学大师。

做梦就像一种自我谈话和自我交流，一个人在梦中经历的具体场景和流露出的情感体验与他在清醒时的自我反省、自我陶醉、自我批评非常相似，因而可以说梦是人类在夜晚沉思的一种特殊方式。人们在梦中梦到的景象，很多是对恐惧、忧闷等心理的反映。通过解梦，找到梦所代表的真正意义，可以找到心理治疗的办法，从而对做梦者的情绪进行疏导。

梦可以成为由某种病态意念追溯至往日回忆间的桥梁，然后利用对这些梦的解释来追溯病者的病源，从而实现对患者的治疗。

这就是梦与心理治疗的简单关系。

通过解梦解决患者心中的难题已经日渐得到人们的认可，一些医院甚至准备开设"梦的解析"专科门诊。

前文提到的电影《爱德华大夫》是梦治疗的心理学经典案例。影片中康斯坦丝和她的老师正是通过梦治疗的方法成功破解了爱德华大夫被杀之谜。

电影中出现了大量"我来给你解梦，那样你就知道你是谁了"、"女人能成为最出色的心理分析专家，但一旦坠入爱河，就可能是一个典型的病人"这类的台词，细节中也显示着弗洛伊德最基础的心理学术语和图解。

临床心理学专家徐光兴博士在他的《解梦九讲——心理咨询与治疗的艺术》一书中具体分析了电影《爱德华大夫》的重要启示，即在梦的心理治疗过程中需要把握住4个因素。

第一，梦中的活动性质。

梦中出现的所有场景和细节，哪怕是一句话或者一张纸都含有一定的活动性质，在梦的心理治疗或咨询中，一定要注意这种梦境隐含着一种什么样的活动性质。所以，患者必须尽量详细地描述自己的梦境，而解梦者需要仔细聆听、记录，并做出准确的分析。例如在电影《爱德华大夫》中出现了与赌场有关的梦境，这个场景揭示了一种犯罪情结冲动和不可告人的谋杀行为。

徐光兴博士说："对梦的活动性的准确把握可以理解梦的含义，从而揭示当事人内心的矛盾、欲求、需要等，或者象征当事人的人生历程，就如某种'电影'或者剧本的预演或重演。"

第二，梦中的人格特征。

一个人在梦中的性格特征可能与现实中截然相反，还有一些人甚至会出现双重或多重人格。人在梦中出现的与现实背离的人格，可能是当事人自己都未曾发现或拒绝承认的。电影中的约翰便是如此，他时而是著名的心理分析治疗大师，时而是谋杀犯，这两重角色让他精神饱受折磨，痛苦不堪。

第三，梦中的场景。

梦中的场景和环境往往能够表明当事人的文化教养、趣味、家庭状况等生活资料，也可能代表他希望自己拥有的出身或生活环境。通过这一点可以判断当事人的生活状况以及他过去的一些经历。梦中的一些场景虽然可能是虚构的，但里面往往掺杂了他个人的记忆和情感、希望和恐惧等，所以，徐光兴博士认为在梦的心理治疗中还必须注意梦中的情感因素。

第四，梦中的情感因素。

很多人在梦醒之后可能会忘记具体的情节，但大多数人都记得梦中的情感体验，所以当事人表现出的情感特别需要提起注意。

正所谓"梦由心生"，梦境中出现的景象和人物，以及情绪、心态，经常代表做梦者的心灵发展和体验，通过解梦者对梦进行系统分析，就能发现梦境的象征性或隐含性意义，从而帮助那些有心理难题的人找到解决问题的方法。

第四节
催眠对解梦有哪些帮助

掀起催眠术的"盖头"来 〉

催眠是以人为诱导（如放松、单调刺激、集中注意、想象等）引起的一种特殊心理状态，其特点是被催眠者自主判断、自主意愿活动减弱或丧失，感觉、知觉发生歪曲或丧失。在催眠过程中，被催眠者遵从催眠师的暗示或指示，并做出反应。以一定程序实施暗示，使接受暗示者进入催眠状态的方法就称为催眠术。

催眠开始于一种暗示感应，它是改变意识控制水平的一组最初的活动。借助它，能使受暗示者对外部的注意力分散减到最小，并只集中在暗示的刺激上，相信自己正进入一种特殊的意识状态。这里，暗示感应包括想象特定的经验，或对事件的反应进行视觉化。重复地进行这种暗示感应活动，会使感应程序暂时固定下来，就像个人生活习惯一样，使受暗示者很快进入催眠状态。典型的暗示感应程序会使人进入深度放松状态。例如，催眠表演给人留下的深刻印象，实际上不在于催眠师的力量，而在于被催眠者的可暗示性。个体之间存在可暗示性方面的差异，从根本没有反应到完全有反应。

在我们的日常生活中，是不是经常有这样的事发生呢？当我们聚精会神地看一部电视剧时，会不知不觉地沉浸于剧中情节，心情随主人公的悲欢离合而时喜时悲；有时清晨来到办公室，本来精神飒爽、心情愉悦，过了一会儿却变得烦躁不安；逛街购物后，回家一看，有很多东西都是可有可无的，连自己也不知道为什么买了这么多没用的东西，浪费了很多钱……我们对这些现象无不感到莫名其妙。然而，从心理学角度来看，这是人们受到暗示作用的结果。

的确，在现实生活中，当我们被某些东西连续、反复地刺激，尤其是言语的诱导，会使你从平常的意识状态转移到另一种特殊的意识状态，而在这种特殊的意识状态下，将比平常更容易接受暗示。

也有人认为，催眠状态犹如聚精会神做某件事。正如哈佛医学院催眠专家弗雷德·弗兰克所说，催眠术只是将人们分散在各处的精力和思想聚集起来，这并不是处于昏迷状态，也不是处于睡眠状态，而只是像当你聚精会神地沉浸在一项工作中或阅读一本小说时，几乎难以听见别人对你所说的话一样。

生理学是如何研究催眠现象的

目前，在催眠现象的生理学研究方面，由于缺乏足够的实验依据，尽管有不少学者都对催眠的生理机制提出了自己的看法，但到目前为止，对催眠现象的生理学研究仍然处于较低层次的水平上。接下来，我们分别简要介绍3个相对简单、可靠的生理学研究。

巴甫洛夫的研究

巴甫洛夫学派依据高级神经活动学说，从生理学角度对催眠的实质做了较为详细的解释。

巴甫洛夫认为，催眠是一种一般化的条件作用，把引入催眠状态的刺激语看成是一种条件刺激。巴甫洛夫发现，给关在实验室的狗一种单调重复的刺激，狗也会渐渐入睡或出现四肢僵直。巴甫洛夫认为催眠词也是一种单调重复的刺激，而且是描述睡眠现象的内容，所以催眠词作为一种与睡眠有关的条件刺激，使大脑皮层产生选择性的抑制，也就是从清醒到睡眠过程的中间阶段或过渡阶段，催眠是部分的睡眠。后来对这一观点又有进一步的修正解释，认为催眠状态是注意力高度集中的一种形式，催眠状态下被催眠者只能与催眠师保持单线交往，这种感觉相当集中，好比中心视力集中注视于事物时清晰而精细，而周围的视野区域虽较宽广，但精密度低且模糊。

日常生活中最常见的催眠体验，诸如全神贯注于一本有趣的书刊杂志或倾注于感人肺腑的影片、戏剧时就会失去正常的时空定向，忘却周围的一切。但目前大多数人认为，用这种局部的生理学来解释，尚缺乏令人信服的客观生理指标和针对性的实验依据。睡眠脑电图与催眠状态下的脑电图，仍未取得一致的足够证据以说明催眠是部分的睡眠。

涅甫斯基的研究

苏联生理学家涅甫斯基，对正常人催眠状态时的脑电活动进行了研究。当被催眠者闭眼，刚进入催眠状态时，低振幅的 α 波增高，高振幅的 α 波略为降低或不变，脑电波形出现了 α 波的节律均等状态，故被称为节律均等相。

随着催眠程度的加深，脑电活动会减弱，α 波和 β 波都降低，呈低小的脑电生物曲线，为最小电活动相。在催眠很深的阶段，可出现频率为 4 ~ 7Hz 的 θ 慢波。在这一时期，言语暗示和直接刺激会引起催眠梦，使 α 节律恢复和加强。

当被催眠者唤醒后，脑电图仍与催眠前一样，α 波和 β 波都恢复了正常的节律。

脑电波的变化，成为人是否处于催眠状态及其深度的客观指标。

罗日诺夫的研究

罗日诺夫等人对被催眠者在催眠过程中，对言语刺激和直接刺激的反应进行了比较研究。他发现存在着两条规律：其一，随着从较浅的催眠状态过渡到较深的催眠阶段，感应的选择性范围逐步缩小，被催眠者大脑中抑制过程的广度和强度逐步增加。其二，随着催眠程度的加深，言语作用的生理影响增加了，直接刺激的功能降低了。

随着催眠程度的加深，抑制的强度和广度逐渐增加。由此带来的结果是，随着催眠状态的第一阶段向第二阶段过渡，第二阶段向第三阶段过渡，感应选择性的范围按顺序缩小。

另外，在催眠的第一阶段，当大脑半球皮层的主要细胞群还保持着正常水平的兴奋性时，言语刺激在大多数情况下引起的反应要比直接刺激小。进入嗜睡状态后，对言语作用的反应，大致等同于或略大于对直接刺激的反应。在催眠的第二阶段，对言语作用反应量的增大是反常相次数增多的结果，这就为相当弱的言语刺激建立了良好的基础。

心理学是如何研究催眠现象的

催眠现象除了具有一定的生理基础，还是一种心理现象，因此不少学者从心理学的角度去探讨、解释和研究催眠现象，并提出了一些观点。

暗示是催眠现象的关键所在

暗示是催眠现象的关键所在，它们之间有着紧密的关系。

暗示是个体对外界信息做出相应反应的一种特殊心理现实。

从这个概念出发，暗示的实现总是存在着实施暗示与接受暗示两个方面。之所以说它是特殊的心理现象，因为从暗示的实施一方来说，不是说理论证，而是动机的直接"移植"；从接受暗示的一方来说，对实施暗示者的观念也不是通过分析、判断、综合思考而接受，而是无意识地按所接受的信息，不加批判地遵照执行。

暗示对人体的生理活动、心理及行为状态，都会产生深刻的影响。当个体接受暗示后，不但可以改变随意肌的活动状态，而且也可以影响其他肌体的功能。由于这个原因，消极的暗示能使人情绪低落甚至患病或加重症状，积极的暗示能够使个体的心理、行为及生理机能得到改善，增强对疾病的痊愈和康复的信心，达到治疗的目的，从而成为一种治疗方法。

个体接受暗示的能力叫作暗示性。暗示性的高低因人而异，与催眠感受性有密切关系，催眠感受性高的人暗示性也高。

催眠的整个过程和暗示规律之间具有高度的稳定性，也就是说只有催眠师严格按照暗示的规律，催眠才能取得成功，否则就会失败。那么，暗示有哪些规律呢？

第一，暗示的定义。《心理学大词典》上是这样描述暗示定义的："暗示就是用含蓄、间接的方式，对别人的心理和行为产生影响。暗示作用往往会使别人不自觉地按照一定的方式行动，或者不加批判地接受一定的意见或信念。"

第二，暗示的种类。按性质可分为积极暗示和消极暗示；按形式分为自我暗示和他人暗示；按对方所处的精神状态可分为醒觉暗示和催眠暗示；按施加暗示者的意图可分为主观暗示和客观暗示。

第三，暗示的生理表现。当个人接受暗示的程度达到最大时，逻辑意识和批判意识的最高机构——大脑皮层基本处于抑制状态，仅剩下某个"警戒点"的部位尚保持兴奋性。

第四，暗示的条件。暗示只有具备一定的条件才能发生作用，这些条件具体包括：催眠师应具有一定的权威性，也就是能让人充分信赖，该权威性的程度与暗示的效果成正比；在被暗示者与施行暗示者之间应具有一个融洽、轻松的心理氛围；催眠师要以含蓄、温和、间接而又坚定的语言与动作等来实施暗示；被暗示者应将注意力高度集中于某一明确的对象。

第五，暗示的障碍。人类具有本能的受暗示性，同时也具有普遍的反暗示性。这种反暗示性可能来源于自我保护的本能、个人的习惯、个性特征以及各种理性的思考，等等，主要表现为个体对暗示刺激具有认知防线、情感防线与伦理防线。暗示能否奏效，取决于能否克服这些防线的阻碍。克服的办法不是强行突破，而是与之取得协调。

催眠过程是受暗示性与反暗示性能量对比的过程。催眠师应用坚定的信心和耐心、反复的语言对被催眠者进行反复暗示，以此促成被催眠者的受暗示性增加、反暗示性减弱。同时要求他放松，直到被催眠者完全进入催眠状态为止。

综上所述，可以认为催眠现象本来就是由暗示造成的，从某种意义上说，催眠术就是施行暗示的技术，没有暗示，就没有所谓的催眠。从暗示这一催眠的心理机制入手，可以使我们对催眠现象有一定程度的了解。

第三意识——催眠状态的意识

所谓意识，就是人脑对事物的反映，一般是指自觉的心理活动。能动性、自觉性、有目的性构成了意识的典型特征。人的意识具有第二信号系统，它是中枢神经高度发展的表现。学者们还认为，意识具有两大功能，即意识是主体对客体的一种自觉、整合的认识功能，同时也是主体对客体的一种随意的体验和意识活动的功能。

所谓无意识，通常指不知不觉、没有意识到的心理活动，它同第二信号系统没有联系，不能用语言来表达。无意识也具有两大功能，即无意识是主体对客体的一种不知不觉的内心体验功能，也是主体对客体一种不知不觉的认识功能。

催眠状态中人们所持有的心理状态，既不是睡眠时的无意识状态，也不是清醒时的意识状态。它是一种特殊的、变更了的意识状态，我们暂且把它称为"第三意识状态"。

催眠与睡眠不同，并非处于无意识状态。

首先，在典型的无意识状态中，没有第二信号系统的参与，也不会有完整的、合乎逻辑的言语活动。而在催眠状态中，仍可产生一些具有自觉能动性性质的活动。例如根据催眠师的指令，被催眠者可以流畅地遣词造句，有条有理地说出心中的喜悦与烦忧。

　　其次，催眠的临床实践表明，在催眠状态中，被催眠者仍有一个警觉系统存在着。这一警觉系统一般不起作用，只是一旦来自外部的指令严重违背了被催眠者的伦理道德观，该系统便立即启动，产生抗拒暗示的效应作用。倘若催眠师的指令严重有悖于被催眠者的人格特征、道德行为规范，或者触动了被催眠者最为敏感的压抑、禁忌时，便会使被催眠者感到焦灼不安，甚至发怒和反抗。例如，曾经有一位催眠师曾下指令要求被催眠者去偷别人的钱包，却遭到一直顺从的被催眠者的拒绝。

　　这表明，在催眠状态中，人并不是完全无意识的。

　　为什么说催眠状态中的意识不同于清醒状态中的意识呢？清醒时的意识状态，其典型特征是自觉性、能动性，以及有目的性；而在催眠状态中，尤其是在深度催眠状态中，这些特征几乎荡然无存。关于催眠条件下人的意识不同于清醒时的意识，这是绝大多数心理学家所公认的，这里就不多说了。

　　综上所述，我们可以确认，在催眠状态中，被催眠者在宏观上是无意识的，即缺乏自觉能动性，意识批判性极度下降；在微观上却是有意识的，即语言能力及警觉系统的存在，等等。催眠状态中人所处的是一种特殊的意识状态。这种状态既有清醒意识的特征，也有无意识的特征，但却不是它们二者中的任何一个。因此，在意识的连续体上，它处于中间的位置，完全可以把它独立出来，而成为科学研究的对象。它兼有二者的成分，但又不是二者的简单相加，更不是只有依托二者才能生存。它有自身的特殊性质，也有其独特的机制，所以催眠状态下的意识属于第三意识。

梦为何会从记忆中悄悄溜走

有人总说自己睡眠很好，从来不做梦，其实事实并非如此，他们只是将自己的梦境遗忘了。

为什么有些人几乎每天早上醒来都记得他所做的梦，而其他一些人则自称一月、一年只记住一次，甚至从未记住过他们的梦？

研究表明，人们在每晚正常睡觉时，经历的快速眼动周期（做梦周期）的次数并无不同，因而"没有梦的人"同"有梦的人"在实验中被唤醒时几乎有一样多的梦，即梦的活动方面的明显、广泛的差别比梦的频率方面的差别要大得多。

常常有人以为醒得晚的人，比那些通常被一种突然刺激如闹钟唤醒的人更能回忆起梦。事实正相反：被大声吵闹突然唤醒比被柔和的哨声慢慢唤醒会产生更多的回忆，这表明，在睡着和完全醒来这段时间中，梦很快地消失了。因此，被突然叫醒的人比其他慢慢醒来的人更容易抓住梦。

有人认为，梦的回忆与忘却是由做梦者熟睡的程度或醒来方式来区别的，但是一个更确切的说法是，这是做梦者个性心理学特征的不同表现。根据研究，不善忆梦者在梦中的每秒快速眼动数目要比善忆梦者更多，这表明不善忆梦的人做的梦更加活跃。但是他们的梦却从记忆中溜走了。这其实是因为，不能回忆起梦的人只是不愿记起他们的梦，而他们在日常生活中也习惯避免或拒绝不愉快的经验和忧虑。

根据心理测试的数据显示，不能回忆起梦的人，总的来说比能回忆起梦的人更受抑制、更守规矩、更善于自我控制；而能够回忆起梦的人，往往对生活更加忧虑，更容易表现出常见的急躁和不安等感情扰乱。

愿不愿正视生活的这种特征，被称为自我觉知（它显示了对人生内在、主观方面的兴趣）。它就是善忆梦者和不善忆梦者之间的关键区别。

荣格曾将人的性格分为两种，外向型性格的人更多地参与外部世界，较少关心内在活动。内向型性格的人精力主要是指向内部的。而梦的回忆的高低是与做梦者各自性格的外向化和内在化的程度紧密相连的。

不能回忆起梦的人"抑制"他们的梦，即他们"有意地"把所有对梦的记忆从有意识的知觉中驱赶出去，因为它们包含了烦恼的思想和愿望。人潜意识中的愿望和进攻性愿望，在清醒时的生活中无法直接表现出来，因为这些欲望与自我设定的道德规范相悖，因此它们只能在梦中寻求替代性的满足。

在梦里，抑制机制普遍而自动地伪装这些不能接受的愿望，以致我们从不觉察它们。然而有时候这种伪装非常浅薄，在这样的情况下，我们使用抑制来驱散所有梦的记忆。从这种意义上理解，不能回忆起梦的人比能够回忆起梦的人更加受抑制。他们比起那些利用梦来达到进一步成长和自我认识的、更勇敢的同伴来，会更多地忘却那导致焦虑的梦生活。

许多不能回忆起梦的人甚至记不住被伪装的梦的原因是，他们害怕深藏的恐惧通过解释的方法被揭示出来。当潜意识不想展现某些人格时，它就会通过梦的抑制表现出来。梦的抑制会发生在醒来之前，或者就在醒来的一瞬间，从而导致这个梦完全被忘掉或者仅仅留下乏味的碎片。

弗洛伊德曾发现他的许多病人在诊所里细述一个梦时会突然停顿，然后回忆起先前忘却的一部分梦境。他认为这些被忘却的片断比能记住的部分更为重要。他写道："常常是当一个病人叙述一个梦时，一些片断完全被忘却了，而忘却的部分却恰好解释了为什么它会被忘却。"

弗洛伊德相信一定程度的压抑会使梦从记忆中消失，但是实际情况并非完全如此。

因为忘却梦的趋势几乎不可能抵制，即使是那些开放意识和自我意识极强的人也做不到。即使梦在醒来时被暂时地记起了，但是一旦这个人开始打瞌睡，这个梦马上又消失了。虽然快速眼动阶段的证据表明，在一夜中的七八个小时的睡眠时间里，一般人会做四五个梦。但即使是最爱做梦的人，在第二天的早上也无法回忆起四五个梦。这个证据表明，绝大多数的梦从来都不能被记住，只是仅仅留下一些片断而已。

这种梦的忘却应该与大脑的生理机制也有一定关系。证据表明，每次的快速眼动活动都不会持续很长，以致能构成一个强烈的梦记忆痕迹，延续到快速眼动阶段结束之后。

梦从忘记中溜走的步骤，先是变成碎片，后来完全消失。当一个梦者从快速眼动阶段被唤醒时，他几乎总能报告出一个生动的梦。如果他在该阶段结束后五分钟被唤醒，就仅能抓住梦的一些片断。如果过了十分钟被唤醒，梦几乎完全被忘掉了。仅仅依据报告一个梦的话语的数量，就可以见到一种直接的、戏剧性的递减倾向。

因此，很明显，除非梦者在快速眼动阶段被唤醒，否则他很可能忘却在此阶段有过的心理内容。许多日常的回忆可能得自夜间最后一个快速眼动阶段中自发醒来之时，由于我们一般夜间醒来的时间并不长，所以一个自然的忘却过程就发生了。

一个有趣的现象是，那些在临睡前给人的暗示常常会以某种神秘的方式发生作用。例如，人们几乎总是能在没有闹钟帮助的情况下，在一定的时间醒来，只要给自己下达了这样的指令。在一个更广泛的环境中，任何经过心理治疗的人都知道，如果梦者本身希望记住梦境，梦的回忆便会有一定程度的增加，这是通过与导致梦的记忆溜走的自然的生理过程的斗争来激发梦的回忆。这种生理斗争，有时也有利于导致压抑的潜意识的心理过程的斗争。

总之，如果你愿意，可以挽留住梦的脚步，虽然，无法将其完全留住。

如何运用催眠法解梦

催眠是以催眠术诱使人的意识处于恍惚状态下的一种现象，处于催眠状态下的人面部表情与人的睡眠状态时的表情类似，可出现暗示性的梦幻觉或梦幻想。催眠状态由于更能接近人类精神恍惚状态，意识显然存在，但自发的意识活动几乎全无，处于万念俱空的心境中，使之对任何暗示都不会感到矛盾，会不加批判地接受，而在清醒状态情况下的人则会对来自任何方面的暗示都带有批判色彩地接受。

与睡眠不同的是，在催眠状态下的人的意识并没有完全消失。他能听懂并接受施术者的暗示，而且当施术者在他处于中浅度的催眠状态向他提问时，他能"迷迷糊糊"地准确回答问题；最后是在不加暗示诱导时，他的听觉、温觉、痛觉等感觉都不会出现反常现象。

在催眠实验研究中，人们发现能使人产生催眠作用的大脑主要是右脑，而人的右脑中恰恰是梦境的发源地。

利用催眠术，可以将正常人导入深度催眠状态。这时，给对方一个暗示，他马上就能呈现出做梦样的心理活动，甚至比做梦时的表现更生动。他不但有表情，会哭或笑，而且会配合各种行动和符合理性的语言，一问一答地进行着"梦"——催眠梦。

催眠术能让人真正地做到"白日梦"。这个梦从精神分析的观点去看，显然具有象征性意义。因为，在催眠状态下，人的意志力减弱，监督和防范意识也被减弱了，人们在催眠状态下失去自我批判能力，潜意识的东西当然会溜出来，而表现于被催眠者当时的行为和语言之中，这是与催眠梦的差别。

熟睡时，潜意识的愿望出现在梦境里，而能由做梦者讲出来，让分析家们进行分析。这是一种间接的方法。催眠梦则不然，它能被施术者直接观察到和听到。

催眠术能使人退行，受术者梦游着退行到幼儿时期，这时他做着孩提时的梦，将当时的经验再现出来。这一点在精神分析看来尤为重要，但每个人不太可能都在睡眠梦中重现幼时的经历。

当然幼时的感受会出现在每个人的梦里，只是它早已伪装过了。而利用催眠术退行所得来的知识却不同。它能发挥出超常的记忆力，而将苏醒时被意识认为早已遗忘的事情和感受重新回忆起来，在催眠状态下梦游式地展现在我们面前。

找到了心理矛盾，自然可以通过暗示在患者苏醒以后也能意识到当时的感受，这样一来病症也就没有了。催眠梦是直观的，一目了然于医者面前，重现着往日的经历。它没有伪装，将潜意识的东西直接暴露于我们面前。

当然，有时候来源于意识的抗拒作用相当巨大，所以催眠梦往往以象征性意义展现在我们面前，需要我们做深入细致的分析才能有结果，但不论怎样，催眠梦比从睡眠梦得来的知识更深，也更容易让医者接触到被催眠者的过去，起码治疗时间会大大缩短。

实施催眠解梦的 6 个步骤

用催眠的方式解梦，需要解梦者让梦者完全信任，并令他进入睡眠状态。那么，需要哪些步骤呢？以下列举一些，以供读者参考。

询问解疑

了解被催眠者的动机与需求，询问他对催眠既有的看法，回答他有关催眠的疑惑，确定他知道催眠时哪些事情会发生并没有不合理的期待。很多时候，催眠师可能要花点时间做个催眠简介，因为大多数人对催眠的了解很少，这很少的了解中大部分都是误解。

诱导阶段

催眠师运用语言引导，让对方进入催眠状态。一般而言，常用的诱导技巧有眼睛凝视法、渐进放松法、想象引导、数数法、手臂上浮法等。

深化阶段

深化即是在诱导放松的过程中进一步入静。这时，可以提醒被催眠者在脑海中重复回忆某句话或某物，或者想象某种可以使自己大脑平静下来的场面。

比如，被催眠者想象自己正处在人群中或商店的大厅中，随即踏上升降梯，飘飘然来到另一个四周安静无人、光线柔和的地方，仿佛这里除了自己以外再无别人。在这里，身体一会儿漂浮、一会儿下沉，直到达到理想的深度。或者，被催眠者想象自己沐浴在毛毛细雨之中，雨珠轻轻地从自己头上往下淋，身体逐渐漂浮起来，若有若无，好似进入美妙的仙境。

指　令

指令是为达到某一目的而不断地重复某一字句，或者，告诫被催眠者平时想去做而又难以做到的事。

比如，被催眠者想减肥，想使自己达到理想的体形和体重。这时，你可以指令被催眠者想象自己站在一面大镜子前，在镜子里，可以见到自己焕然一新的、十分理想的形象，你不断地向被催眠者加重语气："如果我达到了那种理想的体重，会显得更精神、更美丽。一旦我体内的营养够了之后，我就不会再有饥饿感，不再多吃东西了。这样，我就会保持美好的体形和充沛的精力……"然后让其对梦境进行回忆和叙述。通过提问，对梦境进行解析。

苏 醒

苏醒就是从恍惚中复苏过来。尽管一般人从恍惚中复苏过来不会太困难，但专家们还是告诫人们，在催眠一开始时，就应想好怎样复苏。可用磁带作催眠、指令、复苏，或者事先准备好一个闹钟或定时器之类的东西，以免进入"沉睡"。还可以采用自我复苏的方法，心里想着：当我慢慢地从1数到5时，我便会从恍惚中苏醒过来。数1时，我身上的肌肉开始复苏，和清醒时一样；数2时，我就能听到四周的声音；数3时，我的头可以渐渐抬起；数4时，我的头脑越来越清醒；数5时，我便可以睁开双眼，复苏如初了。

恢复清醒状态

当催眠师完成了一次施术活动后，一项必须做的重要工作就是将被催眠者由催眠状态恢复到清醒状态中来。在这一步骤中，需要注意以下一些问题。

无论被催眠者到达何种程度的催眠状态，或者甚至是乍看上去几乎没有进入催眠状态，恢复清醒状态这一步骤都是必不可少的。这一点至关重要。

在使被催眠者恢复到清醒状态之前，必须将所有的在施术过程中下达的暗示解除（催眠后暗示除外）。例如，催眠师若在催眠过程中下达了被催眠者的手臂失去痛觉的暗示，而又不解除，那就会给被催眠者带来很大的麻烦，甚至是不必要的痛苦。

有些被催眠者清醒以后，可能会有一些轻微的头痛、恶心的感觉，甚至极少数人还会有一些抑郁等不良反应。一般来说，这些感觉很快就会消失。如一段时间后仍不能消失，催眠师可再度将其导入催眠状态，对上述症状予以解除。

被催眠者清醒以后，催眠师与被催眠者的谈话中应以下面暗示为主，即暗示被催眠者各方面感觉都很好，不会有什么不适的情况。即使有，也会很快消失。若因催眠师本身自信心不强，反复问被催眠者："你真的醒了吗？头痛吗？"这种带有高度消极暗示性质的发问，反而会诱发被催眠者的种种不安、恐惧的心理。

催眠就是唤醒潜意识吗 ⟩

关于潜意识，弗洛伊德有一个十分形象的比喻，人的心灵即意识组成，仿佛一座冰山，露出水面的只是其中一小部分，代表意识。而埋藏在水面之下的绝大部分则是潜意识，人的言行举止，只有少部分由意识掌控，其他大部分都由潜意识主宰。

意识是指我们理性行为的精神活动，包括逻辑、分析、计划、计算等。而潜意识的功能有：控制基本生理功能（心跳、呼吸）、记忆、情绪反应、习惯性行为，创造梦境、直觉。这些，还只是科学家们目前可以发现到的功能。临床催眠学认为，潜意识有六大功能：本能、记忆、习惯、情绪、能量、想象力。

本 能

如对高血压患者进行催眠，给予患者看到红点就会减缓心跳、血压降低等催眠后暗示。当患者清醒后，看到红点就会有如此反应。而在深度催眠中，给予止痛暗示可以确实止痛麻醉。曾有实验给予被催眠者被火烧与被冰冻的暗示，而在被催眠者皮肤上确实出现烫伤与冻伤的痕迹。

记 忆

在深度催眠实验中，可以暗示被催眠者忘记自己的名字或生日，而被催眠者可能回想不起来自己的名字或生日。而给予回溯的引导，被催眠者可以回想起同年中早已遗忘的事情。著名的案例是来自知名精神科医师米尔顿·艾瑞克森，他帮一位被催眠者催眠，被催眠者竟然回想起二十五年前看过的一本书中的内容，还能准确地说出其页数。

习 惯

我们会有意识地学习某些行为，当熟练到某种程度就会进入潜意识中，成为一种习惯反应。如骑自行车，刚开始时可能会注意控制把手与脚蹬，但当熟练到某种程度就会自然而然地反应，不再需要意识地控制。同样地，不良习惯也来自于此，如抽烟、乱丢袜子等也是如此。

情 绪

情绪的反应非常快速，且能自由控制，这是属于非理性的部分。情绪可说是一种信息，将心智的信号传达出来以便做出反应。有位女士非常怕狗，原因是幼年时被狗咬过。因此，她看到狗时身体就会立刻发出恐惧的信号，以避免她再度受到伤害。

能 量

一般认为人的身体内有一种无形的能量运作，如中国所说的气。而德国医师威尔汉·瑞克早年向弗洛伊德学习心理分析，而后研究人类身体与心智的运作。他认为人的身体中有一种电磁能，称为生物能，此种能量会影响人的心灵与身体机能，从而开启了后代生物能分析学派的大门。通过催眠，可进行此种能量的调节，进行身心治疗。

想象力

想象力比知识更有力量！想象力并非理智逻辑所能了解的，属于潜意识的范围。小说、电影、戏剧等，虽然阅读者或观众并非亲身接触，仍然能受到影响，可以说是另一种催眠形态。

潜意识作用说指出，催眠现象的原理在于催眠师设法减弱了被催眠者的意识作用，使被催眠者的潜意识部分显现出"开天窗"

的状态，并使被催眠者的潜意识由此"天窗"接纳暗示。也就是说，在催眠状态中，被催眠者被动地接受暗示，主要是其潜意识对催眠师的暗示进行感应，所以没有自觉性与自主性，完全听从催眠师的命令。若在清醒状态，意识作用占主导地位，潜意识被压抑下去，则不再感应暗示。

潜意识作用说还指出，加强潜意识作用，减弱意识的作用，使被催眠者处于易接受暗示状态的一种最好办法是"节奏刺激"。所谓"节奏刺激"就是指对被催眠者的眼睛、耳朵或皮肤反复做单调的刺激。这样，会使大脑的思考力减弱，从而被催眠者进入精神倦怠、昏昏入睡的状态。并且，这种单调枯燥的"节奏刺激"，仅仅集中于大脑的一部分，而其他部分抑制住了，使大脑的一部分产生兴奋状态，形成"天窗"状态，这样就容易导入催眠状态。

催眠是通过联想发生作用的吗

在英格兰，有人曾做过这样一个有趣的实验。在一次有许多人参加的午餐上，聘请一个有名的厨师，这厨师做出的饭菜不说是十里飘香，也可谓有滋有味。但实验者别出心裁地对做好的饭菜进行了"颜色加工"。他将牛排制成乳白色，色拉（西餐中的一种凉拌菜）染成发黑的蓝色，把咖啡泡成浑浊的土黄色，芹菜变成了并不高雅的淡红色，牛奶弄成血红，而豌豆则染成了黏糊糊的漆黑色。满怀喜悦的人们本来都想大饱口福，但当这些菜肴被端上桌子时，都面对这美餐的模样发起来来。有的人迟疑不前，有的人怎么也不肯就座，有的人狠狠心勉强吃了几口，恶心得直想呕吐。而另一桌的人又是怎样的呢？同样是这样一桌颜色奇特的午餐，却遇到了一些被蒙住眼睛的就餐者，这桌菜肴很快就被人们吃了个精光，而且人们意犹未尽，赞不绝口。

实验者通过上述实验证明了联想具有很强的心理作用。看见食物的人们，由于食物那异常的颜色而产生了种种奇特的联想：牛排形似肥肉，喝牛奶联想到喝猪血，吃豌豆则联想到吞食腐臭了的鱼子酱……是联想妨碍了他们的食欲。另一桌被蒙住眼睛的客人没有这种异样的联想而仍然食欲大增。那么，什么是联想呢？

联想作用说认为，人们在思考一件事情的时候，必定会由此联想起与此相关的其他事情，客观事物之间的联系会反映在人脑中。而客观事物之间的联系是多种多样的，因而人的联想也是多种多样的。一般来说，联想可分为接近联想、类似联想、对比联想和因果联想。

接近联想就是指人在空间和时间上相接近的事物或现象所形成的联想，如一提起星星，人就容易想起月亮；谈起蓝天，就极易想起白云等，都属接近联想。

类似联想是指从某些事物的特性联想起它可以运用于别的事物的现象。盲文的创造就是类似联想的结果。

对比联想是指将两种对立的现象联系在一起，或一事物由正面想到反面，或由反面想到正面的现象。比如，由黑容易想到白，在寒冷的冬天总想到暖融融的火。

因果联想则是指将在现实中有因果联系的事物联想在一起的心理现象。比如，我们总是说"瑞雪兆丰年"，就是由冬天的大雪联想到明年的丰收的因果联想。

联想作用说认为，催眠的机制在于联想作用。当催眠师向被催眠者暗示说，你的后背上有一只大蟑螂，被催眠者因为联想作用而感应这个暗示，表现出非常惊恐的表情。对于身患疾病的被催眠者，催眠师可先让他产生愉悦的感觉，忘记痛苦，而后暗示他："你的病已经完全好了，不要担心，你现在就是一个健康的人。"果不其然，被催眠者会因此心情愉悦。催眠的效果取决于联想作用的性质与强烈程度。

催眠完全是心理作用吗

心理作用说由法国人里波首先提出，曾在催眠学界风靡一时，是影响较大的催眠理论之一。心理作用说认为，被催眠者之所以能够在催眠状态中感应到催眠者的种种暗示，主要是因为每个人都有心理感受性。

心理作用学说将人的心理感受性分为两种：外显感受性与内潜感受性。外显感受性是一种表面性、显而易见的心理感受性，这种感受性发挥作用的速度较快，但较微弱，易受个人意志的控制。例如，若对一个女孩子说："你的脸怎么红了？"那女孩子听到此话，本来如雪的皮肤就会泛出红晕。这就是外显感受性在暗示的驱动下发生作用。在清醒状态下，外显感受性对暗示的感应比较少，因为在清醒状态下的人听到暗示后，先把暗示的内容进行一番思索，经过一系列的推理判断之后，才决定是不是接受暗示，这一番思索就是个人意志的作用。

内潜感受性是一种不受个人意志所干扰的、深层的心理感受性，这种感受性发挥作用的速度相对较慢，却相当强烈，其感应的范围与作用的效能也较大而且奇妙。催眠进行的时候，催眠师通过催眠术来减弱个人意志的作用，从而驱动起被催眠者的内潜感受性，这时被催眠者心无杂念，没有自主活动的机能，完全由内潜感受性发挥作用，此时给予暗示指令，肯定会得到被催眠者的感应，被催眠者会毫不犹豫地按照催眠师的暗示去执行，结果便出现了种种神奇的催眠现象。

因此该学说的主要观点是：任何人的身体内部都有一种被称为"自然倾向"的机能，但这种机能缺乏自主的力量，很容易被他人的观念、意志、教训、暗示等外部刺激所支配，而且只有在这种外部力量的驱动下，"自然倾向"机能才能发挥作用。这种机能就是人的心理感受性。在催眠过程中，催眠师的暗示就是引导这种感受性使其发挥作用的原动力。

催眠的成功与否完全在于预期的作用吗

预期作用是指预先定下一个观念、希望和意识，使其后来一一实现。"预期作用说"是由德国学者麦尔首先倡导的，他认为催眠现象产生的原因在于某种预期作用。

社会心理学家罗森塔尔做过这样一个小实验。他先在小学生中进行了语言能力和推理能力的测验，测出这批孩子之间的能力差别。随后，所有学生中随机抽取一部分学生，然后对老师说，这部分学生是可塑之材，几个月后他们的成绩一定会有很大的提高。到了期末，他们再一次对全体小学生进行了测验，发现那些被随机抽取出来、贴上了"可塑之材"标签的孩子，成绩果真有了大幅的提高。

这一发现后来以一个欧洲的传说命名为皮格马利翁效应。皮格马利翁是一个美丽的王子，有一天爱上了一尊美丽姑娘的雕像，从此以后他常常深情地注视着这尊雕像，忘记了时间和其他事情。就这样一天天过去了，终于有一天，雕像复活了，姑娘走下了基座，投入了王子的怀抱。

为什么会出现皮格马利翁效应呢？心理学家发现，预期可以通过自我暗示或他人暗示形成自我激励或他人激励，对激发与调动潜在的能力起到一定的作用。小学生们被研究者贴上标签后，老师们就会对他们形成比较高的期望，例如，当众表扬、夸奖。在他们犯错误或者成绩不理想的时候，由于认定他们很有潜力，所以不理想的成绩都被看成是暂时的，而不会归因于这些孩子天生愚钝，这样对他们的失误比较宽容，从而始终对他们抱有信心。教师在不知不觉中会对他们做出鼓励、帮助的举动。

如果我们对自己的未来充满信心，必然会心态积极，并将自己的心智力量指向工作，就可以不断克服困难，勇往直前，最终实现自己预期的目标。

预期作用说认为，催眠的成功与否完全取决于催眠师与被催眠者的预期作用。如果催眠师有信心并抱着必定成功的心态去给他人催眠，结果会很容易成功；如果被催眠者心中有能被催眠的信念，结果他也很容易进入催眠状态，如果催眠师或被催眠者没有信心成功，那么成功的可能性就不大。

预期作用说的理论极为浅显易懂，因此，许多催眠学者都十分赞许，尤其是该学说若被催眠师与被催眠者所共同接受时，将大大有利于催眠的圆满完成，可见该学说对催眠的实际应用会产生一定的影响。当然，该学说对催眠机制的解释并不是很令人满意的，甚至还有些牵强附会。

通过催眠与做梦者对话 ＞

根据理学家与科学家对人类意识的研究，人脑有88%以上的部分是属于潜意识主导的区域，即我们每天大部分的思想与活动都是受潜意识的支配而不自知。然而，日常生活里，我们很难和潜意识沟通，潜意识有时会以梦、脱口而出的话语以及生理反应等形式主动与我们对话。

催眠并不是要剥夺人心理活动的能力，虽然有意识活动的水平降低，但人的潜意识活动水平反而更加活跃，这时有的受术者会有迷迷糊糊意识不清的感觉，好像只能听到催眠师的声音；而有的受术者觉得自己很清醒，什么都听得见，甚至认为自己完全没有被催眠，这些感觉在催眠状态下都可能会出现。每个人的潜意识有一个坚定不移的任务，就是保护这个人。实际上，即便在催眠状态中，人的潜意识也会像一个忠诚的卫士一样保护自己。催眠能够与潜意识更好地沟通，但不能驱使一个人做他的潜意识不认同的事情，所以不用担心会被控制或者暴露自己的秘密。

一位28岁的女硕士容易接受负面暗示影响，她经常做晦涩的梦，这让她一直心神不宁，感觉人生渺茫、毫无希望之时，她接受了催眠治疗。催眠师首先打破她自以为是的主观，突破她的心理防线，让她意识到催眠师是值得信任且能够帮助她的。在催眠中，通过搭乘电梯深入法，引导她进入发生问题的当下，她讲出了潜意识中一直压抑的故事。

有一次她和母亲去寺庙还愿，出来时被一个声称来自佛教圣地的中年妇女拉住，中年妇女告诉她，她会在35岁左右离婚。如果不离婚，她和丈夫就会有一人死亡，若想化解，需立刻捐香火钱，祈求菩萨的保佑，免去灾祸。回家后，只要一想起这个妇女的话，她就会痛哭流涕，影响了正常的生活工作。目前不能找到如意男友的忧虑与困惑，和对美好婚后生活的憧憬，以及被悲惨的暗示所困扰，所有问题都凝结在一起，造成了她的悲观和信心丧失。

在催眠治疗中，催眠师首先引导她作为一个旁观者，观看她母女二人所发生的一切，并给出恰当的评论，结果她说："那母女二人很傻，为什么听信路人的谎话，明摆着是借此骗钱的，不用相信。"她说此话时，已不再伤悲，转而略带正义感和愤怒。于是，催眠师再次采用倒带回演的方法，让她回到当下情景，再次遇到这个算命的中年妇女，问她："该如何应对？"结果，她居然很清楚地说道："你们这些人是骗人的，来骗钱的，快走开，不然，我叫警察抓你们！"结果，那个算命的中年妇女转身就跑，非常狼狈。考虑到她非常容易接受负面暗示，催眠师决定再导演一场戏，巩固她的信念。遂通过"时光隧道"，将她和她妈妈带到了未来某一天，她们刚从大商场购物出来，碰到了一个看似颇具智慧的老人（男性），帮她们算未来。结果，在催眠中，她很自信地迎上去说："不管你说什么，我都不会信的，你们无非是想骗钱，却不顾别人死活，用负面信息刺激欺骗别人，达到敛取不义之财的目的，实在是太可恶了，快走开！不然，我叫警察了。"结果，老者灰溜溜地走掉了，母女两人开心地大笑。催眠结束后，她感到由衷的快乐，因为她的内心已经彻底摆脱了长久以来潜意识中隐藏的痛苦。

催眠是进入潜意识的一把钥匙。在催眠状态下，人的注意力高度集中，因此可以将潜意识的储存库打开，直接与潜意识对话，有效输入正面指令，迅速找出问题的根源。当一个人与自己的感觉进行沟通，或者正在做内心思想工作，便是处在一定程度的催眠状态了。在此状态下，人的意识进入一种相对削弱的状态，潜意识开始活跃，因此其心理活动，包括感觉、情感、思维、意志和行为等心理活动都和催眠师的言行保持密切的感应联系，就像海绵一样能充分听取催眠师的指令，潜意识活动在催眠师的引导和帮助下发挥积极的作用。

在清醒的时候，一些简单的道理人们都知道，却无法自我解脱。于是产生晦涩的梦境，催眠将其拉回到问题的当下，重新审视，并当场进行解决和处理，从而铲除潜意识中痛苦的根源。

第三章

学习催眠术就是这么简单

第一节
实施催眠必须了解的 8 个问题

哪些人可以成为催眠师 ⟩

　　谁都可以成为催眠师吗？成为催眠师需要怎样的条件呢？催眠师应当具备哪些素质呢？这些都是人们常常问到的问题。

　　要想成为催眠师，不一定必须具备特定的条件，但是如果具备了下面的条件，将更有利于成为优秀的催眠师。

有自信

　　有的人对于自己所要讲的话始终抱着十分的信心，即使在道理上有些靠不住，有时还显得有些牵强附会，但是他们也尽力使别人相信自己的话，有时候他们武断的措辞会使人产生强加于人的感觉。这种类型的人，可以被认为是过分自信型，在实施催眠术时，他们往往能够以居高临下的姿态对被催眠者进行有说服力的诱导暗示。没有自信的语言表达会使对方产生不信任，甚至成为影响对方进入催眠状态的障碍。所以，催眠师的自信是引导受催眠者进入催眠状态的重要因素之一。

形象良好，身体健康

　　催眠师的形象是相当重要的，因为只有给人一种形象良好、身体健康、积极向上的感觉才能让受催眠者更加信任，所以催眠师一定要注意自己的形象和身体健康问题，应该做到衣着整洁、

✳ 成为催眠师的条件

如果要想成为催眠师，你必须满足几个催眠师必备的条件。另外，如果你本身就具有某些形象特征，对于你成为催眠师就更加有利。

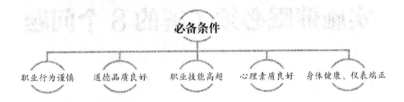

必备条件

职业行为谨慎　道德品质良好　职业技能高超　心理素质良好　身体健康、仪表端正

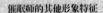

催眠师的其他形象特征

1.形象良好。给人健康、积极向上的感觉才能让受催眠者更信任。

我是最厉害的催眠师。

2.高度自信。能够以居高临下的姿态对受催眠者进行有说服力的诱导。

3.表情温和。相貌严肃的人往往会使受催眠者产生戒心。

4.声音低沉浑厚。低沉浑厚的声音对进行催眠暗示有利。

仪表端庄。另外，在进行催眠的过程中，催眠师需要长久地付出身心上的努力，所以一定要有健康的身体才能胜任催眠师的工作。为了保护受催眠者的安全，催眠师也不能有传染病。

表情温和，具有人情味

令人产生畏惧感、压迫感的表情，往往会使被催眠者产生警戒心和自卫心，难以进入催眠状态。人的相貌虽然不能改变，但是表情是可以改变的。因此，表情生硬的人和表情严厉的人应该尽量注意做出温和的表情来。

声音为低音质且具有浑厚感

大部分学者认为，低音质而有浑厚感的声音对催眠暗示有利。但这并非决定性的因素，有的人虽然音质高亢，但是作为催眠师，并不一定就比低音的人差。

哪些人能被催眠

所有的人都能接受催眠吗？前面我们曾经简单提到过，只要一个人是正常的，就能够被催眠。由于催眠时间的长短不同，加之催眠敏感度不同，也就使得接受催眠术的人所取得的效果不尽相同。就是说只要你是正常的，你就可以被催眠，但是能否取得良好的催眠效果，达到最佳的治疗状态，则取决于受催眠者是否符合以下的条件。

精神状态

如果一个人精神状态比较好的话，有利于沟通与交流，而注意力难以集中或是有明显精神病态的人，被催眠所花费的时间要长一些。另外，在催眠过程中有意识障碍的人，被催眠的难度则更大一些，花费的时间也更长一些，所以对催眠师耐心的考验也会更大一些。

催眠敏感度

催眠敏感度决定着受催眠者的被催眠能力，以及获得某种催眠状态的能力。实验证明，催眠敏感度过低者不适宜接受催眠，催眠效果不明显。催眠敏感度越高的人越能快速地进入催眠状态，而感受性偏低的人必须要进行反复、长时间的诱导暗示才能进入催眠状态。

年龄要求

通常情况下，年龄越大，就越不容易进入催眠状态。在伦敦进行的一项相关的调查发现，7～14岁的儿童催眠敏感度比较高，在这一年龄阶段中，他们的催眠敏感度常随着年龄的增长而提高，然后维持在某一最高水平上。40岁以上的人催眠敏感度就比较低，年龄越往后就越难进入较深的催眠状态。此外，人的心理在整个生命过程中都会发生变化，因此，催眠敏感度的变化也可能受到心理变化的影响。如果受催眠者心理上十分信任催眠师，也较容易进入理想的催眠状态。

性 别

相对而言，女性往往比较感性，男性则比较理性，所以女性的催眠敏感度要普遍高于男性。女性在性格特征方面也是比较突出的，所以进入催眠也就比较快。

心理因素

催眠师应该注意在对被催眠者进行暗示之前营造一个融洽、轻松的心理氛围。患有心理疾病的人，严重的偏执狂患者、精神分裂症患者、抑郁症患者、脑器质性精神疾病伴有意识障碍的患者，以及对于催眠有严重恐惧心理的患者等，是不适合被催眠的。

这些患者在催眠状态下可能导致病情恶化或诱发幻觉妄想，有的还会引发思维混乱，如果强制进行治疗的话，则可能加重症状。

智商要求

催眠术是以心理暗示为基础的，在这个基础上就要求受催眠者一定要能听懂暗示，如果受催眠者的智力发展比较迟钝，那就难以理解、领会、遵循催眠师的要求，也就无法接受暗示。通常来讲，智商低于20的人是无法理解催眠暗示语的，所以也就不适合接受催眠方面的治疗。

生理健康

催眠术的实施对人的生理健康也有一定的要求，重度感冒、发高烧、腹泻、瘙痒性皮肤病患者以及患有呼吸系统疾病、心血管疾病（如冠心病、心力衰竭、脑动脉硬化等）的人是不适宜接受催眠术的。这些患有严重生理疾病的患者，通常注意力不能集中或者精力不够，不适宜接受催眠。

在哪儿可以被催眠

催眠是不是在哪儿都可以进行呢？当然不是，催眠需要专门的房间。如果有设备齐全的催眠室，当然是最好不过了，但是一般情况下，这样的条件是难以具备的。那么，就需要尽量利用普通的房间，开辟出一个类似于催眠室的专门房间来进行。

实施催眠术需要专门的房间

房屋的大小。房间太大了，会使人有精神散漫和空虚的感觉，容易使人分散注意力，而太小的话，又容易使被催眠者产生一种压迫感。一般来说，10平方米左右是最为合适的。

室温。室温不宜过冷或过热，一般保持常温就可以了，温度主要以被催眠者感觉舒适为最佳。

室内照明。如果有强烈的阳光射入室内，或者有故障的灯管一闪一灭，这都是不合适的，这样会给被催眠者造成恐惧感。另外，直接照明也不好，会过于刺激被催眠者的眼睛，使其不能集中注意力，所以以柔和的灯光间接照明是最合适的。

按照上述要求，简单地制造这样的灯光比较好：首先挂上窗帘，防止阳光的直射，让灯光照在白色的墙壁或窗帘上，选择间接照明效果最好，而不是让灯光直接打在被催眠者身上。对于10平方米的房屋使用40瓦的灯就足够了。如果被催眠者有特殊要求，也可以适当进行调整。

声音、气味等。要避免人的喧闹声、楼道走步声、水管流水声，不要让噪音进入房间。最好用较厚一些的窗帘。除此之外，还要避免电视、空调、电扇、换气扇等家用电器的声音，要让被催眠者集中注意力，在一个安静的环境下进行催眠治疗。关于气味，要避免放置有臭味或异味的东西，木材味、涂料味比较强的房屋尽量不要使用，以免损害被催眠者的身体健康。

专业的设计

一个完备的催眠室需要非常专业的设计，必须注意以下几个方面。

防音。如果吸音太强，暗示的意图就难以转达，恐怖感会增强。与之相反，音响效果太好，受催眠者则不易冷静下来。音响效果最好是不完全的吸音装置，完全的防音（无音）会导致没有回音，使人感到异样，反而产生不好的影响。通常把室内音量控制到被催眠者可以承受并觉得合适的程度就可以了。

墙壁混凝土200毫米厚，然后是纤维板，在其中加入玻璃棉等吸音材料，适当地使用有孔板比较好。有条件的话，催眠的房间尽量选择平开窗，而不是推拉窗。对于已经采用推拉窗的房间，只能根据噪声的来源选择开窗户的方向，以最大限度减少噪音。

✳ 催眠室的专业设计

催眠需要专门的房间，我们可以利用普通的房间，营造出一个类似于催眠室的环境。怎样利用普通的房屋达到和催眠室一样的效果呢？

催眠室的具体要求

1. 房屋大小
太大使人有散漫和空虚感，容易分散注意力，太小则容易产生压迫感。

2. 室内照明
以柔和的灯光间接照明是最合适的，灯光亮度应可调节。

照明：采用间接照明的方法，具有色彩照明的效果，还要安装调节这些照明设施亮度的装置。另外，家具要单一，墙壁、地板、天花板的色彩要和谐，要协调。

3. 声音气味
避免喧闹，不要让噪音进入房间，避免家用电器的声音，避免异味。

4. 室内温度
室温不宜过冷或过热，以受催眠者感觉舒适为最佳。

防止噪音：催眠室要能让人平静下来，所以要一定程度上隔绝噪音，但不能完全隔绝，因为吸音太强不容易传递暗示。

催眠室内还需要有专门的背景音乐。其实，关于催眠室的设计，防音这个问题是最难的，有必要请具备专业知识、有经验的人加以指导。

照明。采用间接照明的方法，具有色彩照明的效果，还要安装调节这些照明设施亮度的装置。

空调。要保持一定的温度、湿度和适宜的空气流通。另外，要注意避免空调的噪音。

测定器。在预备室内装有测定器，能够根据需要进行测定、录音。

通向预备室的完备的传导设备。单面反光玻璃（镜）；心电图、脑电图、测谎仪，以及其他的电子技术测定装置的传导电缆；监听声音或录音等用的配线。

室内的装饰、设备。家具要单一，墙壁、地板、天花板的色彩要和谐、协调。

催眠时的坐姿

进行催眠时，需要采取特定的坐姿。保持正确的坐姿，在催眠过程中起着举足轻重的作用，因为随着催眠的不断发展与深入，姿势也变得越来越重要，所以绝不能忽视。

首先，要让受催眠者尽量身心放松地坐着，注意不要让受催眠者的胳膊、腿脚等发麻。尽量减少对受催眠者心理和生理上的刺激，不要让受催眠者感觉不舒适。同时也要尽量避免选择那些长时间坐着会使人腰痛的硬椅子。

其次，要注意参考受催眠者个人日常生活的习惯坐姿来安排，比如说，中年妇女多数认为静坐在椅子上会比较舒适，而有一些中年男性则平时喜欢微微打开双腿，整个臀部坐在椅子上。因此，催眠师应委婉地询问一下受催眠者的习惯，然后采取适当的坐法，为下一阶段的催眠做准备。

再者，安抚受催眠者的情绪。有些受催眠者，特别是第一次接受催眠治疗的人，由于不安、紧张和恐惧等情绪，往往会变得非常拘谨，身体也会随之变得非常生硬。肩膀、手臂、手腕、两腿、两足等，全身都绷着，表情也极不自然。这种坐法是不正确的，催眠师需要逐步进行安抚、调节。

一切就绪后，催眠者站在受催眠者的正侧面，先让受催眠者站起来，再让其坐下去。这样一站一坐，受催眠者的背部有一个悬空的过程，一般就能够使其放松了。如果这样做没有效果的话，那么催眠师最好对受催眠者进行全身抚摸，使其能够真正地放松。

例如，如果需要两肩放松，催眠师应当边说边用两手轻轻地搭在受催眠者的肩上。接着，从肩部开始，按照由肘部到手的程序轻轻地往下抚摸。抚摸的过程中，在注意力度的同时，还要观察受催眠者的放松程度，如果一两次没有效果，则就要反复多次进行。为了确定受催眠者是否能够做到真正的放松，催眠师需要进行简单的试验。其方法是：催眠师一边说着暗示"把你的十个手指放松，让它们处于很舒适的状态"，一边拿起受催眠者的两手，轻轻地上抬之后再放开。这时，受催眠者被上抬的手如果是"啪"地一下自然落下，就说明已经很放松了。其实，这些放松练习也是暗示催眠的开始，只有完全放松了，受催眠者才能更好地进入催眠状态。

催眠语有哪些使用要求

催眠语，是指催眠师在诱导受催眠者进入催眠状态时对受催眠者所讲的一些暗示性的话语。有人曾极端地说，催眠术的奥秘无非就是催眠暗示语的使用法。在大多数情况下，语言是催眠师实施催眠、使受催眠者接受催眠暗示的主要媒介。催眠语在催眠过程中确实有着举足轻重的作用。催眠语也是一门艺术，除了要注意轻重缓急以外，还有一些其他的具体要求，这需要催眠师不断练习，直到熟能生巧。

第一，语调要抑扬顿挫，节奏要有缓急强弱。

催眠语的使用，绝不像念新闻稿那样，只要念准确、流畅就行，也不能像有些学生背诵课文一样死死地记住就万事大吉。它有点像表演艺术家的工作，其实施过程可以称得上是在演出一场非常精彩的话剧：首先将人物推上一个空白的舞台，以最初的情况设定并构成剧目，一边推敲着剧情一边完成剧本。决定该剧目成功与否的关键，就是具体的说话方法，也就是催眠师语调的抑扬顿挫、语言缓急强弱的节奏。除此之外，没有任何有助于剧情进展以及烘托剧目效果的方法。

第二，不要使用命令语气。

催眠语的语气大体上可以分为权威语气和教诲语气两种。权威语气——预言性地指示动作的方法，例如"你就这样倒向后方"；教诲语气——暗示可能性的温和说法，例如"你可以那样倒向后方"。"快倒向后方"这样的命令语气，会使受催眠者失去对催眠以及催眠师的信任。因此，催眠语中是严禁命令语气的。

第三，不使用疑问等不确定的语式。

像"你能做吗"、"做一个来试试看"等不确定的说法，有时会使受催眠者产生犹豫或者表示出毫无理由的拒绝态度，从而阻碍催眠过程的继续。因此，催眠语的内容一定是要把状况具体化并且带有明确的结论性，例如"你就这样站立起来"，"你的手臂不能弯曲"。这种语句能让受催眠者明白自己接下来该怎么做，不至于迷茫。

第四，将来式比现在进行式更容易产生作用。

"现在，你做……"这样的说法，不如采用像"下面，我拍一下手，你将……"的催眠语。临床经验表明，将来式催眠语比现在进行式更容易产生作用，更容易促使受催眠者采取行动。

第五，注意拟造具体的形象。

比如，在进行催眠美容时，如果采用"你的腰部渐渐地收紧、变细"这种说法，则不如采用"就像××的腰那样渐渐地收紧、变细"的说法，后者更能使受催眠者从暗示中浮想起具体的形象来，从而有比较的对象，有利于提高催眠效果。

第六，重复暗示。

就像领着宝宝学走路、学说话一样，在催眠状态浅的情况下，重复暗示的效果更大。向表面意识的传达与向无意识的暗示传达，存在着相当的"时差"。要用实际的感觉抓住这种差别，在注意反复效果的前提下使用催眠语，这样可以加深催眠语在被催眠者心中的印象。

第七，注意不要前后矛盾。

在进行催眠暗示时，一定要思路清晰，不要前后矛盾，发生抵触，否则就会混淆受催眠者的感受，使受催眠者变得混乱。

以下是诱导受催眠者入睡的一些催眠语：

"现在请把眼睛闭起来。希望你能认真、耐心地听我说话，内心要保持清净。来，先放轻松……你的眼睛要闭起来……眼睛闭起来！希望你觉得很轻松、很舒适，心里什么杂事都不要想，除了我的话，什么都别想……什么都别想……眼睛闭起来！舒舒服服地闭着眼睛，保持内心清静，除了我的话以外，什么都别想……你的心已经慢慢宁静了……宁静了……一切都安静下来……你整个人现在非常舒适……很舒适……

"你觉得双臂很重吧……你觉得双脚很重吧……来，放松你的双臂，放松你的双脚，放松，放松……全身放松……放松两腿的肌肉，放松手臂的肌肉，放松全身。仿佛你已经回到了冥冥之中，回到了冥冥之中……你已在冥冥之中，你会觉得更加放松，更加舒适……你更加放松……更加舒适……你现在可以感觉到你的肌肉放松了，放松了，彻底地放松了……接下来感觉很轻松……很轻松……整个人从头到脚已经完完全全放松了，放松了……

"你现在只能听到我的声音，只听到我的声音……只听到我的声音……只听到我的声音，除了我的声音，你什么也听不到，你现在内心很平静、很平静……全神贯注，只听到我的声音。现在你会觉得很放松、很舒适，全身都很松弛……全身都很松弛，你开始想睡了……全身都很松弛，你开始想睡了……很想睡了……非常想睡……你的内心很平静……只听到我的声音……你觉得全身放松，全身舒适。有规律地深呼吸……有规律地深呼吸……深深地呼吸……深深地呼吸……放松全身……放松每一个细胞……只听见我的声音，保持内心平静。你已经开始入睡，开始入睡……保持内心的清静……你已经入睡……你已经入睡……你已经睡着了……已经睡着了……你已经深深地睡着了。深深地睡着了……舒舒服服地睡吧……深深地、舒舒服服地睡吧……你睡得更深，更舒适……你睡得更深，更舒适，更深，更舒适，更深，更舒适……你深深地睡着，舒舒服服地睡着……保持内心的清静，你睡得更深，更舒适……你睡得更深，更舒适。深深地舒舒服服地睡着……睡着……睡着……你尽情地睡吧，我过半个小时后再来和你聊，放心，在此期间不会有任何人来打扰你，你尽管放心地入睡……"

催眠师应做好哪些准备工作 〉

如果要顺利地施行催眠，并收到预期的良好效果，那么，在实施催眠之前应当做好充分的准备工作。准备得是否充分，对于催眠师和受催眠者来说都很重要。催眠师在实施催眠之前应当对受催眠者做全面、详细的调查，并与其进行充分的交流，不论受催眠者是自愿还是被动地接受催眠治疗，催眠师都要根据其文化程度、社会背景、身体健康、心理素质、催眠敏感度的高低以及接受催眠术的动机、目的等，实施催眠前的心理准备工作，确定相应的治疗方案，这也是作为一名合格的催眠师应必备的专业常识。

一般来讲，实施催眠前，催眠师的准备工作如下：

首先，催眠师应当了解受催眠者接受催眠术的动机、目的、迫切性，以及受催眠者对于催眠术的认识程度。这样就可以根据受催眠者的具体情况来制定方案。另外，还要了解受催眠者的个性特征以及其对自己心理障碍的了解程度，然后经过催眠敏感度测试确定具体的催眠实施方案。不同的人有着不同的情况，不同的疾病有着不同的治疗方法，而且病情的不同阶段也有着不同的催眠方法，所以催眠语和治疗方案的制定，不能墨守成规、千篇一律，要做到适时而变，要根据受催眠者的具体情况做出相应的调整。

其次，实施催眠之前，催眠师应当根据受催眠者的文化程度、社会背景，向其介绍关于催眠术的一般知识，消除其对催眠治疗的疑惑、忧虑以及对催眠的误解，使受催眠者能够理解催眠的真正定义。这样，催眠师与受催眠者后面的配合将会进行得更加顺利。在实施催眠术之前，还应当进行必要的放松训练，只有彻底地消除顾虑，得到放松，才有信心接受催眠并与催眠师充分合作，达到催眠治疗的最佳效果。

催眠治疗中，帮助受催眠者抚平情绪、建立信心是最重要的。

✳ 与受催眠者沟通的细节

　　要想顺利地实施催眠，并收到预期的良好效果，在催眠之前就应当做好充分的准备工作。各方面准备是否充分，对于催眠师和受催眠者来说都很重要。

　　与受催眠者沟通的顺序

| 1.了解对方的动机目的 | 2.了解对方的身体状况、心理素质 | 3.了解对方的文化程度、社会背景 | 4.测试对方的催眠敏感度及其他 | 5.做好准备工作，确定治疗方案 |

与受催眠者沟通很重要

欢迎你来感受催眠！

哈哈，真是太开心了。

1.无论哪种心理治疗都必须通过医患双方的交流来完成，这是成功的重要保证。催眠师与受催眠者间的关系在治疗过程中起到桥梁、纽带的作用。

小伙子，你感觉放松一些了吗？

2.临床证明，相互信任能明显减轻受催眠者的不安和焦虑，增强其信心，使其容易进入催眠状态。在实施催眠之前，催眠师应注意努力建立良好的医患关系。

　　在此过程中，要使受催眠者感到催眠师在竭尽全力，最大限度地为其解除病痛。另外，催眠师要逐步取得受催眠者的信赖，只有在双方相互信任的基础上，才能更好地开展工作。接下来，催眠师会运用专门的引导技术，通过想象、渐进等让被催眠者进入催眠状态；当被催眠者潜意识逐渐增强，就会把隐藏在心底的情绪说出来，从而减轻心理上的负担。

无论是采取哪一种形式的心理治疗，都必须通过医患双方的沟通与交流而完成，这是必要的前提条件，也是医疗成功的重要保证。临床证明，相互信任能够明显减轻受催眠者的不安和焦虑，增强受催眠者的信心，更容易进入催眠的状态。因此，在实施催眠之前，催眠师应努力建立良好的医患关系。这种医患关系是一个双向的心理互动过程，所以催眠师一定要有坚定的信心与耐心，用乐观的思想和坚强的意志对待前进道路上的一切困难。

受催眠者应注意哪些问题 ⟩

对于受催眠者来说，在接受催眠之前一定要注意身体情况，要有正确而坚定的信念，同时还要注意其他一些问题。这些问题同样不容忽视，它们是心理治疗成功的关键。

身体情况

受催眠者在接受催眠治疗前要注意排空大小便，而且注意不要吃得太多、太饱，要绝对禁止饮酒，尽量不要服用人参、激素等，尽量保持有规律的生活习惯，以良好的精神状态接受催眠治疗。另外需要注意的是，在出现腹泻、高烧或者患有瘙痒性皮肤病时，不宜进行催眠，应当等身体完全康复后再进行。在催眠治疗的过程中，受催眠者身体有任何不适都是不正常的，此时一定要马上跟催眠师反映并要求立即停止催眠。

那些对催眠术不甚了解的人以为在受催眠者将要睡觉之际，实施催眠术的效果是最好的。而事实恰恰相反，在受催眠者疲劳欲睡之际最不宜也最不易实施催眠。因为这个时候的受催眠者因过度疲劳无法专注于某一件事情，注意力涣散，极欲进入正常的睡眠状态。而在受催眠者精神饱满的时候，其注意力是最容易集中的，因此非常易于接受催眠暗示。

正确而坚定的信念

"心诚则灵"常常被理解成唯心主义的一种表现。其实，对于以心理暗示为机制的催眠术来说，能否取得成功在很大程度上取决于受催眠者"心诚"，即怀有正确而坚定的信念。信念是成功的基石，作为被催眠者，要有坚定的信念。因为不管病情是好还是坏，都要以乐观向上的信念来支持自己。

受催眠者一定要清楚，催眠治疗是为了帮助自己解除心理上的疾患，并对此信念坚信不移。在催眠过程中最大的障碍就是受催眠者的紧张、惶恐与不安，这是由于受催眠者缺乏对催眠术正确而坚定的信念而引起的。这个时候，如果受催眠者想以最有效率的方式减轻病痛，创造美好人生，就一定要学会清除自己潜意识里的所有负面信念，鼓励自己树立信心，相信催眠师，并且积极配合催眠治疗。

心态与表现

受催眠者在催眠过程中必然会产生种种心态与表现，这些心态与表现有些会促进催眠的顺利实施，有些则会影响催眠的效果。因此，受催眠者一定要注意自己的这些表现，适时调整自己的心态，让自己全身心放松，并且不断暗示自己要进步、努力。

其实，在实施催眠之前，受催眠者常常会有不同程度的紧张、惶恐与不安，并由此产生一些抗拒反应。而这些反应又常常使得受催眠者将注意力转移到抱怨客观条件上，例如嫌周围环境不够安静，抱怨椅子太高、太硬，或者觉得自己身体有所不适等。其实，内心的真实想法是对于催眠术的逃避或者想要延缓接受催眠术。因此，在催眠师对受催眠者进行放松的同时，受催眠者一定要主动配合，调整好自己的心态，树立正确对待疾病的态度。

还有一个问题：在诱导阶段，受催眠者往往会产生警戒与抗拒的心理，通常的表现是不能将注意力集中于催眠师所作的暗示上，而是以一种监视的态度暗暗地观察催眠师将会以何种表情、何种态度、何种方法来诱导自己进入催眠状态。还有一些人是故意不接受或者违背催眠师的暗示诱导。受催眠者的上述心态与表现均不利于催眠的顺利实施。因此，受催眠者应当摆正心态，调整自己的行为。这不仅是取得良好疗效的先决条件，而且是获得成功的重要依据。

催眠师应遵循什么原则

催眠师一定要遵守职业道德，切不可有滥用的邪念。由于催眠术是运用暗示等手段让受催眠者进入催眠状态，所以催眠师在调动人的无意识力的同时必须节制那些失度的恶作剧，例如，将臭水暗示为果汁让对方喝、在严寒的冬天让对方脱衣服、在大庭广众下让人出丑等。由于催眠治疗是在受催眠者被催眠师控制之下进行的，因此催眠师的职业道德和心理素养更具有特殊意义。

催眠师在实施催眠术时，一定要遵守以下五项原则。

考虑时间和场合

不要在夜深人静的时候进行催眠治疗，尤其是在紧靠邻居的地方进行。因为受催眠者的声音会出乎本人意料地紧张、高昂，有时会传得很远。在尖叫的时候会给邻居造成一定程度的困扰，严重的话会影响他人休息或者给他人造成恐惧感。催眠师应机动灵活地采取适当措施，解除受催眠者的不良情绪，争取受催眠者在常规的状态下积极主动地配合治疗。

不要给受催眠者脱离常识的暗示

不要给受催眠者脱离常识的、奇异的暗示，如让其采取过分的、危险的姿势，往嘴里放危险的物品等，以免造成意想不到的事故。另外，应注意不要让受催眠者发出无意义的怪声。催眠师要根据受催眠者的情况有针对性地选用指导语言，不可随意戏弄受催眠者。

不做超限度的恶作剧

不要对受催眠者做超限度的恶作剧，不得强迫对方喝有毒的东西或者碰有害的物质，不得要求对方用头撞墙、从高处跳下，等等。所有能给受催眠者造成伤害的行为一律不允许。

不选择容易兴奋者

应尽量避免对容易兴奋的人进行催眠，容易兴奋的人通常会有歇斯底里的倾向，很容易对催眠术产生强烈的抗拒反应，容易出现混乱的场面和令人惊叹的结果。另外，容易兴奋的人一旦进入催眠，则很容易发生感情爆发性的发泄、朝意外方向发展的危险，催眠师应当坚决避免局面失控的情况发生。

对于儿童只做浅度催眠

对于孩子来说，"注意力集中"是一个很抽象的概念，在他们的头脑中，没有一个具体的步骤告诉自己如何做到"注意力集中"，所以针对儿童的催眠方法应做适当的调整，不应和成人一样。

第二节
最具威力的语言——催眠暗示

催眠暗示，生活中无处不在

　　很多人都有过这样的体验，一个人在家时觉得非常无聊，什么都不想做，什么也都不愿意做。于是静静地坐在那里，默默地看着窗外的景色。在这个静默的过程中，你的思绪、你的思维、你的思想意识也可能会有一部分从现实情况中分离出来，跑进了以往那些欢乐、美好、忧伤、令人叹息的时光。你进入了深深的回忆状态，在不知不觉之中开始发呆或者做起了白日梦。其实，这是因为你受到了周围物品以及景色的暗示，这些东西勾起了你对以往的回忆，诱导你进入浅浅的自然催眠状态，这是催眠在日常生活中最常见的一种体现。

　　相信很多人也有过这样的体验，如果在笔直的公路上驾驶汽车的话，总是特别容易劳累。这是为什么呢？沿途那单调、重复而又无趣的风景，汽车行驶的声音，以及毫无生趣、令人提不起精神、感到厌烦的水泥路面会让人长时间地注视前方，当你不间断地收到前方那空无的暗示，你的大脑一片空白，开始疲劳起来，连你的眼皮也变得越来越累，从而诱发出催眠状态。因此，为了避免诱发司机公路催眠，人们在修筑公路的时候，会在公路两旁设置一些比较醒目的标志，或者进行相对较重的绿化，或者有意识地将公路设计成弯道，尽可能地从车外给驾驶员以视觉上的刺激，避免驾驶员被单调重复的暗示引入催眠状态，从而降低事故伤亡的概率。

热恋中的男女在傍晚的沙滩上相互依偎，亲昵缠绵，窃窃私语，注意力已经完全集中到了对方的身上，会感觉时间过得非常快，刚才还是夕阳西下，再一抬头已经是繁星满天了。这是因为恋人接受了对方美好、迷人、轻松、愉快的暗示，沉浸在幸福、甜美的体验中，进入了美妙而舒适的催眠状态。

还有，当人在全神贯注地做着一件事情的时候，例如阅读一部非常精彩的小说，此时就会对旁边的事物充耳不闻，仿佛世界上的其他事物根本不存在一样。如果这个时候有人与你交谈，那么你可能会机械地应答一下，但是并不清楚对方在说什么，甚至根本一个字都没有听进去。这是因为当人的注意力被小说的内容完全吸引了，完全接受了小说的内容所发出的暗示，进入了一个非常专注、非常放松的催眠状态。催眠其实离我们每个人都很近，只不过人在注意力集中的时候没有意识到罢了。

平时在生活中，人经常会处于一种非常专注、放松的状态，这在心理学家眼中都充满了各种各样的心理暗示，都是一种不知不觉的自然催眠状态。俄国著名生理学家巴甫洛夫说过："暗示乃是人类最简单、最典型的条件反射。"

催眠暗示的巨大作用

众所周知，在清醒的状态下，暗示会对我们起到非常重要的作用，而实际上，在催眠状态下，暗示会更加容易进入人的潜意识领域，并且具有更加强大、更加持久的作用。催眠治疗正是利用人的这种受暗示性，来引导人进入一种非常放松、舒适的催眠状态，并且使人在这种状态中产生深刻的心理状态变化，将人感觉或者行为的一部分从意识当中分离出去，而在无意识当中进行记忆。由于这种记忆发挥着巨大的作用，因此这时给予受催眠者某些积极、正面的暗示自然就会对人的身心健康起到很好的调整

✳ 暗示的力量

梅斯默的成就在于，他能够利用对恍惚中的病人进行暗示的力量。

你要集中注意力，完全相信我是可以把你治好的。

他在治疗中使用的玻璃棒、磁铁和铁屑本身都是没有任何效果的，但是它们可以帮助病人全神贯注地接受暗示，相信自己会痊愈。这才是梅斯默的治疗手段产生疗效的真正原因。

对梅斯默的医疗方法感兴趣的医师们渐渐开始认识到，成功的关键是心灵意念的力量。

尽管梅斯默自己搞错了理论根据，但他在这一领域的先驱工作却为后世开启了大门。他的成就激励着后世去探索心灵以及催眠的真正力量。

作用。

第一，催眠暗示可以有效地帮助我们放松身体、缓解紧张、释放压力。临床心理学的研究表明，心理压力若长时期得不到缓解和消除，就会产生多方面的不良后果。当人们感觉到紧张、有压力的时候，身体的肌肉和精神都会处于一种非常紧张的状态。长此以往，就会影响身心健康，而正确地使用催眠暗示可以让我们迅速地进入放松状态，身心愉快，从而达到缓解紧张、释放压力的目的。

第二，正确、积极的催眠暗示可以有效地帮助我们增强自信，增强自我觉察能力，提升人格，培养优良的品质与个性，促进身心健康发展。自我觉察能力包括进一步了解环境的能力、更加了解并且接纳自己的能力与环境以及他人更加和谐相处的能力。这些能力的提高，本身就是自我功能的增强以及人格的进一步提升。

第三，催眠暗示可以有效地帮助我们治疗身体疾病，解决心理冲突及治疗心理障碍等。将催眠与精神分析、行为矫正、认知疗法、家庭治疗以及团体治疗等各种心理治疗的理论、技术相结合，可以对强迫症、焦虑症、恐惧症、癔症等心理障碍，以及偏头疼、冠心病、原发性高血压、睡眠障碍等起到治疗作用。

第四，催眠暗示可以有效地帮助我们增强记忆力，提高学习效率和工作效率。研究显示，当 α 波为优势脑波时，脑部所获得的能量比较高，运作就更加顺畅，直觉更加敏锐，这是人学习与思考的最佳脑波状态。正确地使用催眠术，可以使人进入以 α 波为优势脑波的状态，从而获得更好的学习效果与更高的工作绩效。

第五，催眠暗示可以帮助我们戒除不良嗜好，纠正那些不恰当的行为习惯，提高生活质量。

心理暗示是人日常生活中最常见的心理现象，无论是他人暗示还是自我暗示，都会给人的身体与心灵带来巨大的影响。积极、正面、主动的心理暗示，可以调整和改善被扰乱（被破坏）的身体状态、心理状态以及行为模式，而消极、负面、被动的心理暗示则会破坏机体的生理功能，扰乱人的心理及行为。

心理学家曾经做过这样一个实验。他们来到一所学校，随意进入了一间教室。在表明自己的身份之后，他们随机选择了一些同学，并且宣布这些同学是天才，未来一定会取得好的成就，然后心理学家就离开了。事后，他们进行跟踪调查，发现被宣布是天才的学生的学习成绩在几个月内都有了不同程度的提高。于是他们重新来到这所学校，又宣布另一些学生是天才，未来一定会取得非常好的成就。结果，和上次一样，另一些被宣布是天才的学生也出现了学习成绩提高的现象，这就是心理暗示的巨大作用。

在上面的案例中，学生们是受到了他人暗示的影响，而这些暗示是积极的，所以学习成绩就提高了。如果暗示是消极的，那么就很容易给人们的身体与心灵带来危害。

有一个人走进了冷冻室，不小心被关在了里面，他一想到自己很可能会被冻死在里面，心里顿时非常紧张、不安。于是，他越想越害怕，越害怕也就觉得越寒冷，最后他蜷缩成一团，竟然在惊恐中死去了。那间冷冻室的制冷设备其实根本就没有打开，而冷冻室里面的温度也根本不至于把人冻死。

从上面的案例中，我们可以清楚地看到自我暗示的力量是何等巨大。那么，我们是否可以利用暗示的力量来谋求快乐与幸福呢？答案当然是肯定的，我们可以利用积极、正面的暗示，让自己在健康、积极的心态中乐观地生活。

催眠中最常用的 6 类暗示

心理暗示，是指人接受外界或他人的愿望、观念、情绪、判断、态度影响的心理特点，是日常生活中最常见的心理现象。想一下，在日常生活中，你所运用或接触到的各种暗示。早上起来，你被儿子丢在走廊的跑鞋绊倒，当他过来时，你瞥了一下鞋看着他，暗示着：你的鞋没放在该放的地方，拿走。你开车上班，路过一个展示一群人开心听着音乐电台的广告牌，暗示着：如果你也收听一样的电台，你的生活也会更开心、快乐。你的老板进到你办公室说："我们打算找个人做项目主管，这个月底决定。我们十分欣赏你组织、执行培训项目的方式，你对新项目有何想法？"这个暗示有两层意思：你被考虑做项目主管；作为成功的候选人你如何进行自我推荐？回家的路上，你在银行门前停下来，身后排队的男人抽着烟，烟扑到你的脸上，你转过身，看了看那男人手里的香烟，然后给他一个眼神，是在暗示：你该把烟熄掉。你出去吃饭，主菜过后，侍者过来问："要看甜点菜单吗？"这个暗示是：希望你点些甜点……生活中像这样例子还有很多，只要人们细心观察，就不难发现这些常规性暗示。

这些暗示有些是通过语言暗示的，有些则是非语言的。在催眠交流中，也一定会用到这些暗示。

催眠中，最常用的暗示有 6 类：放松暗示、深入暗示、直接暗示、想象暗示、间接暗示和催眠后暗示。

放松暗示

放松训练是以一定的暗示语集中注意力、调节呼吸，使人的肌肉得到充分放松，从而调节中枢神经系统兴奋性的方法。放松暗示能让你变轻松，将你引入一种接受状态，引导你集中精力。这些暗示为进一步暗示打下基础。

放松也是一种很好的解压方式，有助于身心达到暂时的平衡。放松暗示也是催眠治疗的必要手段。在开始放松时，只感到自己放松得越来越深，随着每一次的呼吸，你就会发现自己放松得越来越深，对积极的暗示变得更加有反应。

感觉你的肌肉放松，你的脖子、肩膀放松，当它们放松时，你会发现你的精神放松了。当精神放松了，你整个身体更加放松，越来越少地注意到外界环境。

深入暗示

深入暗示把你带到更深的催眠状态。你可以把深入暗示看成是一部下降的电梯——当按下特定按钮时，它会下降到下一层楼。下面介绍了深入暗示的3种方法。请注意听以下暗示语，它们会有助于你提高放松能力。

想象从阶梯走下，每下一级台阶都能感觉到身体放松，越来越放松，觉得好像飘下来，飘下每级阶梯，更加深入放松，10，更深入放松，9……8……7……越来越放松……放松……6……5……4……好，继续放松……放松……3……2……1……更深、更深地放松。

闭上眼睛，闭得很紧不能睁开。眼皮被粘在一起，不能分开，你不能睁开眼睛。你的眼皮闭得很紧，非常紧，牢牢地粘在一起，不能张开眼睛。你要慢慢数到3，想着你闭着的眼睛，每说出一个数字，它们都闭得更紧。试着睁开……1……你不能睁开眼睛……

2……它们紧闭着……粘在一起，完全闭着……3……你的眼睛不能睁开。好了，你自己可以尝试着睁开眼睛，试试看……不要勉强……

你在椅子上放松，你的身体与椅子合为一体，你不能从椅子上移开、站起来或四处走，你像雕像一样完全静止在椅子上。你是一座雕像静止在椅子上。你在椅子上非常放松不能动。如此放松，当你试着移动身体，却不能移动。你试着移动身体，它在椅子上太放松了而不能移动。你会发现自己此时已经和椅子连为一体了，你努力想离开它，却发现很难做到。

直接暗示

直接暗示是指无须中间性想象或联想就使被暗示者明白暗示内容。直接暗示通常是简单、扼要的。它们通常在不需要任何有效想象的诱导中使用。这与间接诱导相反，在后者中，想象是必不可少的。

被给予直接暗示时，受催眠者是对语句而不是想象作出响应。暗示可能是一个词或几句话，它能立即引起响应，或者是直接进入到下一阶段，常见的直接暗示如下：

现在你要回到过去——处于问题所在的阶段和地点。

你觉得想睡觉，让睡意控制你——过去的想象消失。

想象暗示

想象暗示能增强其他暗示。它产生幻象、建立有特定目的（例如放松、培养全新的自我形象、对新行为的彩排或是提供能重新制定行为的环境）的场景。所以想象事情的美好结局，潜意识就会帮你实现。例如，楼梯的想象增强了向下数数、加深暗示；过去的景象能增强对重要事件的回忆，该事件是直接暗示的结果。任何形式的想象或比喻都可以同间接暗示一起使用，例如汹涌的河流代表一个人的循环系统，唱歌的小鸟表示希望。

想象暗示可以这样进行：

你觉得自己像年轻时一样强壮，你在沙地上打本垒打，手里拿着球棒，准备好投掷。你能感觉到旋转、你有力地握着球棒，你看着球飞过防护，你很容易地从一个垒跑过另一个垒。你精力充沛，几个回合下来都不会感到疲倦，现在的你像年轻时一样快乐、自信。

你在亚利桑那沙漠的一个特别地方，每年这时，灿烂、古铜色的落日沿着地平线延伸到几里外，空气干燥、清新，四周静悄悄的。所有的一切都是静止的、安静的，你能听到自己的心跳声，自己的呼吸，包括自己的思想。

你在海滩上，压力从你身上融化，滑下你的身体，然后被冲进海里。压力从你身体上融化、被冲走。你没有压力地站在那里，你感到很轻松、快乐，充满了宁静。

间接暗示

间接暗示有两种形式。首先，集中一种渴望的情感状态，如高兴。与被催眠的人谈论他的过去，确定曾经激发出渴望情感状态的经历。接下来，在诱导过程中，激发病人重新体验这种经历以及所伴随的积极情感。稍后就可以进行唤起催眠后情感状态的简单暗示。例如，病人可以回想年轻时特定的快乐时光，他和父亲一起航行，他觉得无忧无虑、宁静、快乐。使用的暗示语言可以与这些积极的情感有关，暗示语就是航行。从那时起，病人只去想"航行"这个词，以体验他渴望的情感状态，在这种间接暗示的情况下，病人内心的情感状态能毫无保留地体现出来。

间接暗示的第二种类型与米尔顿·埃瑞克森的成果有关。埃瑞克森在催眠中使用比喻、类推的方式，给予病人意识以外的暗示。他有时将病人有反应的对话与自己的行为结合起来，让病人进入催眠。

间接暗示是非常个性化的。每次对话，每个比喻都必须尽可能地适合问题和病人。例如，如果一位终身从事木匠工作的老人来进行催眠治疗，以减轻胳膊的疼痛，使用比喻的诱导要对这个人有意义才行。比喻与经历越接近，病人越能产生深刻的体会，效果就越好。

催眠后暗示

催眠后暗示，是指催眠师在催眠以后给予受催眠者的一些唤醒暗示，以便受催眠者在催眠唤醒后的意识能够逐渐清醒，这也是催眠状态下催眠师必然会做的事情。如果催眠师对被催眠者进行暗示，使其遗忘这个催眠后暗示，那么在受催眠者苏醒后，会对这些暗示自动地做出反应。

催眠暗示的传递途径

催眠暗示的传递途径也就是感觉信号的处理过程。即在我们接收信号的同时，又获得了极大的空间，留给我们去感受、想象，然后把这种信号再逐级往上输送。眼睛、耳朵以及身体所接收到的信息首先传递到大脑的初级感觉区域，然后再传送到更高级的理解区域。比如说，一棵树——反射的光首先进入眼帘，然后转化为图案传送到初级视觉皮层。在初级视觉皮层，大脑辨认出树的大致轮廓。然后图案传送到高一级的区域辨认出颜色，然后再传送到更高一级的区域，破译出树的属性以及关于特定的树的其他常识。

从低级到高级区域的信息处理过程也适用于触觉、听觉和其他感觉系统，感觉信息被神经纤维传送到全身。其中，反方向的信息传递，也就是从高端到低端的信息传递称为"反馈"。自上而下传递信息的神经纤维的数量是自下而上传递信息的神经纤维的10倍，如此大量的反馈途径表明了意识是建立在自上而下的处理过程的基础上。

也就是说，如果高端的大脑信服了，那么低端，即人的感觉就会受到影响。受催眠者一定要学会充分利用心与身相互影响的作用，来对自己身体产生良好的影响。

在催眠治疗中，催眠师就是通过语言、表情、手势、行动、

❋ 视觉信号的处理过程

受催眠者在被催眠时的感觉信号处理和平时的感觉信号处理有很大的差别。以视觉为例，催眠时，因为有了催眠师的信号影响，受催眠者会做出与平时不同的判断，"看"到不同的东西。

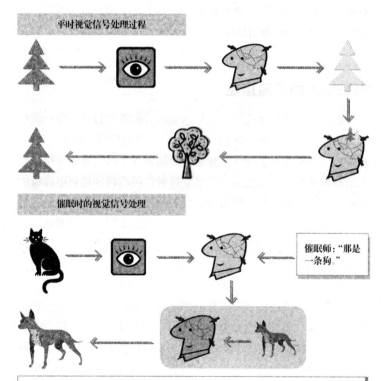

平时视觉信号处理过程

催眠时的视觉信号处理

催眠师："那是一条狗。"

催眠师可以利用催眠时的感觉信号处理，给受催眠者施加一些有益于治疗的暗示，使受催眠者减少痛苦或者获得更多益处。

环境等，传递与强化着暗示的作用，以此对受催眠者予以帮助。在诸多传递信息的渠道中，语言无疑是最为重要的一种。也就是说，在实施催眠的过程中，言语暗示是非常重要的。的确，几乎所有的以心理暗示为治疗手段的方法中，全都借助语言起强化作用。受催眠者正是因为听到催眠师适当巧妙的暗示语后，才逐渐进入到催眠状态，从而为催眠治疗的成功打下良好的基础。

在催眠师的日常工作中，除了通过某种单一的途径给受催眠者传递暗示以外，也经常使用语言与其他手段相结合的方式来传递心理暗示。这其中包括周围的环境，以及催眠师适当的表情和肢体动作等。

例如，用语言加上环境的暗示方法。催眠师与受催眠者在一个非常适合做催眠的环境里进行催眠，催眠师开始引导："现在就让我们在这个很安全、很安静、很舒适的房间里开始吧，相信你有这个能力，将会成功地进入一个让你感到无比放松、无比舒适的状态。"听到这样的暗示以后，受催眠者就会自然地进入催眠状态。

再如，用语言加上手势或行动的暗示方法。"当你一闭起眼睛，你就开始渐渐地放松了……"这是在暗示受催眠者闭上眼睛进入催眠状态。然后催眠师用自己的拇指和食指轻轻地在受催眠者的左手上触碰了一下，并且引导："现在，你的左手感到非常轻盈，感到非常轻盈、非常轻盈，每一次呼吸都会使你的左手感到更加轻盈……"以此类推，从左手再到右手，催眠师在这个过程中会用自己的手指碰触受催眠者，以此调动受催眠者的躯体感觉，从而达到强化言语暗示的效果。

无论是暗示的形式，还是暗示的传递途径都是多种多样的，如果催眠师能深刻领会暗示运作的奥秘，并能洞察受催眠者的精神状态，随机应变，给予受催眠者以合适的暗示方法，便会取得成功。

如何正确使用暗示

催眠治疗的效果通常是通过暗示来实现的，当受催眠者进入治疗所需要的催眠深度时，正确、恰当地使用暗示来协助受催眠者达到催眠治疗的目标，就是催眠治疗中的关键。虽然催眠暗示的侧重点不同，但其主旨是差不多的。那么，到底如何正确使用暗示，使用催眠暗示的关键又是什么呢？

学会运用自我改变的能力

生活中唯一不变的就是变化。的确，我们周围的生活环境在不断地发生着变化，我们自身也是如此。人们为了适应生活、生存的需要，是具有自我改变的能力的。人类从远古走来，一步一步地进化成今天的样子就是一个很好的证明。心理暗示之所以能够发挥功效也是因为人具有自我改变的能力。在接受催眠的过程中，受催眠者一定要学会最大限度地使用自我改变的能力，以取得更好的治疗效果。这也是找到那个"潜意识自我"的最好途径。

明确、具体而现实的目标

不管是环境的变化，还是自身的变化，通常都有一个明确的目标。随着环境的一步步变化，我们会为自己建立一个个明确的、具体的、现实的、对个人有着积极意义的目标，并为之努力。在催眠中，不管是为他人催眠还是进行自我催眠，都要注意，暗示所要协助人们完成的是一个非常明确的、具体的、现实的、对个人有着积极意义的目标。

如果觉得自己在目标的制定或者自我改变上存在着一定的困难，则要做出适当的调整。一般来说，目标不要太远或太高，适合自己就好。

全面、充分地了解个人的具体情况

世界上的每一个人都是独一无二的，有着不同的生活背景、成长经历、知识结构、性格、兴趣、习惯以及对生活的体验与感悟。所以，不论是给他人实施催眠还是进行自我催眠，都需要做到具体情况具体分析，只有充分地了解受催眠者（他人或者自己），才能更加正确、恰当使用暗示进行催眠，这也是暗示的关键所在。

充分利用暗示的作用与特性

在催眠中，如果我们能够充分利用暗示的作用和特性，就会有助于增加暗示的效果。那么，暗示的作用与特性具体都有哪些呢？

1. 暗示效果的反复累加作用

反复暗示会使暗示刺激发生作用的速度不断加快，时间不断延长，影响不断加深，这就是暗示效果的反复累加作用。人们的受暗示性是可以通过训练加强的，受催眠者在接受多次催眠之后，或者反复练习自我催眠之后，受暗示性会得到提高，催眠敏感度就会越来越高，这也是暗示效果的反复累加作用。

2. 利用暗示的双重、多重作用

我们可以利用人的真实感受加上言语、环境等来加强暗示的效果，这就是利用暗示的双重、多重作用。例如催眠师说："等一下我会触摸你左手的食指，你的手指会产生被抚摸的感觉……"接着，催眠师一面用手触碰受催眠者的手指，一面暗示说："随着这种感觉的扩散，你的左手会感到非常轻盈，感到非常轻盈，每一次呼吸都会使你的左手感到更加的轻盈……"这种被触摸感是真实的，当催眠治疗师触摸受催眠者的手指时，对方一定能够感觉到，以此来调动受催眠者的躯体感觉，从而达到强化暗示作用的效果。

3. 暗示的从众性

从众性是人类具有受社会影响而采取与他人保持一致的一个基本特性。人类的这种特性在催眠中也会有呈现，一些催眠师会利用这个特性来增加催眠暗示的效果。例如，在集体催眠和催眠表演中，催眠师会先选出一些催眠敏感度比较高的人，并先把他们诱导进入催眠状态。而一旦有很多人进入催眠状态之后，其他接受催眠的对象也会随之很快地进入催眠状态，这正是对人类从众性的很好利用。

尽量使用正面、积极、主动的暗示

俗话说"好言一句三冬暖，恶语伤人六月寒"，所以我们在使用催眠技术来帮助自己和他人时，应注意尽量使用积极、正面、主动的语言来传递正面积极的暗示，或者是采用鼓励性的评价以促成良好的合作。如催眠过程中夸奖被催眠者的领悟力强、体验正确等。

例如，一位受催眠者想要解决的困扰是工作压力和睡眠障碍等问题，在催眠过程中，催眠师就尽量不要提及"压力"、"失眠"等消极、负面的词汇，而应当尽量使用"放松"、"舒适"、"愉快"等积极、正面的词汇。一旦催眠师的意志战胜了受催眠者的意志，受催眠者集中、紧张的感觉被突破，积极的暗示便能直接渗透到受催眠者的潜意识中，从而达到解决困扰的目的。

用肯定句来表述目标

我们可以先来做一个实验："请你不要去想一个猕猴桃，在你不去想一个猕猴桃的时候，请举起你的左手来。"这项任务对于大多数人来说，的确是很难完成的。因为当你告诉自己不要去想某些事物的同时，其实你已经去想。所以，从现在开始，就养成这个习惯：在催眠的时候，请尽量使用肯定句来表述目标，让自己更能明确其对象。假如所定的目标是不想那么紧张，那就多去注意可以取代紧张感的感受，例如放松、愉快、舒适，等等。

用简单句给出暗示

在撰写暗示语的时候，语言应当尽量简明扼要，这样既有助于处于催眠状态的受催眠者接受，也有利于催眠师在实施催眠时重复暗示语句。有一个很简单的做法可以帮助你快速撰写出一条简单并且符合各种要素的催眠指令。首先，找到治疗目标的关键词，然后再用简单的肯定句表达出来就可以了。暗示语切记不要过于烦琐，要留有想象的空间，而且尽量详细，不要模棱两可、含糊不清。

例如，受催眠者想要解决每天晚上入睡困难的问题，那么我们就可以利用上面所述的方法撰写一条暗示语。第一，找到治疗目标的关键词：入睡。第二，具体的时间：每天晚上当你想休息时。第三，正面的、积极的词语：很快。第四，用简单的肯定句表达出来：每天晚上当你想休息时可以很快入睡。在给予明确的催眠指令，并反复暗示以后，受催眠者就能很快进入到催眠状态。

给出合乎情理、易于接受的暗示

在催眠状态下，受催眠者仍然有逻辑思考能力，所以，无论受催眠者是在苏醒状态还是在催眠状态中，合乎情理、符合受催眠者道德观与价值观的暗示才容易被接受。在进行催眠治疗时，如果催眠师给予受催眠者有违常规或者有悖受催眠者道德观与价值观的暗示，就可能无法对受催眠者产生影响。例如，面对一位由于工作压力过大而患有紧张性头痛的受催眠者，如果催眠师暗示说："你的头痛已经完全消失了，你现在感到非常轻松、非常舒适。"这就会引起受催眠者的怀疑，因为，通常情况下头痛不太可能在很短的时间内忽然消失。这样，这条暗示就无法取得受催眠者的信任，就可能不起作用。而如果催眠师暗示说："随着你的身体越来越放松，你的头部会渐渐地感觉越来越轻松。"这样既没有提及"头痛"二字，也由于给出的暗示合情合理，会更易于被受催眠者接受。

总之，在实施催眠的时候，催眠师必须善于观察被催眠者每一时刻的心理表现，并迅速做出反应。

暗示使用不当的处理方法

在催眠过程中，我们要特别注意给他人和自己以正面的暗示，如果一旦发现有受到负面暗示影响的情况就要及时处理，这样才能够避免其他问题的产生。

催眠状态之外的暗示使用不当

暗示是人们日常生活中最常见的一种心理现象，所以，暗示对人的影响，不仅表现在催眠状态中，也表现在催眠状态之外。从广义上讲，我们随时都处在一个暗示和被暗示的环境中，在生活中，可能会从他人或者自己那里接受一些负面的暗示。例如，父母有时会对自己的孩子说"你怎么这么笨"或者"你的反应真慢，能不能快点"之类的话，这些话对于孩子的成长是有负面影响的；还有的人有时喜欢对自己说"我真倒霉，运气真不好"或者"我一无是处，什么都干不好"，或者有人喜欢对别人说"你这个人真是脑子有毛病，大家都能做好，就你笨"，这些话会对心理产生负面的影响，久而久之就会影响人们对生活的信心。任何人的成长与生活都需要支持与鼓励，鼓励的作用是远远大于惩罚的。当我们遇到类似情况的时候就要注意尽量用"你很聪明"、"你一直很努力"等正面、积极的语言给予肯定和支持。即使发现对方或者自己有什么缺点，也应当进行深入的分析探讨，并加以改变。

✳ 有害暗示残留引起的危害

催眠结束后，如果催眠师没有消除某些有害暗示，可能会给受催眠者带来非常严重的危害。因此，催眠师对消除有害暗示都非常重视。

你进入了恍惚状态。

1.一位催眠师曾在治疗中给一位女士施加暗示：她是公共汽车上的乘客，天正下着雨，雨点打在玻璃上。听着滴答的雨声，她慢慢感到困倦、昏昏欲睡，很快进入了深深的恍惚状态。

你差点让我丧命！

我对此十分抱歉。

2.催眠结束后催眠师忘记给她消除暗示，结果受催眠者几天后开车时下起了雨。她开始觉得昏昏欲睡。幸运的是她知道她所发生的反应，自己排除了有害暗示。

一切与提升无关的暗示都不会产生影响。

3.为防护留在诱导中的有害暗示，只需要暗示："现在你马上就会返回正常状态，一切与自我提升无关的暗示都不会对你产生任何影响。"

催眠中的暗示使用不当

在催眠状态下，受催眠者的潜意识处于一种很开放的状态，很容易接受暗示并且受到影响。所以，如果在催眠中暗示使用不当，一定要及时处理。

1. 催眠操作时不慎出现了负面的、消极的词语

有些催眠师在对受催眠者进行催眠时，可能会不慎使用一些负面的、消极的词语，例如"不要害怕"、"不要紧张"等，这时，受催眠者的潜意识常常可能只会接收到"害怕"、"紧张"等词。这个时候，催眠师要依照正确使用暗示的原则在催眠状态下以"安全"、"轻松"、"放松"、"愉悦"等正面词句予以替代。只有使用恰当的暗示词语，才能帮助被催眠者达到催眠治疗的目的。

2. 催眠操作时有一些暗示没有予以彻底解除

在对受催眠者进行催眠时，由于不同的目的，催眠师有时可能会做出一些影响受催眠者正常感觉和活动的暗示。这种暗示在实现相应的目的之后一定要彻底解除，否则就可能会妨碍受催眠者正常的感觉和活动。如果发现没有彻底解除暗示的情况，要在更深的催眠状态下予以彻底解除。

还需要特别注意的是，引导人进入催眠状态是相对容易的事情，但是在引导人进入催眠状态之后，要给予正确、恰当的催眠暗示却相对较难，这需要精于相应的心理学知识，并对受催眠者的情况充分了解。所以，当我们遇到生活中的困扰想要寻求催眠帮助时，一定要注意选择一位接受过系统和严格的专业训练，并且遵守专业伦理道德的催眠师。如果是要进行自我催眠，那么就一定要系统地掌握有关催眠的基础知识，并综合评估一下实际情况。如果实际情况超过了自己的能力范围，就应当去专业机构寻求帮助，千万不可轻易尝试，以免发生意外。

第三节
催眠诱导

催眠诱导，带你进入催眠状态

有专家说，"诱导是通往催眠王国的渡船"。催眠诱导就是催眠师诱导受催眠者进入恍惚或催眠状态的过程。

催眠诱导是实施催眠过程中最重要的一个环节，如果催眠师不能将受催眠者诱导进入催眠状态，那么，催眠的其他活动也就无从谈起了。催眠诱导环节的任务就是催眠师运用一定的诱导技巧，让受催眠者进入催眠状态。通过催眠诱导，催眠师可以引起受催眠者被动地放松、反应性降低、注意范围变得狭窄、幻觉增强，逐渐进入催眠状态。催眠诱导的方法有很多，凡是能够使受催眠者进入催眠状态的方法都可以称为催眠诱导。

最古老的催眠诱导

其实，许多人对于催眠术的最早印象来自一只来回摇摆的怀表。被催眠的人呆呆地凝视着那只来回晃动的怀表……时间随着怀表的嘀嗒声渐渐流逝，而怀表晃动的幅度也越来越小，越来越慢……被催眠的人眼神则越来越呆板，移动得越来越缓慢……这时，催眠师用手在被催眠的那个人的眼睛上轻轻地一抹，用低低的、沉沉的声音说："睡吧！"于是，被催眠的那个人就随着催眠师的手掌而倒在椅子上，进入了催眠状态……

凝视怀表的方法是众多催眠诱导方法中的一种，称为"凝视

✴ 催眠诱导的顺序

催眠诱导是指催眠师诱导受催眠者进入恍惚或催眠状态的过程，是实施催眠过程中最重要的一个环节。催眠诱导的方法有很多，大体上都要遵循以下的顺序。

1. 暗示受催眠者眼睛疲劳，无法睁开。

2. 暗示受催眠者感官迟钝，失去痛觉。

3. 暗示受催眠者只接受催眠师的暗示。

4. 暗示受催眠者出现正性与负性幻觉。

5. 暗示受催眠者醒来后忘记过程。

6. 暗示受催眠者醒来后做些活动。

法"。"凝视法"发展至今，已经有了太多的演变了。

比如，这种最快捷、最经济、最神奇、最不可思议的"三步催眠诱导法"。

请你把注意力完完全全集中在下面的字句上——

第一句：你可以允许……你现在的感觉……一直继续下去。

第二句：你也许会非常好奇……你的身体到底可以舒适到……什么程度。

第三句：你并不一定需要……进入到很深很深的催眠状态。

这看似平常，实则蕴涵了催眠的整个原理。如果你能够在一个温度适宜而又安静的环境中，以缓慢、平静、镇定的语气来引导对方，那么很多人都可以进入浅度催眠状态。

催眠诱导的两种基本方式

催眠诱导的方法虽然有很多，但是都是建立在两种基本方式上的：命令式和温和式。命令式诱导主要是应用直接指令性语言，比如："你将……""我会……""下面，你就会……"这种权威式的方式，有时更容易让受催眠者信服。而温和式诱导的语言则缓和一点，比如："如果你会……那么……""当我……你就……"这种温和式语言比较有缓冲的优势，给人留有想象的余地，有时更容易让被催眠者采取行动。

催眠诱导的顺序

催眠诱导的方式、方法有很多，但是大体上都要遵循以下的顺序：

暗示受催眠者眼睛疲劳，全身没有力气，直到眼睛无法睁开。

暗示受催眠者的感官在逐渐迟钝，将不会感觉到痛。因为在催眠状态下会失去痛觉，对外界也慢慢没有了感觉。

暗示受催眠者忘记一切，周围发生的任何事情都与他无关，只听得到、只记得催眠师所讲的话与要他做的事。

暗示受催眠者将体验到幻觉、想象，并感觉事情正真实地发生在自己面前。

暗示受催眠者醒来后将忘却催眠中的一切，自己将会变得很轻松、愉快。

暗示受催眠者醒来之后会做某些动作，如走到某人的面前道谢、拥抱自己的朋友、吃美味的水果或者打开所有的窗户等。

凝视法

凝视法是刺激受催眠者的感官（视觉），而使受催眠者注意力集中的催眠诱导法。也就是利用生理的集中，造成视觉疲惫，进而使视觉神经瘫痪，最后麻痹大脑中枢神经系统，从而进入意识模糊、身心放松的浅度催眠状态。在凝视法中，由于受催眠者的特性不同，喜欢凝视的东西也不同，就会有很多变化。其实，凝视的对象可以是任何物体，但主要是发光的物体，例如电灯、镜子、水晶球、荧光涂料、火苗等，或者是运动的物体，例如钟摆、指尖、手指捏住的戒指等，也可以是特殊的色彩、催眠师的脸和瞳孔等。

天花板凝视法

天花板凝视法适用于习惯逻辑分析与判断的人，它能够很好地分散过于强烈的意识注意力，让潜意识的能量自然呈现，自然进入催眠状态。使用凝视法诱导受催眠者的过程中，还应该给予身体放松指示，及时消除各种不适感带来的干扰。具体如下：

先让受催眠者舒展一下身体，做一个深呼吸，让身体放松下来，然后以舒适的姿势坐在椅子上，或者是靠在沙发上，双手以自己觉得轻松、舒适的姿势放好。让受催眠者用轻松的方式，在天花板上选择任何一点，并且将注意力完全集中在那一点上。然后，催眠师开始进行诱导："现在，你的身体非常轻松、非常舒适，你所有的注意力都在那一点上，你将注意力完全集中到了那一点上……你将注意力完全集中到了那一点上……当你看着那一点时，你会觉得自己变得很累，你的眼睛会变得很累，你的腿会变得很累，你的全身都会变得很累……你的全身都变得很累……当我从1数到20时，你将会慢慢地闭上眼睛，进入很深很放松的状态……现在，你很轻松地看着那一点，你的整个身体都非常放松了，变得越来越累了，你的眼皮也越来越重了，它们开始闭上了，你的眼睛开始闭上了，闭上眼睛会觉得非常舒适，你非常享受眼睛放松后的感觉，非常享受眼睛无力的感觉……你再也不想睁开眼睛了，而且你越想睁开反而越睁不开，不信你试试……当我从1数到20时，你将会慢慢地进入很深很放松的状态。1……2……3……4……5……你现在变得越来越累，眼睛已经睁不开了。6……7……你现在越来越放松，越来越放松。8……9……10……11……越来越放松，越来越放松。12……13……14……15……16……当我数到20时，我轻轻地碰一下你的肩膀，你就会进入很深很放松的状态。17……18……19……20……完全放松……进入很深很放松的状态，很深、很放松……让你的头脑完全安静下来，你的心灵和身体将合二为一，只要你的头脑安静下来，你的身体放松下来……你的心灵和身体将合二为一……"

墙壁凝视法

墙壁凝视法适用于那些心思、想法比较多，注意力很难集中的受催眠者。墙壁凝视法的关键是一边放松，一边凝视，同时保持紧张和放松。此法简单易行，可操作性强，成功的概率较高，大多数人都可以通过此法进入催眠状态。具体如下：

先让受催眠者舒展一下身体，做一个深呼吸，让身体放松下来，然后以舒适的姿势坐在椅子上，或者是靠在沙发上，双手以自己觉得轻松、舒适的姿势放好。然后催眠师开始进行诱导："请自然地坐好，将身体放轻松……保持深呼吸，每一次的呼吸，都让你进入更放松、更舒适的状态……深呼吸……放松……很自然地，很放松地，你什么都不必想，什么都不必想，很快就会进入很放松、很舒适的状态……现在请你看着前方的墙壁，把你的目光注视在正中央的那一点上，固定在那一点上，非常专心地、放松地凝视……非常专心地，放松地凝视……一边凝视，感觉到你的身体会越来越放松，越来越舒适……在你注视那一点的时候，你会感觉到身体会越来越放松、越来越舒适，整个人越来越安静，念头越来越少，越来越安静……现在，你感觉到身体更放松了，更舒适了、更安静了……你呼吸的速度变得越来越慢。慢慢地，你感觉到你的眼皮一点一点地越来越沉重，越来越沉重……继续专心地凝视那一点，有时候你会忍不住眨一下眼睛，这是很正常的，你每眨一次眼睛，你就更接近于催眠状态……你的身体越来越放松了，越来越舒适了，你的念头也越来越少了，越来越安静了……好像，你静静地置身于另外一个时空……你只会听到我的声音，外面其他的声音会变得好像从远方传过来……你的身体越来越放松了、越来越舒适了，你的念头也越来越少了、越来越安静了……你的眼皮越来越沉重……越来越沉重……你的眼睛开始闭起来了，慢慢地闭起来了……你的眼睛已经睁不开了，慢慢地闭起来了……享受那种闭上眼睛的放松的，舒适的感觉……当你的眼睛一闭起来的时候，你已经进入催眠状态了……"

催眠师先以令其享受舒适的感觉为"诱饵"，然后过渡到与之相关的放松，特别是无力的感觉，最后归结到检测落脚点——眼睛无法睁开。人的身体变得舒适起来，这是一个逐次累进的逻辑进程，当然，这也需要催眠师的耐心，循序渐进的凝视法为当事人无法睁开眼睛提供了充足的理由。

从以上两种凝视法可以看出，凝视法发展至今确实已经有了很多变化，但是不可否认，在催眠诱导过程中，凝视法是使用得最为普遍的一种方法。它是在几种催眠方法同时使用时的先驱，或第一步骤；而在单独运用时，它又能直接将受催眠者诱导进入催眠状态。所以，在所有催眠用到的方法中，它的使用频率是相当高的。

深呼吸法

要想使受催眠者进入催眠状态，一个很重要的条件就是消除紧张，因此，深呼吸是一个非常好的催眠诱导方式。如果受催眠者知道如何控制自己的呼吸的话，将会非常有利。

深呼吸法的原理是通过深呼吸使受催眠者把注意力集中起来，更好地倾听催眠师的诱导与暗示。具体如下：

在实施深呼吸催眠诱导时，需要先让受催眠者处于一个非常舒适、非常安静的环境，采取一个非常舒适的姿势坐在椅子上，或者靠在沙发上。然后催眠师进行暗示："现在，你坐在这里，感觉很舒适，很放松……请你全身放松，微微地闭上眼睛，慢慢地呼吸……先深深地吸一口气，然后慢慢地吐出来，把胸中的气吐完之后，再深深地吸气，然后慢慢地吐出来……好，自己接着做，每做一次深呼吸，深深地吸气，慢慢地吐出来……你的所有紧绷状态完全消失……你会随着每一次的呼吸更放松……你会感觉到你的身体更加放松，进入到了催眠状态。"

这种深呼吸诱导法要求受催眠者能够轻松、自然地进行深呼吸，如果他们在深呼吸时过分地用力，使劲地吸气或者吐气，就会感到身体不适。如果出现这种情况的话，催眠师要马上指导受催眠者轻轻地、慢慢地自然呼吸，不要过分地用力，要做到很自然、很放松。而且需要注意的是，做深呼吸的时间不能太长，否则就会使受催眠者产生疲劳感，一般来讲，做10次左右就可以了。然后，催眠师接着暗示受催眠者："你全身放松，全身都放松……你很想睡，你的身体很沉、很沉……你很想睡，你的身体很沉、很沉……你马上就要睡着了。睡吧……身体很沉……很沉……越来越沉……你马上就要睡着了……"

❋ 深呼吸法进入催眠深化的小窍门

　　在利用深呼吸法进行催眠深化的过程中，受催眠者一边侧耳倾听催眠师的话，一边进行深呼吸，这样注意力就集中到催眠师的话语和自己的呼吸上。因此即使是被暗示性低的人，也可以通过深呼吸进入催眠状态。

　　1. 开始，催眠师要配合受催眠者的呼吸速度说话，而不是受催眠者配合催眠师的话语。通过催眠师配合受催眠者，受催眠者会在某个时候开始毫无反抗地服从催眠师的暗示。

　　2. 如果受催眠者没法慢呼吸，催眠师就要加快语速。在反复进行呼吸的基础上，催眠师将语速放慢，受催眠者就会自然地随着眠师的语速呼吸。受催眠者的快速呼吸就会慢下来。这时受催眠者陷入了催眠师的诱导，自然地进行了转换。

　　说明：深呼吸法可以算得上是催眠应用方法里的"万金油"，无论是催眠敏感度测试、催眠诱导还是催眠深化，都可以使用深呼吸法。

　　这个时候，受催眠者就很容易进入催眠状态了。受催眠者仿佛听到这个声音是从极远的地方传来，从他的一侧耳朵传入了大脑，在他的身体内与他的血液一起流动，然后又从另一侧耳朵离开了身体，飘然而逝。在这种自然、静谧、舒适的气氛与感觉中，受催眠者不知不觉间就失去了一切抵抗，全部的身心都沉浸在一种不可思议的美妙的余音中。在状态突破之后，一定不要忘记让受催眠者认真体验一下自己此时此刻舒适的感觉，否则催眠的效果会大打折扣。

这种深呼吸诱导法能促使受催眠者集中注意力，并达到一定的专注程度，从而进入催眠状态。在深呼吸诱导中需要注意的是，受催眠者的呼吸速度不能时快时慢，要注意根据不同的情况来加以区别。比如，当受催眠者对催眠师的暗示明显有强烈的抵抗时，那就不能过快地深呼吸。

常用的4种传统催眠诱导法

除了最古老最普遍的凝视法之外，传统的催眠诱导法还有感觉诱导法、自然诱导法、美好回忆诱导法、学习回溯诱导法等。这4种方法需要正确、恰当地使用才能达到效果，而且每种方法也都不是万能的，必须要懂得在恰当的时候恰当地使用。

感觉诱导法

感觉诱导法适合在受催眠者思绪混乱，不知该从何处说起时应用。这种情况下，让受催眠者从体会自己的感觉开始进入催眠状态，受催眠者的潜意识自然知晓答案。这种靠受催眠者自身的感觉来诱导的方法更加快速，也更加准确。

感觉诱导法适用于敏感细腻的人、触觉型的人，长期病痛或患有严重心理疾病的受催眠者不适合用感觉诱导法。如果受催眠者身体有很多不舒适，那么他的感觉就会因为安静、内省而扩大，反而阻碍诱导进入催眠状态。所以催眠师在进行催眠治疗之前一定要对受催眠者进行详细的观察与询问，确保找到最适合受催眠者的催眠诱导法。

感觉诱导法具体如下：

"现在，你正自然地坐在椅子上，你能够感觉到自己的脊背正靠在椅背上，清晰感觉到，那种靠在椅背上的感觉……你能感觉到，你的臀部正接触着椅子，你能感觉到，那种接触的感觉……你的双脚正放在地面上，双脚的脚掌正放在地面上，而你的双手自然地放在你的大腿上，你的双手能够碰触到自己的大腿，我要请你集中注意力在那种碰触的感觉上，双手碰触大腿的感觉……你能感觉到手掌的温度……手心与大腿之间的接触……慢慢体会……慢慢去感受……好，感受那种感觉，那是你自己的感觉，你正坐在椅子上，你的脊背靠着椅子，臀部接触着椅子，双脚接触着地面，而你的双手自然地放在大腿上，感受这种接触的感觉，继续感受你自己的触觉……"

自然诱导法

自然诱导法的关键是引导受催眠者自然发生所有的反应，根据这些反应，催眠师进一步诱导受催眠者用心去感受，内心不要做任何的抗拒。具体如下：

"你很自然地、很放松地坐在这里，很自然地坐在这里……感受你自己的呼吸，每一次呼吸都那样自然而放松……感受你的心跳，它很自然地在你的胸腔里跳动着……你只是自然地、放松地，舒适地坐在这里……你什么都不必做，你只是很自然地，很放松地坐在这里，什么都不愿想……一切都会很自然发生……你会觉得很愉快，很舒服……很自然……很放松，很安全……你的潜意识会自然跟随着我的语言，你什么都不必刻意做，你只是很自然地，很放松地坐在这里，什么都不愿想，什么也都不想了……"

美好回忆诱导法

对很多人来说，回忆那些美好的经历就是自然的催眠诱导。受催眠者能够清晰地回忆起当时发生的事情，体验自己当时的情绪，脑海中是当时的情景再现，再配合手臂升降的动作，这样就非常容易进入中度催眠。这个方法比较适合善于言谈、情感丰富的人，尤其是具有此类特点的老年人。具体如下：

"现在，请你开始回忆，回忆你过去生活里那些让你感觉特别愉快的、美好的事情……你应该回到你的记忆深处去，回忆那些令你愉快、令你开心的事情……你每呼吸一次，你就能够回忆得更深入一些……深入地回忆那些美好的事情，美好的经历，深入地、仔细地回忆，那些美好的回忆令你是多么愉快、多么开心……当你沉浸在你的内心回忆时，你已慢慢进入了无人能打扰的境界……继续去回忆……完全的放开心胸去回忆……回忆美好的事情……深入地回忆，回忆那些美好的事情、美好的经历……回忆那些美好的事情、美好的经历，深入地、仔细地回忆……那些美好的回忆令你多么愉快、多么开心……现在，慢慢地，慢慢地把你的手放下来，慢慢地，慢慢地放下来，一次只要往下挪动一个神经细胞……现在，你会感觉到非常愉快、非常轻松……你的感觉非常愉快，非常轻松……把这种感觉逐渐扩散到你的全身……你的全身非常放松，非常舒适……"

其实，不仅仅是回忆那些美好的经历，紧张、害怕、不安、恐惧、焦虑等感受和经历都可以运用到催眠治疗中。当受催眠者非常清楚自己是受到一些事情的影响而紧张、害怕、不安、恐惧、焦虑时，可以直接让他回忆当时所发生的事情。而一旦受催眠者在催眠师的引导下绘声绘色地讲述当时发生的事情，认真而投入地讲述当时的场景，身临其境地体验当时的情绪，这个过程本身就是催眠导入。

学习回溯诱导法

每一个人都是在不断学习中成长的，回溯曾经的学习经历是一种非常有效的催眠诱导方法。它一方面能让受催眠者逐渐沉浸于自己曾经的学习体验中，不断找寻、回味当时的学习感受；另一方面也暗示了新的改变，以及逐渐成长的过程。具体如下：

"曾经的那些学习经历，总是让我们难忘，随着岁月的流逝，这些记忆反而会越来越清晰……还记得你第一次学习骑单车吗？还记得你上学的第一天吗？还记得你第一次上化学课做实验吗？还记得你第一次学习英语单词吗？还记得你第一次学习做饭吗？

还记得……那个时候，你一定像现在第一次学习进入催眠状态一样有点喜悦，有点开心，有点好奇和新鲜……就让我们回到第一次学习新知识的回忆里……那是一幅怎样的场景？你是在学习什么呢……你当时的感觉是什么？会不会觉得很有趣，还是觉得很难、很担心……在你的头脑中清晰地描画出这样的场景，你在学习那些新知识，那样的一幅场景清晰地呈现在你脑子里……"

学习回溯诱导法有一个非常有效的技巧，许多复杂的问题都可以使用回溯法，它有"通用解题方法"的美称。它几乎可以带领任何人进入到不同程度的催眠状态。

提高成功率的 4 种压迫诱导法 〉

每个人的催眠敏感度不同，有的人很容易被催眠，而有的人很难被催眠。对于催眠敏感度比较弱的人来说，也就需要有相应的保守技术来治疗，这里主要介绍一下提高催眠效率的 4 种常规压迫诱导法：枕后动脉压迫法、颈动脉窦压迫法、锁骨下动脉压迫法、颞浅动脉压迫法。

枕后动脉压迫法

枕后动脉是在耳朵中央往后 2 ~ 5 厘米的地方。枕后动脉压迫法是一种保守的催眠诱导。一般来说，10 个人中大概有 4 个人只需要通过压迫和指示就能进入催眠状态。

枕后动脉压迫法的具体方法是：首先，让受催眠者坐在有靠背的椅子上，催眠师站在受催眠者的左侧，左手扶着受催眠者的额头，右手的拇指和中指按压受催眠者的枕后动脉。在按压时，催眠师要注意根据受催眠者的年龄情况调整手指的力度。催眠师保持这个按压的姿势，并向受催眠者指示"请你先数数"，然后就保持沉默，直到受催眠者数不上来的时候，催眠师就可以停止按压，因为此时受催眠者一般已经进入催眠状态了。

如果按压得当的话，受催眠者最多只能数到 20，就已经进入催眠状态了。不过，需要注意的是，对受催眠者头部的血管不能长时间按压，如果长时间进行按压的话，容易发生危险，所以，催眠师应当快速地完成这个过程。如果感觉需要的时间比较长的话，那么最好再尝试一下其他办法。对于按压的位置，一般都是相同的。为了保证效果，催眠师对受催眠者两侧的动脉需要用相同的力气去按压，而且按压的同时还要密切注意受催眠者的表情变化，确保受催眠者能顺利进入催眠状态。

颈动脉窦压迫法

颈动脉窦是指喉咙两侧的脉。颈动脉窦是一个压力感受器，它能将感受到的压力传到大脑，手压颈动脉窦会让它感到压力增加，从而引起血压的上升。当受催眠者的血压上升时，颈动脉窦膨胀，迷走神经受到刺激，就会发挥降低血压的作用。这样就能达到改变受催眠者意识状态的目的。在美国，催眠师曾用这个方法将数千人成功催眠。

在进行颈动脉窦压迫的时候，催眠师一般会让受催眠者站着，并让受催眠者仰望天花板。然后，催眠师用手指轻轻按压受催眠者的颈动脉窦。这个时候，紧挨着颈动脉窦后面的迷走神经受到刺激，血压下降，从而使受催眠者意识的状态发生改变。通过按压颈动脉窦，受催眠者的血压会接近睡眠时候的水平，思维得到了抑制，催眠师就在这个时候给予受催眠者催眠暗示。需要注意的是，这种方法会让受催眠者的血压快速地降低，所以，催眠师要谨慎操作，如果操作不当的话，可能会使受催眠者昏厥。尤其要注意的是，一定要轻压受催眠者的两侧颈动脉，如果压迫过猛的话，受催眠者就会因血压急剧下降而引发脑缺血，甚至昏迷。

其实，颈动脉窦压迫法成功的真正秘诀并不在于强迫受催眠者的意识状态发生改变，然后给予催眠暗示，而是在受催眠者的意识稍有改变的时候，引导其进入催眠状态。一个优秀的催眠师，能够用拇指的指肚感觉到受催眠者意识状态开始改变的那一瞬间，受催眠者的意识状态一旦开始改变，催眠师就要马上停止按压，然后小心地将受催眠者放倒在床上，避免妨碍受催眠者进入催眠状态。

另外，由于颈动脉窦压迫法中受催眠者意识状态的改变是瞬间发生的，所以催眠师要注意事先加入预期作用的暗示，或者在按压过程中快速加入预期作用的暗示。比如，可以告诉受催眠者："你的心情非常放松、非常舒畅，现在开始让身体完全放松……放松……全身渐渐地没有了力气，越来越放松，越来越舒畅……周围也越来越暗……你的手臂开始发软……非常轻松……你的膝盖开始发软，全身都慢慢地变软，非常轻松、非常舒畅……"在给予这个程度的暗示，才能再给予深化暗示。一般是等到受催眠者的膝盖发软，全身放松，催眠师平稳地让受催眠者躺倒在床上后，才慢慢引导其进入深度催眠。

颈动脉窦压迫法的成功率很高，但是风险也大。需要注意的是，心脏功能不全者禁用此法，血压低者也要慎用。

锁骨下动脉压迫法

有些受催眠者虽然经过诱导进入了催眠状态，但是心中仍然有些不安，难以从轻度催眠状态进入到深度催眠，这种情况是经常发生的。这样的受催眠者一般会有这样的想法："心里总觉得忐忑不安，我知道这是阻碍我进入深度催眠状态的原因。"在这种情况下，催眠师就要用一些辅助性的方法来帮助受催眠者更好地进入催眠状态。比如锁骨下动脉压迫法。

锁骨下动脉压迫法的原理是，催眠师把重点放在受催眠者的颈根部上，用力向下按压。催眠师按压颈根部的目的，就是为了压迫受催眠者的锁骨下动脉从而减少受催眠者的脑部供血，暂时性的抑制受催眠者的思考，从而帮助受催眠者。具体操作如下：

在尽可能地进行催眠诱导之后，催眠师一边柔缓地按压受催眠者的肩部，一边给予一些使受催眠者放心的暗示。"我一按压你的肩部，你就会感到自己被安全感所包围……我柔缓地按压你的肩部，你的心里充满了安全感，你可以感受到时间正在很慢很慢地流逝……好，逐渐开放你的心灵……你慢慢感受到这种感觉……好，用心去感受……"这里是对受催眠者的身体感觉进行刺激，因此暗示时要以感情为主。

这种做法的缺点在于只有让受催眠者坐在椅子上才能进行，所以催眠师事先一定要准备一把舒适的椅子。

颞浅动脉压迫法

颞浅动脉压迫法是利用生理的手段，在受催眠者耳前对准下颌关节上方处加压，通过压迫眼角后面的动脉，减少进入脑部的血液量，引发在催眠状态下的脑贫血状态，从而使得暗示更容易被接受，催眠诱导变得更容易。这种方法的风险也很大，所以催眠师仍需谨慎使用。颞浅动脉压迫法主要适用于那些对于催眠暗示没有什么反应的人。

颞浅动脉压迫法具体的操作是，首先让受催眠者采取一个舒

适的姿势坐在椅子上，催眠师站在受催眠者的面前。然后，催眠师将手放在受催眠者的太阳穴处，按压受催眠者的颞浅动脉。催眠师边按压边重复让受催眠者闭眼的暗示："请你全神贯注地看着我的眼睛……全神贯注地看着……不要移开你的视线……就这样一直全神贯

注地看着我的眼睛……好，继续看着……不要有任何杂念……全神贯注地看着我的眼睛……你的眼睛慢慢地有点疲倦……有点疲倦……你的眼睛慢慢地感觉非常沉重，非常沉重……慢慢地，你的眼睛感觉非常沉重，非常沉重……你的眼睛已经睁不开了，睁不开了……眼睛疲倦地闭上了……闭上了……"等到受催眠者把眼睛闭上，催眠师再给予"头往前倒了"的暗示，使受催眠者的催眠状态保持稳定。这样，颞浅动脉压迫法就完全成功了，接下来催眠师再用深化法加深催眠状态就可以了。

混淆诱导法

混淆诱导法（或称多重诱导法）适用于那些阻抗比较强的受催眠者。所谓阻抗比较强的受催眠者，就是不太愿意配合，或者用常规的催眠诱导方法很难诱使其进入催眠状态的受催眠者。混淆诱导法通常要求受催眠者专注于几件事，这样就会更容易产生疲劳，也防止了受催眠者胡思乱想。

比如，凝视法是要求受催眠者凝视一个物体，直到放松，自然地闭上眼睛，但是对于那些催眠敏感度比较低的人来说，他们往往很难集中精力，那么这时就可以加上另外一项或几项任务，如从 200 每次减 2 这样的数数，一边凝视，一边数数，一边跟随着催眠师的暗示，这样受催眠者往往就会忙不过来，没有时间和精力去想其他的事情，这样很容易就变得疲劳，自然就进入了催眠状态。混淆诱导法最常用的是左右同时诱导法、惊奇混乱诱导法和烛光法。

左右同时诱导法

左右同时诱导法可以请两位催眠师分别在受催眠者的左右两侧进行诱导，诱导语可以是相同的。左右同时诱导法的效果是非常好的，同样的引导方法，一旦有两位催眠师在受催眠者的左右两边同时进行，能够迅速给受催眠者带来恍惚、混淆的感觉，引导受催眠者进入催眠状态。左右同时诱导法还可以只请一位催眠师，催眠师可以在诱导的过程中不断更换到受催眠者左右两个位置，甚至可以尝试以不同的语气、语音、语调进行诱导，其效果也同样明显。

惊奇混乱诱导法

催眠师也可以突然给出一些受催眠者意料之外的一些暗示，让受催眠者在一瞬间产生一种混乱的感觉，这就是惊奇混乱诱导法。例如，催眠师将手指放在受催眠者眼前100厘米远处，让他凝视一会儿，然后催眠师将手突然向他的眼睛伸过去，他就会因为吃惊而闭上眼睛。此后，催眠师可以轻轻地按住受催眠者的眼睛，并暗示说："闭紧你的双眼，怎么也睁不开。"停一会儿后，催眠师将手移开，受催眠者努力尝试，却发现怎么也睁不开，当催眠师看到受催眠者的眼皮跳动，就代表他已经进入了催眠状态。

烛光法

烛光法是要求受催眠者根据催眠师的暗示，在边凝视烛光边进行想象的过程中，进入催眠状态。烛光法的关键在于，催眠师对于受催眠者想象的暗示语的把握。具体如下：

"请你凝视着烛光，放松地、自然地聆听着我的声音，我说的话会从你的头脑中轻轻地飘过，轻轻地离开……你，并不需要刻意专注于我所说的话，因为你的潜意识会跟随着我，你的潜意识会知道怎样做出有利于你自己的选择……现在，请你一直保持凝视的状态，放松地、自然地凝视着烛光，在心底想象一种美好、愉快的感觉……这种美好、愉快的感觉从你的心底蔓延，扩散，扩散到你的全身，一直到达你的头部……你可以想象，那是一股清澈、愉快而舒适的水流，从你的心底流出，蔓延，扩散……这股清澈、愉快而舒适的水流扩散到你的全身……这股愉快的水流，

※ 利用想象力的烛光诱导法暗示语

烛光法要求受催眠者根据暗示凝视烛光，在想象中进入催眠状态。这种方法的指导语一般是这样的：

1. 请凝视烛光，放松地、自然地聆听我，不需要刻意专注我说的话，你的潜意识会跟随着我，它知道怎样做……

2. 现在，请自然地凝视烛光，想象一种美好的感觉……这种感觉扩散到全身，一直到达头部……流到你身体的每一个部位，而你的眼睛依然自然地凝视烛光……

现在，你开始全身放松

3. 现在我给你讲个故事。请想象那些画面……你可以很放松地、很自然地闭上眼睛，这样你就会感觉更加舒适……你可以轻轻点头，随着每次点头，你就会进入深深的、舒适的催眠里……

流到你的头部，流到你身体的每一个部位，而你的眼睛依然自然地、放松地凝视在烛光上，伴随着这样美好的感觉……现在，我要给你讲述一个女孩儿的故事。在小的时候，她每天都要路过一个毛绒玩具店，里面有许多非常漂亮可爱的毛绒玩具，女孩很喜欢那些毛绒玩具，并且她很想成为这家玩具店的店主，每天和这些毛绒玩具玩耍。那家毛绒玩具店的店主告诉她：'你当然可以拥有自己的一家毛绒玩具店，可是，这并不是一份轻松的工作，你必须要知道自己在做什么。'于是，女孩就在努力读书的同时找了很多份兼职的工作，最终，她终于有了一笔钱可以开一家小型的毛绒玩具店，她带着钱飞奔到玩具厂，她一路上都哼着愉快地音符，到了玩具厂以后，她用心去选购那些漂亮的毛绒玩具，望着那些迷人的毛绒玩具，她露出了甜美的笑容……好，你可以很放松地，很自然地闭上眼睛，这样你就会让你的眼睛感觉更加舒适……如果你现在已经准备好和自己的潜意识沟通了，那么你可以轻轻地点一点头，随着你每一次的点头，你就会进入深深的、放松的、舒适的催眠状态里……好，继续放松……继续去感受……"

直接诱导法

大家都知道，在进行催眠之前，受催眠者一般都要经过催眠的被暗示性、敏感度等一系列测试。如果受催眠者能够通过被暗示性、敏感度测试的项目，那么，催眠师通过催眠方法，就可以将人诱导进入一种特殊的意识状态，再结合一些言语或动作整合受催眠者的思维和情感，从而产生治疗效果。这种使受催眠者直接进入催眠状态的诱导方法叫作直接诱导法。直接诱导法包含3种：眼皮沉重、手臂僵直和手臂升降。

眼皮沉重

由眼皮沉重测试进入催眠状态，操作比较简单，时间也比较短。首先，催眠师要求受催眠者用一只手的大拇指和食指捏住一枚硬币，将注意力完全集中在手指上。然后，催眠师进行暗示："现在，你可以感觉到你的大拇指和食指紧紧地捏在一起，它们紧紧地接触着，下面会有一些有趣的事情要发生……过不了多久，硬币就会变得越来越沉重、越来越沉重，同时，你也会觉得自己

由眼皮沉重测试进入催眠状态

　　催眠师可以在被暗示性或敏感度测试时使受催眠者直接进入催眠状态，这个诱导方法叫作直接诱导法。由眼皮沉重测试也可以让受催眠者进入催眠状态，具体步骤如下：

用拇指和食指捏好。

　　1. 催眠师要求受催眠者用一只手的大拇指和食指捏住一枚硬币，将注意力完全集中在手指上。

注意力放到手指上。

　　2. 催眠师对受催眠者施加暗示，一直暗示到受催眠者手中的硬币掉下来。

进入了深深的催眠状态。

　　3. 在硬币落地之后，催眠师接着施加暗示，让受催眠者直接从敏感度测试中进入催眠状态。

的眼皮越来越沉重，但是你依然全神贯注地盯着硬币。你如果觉得疲倦了、不能忍受了，那你可以闭上眼睛。当然，你也可以一直盯着这枚硬币，全神贯注于那种感觉上……你会觉得越来越放松、越来越轻松，你的呼吸开始变化，或者更加急促，或者更加缓慢，但是，你的身体只会觉得越来越放松、越来越放松……硬币越来越沉重、越来越沉重，它会自然地落下来，自然地落下来，好像你并没有刻意地去关注一样……硬币自然掉落在地上的声音会告诉你和我，你已经进入了非常舒适的放松状态……让这一切自然发生，让这一切自然发生……好，继续盯着硬币……放松……你的眼皮越来越沉重……沉重……"

在硬币落地之后，催眠师接着暗示："好，做得非常好。这一切都非常自然地发生了，你的眼皮已经沉重得闭上了……闭上了……好，你的手臂也越来越沉重，越来越沉重……它们会很自然地放在舒适的地方……慢慢地挪到自己感觉舒适的地方……你可以让自己进入更舒适的催眠状态，更自然、更舒适的催眠状态……"

手臂僵直

在手臂僵直测试之前，催眠师要求受催眠者先彻底舒展一下自己的身体，做一个深呼吸，让身体放松下来。然后让受催眠者以自己感觉舒适的方式坐在椅子上，或者是靠在沙发上，双手以自己感觉舒适的姿势放好，两腿自然地靠着，只要放松不别扭就好。

此后，催眠师进行暗示："请继续保持深呼吸，请将你的眼睛轻松、自然地闭起来，你的眼睛一闭起来，全身就都跟着放松下来……好，请继续保持深呼吸，你的眼睛轻松，自然地闭着……好，现在，请把你的右胳膊伸出来。"同时，催眠师用手把受催眠者的胳膊拉到合适的位置。催眠师接着暗示："你的手臂就这样固定在半空中，不能动弹，你的肩膀、你的手肘都好像被螺丝锁住了一样，变成了一条直挺挺的非常僵硬的铁棍，没有知觉，即使我晃动你的手臂，你的手臂也会因为充满了弹性而立刻弹回原来的位置。"这个时候，催眠师做晃动受催眠者手臂的动作，受催眠者的手臂回到了刚才的位置。

催眠师接着暗示："我会请你尝试着把你的手臂放下来，但是，你会发现，你的手臂就这样固定在这里，根本放不下来，放不下来；任何让你的手臂放下来的动作，都会使你的手臂又立刻弹回去，固定在那里。现在，我会从1数到5，我每数一个数字，你都会感觉到你的手臂变得越来越坚硬，当我数到5的时候，请你尝试着把你的手臂放下来，但是，你会发现，你的手臂坚硬无比，想放放不下来，放不下来……1，你的手臂像一根铁棍一样非常坚硬，硬邦邦的……2，你的手臂直挺挺的，非常坚硬……坚硬……3，你的手臂已经牢牢地固定在了这个位置，非常坚硬，无法动弹……非常坚硬……无法动弹……4，你的手臂非常坚硬，就这样牢牢地固定在这个位置……就这样固定住了……固定……5，你的手臂已经牢牢地固定在了这个位置。现在，我要请你尝试着把你的手臂放下来，但是你放不下来，放不下来……来，再试一次看看，你越用力，你的手臂就越放不下来……最后再试一次看看，你的手臂还是放不下来……好，非常好，现在，停止尝试，将你的手腕放松，手肘放松，将你的肩膀也放松。"这个时候，催眠师抓住受催眠者的手，慢慢把他的手臂放下来，轻轻地放下来。接着，催眠师暗示："你的全身都放松下来了，你变得很轻松……没有任何力气……没有力气……你会进入更深的催眠状态。"

手臂升降

在做手臂升降测试之前，催眠师会要求受催眠者先舒展自己的身体，做一个深呼吸，让身体放松下来。然后，催眠师进行暗示："请将你的双臂向前伸直，左手掌心向上、右手掌心向下。请将你的眼睛自然地、轻松地闭起来……你的眼睛一闭起来，你的全身就都跟着放松下来了……想象你的眼睛凝视着鼻尖，把你的全部注意力专注在你的鼻尖上……继续保持深呼吸，放松……现在，想象你的左手托着一大盘水果，有苹果、香蕉、樱桃，你的左手感觉到越来越沉重、越来越沉重……那盘水果非常重，你的左手越来越沉重……你的左手正在慢慢地往下降……同时，想象你的右手手掌上绑着一串彩色的气球，这串彩色的气球正在逐渐向上飘浮，正在把你的右手慢慢地往上拉，慢慢地往上拉……你的右手变得越来越轻，越举越高……尽可能地，在你的脑海里浮现这样的画面，你的右手手掌上绑着一串彩色的气球，这串彩色的气球正在逐渐向上飘浮，正在把你的右手慢慢地往上拉，慢慢地往上拉；而你的左手托着一盘很重的水果，你的左手感觉到越来越沉重，正在慢慢地往下降……尽可能地，在你的脑海里浮现这样的画面，如果画面还不够清晰，那么，你也可以假装真的有一盘很重的水果托在你的左手掌上，压着你的左手慢慢地往下降；假装真的有一串彩色的气球绑在你的右手掌上，拉着你的右手慢慢地往上飘……好，继续不断地深呼吸，放松。随着你每一次的吸气，你会感觉到你右手上那串彩色的气球不断增大，而你的右手也越来越轻，越来越往上飘……随着你每一次的吐气，你会感觉到你左手上那盘水果更加沉重了，而你的左手也越来越往下降……好，吐气……你的左手越来越重，越来越往下降；吸气……你的右手越来越轻，越来越往上飘……继续吐气……左手在逐渐地下降，下降……继续吸气……吸气……右手在逐渐地上升……吐气……左手在逐渐地下降……下降……吸气……右手在逐渐地上升……"

经过一段时间后，受催眠者的双手就会有明显的差距，催眠师可以就此引导受催眠者进入催眠状态。催眠师可以让受催眠者的手臂固定在这样的高度，保持深呼吸，逐渐忘记身体的感觉，自然地、放松地保持深呼吸。催眠师可以这样进行暗示："好，现在你可以放下手臂，让你整个身体都放松下来，继续放松，让你的手臂恢复到它本来舒适的姿势，当你的手臂一放下来，你整个身体就完全放松了、松弛了，你感到前所未有过的轻松，继续放松、放松，你感到越来越舒适，你也就进入了深深的、舒适的催眠状态……"

直接诱导法的操作其实很简单，而且操作时间也比较短，因此使用也非常广泛。这种直接诱导法能促使受催眠者集中注意力，并达到一定的专注程度，从而进入催眠状态。当然，在具体的催眠实践中，催眠师还是需要根据受催眠者的特性选择合适的方法。

手臂合开诱导法

手臂合开诱导法是以动作为主体的诱导方法，如手抬起的动作或双手向外开的动作等。这个方法适用于有噪音的环境，不过在具体操作过程中要特别留意言语暗示与动作的时机。

在进行催眠之前，催眠师要求受催眠者采取一个自己觉得舒适的姿势，坐在一张舒适的椅子上，然后让受催眠者调整好呼吸，放松一下身体，两手自然地放在膝盖上。注意背部不要靠在椅背上，双脚自然地放松摆放，不能跷二郎腿，整个人松弛下来，肌肉不要紧绷，此时须以全身舒适为宜。

催眠师站在受催眠者的前方，将受催眠者的双手上举，然后进行暗示："做一个深呼吸，将你的全身放松……深呼吸……全身放松……好，睁开你的双眼，看着你的手。"接着，催眠师拿起受催眠者的手掌，接着暗示："我的手一离开，你的手就这样自然地分开。"这个时候，催眠师将受催眠者的手打开，并让受催眠者一直都看着自己的手。

催眠师接着暗示："放松……两手分开……再放松……两手分开……继续放松……两手分开……分开……"这个时候，催眠师将受催眠者的双手开合几次，并且在开合的时候注意让受催眠者的手保持放松的状态。

接下来，催眠师将受催眠者的双手从下面轻轻地拖起来，并且用自己的双手将受催眠者的双手固定在那个位置。然后继续暗示："当我的手一离开，你的手就会打开。"这个时候，催眠师的手就会迅速离开。如果受催眠者的手是处于很放松的状态，那么催眠师的手一离开，受催眠者的手就会稍稍地下降，很自然地打开。

在受催眠者的手打开的同时，催眠师暗示："好，打开了，再打开一点，慢慢地、自然地打开了……继续这样打开下去，打开下去……"等受催眠者的双手打开到与肩同宽时，催眠师暗示："好，停下来……下面，当我的手碰触到你的手臂时，你的双手就会一直慢慢地向上举……"这个时候，催眠师用双手轻轻碰触一下受催眠者的双手，然后迅速离开，受催眠者的双手就会慢慢地上升。接着，催眠师暗示："慢慢地，放松地向上举，一直这样慢慢地向上举……不断地、慢慢地向上举，放松地向上举……好，你的双手正在逐渐地接近你的脸……慢慢地，放松地向上举……等你的手一举到你的脸处，你就会感觉很累，感觉非常累……你的眼皮也很累，非常累，就会下垂了……好，继续向上举……你的眼皮非常累，它非常累，它已经在下垂了，你现在就要闭上眼睛了……好，再举一次……你感觉非常累……非常累，眼皮也非常累，慢慢地，你闭上眼睛了……"如果这个时候，受催眠者没有闭上眼睛，催眠师就要接着暗示："你的眼睛非常累，眼皮已经下垂了，眼皮没有了力气……请慢慢地、自然地闭上眼睛……慢慢地、自然地、放松地闭上你的眼睛……请慢慢地闭上你的眼睛……好，闭上眼睛……闭上……"

等到受催眠者完全闭上眼睛，催眠师暗示："现在我要数数，当我数到5的时候，你的手就会分开……1，你现在非常放松……2，你现在很放松，什么都不想，什么都不想……3，你现在非常放松，非常舒适，什么都不想……4，什么都不想，只有全身那放松、自然、美妙的感觉……5，好，你的双手分开了，你的手已经非常放松了……你的手开始慢慢地下落，自然地、放松地下落……你的双手自然地放松下落，落到你的膝盖上了，当你的手一落到你的膝盖上，你的整个身体就完全放松了，你的头也就变得很沉，让头继续往下吧……让你的头继续自然地放松吧……这样，你全身放松下来……放松……慢慢进入催眠状态……放松……进入深深的、舒适的催眠状态……"

此法是以动作为主，具有快速诱导的优点，能使受催眠者快速地进入催眠状态。

渐进式放松诱导法

在催眠诱导中，是没有失败可言的，催眠师成功的绝招就是坚持，有耐心重复，不怕单调，渐进地诱导受催眠者放松，直到进入催眠状态为止。

如果遇到很难被催眠的受催眠者，催眠师就要拿出自己十二分的耐心与坚持来进行诱导，以强大的毅力，渐进地引导受催眠者放松、自然地进入催眠状态，这就是渐进式放松诱导法。当然，渐进式放松诱导法要根据不同的受催眠者、不同的受暗示性采用不同的暗示语，只有灵活使用才会达到事半功倍的效果。具体如下：

催眠师先要求受催眠者做一个深呼吸，放松一下身体，然后选择一个自己觉得舒适的姿势坐在椅子上，或者靠在沙发上。然后，催眠师进行暗示："现在，让你的眼睛自然地、轻松地闭起来，当你的眼睛一闭起来，你就开始放松了……现在，想象你的眼睛凝视着你的鼻尖，把你的全部注意力专注在你的鼻尖上……好，现在做深呼吸，缓慢而深长的呼吸，均匀而有规律的深呼吸，慢慢地、深深地把空气吸进来，再慢慢地、深深地把空气吐出去……吸气的时候，想象你把空气中的氧气吸进来，氧气流经你的鼻腔、喉咙，然后进入到了肺部，再渗透到你的血液里。这些美妙的氧气经过血液循环，输送到你全身的每一个部位、每一个细胞，使你的身体充满了新鲜的活力；吐气的时候，想象你把体内的二氧化碳通通都吐了出去，也把所有的紧张、压力、不安、烦恼、疲劳、怀疑通通吐了出去，让所有的不舒适、不愉快的感觉都离你远去……好，继续保持深呼吸，每一次的深呼吸，都会让你进入更深沉、更放松、更自然、更舒适的状态……你一边深呼吸，一边聆听着我的引导，很自然，很放松，很舒适，你什么都不必想，也什么都不想了，好，继续保持深呼吸……很自然、很放松、很舒适地呼吸……什么也不必想……你只是跟着我的引导，很快地，就会进入很放松、很舒适的状态……

"你现在非常放松，非常舒适，你的头皮很放松……头盖骨也很放松……你的耳朵很放松，耳朵附近的肌肉很放松……你的眉毛很放松，眉毛附近的肌肉很放松……你的眼睛很放松……眼皮也很放松……你的鼻子放松……呼吸放轻松……你的脸颊很放松，脸颊附近的肌肉很放松……你的下巴很放松，下巴的肌肉很放松……你的下巴平时承担了吃饭、咀嚼、说话的压力，现在都彻底地释放掉了……

"接着，放松你的脖子……放松你的喉咙，放松你喉咙附近的肌肉……放松你的肩膀……你的肩膀平常承受了太多的紧张、压力、不安、重任，现在就把它彻底地放松下来吧……放松你的左手，让左手的骨头、肌肉都放松……放松你的右手，让右手的骨头、肌肉都放松……放松你的胸部，让胸部的骨头、肌肉都放松……放松你的背部，让你的脊椎与背部肌肉都放松……你的背部平时承受了太多的紧张、压力、劳累，现在就让它彻底放松下来吧……放松你的腹部，彻底地放松你腹部的肌肉，毫不费力地、自然地、舒适地放松你的腹部，然后你的呼吸会更加深沉、更加轻松……放松你的上半身……彻底放松你的身体……放松……

"放松你的左腿，让左腿的骨头、肌肉都放松……放松你的右腿，让右腿的骨头、肌肉都放松……放松你左脚的脚踝，放松你右脚的脚踝……放松你左脚的脚掌，放松你右脚的脚掌……

"继续保持深呼吸，每一次呼吸的时候，你都会感觉到自己更加放松、更加自然、更加舒适……放松……继续放松……就这样进入很放松、很舒适的状态……"

在渐进式放松诱导法中，一些平时神经过于紧张的受催眠者，可能很难通过想象来放松自己的身体，还有一些受催眠者放松下来后会觉得四肢疼痛、头昏脑涨，这是他们平时神经过度兴奋的缘故。如果遇到上述两种情况，催眠师可以告诉受催眠者："这是你身体给自己发出的信号，你平时没有时间来关注自己身体的感觉，也没有时间去聆听自己身体的声音，现在，它们在发出信号向你求救了……"对于这些受催眠者，催眠师一定要有足够的耐心来引导，来暗示，以便受催眠者能更好地放松下来，顺利地进入催眠状态。

在渐进式放松诱导法中，还可以选择一些比较轻柔的背景音乐作为放松心灵的诱导，继而使用具有情绪色彩的音乐诱导受催眠者进入不同的催眠状态。使用适当的音乐，可以让受催眠者快地放松下来，进入状态，最终达到非常好的效果。

催眠诱导的过程不是那么难，但也不是简单之事。说不是那么难，是因为有很多诱导的方法，甚至从来没有对别人进行过催眠的人只需要照着催眠语念下去，就有可能诱导受催眠者进入催眠状态。在亲人或者很熟悉的朋友之间，双方互相信任、比较亲近的时候，这种可能性会更很高。但是，催眠诱导却又不是简单之事。试想一下，一位完全陌生的受催眠者来到你面前，如何让他的潜意识自然、放松、自由地呈现，是需要敏锐的洞察力、细腻的心灵和丰富的实践经验的。

总而言之，在实施催眠的过程中，需要的是极大的耐心与毅力，催眠术中的失败并不是受催眠者没有反应，而是催眠师自己要放弃。催眠师要明确自己行动的目的，增强催眠助人的责任感和使命感，在催眠时一定要有强大的毅力来坚持，让催眠继续下去，直到成功为止。

第四节
如何进入深层催眠状态——
催眠深化

催眠深化，催眠诱导的延续

进入催眠状态的人受到暗示有可能使催眠深化，也就是说，当受催眠者进入催眠状态之后，继续对其进行催眠，那么受催眠者就会从轻度催眠进入到更深的催眠状态。催眠深化的用意在于使受催眠者更加深入地进入催眠状态，其中深化的技巧在于诱导受催眠者更专注在某一重复操作上，如此潜意识能更容易接受暗示。简言之，催眠深化环节是催眠诱导的延续，催眠深化法是用来加深催眠状态的方法。

在催眠深化这一环节，经常出现这样一个问题：当受催眠者被诱导进入更深层次的催眠状态时，如果催眠师要求受催眠者做出一些违反常态的动作，或其暗示涉及受催眠者的敏感问题，那么，受催眠者或许是绝对服从及真实地回答，或许会出现特别强烈的抗拒行为。一般来讲，如果出现抗拒行为，是因为催眠师没有把握好使受催眠者进入深层催眠状态的时机。对此，催眠师应当特别谨慎，不可操之过急，注意观察受催眠者任何细微的反应，根据这些反应再做出相应的调整，以便受催眠者能更好地进入催眠状态。

具体而言，如果在催眠的过程中，受催眠者出现了这种强烈抗拒的情况，那么催眠师应当及时诱导受催眠者回到先前已经成熟了的催眠阶段。经过反复暗示之后，再采取进一步的措施。

在催眠深化环节，催眠方法是比较灵活的，催眠师可以根据受催眠者不同的情况来进行选择。有人说，催眠的深化是随机应变的，技术的运用完全依赖于催眠师的想象力，是即时创造发挥出来的。的确，在一定意义上来讲，催眠师有多高的想象力，就有多么高超的催眠深化方法。不过，常用的深化方法是一定要掌握娴熟的。除此之外，还要勤加练习，并且要学会用敏锐的眼光去抓住受催眠者的动态，一旦催眠师抓住了这个机会，就可以顺利进行催眠深化的环节。

反复诱导进行催眠深化

反复诱导法是一种清醒与催眠多次交叉、重复进行的，将催眠引向深入诱导的技术。所谓的"清醒"，并不是指完全的清醒，而是指受催眠者被唤醒但还滞留在催眠状态的一瞬间。这个时候接着又进行催眠的话，就很容易再次将受催眠者引入深一层的催眠状态。催眠师必须要在受催眠者还没有完全苏醒以前，再次引导其进入催眠状态，这是重点所在。如果催眠师诱导后发现受催眠者仍未进入或只进入较浅的催眠状态，也不必心急，再一步一步地反复暗示，逐渐加深催眠，只有坚持下去才会成功。具体操作如下：

催眠师对处于催眠中的受催眠者暗示："当我的手拍三下的时候，你就清醒过来了。"说完，催眠师就要拍三下手，见受催眠者的眼睛睁开之后，立即进行暗示："现在，请你的眼睛看着我的手指尖，看一会儿……是的，自然地、放松地看着我的指尖，看一会儿……现在，你的眼皮又开始沉重了，又开始沉重了……我的指尖逐渐的朦胧起来……朦胧……你的眼皮很重……很重……你会进入到比刚才更深一层的催眠状态……"见受催眠者的眼睑下垂了，催眠师进行暗示："是的，你的眼皮已经沉重得睁不开了，睁不开了，你现在已经进入更深一层的催眠状态了……静静地闭上眼睛吧，好，闭上眼睛……闭上……你比刚才更轻松了，更舒适了……"当受催眠者完全闭上眼睛之后，催眠师立即又进行暗示："当我的手拍三下的时候，你就清醒过来了……我每拍一下，你就更加清醒……"然后，催眠师拍三下手，重复刚才的催眠过程。

就这样反复进行几次，催眠师就能将受催眠者引入深度催眠状态。经过反复诱导催眠后，受催眠者就会自我感觉良好，逐渐恢复健康。

数数法

催眠深化可以采用简单的数数法。催眠师在数数的同时，暗示受催眠者随着每一个数字的数出，其催眠状态就会更深化一步。此法简单易行，可操作性强。

慢慢数数字是一个相当需要集中注意力的深化法，因此，催眠师一定要注意用平静、和缓的语调来进行，配合受催眠者自然而放松的呼吸进行数数，是能够顺利进行催眠深化的条件。催眠师在催眠之前也会提供一个让人感觉十分安全而安静的环境。

催眠师暗示："当我数到20（或其他数字）的时候，你就会被诱导进入更深层的催眠状态……听我的声音，你渐渐地被诱导进入更深层的催眠状态中……1……2……3……先放松……放松。4……5……6……全身放松……什么都别想。7……8……9……你跟着我的引导，很快就会进入很放松、很舒服的状态……好，你变得更轻松了……轻松。10……11……12……开始打瞌睡了，你变得更加轻松了。13……14……15……继续自然地放松吧……现在我仍然继续数数，每数一个数字，你会进入更深入的催眠状态中。16……17……18……自然放松……放松……19……20……好，这样，你就进入了更深的、更舒适的催眠状态……"

数数字可以催眠师来数，也可以让受催眠者自己数，如果是受催眠者自己数，也是上述同样的操作。另外，数数的方法，除了从"1"依序开始数外，也可以采用倒数的方法，除了3个数字连起来数以外，也可以5个数字一起数，只是难度增加了一些。

身体摇动法

身体摇动法是以"运动暗示"为主体的深化方法。身体摇动法操作起来比较简单，实用性高，效果也比较明显，因此被广泛应用。

在开始身体摇动法之前，催眠师一定要了解受催眠者经过催眠诱导而进入的催眠状态达到了什么程度，一定要选择适合这个阶段的深化法。因为身体摇动法主要适用于将受催眠者从较浅的催眠状态引向深度催眠状态，所以身体摇动法既可以单独使用，也可以用于其他催眠深化方法的前驱步骤中。

催眠师在使用身体摇动法后，需要仔细观察受催眠者脸上的表情是否变得柔和，呼吸节奏是否变长，身体肌肉是否放松了。这样就可以评估受催眠者是否进入了催眠状态。具体操作如下：

当受催眠者经催眠诱导进入催眠状态中，催眠师让其坐在椅子上，头下垂，上半身尽可能地保持向前倾的姿势，这样有利于受催眠者身体的摇动。催眠师双手按住受催眠者的肩膀，稍稍用力摇，并暗示："当我开始摇动你的身体时，你身体就要放松，你就会进入更深层的催眠状态……好，我现在在摇动你的身体，你要放掉你身体里的力量……好，放掉你身体里的力量，放松，进入深层催眠里……你的身体开始朝左右用力地摇动了……"催眠师一边暗示，一边不断地摇动受催眠者的身体，受催眠者就会不由自主地摇晃起来。这时，催眠师放开手，并接着暗示："就算我放开手，你也会继续摇动……是的，你的身体在那儿使劲地摇动着……是，摇动得更厉害了……摇动的时候，你就能放松全身

身体摇动法是以"运动暗示"为主体的深化方法。身体摇动法主要适用于将受催眠者从较浅的催眠状态引向深度催眠状态，所以身体摇动法既可单独使用，也可用于其他催眠深化方法的前驱步骤中。

1. 首先，催眠师暗示受催眠者在身体摇动时全身放松。催眠师说："当我开始摇动你的身体时，你身体就要放松，你就会进入更深层的催眠状态。"

2. 催眠师一边暗示，一边不断地摇动受催眠者的身体，受催眠者就会不由自主地摇晃起来。

3. 催眠师放开手后受催眠者身体依旧摇动，说明催眠深化很成功。催眠师："就算我放开手，你也会继续摇动……是的，你的身体在那儿使劲地摇动……非常轻松，非常愉快。"

的力量，觉得非常轻松、非常舒适，心情非常愉快……现在，你的身体摇晃的幅度更大了……好，不要停止，继续摇动……大幅度摇动……你感到越来越舒适……心情越来越愉快……放松全身的力量……摇动……"在持续给予这些暗示时，受催眠者身体的摇动幅度会逐渐地扩大。

当受催眠者的摇摆幅度一直在增大时，催眠师应暗示："当我数到3以后，你的身体就会向前后摇。1……2……3……现在，你的身体已经在向前后摇了……"受催眠者的身体向前后摇动时，催眠师应当将手置于受催眠者的肩膀上，然后暗示："现在，你的身体一边摇动，你的头就渐渐被拉向后面……是的，你的头又被向后拉了。"这个时候，催眠师应轻轻按住对方的肩膀后方，接着暗示："你的头在一直向后拉……对，一直向后拉，你的身体也向后拉了……"催眠师一边给予这样的暗示，一边让受催眠者的身体向后靠。

催眠师接着暗示："你的身体被拉到后面了……"由于受催眠者是坐在椅子上，所以他的头会变得不稳定。催眠师接着暗示："就算你的头被拉到后面，我也可以用手接住……"这些话可以安定受催眠者的心，使他能放心向后靠。接着，催眠师暗示："你身体的力量更加放松了……现在，你的头下垂，下垂以后，你会觉得更轻松……现在，你的头在下垂……下垂以后，你会觉得，整个人都轻松了……变得轻松、舒适……下垂以后、更轻松，更舒适了……你觉得更轻松了、更舒适了……"这样，受催眠者就能够进入更深层的催眠状态中了。

意象法

意象法就是受催眠者主观的思维和客观的自然情景结合，使受催眠者成为想象的主角，从而使受催眠者进入深层催眠状态的方法。意象法中所描绘的想象，可以是任何自然情景。最常用的意象情景是阶梯、深谷花园和海滨。催眠师的想象力越丰富，描述越逼真，就越能够使受催眠者从暗示中浮想出具体的形象来。

阶梯法

催眠师进行暗示："想象你现在正站在白色楼梯的最顶端……在你眼前，看见了红色的牌坊，有阶梯向下延伸……是的，你能够看到白色的阶梯了……看到白色的阶梯以后，请举起你的右手向我做出一个信号……好，现在，慢慢地，一阶一阶地走下这个白色的阶梯……对，一阶一阶地，慢慢地走下去……是的，每向下走一阶，你就会越轻松一些……好，一阶再一阶，慢慢地走下去……你感到非常轻松，非常舒适……非常轻松……非常舒适……渐渐地，你就能进入到深层催眠状态了……是的，一阶又一阶，你终于到了最后的第十阶……是的，一直走到下面去，走到了最后的一阶……渐渐地，你已经进入深层的催眠状态了……进入更深、更舒适的催眠状态了……"

就像这样，以视觉上的想象，利用红色或者白色等能使受催眠者明确想象的色彩，或者是在数梯的时候能够明确暗示出一个终点，使受催眠者身临其境，都能够产生非常好的催眠效果。

深谷花园阶梯法

有的催眠师喜欢采用深谷花园阶梯法。这种方法要求受催眠者想象他们正置身于一个非常美丽的花园之中，阳光明媚，微风和煦，鸟语花香，花丛间有蝴蝶在翩翩飞舞，蜜蜂在轻轻地歌唱。脚下的泥土踩上去松软如毯，远处林木葱郁挺拔，灌丛铺天盖地，高山草甸，蓝天白云，让人心旷神怡……

这种美好的情景安排妥当之后，催眠师便指导受催眠者从花园里穿

✳ 催眠深化的四个小技巧

1. 基本深度加强法。当受催眠者知道他不能做一些事时，会使他更相信自己被催眠了，也会让催眠深度加强。

真的没法动，真神奇啊！

你没法放下手，不信试试。

先来一个简单测试。

2. 金字塔型暗示。每个成功的测试，可以促成下一个更难的测试成功，必须由简单到难，依序进行。

下次你会更快进入催眠状态

3. 催眠后暗示。记住每次都暗示，尤其第一次催眠时："下一次催眠时，你会更容易进入催眠状态，而且进入更深的催眠状态中。"

4. 重复诱导。重复面谈，并在每次面谈中都多次施加诱导催眠、催眠，暗示，唤醒，再催眠，再给予暗示。

过，一直走到一个通往下面的深谷花园的阶梯前。这时，催眠师再暗示受催眠者，当他一步一步地走下台阶时，其催眠状态也会随之渐渐加深。在到达底部时，通常要求受催眠者再走几步，来到一个清澈而平静的水池前面。安排这个水池的主要目的是，受催眠者可以从水池中看到催眠师所暗示的任何东西。或者看到那些对于自己特别重要的东西，湖水就是受催眠者内心的折射，催眠师此时要求受催眠者将其所见到的事物进行详细的描述，之后再根据受催眠者本身情况作出合理的安排。

海滨法

除了阶梯、深谷花园阶梯，还一种情景经常被用，那就是海滨。想象那美丽的波涛在沙滩上涌散，和煦温暖的阳光洒在身上，耳边是海鸥清亮而婉转的叫声，脚趾间塞满了醉人的沙土，所有这一切都能给受催眠者以丰富、美好的想象。海滨法和阶梯法的操作程序基本相同，只是暗示的要点在于使受催眠者将注意力集中到自己的脚步上，每走一步，都感觉到脚又向沙土里深陷了一些，同时也能感到自己进入了越来越舒适的催眠状态。当然也可以适当加入帆船与微风等细节描绘，使其更加逼真。

在意象法中，视觉的想象更具有效果。随着上述意念的不断深入、身体的不断放松，受催眠者不久即可进入催眠中去。当然，如果将意象法与数数法联合起来使用，其效果可能会更好。

第五节

归来的路——催眠唤醒

催眠唤醒，结束受催眠者的催眠状态

催眠唤醒就是在催眠治疗完成之后，使受催眠者结束其催眠状态、恢复到清醒的意识状态的过程。让受催眠者从催眠状态中清醒过来，需要一定的唤醒方法，而这种方法就是催眠唤醒。

假如不使用催眠唤醒方法使受催眠者结束催眠状态，而是任其保持原来的催眠状态，通常来说，受催眠者不会在很短时间内自然醒来。在这种状况下，一些受催眠者会从催眠状态转入睡眠状态，等到睡眠状态结束之后，才会自然醒来。也可能出现另一种情况，就是受催眠者一直处于催眠状态，直到某种比较强烈的声响、动作，或者催眠师以外的其他人强行将其唤醒，这会引起他们的不适。

所以不管是医学上的催眠，还是教育、心理学上的催眠，在结束的时候，都需要按照正常的程序来，不能有半点马虎。催眠师更是应当本着高度负责的精神，完整地进行催眠过程，结束受催眠者的催眠状态。

催眠的唤醒方法相对比较简单。一般情况下，催眠师会通过一些物理方法、心理学的言语暗示唤醒方法或者自然清醒法，使受催眠者脱离催眠状态，恢复清醒，投入到正常的生活中去。

假设出现受催眠者的催眠状态较深而难以唤醒的情况，催眠师务必要保持镇定。因为受催眠者没有被唤醒，说明受催眠者进入催眠状态比较深，也可能是受催眠者已经进入了睡眠状态。催眠师务必要仔细观察、冷静分析，耐心地运用催眠唤醒技术使受催眠者顺利结束其催眠状态。

当然，如果受催眠者进入催眠状态的深度不深的话，在结束催眠之前，催眠师也务必要对其进行唤醒，以完成催眠的整个过程。切记唤醒的时候不要过急，因为受催眠者即使醒了，头脑有时也不会完全清醒，而且会给他带来不安及一系列的不适感。

在受催眠者还处于催眠状态时，催眠师千万不可以突然触碰或者突然摇晃受催眠者，否则就会使受催眠者受到惊吓，醒来以后会有头疼、恶心等一系列不适应的感受。

另外，催眠师在对受催眠者进行唤醒的过程中，可以继续给予受催眠者一些正面的、积极的引导。

催眠唤醒的物理方法

所谓物理唤醒法，就是让受催眠者的催眠状态在一些物理刺激或者力的作用下终止。物理方法归纳有以下几种：

在受催眠者的前额上轻轻喷气，或者是轻轻按摩受催眠者的眼睑及眼球，或者在受催眠者的脸上轻轻拍打，并且同时作让受催眠者清醒的暗示。

例如，催眠师在拍脸之前会暗示："当我拍三下你的脸时你就会迅速醒来，注意！我要开始拍了。"当催眠师连拍三下，受催眠者就立即会醒来。当然，也可以对着受催眠者大声呼喊，或者做一些其他可以引起受催眠者痛觉的动作。

假如有的受催眠者对大声呼喊及其他物理刺激都不敏感的话，可以对着他们的脸轻轻地喷一些冷水，或把他们的脸暴露在冷空气中，受催眠者对冷水或冷气都会很敏感，同时再配合让受催眠者清醒的暗示指令，就能让他们很快醒过来。

心理学的言语暗示唤醒方法

除了物理方法之外，心理学的言语暗示唤醒方法也是经常用到的、非常有效的方法。因为当我们的头脑处于半意识状态的时候，是潜意识最愿意接受意愿的时候，这个时候进行潜意识的接收工作是最理想不过的了。催眠师暗示处于催眠状态中的受催眠者，受催眠者接受到唤醒的暗示，自然就会醒过来。

暗示可以采用数数法（包含倒计数法）、拍手法、感觉唤回法、音乐法，等等。

数数法

有的受催眠者被暗示在听到别人数到 5、7 或 10 的时候，就要清醒过来。如果使用这种方法，催眠师可能需要重复好几次，而且，催眠师必须用清晰的语调大声数数，也可以在数数的同时拍打受催眠者的手。边数的时候边给予苏醒暗示，当数完时，就告诉受催眠者清醒过来。例如："1，你正准备醒过来……2，现在，你正在醒过来……3，你差不多已经完全醒了……4，你已经完全醒了……5，你已经醒了。"如果进行一次还不能使受催眠者完全醒过来，那就接着进行，直至受催眠者完全清醒。

还可以采用倒计数的方式，例如，催眠师可以这样暗示："我现在开始倒计数，当我数到 1 的时候，你就要完全醒来，10……我准备叫醒你……9……你逐渐清醒过来……8……你很快就清醒过来……7……已经清醒过来……6……5……4……1。好，完完全全地醒过来。"

这里有两点特别需要注意。首先，假如在催眠深化时，催眠师是在数数且是由小数字数到大数字，那么在唤醒的时候就要用相反的顺序。其次，假如受催眠者进入的催眠状态较深，一次数数的操作不能完全唤醒受催眠者，那么催眠师可以稍微提高声音，再重复进行一次数数以唤醒受催眠者，直到受催眠者完全清醒过来为止。

拍手法

拍手法的具体操作可以这样，催眠师暗示："当我拍三下手的时候，你将完全醒来。醒来后，你会觉得非常轻松，精神非常愉快，心情非常好。"施加给受催眠者精神愉悦的暗示，能够使受催眠者清醒后不至于体会身体有无异常的变化。假如感到有什么不适的话，敏感型体质或神经官能症患者，就会立即将这种不适与催眠术联系在一起，就极有可能产生消极、负面的自我暗示。如果催眠师在对其进行催眠唤醒时，对其进行轻松、愉快、舒适等积极、正面的暗示，受催眠者一清醒，就把自己的注意力转移到"精神愉快，心情非常舒适"上。假如进行了一次苏醒暗示，还不能使受催眠者清醒，此时只要再次使劲拍手说："当我拍三下手时你会迅速醒来，注意我拍手的声音。"连拍三下，受催眠者一定就能睁眼，完全醒来。

感觉唤回法

感觉唤回法是一种借用唤回感觉与知觉来唤醒受催眠者的方法，也就是通过想象进行催眠强化。这样，想象的画面才可能根植于受催眠者的潜意识中，让受催眠者在接受观点的同时充满自信。这个方法适用于那些正停留在想象画面中的受催眠者，也就是利用意象法进入深层催眠状态的受催眠者。

例如，催眠师这样暗示："好的……请记住这片迷人的风景……当你以后想回到这里的时候，你随时都可以回来……好，现在沿着你刚才走过的道路，慢慢走回来……慢慢地回到这间屋子里……慢慢地回到这间屋子里……现在，你又重新坐到了这把椅子上……好的，在下次催眠的时候，你会更深地进入催眠状态……现在，你的感觉越来越清醒了……越来越清醒了，慢慢地动一下你的手指……慢慢地睁开你的眼睛，现在你已经清醒过来……完全清醒过来……回到现实中来……回到现实中来……好，慢慢地站起来，舒展一下你的身体……可以伸个懒腰……非常好，轻轻地活动一下……"

音乐法

假如催眠师在催眠实施的过程中使用了音乐，那么当催眠结束的时候，则可以更换使用的音乐或者用调大音乐音量的方式来唤醒受催眠者。世界各地有不少的深度昏迷患者，都是靠其喜欢的乐曲唤醒的。

例如，催眠师可以这样暗示："好的，请记住这放松、愉悦的感觉……以后，当你想要放松的时候，你就会很快地放松下来……现在，我要逐渐调大音乐的声音……在这优美的音乐声中，你会慢慢地醒来……好，音乐声在逐渐变大……你会慢慢地醒来……在这优美的音乐声中，你会慢慢地醒来……回到现实中来……在这优美的音乐声中，你慢慢地睁开了眼睛……慢慢地睁开你的眼睛，回到现实中来……慢慢地舒展你的身体……回到现实中来……完完全全地回到现实中来……"

上面介绍的是几种常用的催眠唤醒方法，具体应用哪一种，需要催眠师在催眠的过程中熟练掌握，灵活运用。

一定要注意的是，在进行催眠唤醒时，有可能会出现如下情况：一些受催眠者可能是准备通过催眠来消除疲劳，所以需要一定时间保持安静的休息而迟迟不愿醒来。如果遇到这种情况，催眠师可以对其施加暗示："好，现在你就在这里开始享受这放松而又舒适的状态吧……你会拥有一段时间享受这放松而舒适的状态……从现在起，再过10分钟（15分钟，20分钟，甚至更长的时间都可以），你就会自然地醒过来。在醒来后，你就不会再疲劳，心情非常愉快，感觉非常舒适。"这时候，受催眠者就会自然醒来。这时所说的"10分钟"完全是受催眠者内心的主观心理时间。

自然清醒法

自然清醒法有两种情况，一种是等待受催眠者自己清醒过来——自醒法，一种就是催眠师对于处在催眠状态中的受催眠者轻轻地唤一句"醒来"——苏醒法（又称快速自醒法）。尽管一般人从催眠恍惚中苏醒过来不会太困难，但催眠师还是告诫人们，在催眠开始时，就应想好催眠结束以后采取怎样的方法来进行苏醒。

自醒法

假如催眠师由于某些原因暂时离开受催眠者，那么受催眠者一般都会在一定时间内自行清醒过来，这种情况适用于处于 3 种催眠状态中的任何一种，也就是说不论是轻度催眠状态，还是中度或深度催眠状态，都有可能发生这种现象。

在很多时候，处在深度催眠状态的受催眠者，假如不被唤醒，那么就会转变为正常的睡眠，然后经过正常的睡眠而清醒过来，醒后也不会有什么不适的感觉，所以不需要过于担心。

苏醒法（快速自醒法）

当我们在睡眠时，突然被梦中的情景或因为受到外界的刺激而惊醒。这是一种自然苏醒，并没有什么特别之处，也不会留下什么后遗症。催眠状态的苏醒其实也是这么简单。

通常来说，要让受催眠者从催眠状态中苏醒过来，催眠师只需要说一声"睁眼，醒来"就可以了。对于那些本身就是睁着眼的受催眠者，也只要说一声："好，醒来"，受催眠者也会很自然地醒过来。当然，催眠师用其他语言作为醒来的信号也能奏效。

唤醒受催眠者的 4 个要点

我们已经讲述了唤醒催眠者的各种方法，催眠师无论采用哪一种催眠唤醒方法，都一定要记住以下 4 个要点。

第一，在催眠唤醒的过程中，简明扼要地再次强化在治疗时所给予的特定暗示。

每一次的催眠治疗都有其明确的治疗目的。为了达到所设定的治疗目的，催眠师将在催眠治疗的过程中针对受催眠者的状况给予某些特定的暗示。所以，在唤醒受催眠者的时候，催眠师如果可以再次强化这些特定的暗示，那么对于提高治疗效果是非常有利的。需要特别注意的是，唤醒时的强化暗示必须要简明扼要，不要过于繁琐。催眠师尽量用一句话或者几个简单的词就能将治疗的关键性暗示表达清楚，让受催眠者能够明确目的，更好接受唤醒。

举例来说，在矫正吸烟成瘾这一不良行为时，一般都需要进行多次治疗。针对不同程度的烟瘾，催眠师的每一次治疗目的并不相同。有时，催眠治疗的目的是探究烟瘾的成因，而这个成因通常都是消极的自我逻辑推导出来的结果，因此需要纠正吸烟成瘾的受催眠者不合理的认知模式，在这次催眠唤醒的时候，需要强化催眠时所给予受催眠者的正确认识。在随后的某次催眠治疗，重点则可能是对受催眠者进行治疗。在催眠过程中，催眠师会给受催眠者一些对吸烟行为感到厌恶的暗示，让受催眠者从心里上开始排斥吸烟。而在催眠唤醒时也就需要重复那些厌恶吸烟的暗示，以使受催眠者更明确这次治疗的目的与要求。

第二，必须要解除在催眠过程中所给予受催眠者的全部负面暗示。

所谓的负面暗示就是指那些影响受催眠者正常知觉和活动的暗示，比如手放松之后就不能动了、抬不起来脚了、弯不下腰了、数不了数了、看不见东西了、听不见声音了等。如果不把这些负面的暗示消除，等受催眠者醒来后，就会残留一定程度的负面体验，这对受催眠者日后的生活会产生一定的影响。

所以在催眠唤醒时，催眠师一定要强调受催眠者的一切功能都已恢复正常，如果有某个负面暗示在催眠过程中比较突出的话，那么催眠师则有必要对这一负面暗示做一次特殊的消除，为的就是保证受催眠者日后能够愉快地生活，不为此忧心烦恼。

举例来说，在进行催眠的过程中，催眠师曾反复对病人暗示过，受催眠者的咽喉部放松之后就说不出话来。受催眠者遵从其暗示，确实体验到了不能发音、不会说话的感觉。假设催眠师在随后的操作过程中忽略了这个负面暗示的解除，那么当受催眠者被唤醒之后，很可能会出现说话困难的情况，这样就会造成受催眠者的恐惧以及惊慌。催眠师应当密切注意这些，尽量避免此类情况的发生。

在实施催眠唤醒的时候，催眠师对受催眠者重复那些解除全部负面暗示的指令，事实上也是对催眠过程中可能出现的疏忽做一些弥补。在催眠过程中，当负面暗示发出之后，受催眠者就已经对它做出了相应的反应，那么催眠师应当及时消除这个负面暗示。比如说，催眠师暗示受催眠者不能说话，他果然说不出话了，这时催眠师就应该立刻消除这个负面暗示。催眠师需对受催眠者说："你现在已经恢复正常，能说话了。请说你叫什么名字。"假如受催眠者可以说出自己的名字，表明他的机体功能已经恢复正常。如果情况并不是这样或者是由于催眠师一时疏忽，在当时没能及时做消除负面暗示的指示，那么在催眠唤醒时消除负面暗示就更加必要了。

对催眠师来说，进行催眠唤醒时一定要注意消除负面暗示。补充一两句使受催眠者机体功能全部恢复正常的暗示，让受催眠者更好地醒过来，绝对是有百利而无一害的。

第三，给予身心放松的暗示。

催眠心理治疗的宗旨和目的是帮助受催眠者消除症状，增进心理和生理的健康。所以在进行催眠唤醒的时候，催眠师理应给予受催眠者一些促使心情舒畅、身心放松的暗示，能够使受催眠者醒来之后感到既很放松又很舒适，以达到调整机体功能、舒畅情怀、解除病痛的目的。

第四，催眠唤醒不能过于急促。

一般来说，在进行催眠唤醒前，催眠师需要先给受催眠者一个准备唤醒的指示，然后再逐步将受催眠者唤醒。有一些受催眠者在被唤醒之后仍然感到好像并没有完全醒过来一样，这时，催眠师就必须继续给予暗示："再稍等一会儿，你就会完完全全地清醒，好，当我数到5（或其他任定数字），数到5时你就会醒来，醒过来之后，你将会感到很轻松、很愉快，精神很饱满。好，我现在开始数1……清醒过来……2……马上清醒过来了……3……已经清醒过来了……4……完全清醒过来了……5……真正醒来了。"

在自然清醒法中，我们也提到了快速自醒法，催眠师只要说出一个"醒"字，受催眠者就会醒过来。但它并不适用于所有的受催眠者，因为从一种意识状态立即进入另一种意识状态跳跃性太大，很多受催眠者会明显感到不适，所以一般情况下还是循序渐进，逐步唤醒比较适合。

催眠唤醒的方法、操作技术其实一点都不复杂，每位催眠师都可以按照自己的风格将受催眠者唤醒，而且，不同的催眠师在唤醒受催眠者的时候也尽可以采用不同的方法和形式。比如，在完成一次催眠之后，催眠师可以对受催眠者说："一会儿，我就会将你唤醒，醒来之后，你将会感觉很轻松、很愉快。"根据个人需要，催眠师可以在催眠唤醒的过程中加入一些简要的治疗暗示语，对整个催眠过程做一个最后的强化，也让受催眠者能更加容易接受暗示，积极配合，然后再按顺序进行催眠唤醒的逐步暗示。

第四章

每个人都可以成为催眠师

第一节
神奇的瞬间催眠术

10 秒之内将你催眠

只要在 3 分钟之内使受催眠者进入催眠状态的催眠方法，就可以称为瞬间催眠。瞬间催眠最理想的时间段是在 10 ~ 30 秒之间。这种方法的原理是基于受催眠者对催眠术及催眠师的信赖所产生的预期作用而致。

瞬间催眠术和快速催眠术并不是完全相同的。快速催眠不是完全意义上的瞬间催眠。快速催眠的正确定义是，在极短的时间内使受催眠者完全进入催眠状态的催眠方法。如果想使受催眠者尽快进入催眠状态，通常都需要受催眠者的主动配合，对催眠师持信任态度，否则催眠就很难成功。实际上快速催眠更适用于催眠敏感度比较高，或者是对于催眠要求比较迫切，以及拥有催眠疗法的成功经验的受催眠者。由于他们受暗示性比较高，放松得比较快，所以进入催眠状态也比一般人要迅速。而我们所说的瞬间催眠，基本上已经脱离了普通的催眠诱导方式，它甚至可以不需要受催眠者的主动配合。

瞬间催眠术有各式各样的施加方法。其中一种是先让受催眠者直接进入深度催眠状态中，然后在受催眠者被暗示性亢进的时候进行关键词暗示。比如说，催眠师可以进行这样的暗示："不论什么时候，在我把手放到你的额头上之后，你就会像现在一样进入深度催眠状态之中。"这就是一种预先施加暗示的方法。这时，

当你将瞬间自我催眠付诸实际后，对于不同的人来说练习的程度不同，结果也不同。

药物吃得再多有时候也于事无补

对于药物治疗而言，你即使吃再多的药，效果也是一样。

反复练习催眠技巧效果才显著

催眠，你越是不断地练习，增强自己的催眠技巧，你所达到的效果就越是持久而有效。

当然，有些既定目标的实现是比较模糊的，大概需要较长的时间才能完全表现出来。在有些时候，你还需要将自己的大目标分成几个小的目标来进行。

受催眠者的思想和精力集中到某一点上，难以产生别的思维和感觉，特别容易接受暗示，在这种情况下，即使周围环境不够理想，受催眠者也可以马上进入催眠状态。这种预先肯定的某种暗示或指令，很大程度上影响了受催眠者的行为和感觉。

但是从严格意义上来讲，上述这种方法并不属于瞬间催眠术的范畴，而和后催眠暗示更接近一些，因此，这里并没有把它归入瞬间催眠术之列。

瞬间催眠术对于时机的把握是重点中的重点。任何人都有一个容易接受暗示的最佳时机，如果错失这个最佳时机，基本上就不可能顺利地施加暗示了。可以说，瞬间催眠之所以会成功，主要是因为一些敏锐的催眠师感受到受催眠者细微的内心变化，从而抓住了那一瞬间；而瞬间催眠的失败，基本上也都是因为催眠师没有把握好催眠的最佳时机。

另外，一定要注意的是，瞬间催眠可能会对受催眠者造成不同程度的惊吓，对受催眠者产生一定的负面影响。所以，催眠师在进行催眠治疗时，要尽可能少用或者不用瞬间催眠。如果确实有必要使用，必须严格制订实施方案，严肃遵守行业规范。并且，在实施催眠的过程中，催眠师务必细致地观察受催眠者任何细微的反应，出现情况后进行及时处理。

催眠前的暗示是重点 ＞

　　大家应该都听说过，假如催眠师暗示受催眠者将在 10 分钟之后被催眠，受催眠者就会在 10 分钟之后进入催眠状态；如果暗示受催眠者将在 5 分钟之后被催眠，受催眠者就会在 5 分钟之后进入催眠状态。以此类推，假如催眠师暗示受催眠者将在一瞬间被催眠，受催眠者就会在一瞬间进入催眠状态。

　　这段描述听起来有点牵强，实际上，其可行性的关键就在于在实施瞬间催眠术的时候，要把整个催眠前的暗示重点对待。这也是催眠术成功的核心所在。与前面所说过的催眠方法一样，催眠师之前要向受催眠者进行必要暗示，经过暗示后受催眠者摒除了自我的观念，就能很快地进入催眠状态。

　　比如说催眠师要求受催眠者直立，双脚并拢，做几次深呼吸，然后彻底放松全身肌肉，尤其是要消除积压在胸部的紧迫感。催眠师可以询问一下受催眠者是否感到轻松，如果受催眠者点头或者轻声回话，就说明施行催眠的时机已到。此时，催眠师就应该马上要求受催眠者闭上双眼，并且要在进行瞬间催眠之前进行如下暗示："当我大叫一声'睡吧'，你就会突然进入催眠状态，顿时感觉全身松软无力地往后倒下去。"然后，催眠师一手扶住受催眠者的腰背部，一手轻轻按压住受催眠者的头顶部，继续如下暗示："你现在已经开始感觉到松软无力了，你的身体已经开始晃动……晃动幅度越来越大……晃动得越来越明显……好，继续晃动……"

这个时候，受催眠者的身体就会随之晃动，这说明受催眠者已经接受暗示——这就是进行瞬间催眠的最佳时机，催眠师应当抓紧时机继续暗示：

"准备好，你马上就要进入催眠状态了，我放在你头上的手一松，你就会立即入睡。往后倒，不要担心，我会扶住你的，注意！要进入催眠状态了！"这个时候催眠师立即大叫一声："睡吧！"同时松开压在受催眠者头上的那只手，用双手扶住进入催眠状态之后突然后倒的受催眠者，然后让受催眠者坐在沙发上或者躺在床上。

可见，催眠师将必要的暗示全部集中在前暗示之中，就可以很容易地将受催眠者在瞬间导入催眠状态。但是有一个问题催眠师一定要注意：一定要把握好进行瞬间催眠的最佳时机。

一般来说，催眠师在做完前暗示以后，要在不早不晚恰到好处的时机对受催眠者实施瞬间催眠的暗示。假如实施过早的话，前暗示就不能充分地发挥其作用，而假如实施过晚，又会让受催眠者心生疑虑，不能很快地作出明显的反应。所以，实施瞬间催眠暗示的工作是催眠成功的关键。

在以上的例子中，当催眠师暗示说"晃动越来越明显……"时，受催眠者的身体就会晃动，说明受催眠者已经接受了暗示——这就是实施瞬间催眠的最佳时机。只要催眠师细心观察，利用好这一时机，就可以成功地进行瞬间催眠。

瞬间催眠的方法

压手法

压手法可以说是最简单容易而强有力的瞬间催眠方法，催眠师通过压手法可以瞬间诱导出受催眠者深度的催眠状态，压手法的具体操作如下：

催眠师要求受催眠者用力往下压催眠师的手，在受催眠者往下压的时候，要求闭上眼睛。当受催眠者闭着眼睛往下压催眠师的手时，催眠师的手突然从受催眠者的手下抽离，制造出一种持续时间非常短的爆发反应，这个爆发反应最多持续2秒钟。在这2秒钟的"瞬间"，受催眠者心里会突然有种落空的感觉，因为压不到催眠师的手，所以产生短暂惊愕的效应，此时受催眠者就处于一种高度的被暗示状态。

这时，催眠师应该抓住时机，用一种绝对权威的语气暗示："睡！"这样就可以在瞬间诱导出深度的催眠状态，当然，如果没有立即进行深化暗示的话，受催眠者很可能就会醒过来。所以，在这个时候，催眠师必须立即进行短而简单的深化暗示，如："放松，放松，好，继续放松……随着你每一次的呼吸，你会更加放松……当我轻轻摇晃你的头时，你的脖子会感到非常轻松、非常轻松，你感觉到一种松弛通过了你的整个身体……好，放松吧，放松地睡吧……睡吧……此时你已经非常放松了……非常放松……全身心都放松下来……好，继续睡吧……睡吧……你已经进入了深深的催眠状态……"

这种压手催眠法，可以简单地概括成8个字："压我的手……睡……放松……睡！"虽然压手法是瞬间催眠方法中最为简单容易的，其效果却是相当强有力的，因此被广泛使用。

惊愕法

在进行催眠诱导的方法里，经常有一些加强语调的暗示——这种暗示含有一定的惊愕效应。当受催眠者就要进行非暗示内容的行动，有可能惊醒的时候，催眠师应当马上大声暗示："不要动"，"不能看其他地方"等，那么在瞬间惊愕的效应中，受催眠者就会照常进入深深的催眠状态。这同时也是一种强行催眠法，这种特殊方法就是在受催眠者毫无戒备的状态下突然施加暗示，从而使其不自觉地进入催眠状态。

人类在处于惊愕状态的时候，身心都会在一瞬间呆住，变得精神空乏，思考自然也受到了抑制，不知道下一步该干什么。"惊愕瞬间催眠术"就是利用了这个简单的原理，在这个特定的瞬间里实施暗示，使得受催眠者能够快速进入深度催眠状态。

传统的惊愕瞬间催眠法通常是让受催眠者凝视眼前呈 V 字形的两根手指，等到受催眠者的意识已经全部集中在催眠师手指上的时候，催眠师就会把手指突然猛向前推进。在这时，受催眠者就会因为惊愕而将眼睛闭上，催眠师就顺势将手指轻轻按在受催眠者的眼皮上，并进行如下暗示："现在，你已经没办法睁开眼睛了！"假如一切进展顺利，受催眠者就会无法睁开眼睛，于是催眠就进入了稳定状态中。如果受催眠者顺利地睁开了眼睛，那么催眠师就应该改变催眠战略，使用别的适合受催眠者的催眠方法。

传统的惊愕瞬间催眠法经过多年演变，如今已经发生了诸多改变。例如，在刚开始诱导时，诱导受催眠者的注意力已经不仅仅是集中于催眠师的手指上，也可以是其他的某一点或者某一物。催眠师的操作如下：当受催眠者将注意力集中到某一点或某一物时，催眠师此时要把握好时机，迅速将手指伸近受催眠者的两眼，在距离受催眠者的眼睛 2 ~ 3 厘米的地方突然停住，受催眠者就会因吃惊而闭上双眼。紧接着，催眠师立刻将受催眠者闭合的双眼按住，用坚定有力的语气，大声地、命令式地暗示："双眼紧闭，不许睁开。"催眠师继续暗示："身体向后倒，进入深度催眠，放心，我会接住你的。"稍等一会儿，催眠师就可以把手拿开，并托住受催眠者向后倒的身体，让其自然地躺在床上或靠在椅子上。这个时候，受催眠者的眼皮就会跳动，表示他已经顺利进入了催眠状态。

当催眠师将一个人催眠之后，对周围的其他人也就很容易施加该法了。比如，催眠师可以突然转向另一个人，并盯住他的双眼，大声地说："你的身体已经紧紧地贴在椅子上了，怎么也离不开了。"说话的同时把手指向这个受催眠者，而这个受催眠者因为观看了刚才的催眠实验或表演，会完全信服"一定是这样"，不由自主地接受了暗示，顺利地进入催眠状态。

在舞台表演中，催眠师经常会使用一种所谓的"吆喝术"，其实也就是惊愕法的演变。所谓的吆喝术，就是表演的催眠师突然大喝一声，引起受催眠者注意，使受催眠者瞬间陷入无所适从的惊愕、精神空虚状态，而这种状态也是一种渴望他人进一步指导其意识行动的状态。催眠师把握好这个时机，紧接着只要实施暗示诱导就可以了。

在催眠治疗中，除了在特殊情况下使用惊愕瞬间催眠法之外，一般不推荐使用这种方法。催眠师应当根据不同的需求和目的，采用不同的催眠方法，这样才会达到事半功倍的效果。

贴额法

贴额法是指利用受催眠者将手贴在自己的额头所引起的生理反应，从而接受暗示进入催眠状态的方法。在国际催眠界，贴额法是一种非常具有影响力的手法。

贴额法的操作非常简单，只需要对受催眠者作出如下的暗示：

"请将你的右手（或左手）紧紧地贴在额头上，从手腕到指尖全都紧紧地贴住……不要放开……要紧紧地贴住，手掌和额头之间不能一点儿空隙……手掌和额头紧紧依靠在一起……保持这个状态，当你听到我说'好'的时候，你的手马上就要固定在那里，不可以离开额头了……好！你的手已经不会离开了，无法离开了……你可以放下来试试看，好，放不下来了……"可能会有人怀疑，就这么简单的动作和语言就能够使受催眠者进入催眠状态吗？不需要其他的指令或暗示了吗？

实际上，贴额法的原理是这样的：假如人的额头部位的毛细血管受到一定程度的压迫，上升到人脑的血量自然也就会相应减少，分辨能力也就会相应地减弱，从而更容易接受来自催眠师的专业暗示。以前很多催眠师在实施催眠的时候，都会抱着受催眠者的头，并用力按压其额头，使其进入恍惚状态。

如果想要贴额法取得更大的成功，还需要其他的条件，比如催眠师要懂得巧妙地利用人类的大脑和肌肉之间的关系。有这样一个催眠实验：催眠师要求受催眠者直立身体，双手垂直向下贴住身体的两侧，也就是保持"立正"的姿势不动。然后，受催眠者一直保持这个姿势，催眠师从背后抱住受催眠者。这时催眠师双手开始用力，而受催眠者则会借着这股力量，试图把双手向外打开。这样进行20～30秒以后，催眠师突然不再用力，松开双手。这时，受催眠者的双手就会产生一种自然向上抬的感觉。为什么受催眠者会感觉到自己的双手自然向上抬呢？在受催眠者双手用力向外打开的时候，会不自觉地慢慢地发力，他的大脑也就随之逐渐地兴奋起来。当催眠师的双手松开时，受催眠者大脑的兴奋却并不会马上消失，它还会处在这种兴奋的状态下，即使受催眠者不再用力了，但是他的双手却还会不由自主地向上抬。

假如在实施这个方法时能够把握好节奏，即使是初学者或者是进行自我催眠，其成功的概率也是非常高的。

手紧贴

不留空隙

第二节
不可思议的集体催眠术

一种别开生面的催眠术

根据接受催眠的对象不同，催眠可以分为个别催眠（或称他人催眠）、自我催眠和集体催眠这3种类型。每一种类型都有其各自的催眠优势，如何进行选择，这就需要受催眠者根据自身的情况来判断了。

我们之前已经提到过的，由催眠师对单个的受催眠者进行催眠治疗的催眠方法，都属于个别催眠的范畴；自我催眠是由个人自己进行催眠诱导的一种催眠，这种方法我们将在后面详细论述；而集体催眠法，则是指让病情、年龄、催眠敏感度都比较相近而且性别相同的数人或者十余人，在一间治疗室里同时接受同一个催眠师的催眠治疗。

集体催眠的人数并没有严格的限制，可以是数人到数十人，甚至是多达数百人。为了治疗的目的，应当根据不同的病种和要求，具体情况具体分析，进行分组集体催眠治疗，通常情况都是在 10 个人左右。

在集体催眠前，催眠师应当保证集体催眠有一个适宜的环境，同时受催眠者也要做好充分的心理准备，遵守催眠治疗的规则，不要影响其他受催眠者，另外应该要求各受催眠者尽量倾注于自身的感受和体验，这样会比较容易取得催眠治疗的成功。如果集体治疗的过程中出现秩序混乱的局面，那么催眠师应该作出相应的调整，使之安定、和谐起来。

实际上，集体催眠并不像一般人所想象的那么困难，只要实施得当，它往往比个别催眠更易成功，也更容易取得良好的治疗效果。这是因为受催眠者身处群体之中，相互之间有着影响和促进的作用，而且会有一种集体的安全感。这些优势是个别催眠和自我催眠所无法相比的。

那么，集体催眠到底应该如何操作呢？

首先，一定要准备好催眠的场地——最好是催眠治疗室，也可以是条件近似于催眠治疗室的房间。假如条件允许，可以在房间天花板上装一个晃动的摆锤，这会对受催眠者进入催眠很有帮助。如果没有摆锤可以用怀表等代替，能把晃动的物体和一些音乐巧妙地结合进来，对于受催眠者而言，整个催眠会更加顺利。

其次，要在催眠治疗室内布置好 10 个带有靠背的比较舒适的椅子。按照习惯摆放妥当。

在这一切都准备好了以后，催眠师就可以开始对大家进行一些简单的讲解：

"一会儿，我要对大家进行集体催眠。大家被催眠之后会变成什么样呢？你们的身体会很放松，心情会很舒畅，短短 10 分钟的催眠就相当于两个小时的睡眠。你们在这个过程中会感到全身温暖，暖流在全身流动。你们能清晰地听到我的指令，你们只与我保持联系，就算在催眠状态中你们也能很清楚听到我在说什么，假如你们被成功催眠了，那么今天晚上你们一定会睡个非常舒适的觉……"

在简单的讲解过后，催眠师还要进行一些测试，用以分辨受催眠者催眠敏感度的高低，这样就可以选择催眠敏感度相近的受催眠者为一组进行集体催眠。当然，在催眠开始的时候催眠师也会让每个人闭目全身放松，聆听自己的呼吸声，让整个房间处于安静的状态。

集体催眠前测试 〉

在进行集体催眠之前，催眠师必须进行一个或几个小测试，对一群受催眠者催眠敏感度的高低进行测试，从而可以在受催眠者中选择催眠敏感度高低相近的受催眠者为一组进行集体催眠。

进行测试时，催眠师可以发出如下的指令："现在，我想让大家做一个小小的测试，用来看看你是否容易被催眠，希望可以得到大家的配合……现在，请你坐在椅子上……首先，请把你的头向右边倾斜，直到你感觉到脖子的另一边有点疼为止……好的，再倾斜一些……慢慢来……尽量向右倾斜……好的，可以了，现在再把你的头抬回到原来的位置……

"接下来，请把你的头向左边倾斜，直到你感觉到脖子的另一边有点疼为止……好，做得非常好，再倾斜一些……慢慢来……尽量向左倾斜……好的，再倾斜一些，直到你感觉到脖子的另一边有点疼为止……可以了，现在请将你的头抬回到原来的位置……

"现在，将你的头慢慢地向前倾斜……将头慢慢地向前倾斜，让你脖子的后面得到充分的伸展……现在，请用力将你的肩膀慢慢地向后拉，头慢慢地向前倾斜……好的，肩膀慢慢地往后拉，头慢慢地往前倾斜……头继续向前倾斜……脖子继续向后拉……好的，可以了，现在请把你的头抬起到原来的位置……接下来是向后，将你的头慢慢地向后仰……将头慢慢地向后仰，尽量把你的头向后仰……慢慢地向后仰……好的，接着向后仰，直到你的额头可以正对天花板……好，慢慢地向后仰……好的，可以了，现在请把你的头抬起回到原来的位置……"

实际上这个测验所利用的原理就是我们前面所提到过的"渐进式放松诱导法"，简单地说，就是先让受催眠者的肌肉紧张，然后再让肌肉放松，目的就是为了让脖子的肌肉更加放松。当受催眠者体验了肌肉放松后的舒适感时，就会逐渐放松全身。

手臂升降测试导入催眠状态

　　测试前，应教会受催眠者测试用的手势，然后请他关掉手机，摘除身体上的饰品、腰带、眼镜等。找个感觉舒服的地方站好，两臂自然下垂。以下是导入催眠状态使用的指导语：

　　1. 将双臂向前伸直，左手掌心向上、右手掌心向下。自然地闭上眼睛，全身都放松……想象眼睛凝视着鼻尖，保持深呼吸，放松……

　　2. 想象右手托着一盘水果，感到越来越沉重……正在慢慢地往下降……同时想象左手掌上绑着一串气球逐渐向上浮，把左手往上拉……

　　3. 不断地深呼吸，放松，随着每次吸气，你感觉到左手上的气球增大了一倍，左手也越来越轻，越来越往上漂……随着每次吐气，你感觉右手那盘水果沉重了一倍，而右手也越来越往下降……

　　4. 现在你可以放下手臂，让整个身体放松下来，让手臂恢复到本来舒适的姿势，当手臂一放下来，你整个身体就完全放松了，松弛，你进入了深深的、舒适的催眠状态……

接着，催眠师继续进行暗示："好的，现在，请大家都慢慢闭上眼睛……我说一声'好'，大家的头就会自动地向后仰……好……头开始向后仰了……开始向后仰了……好，一直往后仰……头越来越往后仰了……越来越往后仰了……继续往后仰……继续……头往后仰下去，就再也抬不起来了，再也抬不起来了……你越是想要抬起头，头反而会越往后仰……现在，请将你的头抬起试试看，看自己能不能抬起头来，对，你绝对抬不起来了……绝对抬不起来了……

"你的头是不是抬不起来了？现在我准备唤醒你们，你们注意我的指令，当我从1数到3时，你们都会快速苏醒过来，在暗示被解除之后，请你马上站起来，注意我开始数了，1……2……"

在这个小测试中，很多人都会把头往后仰，真的抬不起头的人却没有几个。这与给予暗示的方法也是有很大关系的。用这个小测验可以很直观地分辨出受催眠者催眠敏感度的高低，这也是集体催眠的首要步骤，催眠师需要用心分辨，进行合理分配。

集体催眠介绍

选择好了受催眠者的分组，接下来我们就要正式进行集体催眠了。首先需要进行的是集体催眠介绍，这样做主要是为了创造一个不破坏受催眠者进入催眠状态的良好环境，同时也是为了使受催眠者做好充分的心理准备，倾注于自身的感受和体验，遵守催眠的规则，不影响其他受催眠者。集体催眠介绍可以参考如下这段：

"在我做催眠治疗的这段时间，请大家保持安静，专注于我的声音……好，请大家稳稳地站好……不要乱动，仔细听我的声音……两手稍微有些接触，放在自己的腿上……然后，请大家舒适地坐在椅子上……选择一个自己觉得最舒适、最放松的姿势坐好，并自然地、轻松地靠在椅子后背上……保持非常舒适的，非常轻松的姿势……好，静静地听我说……我知道这里很多人都没有被催眠过……其实，最开始的催眠都是很浅的……大家会很清楚周围发生的事情，清晰地听到我的声音，这并不是睡着了，也不属于无意识的状态。你还是能清晰地了解周围环境里所发生的一切……但是对于我说出来的事情，大家会产生无论如何都想去做的心情，怎么也阻止不了……

"当大家出现这种心情的时候，千万不要试图去反抗，你们只要遵从自己的内心，让自己的身体随之动起来就可以了。一切顺其自然，这样的话，你将会感觉到很舒适……很轻松……也许你们中间会有一些没能被一起催眠的人，所以在这个过程中，请大家务必保持安静，直到我示意大家可以说话为止。在你还没有被催眠的时候，请不要打搅你旁边的人，注意用心去体会……不要笑，也不要说话……现在，请大家放松，静静地听我说话……好的，就让我们开始催眠吧……首先……"

这个时候，催眠师可以开始播放一些催眠曲，并让布置在天花板上的摆锤开始晃动。让所有的人在这种大环境的影响下，开始慢慢进入催眠状态。

其实，集体催眠介绍，就像个别催眠时所使用的催眠语一样，不必过分拘泥于某一种固定的形式或者说法，一定要具体情况具体对待，灵活地处理和使用。催眠师也需要勤加练习，做到熟能生巧。

集体催眠诱导 ▷

在简单介绍了集体催眠之后，催眠师就可以进行集体催眠诱导了。催眠语可以是这样：

"现在，请大家注意看着我的眼睛……放松，慢慢地放松……你现在感觉非常轻松，非常舒适……接下来，请大家注意看天花板上那个晃动的灯……你现在感觉非常轻松，非常舒适……好，请继续看天花板上那个晃动的灯……继续看天花板上那个晃动的灯……集中注意力来凝视那盏灯……你们会逐渐地感到视力模糊……逐渐模糊……已感到模糊了，你感到有点疲惫……有点疲惫……你开始觉得你的身体变得疲惫……觉得你的身体变得非常疲惫……非常疲惫……越来越疲惫……现在，你开始犯困了……你的身体越来越疲惫，你现在感到非常困……感觉身体很疲惫，很沉，感觉很困……很困……越来越困……越来越困……感觉身体很疲惫，很沉，感觉非常困……很疲惫，很沉，感觉很困……非常困……越来越困……真困啊……

"现在，你的眼皮开始变得很疲惫、很沉……你的眼皮开始变得很疲惫、很沉……很疲惫……很沉……你的眼皮越来越疲惫，越来越沉……你感觉越来越困……你的眼皮感觉很沉，眼睛都要睁不开了……你开始眨眼睛……有一种特别疲惫的感觉，你感到特别困……非常困……对，就像这样，你的眼皮变得很沉，眼睛已经睁不开了，你感到非常困……你的眼皮很沉，眼睛已经睁不开了……好的，慢慢地闭上双眼……慢慢地闭上双眼，听我说话……慢慢地闭上双眼……有人已闭上眼睛了，已不想睁了，闭上眼休息吧……闭上眼睛……当你一听到我的声音，你的心情就会变得非常平静、非常宁静、非常放松、非常轻松、非常舒适……有一种重力消失了的感觉，现在感觉很轻松……很轻松……一种彻彻底底放松的感觉……一种彻彻底底放松的感觉……是的，你现在很放松……非常放松……感觉非常舒适……非常舒适……

"接着，你的手也开始感觉疲惫……你手臂的肌肉感觉很疲惫……手渐渐抬不起来了……很疲惫……你的脚也开始感觉很疲惫，很沉……像灌满了铅一样，很沉、很累……你脚很疲惫、很沉，也像灌满了铅一样，变得很沉……现在你感觉很累、很疲惫……非常累，非常疲惫……你全身的肌肉都开始感觉很沉……很疲惫……非常疲惫……

"接下来，开始深呼吸……深呼吸……现在，深深地、静静地吸气……吸气……好……深深、静静地地呼气……呼气……深深地、静静地吸气……吸气……深深地、静静地呼气……呼气……深深地吸气……吸气……深深地呼气……呼气……深深地吸气……吸气……深深地呼气……呼气……每做一次深呼吸，你都会感觉越来越平静，越来越舒适……好，继续吸气……深深地吸气……呼气……深深地呼吸……感觉非常平静，非常舒适，你已经进入了催眠状态……每做一次深呼吸，催眠状态就会更加深入，轻松地、自然地闭着眼睛，直到我说起来为止……而且你也会按照我所说的去做……轻松地、自然地闭上眼睛，渐渐地进入深度催眠状态……轻松地、自然地闭着眼睛……对，就是这样，轻松地、自然地闭着眼睛……你不会想睁开眼睛，就这样轻松地、自然地闭着，感觉非常舒适……就是这样，感觉非常舒适，非常轻松……就这样放松地坐着……你感觉非常舒适……非常舒适……只关注我的声音……只关注我的声音……你感觉非常轻松，非常舒适……非常轻松……非常舒适……已经进入了催眠状态……

"轻松地、自然地闭上你的眼睛，你感觉非常舒适……非常舒适……想象着接下来我说的话……就是这样，对的……很好，轻松地、自然地闭上你的眼睛，你感觉非常舒适……非常舒适……想象着接下来我说的话……好，做得很好……轻松地、自然地闭着你的眼睛……"

这一群受催眠者就这样被诱导进入了集体的催眠状态。

集体催眠深化

在受催眠者经过诱导而进入集体催眠状态之后，催眠师就要运用适当的方法进行集体催眠深化，这些方法主要有手臂上升法、神经疲劳法、连续变化法和意识退行（前进）法等。目的是消除受催眠者的疲劳、烦恼、紧张、压力、怀疑等，让受催眠者所有的不愉快、不舒服的感觉都离他远去，从而变得轻松、舒适起来。

手臂上升法

在一群受催眠者进入催眠状态以后，催眠师接下来就要用手臂上升法来进行集体催眠的深化。通过手臂上升法可以统一受催眠者的步调，只是这种方法需要花费一定的时间，催眠师需要耐心对待。在开始进行催眠的时候，仍需要受催眠者先舒展一下身体，做个深呼吸，让身体放松下来，然后以最舒服的姿势坐在椅子上，或者靠在沙发上，双手以最舒服的姿势放好。做完这一切以后就可以进行催眠了，其具体的操作过程可以参考下面。

催眠师暗示说："……好，现在请大家开始想象……想象你的左手臂上系了一串彩色的气球……就是这串彩色的气球在慢慢地将你的左手臂抬起，你的左手臂会渐渐地上升……渐渐抬起，越抬越高，越升越高……你的手臂每上升一点，你的心情也会随着变得更加轻松，感觉更加舒适……你的左手臂抬得越来越高……越来越高……你无法阻止它的上升……你也不想阻止……你的左手臂抬得越来越高，也变得越来越轻……抬升得越来越高，变得越来越轻……请大家想象，你的左手臂变得越来越轻，抬升得越来越高……越来越高，越来越轻……身体也变得越来越轻……越来越轻……现在身体有一种快要漂浮起来的感觉……非常轻松，非常舒适……好，左手臂继续抬高……向上升……你的身体越来越放松了，你的念头也越来越少了……越来越少……

"接下来，出现了一串更多的气球，比刚才那串气球要多出 10个，这新出现的一大串气球系在你的右手臂上，慢慢地抬起你的右手臂……慢慢地抬起你的右手臂，越来越高……越来越高……你的右手臂被这串气球牵引着往上升，越来越高……你的胳膊抬升得越来越高，你自己根本就阻止不了它……你也不想去阻止它……你的右手臂抬升得越来越高，你自己根本就阻止不了……你也不想去阻止……让它升高……你的右手臂抬升，越来越高，

越来越高……越来越高……越来越高……现在，你的两只手感觉
都要漂浮起来了……你的两只手抬升得越来越高，感觉都要漂浮
起来了……现在，你的身体也变得很轻，非常轻……身体也变得
越来越轻……越来越轻……你的身体有一种马上就要漂浮起来的
感觉……变得越来越轻……越来越轻……现在，你感觉非常轻松、
非常舒适……你的手臂抬升得越来越高，你的身体也已漂浮起
来了……现在，你感觉非常轻松、非常舒适……非常轻松，非常
舒适……好了，现在，你已经进入了更深的催眠状态……进入了
越来越深的、舒适的催眠状态……"

神经疲劳法

神经疲劳法指的是通过某种暗示，使受催眠者的神经产生疲
劳，从而更容易专注地接受深化催眠的暗示，这样就可以更容易
地进入更深的催眠状态。具体操作可参考如下：

催眠师暗示说："……当我从3数到1，你就会感觉到非常
困……3……2……1……好，你现在很困了……非常困……身体已
经完全没有了力气……心灵也没有了力气……现在，请放松你的
手臂……放松……越来越放松……现在，我从3数到1，你就来
到了一个很巨大的冷冻室里，非常非常寒冷的冷冻室，非常非常
寒冷……3……2……1……好的，现在你已经到了一个很大的冷冻
室……冷冻室里非常寒冷……是一间非常非常寒冷的冷冻室……
冷得受不了了……实在是太冷了……里面温度太低了……温度太
低了……你就要被冻僵了，冷得受不了了……太寒冷了……你现
在感觉非常冷，这么寒冷的冷冻室，冷得让人受不了……你几乎
要被冻僵了……真的是非常冷，非常冷……全身已经冻得没有知
觉……冻得没有知觉……然后，寒冷渐渐褪去……渐渐褪去……
你离开了冷冻室……温度开始上升……温度在上升……开始变得
暖和起来……暖和起来……

"现在，你闭着眼睛，轻松地坐在椅子上，渐渐地感觉到暖

和起来……渐渐地感觉到暖和起来，心情也开始变得舒畅，变得愉悦……接下来，你来到一个欧式的大厅里……大厅里非常暖和……非常暖和……你全身的温度恢复正常……恢复正常……你坐在壁炉旁边，壁炉里面的火让你感觉有点热……现在，慢慢地，你感觉开始变得有点热……有点热……渐渐感觉很热……很热……全身变得非常热……非常热……非常非常热……你热得受不了了。你的汗都冒出来了……壁炉里面的火烤得你汗都冒出来了……你感觉非常热……非常热……非常非常热，你热得完全受不了了……然后，这种热又渐渐变得柔和了……非常柔和……你舒适地，放松地坐在椅子上……"

像上面这样，通过交叉、反复地给予受催眠者"寒冷的暗示"与"热的暗示"，那么，受催眠者的植物性神经系统就会自动开始调节：在感到寒冷的时候努力让身体变得暖和一些，而感到非常热的时候又会努力让身体变得凉爽一些。这样交叉而反复的暗示，会使受催眠者的自主神经变得非常疲劳，也更容易加深受催眠者的催眠状态。接下来，催眠师会让受催眠者的头倒下来，以使疲劳的植物性神经系统放松，催眠状态也就能完全稳定下来了。

催眠师可以这样暗示："……现在开始，我会轻轻地拍你的肩膀三下，你的头就会往前倒去，我每拍一下，你就会进入更深一层的催眠状态，好的，准备好，等我拍三下以后，你也会进入深度催眠状态……"催眠师一边说，一边轻轻地拍受催眠者的肩膀三下。

"……好的，现在你已经进入了深度催眠状态，进入了深度催眠状态……眼睛就会自然地闭上……你的整个身体都放松了，变得越来越累了……现在，你感觉你的头很沉，非常沉，沉得已经开始往前倒了……不要担心，你可以尽情向前倒……向前倒……好，继续倒……是的，你感觉你的头很沉，非常沉，沉得已经开始往前倒了……沉得已经开始往前倒了……你一直专注于我说的话……你只听得见我说的话……好，现在你感觉你的头越来越沉了，往前倒了……往前倒了……现在，你已经进入了越来越深的催眠状态……越来越深……"

这样，受催眠者的头就会按照催眠师的暗示真的往前倒去，同时也就进入了更深的催眠状态。

连续变化法

连续变化法指的是通过让受催眠者接受连续变化的暗示，从而让受催眠者彻底地释放自己的压力，更好地进入深度催眠状态。此法的具体操作可以参考以下内容：

催眠师这样暗示说："……好，请专注于我说的话……现在，大家也只能听见我说的话……现在，请大家的思维继续跟着我走，集中注意力……注意听我说的话……从现在开始，大家会变成各种各样的事物……首先，当我从1数到5的时候，大家就会变成一块面包……好，我开始数数……1……变成面包……2……变成面包……3……面包……4……你已经是一块面包……5……一块松软可口的面包……好的，现在，你变成了一块刚刚出烤炉的面包，热气腾腾，香喷喷的……好，这面包真的是非常香、非常香……松软可口的面包……非常香……非常香……你是一块刚出炉的香喷喷的面包……非常香……香喷喷的

"我再数五下，你就会变成吃面包的人……1……2……3……4……5……你看见了刚才那块香喷喷的面包……这块面包实在是太香了……真的是太香了……香得让人流口水……你很想吃掉这块面包……非常想吃掉这块面包……非常想……你朝这块面包走过去……你拿起了这块面包……啊，多么美味的面包啊……真的是太香了，太好吃了……你尽情享用着这美味的面包……非常好吃……非常香……你尽情享用着美味的面包……尽情享用着……享用着……直到享用完为止……"

根据这个暗示，受催眠者就会开始自主地活动，并且做出吃面包的动作。由于每个人的想象力是不完全一样的，所以受催眠

者做出来的动作也是因人而异，千奇百怪。动作越大、越激烈，就表明被催眠的程度越深。

接着，催眠师继续暗示："……当我数五下之后，大家就会进入沉睡……1……2……3……4……5……开始沉睡……好，现在已经进入更深沉、更放松、更舒服的状态……睡吧……睡吧……现在，你的头完全没有了力气……没有了力气……脚也完全没有了力气……没有了力气……身体完全没有了力气……没有了力气……你的心也没有了力气……没有了力气……

"这次，你将会变成一架钢琴……当我从1数到5的时候，大家就会变成一架钢琴……1……2……3……4……5……你现在成了一架钢琴……在全国钢琴比赛中取得第一名的钢琴家在忘情地弹奏着钢琴……琴键的跳动是那么欢快，钢琴家的手指是那么娴熟……琴键欢快地跳动着……钢琴家的手指在琴键上娴熟地飞舞着……娴熟地飞舞着……弹奏的音乐是那么动听……那么动听……好，现在，当我数五下之后，你再次进入沉睡……1……2……3……4……5……好，开始沉睡……沉睡……你的头完全没有了力气……没有了力气……脚也完全没有了力气……没有了力气……你的身体完全没有了力气……完全没有了力气……你的心也没有了力气……没有了力气……

"现在，你变成了一只可爱的小猴子……1……2……3……4……5……你变成了一只可爱的小猴子，你在丛林里跳来跳去……自由地、幸福地跳来跳去……从这棵树跳到那棵树……又从那棵树跳到另一棵树……远处有一座巍峨的高山……小猴子跳到那座高山去看看吧……从天空中俯瞰那座高山……你自由地、幸福地跳来跳去，愉快极了……啊，有一只狮子过来了……小动物们吓得都跑了……大家都四处逃窜……你也吓得一身冷汗……啊，赶紧逃跑吧，不要发呆了……那只狮子过来了……越来越近了……它看到你了……看到你了……危险，快逃，快逃……你抱着头飞快地逃开了……飞快地逃开了……拼命地逃跑……拼命地逃跑……离狮子也越来越远……越来越远……

"当我数 5 下之后，你就会进入沉睡……好，我开始数数……1……2……3……4……5……好，开始沉睡……沉睡……你的头完全没有了力气……没有了力气……脚也完全没有了力气……没有了力气……你的身体完全没有了力气……完全没有了力气……你的心也没有了力气……完全没有了力气……"

意识退行（前进）法

意识退行（前进）法是让受催眠者的意识回到过去或者去到未来的某一段时间，使其进入回忆或想象中，让潜意识把受催眠者那种愉快或者痛苦的感觉调动出来，然后，催眠师再一一进行分析与引导，使受催眠者可以很好地深化其催眠状态。下面，我们就以意识退行法为例：

催眠师可以参考这样的暗示："……现在，你感觉非常轻松，非常舒适……只专注于我的声音……你只听得到我的声音……现在，我会降低大家的年龄……不论现在你有多大，当我从 1 数到 5 的时候，大家就睁开眼睛，睁开眼睛之后，就回到了自己 6 岁时候的样子……1……你要在头脑中清晰地描画自己 6 岁时的场景……2……回到 6 岁……回到 6 岁……3……已经是 6 岁了……6 岁……4……完全回去了……5……好的，现在睁开眼睛……"根据这个暗示，让受催眠者的记忆回到过去，催眠就会因此得到深化。

手臂上升法、神经疲劳法、连续变化法和意识退行（前进）法都是非常常用的集体催眠深化方法，集体催眠实践中，需要催眠师根据受催眠者的具体情况来进行灵活掌握与巧妙运用。

集体催眠的唤醒 ▷

现在，是时候结束这次神奇的集体催眠了，催眠师可不要忘记把受催眠者唤醒。当然，集体催眠的唤醒也离不开催眠师暗示

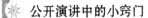

　　演讲是一门语言艺术，它的形式是"讲"，同时辅之以"演"，使讲话艺术化，从而产生艺术魅力。演讲的很多技巧里都蕴含着催眠原理。通过以下三个技巧，可以很快提高自己的演讲表现。

　　1. 解除目光压力。从听众中寻找善意而温柔的目光，把视线投向强烈"点头"以示首肯的人，对巩固信心也很有作用。

催眠是神奇的，有魔力的！

　　2. 展现脸部表情。通过自我催眠暗示自己获得跟演讲内容符合的表情，能起到非常好的效果。

你没听错，真的只要299元，不是美元，是人民币！

　　3. 控制声音速度。想给人沉着冷静的感觉，语速应稍慢，要展现激情，语速应稍快。

性的唤醒指令。

　　催眠师可以用这种暗示："现在，我要对所有人说，在大家睁开眼睛之后，我刚才所做的催眠与暗示就会全部消失。当我从5数到1时，大家会逐渐地苏醒过来，明白了吗？下面我开始倒计数，大家准备好……5，请大家开始慢慢地，舒舒服服地睁开你的眼睛……慢慢地睁开眼睛……4，睁开眼睛，慢慢地睁开你的眼睛……3，慢慢地，舒舒适适地睁开眼睛……2睁开眼睛……1，睁开眼睛，睁开眼睛！你们感觉非常轻松，非常舒适，睁开眼睛……好，暗示解除了，你们醒过来了。"唤醒后，催眠师应要求受催眠者原地进行简单的活动，不要影响周围正在苏醒的人。

　　对于那些给予了后催眠暗示而没有解除催眠的人，催眠师一般应使他们再回到催眠状态，然后再对其进行唤醒。可以暗示"闭上眼睛……睁开眼睛……醒来"，这样就可以解除他们的后催眠暗示。或者直接在他们面前打一个响指，也可以简单地解除。所有的人都回到现实生活中，并且都感到很轻松、很愉快，那就代表集体催眠取得了良好的效果。

第三节
轻松掌握 12 种催眠方法，
晋升催眠师

躯体放松法 ＞

受催眠者根据催眠师的暗示，通过躯体放松而进入催眠状态，这种进入催眠状态的方法就是躯体放松法。实施躯体放松法之前对受催眠者进行放松说明和适当的训练是十分必要的。

那么，躯体放松是如何使受催眠者进入催眠状态的呢？对于这个问题，首先需要指出的是，使躯体放松是一种非常符合生理学原理的医学技术，这种技术绝非人人生而有之。那些催眠敏感度比较低的人，以及知识贫乏、智力偏低的人，往往很难做到躯体的放松，甚至对什么是放松都不是很明白。因此，在我们正式实施催眠之前，对于那些要实施躯体放松法的受催眠者，催眠师需要对放松的概念、意义、方法等进行必要的说明和介绍，并对受催眠者进行适当的训练。只有这样，才能奠定躯体放松法的成功基础。在受催眠者放松的过程中，需要一边聆听催眠师的引导，一边积极地配合，整个人处于很自然的、什么都不必想的状态，受催眠者只是跟着催眠师的引导，就能够很快就会进入很放松、很舒服的状态。

一般情况下，躯体放松法的具体实施步骤是这样的：让受催眠者仰卧在床上，任其选择一个他自己感到最为舒适的姿势静静地躺着，将手表、皮带、领带等有可能对人体产生束缚的物品摘去。受催眠者静静地躺上几分钟之后，催眠师开始下达放松的暗示。放松的顺序一般来说是眼皮放松、面部肌肉的放松、颈部肌肉的放松、肩部肌肉的放松、胸部肌肉的放松、腹部肌肉的放松、脚部肌肉的放松，最后是手臂的放松。当受催眠者完全进入放松状态以后，就可以迅速导入催眠状态。躯体放松法简单易学，效果立竿见影，同时也可以配合深呼吸疗法、按摩疗法等，适用于每一个人。但是在进行放松的过程中，一定要注意下列问题。

第一，应当反复暗示，使受催眠者做到彻底放松。

催眠师对受催眠者某一部位的放松一定要进行不厌其烦的反复暗示。比如，催眠师可以这样说："把你的手臂放松……手臂再放松……再放松……继续放松……好，现在看得出来，你的手臂已经很放松了，但是我要求你还要继续放松……将你的手臂继续放松……好，接着放松你的手臂……再放松一些……再放松一些……尽可能地放松……好，做得非常好，再放松一些……再放松一些……好，继续放松……放松……让手臂深深地放松……放松得越来越深……越来越深……你的手臂已经完全地放松下来，它们很自然地放在舒适的地方，现在你可以做一个深深的呼吸，让你自己进入更舒适的催眠状态……"

如此反复地暗示，并且使受催眠者随之做到彻底的放松，就可以使受催眠者的注意力高度集中，全身也会随着手臂放松而放松，整个躯体放松也使受催眠者易于进入催眠状态。

第二，在放松之后应当发出舒适、愉快的暗示。

为什么一定要在受催眠者放松之后做出这样的暗示呢？这是因为，在身体得到彻底的放松之后，人确实可以体验到催眠师所说的那种舒适、愉快的感觉。如果在放松之后又发出这样的暗示，让受催眠者做这样的体验，既可以增加受催眠者与催眠师之间的默契的程度，更可以达到使受催眠者注意力高度集中的目的。另外，伴随着这种轻松、舒适、愉悦的感觉，受催眠者的躯体完全放松，自然地进入最深的放松状态，那么，埋藏在人们心灵深层世界中的反暗示防线是最容易被冲垮的，也就最容易进入到理想的催眠状态中。

第三，注意留出足够的时间，使受催眠者充分体验舒适愉快的感觉。

在令受催眠者彻底放松身体，并且让受催眠者体验到了放松之后舒适、愉快的感觉之后，应当留出足够的时间，使受催眠者能够充分体验舒适愉快的感觉。假如催眠师发出了一个暗示，受催眠者还没来得及体验，催眠师就紧接着发出了另一个暗示，那么受催眠者就无法感觉到放松，以及放松之后的舒适感、愉悦感。这些感觉的体验都需要一段足够的时间，而具体的时间掌控需因人而异，所以催眠师要注意根据受催眠者的情况来预留时间。许多催眠术的初学者在采用躯体放松法对受催眠者进行催眠时却不起作用，这往往都是由于没有留出足够的时间让受催眠者来充分体会而所造成的。

第四，跳跃进行的继续暗示，使受催眠者放松。

在一些个别的情况下，进行一次从眼皮到手臂到腰部最后到足部的全过程放松，仍然不能使受催眠者进入催眠状态，尤其是那些初次接受催眠的人。此时催眠师应该怎么做呢？这个时候，催眠师应当心平气和地对受催眠者继续进行暗示，努力使受催眠者放松。不过，这个时候一定要注意一个重要的细节问题，就是不能再从眼皮到手臂到腰部这样重演一遍，而是应当在躯体的各部位之间跳跃进行。之所以要在躯体的各部位之间跳跃进行，是因为如果再依原来的顺序进行，受催眠者就会很自然地产生一种预期心理，当放松到颈部的时候，受催眠者就会这样想：嗯，下一步就该是放松肩部了。如果受催眠者产生了这样的预期心理，那么就会直接妨碍他注意力的集中，而这样就更加难以进入催眠状态了。如果催眠师的暗示从颈部突然跳跃到脚部，受催眠者就会感觉出乎自己意料，于是就会将分散的注意力再次集中起来，用心去听催眠师的下一步暗示，这样一来，就能顺利地进入催眠状态了。

第五，舒适的按摩，大大增进受催眠者躯体放松的效果。

有时，虽然经过催眠师的反复暗示，但是受催眠者的躯体放松状况还是不足以达到进入催眠状态的要求。这个时候，如果以按摩催眠法作为辅助，就可以极大地增进受催眠者躯体放松的效果，进而使其迅速进入催眠状态。在受催眠者躯体难以放松的情况下，催眠师可以这样告诉受催眠者："现在，我开始给你按摩……轻轻地按摩……你尽可能放松……好，放松……继续放松……随着我的按摩，你的肌肉会越来越放松，你会感到越来越舒适……越来越放松……非常放松……非常舒适……你将越来越感到疲倦而进入催眠状态……"

催眠师可以一边暗示受催眠者进行放松，一边同时对受催眠者进行轻柔地专业按摩。在对受催眠者进行按摩的时候，催眠师需要注意的主要有以下两点：第一，按摩力度不能过大，也不可以太轻，如果过大的话，会使受催眠者感到不适，使其注意力不能很好地集中，而如果过轻的话，则又起不到按摩应有的作用。第二，按摩讲究方法，按摩皮肤的方向也是要讲究生理学依据的，应当以顺势而下为最佳，这是符合皮肤纹理及其构造的专业方法，这种方法能让受催眠者很快放松下来，并且顺利地进入催眠状态。

言语催眠法

在种类繁多的催眠方法中，有一种非常神奇的言语催眠法。言语催眠法是指催眠师不需要任何道具，也不用受催眠者做出任何配合的动作，只是通过催眠师特定的催眠言语暗示，就可以将受催眠者导入催眠状态的一种催眠方法。催眠师的言语必须是积极的、易于接受的、正面的，绝对不能是消极的、具有伤害性的。

虽然言语催眠法是一种仅仅借助于语言来进行催眠的方法，看起来好像很简单，可实际上这种方法内在的要求要比其他方法高很多。如果催眠师的技术拙劣，不仅不会将受催眠者顺利地导入催眠状态，还有可能使受催眠者对催眠产生怀疑或者对催眠师产生反感。

在实施言语催眠法之前，催眠师有必要向受催眠者做一些关于言语催眠术的必要说明和解释，讲清楚催眠术的原理以及种种益处，还要给予受催眠者一系列积极、正面的暗示。比如：你的智商非常高，情商也一样高，你这个人非常聪明，悟性很强，人格非常健全，心理非常健康，像你这样优秀的人是最容易进入催眠状态的。如果条件允许，可以让受催眠者来旁观已经进入催眠状态的其他受催眠者，或者让一些已经享受过催眠所带来的种种益处的受催眠者谈一谈自身的催眠体会。这样做主要是为了形成受催眠者积极而强烈的预期心理，完成一次明确的、具体的、有利的、对个人有积极意义的催眠治疗。

言语催眠法的具体施术步骤一般是这样的：先让受催眠者静静地坐在椅子上或者躺卧在床上、沙发上，让他安静地休息片刻，使其排除杂念，心情放松，精神安逸。然后，催眠师以鼓励性、正面积极的言语调动受催眠者的积极性，增进双方的感情交流，形成相互之间信任、默契的心灵感应。接下来，催眠师可以进行言语暗示。受催眠者通过言语催眠，在苏醒以后也会觉得精力丰富、精神振奋。

使受催眠者进入催眠状态的言语暗示，基本上都可以采用如下的一些言语："现在你静静地坐（躺）在这里，你感到非常放松……你的心情已经十分平静，平静得不能再平静了，你的心情非常轻松、非常愉快……外面的声音已经越来越模糊了，越来越小了。但是我的声音显得非常清楚，越来越清楚……现在，你对其他声音充耳不闻，只有我的声音你才听得十分清楚，你只专注于我的声音……你只能听得到我的声音……现在，你感觉非常舒适，很想睡觉……呼吸变得越来越平缓了，越来越平缓了，平缓了……随着这种平缓的呼吸，全身更加放松了、更加放松了、更

✳ 为什么暗示接受性会增强

　　每个人受暗示的能力都不太相同，这种受暗示的能力被称为被暗示性，也叫作暗示接受性。人在催眠状态下，被暗示性变得比平时强很多。被暗示性亢进是催眠状态的重要特征。

反复施加相同暗示

　　催眠师反复施加相同暗示，就会出现被暗示性亢进现象，当被暗示性提高到一定程度，便让其他暗示也容易接受。

反复相同暗示　　　被暗示性亢进　　　易受其他暗示

催眠时注意力更集中

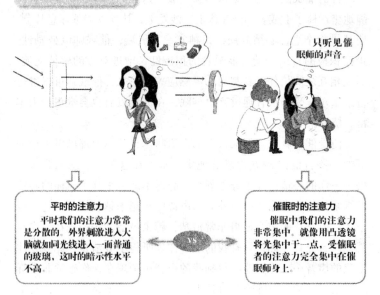

只听见催眠师的声音

平时的注意力
　　平时我们的注意力常常是分散的，外界刺激进入大脑就如同光线进入一面普通的玻璃，这时的暗示性水平不高。

VS

催眠时的注意力
　　催眠中我们的注意力非常集中，就像用凸透镜将光集中于一点，受催眠者的注意力完全集中在催眠师身上。

加放松了……你的眼皮非常沉重，很想睡觉……你的眼皮非常沉重，想睡了……想睡了……不想睁开，也无法睁开……"

经过以上一番言语暗示以后，催眠师就可以开始对受催眠者进行催眠状态检测。比如，在暗示其眼皮非常沉重无法睁开，手臂非常沉重不能举起之后，可以要求受催眠者睁开眼睛或者举起手臂。如果受催眠者不能睁开眼睛或者举起手臂，那就表明受催眠者已经进入了催眠状态。这个时候，催眠师应当继续进行暗示："现在，你已经进入了催眠状态，感觉非常轻松、非常舒适……外面的声音已经越来越模糊了，越来越小了。但是我的声音显得非常清楚、越来越清楚……你只专注于我的声音……感觉非常轻松，非常舒适……非常轻松，非常舒适……你只能听得到我的声音……现在，你继续全神贯注地听我的指令，按照我的指令去行动……你只专注于我的声音……你只能听得到我的声音……按照我的指令去行动……"接下来，催眠师可以给出一个暗示使受催眠者完全进入深度的催眠状态。

催眠师在采用言语催眠法的时候，应注意的一个问题是：催眠师的语音、语调不仅要平和，还要沉着镇定；既要充满情感，又要坚决果断。而比这更为重要的是，催眠师要密切观察受催眠者任何细微的反应，注意观察受催眠者大致已经进入何种程度的催眠状态。根据观察结果来决定应该发出什么样的暗示语。如果催眠师的暗示语与受催眠者的状态不相符的话，催眠师很可能就会失去受催眠者的信赖，如此一来，受催眠者的反暗示力量就会暗中产生、增强，对催眠师的催眠形成干扰，催眠成功的可能性就会大大降低。

口令催眠法

催眠师只是对受催眠者施加口令，用这个口令作为暗示诱导手段，也可以使受催眠者进入催眠状态，这种催眠方法就是口令催眠法。这种方法目前在国内使用较普遍，大多用于注意力难以集中或者心神不宁的病人。虽然施加口令进行催眠比较简单、单调，却非常适用，口令催眠的成功率也很高，一般的人通过口令催眠，基本都能达到成功催眠的效果。

口令催眠法的原理是让被催眠者听取口令而行动，放松神经，并且非常有顺序引导受催眠者进入催眠状态。一般来说，它可以通过以下几种方式来进行：

第一种方式，让受催眠者自己选择一个他觉得最为舒适的姿势仰卧在床上，也可以坐在有靠背的椅子上，然后任其调整自己的身体状态，但一定要使身体处于最为舒适轻松的状态之中。这些基本步骤对于后面进行的催眠治疗尤为重要。

然后，催眠师要求受催眠者自然地闭上眼睛，将双手屈举在自己胸前。这时候，催眠师可以告诉受催眠者，假如听到口令喊"1"，就要抬起双手，如果听到口令喊"2"，就要把双手放下，恢复到原来的姿势。当催眠师提前暗示了受催眠者以后，受催眠者就会知道其目的，就能够准确按照催眠师的要求去做，不至于出现茫然无措的局面。催眠师开始施加口令："好的，现在我就正式开始喊口令了。1！"受催眠者就会抬起双手；催眠师喊口令"2"，受催眠者则放下双手。

需要注意的是，在催眠师喊口令的时候，语音、语调、语速等都要有所变化，应当做到时而急骤、时而缓慢、时而连续、时而暂停，使受催眠者完全没有规律可循，从而使其注意力高度集中。如果催眠师的口令语调过于单一、语音过于乏味、语速过于平缓，受催眠者就可能会掌握催眠师喊口令的规律，产生预期心理，这会严重影响注意力的集中，进而可能导致催眠无法实施。

催眠师刚开始喊口令的时候，声音可以比较大，然后再渐渐地降低，直至停止。另外，催眠师喊口令的过程中，应注意适当地运用一些暗示语："现在，你已经很累了，非常困，很想睡了……是的，你现在很累，非常困，很想睡了……好的，那你现在就睡吧，就这样睡吧……这里没有什么能干扰你，吵醒你，你也不会听到任何不相干的声音，你只能听到我的声音……听到我的声音……你将进入到非常轻松、非常愉快、非常舒适的催眠状态。"随着催眠师发出的口令与暗示语的不断重复，受催眠者就将顺利地进入催眠状态。

第二种方式的准备工作与第一种方式大致相同，但也有所不同，这主要表现在手势上。催眠师要先让受催眠者闭上眼睛，两手保持自然下垂的状态，然后告诉受催眠者，喊"1"的时候要将双手握成一个拳头，喊"2"的时候则必须将双手全部摊开。口令声也是要时而急骤、时而缓慢、时而连续、时而暂停，务必使受催眠者注意力高度集中，完全按照催眠师的口令行事。然后，催眠师就可以进行暗示："现在，周围的声音越来越小了，你听不到任何杂乱的声音……周围一切都安静下来……非常安静……安静极了……你只能听到我的声音……现在，你感觉非常舒适、非常轻松……你的心情平静似水，非常放松、非常舒适……是的，你的身体感觉非常放松，你的心情非常愉快……你很快就要进入催眠状态……"

第三种方式的准备状态仍然与第一种方式差不多，但这种方式在口令上与第一种方式有一些不同。当催眠师喊口令"1"的时候，是要求受催眠者闭上眼睛；当催眠师喊口令"2"的时候，是要求受催眠者睁开眼睛。就像这样，将"1"、"2"的口令反复喊十几遍，喊口令的速度也是要或急骤，或缓慢，或连续，或暂停。但是有一个问题是非常值得注意的，就是要让受催眠者闭眼睛的时间比睁开眼睛的时间长一些，并且在受催眠者的眼睛闭上时，催眠师可以发出一些相应的暗示："现在，你的眼皮感到沉重了，很沉重了，疲劳得不想睁眼了。你的周围变得越来越黑暗了……眼皮重了，重了，重得像铅块一样……你的头脑模糊不清了，你现在非常想睡觉……你已经很累了，非常困，很想睡了……是的，你现在很累，非常困，很想睡了……好的，那你现在就睡吧，就这样睡吧……"

经过这样地反复进行暗示，当受催眠者的眼睛已经不想再睁开的时候，催眠师此时应当用食指和拇指轻轻地压在受催眠者的眼皮上，反复暗示："现在，你已经很疲惫了，非常困了，很想睡了，不想再睁开眼睛了……是的，你现在非常困，非常想睡了，不想睁开眼睛了……不想再睁开眼睛了……好，你将进入更深的催眠状态中。"经过多次反复暗示之后，受催眠者就会渐渐进入催眠状态。

口令催眠法还有第四种方式，准备工作与第一、第二、第三均完全相同，不再赘述。在受催眠者选择好了他感到最为舒适的姿势以后，催眠师就开始要求受催眠者闭上眼睛，然后在喊口令"1"的时候，要求受催眠者的膝盖打开，在喊口令"2"的时候，则要求受催眠者将双膝合拢。喊口令的方式也同上 3 种方式，也要时而急骤，时而缓慢，时而加快，时而放慢，时而连续，时而停止，在这个疲劳神经的过程中最好加上必要的暗示语："现在，你已经很累了，非常困很想睡了……想睡了，想睡了……睡了，睡着了……睡吧，睡吧……是的，你现在很累，非常困，很想睡了……好的，那你现在就睡吧，就这样睡吧……"

以上就是口令催眠法的四种常用方式，这个方法对于那些注意力难以集中的受催眠者来说是最适合不过的了。另外，口令催眠法也非常适合运动员帮助其调节情绪，能让他们注意力变得更加集中，从而保持良好的竞技状态，提高竞技水平。除此之外，口令催眠法对那些对催眠术以及催眠师持怀疑态度的受催眠者，同样有着相当不错的效果。

口令催眠法完全可以单独作为一种催眠诱导的方法来实施，也可以作为其他催眠方法的前奏。因为，完全顺从地遵循口令可以使受催眠者养成无条件接受催眠暗示的良好习惯，这为导入催眠状态奠定了非常好的成功基础。一位优秀的催眠师应学会通过口令来控制和调节受催眠者的情绪，培养他们集中注意力，最后才能取得好的催眠治疗效果。

抚摸催眠法 ⟩

从古希腊时代开始，宗教人士就经常通过抚摸来治疗一些疾病，抚摸法在当时也是一种易于掌握和调节情绪的有效方法。值得肯定的是，通过抚摸确实可以使人的身体各部位得到彻底的放松，使心情愉悦。现在，抚摸催眠法已经成了一种最普通、最容易被接受，同时也最受催眠者欢迎的一种催眠方法。

抚摸催眠法的原则就是协助受催眠者进行放松，因此在催眠放松诱导的时候，催眠师可以根据自己在暗示中所提出的身体部位，对受催眠者进行轻柔地抚摸。抚摸催眠法可以选择受催眠者的头部、前额、肩、上肢、下肢等进行抚摸，一边抚摸，一边还要施加暗示语。受催眠者跟着催眠者的引导，很快就会进入很放松、很舒服的状态。

举例来说，催眠师在暗示受催眠者的头部很放松时，就可以轻轻地抚摸受催眠者的头部，有时也可以小心翼翼地摇晃受催眠者的头部。这样做，通常都能使受催眠者感到非常放松，昏昏欲睡。如果暗示受催眠者放松手臂、手、腹部或者腿部时，催眠师同样也可以轻轻抚摸这些部位，让受催眠者的肌肉和神经得到松弛，从而逐渐放松下来。

在进行放松诱导时，催眠师时常会添加一些躯体微微发热之类的暗示。这是因为，发热的暗示更能够促进受催眠者进行放松。在这种状况下，催眠师的抚摸能够帮助受催眠者更切实地体验到发热的感觉。经过一段时间的抚摸，受催眠者自然就进入了催眠的状态中。

在对受催眠者进行必要的抚摸时，一定要注意，手势务必要轻柔，不能重压，避免受催眠者产生不舒适的感觉。另外，受催眠者如果为异性，催眠师在进行抚摸催眠时要避开受催眠者的敏

17 世纪的瓦伦丁·格瑞特里克是当时众所周知的"抚摩师",传说他拥有用双手治愈疾病的超凡本领。这与"御触"非常相似。

我有一双神奇的手,能做到手到病除!

1. 瓦伦丁·格瑞特里克那神奇的手在当时是远近闻名的,传说他只需要用手抚摸病人就能治愈一些疾病。这与"御触"非常相似。

怎么样,伤口还疼吗?

似乎不疼了!

2. 有趣的是,在格瑞特里克的治疗过程中,一些病人感觉不到疼痛。与之相吻合的是,现代催眠中,一些患者在恍惚中也会丧失痛觉,感觉不到疼痛。

恍惚状态

3. 实际上,格瑞特里克是让病人进入了深深的恍惚状态。格瑞特里克的方法在当时受到了一些科学家的关注。他的方法实际上就是催眠病人,并给予病人"疾病很快会痊愈"的心理暗示。

感部位。

对于那些患有疼痛以及其他异常不适的受催眠者,使用其他方法容易发生被"痛"等较强刺激分散注意力的情况。这时如果使用抚摸催眠法,轻轻抚摸其疼痛的部位,同时给予轻松、舒适的暗示，将其注意力集中于异常感觉部位，那么就可以将其顺利导入催眠状态了。恰当的抚摸不但能可以促使受催眠者进入催眠状态，而且还会让受催眠者感到特别放松。

睡眠催眠法 〉

　　所谓睡眠催眠法，就是指当受催眠者处于自然睡眠过程时，对其实施催眠，以使其由自然睡眠平静地转为催眠状态。这种方法的原理，就是利用受催眠者在睡眠中精神已处于没有思考的状态，故而得以乘机催眠，使之快速进入理想中的催眠状态。

　　自然睡眠和催眠状态是截然不同的。在自然睡眠过程中，人类的知觉通道基本是处于关闭的，而在催眠状态下，人的意识虽然处于空白，但是通过催眠师的暗示，受催眠者仍然可以看到、听到、嗅到（主要是一些主观感受，并不存在真实的客体）。在自然睡眠状态中，人基本上不会有语言产生，即使有，那也是由于缺少逻辑中枢的控制而变得语无伦次的梦呓。但是在催眠状态中就不同了，受催眠者在这种状态下的意识还是十分清醒，只要催眠师发出暗示，受催眠者照样可以说话、阅读、写作，甚至效率会更高、创造性会更强。由此可见，自然睡眠状态和催眠状态绝对不能混为一谈。

　　想把受催眠者从睡眠状态直接导入催眠状态，要比从清醒状态导入催眠状态困难得多，而且对于受催眠者催眠敏感度的要求也更高。假如是催眠敏感度比较高的人，催眠师只需给予其一定的暗示，就可以将其顺利地转入催眠状态。但是对于催眠敏感度比较低的人，催眠师给出受催眠者进入催眠状态的暗示，可能非但不能使其进入催眠状态，反而可能使其迅速地清醒过来，导致整个催眠过程失败。

　　总的说来，睡眠催眠法是一种相对较难的方法，因为这个原因，实施的时候就更需要催眠师有相当丰富的催眠经验和高超的催眠技术，其具体的操作过程大体如下：

在催眠师开始实施睡眠催眠法之前，首先要排除自己内心中的杂念，做到心无旁骛、专心致志，用严谨的精神进行催眠，注意力高度集中。然后，催眠师要走到受催眠者的面前，坐在受催眠者的身旁，再用手掌对受催眠者实施离抚法。

离抚法是离体轻抚法的简称，具体操作就是催眠师将掌心朝向受催眠者，但不能接触受催眠者的皮肤、身体，在距离受催眠者8～10厘米左右处对受催眠者进行所谓的空中"抚摸"。这样做的目的是使受催眠者的精神集中，注意用心去感受，不生各种杂念，从而容易进入催眠状态。

当催眠师在对受催眠者进行离体轻抚20次以上后，可以开始轻声呼唤受催眠者的名字，并且需要暗示受催眠者："现在，你深深地熟睡着，非常轻松，非常舒适，感觉非常美妙……是的，你现在睡得很香，睡得很熟，不会醒过来的……不会醒过来的，对于周围的声音你充耳不闻，但是，你能听到我的声音，听得非常清楚……是的，你只专注于我的声音，其他的声音一点也听不到……你只专注于我的声音……现在，我轻轻地叫你的名字，你就能够答应，但是你不会醒来，肯定不会……在睡眠中你仍然会感到轻松，感到舒适……头脑清醒，不会有任何忧虑，你会感到睡眠是最愉快、最舒服的时刻……你熟睡着，非常轻松、非常舒适……"

按照上述暗示方法，进行反复、多次暗示之后，催眠师双手离抚，慢慢地接触受催眠者的额部，再轻柔地从受催眠者的额部、面部到两肩。催眠师在抚摸的时候，一开始的动作一定要轻，然后才渐渐地加重（这个"重"的度，以一般人能接受、感到舒适为最适宜），然后再由重转轻。此时催眠师就可以举起受催眠者的双手，并再次暗示受催眠者："好，现在，你的手就以这种姿势停在这里，就这样固定在这里，不要动！你也不想动……好，保持这种姿势……不能动，也不想动……是的，你的手就以这种姿势停在这里，就这样固定在这里……你不能动，也不想动，继续保持住……你的双手就这样固定在这里……固定在这里动弹不了……动不了了……"

经过如上的数次暗示之后，催眠师就可以将手拿开了。此时，如果受催眠者的手臂果然不能作出反应了，那就证明受催眠者已经进入了催眠状态；而如果受催眠者的手迅速下垂，那就证明这次催眠没有成功，还需要重新进行暗示。催眠师只有坚持进行反复暗示，才能让受催眠者成功地进入催眠状态。

如果决定要采用睡眠催眠法，受催眠者最好是已经接受过催眠术的人，这样催眠成功的概率会比较大。而且，在进行催眠之前——在受催眠者清醒的时候，催眠师应当通知受催眠者要对其进行催眠，这种提前告知的暗示会让受催眠者有一个心理预期，对接下来催眠的感应性也会好一些，催眠的成功率也会大大提高。

数数催眠法 >

数数法一般都是通过渐进式的放松来实现催眠的，简单地说，其特点就是在让受催眠者放松的时候加入了数数。这样一个看似简单的步骤，却可以大大提高了催眠成功的可能性。数数法的侧重点在于数数而不是放松，切记不可本末倒置。

数数法还有很多种实施形式，举个例子来说，可以采用正序数的数法，即从最低位到最高位检查正序数的每一位，也就是数字从小到大，依次来数。例如："1，放松……2，放松……3，放松……4，放松……5，放松……"也可以采用逆数法，也就是从高到低，从大到小来数。例如："10，放松……9，放松……8，放松……3，放松……2，放松……1，放松。"

还有一种方法是倒序减法数数，相对其他方法而言，倒序减法数数的专注程度比较高，因此也就更容易诱导受催眠者进入催眠状态。这种方法通常都是运用200减2的减法数数。在开始的时候，催眠师可以先协助受催眠者一起数数，然后催眠师让受催眠者单独数。如果受催眠者经过了催眠师的协助之后，仍然不会数或者数数的方法仍旧发生错误，那么催眠师就需要继续协助受催眠者多数几次，直到受催眠者能够正确掌握为止。一般说来，受催眠者的暗示理解程度会有不同，所以催眠师要因材施教，如果催眠师能在数数的过程中夹杂一些积极正面的暗示语，效果则更好。

用倒序减法数数进行诱导催眠的时候，催眠师可以参考这样的暗示："现在的你非常放松，非常舒适，就这样轻松、舒适地坐着……好，请闭上你的眼睛，集中注意听我说，并按照我所说的去做……对，就这样轻松地闭着眼睛，你会感觉到非常舒适……现在，我们要做的是进行倒序减法数数……请注意听我说，按照我的方法数数。我们先从200开始，然后以200减2往下数，每数一个数，你就会体会到身体很放松的感觉……是的，每数一个数，你就会体会到身体很放松的感觉……好，我们现在开始倒数，注意听我的声音，跟着我的引导走……200，放松……198，继续放松……196，继续放松……194，再放松……192，放松……好，现在开始我们一起数数……200，放松……198，放松……196，继续放松……194，继续放松……192，再放松……"

催眠师一般都要带领受催眠者先连做几个倒序减法，然后催眠师突然停住，由受催眠者自己接着往下数。有些时候，受催眠者可能一时还弄不清楚这种减法数数到底是怎么回事，对催眠师的行为表示不理解。所以一旦催眠师停止倒序减法数数之后，受催眠者也就跟着催眠师停住不数了。这个时候，催眠师一定要有耐心，将这种倒序减法数数再清晰地、详细地向其重新介绍一遍，并带领受催眠者重新开始数数，仍然是从200开始："200，放松……198，放松……196，放松……194，放松……192，放松……"催眠师要耐心引导受催眠者，直到受催眠者能自己独立往下进行为止。

在数数催眠法的实施过程中，催眠师的注意力要高度集中，一定要心无杂念，只是随意地数数，不可能将受催眠者诱入催眠状态。当然，这种减法数数法也能较好地促使受催眠者集中注意力，并且达到一定的专注程度，从而使其更快进入催眠状态。

联想催眠法 〉

相信大家都曾有过这样的体验，当自己的一位同学、朋友或者同事无意之中这样问自己："你以前是不是也像今天一样，这么开心、这么迷人？"听了这样的话，你的脑海里是否联想起过去某些特定的美好时光，或者联想到自己与爱人、好友在这样的场景下的开心、愉快？你的思绪似乎慢慢地被那些美好的时光和开心的感觉牵引过去，眼前浮现的图像也越来越清晰，想象或回忆当时一幅幅动人的场面，深深地沉浸在里面，完完全全地陶醉了……

其实，这就是学术界所推崇的催眠术中的联想法则。在催眠术中，通过联想使受催眠者进入催眠状态的方法就叫作联想催眠法。具体来说，催眠师以详细、生动的言语性图像描述来引导受催眠者进行非随意性的想象和联想，让受催眠者充分体验催眠师所描述的那些生动的意象，这种情况被称为催眠性意象渗入。而通过催眠性意象渗入使受催眠者进入催眠状态的方法就被称为联想催眠法。该方法适用于想象能力比较好的人。当催眠师开始进行场景或画面描绘时，受催眠者可以根据自己的潜意识来进行想象，最终达到理想的催眠状态。

联想催眠法能够使受催眠者放松对外在环境的把握与感觉，促进受催眠者接受催眠师的联想暗示，更快地进入到催眠状态。在此法中，受催眠者自身想象力的高低决定了受催眠者进入催眠的深度，想象力高、联想比较丰富的受催眠者显然更易于进入催眠状态。如果催眠师在暗示的时候再配合和想象内容有关的音乐，那么效果会更好。

　　在催眠师运用联想法进行催眠诱导时，催眠师通常都会要求受催眠者集中注意联想、体验一些非常优美迷人的自然风景、轻松愉快喜悦的场面以及受催眠者所喜爱的一些比较有特点的特定场所。举例来说，催眠师可以让受催眠者想象他正在风景如画的园林里散步；或者在一望无际的大草原上欣赏壮丽的风光；或者坐在竹筏上，荡漾在平静而迷人的湖面上；或站在高山的巅峰，俯瞰山脚下那绿油油的迷人田野……催眠师最好选择那些最能引起受催眠者想象与联想的情景，并且加以最生动、最具体、最详细的描述，让受催眠者专注于对美好场景的联想上，在不知不觉中进入催眠状态。有时候，受催眠者想象的图景会不太清晰，没有关系，催眠师依然可以根据指导语来加强暗示。经过详细而具体的反复暗示后，受催眠者大脑中的图像会越来越清晰。

　　联想法经常使用的联想场景就是风光旖旎、美丽迷人的海滨沙滩。把这一场景运用到催眠实践中，催眠师就可以对受催眠者进行如下暗示："现在，你非常放松、非常舒适……你只听得到的我的声音，对其他声音充耳不闻……是的，你现在感觉非常轻松、非常舒适……你轻轻地闭上眼睛，感觉更加轻松、更加舒适了……现在，你的注意力非常集中，你只专注于我的声音……好，请按照我说的去想象……好，你想象现在正是初夏的黎明，在风光旖旎的海边，

沙滩……

你躺在松松软软的沙滩上，感觉非常舒适、非常惬意……看那远处，是的，太阳正从远远的地平线升起……正从远远的地平线升起……天空渐渐地明亮起来了，大地开始变得温暖起来了……啊，太阳越升越高，原来灰蒙蒙的天渐渐变成了橘红色……是的，沙滩开始变得温暖起来了……太阳越升越高，天渐渐变成了橘红色……变成了橘红色……你看到天与海的连接处泛起了一层薄薄的白雾，迷茫茫地笼罩着天和海，就像那轻盈的纱一般，遮挡着直射过来的阳光，使天和海融成朦朦胧胧的一片……海鸥拍打翅膀的声音越来越近……越来越近……微风轻轻地吹拂着，带着清新的气息，你感到非常惬意、非常舒适……你仔细地听，集中注意地听，那美丽的海浪正柔和地一阵接着一阵地拍打着你身边的沙滩……是的，那美丽的海浪正柔和地拍打着沙滩……你感到全身心的轻松，非常舒适、非常惬意……海水就在你的脚边一伸一退，此起彼伏……海浪的嬉闹声使你感到轻松、欢畅，使你感到心旷神怡，非常惬意……你与这大海、这沙滩似乎已经融为一体。你的感觉变得越来越敏锐，思绪越来越清晰，精神越来越充沛……是的，海浪的嬉闹声使你感到轻松、欢畅，海水在你的脚边一伸一退，此起彼伏……你感到轻松、欢畅，非常舒适、非常惬意……你与这大海、这沙滩似乎已经融为了一体……是的，融为一体了……太阳越升越高，越升越高……周围逐渐变得明亮起来……眼前画面逐渐清晰起来……越来越清晰……太阳光照在你的身上，暖洋洋的……暖洋洋的……你感到非常舒适……非常轻松……"

催眠师在指导受催眠者精神专注于联想场景的同时，必须时刻注意观察受催眠者的躯体放松程度，借以推测受催眠者意识的恍惚程度。如果受催眠者的种种表现显示其尚未完全进入催眠状态，那么，催眠师就需要反复进行专注联想的诱导，一直到受催眠者完全进入催眠状态为止。总之，受催眠者必须根据自己的需要来进行最合适自己的想象，努力让画面清晰起来，相信这样一定能达到美妙的催眠效果。

通过观念产生运动进行催眠

催眠师通过暗示受催眠者产生观念性的运动，也是可以将其导入催眠状态的。许多催眠大师认为，这是一种非常自然、简单易行而且成功率非常高的催眠方法。

通过观念产生运动主要有钟摆运动法与扬手法两种形式，我们分别来进行描述。

钟摆运动法

所谓钟摆运动法就是通过受催眠者的意念，使受催眠者手里拿着的用线吊着的重物随着暗示摆动，据此获得感受性。钟摆运动法源于我们前文所讲述的最古老的催眠诱导，它有点近似于凝视法。它也是一种常用的证明催眠暗示起作用的方法。钟摆运动法的具体实施可参考如下。

将一个铅锤或者其他类似的重物绑在一根线上，令受催眠者将拿着线的手放在桌面上，线的长度不能过长或者过短，以不让铅锤碰到桌面为准。然后，受催眠者两眼专注地凝视铅锤，思想必须高度集中。接着，催眠师发出这样的暗示："好的，凝神地注视这个铅锤……对，集中全部注意力在这个铅锤上……现在，铅锤已经开始向左右摆动……摆动在逐渐地加大……越来越大……你的眼睛也跟随着移动……左右移动……现在，铅锤已经摆动得很厉害了……摆动越来越大，摆动得很厉害了……你的眼睛也跟随着移动……左右移动……请注意看，摆动越来越大，摆动得很厉害了……你的眼睛也跟随铅锤快速地移动……移动……注意看……现在，你的眼睛已经有点疲劳……想要闭起眼睛休息一会儿了……你已经想入睡了……但是现在铅锤摆动得更加厉害了……你现在很疲劳，那就睡吧……睡吧……"

像这种由钟摆暗示而产生的观念运动，是比较容易使受催眠者产生反应的，观念运动越强代表受催眠者感受性越高，观念运动越弱，受催眠者的感受性就越低。虽然钟摆运动只能收到轻度暗示的效果，但是一般来说是可以使受催眠者进入浅度催眠状态的。

扬手法

扬手法的具体过程是这样的：催眠师命令受催眠者全身放松，尤其是要做到两肩自然放松，放松程度以自我感觉舒适为宜。然后，令受催眠者两眼凝视催眠师右手的手指。催眠师对受催眠者开始进行暗示："好的，凝神注视我的手指……对，集中全部注意力在我的手指上……渐渐地，你的手在渐渐地有点发热，并且开始有点沉重的感觉……是的，你的手渐渐地在发热，并开始有沉重的感觉……这种感觉很奇妙，你过去从来没有体验过的，非常舒适……手越来越热……越来越沉重……越来越热……越来越沉重……现在，你仔细体验，一定能体验到这种舒适的感觉……继续体验……继续体验……非常舒适……非常舒适……"

当受催眠者体验到催眠师的手的温度和手的沉重感之后，进一步的暗示就应该立刻开始："现在，你右手的手指似乎很沉重……是的，你右手的手指似乎很沉重，好像不能动了……其实，你的那个手指正在微微地动着呢……是的，在微微地动着呢……如果你更为专注地凝视你右手的话，你会发觉自己的小指、无名指、中指、食指、拇指都在微微地动呢……是的，它们都在微微地动着呢……现在，请注意看正在动着的小指，你会发觉你的小指正往无名指的方向移动呢……是的，你的小指正往无名指的方向移动呢……请继续注视，你的小指已经越来越接近你的无名指了……是的，你的小指已经越来越接近你的无名指了……越来越接近你的无名指了……越来越接近了……现在，你的无名指也开始往上移动了，你的无名指、中指、食指还有大拇指也正逐渐往上移动呢……你的整个手掌都在渐渐地往上移动……是的，整个手掌都在渐渐地往上移动……都在渐渐地往上移动……越来越高了……此时，你感到你的精神非常恍惚，眼皮非常沉重，你的眼睛好像睁不开了，要闭起来似的……现在，你的右手很自然地，然而又是那样紧紧地贴在你的脸上……紧紧地贴在你的脸上……现在，你的眼皮非常沉重，你的眼睛已经睁不开了，要闭起来了……是的，你的眼睛已经睁不开了，它已经合起来了，你感到非常累、非常困……你的精神已恍惚了……眼睛已经闭上了……闭上了……外面的声音已听不到了，只能听见我说话……周围越来越安静……安静……你想睡了，想睡了……现在，你的心情非常好，非常轻松……你的身体非常累，你感到非常困……非常困……你已经进入催眠状态了……"

气合催眠法

气合催眠法听起来有些怪，其实就是指用气合的喝声将受催眠者导入催眠状态的一种方法。气合，又称神阙、气舍、维会，是经穴名，属于人体的任脉，在腹中部，脐中央。气合的喝声通常都是非常沉稳有力的，这也正是选用气合的喝声来对受催眠者继续催眠的深层原因。

气合催眠法有着比较高的技术要求。一般的催眠师在实施气合催眠法以前，都要进行多次练习。如果喝声无力，或者由于催眠师自身缺乏自信、技术不够高超、心里犹豫恍惚等不良因素的影响，那么就很难取得预期的效果。即使催眠师强行逼迫自己用这种方法施于治病矫癖，也是收效甚微。

气合催眠法的具体实施过程如下：让受催眠者选择一个自己觉得最为舒适的姿势，比如坐在一张舒适的有靠背的椅子上，催眠师则站在离受催眠者2米远的地方。受催眠者集中全部注意力凝视催眠师的面部，并做几次舒缓的深呼吸。同时，催眠师开始暗示受催眠者："只要我大喝一声，你将会立刻闭上眼睛，而后迅速进入催眠状态，是的，一定是这样，只要我大喝一声，你就会立即闭上眼睛而进入催眠状态。肯定是这样的，绝对不会错的！"

暗示时，催眠师一定要坚定地看着受催眠者，表现出极大的自信，让受催眠者完全信任自己，从而使受催眠者能顺利进入催眠状态。

然后，催眠师要面对受催眠者，将自己的右手高高举起，举过头顶，然后右手下垂，集中全部注意力凝视受催眠者的眼睛，并仔细观察受催眠者的反应及其表现。当催眠师发现受催眠者已经进入精神平静、注意力高度专注的状态时，应立即用下腹丹田之气大喝一声，同时迅速降下刚才举起的右臂。如果一切顺利，受催眠者将由此闭上眼睛，进入催眠的状态。这时，催眠师可以再走到受催眠者的身旁，反复施予受催眠者进入深度催眠状态的暗示诱导，从而取得良好的催眠效果。

气合催眠法的要求是非常严格的，并不是每一个催眠师都可以轻松掌握。而对于受催眠者来说，一般应是已经接受过数次催眠的人，或者催眠敏感度相当高的人成功的概率才会比较大。

怀疑者催眠法 ⟩

从目前的情况来看，催眠术在我国的普及程度还非常不够，很多人对催眠术都抱着一种将信将疑的态度，存在着诸多疑问，甚至有的人根本不知道催眠到底是做什么的。想让对催眠术持怀疑态度的人接受催眠不是一件容易的事情，因为催眠本身要建立在与催眠师相互信任的基础上，受催眠者如果顾虑重重，那么就很难进入催眠状态。

怀疑的原因可能不尽相同，但是究其根本原因乃是对催眠术缺乏科学、充分的认识。出现这种现象十分正常，不足为怪，可是如果对这些怀疑者进行充分、详细的讲解和介绍后，还是难以打消其疑虑，那么，如何对持怀疑态度的受催眠者实施催眠术呢？这是一个不容易解决的问题，但也是一个必须解决的问题。"怀疑者催眠法"是解决这一难题的最佳方案。

和其他催眠方法一样，怀疑者催眠法先让受催眠者选择一个自己觉得最为舒适的姿势，坐在舒适的椅子上。然后，催眠师用平和、中肯、真诚的语气将催眠术的一般原理、功用、催眠治疗的适应范围及科学依据等向受催眠者作一个概要式的阐述，同时应当重点强调催眠术对于催眠师来说是特有的职业技术，催眠师和所有人一样，在对待工作时都是认真负责的，催眠治疗是相当有益的，对受催眠者目前所面临的问题也非常适用。然后，再描述催眠过程中的种种表现等，使受催眠者对催眠术的一般情况有一个大致的了解，这样就可以部分地消除受催眠者原有的偏见与疑虑。当然，如果受催眠者的问题并不是能用催眠术来解决的，催眠师也应当实事求是。催眠师在解说的过程中千万不可夸大其词，不然最后就有可能造成无法收拾的局面。

其实，有一个方法应对怀疑者是最有效的，那就是在正式对其进行催眠之前，先选一位催眠敏感度比较高又曾经多次接受过催眠术的受催眠者，当着怀疑者的面实施催眠术，让怀疑者亲眼看到催眠术在增进身心健康、开发个体潜能等方面的独特作用。还要让怀疑者清楚地看到受催眠者的苏醒过程，并倾听受催眠者接受催眠的感受，这样可以完全消除怀疑者有关进入催眠状态以后难以苏醒、精神衰弱的种种顾虑。由于怀疑者是身临其境、亲眼所见，因此绝大多数怀疑者都会为之折服。就算不能全部消除怀疑者的怀疑心，也可以大大减弱他们对于催眠术的怀疑程度。万一怀疑者露出失笑的轻率举动，催眠师必须以极庄严的威力去慑服他，在这之后，怀疑者也必然会改变态度。接着，催眠师便可以对其实施正式的催眠暗示了，可以按照如下的说法：

"现在，你不会怀疑催眠术了吧，也希望我使用催眠术来解决你所面临的问题了吧……好的，现在，就让我对你实施催眠术。就像你刚才看到的一样，你也将很快进入催眠状态，你也将很快享受到催眠术所带来的轻松愉快的体验以及它对你身心健康的帮助。"这时，亲眼看见催眠成功的受催眠者已经消除了对催眠疗法的疑惑，心悦诚服，信任、崇敬之情会油然而生。因此，催眠师的各种暗示、各种指令便尽可以长驱直入，迅速占领受催眠者的整个意识状态，很快就会将其导入催眠状态。

总之，对于这些怀疑者，一定要注重有效地说服，既要摆理论，又要引实例，尽量消除他们的怀疑心理。催眠师催眠怀疑者，表面上看来很难，但如果能使怀疑者亲身经历，产生催眠感应的观念，那就一定能使怀疑者催眠成功。

反抗者催眠法

如果在实施催眠的过程中，遇到受催眠者消极的反抗，催眠师应该怎么办呢？在长期的催眠治疗实践摸索中，聪明的催眠师创造出了一种别开生面的反抗者催眠法。

受催眠者的反抗可以大致分为两种：一种是受催眠者生理上或者说身体上的反抗，也就是受催眠者以体力作反抗动作；另一种则是受催眠者心理上的反抗，也就是以一种阳奉阴违的态度来对待催眠师。这两种情况有很大区别，所以催眠师要仔细辨认反抗者的类别，然后再做出相应的催眠治疗方案。

体力反抗

以体力作反抗的受催眠者，大部分是某些精神病人。他们在接受催眠的时候可能会表现出种种狂暴、粗野、无理，甚至是不可思议的行为，而家人又无法使其安静。这个时候，如果必须仍然对他们实施催眠的话，只得用布带、绳条等绑缚其四肢，使受催眠者无法动弹，还要使用一些微量的麻醉药品。同时慢慢地施以诱导催眠的言语，也并不是没有可能使之进入催眠状态的。另外，还可以用比较强烈的光线直接照射受催眠者的眼睛，等到他的眼睛经受不住强光而闭合之后，再予以诱导催眠的种种暗示，让受催眠者能顺利进入催眠状态。需要注意的是，对于这种受催眠者进行催眠，不能寄希望于他能进入很深的催眠状态。

心理反抗

受催眠者在心理上作反抗，对催眠师阳奉阴违的原因有很多。可能是出于好奇，想要试一试催眠术是否灵验，或者想要和催眠师开一个玩笑，故意对催眠师的指令阳奉阴违，反其道而行之，想要试试催眠师的功力、技术、耐心等。假如出现这种情况，想要使催眠实施成功，催眠师就必须以敏锐的洞察力看破受催眠者的这些想法，掌握受催眠者的心理动态，然后见招拆招，以和善的心态来积极对待。

例如，催眠师让受催眠者按照要求数数字，假如受催眠者故意数错了数字，那么催眠师就要和他讲明道理：如果注意力不集中，就会发生错误，有了错误还得从头数起，这样岂不是非常浪费时间和精力。这个时候，受催眠者就会觉察到催眠师已经将自己的真正心态看破了，势必会有所收敛。此时，催眠师就可以乘胜追击，马上再施加暗示："请你不要故意不遵从指令，这是为了更有效地使你的身心健康得到恢复，所以，请你一定要努力配合。"在打消了受催眠者的反抗心态之后，再对其施以其他的催眠暗示，受催眠者

就有可能会配合催眠师的暗示来真正尝试催眠，这样一来成功的可能性就变得大多了。

对于心理上有反抗的受催眠者，另一个非常有效方法就是反向激将暗示法。在催眠术的实施过程中，对于那些非常固执的人，用一般的正面诱导法往往无法奏效，这时候，只有巧

妙地施以反向激将暗示法，才能够将他们导入催眠状态。

对于一个非常固执的受催眠者，催眠师可以这样对他说："其实，我觉得你是无法接受催眠术的。不过为了让你体验一下，咱们稍微试一下吧……好，现在，我想让你感到眼皮渐渐沉重，请你立刻闭上你的双眼……是的，让你立刻闭上双眼……不过，我已经注意到了，你的双眼现在睁得这么大，一点也没有变得沉重……是的，看来你真的无法接受催眠术……现在，毫无疑问，你的眼皮感到越来越轻，双眼也是睁得越来越大。进入催眠状态是要放松的，可是你却变得越来越紧张，身体挺得那么直……是的，我看出来了，我看得出你是那么紧张，是根本无法接受催眠术的……是的，现在你也毫无倦意，精神非常好，你正变得越来越清醒，根本无法接受催眠术……想要你全身心放松根本不可能……你自己也无法做到这一点……你根本无法接受催眠术……无法接受……"

沿着这种逆向思维的思路，催眠师反复地说一些与催眠意图截然相反的话，慢慢就会对受催眠者起到逆向激将作用，逐渐把他的反抗心改变成信仰心，从而诱导他进入催眠状态。受催眠者的心机一转，催眠师便予以意想不到的暗示，催眠的效果便达到了。

杂念者催眠法

有一些受催眠者难以进入催眠状态，很多时候不是因为他们不想被催眠，而是因为这些受催眠者杂念比较多，注意力很难集中。从人格特征上来说，这样的受催眠者性情一般比较浮躁、好动，在日常生活中就很难安静。了解这一点以后，催眠师就需要寻找适合受催眠者集中注意力的催眠方法，对症下药。

大家都知道，催眠术对受催眠者的首要要求就是要集中注意力。只有受催眠者集中了注意力，催眠师才能诱导其进入催眠状态。假如受催眠者杂念丛生，脑海里一团乱麻，必然无法正常接收催眠师的暗示。所以，对于这些心有杂念的受催眠者，排除杂念便成为首要的任务和最基本的保证。杂念者催眠法就是专门针对这种情况的一种行之有效的科学方法。杂念者催眠法可以分为两种，一种是让受催眠者通过深呼吸达到心中的宁静，一种是借助外部动作的劳累消除心中杂念。

深呼吸

首先让受催眠者直立站好，催眠师开始发布指令：

"现在，请舒展一下你的身体，找个最为舒适的姿势……好，放松，放松你的整个身体，然后做几个深呼吸……缓缓地吸气……然后，缓缓地呼气……呼气……吸气……在呼吸中，你会觉得你的内心开始渐渐地平静……是的，你会觉得你的内心开始渐渐地平静……好，继续吸气……呼气……放松……对，你现在已经开始慢慢闭上眼睛了……当闭上眼睛的时候，你就更放松了，你的内心就更加平静了……对……当闭上眼睛的时候，你就更放松了，你的内心就更加平静了……对，就这样……开始闭上眼睛……享受这一时刻的平静……继续吸气……呼气……

"对，很好，就这样……你现在更加放松了，你的内心更加平静了……好的，在这一时刻，你就把自己的内心完全交给自己……很好……就是这样……让思绪自由地在脑海中滑过……继续慢慢地吸气……慢慢地呼气……对，慢慢地吸气……慢慢地呼气……任由思绪自由地飘过……你会感到非常轻松，非常舒适……非常轻松，非常舒适……

"好，非常好……随着缓慢的呼吸，你的心情在渐渐地平静……在缓慢的呼吸中，渐渐地平静……渐渐地平静……现在请按自己喜欢的速度呼吸……自由地呼吸……吸气……呼气……在呼吸时，会感觉到四肢很沉重……很温暖……很放松……是的，你现在感到非常轻松、非常愉快……你的心情是那样平静……在缓慢的呼吸中，享受这一刻的平静……呼气……吸气……继续享受这一刻……享受这一刻……"

这个时候，催眠师一定要检查一下受催眠者是否真的处于非常平静的状态。如果是，那么就应该立刻进行下一步的治疗，但是如果发现受催眠者还没有完全归于平静，催眠师就应当担负起自己的责任，继续耐心地诱导受催眠者消除所有杂念，使其达到内心的安宁。

外部动作的劳累

让受催眠者直立站好，催眠师开始发布指令：

"将你的两手向前举，两掌相握，向右摆动 20 次，先由慢而快，然后由快而慢。当你迅速摆动的时候，你可以看到不可思议的奇观。"受催眠者按照催眠师的指令行事，在摆动 10 余次之后，身体就会站立不稳，与此同时，心中的一切杂念也将消失殆尽。当受催眠者因站立不稳而欲跌倒时，催眠师应马上上前将受催眠者扶住，并帮助受催眠者仰卧在床上或者安坐于椅中。此刻，正式的催眠暗示开始："你的各种杂念已经完全消失，现在，你的心情十分平静，请闭上眼睛，一切变得安静起来，你只能听见我说的话，专心致志地听我的指令，并按照我所说的去做。"

这时，催眠师可以暗中检查一下受催眠者的眼动情况，如果受催眠者的眼动状态已经基本停止，眼皮也不再眨动了，便证明受催眠者的杂念已经消失。接下来便可以进行暗示："你胸部的血液开始往下流动，额部感到非常凉爽，请体验这种感觉！请体验额部凉爽后的舒适的感觉……体验吧！是非常舒适的、非常轻松的……你的眼睛已经不能睁开了……手臂也很重，不想抬了，也抬不起来了……脚也很重，不想动了，也动不了了……你会感到很困，很困……睡吧，睡吧……在最愉快、最舒服的时刻慢慢进入到更深一层的催眠状态中……"

由于杂念顺利消除，暗示的效果也就会成倍增加，本来是心怀杂念而很难进入催眠状态的受催眠者，一步一步地进入较深的催眠状态。

第四节
成为催眠专家的必备技术

绝不能将操作简单化

在通过手的开合进行催眠时，有技巧的催眠师往往会使用这样的方式进行暗示："请将你的手慢慢地打开……逐渐地打开……不断打开……继续打开……"而另外一些催眠师则是这样暗示："手打开……慢慢、慢慢、慢慢……好……慢慢、慢慢、慢慢……"像这样过多地使用形容词，只会让受催眠觉得单调。只有逻辑思维合理，催眠暗示循序渐进，才可能更好地将受催眠者引入理想的催眠状态。

从一定程度上讲，催眠技术过硬与否，就在于会不会把催眠的操作简单化。将操作简单化是催眠专家绝对不会犯的错误。因为，他们清楚，暗示是需要不断地积累才能逐步强化的，即便只是使用副词，也会有一定的效果，但是过多使用副词的人会倾向于使操作变得更简单容易，这对于催眠的成功与治疗效果是非常不利的。

另外，将操作简单化这个习惯如果得不到尽早纠正，以后可能就很难改过来了。催眠师只有不断地改正不良的习惯，做到操作标准、语言丰富，催眠水平才能不断得到提高。

有一个有着 5 年经验的催眠师，在他工作的 5 年中，他做过很多的催眠诱导，但是很少能顺利地将受催眠者催眠。在实际的演练过程中，一位催眠专家看了他的操作，发现了他的问题所在：

他总是过多地进行那些没有意义的重复，比如说"你的手将越举越高，好，越举越高，越举越高，越举越高，越举越高……"，或者是"你就这样向前走，对，向前走，向前走，向前走……"。这类简单的无意义重复是不可能让受催眠者进入催眠状态的。催眠师只有根据受催眠者的状态灵活调整催眠策略，才能更好地催眠。

有不少催眠师都是一边发出暗示，一边却在想着下一步要做出什么样的暗示，也就是说催眠师的操作不够熟练，技术也不过关。如果是像背诵课文一样，照本宣科地将暗示简单地念出来，这是绝对不行的，因为如果只是简单地背诵暗示，那么暗示的力度必然会减弱，就难以调动受催眠者的情绪。所以，催眠师必须将注意力集中在催眠的进行中上，仔细观察受催眠者的反应，以便随时准备采取适当的暗示进行催眠。

后暗示催眠法

后暗示催眠法就是指在诱导中给出一个特定的暗示，在诱导完成以后，在催眠后阶段的某个特定时间内去完成这个暗示的催眠方法。后暗示催眠法中所应用的这个特定的暗示也就是学术上常说的催眠后暗示。通俗来讲，就是催眠状态中暗示被催眠的人，要他在清醒之后的某个时间或看到某个信号的时候，去做某一件事情。

大家都知道，即使人在意识状态非常清醒的情况下，如果催眠师对其施加暗示仍然可以使其进入催眠状态。催眠师给予受催眠者相应的不同的暗示，这种暗示分别对受催眠者的心理、生理和行为产生影响，而利用这类暗示可以深化受催眠者的催眠状态。这两种暗示一种是在清醒中暗示，一种是催眠中暗示，另外，还有一种暗示称为催眠后暗示。每一种暗示所起到的作用都不一样，具体要根据受催眠者的情况来定。

催眠后暗示是指在催眠过程中，催眠师给予的那些让受催眠者在催眠唤醒后、意识清醒状态下发生影响的暗示。例如，在催眠过程中所用的"好，现在慢慢地告别……暂时告别这片迷人的海滨，当你想要回来的时候，你随时都可以回来……"和"在下一次的催眠中，你将会进入更深的放松状态……"这种暗示就是我们常说的催眠后暗示，前一种催眠后暗示使受催眠者在生活中很快地放松下来，而后一种催眠后暗示则可以使受催眠者在下一次的治疗中可以更快、更容易地进入催眠状态，也会取得更好的催眠治疗效果。还有的催眠师可能会暗示受催眠者醒来以后忘记一些事情，比如催眠的过程。

这种催眠后暗示主要是用来消除受催眠者的某种不良习惯，例如吸烟、酗酒等；或是以其他方式来改变受催眠者的某些行为，例如增强工作中的私人关系或者是提高自信等。从侧面对受催眠者进行积极地鼓舞，间接地暗示受催眠者正确的做法，这些都可以收到很不错的效果。

那么，催眠后暗示是如何起作用的呢，或者说催眠后暗示的原理是怎样的呢？其实，这里面的原理说出来就非常简单了。当受催眠者听到催眠发出的催眠后暗示，就会在潜意识里将这个暗示整合到自己的大脑神经中，在催眠诱导结束之后就会在潜意识里对催眠后暗示作出反应，最终达到催眠治疗的目的。下面的催眠后暗示实例可供大家参考：

"……现在，请大家都坐回到沙发上，放松……放松……继续放松……好，从现在开始，我会轻拍一部分人的肩膀，只有被我拍到肩膀的人才能听见我所说的话，没有被拍到肩膀的人则相反。被我拍到肩膀的人睁开眼睛之后就会做出反应……"

在这里，对于每个人所给予的后催眠暗示都是不一样的。催眠师把手放在某个人的肩膀上："我叫醒你之后，每次只要我一举起我的左手，你就马上从椅子上站起来，大吼'你要干什么！'记住了吗？要按我说的来做……"

然后，催眠师再把手放在另一个人的肩膀上，对他说："当我叫醒你之后，每次只要听见有人大吼'你要干什么！'你就马上站起来，你就大叫'老师，我要出去尿尿'，明白了吗？按我说的去做……"

　　然后催眠师再对下一个人说："当我叫醒你之后，每次只要你听见有人大叫'老师，我要出去尿尿'，你就站起来，生气地说'闭嘴！不要吵……'"

　　催眠师再对下一个人说："当我叫醒你之后，每次只要你一听见音乐，你就变成了世界上最年轻最有名的指挥家，所以只要听到音乐——管弦乐响起，不管你是在哪里，不管你正在做什么，你都要马上走到舞台的中间，开始指挥。可是当音乐停止的时候，你会很奇怪为什么会有这样的事情发生，你就会有羞愧感，然后回到自己的座位上，再不出声……"

　　催眠师再对下一个人说："当我叫醒你之后，每次只要有人给你香烟，不管烟是否已经点上，你都要像狮子一样发出一声吼叫，表示自己很生气……"

　　然后，催眠师依次轻拍全体女性受催眠者的肩膀，说："当我叫醒你们之后，不管什么时候，只要你们听见音乐响起，你们就变成了跳肚皮舞的舞女，你们尽情地、欢快地跳着肚皮舞，不会感受到其他异样的眼光，尽情地跳……"

　　这些都做完之后，催眠师就可以对舞台上全体受催眠者说："现在开始，没有被我拍肩膀的人也能听见我所说的话了，当你们听见音乐——迪斯科的音乐响起，不管你们是在哪里，在做什么，都要回到舞台上来跳迪斯科，疯狂地跳动，尽情地扭动……"

　　"好的，现在我数3下，你们的心情就会变得很舒畅，感觉很舒适。我每数一下，你们就会更加轻松愉悦，好，注意，我要开始数了，3……很轻松，很愉悦……2……非常轻松……非常舒适……1……好了，睁开你们的眼睛！现在，你们感觉很舒适，请大家睁开眼睛……"

经过这样操作复杂的暗示，受催眠者就会按照催眠师所说的去做。有一点必须说明的是，受催眠者会按照暗示的字面意思去理解，所以暗示的时候一定要详细、明确，不能马虎。比如以变成指挥家的受催眠者为例，有一些催眠师可能只是说："当你听到音乐之后，你就变成指挥家了。"即使是这样的暗示也算不上详细、明确，还必须再加上"不管何时"这个暗示，这样每次音乐响起，他才会变成一个指挥家。

　　之后，在播放管弦乐的时候，那个受催眠者就会变成指挥家，配合音乐做出指挥的动作，而催眠师在合适的时机突然停止音乐，然后受催眠者的"为什么会发生这样的事情"这个暗示就会马上开始起作用，他就开始产生一种混乱的感觉。这时，催眠师可以大声呵斥："你在做什么？快回到你的位置上去！"这样会更加加强受催眠者的混乱感，也就更加能集中注意力来听催眠师的暗示和引导。等到受催眠者坐回到自己的椅子上之后，催眠师再次播放管弦乐，让受催眠者再次变成指挥家，站在舞台中间去指挥表演。

　　像这样重复两三次之后，受催眠者不仅会出现混乱感，同时他的思维也会停止，接受暗示的可能性就大大提高了。这也只是诱导他人进入深度催眠状态的一个小技巧。这种技巧能让受催眠者更快地进入到催眠中去，从而达到催眠放松的目的。

　　到此为止，第一个回合的诱导就算结束了，在这中间可以让受催眠者稍事休息。休息之后再接着用摇晃法对受催眠者进行诱导。休息时间可自由控制，一般以 10 ~ 15 分钟为佳。

　　休息后开始播放迪斯科的音乐，那么刚才"当你们听见音乐——迪斯科的音乐响起，不管你们是在哪里，在做什么，都要回到舞台上来跳迪斯科"的暗示就会开始发挥作用，全部受催眠者就会跳着回到舞台上……被拍肩膀被给予后催眠暗示的受催眠者都会对催眠后暗示做出反应——说出催眠师暗示时的话语或者做到催眠师暗示时的动作。

持续，将催眠效果发挥到最好

有一些生理或者心理上的疾病，如果只是进行短暂的催眠治疗，往往并不能收到非常明显的效果，或者效果不能保持长久、稳定，这就需要长期稳定的催眠治疗，这样才能有效地调整患者身心、攻克疾病、恢复健康。在这种情况下，持续催眠法也就应运而生。所谓的持续催眠，就是指催眠师需要运用特殊的催眠方法，使受催眠者持续处于催眠状态较长一段时间（具体时间通常是要超过一般催眠时间的至少两倍），从而使受催眠者的心理状态发生了变化，催眠师就可以更加行之有效地治疗受催眠者的身心疾病。

如果按照催眠时间来划分的话，持续催眠法有如下几种形态：几小时的持续催眠、夜间的持续催眠、一昼夜的持续催眠以及自由的持续催眠。具体的选择要根据受催眠者的暗示敏感程度来决定。

几小时的持续催眠一般就是指使接受催眠者陷入持续 2 ~ 3 小时的催眠状态的方法，属于短期持续催眠。

夜间的持续催眠则是使受催眠者在夜间进入催眠状态，并且使这种状态一直持续到第二天早晨。需要指出的是，我们现在所说的夜间的持续催眠法与睡眠催眠法并不是一回事，前者是指在夜间的清醒状态时对受催眠者实施催眠，而后者是在受催眠者熟睡的时候实施催眠。这两者之间有着概念上和本质上的区别，催眠师需要深刻了解其中的奥秘，并能灵活运用。

一昼夜的持续催眠就是指从之前的那天晚上开始，催眠师就要使受催眠者进入催眠状态，而且一直持续到第二天晚上的同一时间才让受催眠者清醒过来的长效催眠方法。这种方法极大地考验了催眠师的耐心与意志，需要催眠师耐心对待。

自由的持续催眠可以使受催眠者的催眠状态持续较长时间，也就是说，在比较长的一段时间内，受催眠者一直都处于催眠状态中。在进入这种极为特殊的催眠状态之后，催眠师应当立即对受催眠者发出这样的暗示："当你的身心不再需要催眠时……你就会立刻自然地苏醒过来……当你的身心不再需要催眠时……你就会立刻自然地苏醒过来……"这样一来，苏醒与否就是由受催眠者本身自行判断和负责，而不用催眠师从中叮嘱，按时唤醒。其实，这个方法与自我催眠法在某种程度上有着一定的相似之处，就看催眠师如何把握和灵活运用了。

由于持续催眠法在各种催眠法里都算是比较特殊的一种，所以催眠师在运用时必须尽量避免出现不利因素，否则可能会出现很多不堪设想的后果。

由于持续催眠法进行的时间相对比较漫长，所以催眠师要注意反复暗示受催眠者不要受周围环境中的影响，尤其是不要受到其他人的谈话声和噪声的影响，免得让这些杂音分散受催眠者的注意力或者成为惊醒受催眠者的不利因素。

不论是在何种情况下，采用这种持续催眠法的最基本的条件都是要将受催眠者导入深度催眠状态，浅度、中度的催眠状态是绝对行不通的。而且还要设法使受催眠者在较长时间的催眠状态中不至于会感到无聊、空虚、乏味。这样，在他的无意识中也就不会涌出在不该醒来时自己醒过来的念头。

要使受催眠者在催眠状态中可以睁开眼睛，可以去吃饭，上厕所或者做一些其他日常生活中必要的活动，用以保证受催眠者的日常生活能够顺利地进行，生物节律不至于受到破坏。这就需要催眠师在实施催眠的过程中必须加入这样的暗示："如果有需要的话，你可以自由地去上厕所，也可以津津有味地吃饭。而且，根据你已经习惯的时间和周期，你还可以进入到自然睡眠状态。早晨醒过来的时候，仍然可以进行的一些习惯性的锻炼，但是在这一切活动结束之后，你将重新陷入深度催眠状态。这一点是必须做到的，而且也是你完全可以做到的。你一定能做到的。"受催眠者在得到这一系列的暗示后才能顺利地进行催眠治疗。

由于夜间的催眠会与自然睡眠有一部分重叠，因此，通常来说并不会发生什么问题，但是一到了早晨，便会难以抗拒受催眠者以前养成的生活习惯，而且会在不知不觉之中起来洗脸、刷牙、吃饭等，这种情况很容易引发一些意外。这时，催眠师就要以受催眠者的母亲、妻子（或丈夫）或催眠师的护士以及其他治疗人员等为助手，来诱导受催眠者再进入催眠状态。正是由于这种原因，所以催眠师们一致认为，由晚间吃饭之后开始，一直到第二天早晨苏醒的"夜间持续法"是最为自然、方便、合理，也是风险最小的长效催眠法，因而也是最值得倡导的一种催眠方法。

当受催眠者的意识状态出现起伏或跳跃的时候，当受催眠者从深度催眠中惊醒，或者是催眠状态由深变浅的时候，要立即诱导受催眠者，使之再次进入较深的催眠状态里。至于受催眠者能否与家人、护士及其他治疗人员等发生感应关系的问题，最好是通过催眠师在实施催眠并且受催眠者已经到较深的状态时，"转移"给第三者的方式来解决。如此一来，就可以保证催眠治疗的顺利进行。

这种持续催眠法虽然相对来说可以获得更好的治疗效果，但是由于方法极为特殊，操作过程中的情况通常也比较复杂，实施时间又较长，再加上各种不可控的因素，所以催眠师应当予以高度的重视，相当谨慎地对待。例如，为使这一切能够顺利地进行，应当尽可能地在环境的问题上给予较好的配合，受催眠者必须住在安静的医院中，必须有适当的人来监护，还必须有经验丰富的催眠师来实施催眠。只有做好充分的准备工作，才能让受催眠者的催眠治疗顺利地进行下去，从而达到最佳的催眠效果。

榜样，让受催眠者更容易进入催眠状态 〉

不论是在学习中还是在工作中，假如可以树立起一个好的榜样，那么你学习、工作的效率往往会更高。其实，从一定意义上来讲，榜样的存在，也会使催眠更加简单容易。榜样，可以让催眠师更好地实施催眠术，也可以让受催眠者更容易进入催眠状态。即使是很难被催眠的人，榜样的力量也能使受催眠者迅速地提高受暗示性，从而快速提高催眠敏感度。

曾有一位催眠师需要给一名已经是花甲之年的退休工人实施催眠治疗。由于这名工人的年龄偏大，所以催眠师判断他可能是

✳ 榜样的奇异力量

催眠本身也是一种学习，而榜样的存在，又会使催眠这种学习更加简单容易。催眠师可以利用榜样的力量更好地实施催眠术，受催眠者也会因为榜样的感染而更容易进入催眠状态。

你先看看我是怎么进行催眠的。

1. 曾经有这么一个有趣的关于榜样的故事。一位催眠师要给一个老人实施催眠。催眠师知道年龄大的人往往很难被催眠，于是当着老人的面催眠了一个"榜样"。

5、6、7、8

奇怪，你应该数不出6的。

2. 催眠师顺利地将"榜样"导入到催眠状态。最后加入"不能数出6"的暗示，结果他竟然数出了。催眠师非常尴尬，不过依然镇定地进行了下去。

这太奇妙了。

3. 接着，催眠师顺利地催眠了老人。催眠师给他做了忘记自己名字的后催眠暗示，成功了。然后催眠师又做了"不能数出6"的暗示，奇怪的是老人和榜样一样数出了6，这就是榜样的神奇力量。

那种催眠敏感度比较低的人，于是催眠师首先在这名工人面前催眠了一个曾经被催眠过的人，也就是使用了榜样的力量。催眠师给"榜样"做了这样的暗示："非常疲惫"，"非常累"，"非常沉重"，"站不起来了"，"眼睛睁不开了"，"走不了了"等。之后，催眠师顺利地将这名"榜样"导入催眠状态，最后，催眠师在对这名"榜样"解除催眠暗示的时候，加入了健忘暗示："睁开眼睛之后，你不能数出6……你将不再认识6这个数字……你的世界里从此不再有6这个数字的存在。"等这名"榜样"睁开眼睛之后，催眠师再继续给他指示："请你从1数到10。"出人意料的是，受催眠者竟然数出了6这个数字。催眠师刚才的后暗示并没有起到作用！但是，这位有着丰富经验的催眠师并没有着急或者产生任何气馁的情绪，因为他明白即使是这样，刚才成功的催眠还是能够起到相当不错的作用。工人已经大概了解了催眠术，逐渐产生了信任，于是他开始给那名工人做诱导。

结果，工人很容易地就被成功催眠了。催眠师还给他做了后催眠暗示："当你睁开眼睛之后，你就会忘记你的名字。"然后，催眠师询问他的姓名，他的第一反应就是："名字？"催眠师的确非常成功地催眠了他。既然健忘的暗示对他起了作用，那么刚才的"你不能数出6"这个对"榜样"失败的暗示能不能对他起作用呢？催眠师于是又给了工人同样的暗示，结果工人也数出了6这个数字。这实在不得不让人惊叹榜样所产生的力量。

时机，把握住最佳的瞬间 ▷

催眠是一门非常讲究时机的技术，这个时机有的时候很容易掌握而有的时候则很难，原因在于有一些受催眠者的时机非常短暂，催眠师必须在那一瞬间抓住。一名优秀的催眠师往往能把握受催眠者最佳的时机，利用瞬间的机会及时进行催眠暗示，使其顺利进入催眠状态。

比起健康的人，对想要接受催眠疗法的人进行诱导反而会变得相对困难很多。因为他们本身就已经处于一种不安的状态，或者认为什么办法也解决不了自己的烦恼，或者一直对催眠治疗犯嘀咕，有疑问，来进行催眠疗法只是无奈之举。所以，催眠师首先要消除受催眠者心中的不安、疑虑等，让他们能从内心深处信任自己，从而顺利诱导其进入催眠状态。

下面是一个心脏神经症的受催眠者案例，要知道心脏神经症患者自心悸发生时就会有一些不安的症状，现在让我们看看催眠师是怎么消除其不安，巧妙地抓住那个短暂的时机，使其顺利进入催眠的。

受催眠者消极地描述着："有一天，我在洗澡。当我洗头发的时候，突然陷入了一阵恐慌。我莫名地开始害怕起来，我的心怦怦直跳，怎么都停不下来。在这之后，我每天都会担心心悸发生，担心得晚上都睡不着觉了，这种不安情绪一直持续到现在……"

"这是什么时候的事情？"催眠师问道。

"大概是半年前吧。"

"发生这种情况后有没有去医院检查呢？"

"去了，但是全面检查后医生说没有异常，我的身体各项功能都正常。"

"哦，是这样啊……"

"以前我得过甲状腺亢进，所以我就担心是不是复发了。不过检查结果证明我的猜想是错误的……"

"那你去神经科看了吗？"

"没有，因为我总觉得神经科有点……"来访者尴尬地笑了。

"那你后来就没再去专业医院做检查吗？"催眠师继续追问到。

"没有，我的家人后来带我去了，大夫给我开了一些药物，让我回去好好休息，什么也别想，但是我不想吃药。"

"为什么不想吃？"

"我觉得如果吃了一次，以后就停不了，是这样吗？"

"不会的。放心吧，好了之后就不会再想吃了，也就不会想起要吃药了。因为当你好的那个时候就是已经完全好了，药自然就会停下来了。而且你的潜意识会告诉你已经完全没有必要再吃药了，所以你根本不用担心这一点。"

这时，催眠师观察到患者的表情稍微放松了一些，这就是恍惚状态出来的瞬间。不过这只是一瞬间，所以还没有到进行诱导的最佳时机，催眠师继续耐心观察。

"难道还是不能消除那个时候的恐怖体验吗？"

"嗯，我总是会想起自己第一次的恐慌感，特别是在紧张的时刻……"

"一次就将潜意识里的东西完全消除掉，让你不再想起，这是不太可能的。即使是催眠，也是不可能的。所以你不要想逃避，要学会去超越。相信我，我会帮助你的，我们一起来面对，才能更好地解决……"

"你觉得我可以超越吗？"

"在你的记忆里，还残留着那次体验，这就是你能够超越的最好证明。你要对自己有信心。如果你没有超越的能力，那么，那次体验就会留在你的潜意识里，而不会上升到你的意识里了，所以还是很有希望的……"

说到这里，患者那种恍惚的状态又出现了。

"其实，我也想好好工作，可是担心心悸……这是我最大的压力。我担心过不了多久，我就会被压垮了……现在这个问题已经影响我的正常生活了，所以，你一定要帮帮我……"

"你平时都是怎么减压的？要知道症状出现的时候并不是你感受到压力的时候，而是感受到的压力释放出来的时候。健康的人都会通过运动或者自己的兴趣来释放压力，你会这样吗？你有自己发泄释放的方式吗？"

"没有，我不擅长运动，平时又没有什么活动，对什么都没有兴趣……"

"其实，这些都是释放的渠道，正因为你不通过这些方式来释放自己的压力，所以，在你的无意识里，就会通过症状的方式来释放压力。所以，我们才说没有什么症状的人其实更危险。"

"这么说，症状还是个好东西？我要是不心悸说不定会有别的毛病？"

"是的！"

当谈话进行到这里，患者露出了轻松而释然的笑容，看得出来，他总算是放心了。催眠师此时明白，催眠的最好的时机到了，这就是唯一能够开始催眠的那个瞬间，无论如何一定要把握住。

"来，以你认为最放松最舒适的姿势坐到沙发上，只要你觉得舒适就行……好，闭上你的眼睛……闭上眼睛之后，平缓地呼吸……慢慢地吸气……慢慢地吐气……慢慢地呼气……慢慢地吐气……持续这种平缓的呼吸……好，你的呼吸现在越来越平缓，你也越来越放松……平时，你的呼吸很急促，这表明你的理性在起作用……现在，像这样反复平缓的呼吸之后，理性运动就会静止下来，你就会渐渐地进入放松的状态……就这样，放松……继续放松……接着放松……放松后，你可能会开始担心心悸……可能会有一些不安的感觉，不过，这没有关系。随着你越来越放松，这些不安的感觉就会慢慢地消失……现在，你的心也没有了力气……手没有了力气……脚也完全没有力气了……感觉非常好，非常轻松……感觉全身都没有了力气，自己怎么使劲也没有力气了……完全没有了力气……非常舒适……非常轻松……心里越来越平静……越来越平静……"

就在这个时候，受催眠者原本靠在沙发背上的头一下子就垂了下来。本来，他内心就非常担心心悸症状的发生，所以他的意识是朝向心脏的，而且精神也是集中于心脏的，这也刚好可以让催眠师加以利用，这种诱导法在催眠界里被称为"症状利用法"。催眠师首先暂时地消除受催眠者的不安，然后抓住短暂的间隙，找准合适的时机，有针对性地对患者进行治疗，合理地进行催眠暗示，这样就大大缓解了受催眠者心悸的毛病。

一般情况下，受催眠者一旦进入恍惚状态，催眠师就会给予他类似全身无力的暗示。这种暗示叫作"弛缓暗示"。需要注意的是，这个弛缓暗示必须在受催眠者吐气的时候给出，否则就没有任何意义。不过对于第一次接受催眠的人要区别对待，对第一次接受催眠的人在呼气的时候给予弛缓暗示也是有一点效果的。在一呼一吸的那个瞬间，暗示是最容易被接受的，但是也是非常不好掌握的。当然，对于催眠师来说，这些经验不是一朝一夕就能练出来的，这需要长时间经验的积累、反复的练习、细心的观察才能做到。

第五节
专业催眠师的必备素质

催眠师应具备的品质

作为催眠施术过程中的主体，催眠师必须具备一定的素质。想要成为一名专业的、合格的催眠师，首先要具有良好的道德品质。

催眠师是整个催眠活动的主导者，也是参与者、控制者。在催眠状态中，尤其是在比较深的催眠状态中，受催眠者犹如被牵线的木偶或者机器人，几乎没有自己的意志，完全听从催眠师的暗示，即使催眠师让他干出一些荒唐的事情也浑然不知。也就是说，在催眠状态中，受催眠者的潜意识处于全面开放的状态，心理防卫机制也已完全不复存在，经由催眠师的暗示，潜藏在受催眠者心理世界最深层的各种"隐私"都会暴露无遗。对于某些心因性疾病的治疗来说，进入这样的状态和诱导出这种种隐私确实是必要的。但是，催眠师决不可以利用这一特殊情况来达到自己的某种企图（不论是否处于善意），或者将受催眠者的种种隐私作为茶余饭后的谈资而四处传播。这是极其不道德的恶劣行为，是要遭到谴责的不良行为，严重者还会受到法律的制裁。

在整个催眠过程中，对于催眠师的道德品质要求可以说是重中之重。当受催眠者进入催眠状态后，基本上处于一种完全被催眠师操纵的状态，因为催眠师的原因，受催眠者失去了思想上的判断力以及行为上的自主性。这个时候催眠师对受催眠者一定要有高度的责任感和爱心，在负责地给受催眠者进行催眠治疗的同时，还要绝对尊重受催眠者的人格尊严，并且保障其人身权利不受到任何侵害。特别是在受催眠者处于完全被动的深度催眠状态时，催眠师绝对不能违背催眠工作者的职业道德和最起码的良知。如果催眠师违反其中的一些规则，就会难以避免地对受催眠者造成心理上或生理上的伤害，严重的话可能还会触犯法律。所以，催眠师应该充分尊重受催眠者，努力提高自身素质，让自己具备良好的品质和高尚的职业道德。

在实施催眠的过程中，催眠师不应要求受催眠者做一些与治疗疾病无关的动作，或者说一些与治疗本身无关的话。对受催眠者吐露出来的隐私，不可以向任何人透露。自己也尽量不要放在心上，并且，在对受催眠者实施催眠之前，就应当以非常严肃庄重的态度向受催眠者做出口头或书面保证，让受催眠者能安心治疗，无后顾之忧。

催眠疗法并不是万能的，它只是心理治疗的一种较为特殊的手段，甚至有时只是起到辅助的作用。要知道，并不是所有的心理问题都一定要做催眠，能够通过心理咨询和其他方法解决的，也可以不用做催眠。催眠术并不能包治百病，一定要慎重选择催眠对象和适应病症，不要盲目进行催眠，更不要随便听信外界的谣言。

另外，在催眠技术还不够熟练的时候，最好不要对受催眠者实施催眠，以免害人害己。催眠治疗过程是一个复杂而特殊的过程，来不得半点虚假，原则上不容许发生任何错误或失误。因此，在没有充分的理论知识，也没有熟练地掌握催眠术之前，就贸然地对他人实施催眠，既不可能获得圆满的成功，同时还会影响催眠术在人们心中的形象。

而对于催眠技术的传授，一定要注意，不可过于随意，当作儿戏。要对求学者的人品做一个认真的考查，如果发现其别有用心就应当坚决拒绝或立刻停止传授，以防其危害他人及社会。

催眠师应具备的知识和技能

和其他工作一样，除了应具备良好的道德品质外，催眠师还必须精熟于相关的专业知识，并具有高超的职业技能。

催眠术是一种比较特殊的技术，催眠治疗是一种比较复杂而特殊的心理治疗过程，催眠师与受催眠者存在一个双向的心理互动关系。催眠治疗从本质上不同于药物、手术等，它主要是以意识活动为治病的载体或者介质，是一个复杂的、主观性非常强的动态的治疗过程。所以，这就要求催眠师必须具有非常高超的职业技能，在精熟于相关专业知识，准确地把握受催眠者的病情和病因的同时，还要熟练地掌握各种催眠技术，掌控催眠治疗的全过程。除此之外，还应该具备娴熟的写作和口头表达、敏锐观察和准确思维判断并快速做出应对等多项能力。

一般情况下，初步掌握催眠术的技术并不困难。如果要想给别人进行催眠治疗，帮助别人开发潜能、减轻痛苦，仅仅简单地读一两本小册子，甚至是仅仅具备催眠术各方面的知识是远远不够的，也是不允许的。催眠师还应该具有较丰富的社会阅历和实践经验。

一名专业、合格的催眠师，一定要具备一定的生理学、医学方面的知识，这样才能对病因、病症等有一个大致的了解。还必须有一定的心理学知识，尤其是人格心理学、变态心理学等方面的专业知识，这样才能准确地洞悉受催眠者的心理世界，懂得并掌握各种心理疾病的治疗方法和应对策略。举个例子来讲，我们都知道，心理健康与心理不健康是一个连续体，它们之间并没有截然的界限，在那些正常的、心理健康的人身上，也会有一些非正常的、不健康的因素。对这种情况，你应该如何做出鉴定？这就需要渊博、精熟的心理学知识，并且还要通晓心理测试的方法，最好还要有一定的心理学临床经验，否则就很可能会混淆一些心理疾病，把健康者当成不健康者或把不健康者当成健康者。所以，在美国等一些催眠学比较先进的国家，其催眠协会都会要求催眠师必须接受过内科学、心理学等学科的正规训练，才能考取行业资格证。

催眠师应具备的心理素质 >

　　因为催眠治疗过程是一个比较复杂、特殊的治疗过程，再加上大部分人对催眠术并不了解，所以对催眠师的要求是很高的。与众多医务工作者有些相似，催眠师除了要有良好的道德品质、专业的知识和高超的技能外，还要具备良好的心理素质，有抗干扰和良好的心理承受能力，此外还有足够的自信、细心和耐心，适度的持久性和坚定性等。也就是说，催眠师一旦开始对受催眠者进行催眠，就不能半途而废，一定要对受催眠者负责到底。

　　催眠师心理素质的外在体现会对受催眠者产生相当大的影响。中华民族是一个以谦虚为美德的民族，尤其是知识界的人士，应该避免有任何骄傲自满、口出狂言的表现。不过，应用到催眠方面，催眠师在面对受催眠者的时满口谦词则是一大忌讳。这样会引起受催眠者的怀疑，从而动摇催眠的立场，严重的话会由此失去对催眠师治疗的信心。

　　我们不妨假设一下，如果一个催眠师对他的受催眠者说："我现在要对你实施催眠术，能不能成功我不敢保证，当然，我一定会尽力去做的。"这种看似谦虚诚恳的话却构成了一个负面、消极的暗示，往往会直接或间接地导致催眠的失败。所以，催眠师一定要具有良好的心理素质，具有高度的自信心，并且这种自信心要能够自然地流露出来。这样就可以对受催眠者产生正面、积极的暗示影响，使其更好地配合治疗，达到最佳的催眠状态。这也是催眠的一部分。

　　有一位催眠专家曾这样说过：催眠术的成功，从实质上看，就是催眠师的意志战胜了受催眠者的意志，催眠师的心理战胜了受催眠者的心理，最终导致催眠师对受催眠者意识和心理的全面控制。不言而喻，想要战胜他人的意志和心理，自己就必须有良好的心理素质，有高度的自信心和耐心。如果催眠师自身都还犹豫、恍惚、信心不足，那么，战胜别人的意志和心理就只能是一句空话。

因此，有经验的催眠师在对受催眠者实施催眠术之前绝对不会进行无聊的谦虚，他们总是说："我曾经给许多人做过催眠术，这些受催眠者都很容易地进入了催眠状态，经过测试，你和他们的情况都差不多，所以你也不会例外的。现在，我就要对你施行催眠术，你很快就能进入催眠状态。"

第五章

奇妙的自我催眠术

第一节
揭开自我催眠的神秘面纱

美妙的"高峰体验"与自我催眠

在现实生活中，每个人都经常进行不同形式的自我催眠。例如，清晨出门的时候，迎面看到几只漂亮的喜鹊冲自己欢快地叫着，那么，一整天都会神清气爽，感到一切事情办得都比以往顺利，一切事物看起来都是那么美好。这种自我催眠，或者更确切地说是类自我催眠，虽然看不见也摸不着，却是无处不在，直接影响我们的身心体验。自我催眠的好处很多，不仅可以改善我们的生活品质、提升健康，还可以给我们带来愉悦、美妙的"高峰体验"。

是的，自我催眠确实能够带来非常美妙的"高峰体验"，到底什么是高峰体验呢？具体怎样做才能够体验到呢？

一位自我催眠者曾经描述过他在自我催眠过程中对呼吸的体悟，对我们的讨论有着一定的参考作用。当然，自我暗示语可以根据每个人不同的需要而做调整或改变，不必千篇一律。具体引用如下：

大雨过后肯定就会有艳阳高照，岁月的潮汐伴随我们起起伏伏，就如同秋日里飘落的叶子，等待着来年丰盈的新绿……潮起潮落是大海的呼吸，春夏秋冬是大地的呼吸，云卷云舒是天空的呼吸，圆缺亏盈是月亮的呼吸……我们的情感也是同样的，欢聚和别离是爱的呼吸，理解和信任是朋友的呼吸……这呼吸，如同温暖的阳光照耀着我们，给我们滋润，教我们放松，使我们快乐，又让我们沉静，指引我们探索，带领我们成长！有太多的呼吸等待着我们去感受，去体验，去发现……呼吸能使我们精力更充沛，心情更舒畅……用心去呼吸，用心去感受，很快就能发现一个充满活力与希望的未来……

"高峰体验"的概念是著名心理学家马斯洛提出来的，它的原意是指自我实现的人在人生历程中曾经体验到的欣喜感、幸福感和完美感，多是在人生领悟、苦尽甘来、至亲至爱相融或宗教悟道等情境下产生的，是人生中非常难得的经验。马斯洛所说的自我实现的人，在人群中的比例甚至还占不到1/10。为此，马斯洛采用了自由联想、心理测验和人物传记等多种方法去探讨"自我实现者"的心理行为模式。马斯洛对这些自我实现的人的人格特质进行研究，发现这些人格里有非常多的相通之处：

自发、自主、自然、单纯、宁静的心态；良好的现实知觉；有自立和独处的能力和需要；对人、对自己、对大自然表现出最大的认可；对生活经验有着永不落伍的欣赏力和分析力；较常人有着更多的高峰体验；不受周围环境和文化等的支配；不受现存文化规范的束缚；关心社会，喜欢深层思考；思考时以问题为中心，而不是以自我为中心；有自知之明，充分了解自己的优点和缺点；知觉宽广，不偏不私，独立思考，判断正确合理；富有创造性，看待问题和做事情不墨守成规、不随波逐流，他们自主独立，其思想和行为遵循自己内心的价值与规范；同时也有着根深蒂固的民主性格；还有着明确的伦理道德标准；富有哲学意味的幽默感；良好而深刻的人际关系，乐于助人，乐善好施，懂得享受生活……

虽然自我实现的人在人群中的比例非常稀少，而且即使是那些赫赫有名的伟人，一般也只有到了60岁左右的时候才能达到这一状态，正如我国的大教育家孔子在描述自己的时候所说"七十而从心所欲，不逾矩"，但是让我们一般人欣慰的是，许多人在自我催眠的过程中似乎能"提前享受"到那种难得而美妙的高峰体验。身体与心灵是如此自然、和谐与美好，在受催眠者自己的潜意识与广阔的自然、无垠的宇宙、广博的世界全部接通的那一瞬间，受催眠者可以强烈感受到自己就是大自然的一部分，与大自然融为了一体，天人合一。随着自己的呼吸与大自然的一切进行交流与分享，内心自然而然地涌出一股平静、深刻而美妙的喜悦。这种欣喜感、幸福感和完美感犹如人饮水，只有亲自练习自我催眠的人才能够感悟到。自我催眠是一种非常美妙的能力，需要不断练习才能达到越来越好的效果。

实际上，日常生活中许多调节身心的运动都能够带来异常美妙的高峰体验，例如太极、瑜伽等。太极、瑜伽等运动的特点是专注于呼吸和动作，相对更为关注身体的感受，以求达到身心与大自然的和谐统一；禅宗的开悟境界与自我催眠的体验也是非常相似的，禅本质上就是一种与自然、呼吸融为一体的内心体验，这种禅的境界实际上也就是深层自我催眠的境界。就像一位禅师所言："当我终得开悟，我看到眼前的一切以及我自己都是清澈澄明的。"的确，有关人类心灵的学说从来都有相通之处。经过一番痛苦的探索，经过那些纷扰纠缠、经过那担心怀疑、退缩惧怕，我们才会最终体会到身体、心灵、自然相融为一体的澄明境界。著名的催眠大师米尔顿·艾瑞克森曾说，所有的催眠都是来访者本人的自我催眠，催眠师只是一个帮手而已。所以自我催眠注重的是与自己的潜意识进行沟通。

自我催眠的练习过程与禅宗的开悟有着惊人的相似，两者都必须经过不断地练习与感悟，才能享受到澄澈透明的喜悦与完美，也就是催眠术里所说的高峰体验。正如一位自我催眠者的描述："我可以既放松又集中，既舒适自然又专注认真，既随心所欲又有章可循，真是奇怪了，那样矛盾而又和谐美妙的感受轻轻地抚慰着我的心灵，是那样喜悦的平静、幸福的安宁，绝对完美的体验，在自我催眠中我似乎忘却了自我，忘却了存在，忘却了时间和空间的转换，世界与我消融在一起，没有边界，四周只有一片纯净的虚空，深邃而神秘……"

在现代社会，紧张忙碌的生活让我们像停不下的陀螺，拼命想获得上司的认可、父母的欣喜、亲人的赞赏、恋人的幸福和朋友的钦佩。我们实在太想获得这些外在的东西，一旦我们停下来，仔细地思考"我想要的到底是什么，什么才是我生命中最重要的东西，什么是我需要舍去的东西"的时候，常常会感到无所适从，好像内心里有许多声音在激烈地争吵，在疯狂地战斗，却找不到一个宁静轻松的港湾让自己停下来稍做休息，没有一个真正纯净快乐的芳草园可以让我们憩息感悟。高峰体验不能通过个人的意愿发生，但却有可能通过安排自己周围的环境提高它发生的可能性，所以高压下的人们需要学会适当地调节自己，为自己创造一个安静而轻松的独处环境。

当你坐在路边的长椅上时，你可以观察那些追逐嬉戏的孩子，他们跳着、蹦着、喊着、笑着，他们的神情是多么快乐、多么纯净；当你在公园里漫步，看那些开心的中老年人，他们踢毽子、跳绳、打太极、唱歌、拉二胡，他们专注认真，又轻松自在；当夕阳渐渐收敛起金色的余晖，晚霞如同一片赤红的落叶，坠向了遥远的天际，你独自在美丽的海边散步，白天的喧闹、嘈杂、熙攘、骚动渐渐隐退，那沁人的安谧，正在填充你的内心，你充分享受着这美景如画的淡泊与宁静……

当你看到这些，你难道不觉得自己的不快乐实在是有点太可怜了吗？那自己的不快乐是为什么呢？何必这样不快乐呢？内在的快乐，我们的心灵空间到底可能会有多么宽广？你有没有试过静静地聆听过你那疲惫不堪的内心？有没有审视过你曾经的那些所谓痛苦的挣扎？你是否体会到了一直在啃噬你的心灵的那份不满足？你的梦想呢？你的生活呢？你的一切呢？曾经的骄傲去哪了？为什么现在会时常感到空虚？逃避压力是解决问题的最好办法吗？你还要以闭关自守的姿态来面对生活吗？

马斯洛将人的需要分为五个层次，低层需要满足后，高层需要会取代它成为推动行为的主要原因。高层需要比低层需要具有更大价值。

我的理想终于实现了！

5. 自我实现

5. 自我实现。最高等级的需要。满足它就要求完成与自己能力相称的工作，充分发挥潜在能力，成为所期望的人物。这是一种创造的需要。

4. 尊重需求

4. 尊重需求。包括自我尊重、自我评价及尊重别人。尊重需要很少能够得到完全的满足，但基本满足就可产生推动力。

3. 社会需求

3. 社会需求。指对亲情、友情、爱情、信任、温暖的需要，与个人性格、经历、民族、生活习惯等都有关，这种需要难以度量。

2. 安全需求

2. 安全需求。生理需要满足后就希望有能力保障这种满足，每个人都有获得安全感和自由的欲望。

1. 生理需求

1. 生理需求。这是最基本需要，如吃饭穿衣、住宅医疗等。不满足则有生命危险，是最底层的需要。

你当然可以选择快乐的生活，你当然可以选择实现你的梦想，你当然可以在人生中不断地感受那美妙的高峰体验！为什么不呢？其实你可以尝试让自己完全沉浸在自己世界里的"催眠状态"，在那样的你自己给自己创造的状态里，你会看到那只属于自己的方向，你会感受到更加宽广而强烈的力量，更为平静、更为喜悦、更为奇妙、更为完美。它们本来就在那里，静静地待在那里，只是它们很久不曾被你打开过罢了。其实你的内心仍充满着充沛的活力和美妙无比的欣喜，灵感激荡，思想饱满而充实，你只需要去开启它，用心去感受，去体验……

自我催眠的练习完全不同于任何一项运动，从你想要开始进行的第一秒，你就踏上了平静喜悦而又妙趣横生的心灵探索之路，你所经历的快乐、痛苦、纷扰、美妙、纯净、繁杂统统很难用言语去描述，你最终所得到的那种澄明完美的体验也只有你独一无二的心灵才能够深深知晓。现在，自我催眠将邀请你去打开你自己内心的宝库！你的内在世界是如此丰富多彩，远远超乎你的想象，走近它，你似乎听见了心灵的笑声，品尝到生命融入那种永恒与无限的感觉。勇敢去尝试，你的内心会荡漾出坚毅、活力和创造力，你会找回曾经的自信，体验那完美绝妙的高峰体验！

什么是自我催眠术 >

许多催眠专家认为，任何催眠在本质上都是自我催眠，每一个人并不一定需要别人的诱导才能进入催眠状态。催眠的基本要素——使自己进入恍惚状态并施加暗示，每个人都可以学习并直接应用。你可以简单安全地把自己潜意识的潜能释放出来，自己去寻找催眠所蕴含的巨大力量。

自我催眠与他人催眠的区别在哪里？其实，从很多方面来看，它们之间没有什么区别。很多催眠专家认为，各种催眠在实质上都是属于自我催眠，这是因为，虽然是其他人诱导你进入催眠状态，但是，终归是自己的而不是催眠师的意识在起变化。即使自我催眠与他人催眠在进入催眠状态的途径方面略微不同，但是在催眠的各个要素中，却都包括了自我诱导的内容。

　　自我催眠与他人催眠之间存在的差别在于：首先，在自我催眠中，没有其他人在你进入催眠状态之后对你的潜意识施加暗示，而在他人催眠中，显然这是由催眠师为了满足受催眠者的特定需要（治疗疾病，开发潜能等）而按照提前制订好的计划或方案而进行的。为了在自我催眠中能够有效地进行暗示，我们必须采取不同的技巧。同样，在自我催眠中没有其他人来诱导自己进入催眠状态，必须靠自己来完成。这也是自我催眠首先要克服的一个困难。而且，如果你以前从来没有体验过催眠状态，那么即使是他人催眠，催眠诱导的难度也将会更大。

　　自我催眠与他人催眠之间存在的这两个差异也是自我催眠的弊端，但是它们都可以被克服、被战胜。不论何种催眠，要想取得应有的效果，受催眠者都要相信催眠的益处，并且乐意赞同催眠的一切有利因素。但是，并不是所有人都能做到这一点。

　　当然，对于自我催眠的人来说，他们对催眠的怀疑肯定会比较少，而且动机要相对单纯得多。毕竟，对于催眠的效果持怀疑态度的人，或者不愿意被催眠的人，是不会进行自我催眠的。

　　为什么有人选择进行自我催眠呢？回答这个问题要从几个实际的因素来考虑。首先，为了巩固初始催眠治疗的效果，催眠师也常常教给受催眠者如何进行自我催眠的方法。这是因为，催眠不是灵丹妙药，如果有益的暗示不定期进行巩固的话，治疗的效果就会逐渐淡化。因此，学会自我催眠是保证初始催眠治疗持续有效的好办法。其次，这也和资金的支出有关。催眠治疗的费用有多有少，但是去催眠诊所或者去看催眠医师要开销的费用也不少。如果在接受催眠师治疗之外，能够用自我催眠进行补充或者替代，就可以省去一些费用。此外，从地理位置及便利方面来考虑，如果是在偏远的地区，也许在住所附近找不到合格的催眠医师。与其选择长途跋涉去求诊，还不如选择自我催眠呢。

其实，学习自我催眠的另外一个非常重要的原因是，患者不能够或者不希望随时随地得到催眠师的帮助。比如说，你接受催眠医师的帮助，能够控制焦虑，但是你不能指望每次在你被一些不相干的人骚扰或自己的汽车半路抛锚的时候，催眠师都及时地给予帮助，你也根本不想催眠师在老板怒斥你的时候过来帮助你。如果知道如何进行自我催眠，这时就可以自己单独控制局面了。

总之，自我催眠属于催眠学的一个自然的分支。催眠能够帮助你最大限度地发挥自己的潜力，帮你规避、治疗一些身心疾病。如果你能熟练地掌握自我催眠的技巧，那么，你的生活一定可以更加愉快了。

科学研究表明，自我催眠的效果并不比他人催眠逊色。只要催眠暗示的内容与方法得当，没有任何理论能够证明自我诱导的催眠不如他人催眠有效。事实上在某些领域，它能获得比催眠师治疗还要好的效果。当然，刚开始接触自我催眠的人需要一定的时间才能弄清楚自己需要采取哪种方式、为什么采取那种方式以及怎样才能达到最好的效果。

如果自我催眠想要取得成功，产生好的效果，首先，一定要有强烈的愿望。不要以为随意躺在床上，打开 CD 机，催眠就能发挥神奇的作用，这就好比守株待兔，根本就是在做无用功。自我催眠的正确方式与实施技巧也不太可能马上就能学会，在这方面也是熟能生巧。拥有想让催眠发挥效力的愿望或者至少相信它能够起作用，是最基本的，我们对它的作用信任度越高，愿望越强烈，自我催眠的进展也就越快。另外，还要最大限度地放弃批判，接受催眠技巧。最理想的状态就是，你乐意停止思维，抛开任何的顾虑，完全相信催眠将发挥巨大的作用。这种心理状态可以有效地帮助你打开自己的潜意识，使你易于接受暗示，是自我催眠成功的关键。

其实，自我催眠的方法并不神秘，每个人都可以尝试。同时，自我催眠和生活中其他的美好事物一样，也需要一定的努力、练习和实践。通过实践你会逐渐习惯进入催眠状态的感觉，而且你越能够适应这种感觉，就越容易成功地诱导自己进入催眠状态，让催眠发挥其应有的作用。

自我催眠和他人催眠一样，只要实施得当，没有什么危险。但是有一些事项一定要注意。在进行机械操作、驾驶或者做任何其他需要精神集中的事情时，不能播放催眠用的磁带、CD 等。此外，曾有过心理疾病的人，如果没有征得适当的医疗建议（催眠医师、催眠师的建议），最好不要擅自进行自我催眠。此外，在你不知道疼痛的原因时，如果没有征得医疗人员的同意，最好不要利用自我催眠的方式来减轻疼痛。比如，如果你手腕骨折了，而你采用自我催眠的方法减轻了疼痛并且继续使用受伤的胳膊，可能会造成无法挽回的损害。

由于处于催眠状态时，对自己的潜意识施加暗示是一件不太容易的事，因此进行自我催眠时，使用磁带或 CD 会对催眠的成功有很大的帮助。所用的磁带或 CD 可以是自己录制的，也可以由催眠医师录制或者让朋友按照自己所编写的内容来录制。

自我催眠的应用 〉

自我催眠这项活动目前在世界许多国家已经被广泛应用。它是通过积极的暗示，进行自我控制身心状态和行为的一种有效的心理疗法。人类的大脑和神经系统进化到今天，已经完全具备利用自我意识和意象审视自己内心的能力了，人们完全可以通过自己的思维资源，在大脑中进行自我认知、自我肯定、自我教育、自我强化、自我治疗、自我激励与自我提升，这些行为实际上都属于自我催眠的应用。许多成功学大师所传授的成功窍门与我们要讲的自我催眠就有着微妙的、脱不开的联系。可以说，全世界的成功人士都曾经有意或无意地使用着这项心理技术，用来帮助自己控制情绪、集中注意力、迅速消除疲劳、调节肌肉紧张等。

自我催眠主要可以应用在以下几个方面：

减缓心理应变性激动，改善睡眠，提高人体的免疫力和社会应用能力，有效预防各种身心疾病；

增强大脑记忆力、精神注意力，有效存储记忆，提高学习效率；

矫正各种不良习惯，美容、减肥、戒烟、戒酒；

控制神经疼痛，自然分娩，手术应用；

在一定程度上激发人的潜能，提高体育训练和比赛成绩等；

达成新的人生目标，并充满活力和动力，积极地督促自己努力奋斗。

在历史上，人们很早就已经开始应用自我催眠暗示了。祈祷、印度的瑜伽术及我国的气功等，都是以不同的方式实施自我催眠暗示，其目的都是为了保护人的身心健康。

在前面讲述催眠暗示的时候，我们就提到过，暗示在人类的社会生活和日常生活中都具有非常巨大的作用。当人在清醒状态下，暗示虽然也有作用，但是只有在催眠状态下的暗示，暗示的内容才更容易进入人的潜意识领域，且具有更强大而且更持久的影响力。在催眠状态下的暗示，不仅能够改变人身体的感觉、意识和行为，甚至还可以通过调节人体自主神经来影响内脏器官的功能！除此之外，催眠暗示还能帮助人控制不合理的膳食，激励人坚持身体锻炼。

自我催眠的主要应用

自我催眠是一种通过积极暗示、对身心状态和行为进行自我控制的有效的心理疗法，目前在很多国家得到了广泛应用。人们通过自己的思维资源进行自我的认知、肯定、强化、治疗、激励与提升，这些实际上都属于自我催眠的应用。

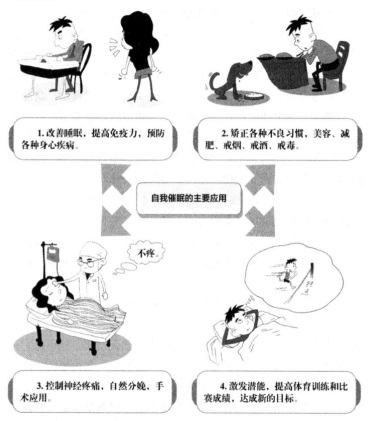

1. 改善睡眠，提高免疫力，预防各种身心疾病。

2. 矫正各种不良习惯，美容、减肥、戒烟、戒酒、戒毒。

自我催眠的主要应用

3. 控制神经疼痛，自然分娩，手术应用。

4. 激发潜能，提高体育训练和比赛成绩，达成新的目标。

脑科学研究已经明确地证明，大脑的前额叶不仅仅与意识和思维等心理活动密切相关，而且与调节内脏器官活动的下丘脑之间也存在着异常紧密的联系。而这正是人类能够主动利用意识和意象，来调节和控制内脏生理功能的首要物质基础。只有打好了这一基础，才能让人的生理功能到达平衡的状态。

人类的潜意识对调节和控制人体的呼吸、消化、血液循环、物质代谢、免疫反应以及各种反射和反映均起着不可替代的巨大作用。许多研究都已经明确地证明，在催眠状态下，如果被暗示身体处于不同的状态，人体的代谢率也就会随之出现相应的变化。

研究同时还发现，人在喜悦、快乐、大笑、听悦耳的音乐、回忆幸福的体验时，大脑内会有大量的脑啡肽和内啡肽分泌。相反，当人的身体有疼痛或者痛苦等消极情感时，就会在体内有大量的P物质及去甲肾上腺素释放。而内啡肽类物质具有抑制体内产生P物质和去甲肾上腺素的作用。有了这个理论基础，我们可以得出这样一个结论：在催眠状态下，如果自己能够不断地强化积极性的情感、良好的感觉以及正确的观念，使这些正面的情感、观念等在意识和潜意识中贮存，从而在大脑中占据优势，那么就可以通过多种心理或生理作用机制对人的身体状态、心理状态及行为进行自我调节和控制。因而，当处于应激和焦虑状态的时候，体内分泌的大量去甲肾上腺素引起的心悸、心慌、心跳加速、呼吸增强、头晕、冒汗、胃部不适、下肢发软、皮肤发凉以及精神恐惧不安等症状，都可以通过一定时间的自我催眠暗示来进行缓和。

总之，自我催眠对于保护身心健康、改善生活来说是非常有利、非常有价值的。而且因为是自我操作，比去看催眠医生、催眠师或者心理医生，自我催眠实践的机会要大得多，这也是它最大的优势。不过，催眠不是灵丹妙药，如果只是在很短的一段催眠过程之后，就希望能够彻底改变积累了10年、20年，甚至更长时间的习惯，这种愿望肯定是不切实际的。只有反复的、长期的催眠治疗才能够产生实质性、稳固的变化。

自我催眠的应用是非常灵活的，可以是多种多样的，治疗疾病、开发潜能、完善自身等。在使用自我催眠的时候，也可以做不同的尝试，但是必须要坚持下面的这条基本原则：如果出现需要专业医生治疗的疾病症状，必须立刻寻医就诊，而不能考虑用催眠来解决。

哪些人最需要使用自我催眠术

哪些人最需要使用自我催眠术呢？

患有强迫症、焦虑症、恐惧症、抑郁症等心理障碍患者；

工作压力较大，很难有时间放松的人，例如推销员、业务员、公司职员等；

从事竞争比较激烈的行业，整天神经紧绷的人员，例如娱乐名人、运动员、企业管理人士、金融界人士等；

需要增强记忆力、害怕进考场、恐惧面试的人，例如想提高学习成绩的学生、参加各类考试而怯场的考生、继续深造学习的成人；

患有各种慢性疾病者，例如头疼、糖尿病、身体发热等；

有成瘾症者，例如吸烟、酗酒、吸毒等；

需要靠增强自信心来减轻体重、美容及抗衰老者，例如年轻少女、中年妇女等；

需要增强自身免疫力，增强抵抗力，减少疾病发生者，例如体弱多病或者身体亚健康者；

有不良习惯者，例如咬手指、摇头不止、多动症等；

需要改善睡眠质量者；

有晕车（船）情况者。

……

哪些人不能使用自我催眠术

虽然自我催眠术在治疗身心疾病、开发潜能、改善生活方面有着不可思议的作用与功效，但是自我催眠术和这个世界上的任何疗法一样，不可能是包治百病的，而且有一些人是绝对不能使用自我催眠术的。我们一定要意识到这点，尽量避免这类人进行自我催眠，以免出现不良的反应。

精神分裂症或其他重型精神病患者是不可以使用催眠术。这类病人大脑内部已经严重病变，在自我催眠状态下会导致病情恶化或者诱发幻觉妄想，从而导致无法顺利地进行自我催眠。

大脑器质性损害的精神疾病并伴有意识障碍的病人也不能使用自我催眠术，因为自己很难全身心放松下来，理智地接受催眠暗示，自我催眠还可能会使得症状加重，甚至危害自己和他人的生命安全。

患有严重的心脑血管疾病，不建议冠心病、脑动脉硬化、心力衰竭患者使用自我催眠术，以免过度激动诱发疾病。

最后，还有一些对催眠有着严重的恐惧心理，经过耐心细致的解释后仍然持强烈怀疑态度者，也是不适宜进行自我催眠的。即使勉强进行，也不会取得良好的效果，反而有可能适得其反，得不偿失。绝对不能强迫其他人进行自我催眠。如果一些轻度病患者坚持要尝试自我催眠的话，那么在第一次进行自我催眠前，应多了解一些自我催眠的相关知识，或在专人指导下进行，以免催眠不当。

第二节
自我催眠的步骤

选定目标是关键

如果决定要进行自我催眠，首先是要明确你的目的。不管做什么，目标明确都是有益无害的。即使你的目标只有你自己能够明白，而其他人根本就无法理解你，你也完全不需要担忧，不要悲观，不要放弃。

潜意识状态就是在我们察觉得到的思想（显意识）表面之下，埋藏着更大量的运作活动，是平日不留意也无法认识的，但是一到关键时刻或者在完全放松的状态下，潜意识就会自然地迸发出来了。

那么，你知道你目前最主要的目标是什么吗？不知道？不清楚？不要悲观，不要放弃，下面我们将介绍一种方法，让你一步一步找出当前你最需要实现的目标。如果你的目标有两个或者两个以上，那么你就需要将它们逐个进行比较，然后心平气和地问自己："假如我只能选一个，而另一个必须抛弃，那么，哪一个才是我最需要的？"在进行这种自我反省时，最好是在很放松的状态下，也就是在轻微的半睡半醒状态下选择目标，这样得出来的答案也会比较准确。选定目标的具体方法可以参考如下：

列出目标

我们日常生活中养成了种种行为习惯，都可以交给潜意识去处理，这其中也包括梦想的选择和目标的实现。你可以把自己头脑里产生的所有目标都用一张纸列出来，并随意地用数字进行排列，如1、2、3、4……一般先排列10个左右。如果一时想不出来也不用着急，可以随想随记，比如你可以这样写：

买一辆新车；

让自己的工作压力减小一些；

通过英语六级考试；

改善睡眠质量；

完成这个月的工作任务，制订计划；

找到一份轻松的工作；

交下个季度的房租；

买一部新的相机，并设法将旧的卖掉；

到郊外写生、摄影；

到云南去旅游。

……

进行自我催眠

首先你要选择一个自己觉得最为舒适的姿势坐下，手里还要准备好这3件东西：目标列表、一张图表、一支笔。这样就可以进行自我催眠诱导了。但是要注意，此时还不能立刻完全进入催眠状态，当你感到非常放松或者有沉醉感觉的时候就应该睁开眼睛。随着生活节奏的加快和竞争的加剧，人们感到十分紧张，总是放松不下来，怎么办？有的催眠专家认为，一般人只要能够专心听一段轻音乐，就可以很轻松地进入这种状态。

进行比较

将列出的所有目标都填入到图表中（参考下表）。左侧垂直的数字（1，2，3，4……）是你列出的目标，而顶端横着的数字是你将要进行比较的目标数字，比如垂直的目标"1"和横排的目标"2"进行比较，然后再把垂直目标"1"和横排目标"3"作为比较，以此类推。

得分	目标	2	3	4	5	6	7	8	9	10	11	12	13	14
	1													
	2	×												
	3	×	×											
	4	×	×	×										
	5	×	×	×	×									
	6	×	×	×	×	×								
	7	×	×	×	×	×	×							
	8	×	×	×	×	×	×	×						
	9	×	×	×	×	×	×	×	×					
	10	×	×	×	×	×	×	×	×	×				
	11	×	×	×	×	×	×	×	×	×	×			
	12	×	×	×	×	×	×	×	×	×	×	×		
	13	×	×	×	×	×	×	×	×	×	×	×	×	

做出选择

一切就绪，然后就是需要你自己做出选择了。现在，你需要把每一目标与其他目标一一进行对比，在每次两个目标的比较中选出一个你认为相对来说较为重要的，需要优先达到的目标。每个人选择的标准可能各有不同，通常来说有两种标准：一种是按照自我感觉为准（哪一个我感到是最重要的），另一种是按照生活中的实际情况为准（哪一个目标我应该先达到）。前者相对比较感性，后者相对比较理性。但是在催眠中并没有高下之分，而是要具体情况具体分析，然后，你将比较的结果（目标数字）填入空白中。比如，比较目标"1"和"2"时，如果你觉得目标"2"需要优先达到，你就在垂直数字 1 与横排数字 2 相交的空格中写上

"2"。继续把目标"1"和目标"3"作比较，如果目标"1"需要更为迫切，那么你就在垂直数字"1"与横排数字"3"的空格中写上"1"。下面我们将范例的目标进行了一些虚拟的比较，并填入了结果（参考下表）。

禾

得分	目标	2	3	4	5	6	7	8	9	10	11	12	13	14
3	1	2	1	4	1	1	7	7	9					
6	2	×	2	4	2	2	2	2	2					
4	3	×	×	4	3	3	3	3	9					
5	4	×	×	×	4	4	4	4	4					
2	5	×	×	×	×	5	7	5	9					
1	6	×	×	×	×	×	7	8	6					
1	7	×	×	×	×	×	×	7	8					
0	8	×	×	×	×	×	×	×	9					
	9	×	×	×	×	×	×	×	×					
	10	×	×	×	×	×	×	×	×	×				
	11	×	×	×	×	×	×	×	×	×	×			
	12	×	×	×	×	×	×	×	×	×	×	×		
	13	×	×	×	×	×	×	×	×	×	×	×	×	

打 分

比较目标和填完图表后，你就可以完全地清醒过来，然后再给表中的结果打分。请看上面的图表，在目标"1"这一横排中，1 共出现了 3 次，那就在"1"前面的格子中写上 3；目标"2"这一排中，2 共出现了 6 次，就在目标"2"前面的格子中写上 6，如此一一写下去，最后再做详细统计。

评估结果

从打分的表中就可以看出来，打分栏中得分最高说明相应的目标出现的频率最高，频率最高说明最重要，就是我们所寻找的最需要优先达到的目标。因此，这个目标应该考虑重新定位为自己的第"1"目标，再看看出现频率第二高的目标是什么，可以找出来重新定位为自己的第"2"目标，依此类推。如果有两个或者两个以上的目标出现的频率相同，那么你需要再次将它们进行比较，重新选出哪个相对优先，例如，从表中找出目标"6"与"7"的得分都是1，那么，就可以再次比较这两个目标，直到选出略胜一筹的那一个为止。

重新写出列表

整个过程的最后，你需要另外再拿出一张白纸，依据你刚才打分的结果，将你的目标进行次序排列，重新写一份目标列表。这样，你的目标就非常清晰地呈现在你的面前了。你也就能合理地按照计划来实施，最终达到自己追求的目标。

编写自我催眠的暗示语 〉

明确你的目标之后，就可以开始撰写你自己的暗示语了。暗示语写得好对于我们摆脱各种心理障碍及生理疾病是非常有用的。这一步要认真遵循一定的指导方针，请参见下面：

保持直接暗示简洁、扼要、有效

1. 简洁、扼要

当你被自己催眠时，清楚、迅速地理解被暗示的内容对你来说是相当必要的。暗示语的简洁、扼要指目的很单纯，不复杂繁多，也是指语言文字本身的简洁。尽可能地突出重点，直接暗示不应该被包含在冗长的独白中。很多病人对直接暗示更能有效地反应，想象力不是很好的人也可以对直接暗示进行吸收并做出反应，然后所做的规划就能够发生。

2. 重复暗示

重复也是非常重要的，甚至可以说是催眠过程中最重要也最常用的手段，因为它能帮助你循序渐进地增强暗示、延续保留暗示的时间。当你反复接受同一信息，暗示就会变成本能的行为。你会自动、自愿、轻而易举地实施。不管你要暗示什么，你都要最少重复3遍。特别是对于那些受各种精神神经症折磨、困扰的人，尤为有效。

比如你可以完全地重复："你已经停止吸烟，停止吸烟，你已经停止吸烟。停止吸烟，你将永远不再抽烟，永远不再抽烟。"

重复也可以解释一些关键性的暗示："你已经停止吸烟。你不再想吸烟，你不是一个吸烟的人，你是不吸烟的人，你怎么可能会吸烟呢？"每个人都可根据自己的情况，设计符合自己特点的、行之有效的暗示台词。

你可以用同义词或相似的词语去加强相同的暗示。你的目的是用不同的方式陈述肯定的暗示，以达到一定的说服力，让它变得更为熟悉，并且最终会以某种方式改变你的行为。如果你强行给它规定复杂的过程、方法，结果只会适得其反。

3. 让暗示可信、令人渴望

如果认为自己还不具备改变暗示目标的能力，即使你并不想放弃，但你的潜意识里可能会抵制它。进一步说，如果你的真实想法其实不想通过律师考试，不想减轻体重或不想成为有影响的公众演讲者，那你对自己发出了暗示也只能是表面上的，不能进入到你的潜意识当中。

为暗示制定一个期限

你不必为自己制定严格的行为改变时间表，但你需要指出期望发生某些改变的具体时间。如果你想指定一个立即发生的行为，就用"现在"、"不久"或"马上"等有效的词，让自己的潜意识来掌控时间。

如果你的目的是只是放松肩膀，并希望在几分钟或几秒钟内发生，你可以对自己做出这样的暗示："现在放松你的肩膀，就让肩膀放松。感觉肩膀放松了，现在放松你的胳膊，让胳膊放松。好，继续放松，很快地你感觉到自己的肩膀越来越放松、越来越放松。"

短暂的时间期限也可以这样暗示："不久，你就能回忆起梦中让你害怕的情景，然后彻底清醒过来。""马上，你要举起你的手指表明你的手发麻，没有知觉，没有反应。"

如果你的目标是要经过长时间努力才会见效，你暗示的时候就需要这样说："到上课的时间"或"当我下周开车过桥的时候"。当把催眠用于自然分娩时，指定特定的时间就更为必要。你可以这样说："当你继续放松，想象婴儿的诞生，想象世界上又多了一个小生命……"

在进行例如学习、运动员想象预赛或从事创造性的活动时，指定一个期限是特别重要的。否则，一个运动后大脑反应强烈的人很可能会持续精神旺盛直到筋疲力尽，浪费了不必要的时间和精力。你可以这样说："每天早上你写剧本，充满灵感、十分轻松。中午你停下来，想一想你所写的内容。回顾所做的工作，这样会你会很有成就感。"对于选择在下午或是晚上继续工作的暗示，要指定好一个停止时间，让暗示完全有效、实际，并且防止筋疲力尽。只有这样才能有更好的状态继续工作下去。

在自我催眠中，催眠诱导、深化、唤醒全部是自己进行的，我们完全可以为自己量身定制一套属于自己的暗示语。编写暗示语要注意以下几点。

确保暗示表达确切

如果你暗示一位田径选手，在接下来要进行的比赛中他将会"像鹿一样奔跑"，这位选手可能穿上运动裤就想奔跑。如果你暗示"尽可能地快速奔跑"，那么选手可能会感到迷茫或无所适从。

确切的暗示不应该明显地激发那些不合需要的过激反应。下面我们通过实例来说明不确切的暗示将给人带来什么样的尴尬与麻烦。

曾经有一位催眠师对一位妇女进行如下暗示："今晚，你离开办公室，关上灯，轻松、平静地回家。当到家时，你继续感到轻松、平静，直到你睡着进入梦乡为止。"

那天晚上，这位妇女离开办公室。然后，她要找个方式去关灯，因为催眠师给她的暗示顺序就是这样的。她走到外面，找到一个控制整座大厦灯光的保险丝盒，然后就把所有的灯都关上了。

确切地表达暗示也有例外。如果暗示对个人有害或有悖于病人的道德模式，受催眠者就不会遵循暗示。比如说，你不能暗示一个人去抢银行并希望他听从这个暗示。不然，一般情况下受催眠者会极力抵制这种行为，直到清醒为止。

一次暗示限定在一个问题上

如果催眠师想一次完成太多改变或突然重新安排生活的几个方面，只会降低其中每一个暗示的效果，也会分散受催眠者的注意力。

也就是说，你不能同时戒烟和减轻体重，也不能在两三个月内同时消除失眠和恐慌症。实际上，同时完成两个目标并不是不可能的，但是那将让自己不堪重负。所以一定要分清事情的轻重缓急，按照需求来合理安排和分配。

主要目标应分解为一系列暗示增强的步骤

催眠暗示如果可以直接指向要达到的行为或目标，这个暗示才能算是有效的。分析你的主要问题和最终目标，比对问题进行次要的改变要重要得多。因此中心的环节是编定、选择对自己最有效的"自我暗示语"。

如果能从一个暗示中获得了一点点成功，那任何人都要继续激发自己的潜能，增加原来的成功。你可以把暗示看成是箭靶上的圆环。从外环开始，击中；这是个小小的成功。然后，你继续进行下一个更小的环，以此类推，直到你击中靶心。靶心代表你要改变、消除的行为或问题的最核心内容。比如你想要改变在高速公路上所有有害的、不合理的行为，当你看到有人插到你前面时，你可以假装视而不见，并尽量不要大吼大叫，然后你就会逐渐进步，直到你让别人插到你前面，并对此保持微笑，你也会认识到在高速公路上表现得大方一点并不会影响你往返的时间。

请记住，成功是一种连锁反应，成功会引发继续的成功。所以，在开始时，保持暗示适度，以此加强，结果不仅是有益的而且还会更加持久。如此一来，受催眠者的情况也会越来越好。

使用肯定的词语

在进行暗示时，尽量使用简短和直接的陈述是非常必要的。避免使用诸如"不、尝试、不能、不要"等词语。一般人的潜意识反应都是按照肯定的主张进行的，例如，"我能、我是、我会"。你必须很好地推敲字词，它们对潜意识有不同效果的暗示作用。

要想进行肯定暗示的叙述，可以进行如下练习。你可以将你在生活中想要改变的行为简单地陈述出来，可谈及需要减少或消除的任何习惯。现在试着读一下你的陈述，找找否定词语，如果你没有使用此类的消极词语，你已经是积极思考的了，应该能容易预见你的目标。

如果你用到了消极词汇，就要重写。这一次，要把暗示写得就好像它们已经达成了一样，如此一来，催眠效果也就能相应更好。例如：

"我不想紧张。我更加放松。""我要试着减轻体重。我正在减轻体重。""我不想再吸烟。我是不吸烟的人。"

消极词语是不确定、不一致、让人讨厌的词汇，不利于自己，能引起不愉快的想象或使暗示的意图变得混沌。比如说，在放松诱导中，这个暗示是不合适的："现在从脖子跳到肩膀，放松你的肩膀……"使用"跳"这个词恰恰与你的目标是相反的。

避免引起思考的放松暗示

在诱导的开始阶段，放松具有非常重要的意义，要保持暗示的普通以避免引起思考。典型的安全暗示是："放松，漂移到一个相对放松的舒适状态，感觉到你的整个身体放松……"而下面这个过于详细的暗示就是非常不合适的，因为它引起思考："放松，想象你自己像个孩子一样在湖面的某一个橡皮艇上坐着，船在慢慢漂移。记住你漂浮在湖面的感觉。记住你觉得有多放松，微风迎面吹来，你感觉非常舒适……"

假如你有过在小艇或小船上漂移的经历，假如你不会游泳，或者你害怕像孩子一样独处，这个暗示就会引起你很大的不适。你会异常焦虑甚至感到害怕，而不是放松。所以催眠之前，写催眠暗语一定要考虑周全。

3 种方法迅速增强暗示效果 ▷

一个人能否进入催眠状态，取决于其受暗示性的高低。人的受暗示性高低存在很大的差异，那么，如何迅速增强暗示效果呢？

用提示性词语或短语触发并增强暗示

提示性词语经常用于诱导后暗示和间接暗示。在诱导后暗示，如果你的目标是关于习惯控制的，你会发现经常使用提示性词语可以增强暗示的效果，让你的注意力更加集中，这对于催眠治疗是非常有利的。

例如，对于吃得过多的人来说，提示性词语就是"饱了"。在诱导中，这个词可以触发并增强暗示的效果，当你极度想吃东西的时候，你说"饱了"这个词，你可能就不再想吃了，也吃不下去了。

诱导中的另一个提示性词语会帮你在面临频繁压力、焦虑中保持正常血压。比如说在高速公路上，你在拥堵的车辆之间开始紧张，手掌出汗、血压升高。在这个时候，你只要在心里说提示词——这个词也许是"打开"，也许是"放松"，总之是与紧张、焦急、焦虑完全相反的词——这样就可以让自己的情绪快速稳定下来，心也会慢慢平静。

在间接暗示法中，提示性词语可用于回忆特定的情感、时间或地点。它作为反应开关，可以把你带回到过去。例如，你周末曾经在森林里进行远足。你感觉精力旺盛、愉悦、无忧无虑。提示语"森林"就可用于把你的思维带到那时那地，你能感觉到那种经历中的情绪，仿佛身临其境一般。

你可能非常想改善与老板之间的关系。每次老板与你谈话，你都觉得是在承受压力。这个结果是消极、抵触、不适当的行为。你的提示性词语可以是"躲避压力"。当老板叫你到他办公室谈话时，你就可以对自己说提示语。这会让你的行为更加积极，不抵触他的要求、讨论或观察报告，让自己能轻松与老板沟通。

提示性词语可能会给一位强烈缺乏自尊心和非常注意外表的妇女非常大的感情支持。在她进入必须与人们接触的房间之前，她对自己说提示词"伊丽莎白女王"。这个提示暗示她有自尊心、重要感，把头高高昂起。在她使用提示语后，她的行为不再显露她没有自信，反而能反映出明显的自尊。连续使用提示词，她自我感觉好了许多。如此循序渐进，效果最佳。

选择想象以增强直接和诱导后暗示的效果

这些暗示是重新规划自己时的框架。每个想象都应该有助于你完成主要的目标。

要知道你的想象是有力量的，精神想象可以预言真实的结果。当你生动地想象你已经达到目标或提升了你生活的各个方面，你实际上是激活能帮助你达成目标的一定大脑活动和精神类型。想象也可以产生失败。如果你想象自己不能骑自行车到达某一座山或不能通过考试，你可能真的就不能了。所以在想象之前一定要找自己能力范围以内的事物进行想象。

运动员通过想象可以使自己增强能力，成功使用"精神训练"，可以提高运动速度并且取得胜利；作家和艺术家本来就是运用想象来创作；学生有时候需要运用想象通过考试，他们想象自己考试、感觉放松、注意力集中、成功通过考试；公众演讲者想象自己在众人面前演讲，感觉镇静、放松、被万人敬仰。语言文字的暗示作用配合上视、听等感觉，配合上周身的感觉，会格外有效。

把一张纸折成两半，用肯定方式在左边写下你的目标（这是你的诱导后暗示）。右边，建立积极想象并且说明当达成目标你的感觉如何、看到什么、为什么、结果是什么。下面是两个例子：

※例子一

催眠后暗示：我在工作时更加放松。我的工作正在我面前，进展顺利，一切都那么轻松。

正面想象：我正坐在临窗的桌子前，这真是一个惬意、阳光明媚的日子，我感到平静又舒适，外面的天是那么蓝，空气是那么清新。

※例子二

催眠后暗示：我正在减轻体重。

正面想象：我看着镜子，看到自己更加苗条。我进到屋子里面，到壁橱拿出我以前的小码裙子，穿上，非常合身。我为自己感到骄傲，我的身材很具吸引力。凹凸有致的线条让我感到前所未有的轻松，前所未有的舒服。

想象越生动清晰，也就会越奏效。你可以把你的所有感官——嗅觉、触觉、视觉、听觉和味觉全部都结合到想象中，增强积极想象。你运用的感官越多，对你的潜意识来讲，你的想象也就越真实。这一切都有助于你的潜意识接受最后那个根本的、美好的、目的性的"指示"。

在放松诱导中，你能够按照下例中引导的想象来建立一种平静的感觉。或者你使用同样想象来设定你特定的地点，并且在这个地点进行诱导后暗示。

可以想象出一个漂亮的、白色沙滩的海滨，无边无际，炫目的蓝色天空；你能听到海浪的拍击声、远处孩子的笑声、海鸥的叫声，当你在海滩散步，你感觉到太阳暖洋洋地照在你身上。现在你深呼吸，呼吸到海边新鲜的空气，你尝到海风的咸味，凉爽的湿气进到肺部。你喜欢这清新的空气，为你补充无穷无尽的能量。你喜欢大自然一切的美好。

学会利用评价语来增强暗示的效果

下面 12 个暗示在某一个方面都是不正确的。请阅读每个暗示，找到缺陷，然后再简短地加以描述。

外面的噪音不能干扰你。这噪音不能以任何方式干扰你，你只会沉浸在你的世界里……

在我数 3 的时候，及时回到你第一次被狗吓到的时候。你会回忆起来，当我数 6 的时候，你一定要回忆起第二次被狗吓到的时候，你会记起你的感觉还有你所看见的，然后你会感到紧张、害怕……

放松，就想象你自己在秋千上荡来荡去，想象着在你 8 岁时，你的哥哥推你荡秋千。放松，就想着那时愉快的景象……

放松感正渗入你的身体，它从头部一下跳到你的脚部，是那么舒适……

太阳火辣辣的，非常明亮，火辣辣的，非常明亮，照得你的眼睛快睁不开了……

你看着自己苗条又有形，你已经瘦了许多。现在，当我从 1 数到 10 的时候，你要恢复到完全清醒的意识状态。好，准备，我要开始数了……

当你开始学习，你全神贯注在你的学习中。你忘记了时间，注意力完全集中在你正在学习的内容，你是那么专注、那么认真……

在交通中你非常平静，非常放松、平静，你全神贯注在你前面的车上，排除所有其他令人烦恼的交通……

你要停止吸烟、停止吸烟、停止吸烟。你同时也会发现自己吃少量的食物就能满足，在每餐之间，你也不需要吃东西，你一般都是很饱的状态。

你骑自行车上山，你的脚有力地踩踏板。最后，你成功到达山顶大声地欢呼起来。

可以想象你自己在一个特别的地方，你在一个特别的地方，你喜欢在那里。那儿很美，你觉得非常舒适，你很享受在这里待着，很享受。

背景音乐就是你放松的信号。当听到音乐，你开始放松，你觉得好像你很容易入睡。你入睡没有困难，音乐就是你入睡的信号。现在，当我从 1 数到 10 的时候，你要恢复到完全意识。

现在，来看一下我们在每个例子中有什么缺陷，并检查看看你改正了多少。

"噪音"是不一致的词，而不是否定词。较好的描述应该是

"那声音在帮助你放松"。

这个直接暗示不够简单、扼要。对病人要求太多，应该这样暗示："在我数3的时候，你会及时回到你第一次被狗吓到的时候。"同时也不应该出现消极的词语，例如紧张。

这是一个引起思考的放松练习，会产生相反结果。病人可能恐高，可能曾经从秋千上掉下来过，或者不喜欢他的哥哥，所以说之前应调查清楚。

"渗入"这个词可能会引起不恰当的想象。"跳"这个字也是不一致的，如果是放松就不应该跳。在这两个句子里，用"流"这个字效果会更好。

你应该更精确地描述暗示，产生让人不舒适的具体温度。最好是循序渐进，逐步升温。

这个暗示是要通过重复、解释暗示或用同义词来进行强化的："你苗条又有形，感到轻了。你喜欢感觉苗条又有形，现在你感觉更好，你更加苗条，感觉更好。"而不应该过于直接。

应该设定出一个时间，否则，你会一直学习直到筋疲力尽。你可以这样暗示自己："你将在下午学习，成功地工作到四点，开始休息，回顾你所学习的内容。"这样可以让大脑有休息缓冲的时间。

这是个非常危险的暗示，必须要准确地解释。应该设定一个不限制你开车能力的提示词作为镇静状态的信号，集中精力在车的前方，而不顾其他。

在这一个暗示里有两个目标。目标太多效果当然就会很差，你不可能同时踏入两条河流。

"试着"和"最后"都是消极的词语，你不能轻松达到目标。这需要奋斗，所以想象不是积极的。

应使用想象来增强你的直接暗示。"想象你自己在一个特别的地方，月亮出来了，你能闻到松树的味道，听到小溪冲刷石头，十分安静，空气寂静而芳香，你很平静……"可以尽量描绘得细致一点。

你需要舍去这段特定的音乐，其会将病人引入欲睡状态。因为受催眠者很可能在开车时、在超级市场购物时、看电影时、参加聚会时或是睡眠时，甚至是其他危险的地方听到这个音乐，必须要为受催眠者的安全考虑。

自我催眠的准备工作

在尝试自我催眠之前，有必要做一些准备工作来提高自我催眠成功的概率。

首先，一定要保证自己处于一个当进入催眠状态时不会受到任何人、任何事物打扰的安静空间里。当然，在有足够的经验之后，你也可以在嘈杂或者存在干扰的环境里进行自我催眠，但是在刚开始学习、实施的时候，你必须确保你的手机、CD 机以及任何其他的干扰源都已关闭。如果屋里还有别人的话，必须让他知道你不能受到干扰。如果你在催眠中使用磁带或 CD，请尽量使用耳机，这样可以帮助你完全隔断那些外在的噪音。

接着，你就要为自我催眠选择一个自己觉得最为放松、最为舒适的姿势。你可以坐在直立的椅子上，而且椅子最好不会松动或滑动，你也可以躺在沙发上、床上或者铺有柔软毯子的地板上，要使自己尽量轻松舒适。必要的时候，你还可以用垫子和枕头，因为你可能需要静止地躺上或坐上半个小时左右的时间。此外，不要忘了在催眠开始之前去一趟洗手间，以免到时候"内急"干扰催眠的正常进行。

在进行自我催眠之前做一些轻柔的伸展运动，拉一拉肩膀、后背，扭一扭头颈，甩一甩胳膊以及腿部的肌肉。这些活动能够有效地促使你放松身体，使你易于进入催眠状态，而且可以防止你在催眠状态下出现肌肉痉挛的意外情况。

催眠时的穿着并不是很讲究，但是所穿的衣服必须要宽松舒适。应该解下领带、皮带，摘下你的手表以及耳环、项链等饰品，否则它们可能会使你在躺下或者端坐的时候感觉到不舒适。如果戴眼镜，还应该取下眼镜，隐形眼镜也最好先取出，以免在自我催眠结束之后戴着隐形眼镜进入睡眠。

另外，你还可能需要一个定时器，它可以使你只在规定的时间里处于催眠状态。当然，如果你是在睡眠之前进行自我催眠，那就不需要定时器了。关于这一点，你不用担心你会在催眠之后难以醒过来。那个定时器，只是在你催眠后进入潜睡状态后但又不想睡着的时候，它才发挥作用的。有一点需要注意，定时器的声音不能太响，否则它会吓你一跳。

最后，注意不要过分关注规则。上面的建议只是帮你达到自我催眠效果的经验之谈，而在实践中，如果你有更好的办法，完全可以打破或者改变这些套路。要知道，那些只会背诵催眠语，并不能灵活使用的人，进行自我催眠的效果是远远不行的。如果你能够更好地为自己考虑，并且能够找到最适合自己的东西，你的自我催眠也就越成功。

如何进行自我诱导

当你已经找到了一个感觉最为轻松舒适的姿势，一切准备工作就绪之后，就可以开始进行自我催眠了。但是，到底怎么样才能让自己进入催眠状态呢？这个过程被称为自我催眠诱导，或称自我诱导。

就如前面的催眠诱导，自我诱导有很多方式可供选择，但其归根结底是要分散意识的注意，让潜意识能够发挥主导作用。自我催眠与他人催眠的不同之处在于，诱导必须是由自己来完成的。多数催眠师都认为，本质上两种都是自我催眠，所以从理论上来讲，自我诱导的成功并不存在障碍，只是进行诱导的媒介、方法稍微有一些差别。

现在你已经找到了感觉舒服的姿势，准备开始自我催眠。但怎样才能让自己进入催眠状态？这个过程被称作催眠诱导。

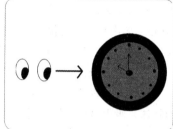

诱导的一种方式是使用录音的磁带或 CD。录音的内容可以自己编写，也可以在其他录音内容基础上改写。

诱导的另一种办法是利用意识自我诱导，或借助物体吸引自己的注意力。这种情况下，你可以控制诱导的进程。

直接的诱导是告诉你在哪里要做什么，感觉如何。

而间接或非强制性的诱导却比较随和。

现在你感觉很松弛，你感觉到双腿变得很松弛。

你也许会感觉自己有些松弛，可能也意识到双腿很放松。

两种诱导方式不分对错，因人而异。在诱导结束后，你应该会感到非常松弛，双眼紧闭，进入到所谓的"中性催眠"状态。

自我诱导的媒介

自我诱导最常用的媒介就是使用录音的磁带或者 CD。录音的内容可以自己来编写，也可以在其他录音内容的基础上进行改写。同样，如果条件允许的话，你也可以让催眠师提供磁带，或者在市场上购买现成的、合格的磁带或者 CD。其优点在于，你可以听"外在"的声音，不用和自己说话或者借助想象的方式而将自己导入催眠状态；但是缺点在于，录音的诱导速度可能会太快或者太慢，不能完美地配合你进入催眠状态的速度。

自我诱导的另一种"媒介"，就是利用意识自我诱导，或者借助物体来吸引自己的注意力。这种情况下，你可以控制诱导的进程。从理论上讲，有意识地让自己进入催眠状态似乎听起来很矛盾，但是在实践中，由于我们很自然地能让一部分头脑与另一部分分开，所以用自己的意识进行自我催眠是完全有可能的。

不论你在自我诱导中是让催眠师为你录音，还是买现成的磁带、CD，你都需考虑什么语汇是最适合自己的。直接的诱导是告诉你在哪里要做什么，感觉如何，比如"现在，你感觉很松弛，你感觉到你的双腿很松弛"。而间接或者非强制性的诱导却会比较随和，同样的例子可能会说成"你也许会感觉到自己有些松弛，可能也意识到自己的双腿很放松"。两种诱导方式不分对错，无所谓好坏，因人而异，要知道自己对哪一种暗示的反应更好，选择适合自己的。

自我诱导的方法

自我诱导的方法主要有逐步松弛法、凝视法、手持物体法、楼梯想象法及风景意象法等。

1. 逐步松弛法

逐步松弛法是一种普遍、易学，且比较适合初学者使用的自我诱导方法。

在你找到感觉舒适的姿势并准备进行自我催眠时，想象自己的身体从一端至另一端正在慢慢地放松：从头部到双脚或者从双脚到头部都可以。想象你的脚部正感觉非常松弛。在你感觉脚部渐渐松弛，松弛感从一只脚流动到另一只脚的时候，暗示自己正在进入催眠状态。同时，也要注意这种松弛感怎样逐渐在身体中蔓延，怎样从一个部位流向另一个部位，将自己带入更深层次的催眠状态。这个过程中不要有任何停顿或停止，直至整个身体，包括胳膊和双手，都感到松弛。

逐步松弛法是操作最简单、使用最安全可靠的一种诱导方法，你也可以尝试一下其他的诱导方法，看看自己最适合哪一种。这些不同种类的自我诱导方式，都是通过关闭你对外界的知觉，并让你集中于内部身体的知觉来发挥作用的。

2. 凝视法

凝视法也是一种非常简单易学、普遍使用的自我诱导方法。

当你找到一个舒适的姿势坐好后，请将注意力聚焦在位于眼睛上方的一个物体，其位置能够使你很轻松地看到整个物体而头颈又不会感到费力。请专注地凝视这个物体，并且深呼吸。暗示自己的身体越来越暖和、越来越松弛，并且注意你的胳膊和双腿怎样变得沉重起来。在你缓慢平静地吸气、呼气的同时，体会自己正在变得多么松弛，并且体会这种松弛感是怎样传遍全身的。注意当你将注意力聚集在这个物体上并且专注地凝视着它的同时，你会感觉自己变得越来越松弛。同时暗示自己，这种温暖的感觉正在增加，在凝视的同时，你正进入更深层次的催眠状态。同时也注意，你的眼睑也开始变得松弛，变得沉重起来，你继续呼吸，吸气、呼气，随之，你感到张开眼睑变得越来越困难，眼皮几乎睁不开了。在你坚持凝视物体的时候，舒适的松弛感在向你的全身传播。继续凝视并保持这种呼吸，直到你完全闭上眼睛，感觉自己极度松弛和舒适。

3. 手持物体法

使用这种方式的时候，你手中拿着一个如硬币一样的小物体，胳膊抬到面前，将注意力集中在拇指的指甲上，并凝视它。之后，暗示自己正变得越来越放松，当你的胳膊、手和手指变得松弛的时候，手指就会自然张开。再一次暗示自己当手指更加松弛时，它们会张开并放开硬币，让它落下，这说明自己已经进入深度催眠状态。不断重复这些话语，感觉自己的手对硬币的抓握正变得越来越松，直到手指松开，慢慢地放开硬币。当硬币跌落的时候，你会闭上双眼，进入催眠恍惚状态。你的胳膊会轻轻地落到身边，你感觉越来越松弛，逐渐进入到更深的催眠状态。

4. 楼梯想象法

想象自己在楼梯间的最上方。闭上双眼，看见自己正缓慢地逐级地走下楼梯。想象中可以是任何一种楼梯，但必须保证该楼梯没有消极的影响。要数自己缓慢地走下的各级楼梯，并一直观察自己，并暗示随着你缓慢地走下楼梯，你会感觉越来越松弛，并逐渐地进入更深层次的催眠状态。想象当你到达楼梯底部时，你会感到完全松弛并进入深度催眠状态。

5. 风景意象法

想象自己来到了一个美丽的、让人感觉非常舒适的地方，它可能是海滩、小树林、草地、你最喜爱的公园或者是河滨。和前面介绍的练习相同，想象你在逐渐放松。你可以在心里慢慢地从 1 数到 10，每数到一个数字，你都能看到自己在想象地中所看到的新的细节。你对周围的景色变得全神贯注。暗示自己已经变得松弛，随着数数的进行以及新景象的不断出现，你逐渐进入到更深层次的催眠状态。

在自我诱导结束之后，你就会感到非常松弛，双眼紧闭，进入到中度催眠状态。

✳ 自我诱导的三种常用方法

自我诱导除录音法外，还有以下三种方法最常用，这就是松弛法、凝视法和楼梯法，下面就详细介绍一下。

1. 松弛法：想象你的脚部非常松弛，松弛感从一只脚流动到另一只脚的时候，暗示自己正在进入催眠状态。同时，也要感受这种松弛逐渐在身体中蔓延，从一个部位流向另一个部位，将自己带入更深层次的催眠状态。不要停顿或停止，直至整个身体都感到松弛。

2. 凝视法：将注意力聚焦在位于眼睛上方的一个物体，专注地凝视并且深呼吸。暗示身体越来越暖和松弛。同时暗示自己这种温暖的感觉正在增加，正进入更深层次的催眠状态。眼睑开始松弛、沉重，眼皮几乎睁不开了。继续凝视并保持这种呼吸，直到完全闭上眼睛。

3. 楼梯法：想象自己在楼梯间的最上方。自己正缓慢地逐级地走下楼梯。要数自己缓慢地走下的各级楼梯，并一直观察自己，并暗示随着你缓慢地走下楼梯，你会感觉越来越松弛，并逐渐地进入更深层次的催眠状态。想象当你到达楼梯底部时，你会感到完全松弛并进入深度催眠状态。

第五章 奇妙的自我催眠术

371

自我催眠的再唤醒与深化

一旦进入催眠状态，接下来就要深化催眠，然后对潜意识施加暗示。我们将对这两个步骤做简要的讨论，但是，在接受暗示之前，你还是有必要练习如何进入和退出催眠状态，所以我们首先要谈谈再唤醒。

自我催眠的再唤醒

从学术的角度看，就算离开催眠状态之后，你并没有被再唤醒，因为你本来就没有睡着。但是，"唤醒"与"再唤醒"是催眠学中常用的语汇。再唤醒是一个简单的步骤。如果你用定时器，则只需要告诉自己，当定时器报告时间到了的时候就要准备起来并慢慢醒来或恢复平常的知觉，或当你从 1 数到 10 后就会醒来，感

到身心放松。而在没有定时器时，也同样暗示自己从 1 慢慢数到 10（或任何其他数字），同时逐渐平静地从催眠中恢复，并暗示当数到 10 的时候，你醒来并且头脑十分清醒。

如果你采用楼梯或其他的诱导方式，那么你可以想象自己重新登上了楼梯（或走下楼梯，视情况而定），你将要暗示自己，当重新走上楼梯时你将缓慢地从催眠中清醒过来，而当到达楼梯的上端后，你会完全恢复、精神抖擞。

自我催眠的深化

在进入催眠状态之后，就要深化催眠。深化催眠并不是件奇特的事情。通常说来，催眠的层次越深，暗示的效果就越好。好的催眠深化方式往往能借助周围的环境。虽然你会尽量找安静的地方进行自我催眠，但是没有一点噪音是不太可能的，在催眠状态下你可能会听到飞机声、车辆来往或邻家的狗叫的声音，等等。这些噪音并不完全是阻碍催眠的东西，相反它们可以被用来帮助增加自我催眠的深度。暗示自己当每次听到飞机飞过，或每次狗叫的时候，你将会进入更深层次的催眠状态。这种深化方式影响力会非常大。虽然大部分催眠的意图能在相对较浅的催眠状态下就可以实现，但是深化催眠可以让你了解不同催眠层次之间的差异，从而你能更好地体验催眠状态。而你对自己催眠状态的感觉越熟悉，自我催眠的能力也就变得越强。

深化催眠和催眠诱导的方法很相似。数数字就是个大家熟悉的例子，暗示自己每数到一个数字，你将进入更深层次的催眠状态。再比如说楼梯，你可以重新开始攀登或走下新的一层楼梯，每走一步暗示自己催眠的层次正变得越来越深。

第三节
触手可及的自我催眠练习

快速自我催眠法

快速自我催眠法是一个非常简便有效的方法，几乎适用于任何人。自我催眠是一种非常美妙的能力，只要通过不断的练习就能达到越来越好的效果。有时候，常常练习自我催眠的人只要闭上眼睛，试着让自己安静下来，全身心放松，就能立即进入很舒适的状态。与此同时，再快速进行积极的自我暗示，就能够顺利进入催眠状态。

快速自我催眠法需要选择一处比较安静、不被打扰的地方，尽量选择舒适、温馨、有利于放松心情的环境，这样就能让人自然而然地感到轻松、舒适和安全。快速自我催眠法往往可以在会议或考试开始之前运用，只要你能找到不被打扰的角落就可以。

快速自我催眠法在具体操作时，要先做几个深呼吸，让自己完全平静下来。每次呼吸时，都要深沉而平缓地吸气，充分地吐气，静静地感受自己小腹的起伏。外界发生的事情都与自己无关，自己此时只沉浸在一个人的世界里。

暗示语可以这样："好，现在请你缓缓地舒展一下身体……找一个舒适的姿势坐好……做几个深呼吸……深深地深呼吸……慢慢地闭上眼睛……慢慢地闭上眼睛以后，继续缓慢地呼吸……呼吸……呼吸……心情随着缓慢地呼吸渐渐地平静……非常平静……非常舒适……现在，开始数……1，心情渐渐地平静……2，渐渐地平静……3，非常平静……4，心情随着缓慢地呼吸渐渐地平静……5，心情渐渐地平静，非常平静……6，现在心情非常平静，感觉非常舒适……7，越来越平静、越来越舒适……8，越来越平静、越来越舒适……

"慢慢地从1数到20，每隔5秒钟数一次，每数一个数字，身体就会更加放松，心就会更宁静，等数到20的时候，你就会进入非常舒适的催眠状态。数数中如出现错误，可以重新再数一次，一直数到20为止。

"数数的时候要注意，不要太着急，每隔3秒或3秒以上往上数，而且需要你数得非常有规律，既集中精力，又保持心灵的敏感、警觉，每个数字都要清晰地数，仿佛每数一个数字，就会沉浸于更深的意识状态。在数到20以后，基本上就能进入舒适、美妙的催眠状态了。"

这时，就可以根据每个人不同的需要，进行快速而且积极的自我暗示了。在这个方法里，最常用的暗示语是"每天，我在各方面都会越来越好"。也可以暗示自己能够早睡早起、成绩能够快速提高、考试能够不紧张、面试能够顺利通过、恋爱能够甜蜜下去、业绩能够圆满达标、工作能够顺利完成、梦想目标也能够尽快达成，等等。

在清醒过来之前，还可以暗示自己从此时此刻开始，精力会更充沛，心情也会更舒畅，然后从20数到1，引导自己完全清醒过来。也可以事先写好唤醒语，加深记忆。

对于一些初次尝试自我催眠的人来说，需要反复使用这个方法，即使在一开始觉得心情很乱很糟，很难沉静下来，或者很容易就进入了睡眠状态而不是催眠状态，但你也一定要坚持下去。经过多次的运用和体察，你就会越来越熟练。当你能够顺利进入状态，并能随心所欲驾驭自我催眠的时候，才可以帮助别人进行催眠，否则只会弄巧成拙，费力不讨好。

放松法自我催眠

　　放松法算是自我催眠最舒适的一种方法，它适用于那些平时压力比较大的人。放松法最好是采用躺着的姿势，而且不要忘记在身上盖一块薄毯。房间的空气要流通，光线不要太强，温度适宜，躺下之前先将皮带等束身的东西解开。

　　运用放松法时，首先要做几个深呼吸，以让自己完全平静下来。必须明确做什么，并只能设计一个解决目标。记清放松的每个步骤和方法。一开始可以想象着有一股暖流从头顶流下来，缓慢而舒适地流下来，流遍全身，这时你可以这样对自己说：

　　"暖流缓慢而舒适地流过我的头顶，让我的头皮很放松……头盖骨也放松……这股缓慢而舒适地暖流流过眉毛，让眉毛附近的肌肉很放松……让耳朵附近的肌肉很放松……让鼻子很放松……鼻子周围的肌肉也很放松……

　　"暖流缓慢而舒适地流过脸颊附近的肌肉……放松我的嘴巴……包括嘴巴周围的每一块肌肉，确定我的牙齿没有紧闭在一起，继续放松我的下巴……让下巴的肌肉很放松……下巴平时承担了吃饭、咀嚼、说话的压力，现在就把它彻底地放松下来吧……整个头部都沉浸在这股暖流里，温暖而舒适的暖流，让头部如此放松，安静……

　　"暖流继续缓慢而舒适地流过脖子……放松了喉咙附近的肌肉……暖流流过肩膀……肩膀平常承受了太多的紧张、压力与重任，现在，就把它们都彻底地释放掉吧……我能感觉到双肩完全的松弛下来，好轻松，好轻松……好，继续放松……

　　"暖流流过左手……流过右手……流过左手、右手……到前臂、到手腕……到手掌……一直流到每一个手指，完全沉浸在这股暖流里，如此放松、温暖……十个手指头都完全地放松……我的整个手臂都完全放松了……

　　"暖流继续流过胸部，让胸部的骨头、肌肉都放松了……暖流流过背部，让脊椎与背部肌肉都放松了……暖流缓慢而舒适地流过腹部的肌肉，毫不费力，然后呼吸会更加深沉、更加轻松……这种放松的感觉一直向下到我的胃部，我的胃部非常健康、非常舒服……

"这股暖流流过左腿……流过右腿……让腿上的肌肉一块一块地放松……这舒适的暖流一直流到脚踝上、脚掌上，流到每一个脚趾头上，非常舒适、非常温暖、非常宁静……继续保持深呼吸，每一次呼吸的时候，都会感觉到自己更加放松、更加舒适……现在，我的身体都完全地放松了，我会感觉到非常舒服……"

"一点一点地，就进入到非常舒适、非常放松的催眠状态里，整个人就像一个大大的棉花糖，像一朵轻松舒展的白云，是那么轻松……那么自在……整个人就这样进入这样放松、美妙的状态里……已经进入催眠状态了……"

放松法需要你真切地关注自己身体的感觉。有些人会觉得这样很难做到放松，那么你可以简单地想象一架心灵的扫描仪把自己从头到脚扫描了一遍，看看自己还有哪里没有放松，那么就都让它完全地松弛下来。对于那些不容易放松的部位，你可以对自己多暗示几次，充分放松之后，再进行催眠状态下积极的暗示。等到催眠快要结束时，再暗示自己"当我足够放松的时候，我就会自动醒来，醒来以后我的身体变得越来越好、越来越轻松，甚至所有的不良的状况都消失了"。

如果你确实觉得自己的身体很难做到放松，也想象不出来有一股暖流在自己的身上流过，那么，你可以试着在开始自我催眠之前先用放松法，让自己尽可能地先放松下来，变得舒适起来，具体步骤如下：

握紧你的拳头，再慢慢地松开；

握紧你的拳头，将拳头举到肩膀处，再握紧，再慢慢地松开；

抬起你的脸，眼睛向上面看，舌头向上顶，再慢慢地松开；

收缩你的脖子，肩膀耸起来，再慢慢地、用力地放下肩膀；

✳ 难以放松时的做法

感觉很难放松时，可以想象有一台扫描仪把自己从头到脚扫描了一遍，看看自己还有哪里没有放松，那么就都让它完全地松弛下来。对于不容易放松的部位，可以多暗示几次。

如果你确实很难做到放松，可以尝试这么做：

握紧拳头，再慢慢地松开；握紧拳头，将拳头举到肩膀处，再握紧，再慢慢地松开。皱起你的脸，眼睛向上面看，舌头向上顶，再慢慢地松开；收缩你的脖子，肩膀耸起来，再慢慢地、用力地放下肩膀。

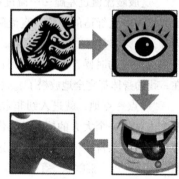

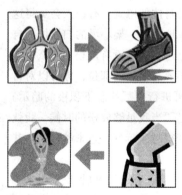

深呼吸，吸气到肺部，让胸腹部慢慢地放松，尽量向前伸你的脚，脚尖下压，再慢慢地放松腿部。尽量向前伸你的脚，脚尖上翘，再慢慢地放松腿部；最后让自己的全身松弛。

放松法可以让你全身的肌肉都快速松弛下来。你可以进行反复的练习，直到身体感觉松弛、舒适，甚至有一点疲倦、松软、慵懒的感觉，然后再进行暖流想象。

深呼吸：吸气到肺部，让胸腹部慢慢地放松，继续深深地呼吸；

尽量向前伸你的脚，脚尖下压，再慢慢地放松腿部；

尽量向前伸你的脚，脚尖上翘，再慢慢地放松腿部；

最后让自己的全身松弛。

放松法可以让你全身的肌肉都快速松弛下来。你可以进行反复练习，直到身体感觉松弛、舒适，甚至有一点疲倦、松软、慵懒的感觉，然后再进行暖流想象，相信经过这些放松练习后，你就能顺利地进入到催眠状态中。

需要指出的是，有一些自我催眠者第一次做这样的练习时，因为他们很久都没有关注过自己身体的感觉，所以在放松的时候就出现了头痛、胳膊疼、腿疼等一些不舒服的感觉。不要担心，多练习几次就会变好，这其实是你平时缺少锻炼的表现，这是身体在提醒你该好好休息了。

温暖法自我催眠 〉

人感受到温暖是血管扩张的结果，通过调节肌肉毛细血管的血液运行使血流增加，就可以产生温暖感，温暖有解除人身心紧张的效果。

温暖法通常是这样进行的，首先做几个深呼吸，让自己完全平静下来。然后想象自己浸在温热的泉水里或者是在温暖的阳光下，然后逐渐地产生一种温暖的感觉，注意语气一定要缓慢柔和，语调要尽量慢一些。

温暖法可以参考下面的这段引导示例进行发挥：

"好，现在，你可以找一个自己认为最舒适的姿势坐好或者仰卧下来……慢慢地调整一下身体的姿势……慢慢地调整……现在，慢慢地做几个深呼吸……慢慢地吸气……慢慢地呼气……慢慢地……吸气……呼气……慢慢地闭上眼睛……在缓慢的呼吸中……慢慢地闭上眼睛……心情会变得越来越平静……越来越平静……好……在缓慢的呼吸中……心情会变得越来越平静……越来越平静……心情越来越平静……好，闭上眼睛……享受这份平静……闭上眼睛……感受这份平静……

"现在，在缓慢的呼吸中，请把注意力放在你的右胳膊上……对，在缓慢的呼吸中，把注意力放在右胳膊上……注意力放在右胳膊上……请想象……想象你的右胳膊很温暖……很温暖……非常温暖……想象右胳膊非常温暖……就像浸在了温热的泉水里……温热的泉水里……泉水很温暖……很温暖……

"右胳膊就像是浸在了温热的泉水里……非常温暖……非常舒服……请想象右胳膊浸在了温热的泉水里……非常温暖……非常舒服……右胳膊很温暖……很舒服……就像浸在了温热的泉水里……实在太舒服了……太温暖了……舒服……温暖……泉水四周都散发着热气……散发着热气……很温暖……

"随着每一次的呼吸……右胳膊越来越温暖……越来越舒服……随着每一次的呼吸……你的右胳膊越来越温暖……越来越舒服……非常舒服……非常温暖……越来越温暖……越来越舒服……尽情浸泡着吧……浸泡着……胳膊渐渐没有力气了……没有力气了……

"右胳膊越来越温暖……越来越舒服……舒服得不能再舒服了……好，现在请在缓慢的呼吸中，把注意力放在左胳膊上……现在，继续慢慢地吸气……再慢慢地呼气……在你缓慢的呼吸中，把注意力放在左胳膊上……感觉左胳膊很温暖……很温暖……左胳膊就像是浸在了温热的泉水里……感觉很舒适……很温暖……就像浸在了温热的泉水里……感觉非常舒适……非常温暖……感觉很舒适……很舒适……

"感觉左胳膊很温暖……非常温暖……随着每一次的呼吸……左胳膊变得越来越温暖……越来越温暖……随着每一次的呼吸……左胳膊变得越来越温暖……越来越舒适……越来越温

暖……越来越舒适……好……做得非常好……左胳膊很越来越温暖……就像浸在温热的泉水里……感觉非常舒适……非常温暖……没有力气了……没力了……

"左胳膊变得越来越温暖……越来越舒适……越来越温暖……越来越舒适……对……做得非常好……随着每一次的呼吸……两个胳膊都变得越来越温暖……越来越舒适……越来越温暖……越来越舒适……随着每一次的呼吸……两个胳膊变得越来越温暖……越来越舒适……就像浸在温热的泉水里……两个胳膊越来越温暖……越来越温暖……越来越温暖……感觉越来越舒适……越来越温暖……好，非常好……就是这种感觉……

"好……做得非常好……两个胳膊变得越来越温暖……越来越温暖……就像浸在温热的泉水里……好……做得非常好……两个胳膊很温暖……就像浸在温热的泉水里……随着每一次的呼吸……两侧胳膊变得越来越温暖……越来越温暖……越来越温暖……对……两个胳膊很温暖……很舒适……越来越温暖……越来越舒适……对……就这样随着每一次的呼吸……两个胳膊很温暖……越来越温暖……胳膊都非常舒适……舒适感越来越强烈……

"好，两个胳膊很温暖……越来越温暖……越来越温暖……好，很好……继续缓慢地呼吸……慢慢地吸气……慢慢地呼气……在缓慢的呼吸中，变得更加平静……在缓慢的呼吸中，请把注意力放在右腿上……把注意力放在你的右腿上……现在，右腿会感觉很温暖……很温暖……非常温暖……呼气……感觉很舒适……吸气……感觉很温暖……

"右腿就像是浸在了温热的泉水里……感觉很温暖……很舒适……非常温暖……非常舒适……好……做得非常好……右腿感觉越来越温暖……越来越舒适……右腿就像是浸在了温热的泉水里……感觉越来越温暖……越来越舒适……右腿没力气了……没力了……

"右腿感觉很温暖……非常温暖……越来越温暖……越来越温暖……右腿就像是浸在了温热的泉水里……感觉非常温暖……非常舒适……感觉越来越温暖……越来越舒适……不想动了……不想动了……

"好，做得非常好……随着每一次的呼吸……右腿感觉很舒适……很温暖……越来越温暖……越来越舒适……随着每一次的呼吸……右腿感觉越来越温暖……越来越舒适……越来越温暖……越来越温暖……浸在了温热的泉水里……越来越温暖……

"右腿感觉很温暖……很温暖……越来越温暖……越来越温暖……感觉就像浸在了温热的泉水里……越来越温暖……越来越温暖……有点困了……困了……好，非常好……就是这种感觉……

"对……做得非常好……继续慢慢地吸气……慢慢地呼气……慢慢地吸气……慢慢地呼气吸气……呼气……呼吸时请把注意力放在你的左腿上……请把注意力放在你的左腿上……好，很好……在缓慢的呼吸中，请把注意力放在左腿上……对，把注意力放到左腿上……现在，左腿会感觉很温暖……很舒适……非常温暖……非常舒适……吸气……继续吸气……很舒适……很温暖……呼气……继续呼气……

"好，做得很好……现在，左腿感觉很温暖……很舒适……越来越温暖……越来越温暖……感觉左腿就像浸在了温热的泉水里……越来越温暖……越来越温暖……左腿就像浸在了温热的泉水里……越来越温暖……越来越温暖……舒服得没有力气了……没力了……

"随着每一次的呼吸……左腿感觉很温暖……很舒适……越来越温暖……越来越温暖……随着每一次的呼吸……左腿感觉很温暖……很舒适……越来越温暖……越来越温暖……对，感觉左腿就像浸在了温热的泉水里……越来越温暖……越来越温暖……越来越舒适……越来越舒适……

"好，做得很好……感觉双腿就像浸在了温热的泉水里……很舒适……很温暖……非常舒适……非常温暖……感觉双腿就像浸在了温热的泉水里……越来越温暖……越来越温暖……好，很好……感觉双腿很温暖……很舒适……很温暖……很舒适……好……现在感觉四肢很舒适……很温暖……很舒适……很温暖……随着每一次的呼吸……四肢感觉很温暖……很舒适……越来越温暖……越来越温暖……感受温热的泉水的四肢……很舒适……非常舒适……

"好，很好……四肢感觉越来越温暖……越来越温暖……你的四肢就像浸在了温热的泉水里……越来越温暖……越来越温暖……随着每一次呼吸……你的四肢感觉越来越温暖……越来越温暖……有点困了，想睡了……睡吧……睡吧……好，非常好……就是这种感觉……已经进入催眠状态了……

"现在……请记住这种感觉……在下一次的催眠中会有更加明显的感觉……在下一次的催眠中会更加温暖，更加舒适……好，非常好……现在，身体的感觉已经完全地正常了……完全地正常了……完完全全地正常了……好……你现在非常想睡觉，这很好，这里没有什么能干扰你，吵醒你，你也不会听到任何不相干的声音……睡吧……睡吧……20分钟后你会自然地醒来……20分钟后你会回到现实中来……完完全全地回到现实中来……"

等到20分钟后，自己就会慢慢地睁开眼睛，回到现实中来。醒来后自己就在原地，缓缓地舒展身体，慢慢地向左右摇晃几下头，非常舒服，还非常自在，这就表示自我催眠取得了很好的效果。

静坐法自我催眠

静坐法可以说是最优雅的自我催眠法，选择一个安静、独处、温度适宜的场所，将灯光调至自己最喜欢的柔和度，甚至可以带一点浪漫的昏暗，放上自己喜欢的音乐，点上喜欢的熏香，找一个温暖舒适的沙发或椅子，总之，就是要宠爱你自己。在这样的情境中，使自己进入催眠状态，真可谓是优雅动人的行为。凡每天练习此法的人，无不感到轻松自在，心态平和。

静坐自我催眠法是可以随时随地使用的，能够很好地提高注意力，提高各个感官的感受能力，几乎适合所有的人。

静坐法，也叫默坐法，顾名思义，当然是要采取坐姿，选择一个自己觉得最为舒适的姿势，双脚自然地放在地面上，双手自然地放在自己的大腿上，背部自然地靠在椅背或沙发上。保持这个舒服的姿势，开始积极地进行催眠暗示。

静坐法通常可以这样进行：只是静静地坐着，静静地感受自己的呼吸……静静地坐着……静静地感受自己的呼吸……随着每一次的呼吸，整个人变得越来越平静、安宁、祥和……变得越来越平静……越来越平静……一边深深呼吸，一边默默地数数，从1数到100，越数越慢，越数越平静，直到你觉得整个人就只有呼吸的感觉，只有气流流过鼻孔、鼻腔、气管、肺部的感觉……随着数字的增加，人越来越放松、越来越平静……自然而然地进入催眠状态……

1，心情变得越来越平静……2，心情变得越来越平静，感觉越来越舒适……3，越来越平静，越来越舒适……4，现在，心情非常平静，随着每一次的呼吸，心情变得越来越平静……5，随着每一次的呼吸，心情变得越来越平静……6，现在，心情非常平静，非常舒适……7，静静地感受自己的呼吸，心情变得越来越平静……8，静静地呼吸，越来越平静……9，静静地呼吸，随着每一次的呼吸，心情越来越平静……10，越来越平静……11，非常平静……12，非常平静……13，越来越平静……14，平静……15，呼吸，呼吸……继续呼吸……16，一切变得那么祥和……祥和……17，感觉越来越舒服……越来越舒服……

逐渐地，你会忘记自己数到哪个数字了，好像全世界就只剩下那种静静呼吸的感觉了。这时候，你已进入非常安静、非常轻松、非常舒适的催眠状态了。学会了这种静坐技术，将使你远离浮躁，变得平静起来。

静坐法一定要多次练习，其最关键之处在于如何把注意力完全集中在呼吸上，静静地、细致地感受那些气流的进进出出。刚开始，你很可能会觉得自己的头脑中有一些纷扰的念头，不用担心，随着你注意力的慢慢集中，这些念头都会自然消失。数数的

❋ 掌握静坐法的关键

静坐法一般需要反复多次练习，关键在于如何把注意力完全集中在呼吸上，平静而细腻地感受那些气流的吐纳。

1. 选择一个安静、独处、温度适宜的场所，将灯光调得柔和一些，放上能让自己心情平和的音乐，点上喜欢的熏香。

2. 刚学习静坐法时，很多人会感到自己的头脑中有一些纷扰的念头，让自己没法静下心来。这是无须担心的，我们完全可以把它们想象成天上的一朵朵白云在脑海漂浮，随着注意力慢慢集中起来后，这些念头就会像白云一样不知什么时候自然地消失了。如果它们始终都存在于你的头脑中，不要因为过度关注它而打破了内心的宁静，让它自然地存在，它自然就会慢慢地流过、消失。

3. 数数的时候，开始可以较快，到后来逐渐随着呼吸的缓慢会自然放慢速度。如果你觉得自己仍然很难集中注意力，也可以轻轻地发出声音数，随着呼吸的缓慢，自己的声音也就会自然地变轻、变柔、变弱，最后自然就会转为心里数数。

时候，开始可以较快，到后来逐渐随着呼吸的节奏会自然放慢速度。如果你觉得自己仍然很难集中注意力，也可以轻轻地发出声音数，随着呼吸的节奏，自己的声音也就会自然地变轻、变柔、变弱，最后自然就会转为心里数数。用自己的潜意识来控制自己，让自己平静下来，然后进入很舒服、很放松的状态中去。

多次练习之后，这个方法肯定能带领你进入比较深的催眠状态，内心会浮现一些非常美妙的意象。不过，在进行静坐的练习时，最好能有催眠师给出的指导和建议，以免自己走入误区或者长时间都进入不了状态。

沉重法自我催眠

当我们的肢体完全松弛之后，肢体本身的重量自然也就会体现出来。这里所说的沉重感其实就是肢体肌肉完全松弛以后的那种感觉，而并非是疲劳时感到的那种酸重感。所以，当你在进行自我催眠时，使自己放松下来就好，肢体完全松弛之后自然就会产生那种美妙的沉重感觉。自己反复进行暗示，从胳膊到腿，从腿到四肢，使其处于一种沉重状态，就能很快被催眠，现在，请尽情享受吧。

沉重法自我催眠一般是从优势手那一侧开始，我们是以右利人（"利"指自己惯用哪一只手）为例的。现在，就让我们来到一个适当的环境，参考下面的引导示例来开始自我催眠。

"好，现在请缓缓地舒展一下身体……找一个舒适的姿势坐好或者躺好……做几个深呼吸……慢慢地闭上你的眼睛……闭上眼睛以后，继续缓慢地呼吸……呼吸……呼吸……心情随着缓慢地呼吸，渐渐地平静……非常平静……非常舒适……在呼吸时，请把注意力放在右胳膊上……好，继续呼吸，把注意力放在右胳膊上……好，很好……现在，请发挥你的想象力……想象右胳膊就像是一块正在吸水的海绵……对，想象右胳膊就是一块正在吸水的海绵……在不断地吸着水……就像是一块正在吸水的海绵……在不断地吸着水……不断地吸着水……渐渐地……水越浸越多，右胳膊也变得越来越重……海面还在继续吸水……继续吸水……水越吸越多……越吸越多……右胳膊变得很沉重……越来越沉重……越来越沉重……

"右胳膊就像一块浸满了水的海绵……软塌塌的……很沉重……非常沉重……右胳膊就像一块浸了水的海绵，越浸越多……软塌塌的……越来越重……渐渐地……觉得右胳膊越来越重……越来越向下沉……对，越来越向下沉……右胳膊越来越重……越来越重……越来越向下沉……好，很好……随着每一次的呼吸……右胳膊变得越来越重……越来越向下沉，右胳膊变得越来越重……越来越重……真的变重了……变得很沉重……非常沉重……右胳膊已经处于很饱满的状态……很沉重……很沉重……

"随着每一次的呼吸……右胳膊变得越来越重……越来越重……越来越重……越来越向下沉……好……继续下沉……下沉……现在请把注意力放在左胳膊上……注意力到左胳膊上……继续呼气……吸气……

"随着缓慢的呼吸，心情变得越来越平静……越来越平静……在呼吸时，请把注意力放在左胳膊上……把注意力放在左胳膊上……好，现在请发挥想象力……想象左胳膊就像一块正在吸水的海绵……正在吸水的海绵……水越吸越多……越吸越多……

"想象左胳膊就是一块正在吸水的海绵……渐渐地……水越吸越多……越吸越多……水渐渐地越吸越多……越吸越多……变得软塌塌的……很沉重……非常沉重……左胳膊就像一块浸了水的海绵……软塌塌的……很沉重……非常沉重……还在不断地吸水……不断地吸水……水越吸越多……越吸越多……

"感觉左胳膊变得越来越重……越来越向下沉……对，就是这样……下沉……左胳膊变得越来越重……越来越重……越来越向下沉……随着每一次的呼吸……左胳膊变得越来越重……越来越重……越来越向下沉……左胳膊真的变重了……变得很沉重……很沉重……非常沉重……真的变重了……很沉重……很沉重……非常沉重……左胳膊正在一点一点下沉……一点一点下沉……

"左胳膊就像一块浸满了水的海绵很沉重……很沉重……非常沉重……就像一块浸满了水的海绵……软塌塌的……很沉重……非常沉重……越来越往下沉……越来越重……越来越向下沉……好,吸气……呼气……继续吸气……继续呼气……

"随着缓慢的呼吸,心情变得越来越平静……越来越平静……在呼吸时,请把注意力放在左腿上……请想象左腿就像是一块正在吸水的海绵……一块正在吸水的海绵……在不断地吸水……想象左腿就像是一块正在吸水的海绵……正在吸水的海绵……在不断地吸水……不断地吸水……越吸越多……渐渐地……水越吸越多……越吸越多……

"左腿就像一块浸满了水的海绵,软塌塌的……越来越重……越来越向下沉……就像一块浸了水的海绵软塌塌的……越来越重……越来越向下沉……觉得左腿变得越来越重……越来越重……非常沉重……越来越向下沉……好,很好……随着每一次的呼吸……左腿越来越重……越来越向下沉……就这样……左腿真的变重了……变得很沉重……非常沉重……左腿真的变重了……变得很沉重……非常沉重……慢慢往下沉……往下沉……

"左腿像一块浸满了水的海绵,软塌塌的……变得越来越重……越来越向下沉……软塌塌的……很沉重……非常沉重……好,呼气……吸气……

"随着每一次的呼吸……两腿都像浸满了水的海绵,变得越来越重……非常沉重……随着每一次的呼吸……两腿变得越来越重……越来越重……越来越向下沉……随着每一次的呼吸……两腿变得越来越重……越来越重……越来越向下沉……继续呼气……继续吸气……

"两腿软塌塌的，变得越来越重……非常沉重……越来越重……越来越向下沉……两腿都像浸满了水的海绵……非常沉重……越来越重……越来越向下沉……现在，感觉非常平静，非常舒适……两腿变得越来越重……越来越重……好，呼气……吸气……

"随着每一次的呼吸……四肢都像浸满了水的海绵，软塌塌的……变得越来越重……很沉重……非常沉重……随着每一次的呼吸……四肢变得越来越重……越来越重……越来越沉重……四肢都像浸满了水的海绵，软塌塌的……很沉重……越来越重……越来越向下沉……对，四肢都像浸满了水的海绵越来越沉重……越来越向下沉……现在，感觉非常平静、非常舒适……继续呼气……继续吸气……两腿都像浸满了水的海绵……非常沉重……越来越重……很舒适……舒适……

"好，请记住这种感觉……在下一次，会有更加平静、更加舒适的感觉……好，非常好……现在身体的感觉完全正常了……完全正常了……完完全全地正常了……好……请慢慢地自然地睁开眼睛……回到现实中来……回到现实中来……睁开眼睛……好，你完完全全地回到现实中来……好，你回来了。"

然后，就在原地，缓缓地舒展自己的身体，慢慢地向左右分别晃几下自己的头或者是伸伸懒腰，看看远方，你就会感觉到非常轻松、非常舒服，也非常自在。

任何人在最初体验某一种自我催眠法时，都需要一定的时间。假如你在第一次进行自我催眠的感觉并不明显，那你就更要始终保持放松的状态，千万不要强求。因为越是强迫自己去寻找某种感觉，反而可能会越紧张，这样只会适得其反。所以，一定要让自己保持放松，这正是沉重法的关键所在。肢体放松后，沉重感自然就出现了，一旦有了沉重感也就自然会下沉，这会让人感到更舒适，进入催眠状态及进行治疗也就容易多了。

心跳法自我催眠

大家都知道，通过调节并且感觉自己心跳的频率和速度可以达到缓解紧张、迅速放松的目的，自我催眠心跳法就在这种情况下应运而生了。就让我们来到一个适当的环境，采取仰卧位，细细地去体验那种内心平静时心跳的感觉吧。当然，心律不齐者要谨慎掌握催眠暗示语。现在，就让我们参考下面的引导示例开始进行。

"请舒展一下自己的身体，然后找到一个比较舒适的地方仰卧下来……好，现在做几个深呼吸……缓缓地吸气……然后，缓缓地呼气……呼气……吸气……在呼吸中慢慢闭上你的眼睛……当你闭上眼睛的时候，你就开始放松了……对……当你闭上眼睛的时候，你就开始放松了……非常放松……就这样……享受这一时刻的平静……好，闭上眼睛……开始放松……放松……

"对，很好，就这样……放松……在这一时刻，把自己的内心完全交给自己……很好……就这样……非常好……让思绪自由地在脑海中滑过……继续慢慢地吸气……慢慢地呼气……吸气……呼气……任由思绪自由地飘过……继续放松……放松……用心享受这种宁静……

"好，非常好……随着缓慢的呼吸，心情在渐渐地平静……在缓慢的呼吸中，渐渐地平静……渐渐地平静……平静……现在请按自己喜欢的速度呼吸……自由地呼吸……吸气……呼气……就这样自由呼吸……在呼吸时，会感觉到四肢很沉重……很温暖……很放松……呼气……吸气……感觉非常舒适……非常舒适……

"在呼吸时，请想象你的四肢就像是浸在温水里……你就像浸在温水里的海绵……很沉重……很温暖……吸了很多水……温水越浸越多，四肢越来越温暖……越来越沉重……对，四肢就像浸满了温水的海绵……软塌塌的……非常沉重……非常柔软……非常温暖……四肢感觉很舒服……很舒服……

"好……做得非常好……就这样……四肢非常沉重……非常温暖……做得非常好……四肢都像浸满了温水的海绵……软塌塌的……非常沉重……非常温暖……非常沉重……非常温暖……非常舒适……非常舒适……内心越来越平静……越来越平静……

"四肢就像浸满了温水的海绵……越来越沉重……越来越温暖……越来越沉重……越来越温暖……四肢越来越沉重……越来越温暖……越来越沉重……越来越温暖……好……做得很好……就这样……现在，心情很平静……越来越平静……继续感受那份温暖……感受那份舒适……呼气……吸气……

"在平静的呼吸中，请把注意力放在胸腔……在那里，心脏在平稳地跳动着……平稳地跳动着……好……做得非常好……就这样……在缓慢的呼吸中，请把注意力放在胸腔……在那里，心脏在平稳地跳动着……平稳地跳动着……心脏在平稳地跳动着……平稳地跳动着……呼气……吸气……心脏均匀地跳动着……跳动着……

"随着每一次平静的呼吸，缓慢的呼吸，心跳越来越轻柔……越来越平缓……这每一下平稳的心跳，都会令自己更加平静……更加放松……更加舒适……好，心情很平静……越来越平静……

"渐渐地，身体进入最放松、最舒适的状态……最放松、最舒适的状态……在每一次的呼吸中，心跳都会更加的轻柔……更加的缓慢……好……做得非常好……心跳会更加轻柔……更加缓慢……在每一次的呼吸中，会感觉到心跳非常轻柔……非常缓慢……非常轻柔……非常缓慢……心跳非常轻柔……非常缓慢……非常轻柔……非常缓慢……心跳非常轻柔……非常缓慢……非常轻柔……非常缓慢……好，非常好……就是这种感觉……享受这种感觉……用心体会这种感觉……非常舒适……非常轻松……

"现在，身体的感觉完全正常了……现在，身体的感觉完全正常了……完完全全地正常了……好……请慢慢地睁开眼睛……

慢慢地睁开眼睛……回到现实中来……请慢慢地睁开眼睛，完完全全地回到现实中来……睁开眼睛……完完全全地回到现实中来……好，已经回到现实中来了……回来了……"

回到现实中后，可以缓缓地舒展一下身体，慢慢地向左右摇晃几下头，深呼吸，就会感觉既舒适又自在。

想象法自我催眠

想象法自我催眠主要适用于想象能力比较优秀的人。想象力是人类重要的能力，但是并不是每一个人都有很好的想象力，正如不是每一个人都拥有出色的体力一样。你可以根据自己的喜好，开始想象不同的场景，但最好是你曾经去过的，或者一直想去的地方，如在清晨的山顶呼吸新鲜空气、在美丽迷人的海边晒太阳，等等。尤其是当工作疲劳或压力过大的时候，最适合使用想象法进行自我催眠，只要根据自己的需要来进行想象，就可以获得美妙的催眠体验。

自我催眠想象法最好是在一个安静的、光线较暗的房间中进行。在进行之前，将身体靠在沙发上或者躺椅上，全身放松，不宜穿着过紧的服装，否则将有碍于全身放松。眼镜、领带、手表、项链、戒指等也要摘下。如果喜欢的话，也可以放一些轻柔的音乐，最好是没有歌手唱歌的自然音乐，比如钢琴曲、小提琴曲等。如果配合和想象内容有关的音乐，效果会更好。

进行想象法自我催眠，首先想象你的眼前和四周有一片云雾，在云雾的上空就是太阳。云雾代表障碍、压力、疲劳和困难，太阳代表着成功、创造和智慧的光芒。想象中的太阳最初可能会比较朦胧，以后云雾会逐渐消散，太阳渐渐变得明亮，放射出自由、幸福、美好的光芒。这同时也是暗示自己将会越来越好，身体越来越健康。自我暗示的步骤如下：

"好，现在请缓缓地舒展一下身体……找一个你觉得最为舒适的姿势坐好或者躺好……做几个深呼吸……慢慢地闭上眼睛……闭上眼睛以后，继续缓慢地呼吸……呼吸……呼吸……心情随着缓慢地呼吸渐渐地平静……非常平静………非常舒适……数3下，1、2、3，眼前出现了一片云雾，云雾在身体的周围缭绕，看见了云雾、云雾……右手的小指动一下，数3下，1、2、3……这些云雾对生活、学习等构成了障碍……它代表着不满、失败、压力、挫折、疲劳，它影响了生活……这些云雾让人感到困惑，感到为难，使自己的情绪感到不快……而现在，在这些云雾的上空，出现了太阳……出现了太阳，这太阳有一些朦胧，还有些看得不很

❊ 怎样让想象法效果更好

1. 在进行自我催眠想象法时，在想象的过程中要注意，必须完全集中你的注意力，如果配合和想象内容有关的音乐效果则会更好。

我很清楚地看到，那个时钟是深蓝色的，上面是白色的罗马数字。

2. 有时候，想象出来的图景可能会不太清晰，不过没有关系，依然可以根据一些指导性的语言来进行暗示。经过了几次自我催眠之后，有了经验，你想象出来的图像就会越来越清晰。

3. 其实，当自己学习劳累、工作疲劳或者压力过大的时候，也可以想象面前有一个巨大的水晶球或者一道温暖的白光，而你则像一块蓄电池源源不断地吸取着能量。

清楚。但是它的确存在……这也让人看到了希望……太阳慢慢清晰起来……比刚才看得更清楚了一些……

"阳光逐渐变得明亮，它代表了成功、创造和智慧，你看见阳光渐渐地穿过了云雾……渐渐地穿过了云雾……云雾开始慢慢蒸发，而你自己的双肩开也始感到轻松……太阳照射云雾，强烈的阳光将云雾完全驱散了……完全驱散了……驱散了，只剩一轮红日，一轮红日……太阳光照在身上，暖洋洋的……暖洋洋的……太阳光照射进大脑中，你的大脑中也是一片光明……一片光明……把这些太阳光分别命名为'自信力'、'集中力'、'创造力'、'成功力'以及自己所希望的名称……现在已经很清晰地看到了太阳……阳光照耀下越来越舒适……越来越温暖……

"你把太阳的光芒充分地吸收进体内，使你自己的身体里也都充满了光明，甚至开始发光……现在你数20下，当你数到20时就会自然地苏醒过来，回到现实中来，好，准备开始数……1，2……20，慢慢地睁开你的眼睛……慢慢地睁开眼睛……慢慢地回到现实中来……苏醒，好，已经醒过来了……完完全全地回到现实中来……一切恢复清醒状态……回来了……回来了……"

在进行想象法自我催眠时，必须完全集中你的注意力，不要受外界影响不断分心。虽然说有时候想象出来的图景可能会不太清晰，不过没有关系，依然可以根据一些指导性的语言来进行暗示。经过了几次自我催眠之后，有了经验，你想象出来的图像就会越来越清晰。最后，要暗示自己更加清醒、有活力地醒过来。这样关于想象的自我催眠就完全结束了。

其实，当自己学习劳累、工作疲劳或者压力过大的时候，也可以想象面前有一个巨大的水晶球或者一道温暖的白光，而你则像一块蓄电池源源不断地吸取着能量。总之，根据自己的需要进行合适的想象，让自己安静下来，就能进入很舒服、放松的状态，进行积极的自我暗示以后就能达到轻松美妙的催眠状态，最终取得好的效果。

呼吸法自我催眠

呼吸法其实是众多方法中最简单、最易学的自我催眠方法。我们在工作或学习疲倦的时候，伸个懒腰、做上几个深呼吸，立刻就会感到神清气爽、精力十足。当然，我们平常的呼吸都是浅呼吸，是为了维持基本的生理需要。而催眠中的呼吸主要以深呼吸为主，呼吸有时缓慢而悠长，主要目的是为了帮助自己更好地放松。在运用呼吸法自我催眠时，可以采取仰卧位或者坐姿，也可以是其他姿势，总之只要自己觉得舒适就可以。

可以参考以下的引导示例：

"好，现在请舒展一下你的身体……找到一个你觉得最为舒适的姿势坐好或者躺好……把身体调整到最舒适的姿势……好，非常好……现在，请慢慢地闭上你的眼睛，开始完全放松……放松……现在，自由地、轻松地呼吸……对，按照自己想要的速度自由地呼吸……就在这一刻……任由心中的想法自由地浮现……好，吸气……呼气……非常轻松……非常舒适……

"就像这样，顺其自然地吸气，呼气……对，就是这样，吸气……呼气……这样自然地呼吸着……渐渐地，会感觉到四肢非常温暖……非常沉重……对，就这样，会感觉到四肢非常温暖……非常沉重……非常温暖……非常沉重……好，用心去感受那种沉重……继续放松……呼气……吸气……

"四肢就像浸满了温水的海绵，软塌塌的……非常沉重……很温暖……好，就这样……四肢非常沉重……非常温暖……四肢就像浸满了温水的海绵，软塌塌的……非常沉重……非常温暖……非常舒适……继续轻松的呼吸……内心越来越平静……越来越平静……

"在这个平静、舒适的状态下，心脏在轻柔地跳动着……呼吸中，会感觉到心跳很轻柔……非常缓慢……非常轻柔……非常缓慢……心跳非常轻柔……非常缓慢……非常轻柔……非常缓慢……呼吸逐渐均匀……感觉非常舒适……不知不觉间……呼吸变得越来越平和……越来越顺畅……非常平和……非常顺畅……呼气……吸气……就是这样……继续保持……

"对，就这样，感觉到自己的呼吸非常平和……非常顺畅……非常平和……非常顺畅……

"自己的呼吸非常平和……非常顺畅……好，非常好……就是这种感觉……就是这种感觉……在下一次的催眠中，你就会有更加明显的感觉……现在，请记住这种感觉……在下一次的催眠中，你会有更加明显的感觉……你会感觉一次比一次轻松……一次比一次舒适……

"现在，你身体的感觉完全地正常了……好，请你慢慢地睁开眼睛……睁开眼睛……回到现实中来……你身体的感觉完全已经正常了……完完全全地回到现实中来……回到现实中来……好，你已经完全清醒过来……就在原地，轻轻地拍打自己的身体，缓缓地向左右摇晃几下头，感觉到非常舒适、非常自在……轻轻地拍打自己的身体，缓缓地向左右摇晃几下头，感觉到非常舒适、非常自在……非常舒适，非常自在……太舒服了……太自在了……随意地看看远方……伸伸懒腰……感觉好极了……"

在进行呼吸法的时候，可以尝试着结合前面讲述过的放松法，效果将会更好。

腹部调控法自我催眠

腹部调控法，也称"揉肚子催眠法"，是一种比较特殊，但又特别舒适的自我催眠法。它可以非常好地调节你腹部的交感神经和副交感神经，可以使胃、肠、肝脏等腹腔脏器的功能更加强健、更加完善，也可以起到解除疲劳、改善睡眠的作用。一般来说，腹部调控法需要采取仰卧的姿势，而不是按照自己的喜好来选择，这一点一定要注意。现在大家可以参考下面的引导示例进行：

"现在，找一个舒适的姿势仰卧下来……慢慢地调整一下呼吸……缓缓地吸气……缓缓地呼气……吸气……呼气……就这样做几个深呼吸，慢慢地闭上眼睛……让自己安静下来……越来越平静……慢慢地吸气……慢慢地呼气……渐渐地，身体放松了……从头到脚都放松了……每一个活跃的细胞也都安静下来……放松……放松……

"在平缓的呼吸中，身体也随之渐渐地放松了……随着每一次的呼吸，都会使身体更加放松……更加放松……放松……随着平缓的呼吸，身体越来越放松……现在请尽情发挥你的想象力……想象身体的前方出现了一缕阳光……在平缓的呼吸中，这一缕阳光变得越来越清晰……越来越清晰……身体越来越放松……继续放松……

"阳光的颜色是一种温暖的颜色……在慢而深的呼吸中，阳光越来越清晰、越来越温暖……好……非常好，在又慢又深的呼吸中，阳光将越来越清晰、越来越温暖……阳光在照向你的腹部……温暖地照向你柔软的腹部……想象温暖的阳光正照向腹部（阳光照射的部位以胸骨剑突和肚脐连线的中间部位最佳）……好……非常好，阳光非常温暖……非常温暖……阳光非常温暖……非常温暖……你的腹部渐渐感受到了……感受到了……

"温暖的阳光照在腹部……温暖地照在腹部……阳光非常温暖……非常温暖……照在腹部……温暖地照在腹部……渐渐地，腹部变得非常温暖……非常舒适……非常温暖……非常舒适……温暖的阳光照在腹部……渐渐地，腹部越来越非常温暖……越来越舒适……越来越温暖……越来越舒适……用心关注自己的呼吸和腹部的一起一伏……好，吸气……呼气……腹部很温暖……很舒适……

"腹部非常温暖……非常舒适……非常温暖……非常舒适……好……就这样，静静地享受着温暖的阳光……静静地享受着阳光……阳光温暖地照耀……照耀在腹部……腹部越来越温暖……

越来越舒适……在温暖的阳光中……腹部变得越来越温暖……越来越舒适……有一种舒畅的快感……很舒适……继续感受……

"在温暖的阳光中，腹部变得越来越温暖……越来越舒适……越来越温暖……越来越舒适……好……就这样，静静地享受着温暖的阳光……静静地享受着腹部温暖的感觉……静静地享受着……温暖的阳光照耀在腹部……非常温暖……非常舒适……就是这种感觉……好好享受……

"好，请记住这种感觉……现在，阳光渐渐地消失了，而当你需要它时，阳光会再次出现……现在你身体的感觉完全正常了……完完全全地正常了……好……请慢慢地睁开眼睛……慢慢地睁开眼睛……舒舒服服地回到现实中来……睁开眼睛……苏醒……完完全全地回到现实中来……回到现实中来……好，已经完全回来了……回来了……"

如果说我们前讲述的几个方法是有利于调控心理的话，那么腹部调控法不仅仅局限在心理层面，它更有利于加强生理方面的功能。只要你能找到那种感觉，并且好好地体验和感受，不需要太长时间的摸索，你就能取得非常好的效果。

专注法自我催眠

专注法自我催眠也是一个比较方便的方法，它可以在任何时间、场合进行。例如，在会议开始前、考试前、等人或者午休时，只要你能够找到一把可以坐下的椅子，就可以立刻进行。通过进行专注法自我催眠，醒来以后，会感觉身体就好像被充了电一样。所以，这个方法不仅适合为自己缓解压力、放松心情、增强自信，还可以作为午后补充能量的绝佳方法。

专注法自我催眠一般的进行方式是这样的：伸出一只手，举到你眼睛前面，与眼睛保持水平；也可以把这只手自然地放在大腿上，低头凝视着这只手，然后用力地张开你的手指，让整个手掌张开，集中精力凝视着手掌，静静地体会整个手掌的感觉，感受手心传来的温度。

需要用到的暗示语是可以参考这样的：

"要保持深沉而缓慢的呼吸，集中注意力进行凝视……随着每一次的吸气，都能感觉到小腹在微微地隆起……吸气……呼气……感受吸气时肚子扩张的感觉，然后感受吐气时肚子收缩的感觉……随着每一次的吐气，都把所有的不快、烦恼、忧愁都吐了出去……都吐了出去……把满足、幸福、愉快都吸回来……吸回来……

"继续保持手指用力张开的状态……继续保持，保持大约1分钟……充分地体会手掌的感觉……充分地体会……体会这感觉……现在，开始数数，从10数到1，数到1的时候手指会自动地并拢。体会手指颤动、缓慢并拢的感觉……10，专注地凝视手掌，感觉非常放松……9，手掌在渐渐地并拢，感觉非常放松、非常舒适……8，渐渐地并拢，感觉非常放松、非常舒适……7，专注地凝视手掌，凝视它在渐渐地并拢……6，是的，在渐渐地并拢……5，专注地凝视手掌在渐渐地并拢……4，手掌在渐渐地并拢……3，渐渐地并拢……2，并拢……1，并拢……如此重复数次，直到自己可以明显感觉身心都比平常更为放松，注意力更加集中，即可进行下一步。

"现在，你感觉非常放松、非常舒适……越来越放松，越来越舒适……继续凝视着手掌，保持深呼吸……渐渐地眼睛感觉非常疲倦，无法再坚持凝视了……眼皮已经睁不开了……眼皮感觉很沉重……很沉重……眼睛正在慢慢地闭上……慢慢闭上……好，慢慢地闭上你的眼睛吧，自然地闭上眼睛吧……慢慢地、自然地闭上眼睛吧……现在你已经进入舒适的催眠状态……你会感到更加轻松……更加舒适……"

在这样的状态下，只要再按照自己内心的愿望对自己进行暗示就可以了，比如，"我会度过一个非常美好的下午"，"我能圆满

✳ 专注法使用的注意事项

专注法是一个比较方便的方法，它可以在任何休息的时间、场合进行，是一种简单方便的自我催眠方法。在具体使用中，还需要注意以下几点。

1. 专注法可以在任何休息的时间、场合进行，只要能够找到一把可以坐下的椅子可以进行。通过专注法，醒来以后，会感觉身体就好像充了电一样。这个方法适合为自己缓解压力，放松心情，增强自信，也适合在午后为自己补充能量。

2. 如果一开始觉得这些很难做到，可以多进行几次，只要注意力足够集中，呼吸保持缓慢而平静，就会发现手指可以自动、自然地并拢，好像是手指在听从你的思想一样。这个方法的关键就是要集中注意力在手部的感觉上，一般进行两次之后，都可以达到非常好的自我催眠状态。

3. 另外，在利用专注法进行自我催眠时，有必要加上保护性的指导语："任何时候，我被人打扰或者遇到其他事情需要我及时醒来，我都会非常愉快地、非常轻松地醒过来，不会有任何不舒适的感觉。"这条保护性的指导语能够避免你被人打扰时出现感觉不适的情况。

地解决这件事情"，"我会在醒来之后更加呼吸通畅，心情愉快"，等等。醒来以后，会感觉身体就好像被充了电一样。当然，你也可以只是好好地休息一下，在这种催眠状态下，休息也会非常充分、非常舒适，确实是午后补充能量的绝佳方法，要比正常的午睡更加适合。所以对于处于高压下的人来说，多做几次，不但不会觉得不适，反而会有一种舒畅的快感。

如果在一开始你觉得这些非常难做到，没有关系，你可以多练习几次，只要注意力足够集中，呼吸保持缓慢而平静，你就会发现自己的手指可以自然地并拢，好像是手指在听从你的思想一样。这个方法的关键就是要集中注意力在手部的感觉上，我们的思想会带来行动本身。一般来说，进行两次之后，都可以达到非常好的自我催眠状态，放松而专注，也有助于情绪缓和，之后，自然就可以平静而专心地去进行你要做的事了。

另外，有一点需要指出的是，在利用专注法进行自我催眠的时候，很有必要加上保护性的指导语："任何时候，我被人打搅或者遇到其他事情需要我及时醒来，我都会非常愉快地、非常轻松地醒过来，不会有任何不舒适的感觉。"这条保护性的指导语能够避免你被人打搅时出现感觉不适的情况，或者避免与他人冲突的可能。经过多次练习和体会，你会渐入佳境。

前额法自我催眠

科学研究显示，当人心情愉快的时候，人前额的体温是略有下降的，所以通过前额法进行自我催眠，让自己能够更直观地感受到身体舒适的状态，对人们的身心愉悦感有非常大的帮助。

前额法和其他自我催眠法有很多相似之处，比如在一开始，你可以采取坐姿，也可以仰卧，只要选择自己觉得最为舒适的姿势就可以。前额法的导入过程也可以根据自己的需要进行，具体暗示可以参考以下指导语：

"找一个舒适的姿势坐好或者仰卧下来……现在，做几个深呼吸……缓慢而深沉地吸气，呼气……缓缓地吸气……缓缓地呼气……吸气……呼气……在缓慢而深沉的呼吸中，闭上眼睛……闭上眼睛……当你完全闭上眼睛时，身体就随之渐渐地放松了……在缓慢而深沉的呼吸中，身体渐渐地放松了……好，呼气……吸气……现在，请你用你的潜意识把你那种愉快的感觉调动出来，然后，把这种感觉逐渐扩散到你的全身……

"随着每一次的呼吸，身体都会更加放松……更加放松……每一次的呼吸都会使身体更加放松……更加放松……越来越放松……非常放松……放松……好，做得非常好……每一次的呼吸都会使身体更加放松……更加放松……现在请发挥想象力，想象自己在一片自然的风景当中……这片风景是你自己最喜欢的风景……是自己最喜欢的风景……自己在这里享受着这片美丽的风景……渐渐地，有一阵微风轻轻地吹来……轻轻地吹在额头上……感觉很惬意……很舒适……微风轻轻地吹来……轻柔地抚摸着额头……

"清爽的微风轻轻地吹来……吹在额头上……额头感觉非常清凉，非常舒适……感觉非常清凉……非常舒适……微风轻轻地吹在额头上……额头感觉非常清凉……非常舒适……心情无比舒畅，无比快乐……微风轻轻地吹在额头上……额头非常清凉……非常舒适……非常清凉……非常舒适……感觉到额头非常清凉……非常舒适……非常舒适……好……非常好……就是这种感觉……慢慢体会这种感觉……很舒心、很惬意的感觉……

"微风轻轻地吹在额头上……额头感觉非常清凉……非常舒适……非常清凉……非常舒适……心情无比舒畅，无比快乐……非常好……额头感觉非常清凉……非常舒适……请充分享受这感觉吧……微风轻轻地吹在额头上……额头感觉非常清凉……非常舒适……非常清凉……非常舒适……心情也变得无比舒畅、无比快乐……额头真的非常舒适……非常舒适……身心也变得愉悦起来……愉悦起来……

"继续静静地享受……额头感觉非常清凉……非常舒适……微风轻轻地吹在额头上……非常清凉……非常舒适……非常清凉……非常舒适……心情也变得无比舒畅、无比快乐……额头真的非常舒适……非常舒适……好，记住这种感觉……记住这种感觉……

"现在，请和这片美丽的风景暂时告别吧，等你想回来时，你还可以随时回到这片风景之中……想回来时，还可以回到这片风景之中……随时回来……回来……现在，身体的感觉已经完全地正常了……已经完完全全地正常了……好，请慢慢地睁开眼睛……慢慢地睁开杨静……舒舒服服地回到现实中来……睁开眼睛……完完全全地回到现实中来……回来了……苏醒……你已经完完全全地回到现实中来了……回来了……回来了……"

✳ 精神分析中的前额法

弗洛伊德毅然放弃了经典催眠法后，采用了"前额法"。这种前额法和我们介绍的前额法不一样，它也叫作"精神集中法"。

现在我的手放在你的前额，你就可以想起一些事情了。

弗洛伊德让患者在清醒时回想患病的经历或体验，患者不能回想时，就让他闭上眼睛，然后把手放在他的额部，对他说："我按着你的额头你就能想起来了，那些事像图画一样出现在你的眼前。不管你想起或看到什么，就直接说出来。"

可是，你的手干扰了我的思路。

使用"前额法"治疗也可能会出现两个问题：一是用手按压患者的前额，使其难以进行联想；二是不断提问，干扰了患者的思路。这还是一个接受暗示程度的问题。

两种前额法完全不同

自我催眠的前额法		弗洛伊德的前额法
想象自己的前额变得很舒服，进而将自己导入到催眠状态。	**VS**	治疗师把手放在对方额头上，让患者产生自由联想。

第四节
自我催眠助你缓解心理压力

缓解压力，带来轻松

　　每一个人都想获得自己理想中的成功，而任何意义上的成功，其先决条件都是要有一个心理健康的自我，一个具有高度自信、平静祥和的自我，一个较为完善的自我。

　　无论人生如何一帆风顺，总会有令人紧张、感到压力的时刻降临，尤其那些成功人士。误会、争执和竞争都可能增加心理负担。只有适时减压，懂得缓解自己的压力，才能保持良好的心境，给自己带来轻松。

　　自我催眠术给人最大的帮助就是改善自我的状态，缓解压力，带来轻松。许多公司职员、老板，即将面临重要考试的学生以及其他人，常常处在一种高度的心理疲劳、紧张的压力状态之中，他们经常都会感到紧张、焦虑、不安、头脑昏昏沉沉、思路非常不清晰，这些来自各方面的压力使得他们烦躁不堪。他们最大的愿望是能够彻底摆脱压力，事实上又很难做到。其实，这些人只要能够利用平时片刻的休息时间，做上一次自我催眠，那么，他们的这些压力就会得到缓解，心情会更加愉快。

　　以下的指令就是专门用来消除日常生活中经常遇到的紧张、不安或者焦虑等负面情绪的，做完以后，你会感觉到自己的压力得到有效缓解，感到平静而且轻松。当然，这只是作为参考，你也可以根据具体情况进行调整。

"现在，我要把今天一整天的紧张、不安与焦虑消除殆尽。以后，我的每一天都会非常放松、非常舒适、非常平静，就像现在一样。我要将所有加诸我身的紧张、焦虑、不安从我的身体和大脑中赶走，统统赶走，全都赶走，一个不留。每一天，我都会留意自己身体哪一部分会有紧张或者不舒适的感觉，假如有，我就会深深地吸一口气，再深深地、慢慢地、长长地吐出来。在我吐气的同时，身体中紧张的部位也会得到放松，当我的身体得到放松以后，我整个人都感觉好了很多，舒适了很多。在消除了身体的疲劳与紧张之后，我同样将思想上的焦虑也赶走了，因为人在身体相当舒适放松的状态下将不会感受到那些焦虑、不安与紧张。我此时似乎忘却了自我，忘却了存在，时间和空间消融在一起，没有边界，灵魂深处只有一片纯净、一片宁静。

"从现在这一刻开始，我每天都将得非常轻松，而且在工作时也会十分专心。我每天都可以保持一种轻松愉快的心情，而且发现生活是如此温暖、美好、友善。我与所有的亲戚朋友相处都觉得非常融洽、非常快乐。由于使用了非常明智的方法来激发我身体中的潜能，我变得比从前更加健康了，也更加聪明、更加优秀了。由于我所有的焦虑感都好像是大热天里的水分在不断从地面上蒸发掉一样，所以我对自己的将来充满了信心，我也十分乐观。现在，我更乐于抽出一些时间去与他人相处，游览各地风情，细细地享受我生活中的每一部分。我会经常回想自己经历过的美好经历，回想那安静祥和的一切。很快，我的内心愉快起来，前方变得一片清明。

"我设想着，自己每天醒来都会感到完全地放松和快乐，我心情十分的平静、乐观，愉悦无比，从容地伸着懒腰，打着哈欠。我感到我的精力非常充沛，我没有任何压力，我发现在没有焦虑的时候自己的感觉如此好，而且期待着以后每天都可以这样。当我起来，向洗手间走去，准备进行梳洗时，我感到身体都能体会到自己将要去梳洗。自己内心的东西显得非常清晰，而且还很有条理。我明白，自己每天都可以继续保持轻松、快乐、认真、积极的状态。在我的身体和头脑的每一个具体部分里，都渗透着这样一种潜在的平和、安全、宁静的感觉。所有的焦虑与烦恼都被轻松地冲刷掉了。在我生命的每一天里，都会感到开心、放松、舒适、平和、宁静，我今后的生活也会更加轻松、自在。

"就从现在开始，我可以自己选择远离焦虑，感受放松的生活方式。在任何时候，当我有焦虑、紧张的感受时，我唯一要做的事情就是握紧自己的拳头而已，然后数到5慢慢地松开它。当我数到5的时候，我的拳头就慢慢地放松了，所有的焦虑也就都消除了，自己也感觉放松多了，非常舒适。一定是这样的，不会错的！"

参考的唤醒模式："我只要从5数到1，就会让自己从催眠状态中清醒过来。当我数到5的时候，我就会变回我原来的活跃状态，完全地清醒过来。5……开始从催眠中醒来。4……开始感知到周围的事物，有一种满足感、安全感或舒适感。3……期待着催眠给自己带来满意的结果。2……感到平静、愉悦、平和，而且精神振作。1……现在我完全清醒了，又恢复活力了，就好像获得了新生，这种感觉美妙极了。"

改变你对压力的感受

美国有一位心理学家进行了这样一项研究：让50位中学教师接受为期两个月的自我催眠训练，其目标主要是改变他们对近期所经历的压力时间的认知或想法。12个月以后，这位心理学家再将参加过自我催眠训练的教师与没有参加过自我催眠训练的对照组教师进行比较，结果显示，参加过自我催眠训练的教师受压力的影响明显低于那些没有参加过自我催眠的教师，这充分说明了自我催眠对于人们的重要性与必要性。

压力首先是一个物理学的概念和躯体的感受。但是，躯体能感受到的压力都是有形的，人们能够清楚地知道这样的压力的来源、大小和逃避的方式。所以面对精神上的压力，更需要在潜意识里面去说服自己放轻松，由此改变对压力的看法。

其实，你肯定已经注意到了，当自己在面临一种压力事件时，假如你的家人或朋友曾经也有过相同的承受压力事件，那么，你受到这种压力的影响就要小一些，假如你从来没有看到过你周围的人经历类似的压力事件，那你受此压力的负面影响就会明显大得多。这是为什么呢？道理其实非常简单，你对周围的人所经历的同样压力的认知和想法影响着你对压力事件的感受和行为反应。你从周围的人所经历过的同样的压力事件中所得到的认知或一些想法，与你从未看到过任何人有过相同压力时间段的认知和想法可能不一样，你比较清楚压力到底是什么，也知道该压力极有可能会给你带来哪些不良得后果，等等。因此，你对压力的感受可能也就没有原来那么悲观、消极，自然你的压力就能够得到缓解。通过运用合理的暗示作用，自我催眠术就能彻底改变你对压力事件的认知和想法，从而也就改变了你对压力的感受，最终达到缓解压力的目的。一旦你对自我催眠能够驾轻就熟，你无须要求自己，自然而然能够放轻松，也就能达到自我催眠的境界。

在家里进行解压催眠

缓解压力的自我催眠法有很多种，实现的方式也有多种，而且可以在各种场合进行，可以是在家里，可以是在办公室里，也可以是在大自然的环境里。

家无疑是比较理想的解压催眠场所之一。找到一个合适的时间，确定没有任何人打扰你，或者直接告诉自己的亲人不要打扰自己，选择一个相对安静的房间，紧紧地关上房门就可以了。假如是白天，可以将窗帘拉上，让室内的光线暗一点。然后，选择一个有靠背的椅子，舒适地坐上去，让自己的后背轻轻地靠在靠背上，静静地思索一会儿，确定这次自我催眠可以帮助自己缓解压力、改变心情、放松身心、带来轻松与愉快。在家里进行的自我催眠按照实施情况主要可以分为4种：松弛法、想象法、凝视法，以及视觉想象力法。

松弛法

松弛法是最为简单实用的家庭催眠法，所以我们把它列在最前面，你可以跟随着以下暗示示例开始放松：

"闭上你的眼睛，现在进行深沉而缓慢的呼吸，当你呼吸的时候，感觉你的身体在真正地放松，同时也让你的头脑完全地平静、放松，什么都不必想，什么也不要去想，只是注意你的呼吸。（停顿3秒钟）现在的你确定你自己正在渐渐地放松，你感觉非常舒服，太舒服了，这个时候，不管你心里有什么样的想法，只是完全地感觉自己更加舒适、更加放松。随着你的呼吸慢慢地进行，你的放松会更加明显，你的感觉更加舒适。（停顿3秒钟）现在，你感到全身已经完全地放松了，这是你一个人在这里做练习，没有他人为你做，就是你自己。（停顿3秒钟）现在，允许你把放松展现在你的面部表情上，只是想想你的脸在渐渐地放松，（停顿3秒钟）然后，允许这种放松散布到你的整个头部，这大脑的盔甲，只是想想放松的头部，（停顿3秒钟）静静地享受这种放松，这种放松慢慢地移到了你的颈部、（停顿2秒钟）肩部，（停顿2秒钟）向下到了你的双臂，（停顿2秒钟）还有你的双手。现在，让这美妙的放松慢慢向下到你的胸部、（停顿2秒）腰部、（停顿2秒）臀部、（停顿2秒）腿部、（停顿2秒）双脚，然后可以慢慢延伸到你的每一个脚趾上。（停顿3秒钟）你继续进行缓慢而深沉的呼吸，现在，这种放松已经完全地传遍了你的全身，你更深放松，一点一点地、更深地放松（停顿2秒钟）。

"现在，我准备数数，从10数到1，当你听到每个数字时，你

很多不了解催眠的人总是对催眠有很多担心，其中一种就是担心自己陷入恍惚状态后醒不过来。真的会有这样的情况发生吗？

1. 催眠跟做梦是完全不同的，处于催眠状态时，我们的潜意识还在保护自己，有危险发生时，我们就会自然醒来，不会像在做一个不会醒的、充满恐慌和焦虑的噩梦。

奇怪，我不是在自我催眠吗？刚才怎么睡着了？

2. 自我催眠中最糟糕的结果也不过是转入睡眠状态，你会睡一段时间，然后自然醒来，忘记了自己是怎么睡着的。自我催眠虽然也有可能有危险，但是危险发生的可能性是极其微小的，而醒不过来的可能性几乎不存在，完全没必要担心。

很快，我就会睁开眼睛，清醒过来，精神抖擞、反应敏捷。

3. 告诉自己当走出催眠恍惚状态后会精神抖擞、反应灵敏就是一个好办法。比如我们可以这么暗示自己："我很快就会睁开眼睛。睁开眼睛后，我会清醒过来，精神抖擞、反应敏捷。"

就会感受到更深一层的放松，当我数到1的时候，你就进入到了非常深的放松状态。（停顿3秒钟）10，（停顿4秒）9，（停顿4秒）8，（停顿4秒）7，（停顿4秒）6，（停顿4秒）5，（停顿4秒）4，（停顿4秒）3，（停顿4秒）2，（停顿4秒）1。（停顿4秒）现在你已经彻底地放松，你已进入一种催眠状态，你所有的注意力都在你的内心，你只专注于你自己的内心，你能够接受或者拒绝外部世界给你的所有信息，你能够轻松地、完全地控制自己。"

这个时候，你已经达到了很放松的状态，进入了你想要的催眠状态。接下来，你就可以使用先前就已经编写好的缓解心理压力的自我暗示词。比如，"现在，你感觉到每天每时都很轻松、愉快和舒畅，就像此时此刻那样轻松快乐。你将让你身体和心理的所有紧张、不安和束缚走开，永远让那些焦虑、烦躁的感受缓解。（停顿3秒钟）在今后的日子里，你将会随时注意到身体的肌肉紧张，一旦感觉到了紧张，你将会进行深呼吸，让紧张的部位缓解下来。当你的身体得到彻底放松，你立刻就会自我感觉良好。随着紧张的消失，你的焦虑也会消失。（停顿3秒钟）从现在起，当你面对工作压力的时候，你能够从容对待，能够专心处理。你有一个愉快、乐观的态度去面对你自己的人生，你能发现你的生活更加快乐、更加幸福。（停顿3秒钟）现在，你能够完全处理好身边的人际关系，能够轻松愉快地与亲人和朋友相处。如今，你的身体状况变得越来越好，这使得你的行为举止非常得体，你受到人们的称赞。你对你的所有生活计划和工作计划都充满乐观，因为所有焦虑不安的紧张、烦躁心情正在渐渐地蒸发，如同在三伏的夏天里，一滴水珠滴在滚烫的石头上立即蒸发掉了一样。（停顿3秒钟）现在，你非常享受每天的生活，享受与他人接触的快乐，享受周围发生的一切所带给你的平静和愉悦。"

　　或者："你感觉内心非常安静，有一个内在平和的深蓄水库，无论何时，当你感觉到了情绪性压力所产生的紧张、不安，你就会自动放松，打开内在深度平和的蓄水库，让这种平和流遍你的心智、身体和灵魂。有了这种积极的感觉，你感到满足、平静、快乐，以更新、更强、更大的勇气和能量，重新面对你的人生，这种过程从此刻开始产生效果，并将继续下去，让你永远不停地积累平和。"

　　或者也可以这样："任何时候，一旦察觉到心理压力，你就会自动放松，你完全能够控制自己的情绪和感觉，你拒绝让压力以任何形式来打扰你。（停顿3秒钟）你宁静地、理智地和客观地回顾着自己的每一种情况，对于如何面对你的人生，你做出了最好的决定，你非常快乐，你非常轻松，你非常幸福，那就是你的存在方式。"

想象法

想象法也是操作比较简单的方法，比较适合在家里使用，可以跟随着以下台词示例进行想象：

"现在，你想象你自己站在一个山顶上，周围的天空一片黑暗，布满了乌云，你周围的空气压力非常重，渐渐地开始刮起了风，下起了雨，时有闪电穿过天空。你无路可走，你感到大雨向你袭来，你的全身都被雨水淋湿了，你明显感到周围非常沉重。"闭上双眼，想象自己被雨水淋湿后感觉非常沉重。

"你看看上面的天空，突然看到乌云中出现了一小片蓝天。啊，好漂亮的蓝天，湛蓝湛蓝的，你以前从未看到过这么漂亮的蓝天。你继续盯着这片蓝天，发现蓝天的面积变得越来越大、越来越大，现在，你头顶上的乌云也正在渐渐地散去……

"这个时候，你看到了一束阳光，阳光好温暖，照耀在身上真的好舒服。你看到那束阳光正慢慢地变大，云团渐渐地消散，阳光越来越明朗。你感到自己正在慢慢地放松，你的身体好平静，你的周围世界也变得很美丽、很干净，一切事物都是那么新鲜。"想象你自己是多么放松……

"此刻，你看到彩虹出现在了天空，你注视着彩虹，并仔细观赏它那美丽迷人的色彩。彩虹横架在天空中，好漂亮，你注视着迷人的彩虹，感到非常轻松、非常快乐。你被这种愉悦的心情和美丽的自然风光紧紧包围着，你非常享受这种快乐，你相信自己的身体已经达到了极度的放松，你的心情宁静而祥和。你以往所有的烦恼和消极情绪都随着乌云飘散而去了。现在，你站在彩虹的下面，心情格外舒畅，心中充满了乐观积极的感觉。你感觉好幸福，你相信这种感受将永远伴随着你。"

另外，你还可以进一步这样想象："当你每天早上醒来，就感觉非常轻松、非常舒适，看到自己内心非常平静、非常乐观地在房间里舒伸着四肢、打着呵欠，这个时候，感觉非常精神，周身舒适、爽快。你意识到没有烦恼和压力的感觉真的是太好了，并期待着新的一天开始。然后，你走进卫生间开始晨间洗漱，你整饰着自己，同时感觉自己从里到外都非常清爽，身体轻松，内心平静，心情愉悦。你知道在这一天里你能够继续保持这种放松、专心、愉悦、乐观的感觉，这种感觉只能出自于自己放松的躯体以及祥和、乐观、积极的思想。（停顿3秒钟）所有的焦虑、担忧、不安和压力将随着早晨的洗漱一起被统统洗刷掉，流进排水管道，取而代之的是你那种幸福、放松、快乐、舒适和平静的感觉，你就这样开始了新的一天。（停顿3秒钟）

"从现在开始，你选择一种放松、愉快和没有焦虑的生活方式。只要一旦感觉到不安和烦恼，你就紧握自己的拳头，慢慢数3下，然后慢慢地放松拳头，当你数到3的时候，完全地把拳头放松，不安和烦恼也会跟着消失，结果你将感到舒适和放松，一身轻松。"停顿3秒钟。

当你这样对自己进行催眠后暗示时，潜意识就接收到了暗示。这个时候，你停止暗示，你还会感觉非常放松、非常舒适和困倦，想睡觉，但是，你知道应该慢慢把自己带出催眠状态。

"你给自己的暗示，已经深深地植入你的潜意识，现在，它们产生了效果，以你的人生行为格式表现出来，随着你的每一次呼吸，这将越来越有效。你已经能够进行自我催眠了，在任何你希望的时间，你都能够把你自己放进这种潜意识接收暗示状态。现在，将自己从催眠状态中唤醒过来，你能够感觉到自己正在回到正常情形。现在，从1数到5，你数到5的时候，你就会完全地清醒过来。（停顿3秒钟）

"1，昏睡开始离开你的心智；2，你的身体开始移动和完全警觉；3，你在慢慢地清醒；4，你更加清醒；5，你睁开眼睛，完全清醒回到正常，感觉非常好、非常舒适，精力充沛，心平气和。"

或者，你也可以这样进行想象：

"想象你正走在一条美丽的乡村小道上，你完全被周围的自然风光所吸引，小鸟儿在树上歌唱；绿茵茵的草地上，点缀着五彩缤纷的野花；阳光明媚，天空湛蓝，你走在小路上，心情愉悦极了。（停顿 3 秒钟）你继续沿着小道走下去，边走边唱，你的声音非常美妙和动听，你感到自己在这里非常放松、快乐、自由自在，好像完全可以忽视世界的存在。（闭上双眼，感受你有多么放松）你抬头往前看，在小道的前方，有许多的石头挡住了你的路，石头有大的也有小的，奇形怪状。你停了下来，看看这些石头，你发现每块石头如同是生活中的一个个压力或阻碍物，阻挡着你去实现人生目标。你可能根本叫不出它们的名字，但是无所谓，你知道它们正在阻碍你的前进。（继续闭上眼睛，想象看到了这些石头）

"此刻，在你的身上出现了一股超人的力量，你看了看周围的石头，这时，地上出现了一把铁铲子，你就像超人那样，拿起铲子非常快地在路边挖出了一个大洞，你看着这个大洞，大得足以将所有的石头放进去，你往洞底看，看不到底部。（想象你在看洞底）你开始一块一块地搬石头，把它们搬起来，全部扔进了那个大洞里，你不在乎石头有多重，你有着超人的力量，很轻易地把它们全部扔进了大洞里。（想象看到自己把石头扔进洞里）当你搬完所有石头以后，你又拿起铁铲子，铲起周围的泥土填充了这个黑暗的大洞，填满之后，你站在上面，跳一跳，蹦一蹦，你知道现在你的道路已经被你自己清扫干净了，所有的压力和烦恼都被埋葬掉了。你做了一下深呼吸，感到一身的轻松，因为所有的紧张和压力都从你的肉体、你的心里和灵魂中同时永远地消失了，你现在感到从未有过的放松与愉快。（停顿 3 秒钟）你感到非常愉快，你又继续往小道上走下去，你感觉自己特别开心，边走边唱起来，非常快乐、非常幸福，你相信这种幸福感将一直伴随着你。"停顿 3 秒钟。

或者这样进行想象："你想象看到自己变得非常平静、祥和以及放松，想象自己是在一个浸满了热水的木盆中泡澡，或是在一个美丽的森林小屋内休息，或躺在海边的沙滩上沐浴着温暖的阳光。当这一天中的压力或烦恼像画面一样浮现在你的眼前时，你逐个地修正它们，把它们变小、变模糊，然后将它们全部抛弃。你有无比巨大的力量，你有不可思议的力量战胜它们，将它们抛弃，你的力量还在持续地增加。你能够统治一切，能改变所有消极悲观的事情，并以积极乐观来代替。你非常乐观，并且非常积极，无论你面临什么样的逆境，相信通过自我催眠都能让你转危为安。"停顿 3 秒钟。

最后，你开始慢慢自我苏醒："现在，你将通过数数来慢慢地苏醒，从 1 到 5，当你数到 5 的时候，你就睁开了你的双眼，你感到你的身体轻松，精力充沛，心情舒畅，自我感觉非常良好。（停顿 2 秒钟）1……准备清醒过来，（停顿 4 秒钟）2……现在慢慢地开始清醒，（停顿 4 秒钟）3……感觉完全地回到了正常，感到非常满足、非常安全、非常快乐和舒适，（停顿 4 秒钟）4……感受到周围的环境，（停顿 4 秒钟）5……睁开眼睛，完完全全地清醒过来，感到精力充沛，身心美妙极了，好像换了一个人，充满了活力，感到无比舒服。"

结束了自我催眠练习之后，你会有一种非常美妙的感觉，好像自己更新了，但是你肯定会感到非常踏实、非常安全，因为潜意识已经开始按照你的种种暗示来进行运作。而且，不断进行想象练习，你就能训练自己进入更深的催眠状态，达到你所期望的目的。

凝视法

在你的家中找一个最安静、最不会被打扰的房间，点上一根蜡烛（也可以拉上窗帘，将房间里的灯光全部调暗）。你坐在一把舒适的椅子上，开始凝视蜡烛的火焰："此时，你不要专门想任何事情，只是把你的眼睛固定在火焰上就可以了，静静地凝视着这火焰，同时让你的心智漂流，让任何思绪自由进来出去。（停顿3秒钟）现在，通过你的鼻子深深而缓慢地吸气，憋气大约10秒钟，（停顿10秒钟）然后通过嘴巴慢慢地吐气。这样重复呼吸此过程10次。随后你就会发现自己的内心已经沉寂安静了。

"现在，你要对你自己说，'我头顶的肌肉放松了……我的头皮渐渐地放松了……在我的头皮，有一种愉快舒适的感觉。'你想它，你就会感觉到它。然后，让这种奇妙的感觉往下传，传到你的面部，你的面部肌肉也在渐渐地放松。从你的脸，让这种放松继续往下，去放松你的肩部和胸部的肌肉，耸起你的肩膀，然后突然间放松，让你的肩膀垂下来，让这种放松跟随你的思想一路往下去，放松它们，想象它们都在放松。接下来，想到你的手臂和双手完全放松，想象它们靠在椅子的把手上会有多么沉重，它们变得非常沉重，让你的思想继续往下走，直到你的脚，想象放在地板上的脚会有多么沉重，放松它们，想象它们都在放松。（停顿3秒钟）现在，将你的思想集中在你的整个身体，突然间，将你身体的全部一起放松，放松你的整个身体！

"在整个逐步放松期间，你一直凝视着你眼前桌子上那支一直都在燃烧的蜡烛。在这个时候，你的眼睛已经非常疲倦了。现在，你的眼皮非常非常累了、非常非常沉重，已经睁不开了，你非常想要闭上眼睛进行休息。"

当蜡烛四周的事物变得模糊之前，只需要非常少的心理暗示，你疲倦的眼皮就会闭上。在你的眼睛闭上之后，你要接着进行对自己的暗示：

"继续去想，你应该如何想睡，想你自己毫不费力地就要睡着了……想你的呼吸有多么深沉而缓慢……你整个身体感觉是多么轻松愉快，想你整个身体好像都不见了、都消失了的感觉，然后，好像有某种麻痹的感觉正传遍你的整个身体，而后越来越没有感觉；你可能开始体验在你的手指头的某种麻刺感，你的手指放在椅子的把手上，你甚至能感觉到一点点脉搏，开始在你的手指头跳动，你沉下去，沉下去，要睡着了；沉下去，沉下去，继续下去，进入催眠状态。"停顿3秒钟。

此时，你非常想睡觉，但是实际上你不是真正地要睡觉，而是在进入催眠状态，这个时候，你的潜意识显露得最显著，能够非常容易地接受你所希望的种种暗示。接下来，你就可以使用缓解压力的语言暗示和想象暗示，并反复暗示多次。例如你可以这样进行暗示："现在，你是一个拥有非常多情感的、健康、完整的人。你被一个庞大的保护罩保护着，守护着，不会受到任何压力的侵袭。保护罩能够保护你不受压力的侵袭。压力反弹回去，远离你并消失了。压力反弹回去，远离你并消失了。无论压力是从哪里来的，或者是谁给你的压力，都会弹回去消失，弹回去消失，都会消失。（停顿3秒钟）

"现在，你感觉非常好，因为整天都被保护罩保护着，不受到任何压力的干扰。现在，你感觉非常好，度过了一天，你看见压力弹回去消失了。外来压力越大，你的内心就会越平静。现在，你感觉你的内心非常平静。让你的内心慢慢平静下来吧，你本来就是一个平静的人，你从来不应受压力的侵袭，你以某种方式让自己轻松，让自己舒适，你现在对过去的刺激有了全新的反应。（停顿3秒钟）这个全新的反应让你感觉强壮、平静和自由。你的日子充满了成就，你因为这些成就而感觉幸福。你自我感觉非常好，是因为你有新的反应，并且因此让你的日子更快乐、幸福。你平静、强壮、没有任何的压力。"

或者你也可以这样暗示："现在，你的身体如此轻松，心智如此祥和、平静。一切都已经完全安宁，你非常平静、非常平静，整个世界也十分平静。现在是一片宁静、祥和。现在你能够完全地掌控自己的思维。你已经完全放松了，随时接受平静、快乐的思想。这些平和并且快乐的方法，会毫不费力地把压力和焦虑一

扫而空。（停顿3秒钟）

"你的忧虑、不安和压力正在渐渐地消失，慢慢地融化在你身边的空气中。非常快地，它们将不复存在。现在，它们真的一点都不存在了。你一点也不会感到担心，更不会焦虑。你坚不可摧，所有的压力和焦虑都无法击败你。"

视觉想象力法

视觉想象力法是最有效的催眠减压法之一。想象的影响力是无比巨大的，它比语言更容易带领你进入到催眠状态，而视觉想象则比单纯的想象更加具体。举个例子，你是一个初学驾驶者，只要你能够经常想象自己轻松自如地驾驶车，想象你是一个非常熟练、潇洒的驾驶员，那么你在学习驾驶技术时就会非常快，害怕上高速公路的恐惧心理也会非常快地消失。

在进行视觉想象力法之前，还是需要找一个安静的房间，尽可能让室内的光线不要太明亮，非常舒适地坐在一个有靠背的椅子上或者斜躺在沙发上。可以选择一首轻柔的背景音乐，当音乐开始播放时，深呼吸几次，让自己的心身平静下来，然后开始自我想象。可以随心所欲去想，想你去过的地方或者想要去的地方；想你看到过的或想要看到的东西，等等，但是要把握好一个原则，即想象的画面用心性语言描述，想象能使你达到完全的放松。例如：

"想象自己在美丽迷人的海南度假，正在舒适地斜躺在一张沙滩椅上，置身于风光旖旎的海边，四周都是纯白的沙滩，蓝绿色的海浪不断地冲上岸来，你能够听到来自大海的轻柔而有节奏的旋律；你可以感受到从身边吹过的略带湿气的海风。温暖的阳光静静地洒在身上，你甚至能感到阳光照到了头皮，暖暖的，非常舒适。此刻消除了你所有的紧张、不安和焦虑，就好像你的所有思绪都停滞了，因为你正在集中精力体验那温暖的阳光。（停顿3秒钟）你让阳光继续照射你的面颊、双眼，然后到达你的下巴，非常温暖、非常舒适。

"阳光亲吻着你的脖子，阳光轻拂着你的喉咙，阳光正伸出无数只手在温暖地按摩你的双肩和后背，让你格外放松，非常放松。这种放松像温暖的电流一样，慢慢地、暖暖地流向你的手臂，直到流向每个手指尖。（停顿3秒钟）你开始注意到你臀部的反应了，连它也体验到了温暖的阳光，也在开始消除紧张，渐渐地放松。此时，你又注意到了你的大腿，它们在温暖的阳光下也开始变得微微发热了，但还是非常放松，你也能感到双脚及脚趾都是如此温暖和舒适。（停顿3秒钟）

"你继续沐浴着阳光，感到全身都是懒洋洋的，什么也不想做，同时闭上你的双眼，让自己自然地进入催眠状态。你深深地做了3次深呼吸，1、2、3，你好像看到橘黄色的阳光正照在你的眼罩上。这个时候，阳光渐渐变得暗淡，但却更加舒适，而你也在渐渐地、渐渐地走进自己的内心深处。（停顿3秒钟）此时，你走进一栋漂亮、高大的建筑里，你穿过旋转式的玻璃大门，进入华丽的大厅。里面的每个人都非常有礼貌，向你微笑，你也向他们微笑致谢。然后，你走向大楼的电梯门。你从好像镜子的电梯门上看到自己的形象，显得非常轻松和自信，你按了一下向上的按钮，电梯门立刻就开了。当你走进这个宽敞华丽的电梯里感觉非常安全、踏实还有享受。你按了下数字15，数字'15'亮了起来，电梯门关上了，电梯开始带有轻微的声音平稳地向上移动。

"电梯很快就到了15楼，你又按了向下的数字1，并对自己说，'电梯要往下了，我要往下沉了。'电梯开始向下移动。当电梯移动时，聪明的你一直都在观察着电梯楼层的数字，电梯每下一层楼，你就会感到进入更深一层的放松状态。电梯每下一层，你就更加放松，当电梯到达10的时候，你已经出现了恍惚的状态。（停顿3秒钟）

"此时，你的眼睛一直盯着电梯上的楼层数字显示屏，你的心情非常平静、非常平静，非常非常平静，整个身体随着电梯的下降而感到更加放松，你的心智更加安静。（停顿3秒钟）电梯缓缓地停了下来，你知道自己已经到了1楼，这个时候，你也已经达到非常放松的状态了。电梯门打开了，你走出了电梯，在大楼的大厅里休息，坐在柔软的沙发上，非常放松，非常舒适，并享受这种放松。"

这个时候，你进入了令人满意的催眠状态，你开始应用暗示语在潜意识里改变你的压力思想：

"自我催眠中的放松，将激发你内心平静、安详、愉悦的感觉。现在你精力充沛，能够处理好生活中可能遇见的所有烦恼和压力。虽然，你无法改变你的生活和工作环境，但是你能够非常好地自我调节去适应环境，能够以积极、乐观的态度面对那些使你产生压力的人、事件和环境。不管你选定的目标是什么样的，你都能轻松地实现。每时每刻，你给予自己的所有正面的暗示，你的潜意识都能成功地接收到，并重新修改程序，把那些消极悲观的想法和习惯行为全部都消除掉。（停顿3秒钟）

"从今天开始，你就会变成一个自由自在、充满活力、积极乐观的人，你能削减曾经或者现在还有的任何心理压力以及任何消极悲观的行为和信念。由压力给你带来的生理和心理伤害全都能够得到修复，并达到一种新的平衡。你拥有了所有必需的内在意志力，能够重新打造你的世界，你变成了一个能力强大的超人，你能够应对任何的压力。你无条件地尊重和接受本该享受这一切的自己，你具备非常强的自律能力以实现个人目标。每天你能用各种方式增强自律能力。你知道去做那些应该或需要去做的事情，停止做那些对你来说没有任何意义的事。现在，你能适应生活中的各种改变，能保持改变在你面前慢慢地进行。面对多种选择，你能够做出正确的决定，总是能够去做你喜欢做的事。你是一个非常有自信心和自我信赖的人，你非常独立和果断，能够正面自我想象，能做好任何你想要做好的事。（停顿3秒钟）你有雄心、恒心和决断能力做好每一件事，因为你是一个伟大的成功者。你

　　从正常状态到催眠状态是一个微妙的过程。人们常常会感觉不到这种转变，以为自己没有进入催眠状态。我们可以参考 3 种现象来判断是否成功地进入到了催眠状态。

天呐，烟真的变苦了！

1. 确实带来改变
　　自我暗示确实带来相应的感受。
　　如果你做了"香烟会苦得让人不想吸"的暗示后，香烟确实变苦了，说明催眠成功。

感觉越来越放松了，效果好明显。

2. 感受程度变明显
　　暗示产生越来越明显的效果。
　　如果暗示自己"会变得很放松"后，真的感到放松，且越来越放松，说明催眠成功。

感觉大约 5 分钟吧。

你认为这次催眠持续了多长时间。

3. 产生时间错觉
　　比较实际时间与感觉时间相差多少。
　　如果在催眠中，感受的时间与实际时间相差明显，说明催眠成功。

的确有非常强的自律能力来实现你所有的目标。每天的经历都能给你带来增强一点自律的结果。现在，你能把一些复杂的工作合理地分成几个小部分，然后在同样的时间里一步步完成这些让人畏惧的工作。你做事总是得心应手。

"你非常清醒地专注于自己的理想，毫无保留地努力实现自己的人生目标。你随时警觉和专注所做的一切，不让任何杂念影响到你正在进行的工作。你是一个成功者，从现在开始将永远展现出一个成功型人格，自信、独立。

"你的内心充满了独立性和果断性，你的自我平静与大自然相结合，融为了一体，你为自己的成就而感到自豪，感到安全、可靠、被保护。每天，不管你是在做什么，都会感到更加自信，感到自己有能力解决任何问题。在人生的道路上，没有你不能越过的障碍，没有不能克服的压力。"

反复地给予了自己这些暗示之后，你现在就可以自我苏醒了。苏醒的方法和台词完全可以使用前面的示例。

在办公室里进行解压催眠 ❯

作为上班一族，大多数压力可能来自于你忙碌的工作或者与工作有关的种种人情世故。有的时候，在工作中会遇到一些突发的压力事件，为了不影响工作的正常进行，你需要及时地缓减压力，而这个时候，最好的办法就是在办公室进行一次 5 ~ 10 分钟的自我催眠治疗。在进行自我催眠之前，应该把你办公室的门关上，拉上窗帘，暂时拔掉电话线，避免那些外来的干扰。

镇静催眠法

镇静催眠法可以让你非常快地平静下来，产生安全感。事实上，对你的潜意识而言，镇静催眠法就好像一剂功效非常强大的镇静剂一样。你在实施镇静催眠法之前，按照自己的情况设定好时间，大概6分钟即可。这种意识停止的状态能让人完全放松，尽管是短短的几分钟，也能够大大恢复我们的精力。镇静催眠法的步骤可以参考如下：

选择一个自己认为最舒适的姿势，轻松地坐在椅子上，将房间的灯关上或者拉上窗帘。从头到脚让自己完全、彻底地放松，让体内的紧张压力缓缓地流出体外，让自己如释重负。你渐渐感到疲倦，全身感觉软弱无力，大脑一片空白，甚至有一种昏昏欲睡的感觉。

现在，开始梳理你的思绪，保持一颗平静、愉快的心，在让身体放松的同时，心神也尽量达到安定、和谐。此时外界对你不会产生任何影响，你一心沉浸在自己的世界中。

眼睛凝视着天花板，在心中想象天花板已变成飘着朵朵白云的天空。想象自己的身体正在逐渐地飘浮到这些美丽而柔和的云朵上，那么轻飘、那么柔软、那么舒适。

现在开始回想，保持缓慢而舒适的心情，回想不久前让你觉得非常有成就感的讨论或谈判，回想那些事件中使你胜利的转折点，回想你曾经说过的话、做过的事，回想某个兴奋的时刻，充分享受这种感觉。你非常舒适、非常愉悦，从内心深处感到非常轻松、非常自在，还有些得意。不断重复这种景象多次，直到你的得意消失，可以完全平静为止。

慢慢地让自己从云朵上下来，感觉非常平静、舒缓、思绪集中。转换这些愉快的感觉，带到你将要面对的问题上，也就是现在你最忧心的问题。总之，根据自己的需要进行最适合自己的想象，一定能达到美妙的催眠状态。

等到你设定的时间一到，便从椅子起来，拉开窗帘或者打开灯，让房间重返明亮，把这突如其来的光亮视为你个人成功的光明礼赞。你已经成功了，困难和烦恼都已经不复存在。现在就是你一个全新的开始。假如情况允许的话，你可以反复练习这种方法，直到你的心情完全平静下来。一个人遇到压力并不可怕，关键的是要保持一颗平和镇静的心，直到发现阳光还是会重现在自己的眼前，那么自己将会有勇气和信心来面对。

视觉想象法

视觉想象法就是利用视觉来回忆一些你经历过的愉快假期或者想象期望中愉快的度假经历，来消除你的紧张、不安、烦躁和焦虑心情，达到缓解压力的目的。这个视觉想象就好像你经常都有的白日梦，请记住，你的想象力是非常丰富的，你完全可以自由地想象，随心所欲，你完全可以驾驭它。

你可以选用我们前面介绍过的任何一种方法，让自己进入非常放松的催眠状态。之后，请参考下面的暗示语进行暗示（因为是进行想象、回忆，所以暗示语用第一人称比较好）：

"我将开始数数，从 10 数到 1，每数到一个数字，我就会更容易、更容易想象去年和好友在那个美丽的山村（具体的地方，当然只能由你自己来选定）旅行，更容易想象那美丽安静地方的环境、声音和感觉。10，更深更深的身体放松，随着每一次深呼吸，我就更容易想象那个美丽的地方，那里是那样漂亮、幽静、完美，蓝蓝的天空，青青的草地，潺潺的小溪……9，更深更深的内心层面的放松，随着我的呼吸声音，我更容易想象那次愉快旅行的感受，那样兴奋、那样愉快、那样满足……8，更深层、更深层的情绪放松，我越来越放松，感觉越来越好，感觉越好，就越想要放松……7，更深更深的全身放松，我越是放松，越容易达到更佳的放松，越容易清晰地回忆那个美丽的地方……6，我的每一个细胞、每块肌肉都在完全地放松，好像我已经成为那个安静美丽如同仙境的山村的一部分……5，每数一个数字，我就进入更深层的放松，我的感觉是如此美妙……4，当我继续向更放松深入，我更加容易回忆那次旅行的所有美好的东西，那漂亮的环境、愉快的玩耍，以及我安详、平和的心情……3，我的身心完全地放松，非常放松，内心也进入完全的平和，无论我走到哪儿，我都非常平静、非常愉快、非常轻松……2，现在只尽情享受这种平静、这种轻松……1，进入了非常深非常深的放松状态……内心非常平静、非常平静……感觉非常轻松……非常轻松……（停顿3秒钟）

"当我用一根手指触摸一个拇指，或者做一次深呼吸并想'放松'这个词的时候，我的内心立刻会感到非常平静（用手指触摸拇指），在我任何清醒的时候，我都会感觉得到平和、镇静，能心平气和地思考问题、处理事情……（停顿3秒钟）现在我的内心就如我希望的那样轻松、平静，我感觉就好像小睡了一个小时，我非常享受这段休息，非常舒适、非常美妙……醒后我将焕然一新，精神奕奕，神采飞扬……"

此时，你就可以按照我们上面介绍过的苏醒方法，从1数到10，让自己慢慢地清醒过来。

密集法

假如你想要说服、规劝某人，你可以勇敢、自信地注视这个人两眼正中间的部位，你会发现自己非常容易就能把要讲的信息完整、清晰地表达出来，而且能够轻易地说服对方。假如你注视靠近眼前的物体，你就会感到晕眩，而你晕眩的程度会随着凝视的时间而增加。凝视过一段时间以后，你会发现眼睛周围的视野也会渐渐地变得模糊，所有可见的事物都会从视线中消失，最后只剩下在你两眼中间部分前方的那个物体。这种自我催眠法就叫作密集法，也是视线集中的一种方法。

你可以找一张白色的纸板，用圆规及黑色的笔在纸上画上一些同心圆。最大的圆直径为30厘米，各同心圆的距离大约为8厘米，然后在中心点画上一个粗的黑点，以便你可以把注意力凝聚在这个中心点上，而慢慢忽视旁边的圆。

现在，你可以舒舒服服地坐在你的办公椅上，将那块同心圆图纸板钉在墙上，其高低位置要正好与你的头部平齐，纸板与你的眼睛距离不可以太远（大约20厘米），否则效果很差。然后，你可以把双手臂自然地放在椅子的扶手上，整个人要保持自然地放松，以便能够马上进入到你最自然最舒适的状态。事实上，只要你能够将自己完全地放松，你就能马上感受到放松所带来的舒适感。

此时，你暂时闭上眼睛，进行了几次深呼吸，尽量让自己的身体和内心都能平静下来。然后，睁开眼睛，开始专心注视那个白色纸板上的黑色中心点，持续地注视。过一会儿，你会发现纸板上同心圆的线条开始彼此合并。而后，圆中央的黑点渐渐地变得越来越大、越来越黑。这个时候，你会发觉眼角余光中的物体也变得越来越模糊，同心圆的线似乎也都融化成一条又长又大的黑线，剩下的只是眼前那个黑色的中心点。你的注意力也完全被黑点所吸引，心理状态也在逐渐发生变化。

现在，你已经将视觉之外的所有杂念完全排除，视觉完全专注在一个目标上——也就是这个黑点之上。这个时候，你也要将你的思考集合并专注起来，让你的视觉和心思完全专注在这个黑点上面。身心尽可能地放松，这样一来你的眼皮会慢慢感觉到疲倦。

当你心中的杂念已经完全排除，你的身体也就会完完全全地放松。这时你便可以念出那些正面的暗示语。这时，你的心智和视觉已经完全结合，并且一心一意地在一个单纯但是非常重要的目标上，而那些关于自我肯定的信息也正在慢慢地、一点一点地渗入你的潜意识中。你可以用低沉的声音对自己说：

"现在，我的眼皮开始变得非常沉重，渐渐地无法睁开眼睛。我将要入睡了，但是我并不是想要真的睡觉，我仍能听到我给自己的指令，并让我随着这些指令度过这一天。现在，我将进入愉快而舒适的催眠状态。"

最好多重复几次暗示语，你会发觉自己其实并非在睡觉，而是处于自我催眠的恍惚状态中。这种恍惚和被专业催眠师催眠的恍惚是没有太大区别的。然而在你催眠自己的时候，将不会产生被专业催眠师催眠的抗拒感，因为你是按自己所愿。现在，你继续给自己下达进入潜意识的指令或者暗示语：

"我现在所担忧的问题，等一会儿就会全部解决，因为我对所担忧的问题有清晰的洞察能力，我知道问题的关键所在，我非常有信心找出真正解决问题的办法，我会将问题处理得很好，这一点完全不用担心。"

或者："我看到自己变成了一个非常有能力、自信、勇气和智慧的人，能果断地决定自己心智的人。我能在工作和生活中作出好的、正确的决定，尊重我自己敏锐的判断力。我行动从来不拖拉和推迟，能够好好地计划工作，能够选择最有效率的工作方法。我非常满足于我现有的工作，那些困难根本就压不倒我，那些问题绝对击不垮我，我有足够的能力、信心和力量去战胜它们，我不会为一些小小的挫折而自暴自弃，我会将这些压力变成动力，让自己更加积极主动地去面对这些挫折，直到战胜为止，我一定要让自己变成一个更为出色也更为强大的人。"

到大自然中自我催眠

当你遇到严重的心理压力的时候，可以找个合适的机会走出家门，到大自然中去，与大自然融合。呼吸新鲜空气本身就可以使你身体放松、心情平静。到大自然中去自我催眠，将是一件非常美妙的事。

你应该选择大自然中一个安静的地方，将一张床单铺在草地上或者自带一张有靠背的椅子，穿着一定要宽松，最好是比较休闲的衣服，不要忘记用一张小毯子盖在身上。假如你担心自己会睡着，可以事先带上一个闹钟，设定 15 ~ 20 分钟，然后平静地坐下或躺下，播放轻松的背景音乐或者以自然界的风吹草动、蓝天白云为背景……

凝视法

凝视法的暗示语是这样的："让你的眼睛凝视着远方的山脉、眼前的花草，现在进行3次深呼吸（3次缓慢而深沉的呼吸），随着你每一次的呼吸，都将使你与大自然充分融合而放松，你的肌肉变得非常放松，你感到非常舒适。你继续进行深而慢的呼吸。有这样的轻松时刻对你来说太好了，你可以做到全身心地放松，消除心中杂念，缓解疲惫的神经，从而集中自己注意力，尽情地享受美妙的视觉或者干脆做一个白日梦。

"你知道你的梦想一定会实现，你知道的，那只是一个时间问题，你现在所经历的一切，每个声音、每个思绪、每个情感以及每个感觉都将帮助你进入更深的放松……放松……进入到一个安全和舒适的地方，一种深层转换……你继续专注于自己的身体和心智放松，你的呼吸异常平稳，每一次吐气都在帮助你进入到更深、更完全的放松……你感觉你的床（或椅子）完全地支撑着你，支撑着你的身体，它让你完全地放松……它分担了你所有的重量，现在让你的每块肌肉放松……完全地放松……你的面部、肩膀、手臂、大腿、脚以及你的呼吸和心智都非常放松，让你的所有肌肉放松……非常放松……太放松了……你完全置身于大自然之中，远离尘世的喧嚣……

"当你继续放松时，你注意到眼皮变得越来越沉重……它们是那样沉重，你想要闭上眼睛。你知道，当眼睛闭上之后，你将进入更深的放松，此时，你的眼皮变得越来越沉重，非常沉重、非常放松，它们想要闭上，然后带你进入更深的放松状态，在那里，你的梦想得以实现。你的整个身体正在变得更沉重和放松……放松……一股清新、温暖的电流正在通过你的全身，那温度真是恰到好处……美妙极了……你感到非常舒适。你的眼皮变得越来越沉重，带着你进入越来越深的放松状态，当你闭上眼睛之后，你已经不能睁开，它们变得非常沉重……你已经不能将它们睁开，除非到练习结束。眼睛已经非常沉重、非常放松，将带你进入更深更深的放松状态，你的眼睛非常沉重，将带你到更深层的放松状态。整个身心和大自然融为一体……和天地大自然融为一体……

"你的双腿和手臂非常暖和、非常沉重和放松，你好像正在温暖的水面上漂浮，那种感觉好极了，那种感觉非常轻松、非常舒服……非常舒服……慢慢地，你开始往下沉，下沉到一个充满能量的温暖海边，随着每一次吐气，你正下沉更深更深，这是一种非常好、非常放松的感觉。现在，你开始数数，从20数到1。20，你正漂浮着渐渐往下沉；19，你像一片叶子从空中飘落大地，感觉越来越愉快，感觉越来越放松，感觉越来越舒适；18，你的身心正漂浮着下沉，更低地下沉；17，随着每一次的吐气，你下沉得更深，周围的环境非常安静、祥和；16，让周围所有的一切都随风而去，慢慢地飘向大地，任它们自由自在；15，当你飘向大地时，感觉到一种非常深的平静，感觉非常舒适；14，你的心身飘落更深更深，大地和善地以它那无穷的疗伤能量轻托着你；13，你的双腿不能动弹，它们变得非常沉重、非常放松；12，你还在往下沉，非常舒适；11，你感觉特别沉重，一种愉悦的沉重感，如此不可思议的轻松的沉重感，一直飘落大地；10，越沉越深，越沉越深；9，心身相互交融进入祥和空间，非常祥和的空间，非常广阔的空间，看到那五彩缤纷的颜色，感到美妙极了；8，感觉非常放松、非常深入，就像进入海底，进入了大峡谷底……非常美妙……非常舒适；7，越来越深；6，你的双腿不能动弹，它们非常沉重，你越感到沉重，你的身体越是沉得更深；5，慢慢地飘浮着呈螺旋式下沉，越来越深，飘浮在一道暖光流之上，越来越沉重，向下，飘向下；4，越来越飘向下；3，那光所放射出的色彩非常平静、非常柔和，这里非常安静，非常静谧；2，你正在越来越下沉到这道光上；1，你进入了这道光的底部，融化在光里，与这祥和的光融合在一起了，如此舒适、如此美妙。"

这一段暗示，请注意其中的逻辑性，特别是层次性和感觉顺序。严谨的催眠暗示语言组织模式能够大大提高催眠的效力。

想象法

这样进行想象："现在，想象你是在一个非常神奇也非常迷人的地方，或者一个不可思议的洞穴里，那里面有一个小小的瀑布。对你来说，这是一个完美神秘的地方，你躺在一块光滑、暖和如同天然躺椅的大石头上，大小刚刚好，正好可以容得下你，你感到太舒适了，简直无法用语言形容。当你刚躺下来，就有一只豹走了过来，躺在你的身前，你感到了它的重量压在你的脚上，你认出来原来它是这个洞穴的保护者，是过来保护你的。这个时候，你看到一道美丽闪烁的光漂浮在洞里的水池上，那是一个珠宝球，像一颗明亮的星星在闪烁。它的后面是瀑布，那景色实在是美丽极了！你已经完全沉浸在这美丽的景色中……你的内心非常祥和……

"当你观赏着那美丽的瀑布时，那温暖半透明的水上展现出一幅迷人的画卷，从画卷中，你仿佛看到了自己曾经的生活。你的身体和心智都被固定了，你不能动弹，同时你非常放松，周围的空气弥漫着松树的味道，非常新鲜，充满能量。那些空气和能量填满你的身体，你能感觉到一种让你恢复的能量，就像一道纯洁之光进入你的每一个细胞，能量也填满了你的每一种思绪、每一段记忆和每一个梦想。洞穴被许许多多的古树包围着，这些古树无限高地伸向蓝色的天空。洞穴内表层由光滑的石头围绕，石头的表面长满湿润的青苔，你专心欣赏着瀑布的流水，倾听着那美妙的流水声。你的身体也变得更加舒服……瀑布流水声也越来越大……你也感到越来越舒服……

"你感到有一种神奇的力量在你的身体和心灵中穿梭，简直太不可思议了！你的能量是一道纯光，你记得自己是谁、从哪里来、为什么来这里，你知道这次探险有多么珍贵。你真实地感受到自

✳ 想象的力量

　　想象动作或精神排演非常有效，因为你在想象动作时，神经的感应方式和实际动作时是一样的。据说这些动作和肌肉的收缩可以共同提高肌肉收缩的协调性。

　　想象，总是为艺术所追求，是它让艺术变成了魅力四射的少女，倾倒了一代又一代的艺术家，又迷恋了一代又一代的观众。

　　他的演奏真是把我们带进了大自然，仿佛身临其境啊！

　　收获时这将是一望无际醉人的金黄啊！

　　想象，总是给人明媚的希望，前进的动力和方向。

　　在《运动心理》中，一部分人讨论了"精神排演"。他们建议运动员在脑海中排演，正确地做每个细节，这样，运动员的表演就会臻于完美。

己能做任何想要做的事，你非常相信自己，你明确地知道，你自己一定能够做到，只要你愿意，无论什么事情，你都可以做好，因为你承诺要让自己改变、成长、恢复元气和成功，此时，再次承诺一定会实现你的梦想。这个世界需要你完全自我充实，世界需要你！你获得了重生，你感到非常非常轻松，这感觉美妙极了！现在请你再次闭上眼，感受那不一样的氛围吧……

　　"你能看到来自瀑布后面的那些色彩，像一些耀眼的宝石，闪闪发光，你看到的红色，就像红宝石一样，非常纯洁、漂亮、迷人、极富威力及热情。这种亮光形成了一道光柱向你照射过来，带着能量进入了你的全身，就像太阳发出的光芒，威力无比。你站在一个美丽的海边观赏太阳从海上升起，你看到自己心中充满感激之情，双臂伸向天空，开始飘浮起来。你有着无比巨大的力量，非常放松和舒适。这是最不可思议的一年，你比以往任何时候都做得更好、更坚强、更善良、更有耐心和恒心。你看上去非常惊喜和快乐，并充满了自信，相信自己能做好任何事。当你转过去，你就看到20年以后的自己，一个有智慧、有能量、有自尊和自信的老人。他发送了信息给你，使你进入非常放松的状态。此外，在感受大自然的同时，配合冥想、腹式深呼吸等放松练习，更能帮助紧绷的肌肉迅速松弛，排除头脑中的杂念，达到最佳放松效果。

"当你静静地坐在这里，能感觉到身边那头守护你的豹子的能量，你感觉那豹子与你好像融合在一起，充满胆量、激情和绝对的威力。你感到在你的内心深处充满自由和力量，你现在就如同获得了重生一般，是那么自信且拥有活力。

"你听到水池里传来一个光亮星星的声音，它告诉你让你闭上眼睛，然后，你就进入了更深更深的放松。你感觉不可思议的舒适和放松，你的身体和心灵现在非常舒适，如此美丽迷人的色彩，多么轻松而且舒服的感觉！你得身体轻飘飘的……软绵绵的……飘向大地。你越是放松，越是进入更深的大地里层，就更加自信、更加有能量和自尊。你看到自己清晨醒来，精神饱满，全身充满一种神奇的能量，一整天里，这种能量帮助你完成所有通向实现你梦想的事。你感到惊喜、温暖、舒适和放松，随着每次吐气，你进入更深更深的放松，就像一片树叶飘入大地更深层，或进入海洋的深处，融化了。每次吐气带你进入更深的舒适、放松和平静。这是自我催眠的深化引导，起到稳定催眠状态或者加深催眠程度的作用。

"你看到自己的豹子躯体正在伸展它全身，然后用它的脚爪挖着树根，你的这个身体健壮、柔软，具有强大的能力。你安静地坐在那里，观望着周围的一切，威严并且平静，像是一个王者，你感到相当的自信，知道能做任何与实现梦想有关的事，相信自己真的能够做到。那种感觉就像拔出了插在大地上没有人敢拔的、没有人能拔出的宝剑，为了光明为了美好而奋战。现在每一个呼吸都能带你进入到更深更深的放松，在这样一段时间里，每天你都记住天空中的太阳，感受阳光下的温暖，感觉自信心的存在，你将感受到那红宝石的自信能量瞬间填满了你的身体，还有那些光和热，你感到力量无边。从今往后，你能感觉更加自信、愉快，对获得重生充满感激之情，你无比热爱你的生活，你对生活非常有信心，你相信自己。生活能帮助你成长，这个世界里，每一个人都非常棒！都像你一样棒！活着真好，你爱你的生活，生活如此美妙！

　　"你的梦就会实现，你能完全看清楚自己的目标。现在，你需要将这种美妙的体验整合一下，然后将其带入你的内心深处。做一次深呼吸……深深地吸气……深深地呼气……让成功的影像和想法也进入你的内心深处。深深地呼吸……呼吸……吸进那些所有的想象、感受和领悟到你的内心，你看到了自己非常成功和幸福。你知道那些完美都将过去，现在真实感受到你的身体和呼吸，你感到眼皮回到了正常舒适的感觉，你恢复了元气，感觉眼皮非常好，双腿也非常舒适、非常强壮和放松，双腿真的棒极了。你正慢慢地苏醒，感觉恢复元气，非常新鲜、非常轻松，能够积极面对生活。这样的练习将会越来越有效果，往后美好的日子将不可思议，会更加幸福。你感觉非常轻松、非常舒适，在接下来的日子里，你一定会获得成功。你开始慢慢地苏醒过来，感觉非常好，现在，你已经准备好了，慢慢地睁开眼睛，迎来了美好的时刻，现在你要慢慢地睁开眼睛，回到现实中来，好，完完全全回到现实中来，睁开眼睛，你已经回来了。"

第六章

催眠术的应用

第一节

远离生理疾病

不再失眠

你度过了漫长而又艰难的一天，持续 3 周的工作昨天已结束。你需要好好地睡上一晚。你躺在床上，闭上眼，但是你的大脑在思维。一个想法进入你的脑海，在它消失前另一个又来了。时间过去了。你知道你需要休息，你无法休息，你开始害怕今晚睡眠不足，明天无法打起精神。害怕的感觉越来越强烈。你越来越清醒，睡眠又一次抛弃了你。

既然催眠法的深层次催眠状态是警觉意识和睡眠的过渡阶段，我们就会知道基本放松意念法能够帮助人们从清醒顺利过渡到睡眠。如果首先清楚自己的睡眠方式，消除导致失眠的外在因素，催眠法的效果会更好。知道阻碍自己睡眠的因素之后，你可以设计一个强有力的意念法，并且长期受益。

你的睡眠方式

你的个人睡眠方式可能是下列形式之一：你可能每晚因为睡眠而痛苦焦虑长达数个小时，最后睡一会儿；上床后立即入睡，但是半夜会醒来，直到起床再也没有睡着。无论哪种情况，你在早晨起床时都感到精疲力竭，就因为睡眠的数量和质量不足。你觉得必须好好休息，这样做事才有精神，效率才会高。

无论你的睡眠方式是哪一种，它都有具体的成因。为了学会快速入睡，你必须知道自己失眠的原因。有一些重要的因素影响晚上的睡眠，这些因素是如此明显或简单，以至于你认为它们不值一提，但是它们非常重要，因为催眠法无法解决这些情况。

你晚上无法入睡是因为需要医疗照顾或专业指导。这包括你在床上时对酒精或化学药品的依赖、长期的压抑、腿的疼痛等。如果你属于其中任何一种情况，那么有必要在使用催眠法前解决这些问题。

你晚上无法入睡是因为白天服用太多的刺激物（咖啡、黑茶或任何含咖啡因的饮料）。白天服用太多的咖啡，晚上不可能处于完全放松的状态。

你晚上无法入睡是因为白天的午睡。这会打乱你的睡眠清醒方式，晚上你的身体不会轻易适应睡眠。

你晚上无法入睡是因为你在睡觉前参加了令人兴奋的身体锻炼或精神活动。在跑一两里路、工作、投入的对话，或活跃的精神活动后，你无法在床上轻易地睡着。

你晚上无法入睡是因为你在心里把床与活动相联系。如果你在床上打工作电话、写报告、写信、看电视、缝纫、写年级论文、核算账簿，你的床就被认为是活动中心。你的床应该是放松的地方。把床与睡眠相联系你才能准备好高质量的睡眠。

如果你有上面任何一种问题或情形，你就需要采取办法解决。这是改变你睡眠方式的前提。

测试你的环境和身体状态

在使用睡眠意念法前有两处需要做出适当的改变。睡眠环境中任何干扰因素都要排除。身体中任何紧张处都要放松。通过创造有利于睡眠的气氛，你能最有效地利用睡眠意念法。

你周围的环境需要体现休息和放松。温度不能过高或过低。空气必须流通。尽可能地保持安静和黑暗，除非你发现某些声音（潮水涨落的声音）或微暗的灯光会让人舒服。考察居住的环境，找出可能干扰你的因素。有没有滴答声音太大的钟？有没有可能会响的电话？如果你和他人共处一室，如果室友是一个问题，你可以用一两晚的独处来实验意念法。

你的身体需要放松。为了感觉身体是否紧张，需要躺在床上做下面的运动。从身体的某一处开始把注意力集中在某一部分（你的脚、脚指头、膝盖、大腿，等等）。当你集中身体的某一部分时注意是否有紧张感，如果有就放松。特别注意头部、下巴、眉毛、脖子和肩可能太紧张。检查是否有些部位因白天过于紧张而疼痛。如果有，把注意力放在那儿，然后放松。

典型的床上独白

当你上床时你的思想开始放松，把白天的问题和事情放在一边。你在睡觉时大脑是如何思维的？思考你在床上时的思维类型。下面有3种你可能熟悉的独白。

数时间者："不要，早上1点半了。我11点就在床上了，现在仍然无法入眠，我怎么办呢？明天我无法工作。我会看起来精疲力竭。我将感到很糟糕。不要，现在快2点了。即使我5分钟内入睡我也只能睡4个小时了。只有4个小时的睡眠我无法支撑。"

悲观者："我睡不着，我完全垮了。最近一切都糟糕透了。我似乎什么都做不成，甚至睡不着觉。生活的每一件事就是那么悲观。"

安排者："我不得不想出一个办法，要不然我会陷入困境……

如果我试图……我将这样对你说，你可能这样回答，'唉，没有办法，我也只能原地打转。'如果我……"

想想你属于哪种类型。许多人发现自己3种皆有。如果你也是，这仅仅意味着你曾用3种不同的办法成功地让自己无法入睡。

制订计划

意念法帮助你重新设计你的精神活动方式，这样你在睡觉前会感到平静和平和，当你该休息时，你身心自在，你轻柔地进入梦乡。下列积极的建议帮助你消除床上独白。

醒着时也让自己休息。如果你是数时间者，这意味着你总是在焦虑，时间一点一滴地过去，而自己却仍无法入睡。因此，你需要不再关注时间的流逝，你需要停止看时间，而是要告诉自己你在休息，休息是睡眠的第一步。实际上你对自己说："时间不重要，胡思乱想时我也在休息，休息时我的身心自在。"这两句话将帮助你培养新的行为，你不再是一个数时间者。

用积极取代消极。如果你认为自己是个悲观者，你会把睡眠不足当作你无法控制的又一次消极的人生经历。反之，你需要提醒自己白天发生在周围的快乐事情。可能在工作中收到了积极的反馈意见，可能因为说过或做过的事情而受到表扬，可能因为外表受到赞美，或得到某个人的邀请，很明显他对你的公司很感兴趣，并高度评价。别再关注使你无助的事情。你不再悲观，并练习下面肯定的话："今天发生了一些快乐的事情。明天会有更多的积极事情。"这个新的想法将帮助你确立新的行为，你不再是一个悲观者。

晚上时间与睡觉时间没有联系。如果你是一个安排者，则需要把你的问题丢在一边。不管它们是真实或是想象的，都留到白天去处理。如果你是一名安排者，对自己重复下面的话："晚上我会把问题放在一边。我会在更好的时候处理它们。"同样，这个新想法帮助你确立新的行为，使你从现在起不再是个安排者。

现在从上面的建议中选择合适自己的积极建议，然后写下来。这是你新行为的协议。在催眠法中你会看到这个协议。你将把这些积极的建议融入到你的潜意识中去。你不再告诉自己生活是多么消极。你不再认为自己是受害者。写下新的行为方式，然后在有意识或无意识中运用它。

总体意念法

现在停留在你想象的地方，除了这个地方，你无地方可去，也无事可做。只是休息，仅仅让自己漂浮，漂浮在甜美的梦乡。当你漂浮时看见你的协议，看见你写的内容，看见那些积极的话语、思想和目标，看见你写的内容并知道这是真的。

你的新的、积极的想法是真的。你抛弃了消极的想法和感觉。你消除了身心、思想上的压力和紧张。在你越来越放松时，一个新的、积极的建议越来越强烈。让自己慢慢进入梦乡。当你进入到甜美的梦乡时让那些积极的建议留驻在脑海中。现在意识到自己是多么舒适、多么放松，你的头和肩都放在适当的位置，你的背被支撑着，你对周围正常的声音越来越没有感觉。当你进入梦乡时你可能感到有消极的思想或担忧出现在你的脑海中，试图打扰你的睡眠，打扰你的休息。仅仅把这个想法扫起来，如打扫地上的碎屑。把这个想法或担忧放在盒子里。盒子有一个漂亮的盖儿。把这个盖儿盖在盒子上，再把盒子放在衣柜的最上一层，你可以在其他合适的时间返回来，这个时间不会与你的睡眠时间冲突。所以当这些不受欢迎的想法出现时，把它们打扫到盒子里，用盖子盖在盒子上，把盒子放在柜子的最上一层，然后顺其自然，继续进入梦乡，越来越沉。

思想回到你的积极想法和积极话语之中来。让那些思想从脑海中浮现出来，如"我是有价值的人"。让积极的想法从脑海中浮现出来。让它们飘浮，你可能看到它们慢慢后退，慢慢后退，你越来越放松，越来越困，越来越困，越来越放松。想象自己在平和的、特别的地方，感觉舒适又放松。

整晚你都睡得很香，如果你醒来你只需要再一次想象那个特别的地方，然后漂浮，返回甜美的梦乡、甜美的梦乡。你的呼吸是如此轻松，你的思想也放松下来，你漂浮在甜美的梦乡，整晚无人打扰。你在计划的时间醒来，感觉精神百倍。现在无事可做，仅仅享受你的特别地方，你的特别地方是如此平和、如此放松。仅仅想象在你特别的地方是如何放松。

可能你还会体验到其他不同的精彩之处。仅仅是体验漂浮，所有的思想都在后退，漂浮在甜美的梦乡。漂浮在舒适、自在的梦乡，当你躺在床上时你的身体越来越沉、越来越放松……

晕车（船）不再烦恼

发生晕车（船）的原因有很多，不光有生理方面的因素，也有的来自于心理方面的因素，更多的情况下则可能是两种因素兼而有之。从生理方面来看，晕车（船）是由于耳部深处掌管方位、平衡感觉的半规管在不规则的颠簸下过度兴奋、引起自律性神经失调，对内脏造成副作用而引起的。从心理方面来看，晕车（船）则都是由于消极的心理暗示所导致的。譬如，曾听别人说乘坐长途汽车或者海轮肯定得晕，或者是在乘车（船）的时候，看到别人晕，自己也会觉得心里难受。通过催眠疗法，引起晕车（船）的身心两方面的因素都可以得到控制与矫正。只要坚持练习，就可以逐渐减少晕车（船）的次数。

他人催眠法和自我催眠法都对晕车（船）的治疗有一定帮助，下面我们来分别予以介绍。

由催眠师实施的他人催眠法通常是这样进行的，首先要将受催眠者导入催眠状态，在催眠状态中，要求受催眠者进行自我想象，想象晕车（船）时的情景。具体的暗示指导语是："你现在正在乘坐汽车，因为行驶道路不平坦的缘故，所以车子颠簸得比较厉害。你看，车子又在颠簸了……当车子颠簸的时候，你的情绪就会受到影响。同时，浓烈的汽油味更使你心里感到非常难受……你体验，体验这种晕车时的难受的感觉……"接着再对受催眠者暗示："现在你虽然非常想避免晕车，但是越是这么想晕得越是厉害。我来帮助你，只要你按我说的去做，你就会渐渐地感到舒服起来。首先，你

要深呼吸，深深地呼吸四五次……要趁车子颠簸的时候进行深呼吸，同时身体也随着车子的颠簸而摇晃。只要你这么做，你的情绪就会渐渐地稳定下来。现在，我从 10 倒数到 1，我每倒数一个数字，你的情绪就会稳定一点，当我数到 1 的时候，你的情绪就会完全稳定下来，肯定是这样，绝对不会错的！好的，准备好，我开始数了，你会越来越轻松、越来越平静的，10……9……"

在数数字结束之后，催眠师应当再继续进行暗示予以强化："现在，虽然车子非常颠簸，你的身体也随之摇晃不定，但是你的心情却一点不会受到影响，而是尽情地欣赏窗外美丽迷人的景色……从此以后，你绝对不会再晕车了，你会感到乘车旅行是一种非常美妙的享受，在憧憬与向往中你也可以与身边陌生的人谈论……"

晕船的催眠治疗亦如此，只要对里面的具体词汇进行必要的改动即可。

自我催眠法的实施过程是这样的：以腹式呼吸渐渐地使心情平静下来，再进行放松法、温暖法的自我催眠标准练习，在轻松温和的气氛中渐渐进入催眠状态。然后进行想象法练习，每日实施2次想象法，持续数周以后，无论在生理上还是心理上，都会在潜移默化之中增加对乘车（船）眩晕的抵抗力，渐渐地就会达到克服晕车、晕船目的。除此之外，还应该加强体育锻炼，增强体质，从而更好地预防晕车、晕船状况的发生。

远离神经衰弱 ⟩

　　是不是有时候感觉到头痛，头晕，记忆力减弱了？是不是觉得自己食量减少，夜里总是难以入睡，甚至失眠了？有没有觉得自己感情失常，神经过敏，遇事多惧多疑，或总是自陷于悲观的境地里，经常对自己的一些病痛较为重视和关心，性格也内向，有时甚至会想要自杀？

　　这些典型的神经衰弱症状有没有在你的身上出现过？这到底是什么原因导致？神经衰弱可以分为脑髓神经衰弱和脊髓神经衰弱两种。而神经衰弱症的致病原因，大致可以归纳为以下几种：用脑过度、睡眠不足或烟酒中毒，等等。脑髓神经衰弱，具体的症状有头重、头痛、焦躁、不安、情绪不稳定、神经过敏、健忘、多疑、失眠、食量减少、便秘、四肢发冷，等等。脊髓性神经衰弱，具体的症状有肌肉疲劳、下肢痉挛、关节酸痛，等等。脊髓神经衰弱症虽然比脑髓神经衰弱症略微轻一些，但是也常有四肢抽筋、关节酸痛、运动劳累等症状。另外，还有一些神经衰弱症的患者是属于二者兼而有之的类型，那就比较严重了。那么，自己应该如何调理身心，远离神经衰弱的困扰呢？

　　神经衰弱在病症刚开始的时候，患者自己是很难察觉的，只是觉得精神不像从前那样好了，做事也不像从前灵敏了。如果不休养精神的话，病情便会加重。患了这种病症，虽然不至于危及性命，但是精神上却感到很痛苦，应当及时进行医治。实验证明，沉重的精神负担比繁重的体力活动更易产生神经衰弱。

在进行催眠治疗时，催眠师首先应详细询问受催眠者的症状、自我感觉、病史，等等，仔细寻求神经衰弱的病因，再通过各种神经疾病的检测手段确定其类型，以在此基础上对症治疗。神经衰弱者想一下子消除症状是不切实际的，催眠师必须要冷静分析、客观判断，从而认清神经衰弱本质，正确对待神经衰弱。

如果病因是精神过劳，那么就要让受催眠者停止工作，休息之后才能施术；如果病因是起于过度忧愁或抽烟酗酒，那么受催眠者要先把致病的习惯戒掉再开始催眠治疗，否则功效就不会那么显著。进行催眠治疗时，可以先用"你的神经衰弱症，结合催眠治疗，经过这次催眠治疗，病症一定会大大消退的，请你尽管放心"这种比较积极的暗示，使受催眠者进入催眠状态中。然后按照所患病症的轻重，先着手治疗最重也就是最重要的一种。以头痛为例，催眠师可以一面用手抚摸受催眠者的头部，一面暗示："你的脑筋经过医治，已经转为强健的状态了，醒来之后就完全不会发痛，而且脑力充足，精神畅快。"很多受催眠者总是将自己的注意力集中在神经衰弱的症状上，越想努力消除就越是焦虑和烦躁，结果加重了病情。因此，催眠师应该学会打破这种恶性循环，让受催眠者改正不良习惯，从而减轻神经衰弱的症状。

神经衰弱的患者，其病症表现一般不会只有一种，大多是两三种同时发作，那么就要在对最重要的一种施治之后，按照顺序来治疗较轻的。如果能把受催眠者最重要的那种病症治愈，其他较轻的多种病症也自会痊愈。目前的病症虽然已经痊愈，但是每每以后一有感触，受催眠者便会怀疑自己旧病复发。关于这一点，在催眠治疗时应当加入这样的暗示："当你的病症治愈之后，不论什么时候，你的身体都会很健康，心里也完全没有疑惑，以后绝对不会再复发了。"这样就可以坚定受催眠者的心念，防止其产生疑心。

具体治疗方法可以如下为参考，也可适当调整。

首先将受催眠者导入中等程度的催眠状态，之后可以用直接暗示的方法消除其症状。也可以加上按摩等方式让受催眠者紧绷的神经松弛下来，达到身心放松，以加强治疗的效果。催眠师可以这样暗示：

"你现在睡得很深，很舒适……我知道，你患有神经衰弱症，现在我来给你做治疗。经过我的治疗，你的症状会渐渐地消除、你的疾病也就会痊愈……现在，我来给你按摩头部，按摩以后，你的头痛、头重、失眠、健忘等症状就会自然消失……非常舒适，你现在感觉非常舒适……你现在头脑非常清晰，根本没有任何不适的感觉，今后也不会再有头痛、健忘、精神不振、四肢无力的感觉了。醒来以后，你会感到自己的精神很振奋、状态非常好，你以后注意力能集中了，记忆力会增强，你能记住所有需要记住的东西，体力和精力都很充沛，你会感到非常轻松、自在……"

这个时候，可以观察受催眠者的面部表情。如果受催眠者面部出现轻松、安适的表情，则表明暗示已经达到效果，催眠师这时可以再发出一些肯定性的暗示以加强治疗效果，例如："催眠治疗对你的病是最适用的，也是最有效的，醒后你感到情绪改善，你的神经衰弱症已经治愈，所有的症状都已经消除了，今后也不再会发作了，肯定不会的！这是没有任何疑问的！你完全健康了！"

在实际的治疗过程中，只进行一遍这样的暗示是远远不够的，尤其是前一部分的暗示语，必须反复强调，才能取得比较好的疗效。对于那些症状较轻、催眠敏感度比较高的患者，一般经过一两次治疗之后即可见效。反之，那些症状较重、催眠敏感度又比较低的患者，则一般要经过一个疗程，也就是 10 次左右的催眠治疗才能痊愈。

对于比较严重的神经衰弱患者，在进行催眠治疗时不宜求速，也不要指望一两次催眠治疗就能生效。在进行催眠治疗的同时，也可以建议他去郊外走走，放松神经，或者经常做一些轻巧的动作以舒缓精神，这样治疗效果也会更好一些。

解决消化不良及厌食问题 〉

引起消化不良的原因有很多种，诸如经常过饿或过饱、暴饮暴食、冷热饮食混杂无序、血亏、烟酒过度、神经衰弱，等等。具体表现症状是胃酸过多、腹胀、腹痛、茶饭不香、食量减少、便秘，等等。这些问题常常让人们头痛不已，然而，催眠疗法却能有助于解决这个难题。

借助催眠疗法解决消化不良的问题，首先要做的是找出诱发消化不良症的具体原因，因为这和进行催眠过程中的暗示语时直接相关。找到核心的病因之后，还是要先将受催眠者导入中度催眠状态，在中度催眠状态中进行暗示，这样的治疗效果会更好。

暗示可以分3个步骤进行。第一个步骤旨在去除疾病发生的原因。譬如，如果消化不良是由神经衰弱而引起的，那么就应当着重暗示其神经衰弱的症状消失，或是经过催眠师的治疗已经痊愈。如果是由其他原因引起的，那么就以相应的暗示指导语予以消除。这样的暗示要反复进行多次。暗示的第二步骤是对肠胃功能的肯定："你的胃液和肠液的分泌非常旺盛，所以，你的消化能力非常强，这一点不用怀疑。"暗示的第三个步骤是对其消化能力的进一步肯定并加以激励。"由于你的消化能力已经转为正常，因此，肚子常常会有饥饿的感觉，食欲大增，消化功能非常好……"严格按照上述的三步程序进行暗示治疗，一般可以收到良好的效果。另外，在催眠状态下，要加强受催眠者的自我调节和自我控制能力，要使他发觉自己战胜疾病的关键是提高自己的自信心，而不是让受催眠者感到催眠师的力量。

较之消化不良症，厌食症病情则更加严重一些，患者常常是无法进食，一吃下去就要呕吐出来。由于无法获取能量，患者通

常面黄肌瘦、精神不振，身体各种机能都受到很大的影响。对于厌食症的催眠疗法一般也是分为3个步骤：第一个步骤，暗示——暗示其有饥饿感；第二个步骤，回忆——回忆在未发病时，吃美味菜肴时的快乐情景；第三个步骤，幻想——幻想面对美食垂涎欲滴的情景。有催眠师曾经用催眠疗法为一位严重的厌食症患者彻底治愈了病症，解除了痛苦。这位患者是一个跳高运动员，平时食欲非常好。因为总是担心发胖影响跳高成绩的提高，故而节食减肥。谁料，事与愿违，不久便得了厌食症。她辗转各大医院都未能缓解病状，只得靠注射葡萄糖和吃水果来维持生命。后来经人介绍决定接受催眠治疗。催眠师先是进入她的"潜意识"领域，详细了解病情后，逐渐纠正她"潜意识"中的较为偏激的观念，从而达到治愈的目的。

在深度催眠状态中，催眠师首先对这位运动员进行饥饿暗示，并描述了味美可口、佳肴珍馐的宴会情景。然后，再反复下指令要求她回忆以前每次运动之后，津津有味地聚餐的场面。与此同时，给予她强有力的直接暗示："现在就想吃了，你的肚子已经很饿、很饿了，现在特别想吃，马上就吃吧。"这位运动员按照催眠师的指令，毫不犹豫地吃起饭来，脸上同时洋溢着喜悦与享受的表情。

接下来，催眠师又暗示道："事实已经证明，你是想吃饭的，也能够吃饭，因此，今后你也不会有厌食的表现了。醒来以后，你能像平时一样正常地吃饭，你的厌食症已经完全治愈了。"催眠结束以后，这位运动员果然康复如初，再也没有厌食过。

解决儿童遗尿问题

小孩一般在 2 ~ 3 周岁之后就不会晚上尿床了，如果在 4 岁以后仍然经常尿床就被看作有遗尿症。从学术上来讲，遗尿症是指儿童缺乏控制排尿的能力，与自己年龄不相称的昼夜经常不自主地排尿，主要的表现有白天尿裤子和夜间尿床。

遗尿症可以分为原发性遗尿症和继发性遗尿症两种。原发性遗尿症是指儿童膀胱括约肌的控制能力发展比较迟缓，或从未形成控制膀胱收缩的能力，从而导致尿裤子和夜间的遗尿。继发性遗床症是指儿童曾经形成过控制排尿的能力，但是后来由于种种原因又出现不能控制排尿的情况。专家认为，这种现象是对紧张的心理刺激的一种反应。已经学会的控制排尿行为，由于精神紧张而被破坏了。

调查结果表明，大部分患有遗尿症的儿童，都是生活在一种精神非常紧张的环境中，他们除了尿床外，同时还伴有情绪不稳、言语障碍或学习困难等方面的问题。除此外，例如过度疲劳、受惊吓、环境改变、家中有婴儿诞生、失去母爱、双亲有忧郁的习性、不正确的教养方式与教养习惯等都可能是遗尿的诱因。而且，更为重要且直接的心理因素是，儿童偶尔有夜尿行为，父母便严加斥责，甚至打骂，这将成为由偶然的遗尿行为到遗尿症出现的直接诱因。总之，在心理学家看来，所谓遗尿，就是以儿童内心深处的某些事件为原因，以症状表现出来的现象。目前比较普遍的看法是，遗尿症是儿童对家庭产生害怕、内心不自在或情绪混乱时，所形成的一种特殊的防御机能。例如，双亲的注意力没有或无法集中到该儿童身上时，在某些情况下，儿童也会以夜尿现象作为获得安心、平静、安全感的手段。当然，这绝不是儿童有意识的行为。

催眠术对于遗尿症的缓解，具有一定的效果，对于继发性遗尿症更是如此。

具体施术过程是这样的：先将儿童导入催眠状态，然后以直接暗示的方式帮助儿童建立条件反射，也就是："一旦你的膀胱充满，你即刻就会苏醒，并且是一种突然的惊醒，一定是这样的，绝对不会错的。"另外，要在催眠状态中解除儿童的紧张感、不安感以及恐惧感。这比其他治疗方法效果要好得多，也快捷得多。

　　需要着重强调的一点是，父母应对孩子的遗尿一定要有正确的态度和行为，打骂、嘲笑、惩罚等手段事实上是进一步加剧儿童的心理紧张，使孩子更可能持续地发生遗尿行为。

　　此外，如果一方面利用催眠术来除儿童的紧张与不安，而另一方面父母又在不断"制造"儿童的紧张与不安，那么，症状的消除就会困难得多，倘若外部的环境压力相当大，恐怕催眠术也将无能为力。所以，催眠师在催眠儿童的同时，一定要注意做好父母的咨询指导工作，这样双方配合，才能收到实效。

　　如果儿童的遗尿症症状不是那么严重，可以采用类催眠与自我催眠相结合的方法。具体的程序如下。

　　夜间尽量不叫醒孩子。如果非要叫醒的话就在孩子容易尿床的时间之前，及时叫醒孩子上厕所，使其养成习惯，形成条件反射。

　　不可以责备孩子尿床。虽然做到这一点不容易，但是必须这么做。对孩子尿床的事不要大惊小怪，要装作无所谓的样子，这一点也不容易做到，但是必须这么做，为的是帮助孩子树立自信。

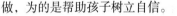

　　不对孩子作消极负面的暗示，例如"你不要喝那么多的开水，否则夜里会遗尿"。也不要有意无意地限制孩子的喝水量。家长可以在白天延长小孩两次尿的时间，增加膀胱的容积，帮助孩子了解如何控制小便。

哄孩子睡觉的时候，如发现他握着的小手已经渐渐松弛（这意味着孩子已经有了睡意），这时，父母不妨对他进行暗示："如果你想小便，自然就会醒过来。自己上厕所去小便以后，再回到床上去睡觉，你不会再尿床了。"像这样连续两三天直至一个星期不停地暗示以后，孩子基本就不会再尿床了。如果失败了，也千万不要责备孩子。应当继续进行暗示："下次你不会再尿床了，如果你想小便的时候，自己就会到厕所去。"

如果是初中以上的孩子还有遗尿的症状，就可以让孩子进行自我催眠。进入自我催眠状态后，暗示自己的左右手变得逐渐温热起来……左右脚逐渐温热起来……胃的四周逐渐温热起来……肚脐的周围逐渐温热起来……然后，对自己施予强烈的自我暗示："今晚无论我睡得多么熟、多么香，一定会自然醒来去上厕所，只要膀胱一充满，就肯定会醒来上厕所。是的，肯定会这样。所以，我再也不会尿床了，我一定能够做到，肯定是这样的。"

实践证明，用睡眠中催眠法治疗夜间遗尿症的效果往往会更好。它更易于在深层的潜意识中建立起牢固的条件反射，从而使孩子有了尿意后自觉起来上厕所。具体操作如下：

当受催眠者处于熟睡状态的时候，催眠师来到他的床边，静坐几分钟后，实施离抚法。简言之，催眠师将手放在离受催眠者面部几厘米的地方，作向下抚摩的运动，反复进行十余次后，催眠师开始发问："你叫什么名字？快告诉我。"如果受催眠者没有苏醒而能回答，则证明双方的感应关系已经接通。受催眠者已由正常的睡眠状态转入催眠状态。接下来便可以进行暗示诱导。这种暗示诱导的方式与目的是建立条件反射，即在膀胱充盈与进入苏醒状态之间形成暂时的神经联系。具体的暗示语是："现在你处于催眠状态之中，我正针对你的遗尿症进行治疗。我已经非常清楚地知道，你的遗尿症并不是你固有的一种生理障碍。只是由于高度的紧张不安才导致这种症状产生的。现在，我要求你把内心的这些紧张与不安统统地发泄出来……你可以说，也可以哭，好的，现在就开始……随着我治疗的深入，你会逐渐轻松自在起来，你以后会自然地起床上厕所……"

在受催眠者进行充分的宣泄之后，催眠师再以坚定的、无可怀疑的语调暗示受催眠者："今后，你再也不会有遗尿的现象了……一旦膀胱充盈，你就会立即醒来——肯定是这样的，绝对不会错的……"

解决口吃

口吃，俗称结巴，是指讲话不流畅、阻塞、重复。口吃是一种比较常见的言语障碍，主要表现在发音器官的痉挛或者强直。发音器官肌肉本身在静止状态时并无张力异常，而在发音初始或者在发音的过程中出现痉挛或者强直，以致发生音节重复或者发音停顿。口吃的原因可能是环境影响或遗传因素，或者由于两者的交互作用。在某些环境下，口吃者感到非常困窘和丢脸，严重的话还有可能会引起绝望、羞辱、自卑、沮丧的思想，甚至有时候还会有自我仇视。

口吃不仅表现在发音器官的活动不灵上，并且通常伴有呼吸节律失调和血管舒缩运动的异常。呼吸节律失调和血管运动的异常只是口吃的伴随症状，而非口吃发作的诱因。虽然说生活中常见过度呼吸时会诱发口吃，但是那只是暂时的现象。口吃患者发音前并没有过度的呼吸，但是一开始发音则出现了呼吸节律失调。口吃患者的发音器官并没有器质性改变，而与心理因素的关系非常大。治疗的时候应该把解除心理矛盾放在第一位，然后才是口语的训练与过度呼吸的调整。催眠术能够有助于抑制口吃患者不正常的兴奋，并解除压抑的心理矛盾，以更平静和放松的方式进行交流。

口吃的催眠治疗方法是：第一，先在清醒的状态下进行简易精神疗法，让患者与催眠师相互了解，彼此互相信赖，缓解受催眠者的不良心理状态反应。

第二，当催眠到一定深度的时候，进行精神分析，找出患者口吃的心理原因，并通过暗示使患者正确认识这一矛盾，从而树立起治愈的信心。

第三，进行语言与呼吸的调整训练。放松练习可以帮助患者降低或消除他们所体会到的紧张。当催眠师说出某一句话让患者学说的时候，他能表现出异常的语言持续性和完整性，呼吸也很平稳。催眠师应从实物的描述开始进行上述训练。例如，催眠师让患者学说"大海是深蓝色的，波涛滚滚而来"这句话时，先暗示他深吸一口气，然后缓缓地将这句话说完，一口气说完，等熟练以后再暗示其加快速度。就像这样吸气，说话，再吸气，再说话，反复地进行训练。说话内容由形象的描述到抽象的叙述，句子由短到长，最后是一段情节的描述。在催眠状态下，患者都能流利地完成催眠师要他说的内容。

第四，苏醒法。深度催眠状态中，同样可以利用后催眠暗示来加以强化。有时用一般鼓励性的暗示也非常有效。例如："你以后说话时，每说一句话前，都要先缓缓地吸一口气，只要注意调整好呼吸，就能像现在这样很好地说话。"这是将患者说话时过分注意语言或好面子、怕笑话的心理转移到了呼吸上面，这是一个很好的转移暗示，只要患者能够按照要求做，就有助于治愈口吃。

轻松降血压

现代社会，越来越忙碌的人们一方面享受着物质文明带来的种种便利，一方面又普遍面临着超速的工作节奏和激烈的竞争，心理压力非常沉重。长期的环境压力和心理压力，逐渐造成了身体的损害，形成多种身心疾病或心理障碍。高血压病就是现代常见病之一，高血压是指动脉血压超过正常值的异常情况。由于某种原因使血管狭窄，此时压力将升高以保证血流通过，这就是高血压。它可以分为原发性和继发性两种，其中原发性高血压占全部高血压病例的 90% 左右。高血压的主要特征是动脉血压升高，发病原因与生活环境、精神压力以及遗传等因素有着极大的关联。

例如，人际关系紧张、家庭不和、职业频繁变动、经济收入和生活居住条件不如意，都会导致情绪的紧张、焦虑、恐惧、不安、抑郁、愤怒等的变化，使得大脑皮层的功能失调，引起交感神经兴奋，肾上腺素分泌过多，致使心排血量提高，小动脉痉挛，血压因此而异常升高。高血压对人体危害非常大，不仅直接产生头疼、头晕、失眠、烦燥、心悸、胸闷等一系列症状，病情发展到一定程度，会使脑、心、肾等脏器受到严重损害，并发脑血管意外（即中风）、心力衰竭和肾衰竭。现在，高血压已成为现代社会中的隐形杀手。

催眠对缓解高血压往往有一定的效果。用催眠法缓解高血压，目的在于矫正及解决病人的认识以及情绪方面的问题，以提高其对生活变化的适应能力，从而消除不良心理、生理反应对身体的扰乱与破坏作用，同时也有助于矫正与高血压病有关的不良生活习惯（例如喜欢甜食、咸食，偏爱高脂肪食物，不爱运动等），并直接使血压下降、症状改善。催眠还有助于改善心血管功能及血脂代谢，预防血管硬化，减少脑、心、肾并发症。

缓解高血压的催眠过程是这样的：让病人采取卧位或坐位，

使病人进入催眠状态。在催眠状态下可以这样暗示："你现在已经进入催眠状态，无忧无虑地享受着轻松感、美妙感。你头部、颈部的肌肉已经完完全全地放松了。现在，你能体验到这种轻松、舒适的感觉。已经很轻松，感觉非常舒适……

"请注意！你头部的血管已经放松了，头部有一种轻松感，你能体验到这种轻松感，体验到了。现在，血液的暖流已经从你的头部慢慢地流向颈部，流向你的手心，流向你的脚心，你感到全身是那么温暖、舒适和轻松。现在，你的心情非常平静，头已经不再胀痛了，再也不会紧张了，注意，你的血压已开始下降了……你的血压已经得到了很好的控制。以后，你和任何人一样，仍然会受到各种不良的心理刺激，你一定要学会妥善处理，你也一定能够妥善处理，你有这个能力，你不会再自寻烦恼，所有的不良心理刺激都没有什么大不了的，即使暂时处理不了，你也会泰然处之，最多加以回避。你再也不会为此而紧张、不安，为此而焦虑和痛苦。这样，你的情绪就会始终处于平静、快乐的状态，你已经对自己充满了信心，现在的你非常轻松、非常舒适……

"以后，你也要改变所有不利于高血压病彻底康复的不良的生活习惯，不要贪吃甜食，也不要吃得太咸，不要过多食用高脂肪的食品，要尽量吃得清淡，不要抽烟，最好不要喝酒，特别是不要喝过量的烈性酒。要适当地做些运动，例如打球、散步、参加舞会等。同时，你也应该坚持服药治疗，不要随便自行停药，要遵医嘱。心态要平和，改善睡眠状态，保证睡眠时间……这样，你就会始终保持正常的血压，久而久之，你的高血压病就会彻底地治愈，完全治愈……你要坚信，高血压病只是一种身心疾病，凡事只要想得开，就一定能彻底治愈，一定能够治愈。

"现在，我要唤醒你了，你醒来以后会感到非常轻松愉快、精力充沛，血压已经完全正常，高血压病的各种症状在你的身上也已经消失。好，准备好，我从5数到1，当我数到1的时候，你就会完全地苏醒过来。5……"唤醒病人，解除催眠状态。

为了能经常进行催眠暗示，可以采用自我催眠的方法进行自我治疗，暗示语里对应的词语稍加改动即可。如果每天进行半小时的自我催眠，一般会收到良好的效果。经过催眠治疗后，患者会感到身体轻松，心情舒畅，精神饱满，血压慢慢降低。

远离皮肤疾病

青春痘（即寻常性痤疮）是皮肤皮脂腺的一种炎症状况。它由皮肤表面红色隆起的区域组成，其后可以发展为脓疱，甚至发展成可造成疤痕的囊肿。有一些年轻人脸部患有痤疮（青春痘），他们很是苦恼，常常是治了又犯，犯了又治，总是去不了根儿。采用自我催眠和自我暗示的方法对于缓解这种疾患有一定的效果。这些患"青春痘"的年轻人，每晚一定要将脸清洗干净之后再睡觉。而且在睡觉之前，应按照以前讲述自我催眠的诱导方法对自己进行催眠，同时给予自己治疗性催眠暗示语：

"我的脸部原来很干净、很舒适，我的脸部本来是很漂亮的。虽然长了几个痘痘，但是我的抗病能力很强，我自己能治好脸上的'青春痘'。我觉得我脸部长痘的那些地方有点儿疼痛，好像越来越痛了。这是我的治病力量在与痘痘作斗争，是的，它们在作斗争。我的脸部还在疼，因为我的抗病力正在消灭那些令人讨厌的痘痘。好，现在不怎么疼了，舒服多了，只是有一点痒的感觉。越来越舒适了，很舒适了，痘痘都被消灭了。我的脸部会变得很光滑、很正常。皮肤从内到外都干干净净的，感觉很好，很清爽，很舒适。"

临床心理学家曾经对用自我催眠暗示治疗痤疮的病例进行了研究，结果发现了一些很有意思的现象：如果一组病人只对自己作一些良好结果的暗示，也就是说只暗示自己的痤疮消失了，脸部变得光滑了、细腻了，等等；而另一组病人则再加以抗病力与疾病力作斗争时的感觉，例如会觉得有点儿疼痛、有些痒等具体的感觉与体验，那么，第二组的治疗效果就明显好于第一组。

用催眠术治疗皮肤病是医生特别感兴趣的问题，因为皮肤病通常是多种病因作用的结果。虽然绝大多数都是以身体方面的病因为主，但是特殊的心理状态，例如紧张、恐惧，在激发或增强某种发病条件方面也常可起到关键的作用。所以，如果熟知青春痘的根本病因，并真正做到辩证施治、对症下药，青春痘其实也是不难根治的。

此外，某种皮肤病的发作所要求的心理状态也可能比较局限，通过改变这种心理状态或者通过用暗示的方法引起局部生理状态的变化，皮肤的病变就可以获得较大的改善甚至完全消失。因此，像痤疮、湿疹、瘙痒这些皮肤病都可以通过使用催眠术得到有效的缓解和治疗。一般坚持一周即可见效，如果能长期坚持这一方法便可控制痤疮的复发。

控制疼痛

周围是一片红杉树，6月的微风凉爽宜人，星空下一座小山聚集着70多个人。乍一看，他们很容易被误认为是露营者，但事实不是这样的。这些人围绕在一团炭火的周围，他们天亮之前还要赶路。

这群人，以及很多其他像他们这样的人，是"走火人"——他们能进入一种状态，在温度达到600℃～1200℃的炭火上行走。绝大多数人不会感觉到不适。

有多种方式描述和解释了成功进行这样行走的条件，它们有一个共同特征：恍惚状态。

在加利福尼亚北部的这样一个特殊的晚上，这群人——包括学生、医药技师、退休老市民、英语教授——从火上经过、出来，在从恍惚状态恢复过来之前，在草根上擦去皮肤上的炭灰。

这种经历不是鼓励你去成为一个"走火人"，而是为了说明一个戏剧性的真实的例子，人们可以利用他们的意志来控制或者抑制疼痛的感觉。

疼痛的起源

疼痛是一种引起身体痛苦的生理感觉。为了准确理解生理疼痛，这样想象：你站在人群中，你前面的人往回退，踩到你的脚趾。储存在神经末梢的多种化学物质释放出来，这些化学物质使神经末梢敏感，使疼痛信息从脚趾传到大脑。这些化学物质也增强受伤区域的循环，导致受伤区域的红肿。这种过程是一个增强恢复和抵抗细菌感染的自然反应。

疼痛信息传到脊柱，经过大脑的感觉中枢，到皮层解析疼痛感觉的位置。在这时你才会说（或者是尖叫）："噢，你踩到我的脚了！"

然后你得到一些帮助。减轻疼痛的化学物质在大脑和脊柱中释放，你脚趾的疼痛感觉似乎比刚才要轻一些。

这是受伤导致的疼痛。但是，不管刺激因素是什么，疼痛的基本过程是一致的。疼痛感觉可能来源于很多因素——从慢性疾患到衰弱疾病——但是，疼痛发生的路径是一样的，就像对它的基本反应是一样的。

疼痛的强度还与其他 4 个因素有关：你的情感、你以前对疼痛或与疼痛相关的经历、你的性格以及你对疼痛的理解。每个因素都值得简要分析。

你的情感。当你因为疾病而经历疼痛时（区别于暂时疼痛，如夹到手指），焦虑和疼痛本身是密不可分的。根据你的自身情形，你的焦虑可能比疼痛本身更严重。那些遭受慢性疼痛的人往往还承受着情感和生理症状的煎熬：焦虑、压抑、食欲不振、极度疲劳和失眠。疼痛继续贯穿这些过程，结果，情感作为疼痛的副产品，导致身体完全衰弱。

正如疼痛引起情感、情感也引起疼痛一样，疼痛有时也能阻止人变得好斗和充满敌意。疼痛也与愧疚联系在一起，这种愧疚可能是由于目前的行为或者是过去深藏在心底的问题。值得注意的一点是，心理起源与大多数疼痛伤害者是没有联系的。

你以前的疼痛经历或与疼痛相关的经历。资料显示，人们对疼痛的反应与他们在儿童时期建立的反应模式，或者民族传统是一致的。两个独立实验证实了这一点。在第一个研究中发现，兄弟姐妹多的孩子对疼痛的描述比较复杂。原因可能是兄弟姐妹多的孩子感觉他们需要将自己的不适清楚表达出来，才能得到大家的关注。

同样，人们在某种程度上会复制行为榜样对疼痛的反应方式。就像你看到别人恐惧，可以从别人那里"获得"恐惧一样，你也能从他人那里获得疼痛的感觉。

如果将疼痛与一些快乐的事情联系在一起，它的严重性比与负面因素或结果联系在一起时要轻。例如，疼痛让你认为已经消失了的疾病又复发了和那只是目前康复状态的正常结果相比，前一种疼痛感觉更难以忍受。

对二战中受过伤的军人的研究表明，这些人与受相同伤的平民相比，需要更少的药物治疗。原因是这些军人将疼痛与回家联系在一起。

你的性格。一些个人特点能促进对疼痛的敏感性。这些特点包括积极性低、自我形象差、缺少成就感和对他人有依赖性。其中的一个共有特征是控制力小。

与那些能以正常、健康积极的态度对待疼痛的人相比，具有以上特点的人容易将疼痛刺激看得更严重。以正常态度对待疼痛的人拥有平均或高于平均水平的动机，为自己的成就感到骄傲，并且相当独立。

你对疼痛意义的理解。你对疼痛所代表的意义的理解与前面所述的其他因素不是完全分开的。但是，为了更明确地专门强调其影响，将其提出来单独阐述。

这种因素如何起作用的经典例子在研究中常被引用。二战期间，有一个太平洋战场上的年轻战士。当敌人以完全的火力进行扫射时，他的同伴一个接一个地倒下。突然，他的附近被击中了，他感觉一种刺痛，并有一股血沿着他的腿往下流。他大喊救命，然后被送到医疗站，医生发现了"受伤的"位置和"血"的来源——原来他的罐头被打中了，流了出来。

他又回到了战场。不久以后，他又受了伤。这次，他感觉头部一阵剧烈的疼痛，他把手伸到额头一摸，手指粘满了鲜血。当他第二次来到医疗站，医生发现他的面部有一些金属碎片。他们用镊子去除了金属片，包扎好，然后他又回到了战斗中。

此时，他是少数几个生存下来的战士之一。这次，飞弹在他附近爆炸，他失去了一条腿，但他什么感觉也没有。

这个战士回忆他的经历时说，他感觉到最厉害的疼痛是他的罐头被打中的时候，当他脸受轻伤的时候，疼痛要小一些，而当他失去他的腿的时候几乎完全没有疼痛。"疼痛所代表的意义造成了疼痛感觉的巨大诧异。"

在这个战士的例子中，第一次爆炸意味着死亡，每个人都这样死去，他也不例外。他预期的是灾难。此外，压力、焦虑和恐惧等各种情感因素增强了他的反应。

这个例子说明这样一个事实，心理因素在疼痛的感觉中是至关重要的。

缓解你的疼痛

你疼痛的原因主要源于以下种类：慢性疼痛；外科手术的疼痛；受伤、疾病的疼痛。

对疼痛的统计更是令人惊叹。美国有 80 万人、全世界有 1.8 亿人受到癌症疼痛的煎熬；7 亿人背部疼痛；3.6 亿人关节疼痛；2 亿人经受偏头痛的困扰。如果包括那些由于其他健康问题如痛风、坐骨神经痛和其他未知原因引起疼痛的人，数量则更多。

不管疼痛的原因是什么，你的目的是减少或消除疼痛。虽然疼痛的原因是多种多样的，催眠缓解疼痛的结果都是一样的。

玛萨是一个 50 多岁的寡妇，因生活的压力需要再工作。她完成了作为旅行代理的训练，购买了自己的小旅行社，开始了每天 12 ~ 14 小时的忙碌。不久以后，她积极加入了美国旅行代理协会，并成为当地最有名的代理之一。8 年以后，玛萨拥有了 3 个代理分公司。她成了旅行方面的权威，经常有很多人来向她咨询旅行业务。

玛萨达到了她事业的顶峰，由于她主要负责 3 个上大学的孩子的教育，她有额外的经济负担。所有这些与背疼混合在一起。她工作越辛苦，受到压力越大，越想证明自己，疼痛越持久。她的问题出于生理上的原因，又因为紧张和持续的压力而进一步恶化。

当玛萨为她的背寻求医药治疗时，已经不能做手术了。医生给她开了一些常规性的药物，包括镇痛药和肌肉松弛药，此外，还建议她做一些锻炼。但是，当她试图用药来治疗她的疼痛时，效率很低。她决定尝试催眠疗法。

治疗师告诉她如何利用放松诱导处理压力。她在使用全面疼痛控制诱导的同时，还使用了特定疼痛控制诱导。她还增加了积极想象以反映自尊。在短短的几周内，玛萨的信心增加了。她学会了放松和控制背部的肌肉，减少了她背部的疼痛以及疼痛的频率。现在，她的活动能力增强，变得更舒适、更满意。同样重要的是，她仍然是一个成功的经理，仍然有效地工作着。

手术带来的疼痛。催眠在手术前、手术时和手术后都起着重要作用。在手术前使用催眠治疗可以帮助你减少对麻醉和手术本身的焦虑，排除负面感觉。在手术过程中，催眠可以作为化学麻醉剂的辅助手段，有时甚至可以非常成功地作为唯一的麻醉形式。

催眠还能使积极的手术后期生活成为可能。你将感觉更放松，经历更少的痛苦和需要更少的药物。可以减少或消除像头疼、恶心和呕吐等不良反应。

厄尼是华盛顿一家餐厅的老板，他有牙疼的可怕经历。厄尼需要不断地治疗牙齿，包括口腔手术，在手术之间他都要经历一段长期的痛苦日子。一旦他坐在牙医的椅子上，焦虑和不适便加深了。并且，他对诺佛卡因（一种局部麻醉剂）反应很差，又进一步恶化了他的情况。

在绝望之下，厄尼来寻求催眠治疗。在与他进行交流之后，催眠师给他设计了一个3点计划：减少恐惧；能够控制形势；直接控制疼痛。厄尼采用减少恐惧和控制恐惧的暗示。他也采用了全面疼痛控制诱导和手术诱导。他的积极想象把自己带到夏威夷海滩上。他能够麻痹手术进行的区域，消除巨大恐惧。更重要的是，他能控制形势，不再感觉自己是受害者。

因为受伤或疾病带来的疼痛。不同疼痛的治疗方法之间没有严格的、明确的差异。也就是说，用于治疗慢性疼痛的方法可以整合到治疗二度烧伤的治疗中。

控制因受伤导致的疼痛的典型诱导中，要求使用积极的想象并观察疼痛经历从不适的象征（一个红色小球，像太阳一样发着光辉）转化成不再具有威胁的象征（小球逐渐变冷、变蓝直至消失）。这是一种有效消除你疼痛感觉的方法。

新泽西的一个年轻销售员拉里在一个下雨的夜晚驾车。当天的能见度非常低，当拉里来到一个很弯的道路时，发现路上有东西。当他想避过去的时候，他的车翻了，他不省人事。当他醒来时，发现自己被困在车里，胃部被戳开了，正在流血。拉里以前曾用催眠来减少压力，现在他用催眠来止血。他将注意力集中在流血的区域，把它想象成正在关闭闸门，停止血流。救援人员来了之后，拉里被救护车送去治疗，他自己的努力减少了潜在的危险。

疼痛控制的特定目标

为了减少或消除你的疼痛，你需要进行下面3个基本的程序。

第一，你要转化、改变或替换你的疼痛。

第二，直接说出你的疼痛，并暗示它减弱。

第三，将你的注意力从疼痛转移开，享受安静、平和的想象。

为结果编制

上面的目标可以通过各种不同的方式实现。在缓解疼痛时使用诱导是为了帮助你以某种方式去感觉、想象和表现。当你使用诱导时，你能够做到以下几点。

感受深度放松以减少压力和焦虑。疼痛控制诱导的第一个组成部分放松诱导暗示："想象放松你身体从头到脚的每一块肌肉。感觉任何压抑的思想都从你的脑里涌现，感觉它们正在消退，消退，放松。注意你身体感觉是多么舒适，漂浮，更深，更深……"

将疼痛转化成"可见的"形式。在全面疼痛控制的过程中，你可以将疼痛想象成某种形状或形式。这样就可以把它从含糊的、不可控制的、不可及的范畴中移出来。诱导暗示："抓住你身体中的疼痛，赋予它某种形状或形式，想象你的疼痛是一个隧道，你可以进进出出……"

感知疼痛并控制它。诱导继续暗示"疼痛的强度在几秒内增加"，目的是让你知道疼痛并拥有它，既然它是你的，你就能强化它并控制它。既然你能强化疼痛，你也能消除它。

继续诱导："当你沿着隧道走的时候，会看见前面的光线。"现在通过看到隧道的末尾终止你的疼痛。诱导暗示："每走一步，都让你远离不适。"

看见你自己已经被治愈。全面疼痛控制诱导以这样的暗示结尾："从现在起，每次你进入和走出隧道，你将变得越来越强壮，感觉越来越好。"这个暗示控制了你的潜意识，从而使身体迅速恢复。

注意力集中在你的疼痛部位并控制它。慢性疼痛诱导暗示："想象发炎的疼痛部位开始变小、冷却、恢复。现在感觉不适正在流出，流出你的身体。就像凉水一样流过你的全身，你想麻木的部位……"

麻痹身体的疼痛部位。你会麻痹你的手，然后将麻木转移到身体的疼痛部位（这是所谓的"手套麻醉"）。手套麻醉暗示："你的手现在完全麻木了，现在把你的手放到你想麻痹的部位，让麻木感从你的手流到疼痛部位，它开始变得麻木，像木头，像沉重的……"

想象并集中在积极的想象上，将注意力从疼痛转移开。放松诱导暗示："你正处于你特定的舒适地方，你独自一人，没有任何人来打扰你。这是世界上对你来说最安宁的地方。想象你自己在那里，一种安宁正从你的身体里流过，你享受着这些积极的幸福感觉……"

设计疼痛控制诱导

你需要用到两个主要诱导，每个诱导包括几个不同的组成部分。第一个主要诱导在你开始感觉到与受伤或手术相关引起的疼痛时候使用。第二种诱导可以在任何时候使用，因为它能增强你的感觉，练习你对疼痛的控制。

录制在你疼痛开始发生的时候使用的第一个诱导，按照下面指示：找到最适合对抗你疼痛刺激的特定疼痛控制诱导方法。从慢性疼痛诱导、手术诱导或者伤害疾病诱导中选择。按照下面的暗示，使你的诱导个性化，并在向下诱导开始之后立即录音。

此处列举的特定诱导是作为一个模板。你应在所选择的暗示主题的基础上进行扩展，也就是说，以它为核心，在此基础上构建完整有效的催眠后诱导。你所插入或者增加的内容由你疼痛的特定来源和特点决定。在你发展自己的个性化诱导的时候，记住要用同义词加强、解释你的暗示，用连词来保持整个语言流畅，在你需要表示一个特定行为开始或结束的时候，指定一个时间（"一会儿"，"现在你将"，等等）。

1. 特定疼痛控制诱导

这里讲的是 3 个特定疼痛控制诱导，每个诱导都是为一个类型的疼痛问题设计的。但是，这些诱导方法之间没有应该使用哪一种的严格界限，如受伤、疾病。例如，如果你觉得慢性疼痛诱导更适合于你膝盖受伤后的疼痛，那么不要将自己限制到只用疾病、受伤诱导。任何诱导的目的都是为了满足个人的需要，如果你觉得一个诱导比另外一个诱导好，那就用那个诱导。结果比类别更为重要。

2. 慢性疼痛诱导

将注意力集中到你感觉不适的部位，现在识别疼痛，放松疼痛周围的肌肉，放松周围的所有肌肉，彻底放松周围区域。感觉肌肉放松，想象发炎的、疼痛的区域在开始变小、变凉、恢复。发炎的、疼痛的区域将变小、变凉、恢复，将感觉非常舒适、非常舒适。现在不适的感觉正从你的身体流出，你感觉它流走，流走。现在想象清凉的感觉，像凉爽的水流过，凉水流过你的那个部位，清洗走不适，清洗走你所有的不适，完全清洗干净，现在抚慰、放松那个疼痛区域，抚慰、放松那个区域，直到你感觉减轻了、放松了、能活动了。你的身体感觉正常了、恢复了、放松、能活动了。从现在起，你的潜意识将保持身体放松，免受压力。

3. 手术诱导

将你的注意力集中在你的一只手上，集中所有注意力在那只手上，开始想象你的手变得麻木，想象你的手睡着了，感觉你的手是那么麻木。随着你的手变麻木，想象在你的指尖有麻木的感觉，一股暖流流过你的手。很快，这些感觉全部流出来，很快所有的感觉都流了出来，所有的感觉都流了出来，这种感觉对你来说非常舒适。现在让你的手指感觉麻木，完全麻木。让所有的感觉从你的指尖溜走，从你的指尖流到你的手腕，让它流出你的手，流出你的手，让它流出来。

你可能开始感觉手掌有一股暖流，指尖感觉到麻木，你的手开始沉重，感觉就像是木头做的，让你所有的感觉流出你的手，让你的手非常麻木、非常麻木、非常麻木。当你注意那只手麻木的时候，你开始感觉自己正在安全地、轻轻地、深深地进入完全放松的状态。释放麻木感觉，让手放松。你能感觉到麻木，非常麻木。让它感觉麻木，让它感觉麻木，现在让它感觉麻木。让这种感觉释放，释放它，让手感觉非常麻木。

将你麻木的手放到要麻木的身体部位，现在让麻木从你的手流出来，进入到你的身体。感觉你的身体在变麻木，就像木头一样，沉重、麻木、麻木、沉重，就像是木头做的一样。当所有的麻木都从手上流出来之后，把你的手放回到一个舒适的位置。当你完成的时候，让这种麻木的感觉流走，让它流走，你的身体恢复正常，当你不需要麻木的时候，让它们恢复到正常。

4. 受伤、疾病诱导

将你的注意力集中在疼痛处，现在想象你的不适是一个大红球，就像太阳一样。你的不适就是一个大红球。现在想象，这个明亮的红球能量变得越来越小，想象这个球的颜色在逐渐变浅，变成柔和的粉红色，并且在缩小，尺寸在缩小。当你注视着红球变得越来越小的时候，你的不适也变得越来越少。球变得越来越小，你的不适感变得越来越轻。你感觉越来越好，在你看见球变得越来越小的时候，感觉越来越好。现在看着暗淡的粉球变得很小、很小，越来越小，注意颜色从粉白色变成蓝白色，现在它变成一个蓝色的小点，蓝色的小点，现在注意它正在消失。当它消失的时候，你感觉好多了，感觉好多了，更舒适了，你感觉更好了，更舒适了，非常舒适。你感觉完完全全舒适了。

5. 全面的疼痛控制诱导

现在赋予疼痛某种形状和形式，把它制成一个隧道状，一个你可以进出的隧道，现在想象你自己正在进入隧道。你正在进入隧道，你的疼痛在几秒内增加了，当你开始沿着隧道往前走的时候，你可以看见前面的灯光。现在，你每往前走一步，你的不适就消除一点，你往里走得越深，你的不适感就越小，隧道末端的光就越来越亮，你感觉越来越好。每一步都在减少你的不适，每一步都在恢复和强壮你的身体，每往前一步你都感觉越来越舒适、越来越舒适，非常舒适。当你到达灯光的时候，你感觉你的任何不适都解除了，你感觉放松、更强壮了、舒适。从现在起，每次你进入并通过隧道时，看着尽头的灯光变得越亮，你会变得舒适，你走出隧道以后会变得越来越强壮，感觉越来越好。隧道是你的，你可以控制它，你可以在任何你喜欢的时候进入，通过隧道总让你感觉更好。

如果你的疼痛是慢性的，每天应用放松诱导能帮助你防御压力，减弱你对疼痛的抵抗力。如果你用了合适的药物治疗和所建议的诱导，你会发现减少或消除慢性疼痛的发生是可能的。如果你要做手术，那么在手术前几周每天都要使用诱导，当然，在做手术的当天也得进行诱导。全面疼痛控制诱导应该在手术以后使用，直到你不再需要它为止。如果你的疼痛源于受伤或疾病，可使用特定疼痛控制诱导，如果合适，针对特定健康问题诱导也可以附加使用。只有你才能最好地判断疼痛的频率。但是，建议你进行一周完整的诱导，直到你感觉到有明显改变后，每周进行2~3次。然后，再回到每天进行诱导，持续一周。最后，随着你疼痛的减少或消除，停止诱导。

第二节
解决心理问题

消除恐惧症 ▷

一天下午，一个 34 岁的家庭主妇朱莉，在一个大商场中购物时变得极度恐惧和迷茫。朱莉的心开始不规则地跳动，变得呼吸困难。她迅速离开商场，回家去给医生打电话。当她进入她的房子，她的症状开始平息。朱莉正经历"广场恐惧症"——一种害怕在公开场合露面的、反常的恐惧。

在朱莉再次去超市时，同样的恐惧又一次出现。几天以后，她和丈夫一起去电影院看电影，她在停车场里非常害怕，不得不回到家。在接下来的日子里，朱莉不敢出门。她丈夫和邻居帮她做所有的差事。在寻求专业人士的帮助之前，她在家待了整整 12 年之久。

朱莉的恐惧症只是成百上千个对人、地点、事物和情形的非理性恐惧的一个例子。这种恐惧所带来的生理反应从轻微到强烈，程度不

商场

人好多好可怕

等。其症状包括掌心出汗、不规则的心跳、恶心、肌肉紧张增强、喘气、眼花和眩晕。

不是所有的恐惧都是有害的。实际上，许多恐惧甚至是有益的。例如，一个还没有被教会害怕交通事故的4岁孩子可能在一个两吨重的卡车面前散步。在这种情况下，恐惧是有用的，对于个人安全是有益的。

如果一种恐惧没有用，也并不意味着一定是有害的。事实上，几乎所有的人从生下来之后都经历过无用的恐惧，例如对蛇、蜘蛛的恐惧以及恐高。对无用恐惧形成简单恐惧症的人，通常通过避免引起恐惧的特定事物、动物或情形而能够正常生活。例如，在生活中患有恐羽毛症或恐蛙症的人，仅仅需要远离羽毛和青蛙。如果恐惧症不影响到感情、工作或生活，就不需要进行治疗。

可以通过回答以下几个问题评价恐惧对你的影响程度。

恐惧是否占据了我很多时间？我是否总在去想它？

恐惧是否使我做事艰难？是否使我改变行驶路线，而绕道5公里去上班？

恐惧是否影响生活中的其他关系？

恐惧是否影响我的生理状态？手是否经常颤抖？脉搏是否经常加速？是否总头疼？是否恶心或眼花？是否口吃？是否抑郁？

如果你对以上任意一个问题的回答是"是"，你可能就需要进行治疗了。

解开恐惧

恐惧可能在你生活中已经根深蒂固，即使知道了原因似乎也是不可能解开的。但是，不管导致恐惧的对象是什么——狗、雷暴、癌症、火、死亡，或被其他人接触，恐惧产生的原因主要是以下5种：

第一，你的恐惧是源于极度的压力。压力能够被抑制很长一段时间或者抑制到一个程度，以至于以另外一种形式表现，即非理性恐惧的形式表现出来。你可能正承受大量与特定事物、地点和情形相关的压力，但是这些压力将以对其他事物、地点和情形的恐惧具体化。例如，布伦特害怕穿过城里某座桥。作为一间大律师事务所资历较浅的律师，布伦特在工作中承受着巨大的看不见的压力，经常感觉在与老客户面对面打交道中受到伤害。该律师事务所的办公室坐落于一座桥的对面。布伦特对桥有了一种不正常的恐惧，但他却不愿承认恐怖真正原因是工作中的巨大压力。海伦，一个40多岁的研究分析家，非常害羞，与人交流困难。经过几个她认为痛苦的社交遭遇之后，她对晚上开车感到害怕。这种恐惧使她逃避了大多数社交活动。布伦特和海伦都是将生活中的压力转移到另一个领域，导致所谓的"替换性"恐惧症。通常，在这种由于压力引起恐惧中，人们会选择那些很容易避免的事物作为恐惧的原因，而不是害怕真正导致恐惧的难于或不可能避免的原因。因此，一个9岁的小女孩可能害怕可以避免的骑自行车，而实际上是害怕她的外祖父（是不可避免的）。

第二，你的恐惧可能是几年来发生的导致巨大焦虑的一系列经历的产物。很多与你自身表现或者处于特定场合相关的恐惧能积累成恐惧的一部分。你可以认为这是一系列忧郁的事情累积使害怕的状态增加并永久保持。

卡尔最害怕参加体育活动。他在8岁那年开始学滑冰时，摔倒并把脸擦破了。10岁时，在地区棒球赛中，自始至终他都受到一个大孩子的嘲弄。高中一年级时，田径教练告诉他需要先练肌肉。在其他人相互比赛的时候，他去绕场跑圈。到上大二时，卡尔就害怕失败，害怕任何体育训练，对在别人面前表演感到恶心。

这种个人经历，包括一系列消极经历，彼此相互强化，最终聚集成为恐惧，并且这种恐惧将延伸到生活的其他方面。

第三，你的恐惧可能是害怕恐惧的产物。"我们没有什么可害怕的，除了害怕本身"，这不止是一个修辞手法。如果你害怕恐慌，也就是说害怕本身，那么它是一个非常真实的恐惧。你的恐惧可能和任何事相联系，因为你认为当某些刺激下压力超过一定阈值时，你将感到恐惧。通过预见恐惧，升高了你的压力水平，对恐惧的恐惧形成了一个恶性循环。你为了避免很多害怕的情形，使自己的生活变得非常有限。你害怕去市区、害怕与某些人交谈、害怕有工作、害怕旅行、害怕养育子女。没有什么能避免你的恐惧，当恐惧扩展到你生活的各个方面时，你的活动将变得非常局限。

第四，你的恐惧可能是由他人传给你的。恐惧的这个起因最容易理解，因为它是由外界力量强加给你的。例如，如果你总是看见父亲对雷电感到恐惧，那么你也可能有同样的反应。这种情况下，你从行为榜样的人那里"获取"了恐惧。

任何与你密切接触的人，包括朋友、邻居，甚至是陌生人，都可能把恐惧传递给你。如果你看到公寓中的某个人一看见电梯就会恐惧，总是使用楼梯，你自己可能也会变得害怕电梯了。

第五，你的恐惧可能是过去创伤的结果。过去的痛苦情感经历，能够对以前引起恐惧的相同情形、物体、人或地点产生不合理的恐惧。创伤可以是有意识的或潜意识的，也就是说，你可能注意到恐惧的初始起因。

保罗 62 岁，是一家电子公司的销售代表。他有幽闭恐惧症，即一种常见的对封闭或狭窄空间的异常恐惧心理。30 年来，他一直害怕待在电梯、火车、飞机、轿车里，害怕爬楼梯。除非有其他人在同一个屋子里，否则他不敢洗澡。利用年龄衰退诱导方法，他回忆起在儿童时代，保姆将他一个人关在卧室的壁橱里。在黑暗中，他想象在壁橱里有个恶魔在窃窃私语，计划对他实施恶毒的攻击。长大以后，保罗在处于限制的空间里总会感到恐惧。

安是一个39岁的图画解说员，害怕与男人相处。哪怕是仅仅设想做出一个对男人的承诺，也会让她感到焦虑。为了避免可能需要承诺的积极关系（或者至少提供追求某种快乐的机会），安选择了一个满口脏话的男人。如果正好遇到一个细心体贴的男人，她将认为他的感情不值得信赖，害怕他会离开她，终止他们之间的关系。

在返童记忆诱导中，安压抑了33年的记忆被唤醒。在她4岁到6岁间，她父亲打她，折磨她。安的母亲很早就离开——她已经在很多方面受到了伤害。安对那样的一段关系已经形成了扭曲的看法，因为她认为只有全力取悦父亲，才能赢得他的满意，使他停止对自己的折磨。长大以后，安对那些与父亲有些相似的男人以同样的态度对待。在催眠治疗过程中，通过再现过去的事情以及切断它们之间的联系，安的情况得到了改善。

消除你的恐惧

无论是哪种类型的恐惧，都需要通过几个主要的步骤来消除。

第一，你需要确定导致恐惧的特定事件并切断它与恐惧情感的联系。被称作为返童记忆的方法，并不是所有人都适用的。在这里只是作为一个可选方法。

如果你决定继续这个技术，在你寻找恐惧的原因时，一定记住没有必要去强迫一个回忆，或者是集中在一个特定的年龄。使用返童记忆诱导时，事件会自动凸现出来，就能识别出初始的起因。诱导暗示："让你的思想及时漂到过去。看见你自己在第一次感受到恐惧的年龄。问你自己，'这是我第一次感到恐惧吗？'如果不是，继续回忆，直到你找到正确的事件。把这件事件呈现在你面前的屏幕上，想象你通过一根绳索与这个场景连接。好，现在切断绳索。"

值得注意的是，在应用这项技术时，你需要向后追溯，在整个过程中需要不断停下来问自己，你正在回忆的经历是否就是导致你恐惧的真正原因。

约翰的"蜘蛛人"案例就是返童记忆诱导起作用的一个非常好的例子。约翰是一个 36 岁的成功商人，已婚并且有两个孩子。他生活的大部分时间里都承受着对蜘蛛的恐惧所带来的痛苦。当生活中有压力时，这种恐惧发展成为一种恐慌。他每天晚上都做蜘蛛攻击他的噩梦。他处于一个持续的焦虑状态，害怕在他还没有察觉时蜘蛛就爬到他身上。这种恐惧病已经严重影响到了他的正常生活，他决定采用催眠治疗。

约翰认为他的这种恐惧来源于儿童时代，那时候一家邻居用塑料的蜘蛛来吓小孩子。当他处于催眠状态时，约翰一直焦急地想知道导致创伤的确切原因。在最初的几个部分，他采用的是放松诱导法。随着约翰的压力在放松过程中减少，他的噩梦也减少了。在随后的几次治疗中，采用了返童记忆诱导方法，约翰回忆了他的整个儿童时代。

约翰的第一个与蜘蛛相关的回忆是邻居拿着塑料的假蜘蛛在草地上追逐小孩。这个时候，催眠师在保持约翰恍惚状态的情况下问了他一个问题："这是你第一次感觉你害怕蜘蛛吗？"约翰回答说："不是。"

约翰继续回忆更早的事情，每个让他害怕的回忆。在一个回忆中，约翰下楼到了他家的地下室。他发现了一个旧箱子，在箱子里面有他父亲参军时的随身用品，包括奖章、旧制服以及一顶帽子。在他找这些东西的时候，一只蜘蛛从制服里爬了出来，爬上他的手。治疗师又一次问了同样的问题："这是你第一次被蜘蛛吓着吗？"约翰再一次回答不是。回忆继续，直到约翰回忆起最早的事情。当他5岁时，他在一个废弃的地方玩耍，当他爬过碎石，一只大黑手，手指像大蜘蛛的腿，从废墟中伸出来，抓住他的腿。约翰奋力往外爬，终于挣脱了。因为怕不准他再去那里玩，因此，他没有告诉父母这件事。约翰成功把这件创伤置于意识之外。

一旦约翰知道了是什么原因引起他的恐惧，下一步就是让他旧的情感从记忆中释放出去。为此，他想象在电影屏幕上看见了这事情，他被一根绳索连接到屏幕，然后他切断了连接的绳索。

第二，像没有受到威胁的经历一样面对恐惧。想象你与你的恐惧面对面，你很舒适。你微笑着，因为你的恐惧丧失了它的力量和意义，你不再需要它，不再想拥有它。

第三，提高你的自信。信心总是与没有经历不正常的恐惧相伴而行。可以作这样的诱导暗示："你很自信，你能面对任何事，你充满内在力量，每当你感觉焦虑时所需要做的是感觉体内有巨大的力量。"

第四，根据特定的恐惧，利用积极的催眠后暗示重新控制潜意识。当然，你所使用的暗示想象要根据你的恐惧本身。你特定的催眠后暗示将描述导致恐惧的情形，但是，这个情形的每一部分都是令人愉快的，你对它的反应也是积极的。

进攻计划

因为恐惧症会发展为对世上任何想象的情形、任何人、地点或事情有反应，因此，不可能提出一个通用的、适用于所有恐惧症的诱导方法。所以，用于治疗你特定恐惧症的主要诱导应由4

个或者 5 个成分组成。如果你的恐惧症的原因已经明确，那么主要诱导有 4 个部分组成。如果恐惧症是源于过去被压抑的创伤，那么主要诱导将包括 5 个部分。

对组成部分进行录音时，应连在一起形成一个整体。第 1 项是为了放松。第 2 项帮助你找到隐藏在潜意识里的恐惧起因。第 3 项帮助你正面面对你的恐惧，并以积极的方式去面对，得到力量超过它。第 4 项详细叙述你所存在的问题，重新编制你的潜意识，使你的行为有一个永久性的变化。第 5 项以放松和愉悦的状态把你带出诱导过程。

使用返童记忆诱导和面对诱导

恐惧可能有一个很深的情感起因，治疗它可能导致新的情感问题。为此，心理学家的指导将非常有益，他将帮助你选择合适的治疗方案。

如果你决定从你的潜意识里查明创伤或第一次引起恐慌的原因，你需要首先问你的潜意识是否允许你去查找恐惧症的原因以及这是否对你有利。如果是，那么诱导就可以进行，否则，你就需要重新考虑你行动的过程。

为了与你的潜意识交流，你需要用到"意想手指信号"。首先通过放松诱导使你自己舒适放松。当你完全放松以后，将你的注意力集中到你的手指。重复念"是……是……是"，一遍又一遍地重复，直到你注意到哪一个手指是你的"是"手指。继续想"是"一词，直到你感觉你 10 个手指中的一个手指有抽动或者扭曲——是你的"是"手指。现在，重复"不是"，一遍又一遍地重复，同时注意你的另外哪个手指有任何感觉、扭曲或者运动，那么这个手指是你的"不是"手指。

此时，你可以问你的潜意识是否允许寻找有关你恐惧症的信息了。问你的潜意识回到过去找到恐惧症的起源是否对你有益。如果你感觉到你的"是"手指有任何的运动或感觉，那么你可以继续，让你的思维回到你第一次感觉恐惧的那个时间。如果你的潜意识给你一个"不是"的信号，那么就不要理会恐惧症的缘由，只能用其他方法处理恐惧症。

1. 返童记忆诱导

让你的思想漂移到过去，当你开始轻松地漂移，轻易地回到过去时，你看见自己变得越来越年轻，知道自己是安全的。你被自己的积极能量保护着，你像一个观众一样注视自己过去的经历。你可以在一个安全距离从远处去注视过去的经历，只要记住你是在控制之下的，你就可以从远处注视你过去的恐惧。你或许看见它逼近你，或者你自己根本没有看见它，但如果你选择停止这部分，你只需要从 1 数到 10，就恢复到完全意识状态。如果你准备好要继续，就让你的思想漂移到过去，回想你的害怕、你的恐惧。此时此地你是安全的，把自己当成一个侦探，你充满好奇，急切想知道你恐惧的原因，想调查所有的线索。及时回去，回到你第一次经历恐惧的时候，从远处观察，你可以想象自己是站在一个安全的距离以内，在屏幕上看见这些情节，你感觉很好，你开始理解为什么感到害怕，谜底一点一点地被解开。当你看到你害怕的第一个场景时，问你的手指："这是我第一次感到害怕吗？"如果手指说不是，继续往前回顾，看见你变得越来越年轻，直到再次看见自己经历恐惧的场景，你再次在远处从屏幕上看见你的恐惧经历。你是安全的，你仅仅是作为一个观众在看你的过去。你对每个回忆都有了更深刻的理解。再一次，问你的手指："这是我第一次感觉到害怕吗？"如果答案是"不是"，再继续回顾，直到回顾到引起你恐惧症的事件。

当你回顾到感觉可能是引起你恐惧症的情节时，问你的潜意识："这是我第一次感觉到害怕吗？"如果手指说"是"，从远处看屏幕上的这个事件。当你开始感觉更舒适，并知道过去对你的现在没有影响时，观察事件，开始理解为什么你会变得恐惧。当你了解过去时，让屏幕离你更近一点，在一个舒适的距离处，现在开始释放开与过去相联结的情感纽带、释放恐惧、释放愤怒、释放疼痛。当你释放连接过去的情感纽带时，让屏幕越来越近，记忆将失去对你的控制。当你准备好时，你可以想象一根绳索连接着你和屏幕，一根绳索连接着你和过去，现在想象你正剪断这根绳索，剪断连接屏幕的绳索，把你从过去释放出来。屏幕逐渐消退，屏幕变得黯淡并消失。随着屏幕的消失，你感觉到创伤正在愈合，你正从过去的恐惧和经历中愈合。

现在，你的身体、你的精神、你的心、你的整个自我都从过去的恐惧中解脱出来。你完全自由了，你不再需要你的恐惧，你的恐惧已经消失、消失了。你的恐惧已经丧失了它的力量，如气球被放了气一样，现在你完全、彻底自由了，感觉好像肩上的重担减轻了，感觉舒适，完全自由。你过去的恐惧已消失，消失了，完全自由了，现在你已完全自由了，完全自由了，你将继续感受这种自由。

2. 面对诱导

想象你与恐惧面对面。将你的恐惧放在某种看得见的物体上。现在看着它，你就会发现它是如何脆弱，它是非常脆弱的，非常脆弱。你比它强壮多了，更加强壮。事实上，它害怕你，因为你比它更强壮、更强壮。你很舒适，十分舒适并且强壮。你微笑着，因为恐惧已经失去了它的力量、它的意义，你不再需要它，你不再想要它，你不想要它。想象生活里没有它，你生活得很快乐，你很自信，非常自信，因为你可以面对任何事情，你知道你充满巨大的内在力量。当你感到焦虑的时候，你所需要做的只是深呼吸，放松，感觉体内巨大的力量在波动。你微笑，压力开始缓解，你有能力，充满自信，所有一切均在你的控制之下。

消除特殊的恐惧

1. 对人群的恐惧

目标：培养一种健康的意识，解除对人群的焦虑，认为他人是没有威胁的。

想象你所在的人群是安全的。你可以轻松地融入其中，你享受人群的快乐，你知道你在任何时候都可以让自己从人群中脱离出来。在与其他人密切接触的时候，你感到自由、舒适。

2. 对动物的恐惧

目标：将特定动物看作是没有危险的，欣赏它的出现以及它的价值。

想象你正接近一只动物，你看着它的眼睛，感到非常平静和放松。你赞美动物的外表，它身体的结构，运动的方式，发出的声音。你伸出手抚摸它，它非常平静。这个动物似乎喜欢你的存在，你伸出手抚摸它，它很平静，非常平静。

3. 对异性的恐惧

目标：建立自尊心，培养自身安全感，把与异性的相互交流看成一种积极的经历。

想象另一个人具有你所期望的伴侣所应具备的全部积极特征，你和这个人有相似的兴趣和愿望，彼此能产生共鸣。你们俩能够交流感情和愿望。你们俩都能交流得很好，你对你亲密的人是坦率的，你现在已准备好拥有一段恋爱关系。你拒绝所有有害的，或者是消极的感情，因为从现在起你只对积极的感情敞开。

4. 对黑暗的恐惧

目标：消除对未知的，或神秘黑暗的焦虑，把黑暗理解成是舒适和必要的。

你周围的黑暗的地方与白天是一样的，只是这些地方被放在了阴影里，休息一会儿。黑暗就像一块舒适的毯子，覆盖着一切，帮助我们放松，它是充满光线的白天的一种舒适的改变。我们需要黑暗是因为它帮助我们休息和睡觉。

5. 对封闭空间的恐惧

目标：将一个恐惧的经历与过去的一个积极的经历联系起来，灌输控制和有力量的感觉。

你待在车里，感受平静、放松，喜欢你所处的位置，你希望旅行。你在一个小房间里，感觉有力量，与过去在你喜欢的某地时有相同的感觉。

6. 对开放空间的恐惧

目标：将一个恐惧的经历与过去的一个积极的经历联系起来，培养对开放空间的喜爱。

你在一个公园里，感觉很放松，你站在开放的空间里，享受阳光、清新的空气以及你周围的空间。你感觉到与你在你喜欢的某地时一样平静。到开放的空间感觉真好，你可以散步、慢跑，或者是坐在那里享受周围环境的宁静。你很放松，感觉一切都在控制之下，独自享受。

7. 对水的恐惧

目标：将一个恐惧的经历与过去的一个积极的经历联系起来，灌输控制和有力量的感觉，培养一种喜欢在水里的感觉。

想象你自己进入湖水里，你微笑着，充满自信，你在水里很享受。只要你喜欢你就可以到水里去，并且你随时可以出来。在水里你感觉平静、安全、自信、强壮。水令人放松。

8. 对失禁的恐惧

目标：灌输控制身体过程的自信。

想象你的肠变得越来越强壮，你正控制你体内的所有器官。它们在你的允许下，只能在你的允许下才能发挥功能。你很好，身体完全在你的控制之下。

9. 对独处的恐惧

目标：提高自信，将独处变得具有吸引力，自己会感觉更愉快和安全。

你是一个能干的人，能有效处理任何情况。你喜欢独处，因为你能做任何你乐意做的事。你能做任何你最想做的事。安静与孤独是平静的、宁静的、缓和的，你感觉自己很放松、强壮和快乐。在这个安静的地方，独自一人，你可以想想你的计划、你的梦想以及成就。你可以做任何你想做的事，你十分平静。

10. 对接触的恐惧

目标：减轻对亲密交往的焦虑，试着去接受关爱和适当的身体接触。

你是一个热心的、受人喜欢的人，在与其他人相处时感觉舒适，喜欢参与各类活动，喜欢被亲密朋友拥抱。你喜欢拥抱你关心的人，同时也喜欢别人拥抱你和触摸你。在你被触摸时，你感觉到你与你的朋友、你所爱的人之间的亲密关系。

11. 对疾病的恐惧

目标：建立健康、完整的感觉，灌输能够避免疾病的信念。

你的身体是健康的、强壮的，不会有任何疾病发生。你看着镜子，自己的脸色很好。你的眼睛明亮发光，看起来充满活力、健康。你感觉充满力量和耐力。你的身体感觉好极了。

12. 对心脏病的恐惧

目标：产生促进身体健康的感觉，鼓励适度劳作，感觉心脏是健康的、正常的。

你感觉整个身体很强壮、充满了力量。你感觉自己充满了耐力和力气。你喜欢每天锻炼身体，如散步、爬楼梯。现在你能够很轻松地走很远，因为你拥有一个强壮、健康的身体。你的心脏很强壮可靠，心脏的跳动如时钟的滴答声一样规则。你能长期过健康的生活，喜欢很多身体的活动，你喜欢任何你所选择的活动。

13. 害怕被毒害

目标：将吃看作是一种积极的行为，食物是安全的、令人满意的、美味和有营养的。提高出去吃饭的乐趣。

你进入一家饭店，喜欢它的风格，厨房传出的香味非常诱人，让你感觉饥饿。你坐在漂亮的桌子前，能眺望到花园。你看着菜单，每道菜听起来都是可口的。你点了菜，当菜上来之后，你的食物都是健康的、诱人的、开胃的。你享受着可口的食物，慢慢地品尝，回味诱人的香味。

14. 对害怕的恐惧

目标：灌输健康的感觉，制定出用于威胁条件下的应急措施，提高对异常恐惧和弱点的免疫力。

想象所有的情况，所有的日常行为都在你的控制之下。如果你曾感觉失去了对自己行为的控制，你也有办法重新得到控制。你停下来，深呼吸，放松，感觉到你的周围有所防护，有了防护，你不再受恐惧的威胁。任何恐惧都不能穿过防护，你的恐惧一到达防护就被融化掉了。

期望和加强什么

开始几周你可以每天诱导一次，然后，在你的恐惧逐渐消退的时候，降低诱导的频率。你可能用一或两个疗程就消除了恐惧，并且以后再没有感觉到恐惧。相反，如果没有发生立刻的改变，你可能需要诱导几个月。

在你的恐惧消失之后，应周期性地检查你的记忆，避免任何恐惧症的复发，或者是新的恐惧症的出现。经常定期做自我检查，看是否处于压力之下。如果处于压力下，要采取适当的措施。改变你的行为，给自己某种奖励、放松，进行短期休息甚至放个长假。

特别注意事项

在治疗恐惧症的时候，要注意你生活的其他方面。考虑你吃的食物，很多食物会引起情绪波动、压抑、妄想、愤怒或恐惧。含糖量高的食物和含有某些色素的食物容易引起古怪的行为。激素紊乱会导致恐惧反应。有时候，恐惧症可能隐藏了起来，这时需要深层次的、全面的心理治疗。进行全面的健康检查，将催眠治疗作为独立方法或其他精神和情感治疗的辅助手段进行使用。

如果你在治疗他人，面对一个积极的、舒适的潜意识情形可能是有益的。不要取笑、打击或怀疑恐惧的特定刺激因素，羞辱、嘲笑或幽默都会抑制甚至终止进展。

不再害羞

在生活中，感到害羞的人即使不占绝大多数，数量也绝对众多。比如遇到我们爱慕已久或一见倾心的人，抑或被要求在一群陌生人面前讲话。大多数情况下，我们会迅速渡过难关然后忘得一干二净，这种害羞不会妨碍我们的生活。

但深度害羞会让一些人苦恼不堪。他们一想到在聚会上与陌生人讲话，在课堂上被提问，在人群里走过，或者给邮递员开门便会紧张不安。他们甚至无法忍受在餐馆等公共场所吃东西。他们会脸红、手心出汗、感到恐慌。这往往是别人看不到的，他们会竭力在朋友或家人面前加以掩饰。这种极其有害的害羞正如恐惧症，能够毁掉患者的一生。

催眠可以给饱受这一病症折磨的人带来巨大益处。某种程度而言害羞更是一种后天形成的行为，一种在无意识水平起作用的行为。庆幸的是，无意识可以学习或被教以新行为。

催眠师的方法是，让患者想象自己身处某个社交场合，看到自己以一种更加自信的态度思考和行动。而对无意识的心灵暗示则告诉患者，让患者知道自己具有巨大潜能，自己的观点很重要，自己可以为周围的世界做出贡献。这样患者的自尊心就会逐渐得以提升，并且在他的行为举止中体现出来。同时，患者在克服害羞方面赢得的每一个小成就都会反过来进一步增强他的自信，建立一个"良性循环"。

减轻压力

想象交响乐团开始失控，一个小提琴手高出其他弦乐部分 3 个音阶，打击乐手又比出错的小提琴手高出 6 个音阶，指挥棒的挥舞速度是乐谱频率的两倍……最后，这个不幸的交响乐团在舞台上乱成一团，他们的乐器散落满地，就像散落在战场上的武器一样。

同样，如果一个人总在经历压力，并持续承受紧张，那么他的紧张会越来越严重，并最终导致与压力相关的疾病发生。

当然，某些类型的压力可能对你是有益的，例如一次非常浪漫的相遇或者是对奖励的期望所引起的压力，这样的情况就要求你有所改变。既然你不能改变世界，就要改变对它的反应。

首先，分析让你产生压力反应的大体原因。有成百上千种原因能导致压力——从噪音到怨恨，从疲惫到感情波动。尽管你的压力原因看起来难以琢磨甚至是令人迷惑，但它们多将归于以下主要的几个类别中。

你已经继承了压力倾向。你从你父母那里学会了如何显示感情（或者是如何不显示感情），你通过观察你父母一方或双方，学会了在一些公共场合的一定行为，你看你外祖母做意大利面条，你从她那里也学会了。你学会了特定情况下（至少在你家里），最可能产生的行为模式。

你母亲在招待客人的时候，总是感觉到压力。你散漫的兄弟在与你保守的父亲谈论政治的时候显示出极度的压力，在父亲与兄弟同在一间屋子的时候，家庭其他成员也同样会感觉到压力。这些都是一些极端的例子，但它们可以说明一个家庭中压力可能出现的方式。

如果你的父亲在开车的时候感觉到压力，那么你在早年可能形成这样一个意识，开车能引起压力。结果，开车将成为导致你产生压力的一个重要因素。

你的压力是遗传来的。你学会了按你崇拜的或依靠的人那样做事。这就叫作"模式化"，正如恐惧经常"进入家庭"一样，压力反应亦然。

此外，由父母传递给孩子的压力有时因为个人的身体素质差异而被增强。两个孩子在遇到相同刺激（如嘈杂的环境）的时候都可能显示出压力，但是其中一个可能会因为天生的身体素质差异而反应更强烈。

因为恐惧、可怕和"理应如何"而承受压力。注意力集中在生活中的噩梦、灾难或事物最坏的一面上则会导致持续的压力。如果你有过灾难，你就会认定每次都会出现某种疾病或危险。如果你姐姐的丈夫和邻居的丈夫都离开了他们的妻子，与一个年轻的同事结了婚，那么当在你丈夫延长待在办公室的时间时，你就会想象你的丈夫也会那样，只是时间的问题。如果你9月份的销售量下降了，你想象到年终你就会被公司解雇。当你经受任何疼痛或不适，都会被夸大：良性囊肿是一个致命的癌症，消化不良是食物中毒，公司老板给你的一个定

期的评估预示着你要失业。

"理应如何"对你的情感几乎是破坏性的。"理应如何"由一些你认为你和其他人必须以此为生的规则构成。问题是你为自己制定了这些规则。然后，你尽量去遵守它们，就像它们是法律一样。当你不能或没有做到时，你感觉自己是一个坏的、讨厌的、低劣的人。你谴责惩罚自己。

下面是几个常见的折磨人的"理应如何"：

我理应是一个完美的爱人、朋友、父亲、教师、学生或配偶；

我不应犯错误；

我应当看起来有吸引力；

我应"控制"我的情绪，不应该愤怒、嫉妒或压抑；

我不应当抱怨；

我不应依赖别人，但应当照顾好自己。

你可能还有一些自己所认为的应该添加的理由。不幸的是，你的应当不但妨碍了对自己的准确认识，也影响了别人。你认为你认识的人应当按照你的规则来办事，如果他们没有，则他们是不服从的、不关心的、懒惰、邋遢、缺乏同情和爱。再乎这个看不见的负担列表，生活就是种不必要的消耗。

你经历压力是因为不可逃避的疼痛或不适。不可逃避的疼痛或不适是来自身体上的真正原因，如慢性疼痛。伴随生理感觉的是情感。当你感觉到任何慢性疾患的时候，让你感觉到"与世隔绝"或孤独，是很正常的。你可能感觉强烈的内疚或愤怒，因为你总是"受煎熬的"，以至于最后因为这种情形下的无助而让你感觉极度压抑。

你承受压力是因为你压抑和拒绝接受诸如伤害、愤怒或忧愁等重要情感。有些人想完全否认负面情感，认为这些反应是自我破坏的根源。这些人远远不承认他们的真实感觉。他们需要持续的关注、不断地谈话、暴食暴饮，表现出防御行为，把任何事情都变成一个问题。相反，如果认识到了负面情感并接受它，压力的强度和持续时间就会减少一些。

你产生压力可能有多个原因。当个别分析时，它们都不是很重要的，但是，一旦它们发生了，就显得重要了。你可能坐在车里 15 分钟都还没有把车启动。正当你不得不打算换一种交通工具的时候，引擎又运转了。当你到达办公室的时候，你发现你的秘书根本没有复印完你要在 9 点钟汇报的状况表。然后，中午你与一个潜在投资家的约会也被无故取消了，整个下午被几个无关紧要的电话打断了工作，占去了绝大部分时间。回到家，你的孩子说需要开车去篮球场练习（需要走你想避免走的路）。你丈夫的飞机晚了一个多小时，当你们赶到一个饭店吃饭的时候，感觉你们就像一个个时间机器。这样的一天看起来是非常烦人和有不可避免的压力存在的，可以通过催眠治疗改善。你将发现重新编程是如何避免一天中的小烦恼聚集产生的。

你经历压抑是因为你缺乏合理的饮食。有的食物可导致你的情感一会儿高涨，一会儿又落到低谷。糖、咖啡、酒精等是与压力密切相关的。缺乏 B 族维生素复合物会显著增强易怒性。B 族维生素复合物在全谷物、酿酒酵母、肝和豆类中含量很高。如果你处于极度的压力之下，并且你有不好的饮食习惯，或胡乱地平衡饮食，你通常的压力感觉就会被加深。决定哪一个原因首先出现是很难的——营养不全还是压力？因为压力会导致 B 族维生素复合物耗尽，而 B 族维生素缺乏又能导致压力。不论是哪一种情况，催眠治疗结合新的饮食计划都能缓解或减少压抑。在满足了你的营养需要之后，压力减轻诱导就能作为一个重要的辅助手段。

如果你是一个女性，你可能经历 PMS 产生的压力。目前的推测显示，大约 33% ~ 50% 的美国女性在 18 到 45 岁之间时都经历经期前综合征（PMS），PMS 的生理的和情感的症状通常在经期之前的 7 ~ 14 天出现。生理症状包括对糖或盐的需求、疲惫、头痛、体重增加、肿胀、胸部变软。情感症状包括焦虑、迷惑、暂时记忆丧失、从乐观到绝望的情绪波动。此时，适当的营养对减缓压力非常有帮助，添加 B 族维生素复合物能减轻症状。当饮食计划与催眠治疗结合起来使用时，PMS 综合征即使不能消除，也会有显著改善。

你的压力评估

为了让催眠治疗对你的减缓压力有效，压力减轻诱导就必须调整为适合你个人的特定需要。这些需要是由个人的压力刺激因素以及伴随的反应决定的。

克里斯，一个 35 岁的离婚父亲，对他 5 岁的女儿雅娜有永久抚养权。雅娜的母亲再婚了，居住在国外，不来看她的女儿。克里斯的压力评估可以让你对伴随不同刺激时生理和情感上的反应有个了解。

压力刺激	生理和情感的反应
雅娜问为什么她的妈妈不回来	轻度头疼、感觉虚弱、脉搏改变并压抑情感
不得不检查不良工作、与雇员讨论不良表现	胸闷、控制不了脸部肌肉，在不得不处理这个问题时，害怕表现出对雇员不良表现的蔑视、反感时不断地吵闹
雅娜和她的玩伴在屋子里玩耍	肌肉紧缩，变得安静，感觉被外界力量侵袭，因为心烦而内疚
与一个大嗓门的同事乘一辆车，并有一个烦人的司机	红着脸、害怕愤怒表现出来、感觉受伤害、不安、想象着让他下去

克里斯的例子很好地告诉大家压力与压抑是如何联系在一起的。看看刺激一，克里斯想改变与她女儿的话题，因为对话令人太不愉快了。刺激二中，他不能把自己的情感对雇员表现出来，因此他怨恨整个情况。刺激三中，他没有说任何事，因为他感觉内疚。他的理性自我认识到她需要玩。刺激四中，克里斯在整个

途中都抑制着自己的愤怒。

克里斯检查了他的负面反应，开发了针对相同压力刺激下的积极反应。下面是克里斯的积极反应：

当雅娜问起关于她母亲的时候，我放松，接受自己的感觉，对雅娜表示爱，与她谈论她的感觉。

当我检查雇员的不良工作时，我将把自己看作是一个指导者，一个有机会可以帮助其他人把工作干得更好的人。

在雅娜和她的朋友玩耍时，我将把他们的噪音看作是健康的、幸福的释放，不认为这些噪音对我有害。

我自己开车去上班，完全改变我的情形，把雅娜送到幼儿园，并把这作为不与同事一起上下班的合理理由。

现在你可以密切地、详细地看到是什么样的刺激促成了你的压抑和生理、情感的反应。简要描述每个刺激及其反应。

现在你开始下一步，写出你对所列的每个刺激的新的反应。记住陈述你的新的积极反应。例如，让我们假设你的压力刺激是不得不一对一地应付你公司的主席，你现在的反应是手心出汗、声音发抖、呼吸困难、感觉无能。下面是这个刺激的一个新的消极反应：

当我要与主席一对一面对的时候，我尽力放松自己，我不能紧张。我不能让他使我感觉自己无能，因为我能控制我自己。

下面是对同样刺激新的积极反应：

当我要一对一地面对主席时，在进入他办公室之前，我会深呼吸、放松。我会把自己想象成一个成功的、博学的雇员，我还能做很多贡献，我很放松，像我曾经做出贡献时那样。

现在回顾你的压力刺激和反应，用在克里斯例子中的形式，写下新的反应。也就是说，你的新反应要以同一刺激因素开头："当我的岳母叫吃早饭的时候，我将……"或者"当我女儿像没听见我说话时，我将……"或者"我在学习的时候我的同屋放音乐，我将……"

制订你的新计划

根据你要改变的行为，你的总体目标已经很清晰，它们是：

减少或消除你生活中的消极压力；

把新的反应整合到你的生活中；

做一个更平静、更有效、更健康的人。

这些就是你整体的目标。为完成这些目标，你必须重新编制你的潜意识，使你能够对旧刺激有新的反应。你需要：

接受让你感觉焦虑、愤怒的压抑感情。诱导暗示："让你深藏的情感表露出来，看着这些情感，哪些你想保留、哪些你不想保留，立即保留你想要的情感，抛弃其他的。有时候感觉忧愁或压抑是完全正常的，这是一种善待自己的方式。时间会很快抚平那些感觉，让你感到自由。你可以接受或抛弃任何感觉，抛弃任何你经历过的感觉……"

感觉不受外界压力和压抑的影响。诱导暗示："你被一个保护罩保护着，保护罩让你不受压力的干扰，防止你受外界压力的侵袭。压力反弹回去，远离你并消失了。你感觉很好，因为你整天都被保护罩保护着，未受到压力和压抑的干扰。"

把新的反应整合到你的生活中。诱导暗示："你现在对旧的刺激有全新的反应。"诱导过程中，你要插入一个刺激和一个新的反应。

完整诱导

现在，保留你需要的，抛弃其他的。有时感觉忧愁、压抑是完全正常的，这是一种善待自己的方式。压抑是一个治疗过程，所以让你自己忧愁、悲伤，当这些忧伤过去之后，便会释放自己。你善待自己，时间很快抚平那些感觉，你会感到自由。你不再拥有这些感觉是因为你接受了或者完全抛弃了它们，抛弃了任何你曾经历过的情感。它们属于你，它们的来去由你控制，随你的需要而来去。

　　现在放松，继续放松，感觉你随你的情感放松了。现在认为你是一个拥有很多情感的健康完整的人。你被保护罩保护着，不受压力的侵袭。保护罩能保护你不受压力的侵袭。保护你，使你不受外界压力的侵袭。压力反弹回去，远离你并消失了，压力反弹回去消失了。无论压力是从哪里来的，或者是谁给你的压力，都会弹回去消失，弹回去消失。你感觉很好，因为整天都被保护罩保护着，不受压力和压抑的干扰。你感觉很好，度过了一天，你看见压力弹回去消失。外面压力越大，你的内心越平静，你内心感觉越平静。让内心平静下来。你是一个平静的人，你不受压力的侵袭。你以某种方式让自己舒适，你现在对过去的刺激有全新的反应。这个新反应让你感觉强壮、平静和自由。你的日子充满了成就，你因为这些成就而幸福。你自我感觉很好，是因为你有新的反应，并且因此让你的日子更幸福。你平静、强壮、没有压力。

期望和加强什么

　　每次你成功地重新编写对一个旧刺激的新反应的时候，你可以继续进行编写你列表上的下一个旧刺激的新反应。每个刺激有几种疗程是必要的。除了插入一个新的反应，你的压力减少诱导应保持不变，加强不受压力影响的感觉，确保你是一个更平静的、更健康的人，不害怕经历必要的情感。

　　在你重新编写了你所有的新反应之后，可以改编压力减轻诱导以满足你的个人需要。你可能需要截取出特别适合你保持压力的一部分，也就是说，一种小诱导作为在你特定的努力时的强化。

一般来讲，无论何时你发现压力又重新形成，你都应该使用完整的压力减轻诱导。如果你发现过去的生活方式又悄悄地回到你的生活中来了，那么恢复诱导，直到你不再需要它。

笑声治疗

在极度压抑的场所——医院、战场——自发的幽默是一种人们在无法忍受的情况下处理压抑、损失和焦虑的一种方式。虽然这种幽默是残酷的，但它发挥着作用。它满足精神和情感的立即需要，此外，它对身体也是有益的。它放松面部肌肉和肺、释放激素，促进幸福的感觉。

在老兵医院的催眠治疗中，病人们正在接受治疗，为再次回到集体做准备。压力减少和放松诱导使老兵的行为产生一个稳定的缓慢的改变。当把笑声治疗增加到压力减轻诱导中时，产生了一个强的、积极的行为变化。

催眠治疗师首先让小组成员回想一个有趣的情形，一个笑话或者喜剧电影。在诱导过程中，一些病人开始大声笑，笑声迅速变得有感染力，小组成员全都笑起来了。所有的病人都被激活了，微笑了。甚至那些过去曾极度压抑的病人也都笑起来了。最重要的是这种暂时的提高导致了加速复原，使大多数病人产生了永久的积极改变。

把幽默整合到你的诱导中，你可以使用过去发生的有趣的事、想象的幽默情形、笑话、喜剧演员的录音——任何你认为有趣的事都可以。你可以以类似于下面的暗示开始你的笑声治疗：

回想一个有趣的事情、一个喜剧电影、听过的笑话。想一想，让自己笑起来，感觉你的嘴角张开，让自己笑，感觉笑从你的喉咙出来，滚成一个热情的😄。感觉它在你的体内震动。当你笑完以后，感觉一种释放和幸福的感觉，让这种感觉伴随你一整天。

除了在压力减轻诱导中采用笑声治疗之外，你可以在你感觉需要缓解的任何时候做一个小诱导，否则你的一天将变得紧张。

病例分析

艾德丽安是一个 55 岁的校长，正处于要离婚的状态，同时她要照顾易怒并且经常完全不可理喻的年迈父亲。他们俩住在艾德丽安的房子里，她不得不雇了一个陪伴，白天与她父亲待在一起。当她回到家的时候，她经常已经历了一整天的要求、做决定、解决问题。她的公关技能从她早上 7：45 到办公室一直到下午 5：00 甚至更晚都在使用。当她回到家，她父亲的要求又开始了：他们晚餐要吃些什么，让她从清洁器中收起来的家常裤在哪里，等等。当艾德丽安一周出去一两次的时候，把她年迈的父亲一个人留在家里总让她感觉很内疚。

艾德丽安的生活充满了工作的要求、压力和内疚。结果，她的血压高了，总是不开心。她用催眠治疗进行缓解。她每周一个疗程，持续了 4 个月。在压力减轻诱导中，她被重新编程，想象她被包围在装甲里面，压力不能穿透。她也学会了想象导致巨大压力产生的非理性情形转化为喜剧的一面。

在四个月的治疗结束的时候，她非常开心、和蔼可亲，她把自己看成是一个恢复力量的人，而不是一个受害者。

特别注意事项

严重的压力和压抑缠身时就需要咨询和催眠治疗，特别是在症状持续了较长一段时间之后。需要注意的是在讨论 PMS 症状时所提到的症状也可能是其他身体问题的征兆。安全的方法是检查任何症状以排除可能有需要立即药物治疗的疾病的可能。

最后，记住如果你的情感没有从压抑中释放出来，你的身体会很快感受到结果。

增强自尊心

　　自尊心是影响你做的每一件事情的最基本因素之一。如果你的自尊心不强，那么你生活中的每一方面——工作、社交和爱情——都可能会困难重重。这一节帮助你增强自尊心，提高积极性，逐步走向成功。其中会给你提供指导性的步骤，帮助你以积极的态度实现自己的需要和目标。

自尊心不强的根源

　　缺乏自尊心并不是在某一年龄时作为一种症状突然出现，但人们并没有正视这个问题。你可能对自己特别挑剔。你可能害怕尝试任何新的东西。你甚至可能这样解释自己取得的成功："我不过是运气好"或"他们错了"，或"任何人都能做到"。

　　这种自我贬低并不是意外，它不是凭空产生，它根源于过去。自尊心不强的主要原因是父母亲一直对孩子持有的否定态度。

　　部分父母亲在某种程度上都是判断性的，因此这里有必要对导致问题出现的这种判断做出解释。这样的父母处处分门别类，认为你的行为要么"好"要么"坏"、要么"正确"要么"错误"。你在大学上了 17 门课，获得 4 个"良好"，一个"合格"，但是你一个"优"也没有得到，因此你的等级是"差"。你打球时没打中一个，即使你接到把对方得分压下去的关键球，你仍然是糟糕的球手。

　　你在你父亲的办公室接听电话，

做记录，表现出良好的电话接听技巧，但是你没问清楚回电话的下午3点钟是加利福尼亚时间还是纽约时间，因此你是不称职的。

连续使用类似于上文的单方面归纳的父母亲是"凡事贴标签者"。打个比方，假设你是一名初中生，放学回家后一直和朋友打篮球。回家吃晚饭时你父亲问你家庭作业是否做好，你回答没有。你父亲听了说："你是我见过的小孩中最懒的，太懒了。"你父亲也可能会说："我真不知道你在学校是怎么搞的，总想着和同学玩，而不是做作业。"你遭到指责，被完全否定。在这种情况下你是懒惰的，在其他情况下你是马虎的、笨拙的、肤浅的，等等。

当然，标签表中的内容因人而异。有时候最严厉的责备却似乎隐藏得最深，也最容易被忽略。然而它们仍然存在，存在于你的某个潜意识中，影响你看待自我的方式，以及你的自尊心。

你继承了判断性父母亲的思维方式。在你的内心，有一个声音在指责你，你有一种内在的恐惧感。你可能害怕尝试任何新的事情，害怕改变，甚至害怕做日常生活中的任何事情。

桑德拉是一名29岁的母亲，在当地成人课程中教英语。由于工作需要，她晚上必须在高速公路上驾车。

有一段时间桑德拉遭受了生活的巨大压力，她开始害怕晚上独自驾驶——尽管她已有多年独自驾驶的经验。当她还是一名大学生，以及在铁路站场值晚班时，她就在晚上驾驶。而且为了目前的这份工作她已经晚上驾驶了3个月。她这样向她的朋友解释她的恐惧感："莫名地，我觉得自己错了。我觉得自己在做坏事。"接着她就把自己的感觉和中学时父母亲对她的警告联系起来："你晚上最好别一个人开车狂飙，小女孩。你会撞到沟里，脖子会撞断，你是在自找苦吃。"

为完成大学学业和承担正常的责任，她把父母亲的命令深埋在心底。但是当生活中其他方面的压力越来越大时，过去根植于心底的恐惧便开始动摇她的意志力，削弱她的自信心。

害怕失败是一种停滞不动的情感状态，也是过去消极教育的产物。你对自己的成功不确定，因为你觉得自己不配。而且你告诉自己，如果你碰巧在某个层次成功了，你将不得不在更高的层次取得成功。每一次成功仅仅会带来难以忍受而又不可避免的失败。为了解决这一问题，你告诉自己："还不如现在就失败，一了百了。"你预计持续的成功很难获得。实际上害怕成功与害怕失败是一样的，都阻碍了个人的发展。

最后，你的自尊心还因你对自我外表的看法而受到影响。这种看法可能会导致你错误地估计自己的潜力。例如，你认为自己的外表是一个不利的因素，你的行为举止，自我贬低的语言，表达（或未表达）的观点会处处表现出来。"我将和珍妮特说同样的话，因为她自信，人缘好"或者"我是个外人，这些人不会对我的想法感兴趣"。

你不但不去承认自己身体上的局限，然后在精神上消除自己的不良因素，反之你认为自己本身就是一个失败。请看马丁和巴巴拉的例子。

马丁很肥胖，但平易近人，穿着整洁，他的问题很特别，尽管他控制饮食，但也无法减肥。医生证实他的体重问题很罕见，可能是化学物质不平衡的结果。总之，他觉得自己陷在身体问题里面，特别敏感。身为一名社会学教授，他和同事相处时觉得很不自在。他经常找借口躲开，即使是很小的社交场合，因为他认为别人并不是真的想要他去，他们仅仅出于礼貌才邀请他。马丁想约会，但是他认为自己没有魅力，不会吸引任何人。他的价值体系已经扭曲了。

巴巴拉产生对自己的悲观想法与年龄有关。她是纽约一家小出版公司的主编。她工作时觉得难受。48岁的她认为任何试图改变自己职位的努力都是徒劳的。实际上她问朋友："我满脸皱纹，怎么会通过面试呢？"她认为自己是一名疲倦的中年妇女，现在还没有自己的公司，一事无成。尽管巴巴拉非常有经验，惹人喜欢，有魅力，但她仍然无法鼓起勇气到更有发展前景的公司去面试。

如果能从新的角度来考虑问题，马丁和巴巴拉两人都会获益匪浅。如果马丁对自己说"我这个人体贴、热情、聪明而又忠诚。如果有机会许多人会来关心我。他们会认识到我的为人，而不是注意我的体重"，他的生活会更加快乐。

如果巴巴拉对自己说"我的能力和经验正是许多公司所寻觅的。48岁的人生历程赋予我非凡的能力，广泛的兴趣，有效的交流技巧和成功的组织才能"，她也同样能够获得成功。

这种积极的状态是自我接受的表现。马丁和巴巴拉需要接受自己的外表，这样他们才能把注意力转移到自己的精神、社交和情感特质方面。

这两个例子说明缺乏对外表的自我接受所造成的后果。自我接受和你以前的行为同等重要。在对自己进行这方面的检验时，你必须说："无论我做什么，我的行为都是生命中此时此刻的我的表现。"你的行为是你过去的历史、你的文化和你的习惯的产物。它是你在特定时刻的独特的自我。你的任何选择都是你在选择这一时刻前所有意识的总和。这种接受首先要求你接受作为一个人的意义。

当自我接受成为你心理因素的一部分，当过去的消极教育被消除时，你就能在日常生活中享受一定程度的自由——从自我退化的禁锢中解放出来的自由。

树立自尊心的新计划

你的主要目标是提高自尊心，不仅仅是今天、明天或下个星期，而是永久。一种办法是通过催眠法重新树立你的潜意识。具体来说，你需要做到以下几点：

1. 消除过去消极教育的影响

你需要摆脱父母亲认为你"坏"，错误的，笨拙的评价。你需要积极地看待自己，排除你肩上（或潜意识中）承受的指责。自尊法建议你："黑板上写满了过去人们对你的不利评语，看着黑板，现在拿着橡皮擦，从黑板上擦去这些评语，每擦去一个，就有一个对你再也没有任何意义……"

2. 改善你的自我评价

自尊法建议你："人们认为你是一位好朋友、好职员。他们认为你是一位好人。想象自己对同事、老板或雇员说话，侃侃而谈，人们对你所说的话非常感兴趣，人们注意你，认为你非常不错。在想象中以最积极、肯定和自信的方式评价你自己。"

3. 提高自信心和自我接受的能力

自尊法建议你："想象自己高高地站立，为自己而自豪，想象你自己所有的积极方面，包括你的创造力、你的聪明才智。想象自己很有信心，对自己的能力、才智和魅力非常自信。"

4. 改变处理具体问题的角度

你需要停止为自己设立路障。你需要改变看问题和处理问题的方式。例如，你不再说："我做不到。""我不够聪明无法理解。""我没有精力。""我太年老了。""我无法改变。"反之，自尊法建议你这样想："我能做到。""我有精力。""我是工作的合适人选。""我能够承担责任。""我能理解这个问题。"

运用意念法

想象黑板上写满了过去人们对你的不利评语，这些评语妨碍你的进步，没有反应你精彩的、坚强的、优秀的品质。现在看着黑板上的这些评语，想象拿着橡皮擦，从黑板上擦去这些评语，每擦去一个，就有一个对你再也没有任何意义，一点意义也没有。现在黑板上是空白的，你写下你想写的任何东西，现在拿起粉笔，写下描绘自己的词语。你写下"自信的、有价值的、重要的、有能力的和熟练的"等词语。

现在写下其他描绘自己的词语。注视着这些词语。现在想象自己高高地站立，为自己而自豪。你的行为举止、思考方式都不错，它们造就了精彩的你。想象自己体验新的、健康向上的能量来帮助自己实现梦想。

想象自己是一个积极的、有价值的人。想象你自己对同事、老板或雇员说话。想象自己自信，非常自信，你确信自己的能力，非常确信。想象自己很有信心，对自己的能力、才智和魅力非常自信。

随后事宜

连续 4 周每日使用意念法。你会注意到你的自我意识、自尊心和自信心有明显的改变。无论什么时候你觉得有必要加强时就使用意念法。

动机层次

一旦你的自尊心加强，你就会向更高层次的动机努力。"更高层次的动机"意味着你在某种层次上已经有了动机，或在某些方面是。心理家亚伯拉罕·马斯洛对人们的动机层次作出了解释，其中包括从生理到心理上的 5 个层次。如下所示：

层次 1——生理的：食物，饮料，睡眠和性的需要。

层次 2——安全感：被保护，远离恐惧的需要，机构和秩序的需要。

层次 3——归属感和爱：社会交往，朋友，家庭和亲密关系的需要。

层次 4——自尊：来自他人的尊重和自我尊重的需要，价值感和重要性的需要。

层次 5——自我实现：发展，发掘潜力的需要。

你发现动机已经存在于你生活中的某些方面，也就是说，你

已经有了层次 1 的动机，毫无疑问你也会获得你个人的安全感，如层次 2 所提到的。层次 3 是基本需要到更复杂需要的转变。层次 4 中的自尊在前面已经讨论过，因此这里重点讨论层次 5，这个层次的动机会促使你取得成功。

为了提高你的动机层次，最终走向成功，你需要消除对失败的恐惧。你还需要确立目标。当然，目标就是动力。目标还会帮助你确定发展的顺序，体验完成感。

1. 确定顺序

你可能清楚在同时做许多不同的事情时，你什么也做不了。也就是说，你不能一边设计新的电脑程序，一边为大学扩招班准备演讲，同时又处理程序部门的混乱。毕竟，任何结构整体本身就是一系列优先事物。它让你有可能在某种程度上发展或实现目标。

你可能注意到顺序的必要性。例如，你是一名陶工新手。你的未来目标是在附近的艺术家社区教授陶器工艺。如果在你开始学徒之前就开始计划你的个人展览，是十分荒谬的。

因此你可以这样设计你的目标实现方案：

从阅读、教导和学徒学习中获得知识；

独立工作，同时向这一领域的专家寻求建议，探讨观点和获得批评意见；

与展览馆的负责人或所有者签订合同；

提交你准备展览的作品的幻灯片；

展示你的作品；

向附近艺术家社区提交教授陶器工艺的申请。

2. 体验完成感

你要领悟到你的工作不会无限地持续下去，它终会有结束的时候。就生命本身来说，如果我们觉得它会永远延续下去，它也会让我们感到困惑。适度地工作或在一定时间范围内工作可以提高效率。

重新体会了目标的作用后，就应该制订自己的个人计划。

确定目标

为了提高成功的动机层次，你有必要确切地知道对你来说成功意味着什么。你需要描述你的目标。下面的例子描述了不同行业和环境中的人的个人实际目标。

金融公司的助理金融师：我的目标是在一家大型金融公司获得职位，并且在可接受的时间内有可能提升到金融师，然后提升到资深副总裁。

催眠治疗师：我的目标是集中精力准备演讲和参加会议，主要是以健康为题的商业研讨会。

书画艺术家：我的目标是雇人专门处理粘贴和编排工作，这样我就可以集中精力从事大画和包厢设计工作。

服装公司的销售代理：我的目标是在这家大公司尽可能地多学些东西，然后开一家经营自己设计成果的服装精品店。最后，我把自己的产品销往其他商店。

博士生：我的目标是在 6 个月内写完博士论文，获得博士学位，然后获得教授职称。

请注意，所有的目标都有一个确定的方向，都有内在的动向感。助理金融师在向外向上转变；催眠治疗师走向一个更集中、更窄的领域；书画艺术家脱离工作同时又把领域缩小到两个专业范围；销售代理从大公司走向小公司，发挥自己的创造力并开创自己的事业；博士生积极向上地努力。

现在看看你自己的目标。仔细思考你想取得的成就，然后写下来。

目标与奖励结合

伴随目标必须有这种或那种形式出现的奖励。成就感来自下面的奖励：

自豪感；

满足感；

知识、情感或社交层次的成就；

物质收获；

发展带来的满足感；

内在或已学技能和才能的发展。

回顾这个列表，问自己追求的是哪种（或哪些）奖励。你的奖励可以是上面其中的某一项，也可以完全不同。你的奖励和你的目标一样独特，只要对你有意义就是有效的。

当然，没有积极的态度是不会取得任何成功，也不会实现任何目的的。这一点与你所了解的积极计划和其他相关因素——增强的自尊心和自我接受能力直接相关。

为了清楚地了解你的态度如何影响你的成功动机，请检测自己对下列问题的反应：

我能够受到表扬吗？

我应该从事更专业的工作吗？

我值得获得此荣誉吗？

我的内在才能值得开发和投资吗？

更多的幸福对我来说可能吗？

我是管理或经营的合适人选吗？

我应该过更舒适的生活吗？

我应该拥有更高的收入吗？

我是那种可以在人群当中激发热情的人吗？

我能保持自己的优势吗？

为了跳跃到成功的感觉，你必须明确自己是值得成功的。自尊心意念法和成功动机意念法帮助你把自己想象成一个有价值的人，一个值得实现自己目标的人。

制订成功计划

现在让我们来看成功动机意念法如何帮助你实现以下3个目标：树立成功的动机、获得成功和享受成功。

积极的态度和观点在自尊意念法中曾详细谈论过。自尊意念法是全部意念法的一种。成功动机意念法也强调过积极的态度和观点，它建议："想象自己是谁也无法阻止你成功以及成为你梦想的成功人物。你远离过去的压力，你自信，有把握，觉得受到重视和坚强……"

第一，你必须努力实现具体的目标。

成功动机意念法建议："想象你想实现的目标或计划。你的目标是……放弃所有不重要的目标，集中精力实现一个目标或计划。全身心地投入到工作中，实现你的目标。"

第二，你必须把成功融入到生活中去并享受成功。

成功动机意念法建议："你是快乐的，你对他人是体贴的，你是乐于助人的，你的成功对所有人都有帮助。你成功了，感觉良好，并以最积极和有价值的方式运用你的成功。你每一个选择和决定在现在看来都是绝对正确的。想象自己是成功的，有许多精彩的道路等着你，你知道你能继续你的成功，继续选择，提高你的生活品质。"

运用意念法

想象没有谁能阻止你实现自己的目标和成为你想成为的成功人士。想象着完美的一天：你醒来知道一切都好，一切都明朗。你感觉不错，平和而满足。你在自己创造的小天地里，感到舒适安全，现在你准备扩大你的舒适范围。想象自己跨越障碍，跨越自己设立的障碍，同时你的视野越来越开阔，你的目标不断延伸，越来越高，你对你的新目标感到舒适，对你扩展的天地感到舒适。你觉得安全，可靠又高兴，你自身有控制能力去改变，改变你的缺点，成为你想要成为的成功人士。

你感觉不错，平和而满足。现在想象有特别的一天，将来的某一天、一天或两天、一个星期、一个月后，仅仅是在将来，想象你已经解决了许多矛盾、许多问题，现在它们都属于过去。想象脸上的笑容，你平和、满足，你发现了问题的解决办法，你已经解决了问题。现在你不再有压力，你自信，自我肯定，你觉得受到重视、坚强。现在想象你想要实现的一个目标或计划。想象自己把所有不重要的目标放在一边，集中考虑一个目标或计划。你把精力投入到你的工作中，想象自己已经完成它。你看到新的机会，你看到新的挑战比原来的更加令人兴奋。你想象自己充满全新的能量，你充满激情，集中精力，全神贯注，新的思想从旧思想中发展而来，新能量和积极的感觉已经出现，你是成功的。你实现了你的目标。想象自己值得拥有生命中所有的美好事情。实现目标对你非常有益，当你继续实现你生命中的目标的时候，把他们看作是对你、你的家人、朋友、你工作的同事有利的事情。想象自己全身心地投入到目标的实现中，成为你值得成为的成功人士，然后停留片刻回顾你已经实现的其他积极目标，它们对你和你周围的人都是有帮助的。现在想象自己已经成功。你在成功中感到舒适，你以最积极和值得的方式运用你的成功。你值得成功，想象它，感觉它，你是成功的。你思维清晰，你想象自己如在现实中一样聪明，有创造力，漂亮（英俊）。你有许多选择，许多机会，无论你选择什么，无论你选择哪个方向，你知道对你都是有利的。你的成功对你和你生命中的每一个人都是有益的事情。你的每一个选择，你选择的每一条道路对现在的你来说都是绝对正确的。现在仅仅清楚地想象你自己，不远的将来，你有许多积极的方向和选择，把想象带入现实中，想象自己解决了问题，想象自己自信而又成功，有许多精彩又积极的道路等着你，你知道你能够继续你的成功，继续选择，进而提高你的生活品质。

随后事宜

每天使用意念法，坚持一个月左右。当你注意到明显的进步时，可以减少到每星期强化一次。对大多数人来说，第二个月都可以取得明显的进步。以后，无论你什么时候需要，随时都可以把催眠法作为"维持体系"来运用。

开始你可以记"成功日记"，记录你生活中各方面成功事例的日记。每一次由于自尊心和动机加强而取得的点滴收获和成就都可以记录下来。例如，每一次有人询问你的观点，倾听你的谈话和采纳你的建议，每一次你受到表扬，或仅仅你觉得自己的言谈举止更加自信，你都可以记录下来。大的成就来自细微的收获。

集中于你的成就里，不要因为你没有实现的目标而责备自己。

特别提示

在增强自尊心，动机走向成功时，除了运用意念法还有以下简单的办法。

在上床的时间上给自己一些积极的建议。

把问题当作挑战。

锻炼身体，平衡营养。

想象自己健康而有能力。

和有积极态度的朋友联系。

和你从事这一领域的著名导师联系，他会给你提供建议和精神支持。

做一个自我测试。如果你觉得你缺乏积极的态度和动机，那是因为你的身体能量不足，你经常感到疲倦或郁闷，你需要做一个全面检查，检查你的身体、营养和心理状况。

战胜自卑感

在我们的日常生活中，我们不难发现，很多人都有或多或少的自卑感。的确，有自卑感的人非常多，有的人甚至认为，这个世界上几乎没有完全无自卑感的人。世界上确实有些人乍看上去地位显赫、刚愎自用、气壮如牛、盛气凌人，似乎他们与自卑感绝缘。然而，在对他们进行深层次的心理分析以后便会得知，这些人甚至具有相对更加强烈的自卑心理，外在的表现只不过是一种掩饰自卑的手段和方式罢了。也就是强烈的自信掩饰下的强烈自卑。引发自卑感的原因大致可以归纳为以下几个方面。

其一，生理方面的某些缺陷。引起自卑感的生理方面的缺陷非常多，常见的诸如相貌丑陋或畸形，身材比较矮小，体型肥胖，四肢残缺，听觉、视觉等机能的丧失或损伤，高度近视或远视，语言障碍等等。但是应当说明的是，生理方面的缺陷并不是直接导致自卑感产生的因素。有些具有生理缺陷的人倒反而并没有多少自卑感；另一方面，还可能由于其人格的力量而创造出比那些没有缺陷的正常人更为巨大的成就。例如，腿部残疾的美国总统罗斯福，成为美国历史上无法让人忘记的领袖；双目失明而又聋哑的海伦成为了举世瞩目的大作家，她的脍炙人口的名篇《假如给我三天光明》不仅文采飞扬，而且极富真情，具有感召力。总之，在生理缺陷与自卑感之间，主体状态及评价起着关键性的作用。如果主体对这些缺陷特点非常看重，而且自怨自艾或者怨天尤人，自卑感便会从心底萌发，如果我们不去这样做，而是保持一种与之相反的态度，那么，自卑感就不会产生了，或者即使产生了，我们也能予以战胜、超越。

其二，幼年时期的一些经历。自卑感通常在孩提时代就已经生成了。通常的情况是这样的，父母对子女有着非常高的期望。如果孩子一旦在某个问题上失败或者达不到他们的要求，父母便可能会责骂自己的孩子笨、无能、愚蠢。因此，孩子为逃避失败而不敢进行尝试，遇事踌躇不前、畏难退缩，久而久之，便形成了自卑感。

其三，观念上的错误。作为群体的人类，其能力是无限的；但是作为个体的人，其能力则是有限的。每个人都有其强项，相应地，又都有其弱项。如果个体在发现自己的某个弱点之后，短时产生矮人三分之感，而又没有考虑到自己亦有他人所不及的一些长处，自卑感就会在这时油然而生了。千万不要任其发展。

综上所述，自卑感乃是消极、负面的自我暗示的产物。催眠治疗师、心理学家们于是设想，既然自卑感是消极、负面的自我暗示的产物，那么，如果我们反其道而进行治疗，通过积极、正面的暗示，那样不就可以克服自卑、增加自信了吗？遵循这一基本的正确的指导思想，我们的催眠治疗师和心理学家创造了不同的治疗方法。有些催眠治疗师在将受催眠者导入催眠状态以后，都会采用沙尔达博士提出的"条件反射疗法"对患者进行训练，从而达到强化自我、克服自卑感的目的。条件反射疗法的训练程序可以参考下面的进行。

将自己自卑的感觉都说出来。自然涌上的感情，全部以发声的语言来进行表达。如果是生气，就把生气的情感恰当地转化为平静的语言，而不是其他过激行为。如果是感情受伤的情况，就把受伤的具体情感用语言说出来。不要保持沉默，一定要表达出来，无论是什么样的感情，都要表达出来。当然，这种"和盘托出"的状态只有在催眠状态下才最容易获得，也最容易达到比较好的效果。

要辩驳。当你的意见与别人的意见不同时，不要再保持沉默，不要再静默不语，也不要勉强地表达你的认同。在不伤害对方的前提下，平静地表达你的看法，说出你的意见。这表明你自己能够坦诚地表达感觉。

要常常使用"我"字，而且还要注意加强语气。例如："我！就是这么认为的！"，这时候以"我"这个字的语气为最强。

当被人赞美的时候，学会平静、坦然地接受。不必谦虚地说："没什么"，"我做得还不够好"等，应该承认自己的确不错。

想到什么事情，就要立刻去做。为了更好地有效地运用你有限的时间，不要将未来的事在事先就计划得过于详细、过于周密，从而导致瞻前顾后，思前想后而犹豫不决，最后一事无成。想到什么，只要觉得合理，就要立刻去行动。

一般说来，在催眠状态中经过这5个阶段，进行数次训练之后，就可以在很大程度上消除自卑感。还有一些催眠治疗师运用"思考预演法"来消除受催眠者的自卑感。所谓的思考预演法，其实就是指让受催眠者在催眠状态中经过思考和预演，来适应某种以往会令受催眠者感到不安、尴尬、害怕的场面，以减少他们的不安、恐惧和自卑。通过催眠师暗示诱导下的思考和预演，受催眠者可以感受到能够顺利地完成那些由于自卑和不安而无法积极行动场合的现象，使其产生强大的自信心，克服自卑感和紧张、不安、恐惧感。

由于导致自卑感产生的主要原因不同，催眠治疗师们还应当采取不同的方法，有所侧重地对患者予以治疗。这样才会取得更好的效果，例如，对于以生理因素为主而诱发的自卑感，采用直接暗示法来改变患者的错误观念；对于因幼年时期的体验而引发的自卑感，则采用宣泄法使之释放，用抹去记忆的方法会使患者不再为之困扰；而采用注意转移法是让患者的心理活动指向外部世界；用激励法是为了鼓励患者内心的升华……

克服焦虑和害怕

一个温暖的春天，你走在宽阔的、绿树成荫的街道上，去参加你最好的朋友组织的庆祝晚会。这时云朵遮住了太阳，空气有点凉。突然一阵风吹过树枝，一下子天空变得又黑又冷。你在往前走时注意到身后的脚步声。莫名地，你觉得这个脚步有意和你的脚步保持一致。尽管在同样的春天，同样友好的社区，一个念头闪过："我可能要被抢劫了。"脚步声越来越近，你的心怦怦地跳，你的脸变红。你突然觉得目眩，似乎要倒了。这时你决定再也不能忍受害怕，脚步声消失在人行道上了。你环顾四周，发现邮车停在马路转弯处。

和普遍看法不同的是，焦虑并不直接产生于危险或痛苦的情景里，实际上焦虑来自于你的思想。在具体情况下，是潜在危险的想法，而不是实际存在的危险，导致了焦虑的症状。

焦虑 ABC

上述描述的过程叫作焦虑 ABC 模式——情景 A 产生思想 B，思想 B 又产生焦虑 C。焦虑的感觉本身进一步成了惧怕的催化剂。你对自己做出的第二次判断，如"我感到害怕，这真危险"。新的害怕想法让你焦虑，你更加焦虑时就对危险更加想入非非。

在无法避免的情境之下，情感就很难不变得更加强烈。例如，你不能离开晚会；你害怕老板发怒，但你却不能回家；你感到身体中有不同寻常的疼痛或感觉……在这些情况下你觉得尽管你没有被控制，仍有另外的危险存在：情景让你惧怕。

只要你对困难情况的想法是真实和准确的，你的焦虑就有办法对付。但是如果你过高地估计危险，不断地预测灾难，你的焦虑感也会大幅度增强。如果在繁华的闹市街道上你站在警察身旁，你告诉自己"我会遭遇到袭击，"在几乎没有危险的情况下你仍感觉到危险，这就是不现实的想法。同样，如果你的工作做得很好，你却不停地对自己说："如果老板不喜欢我的工作怎么办？如果他解雇我怎么办？我再也无法有另一份工作。"这也是不现实的想法。

害怕机制

害怕在不断加剧时有 4 个显著阶段。

第一，不现实的自我表现判断让自己一直处于戒备状态。你在斗争或者逃跑中的身体紧张状态：你的心跳更快，你感觉呼吸急促，你的胃感到慌乱，等等。这种慢性反应会让你意识到危险的潜在性。这意味着你处于千钧一发的紧张状态。临近的排演或小冲突都能让你处于害怕之中。

第二，你开始对害怕本身感到害怕。你的身体越来越敏感，你开始预料到害怕的袭击。你不惜一切地尽量避免。现在你有了新的害怕。你不仅害怕暴力或老板的批评，你也惧怕害怕在你的体内产生的反应。

第三，当你对害怕的惧怕感越来越强烈时你拒绝接受自己的感觉。你厌恶体验害怕的反应：心跳加速、目眩、呼吸急促、双腿颤抖、喉咙哽咽、忽热忽冷和大脑的混乱。你拒绝并与身体中不同寻常的反应斗争。你对即将到来的害怕症状格外警觉。

第四，你逃避产生焦虑的任何情景，任何人或事。开始是在空荡的街上感到紧张，后来避免独自去任何地方。开始是和老板谈话感到焦虑，后来避免了所有的工作。开始是在晚会上感到害羞难堪，后来避免任何社会交往。

幸运的是，有办法处理焦虑和害怕的噩梦。催眠法能帮助你放松，接受害怕时的戒备状态，用新的反应代替不理性的想法，消除焦虑的感觉。

害怕的主要原因

在遭受害怕的袭击时，你体验的任何症状都是身体的斗争或者逃跑反应中自然而又无害的一部分。当你觉察自己处于危险之中时，你的肾上腺释放荷尔蒙，身体出现恐慌症状。荷尔蒙在体内不到 3 分钟就产生代谢变化，但它的效果很快就消失了。因此，如果你能停止灾难性预测，你就能在 3 分钟内结束恐慌反应。这意味着你的焦虑感不会超过 3 分钟。停止反复的灾难性想法，关键的一步是与自己的灾难性预测作斗争。

探讨害怕

在准备自我催眠法时，你必须首先知道自己害怕时的反应是如何产生的，并花几分钟假设自己处在令人害怕的情形里。

是哪种情形呢？社交场合中，开车时周围有某种动物或物体，在工作场所，电梯里还是飞机上？现在让自己感觉现实中的正常焦虑感。

尽管这种人为的焦虑与自然的害怕有所不同，但仍会产生一些身体症状：心跳得更快、目眩、呼吸短促、腿乏力、比正常更热或更冷、摇摆或颤抖、胃里感觉慌乱、很难集中精神，清楚地思考……这是焦虑和害怕最常见的身体反应。除了自己独有的，你可能有其中一些或全部。

再一次想象自己处在同样令人害怕的情况下。这一次集中精神，努力注意你是怎样告诉自己害怕时的情况和症状的。

你是否发现自己对情况做了灾难性的预测？你是否做了最坏的打算？你是否认为自己会有心脏病或眩晕，或者你可能失控倒地、呕吐或尖叫？这些都是许多人在遭到害怕袭击时告诉自己的事情——不理性和不准确的预测会令害怕延长和更强烈。

制订计划

为了改变你的身体对可能令人害怕的情况的反应方式，你必须用解释你反应本质的真实话语代替灾难性的想法：你的身体感觉不会伤害你，它们很快会消失。重复解决每种症状的暗示语，你能够意识到自己的反应，恢复良好的感觉。

减慢心跳。在斗争或逃跑反应中，你的脉搏跳到每分钟120～130次。根据克莱尔医生的著名的焦虑控制权威报告，正常人的心跳能数星期保持这个频率而没有危险。如果你担心你的心脏，就去做医疗检查。知道你的心脏正常后你就开始解决令你产生灾难性想法的这个问题。当你感觉到自己心跳加速时，告诉自己："我的心跳得这样快，但这样子几个星期也没事。"

感到平衡。眩晕的感觉是过度紧张所致，当你放慢呼吸时眩晕就会消失。有时你脖子或下巴的紧张会影响你的听力，引起眩晕，你放松时眩晕也会消失。放松时即使感到害怕也不会晕倒。当你觉得眩晕时，提醒自己："我放松，放慢呼吸就会好。"

深呼吸。横膈膜太紧，呼吸就变得短促。你感到害怕时的呼吸短促会让你把短而急促的呼吸延伸到肺上部。解决方法是集中精神深呼吸一口气，然后有意识地做深而慢的呼吸。记住暗示的话是："呼出废气，深呼吸，呼出废气，深呼吸……"慢节奏重复。

腿部有力。在害怕时你的腿部乏力。你甚至可能害怕你会跌到。这种反应是大腿肌肉中静脉血往上涌所致。斗争或逃跑反应中血也会处于准备逃跑的状态。你感觉到的虚弱是假象，因为实际上是血让你的腿处于准备逃跑的状态。静止状态下血聚集在腿部，它就会产生沉重和微弱的主观反应。这种情况下，告诉自己：

"我的腿准备开始跑，它们比平时更强壮。"

随意吞咽。焦虑时喉部过度紧张，你感到不能吞下任何东西。实际上如果你去尝试，是能够的，只要你放松反应就会消失。如要加快速度，尽量张开嘴，假装打哈欠，告诉自己，"打个哈欠，喉咙的紧张感就没有了"。

感到热或冷，都很好，冷或热都是因为血管收缩，血压升高，交感神经和副交感神经系统的变化引起的。这些变化是斗争或逃跑的自然反应，当你平静下来，停止灾难性预测时，这些反应都会消失。当你感到热或冷时，告诉自己，"几分钟后就好了"。

思维混乱、模糊，无法思考都是因为你的肌肉中多氧和血过度集中导致的。这是身体在斗争或逃跑时的自然准备。这些感觉都可以通过闭上嘴巴做深而慢的呼吸来消除。告诉自己："我能够做深而慢的呼吸，能够清晰地思维。"

重复你的暗示语，提醒自己反应是无害的、自然的。你可以运用这里建议的自我陈述语或者你自己的话。例如，这里有一个完整的自我暗示语："我的心跳通过医疗检查是正常的，即使几个星期我的心跳有这么快也平安无事。我能够处理，因为几分钟后就好了。"写出你的每一个反应，解释为什么它没有危害，你又怎样处理。

总体意念法

意念法包括对你的一系列建议：

当你感到害怕时放松；

停止产生害怕的想法；

用积极的暗示语取代灾难性想法；

允许自己感到和接受伴随害怕的所有身体反应。

1. 放松

意念法用两种方法来放松身体。第1种是深呼吸。闭上嘴，做一个长而慢的呼吸。屏气一会儿，然后缓慢而顺畅地呼吸，尽可能地呼出体内的气体。暂停一会儿，把注意力放在暂停上，然后又吸气。目标是缓慢、深而完整的呼吸。深呼吸会阻止你呼吸加快。

放松的第 2 种方法是扫视体内的任何一处紧张感。你的脖子和肩最有可能紧张。如果发现肌肉紧张，就放松。如果你无法放松，就使肌肉尽可能地紧张。如果你能增加肌肉的紧张感，你也就能减轻肌肉的紧张感。你在紧张和放松你的肌肉三或四次后，你的紧张感会明显的减轻。

2. 停止想法

意念法告诉你用停止想法的技巧来控制灾难性想法。当你开始想你要晕倒或你有心脏病时，你在心里大叫一声"停住"。这个没有喊出来的声音会让灾难性的想法停止 1 秒钟。然后你迅速地用暗示语取代想法，如"不可能晕倒，眩晕 3 分钟后就会好"或者"我的心脏很好，数星期来这样跳动都非常正常，而且它在 3 分钟后就会慢下来"。

3. 暗示语

意念法将加强你写作和运用积极现实的自我暗示语的能力。这是你对害怕的新反应。为了有大量的暗示语，开始记下自己典型的因害怕而产生的想法，以及在充满压力的困境下的想法。

你可能想用日记记下自己在压力下的想法。无论你什么时候感到焦虑，都记下你的心理活动。对每一个因害怕产生的不理性想法，都写下简短的对策。例如，对不理性的预测"飞机会坠落"。可以写下："事情会有利于我。飞机几乎从不坠落。坐飞机比开车安全多了。"对事情做现实的评价是处理灾难性预测的最好方法。

创作暗示语的另一个好办法是对害怕的结果做准确的评价。如果你晕倒了会怎么样？如果你的老板真的批评你会怎么样？如果电梯真的被卡住 1 小时会怎么样？如果你的恋人拒绝了你的求爱会怎么样？清楚地写下可能发生的结果，你往往发现真的结果并没有你害怕的那样糟糕。

把最好的一两个暗示语插入到意念法中使用的简短话语中。当你坚持使用意念法后，你可能发现你要改变你的暗示语。

4. 接受你的感觉

意念法结束时会有两条强有力的建议，接受你的感觉和结束逃避。接受你身体所有感觉的关键之处是知道它们是暂时的，它们会结束。抗拒并与你的焦虑或害怕症状抗争，你的焦虑感只会更强烈。当你接受你的感觉后，无论是多么痛苦，它们都会结束得更快，很快你便不再有斗争或逃跑的不适。

结束逃避的建议告诉你不再逃避产生焦虑的情景、人或事。既然你能接受，处理和控制你害怕的感觉，你就能到你想去的地方，做你想做的事情。

使用整体意念法

让自己往下沉……越来越下。往下沉，睡着，睡着往下沉，向下，向下，完全放松。往下沉，越来越下。你感到安全和放松。你现在意识到焦虑是你身体的自然反应。它们是自然的，无伤害的。它们不重要，它们不重要。你不再对焦虑反应感到害怕。你不再害怕焦虑。它们是你身体斗争或逃跑的自然反应。你接受了无伤害的焦虑反应。你提醒自己你的身体很健康。你立即提醒自己你的反应意味着什么，为什么说你的身体健康。不管你的反应如何，你知道它们都是不重要的，而且你的身体健康。你的反应是自然的，你不再对焦虑的反应感到害怕。你越来越坚强，自信，有把握。你控制了你的害怕和焦虑。

无论什么时候感到害怕你都可以放松你的身体，你做深呼吸，深深地。空气将进入你的胃……直到进入你的腹部。深吸一口气到腹部……然后顺其自然，呼出原来的气体。你能够用缓慢而深的呼吸来调节……深吸一口气到腹部，慢慢地顺其自然。无论什么时候感到焦虑你都能做慢而深的呼吸。又做一次深呼吸，提醒自己能够调节呼吸……无论什么时候感到焦虑，做慢而深的呼吸都能放松你的全身。你焦虑时检查你身体的紧张处。你检查你的肩和脖子，让你的肩下垂放松。你检查你的下巴，让你的下巴放松、放松。你检查你的前额，让它平滑和放松。你检查你的胃，做深呼吸放松，每一次呼吸都越来越放松你的胃。

当你焦虑时检查并放松身体的任何紧张处。你知道由你自己掌握。你有办法并懂得让焦虑和害怕消失。

现在你知道事实是你只要停止焦虑感，害怕就会很快消失。在你头脑里消除焦虑的想法 3 分钟内就会消失。你能等待它结束。快，很快，它就会结束。当你焦虑和害怕时你能停止焦虑的念头，停止危险的念头。你在心里对焦虑的念头大叫一声"停止"，你知道你的害怕会在 3 分钟内消失。你在心里大叫一声"停止"来平和焦虑的念头。害怕很快过去了，它结束了。当你停止焦虑的念头时害怕过去了，结束了。你等待它结束，很快害怕便结束了。在你的掌握之中，你有能力释放所有焦虑和害怕的念头。

把你的焦虑想象成悬挂在博物馆的画，也许是一幅关于战争的画。想象着博物馆的墙上的画。你走过那幅画，你漂浮着经过那幅画，你即将走过那幅画时……现在它从眼前消失了。你的焦虑就像那幅画一样消失在眼前，消失在眼前。你现在知道接受身体的任何感觉。你能接受任何感觉，因为你飘过了，飘过了，直到它消失在眼前。你接受并让你的感觉逝去。

现在你对原来的焦虑想法有了新的反应。你不再用灾难临头的感觉吓自己。你让原来的害怕，原来的焦虑随风而去，让原来的害怕随风而去。现在你提醒自己对原来的焦虑想法的新反应。无论你什么时候意识到原来的焦虑想法，你都知道现在有办法不再想。这些想法在远去，远去，远去。它们远去时就像远处的灯越来越暗一样。你对原来的焦虑想法有了新的反应。

现在你知道你能接受身体的任何感觉，你能接受任何情感。

你接受而不是逃避你的感觉和情感。你飘过焦虑和害怕，你知道这是短暂的，一会儿你就会感觉更好。你飘过而没有抗争。你现在知道你的感觉是暂时的，转瞬即逝……它们在远去，远去，很快就会消失。你的感觉，无论是多么不舒适，都会远去，消逝。它们会消逝。你的焦虑或害怕很快会消逝。你接受并飘过你的感觉。

你变得越来越坚强、越来越自信，因为你接受并让你的感觉远去。你拥抱你的感觉，痛苦的和快乐的，因为它们在远去，并很快会消失。

因为它们会远去，消逝，你不用害怕。因为你接受了你的感觉，你不用害怕。你充满期待和自信。现在你能处理好你的感觉，你能放松和处理好你的感觉。想想自己笔直地行走，每一步都充满了力量。因为你能处理你的害怕和焦虑。你毫无顾虑地接受未来。你能处理好并让你的害怕感逝去。如果你放松并做缓慢的深呼吸，如果你不再有焦虑的念头，3分钟后害怕感就会结束。

现在你能够进入任何你曾经感到压力的情景。因为你能接受你的感觉了，你能处理好你的感觉，你能够进入。因为你对你的处理能力有信心，你去你想要去的地方，做你想做的事情。现在你知道你能进入任何情景，并记住你的处理技巧。你有新的能力来处理，你对你的处理能力越来越有信心。你能进入任何情景，因为你能让你的害怕感逝去，感觉到坚强和自信。在你的掌握之中，你能处理任何有压力的情景。你感到非常放松，非常平和。一会儿你就恢复所有的意识，感到更坚强和更积极……感到自信和坚强。

结束焦虑和害怕的辅助意念法

现在你通过使用结束焦虑和害怕意念法来学会接受、处理和控制你的焦虑和害怕感。而辅助意念法帮助强化你的目标，促进你的恢复。辅助意念法中的想象在你的潜意识中创造新的蓝图，在你从焦虑和害怕感中恢复一段时间后仍能强化你的积极行为和感觉。

想象你已经取得了巨大的进步。你让原来的害怕、焦虑随风而逝。现在你用心得处理技巧这一新的工具来控制自己的焦虑和压力。每天你都更加坚强，自信，更有把握。无论压力多大你都能处理好任何情况。你已经运用了新的技巧，在害怕有机会出现前就已经把害怕阻止了。许多原来的害怕被你远远地抛在脑后，并且一天天变得越来越模糊。未来的印象是你新的蓝图。现在，你想象用新的技巧停止了害怕感的袭击。你自在地呼吸，你觉得平稳，你的胸和胃都很平静。你已经成功了，你实现了你的目标。你赢了，你有控制力，感觉很棒。你为自己自豪，你感到很自信。你知道你能做到。现在你享受生活，而且没有原来的害怕感。它们仅仅是过去的包袱，你让它们远去。无论压力多大，你都能处理好。你有力量、信心，你能控制自己的生活。现在想象自己在特别的地方的自我形象，回忆你所有的新的、自信的感觉，相信自己能够处理任何情况，喜欢你自己。你沉醉于积极的感觉，长达几分钟。

治愈儿时留下的创伤

"我父亲每次喝醉都打我，他经常喝醉。现在我不能处理关系，承担责任，怎么会这样？"

"我缺乏自信，对自己很不满意。从儿时起我就记得父母亲从未赞同过我做的任何事情。"

这些话都出自小时候在某方面受过虐待的人们之口。什么时候好意的教导成了虐待？这个问题很难回答，但是童年时的创伤会影响一生。

家庭虐待

3种环境因素经常和儿童虐待联系在一起。

1. 酗酒家庭

酗酒经常是家庭虐待儿童的直接原因。据这一领域的专家调查，酒精经常导致身体虐待。这些因素会导致人与人之间的界限模糊或消失。很多时候家庭成员把他们的依赖感隐藏起来，酗酒家庭的小孩不得不猜测他们父母奇异行为背后的原因。下列行为帮助你判断是否是酒精或者毒品影响了你家庭中成人的行为。

个性巨大的改变。

情绪不稳。

表现出愤怒或者过分关爱。

记忆力弱。

长期压抑。

用酒精或毒品解压。

身体失去协调性。

2. 情感错乱

如果父（母）亲隐藏他（她）的感觉，他们的某些感觉被否定或不允许，这样的家庭氛围就不会是鼓励信任，创造自由的氛围。孩子们很快就学会了掩藏自己的感觉，也不会期望父母的支持。这样的家庭在外人眼里可能非常完美，但是隐藏和未表达的情感已经影响了家庭成员间的信任和正常的纽带。

3. 家庭虐待史

有一个家庭，父亲每年都打孩子们一次屁股——不管是否必须。他用的是细枝条。长大后，他的女儿对她的孩子们用的是发刷；他女儿的儿子以后用的是木板。这种方式一代又一代地重复。无论虐待的形式是什么，在痊愈和停止之前它会一直传下去。

承认痛苦

你可能没认识到自己曾经是个受过虐待的小孩，却在想为什么现在你没有自尊心、没有自信心，或者为什么你感到害怕、饮食紊乱或选择虐待伴侣。

弥合儿童虐待伤口的第一步是认识到在小时受过虐待的事实，

因为记忆经常被深藏，你受过伤害的唯一线索是你和其他受虐待幸存者在某些行为上的相似性。接下来描述了几种虐待形式以及可能产生的行为方式。

1. 身体虐待

乔治特童年时有过几位继父，他们都认为教导小孩的最好方式是好好地打他一顿。无论什么时候乔治特的举止让她的继父们看不顺眼时，她都会被鞭子抽一顿。她同样的行为方式即使稍微改变也会让每位继父大发雷霆，乔治特永远也不知道什么时候怎么做才不会挨打。她无法控制自己的生活，只有通过控制自己的体重来反抗。很快乔治特体重急剧下降，她用泻药把吃进去的食物拉出来。这种自残的行为开始上瘾，不久乔治特再也不能控制自己的大便。

现在乔治特45岁，看起来超过50岁。她每餐都要先吃西红柿等鲜艳的食品。乔治特有创造力，聪明，然而没有自信。自我形象完全扭曲。乔治特无法工作，觉得自己完全失败。现在援助组帮助她处理儿时的虐待阴影、获得自我表现价值和恢复健康。

任何形式的身体虐待都会留下情感的创伤，影响远远超过了伤口本身。既然身体伤害有长期的严重影响，大多数儿童心理学家认为不应对孩子进行身体惩罚。

在一些严重的身体虐待中，儿童会找办法来保护自己。防卫措施之一是精神逃避。受虐待的儿童假装伤害没有发生。他们会幻想逃到没有痛苦的想象世界。或者，为了找到他们迫切的避风港，身体上受虐待的儿童可能会躲避到无人到达的地方。这是防卫的一种方式。这里有一系列受身体虐待的儿童的其他行为和感情特征。

无法认清现实（对人们所处的不现实的环境的过高或过低期望，认为他们不喜欢你）。

害怕人们知道"真实的你"（你认为他们会发现你隐藏的缺点）。

无法感到或者表达爱意。

认为你内心的潜个性或者恶魔会发挥破坏力。

感到羞耻（因为父母亲的虐待行为而自责）。

隐藏你的真实感觉。

突然发怒和打架。

感到没有价值，逃避挑战。

2. 性虐待

35 岁的卡伦是一家大型公共关系公司的会计员。她有幸福的婚姻，两个优秀的女儿。卡伦因为她的母亲和哥哥的性虐待已在理疗中心治疗多年。

卡伦的父亲和家人很少待在一起，因此没有意识到问题的存在。她的母亲经常喝酒，一喝醉就性虐待打小孩。她首先引诱她的长子，然后伙同儿子共同性虐待两个小女孩。虐待持续了许多年，卡伦和她的妹妹认为她们的哥哥是恶魔，妈妈是巫婆。两个小女孩互相帮助，假设自己是困在城堡里，从而幸存下来。她们生存下来了，却伤痕累累。

卡伦恢复了自尊心，改善了与丈夫的性关系。然而，她心中仍有阴影，非常害怕自己像妈妈那样鞭打和虐待自己的女儿。她的恐惧感是如此强烈以至于她拒绝和儿女们有任何身体上的接触。她害怕和他们拥抱、亲吻和牵他们的手。

性虐待经常不容易被察觉。父母亲以不适当的方式调戏或给小孩讲性故事，这些虐待行为被误认为是爱和喜欢。性虐待隐藏得越深，小孩就越感到混乱不清。小孩在情感侵略和被爱之间摇摆。跨越了界线，小孩就被剥夺了性发展的自然权利。

性虐待的幸存者成人以后很难与他人保持正常的关系。问题可能是：

性欲强；

性冷淡；

无法保持性关系；

害怕亲密；

害怕性；

害怕男性和女性；

感到受到目前或潜在的性伴侣的威胁；

选择虐待的伴侣；

选择孤僻的伴侣。

3. 情感虐待

29 岁的罗伯特强迫自己走出门，穿过街道，进入杂货店。如果他看见有人朝他走过来，他就过马路，在另一边继续走。他并不是害怕陌生人伤害他，他是害怕别人打招呼时他不得不回答。偶遇的念头让罗伯特的心跳加快，呼吸短促。如果罗伯特这时有这种感觉，就有一个声音对他说："这些人不喜欢我，他们认为我不行。我会令他们失望。"从客观的角度来看，这种害怕不理性。陌生人潜在的接受或拒绝如此严重地影响罗伯特的行为方式似乎不可能。但是对罗伯特来说他的害怕是真实的，害怕每天都在影响他的生活。

罗伯特从未感到父母接受他或真的爱他，但还是小孩的他不敢说出来。他的父亲，一名化学家，大部分时间都待在实验室或家里的书房。他经常工作繁忙，罗伯特的抚养工作就交给了罗伯特的母亲。罗伯特的母亲有很强的是非观。罗伯特很小时她就给他灌输她的道德标准。根据他母亲的伦理观点，感情代表软弱，所以他们谈话时从不表达感情。罗伯特很快悟出：如果你流露出某种感情，那么你在某个重要方面是非常不足的。于是他从未向任何人流露自己的感情。

罗伯特的母亲也有情感。如果她能认识并承认的话，她应该知道她感到非常痛苦。痛苦来自她嫁的丈夫，而现在他已经完全抛弃了她。罗伯特感觉到了她母亲的痛苦。但是他既不能问，也不能安慰，他以为母亲生气是因为他。结果罗伯特得出结论，他会让她失望。

情感虐待带来的伤害似乎不深，也不被注意，实际上它造成的伤害很大。

想想熟悉的话语。"我妈妈看着我的样子，我就知道我最好闭嘴。"

在健康家庭里，教育是爱、同情和亲切的平衡。严厉的眼色就如鞭子的抽打，一句刺耳的话就置人于千里之外。

在缺乏感情的家庭里会发生各种虐待。这里有一些例子。

忽略。你的父母亲事情太多而无法关注你。或者你的父母不同意你做或不做的事情，他们把惩罚看作爱。

不一致。家庭混乱，规则每日改变。这一次接受的可能下一次不承认。

不满意。无论做什么，无论你如何努力，都不够好。如果你数学得了个 A，地理得了一个 B，但他们认为你应该得到两个 A。如果你做得很好，你父母会表扬他们自己。"当然你会赢得网球赛。你是我的小孩，不是吗？"你的父母可能说，"当我打球的时候我是队里赢得比赛最多的人。"

害怕和威胁。你的父母创造的情感环境可能威胁你的安全。用暴力、灾难或惩罚作为威胁只会失去安全感。潜在的威胁通过身体和身体动作表现出来。

自我发现图表

作为成人你可能体验到无法理喻的感情和情感，它们可能让你郁闷，它们可能是慢性的或突然发生的。下面的自我发现图表帮助你决定你是否在童年受过虐待。列出的情况在受虐待而幸存者中相当普遍。

害怕让人们了解："真正的你"（你认为他们会发现一些隐藏的可怕的缺点）。

害怕被他人控制。

害怕你不受控制，伤害人。

害怕拒绝和抛弃。

害怕亲密。

害怕表达你的需要。

感到羞辱（因为父母亲的虐待行为而自责）。

突然感到生气。

感到没有价值；逃避挑战。

没有达到自己或他人的期望时的罪恶感。

感到权威人物的威胁或对权威人物有敌意。

感到受到目前或潜在的性伴侣的威胁。

隐藏你的真实感情。

没有能力感觉或表达爱和喜欢。

没有能力维护持久的关系。

选择虐待性或不正常的伴侣。

性欲强或弱。

完美主义（总是想把事情做对）。

过度使用香烟、酒精、毒品或食品。

对人们有不现实的期望，认为人们不喜欢你。

试图控制你生命中重要的人的行为、感情或反应。

如果有几种情况适合你，你可能想知道你在儿时被虐待的可能性。为了拥有强烈的自我表现价值感，必须学会信任他人，获得自尊心的平衡。儿时受虐待的幸存者必须经历两方面的过程。首先，原来阻碍你进步的思维方式必须被新的积极的方式所代替，这样你才会用新的方式生活。其次，受到虐待的小孩必须和现在的成人接触并受到照顾。恢复后你才有可能让目前阻碍你产生爱和信任的疼痛逝去。

改变原来的方式

自我发现图表显示了在儿时受虐待的幸存者当时生活的普遍现象。你适合的状态可能已有很长一段时间，以至于已经成了一种习惯。这些感觉或思想已经深入到你的潜意识。

为了改变消极的行为方式，你必须改变评价自己的准则。例如，如果你认为自己害羞，不能去约会，你可能就不会去约会。如果你认为自己怕狗，你可能不会和狗散步。但如果你给自己一些积极的信息，如"我很棒，充满爱心，幽默"或者"我高雅，协调和敏捷"，那么你约会的机会将增多，你的狗会爱你。请注意你的大脑没必要相信你的新信息，因为你还要努力说服你的潜意识。如果你不断重复肯定的信息，潜意识中便不再有你原来的思维方式，从而新的感觉和行为方式便会被固定下来。

新的信息。仔细地看你在自我发现图表中符合的几项。把它们按先后顺序写在下面。

（1）_____

（2）_____

（3）_____

（4）_____

现在你准备创作新的信息。看你写下的第一项。想想在你生命中的特别时刻，这种感觉或行为伤害你最深。例如，你最害怕亲密感。努力想想由于你害怕亲密感而直接导致的行为结果。如果是一个很困难的问题，你的思维可能不想稳定在这个问题上。你越有针对性，你的大脑可能越一片空白。不断地把注意力放到原来的问题上，直到你想起你对亲密感的害怕如何影响你的日常行为。你可能说："因为我害怕亲密感，所以我从不和陌生人谈话。"现在更深入些，努力找出行为背后的具体恐惧感。你可能说："我从未和陌生人谈过话因为我害怕别人取笑我。"你现在有了要解决的具体问题。记住这句话并没有深入到问题的核心。我不需要马上解决全部问题。一步一步地解决更有效果。

接下来，确定与陌生人谈话时希望如何表现。吸引人？聪明的？体贴的？

一旦确定了你希望表现的样子，就写下新的积极信息。可能是这样："我很聪明，我有信心，有能力来表达自己的思想。"这里有更多的处理其他问题的办法。

如果问题是完美主义，

具体问题可能是"当我犯错误时，我害怕其他人会取笑我"。新信息可能是，"错误可以促进学习和进步。我是个犯错的好人。人非完人，孰能无错？我接受我的错误和成就"。

如果问题是你害怕权威人物，具体问题可能是："我和重要人物在一起紧张，不知道他们说什么。"新的信息可能是，"我是有价值的人。在权威人物周围我有信心，有把握"。

如果问题是因为没有实现某人的期望而有罪恶感，具体的问题可能是："当丈夫抱怨房子周围的某些事时，我感到如此有罪恶感。"新信息可能是，"我已经尽了我最大的努力，我自我感觉良好。我很好地履行了我的责任"。

确定新的信息是积极的。意念法中不允许出现"不"字。如句子"我不会让其他人使我感觉糟糕"会混淆你的潜意识。因此最好改为"我感到自信，和其他人在一起感觉良好"。

现在写下原来的思维方式，并在旁边写下新的信息。

原来的思维方式　　　　　　新信息

（1）_____　　_____

（2）_____　　_____

（3）_____　　_____

……

制订计划

现在你已经清楚地写下了你的新信息，你准备把它们融入你的潜意识。新信息意念法帮助你树立自信心和自尊心。你的新信息将成为你思想、感觉和行为的新方式。

树立信心，改变消极的方式。意念法建议，你"想象自己更自信，每天越来越接近你的目标，每天你都让原来的方式随风而逝，原来的消极方式只会阻碍你进步"。

回忆积极的经历，增强自我价值感。意念法建议你回忆并"想象你感觉良好的时刻，你取得了成就，或实现了目标，或是你得到了表扬。记住那一美好的感觉，回忆那一美好的感觉……回忆特殊时刻所有精彩的细节"。即使是微不足道的成功也能让你感觉良好，提高你的自我价值感。

插入你的新信息。意念法让你有机会插入你的新信息，譬如"当某个人表扬我时，我说谢谢你，并且感觉我值得表扬"或者"我是有价值的人。遇见每一个人时我都有信心和把握"。为了把信息的作用最大化，把它们的数量限制在 5 个。你可以重复使用相同的信息或者用新的来代替。通过观察信息发挥作用的速度来评价自己的进步。

注入新的信息，为了让你的新信息发挥作用，意念法建议："想象你的新信息已经牢固地确立。你看起来更自信，更有把握。你喜欢自己，你为自己自豪，你受到朋友和家人的羡慕和尊敬。你的新信息发挥作用，并且越来越大。"意念法中产生的积极情感越强烈，新信息就越深刻地注入到你的潜意识中。

使用意念法

1. 新信息意念法

现在你感觉如此舒适，如此放松，一种平和感流经你的全身。你感觉所有的目标和期望似乎都能轻易实现。想象自己更有信心，每一天每一时刻都越来越接近你的目标。每一天每一时刻你都让原来的方式逝去。原来的消极方式仅仅会阻碍你，原来的消极方式仅仅带给你压力。你让它们离去，释放它们，让它们离去。在心里你看见它们，看见它们消失。让它们离去，让平和感越来越强烈。随着自信感越来越强烈，你对自己的感觉越来越好。现在想象感觉良好的时候，回忆美好的感觉，体验成就感。想象脸上的微笑或自豪感。回忆特殊时刻精彩的细节。现在保持这种感觉，坚持这种感觉，让自信感越来越强烈，自我感觉越来越好。现在继续放松，插入新的信息，如："当有人表扬你时，我说谢谢你，觉得自己值得表扬。"或者"我是有价值的人。遇到每一个时我感到自信和有把握"。

现在仅仅想象你的新信息已经根深蒂固。你看起来越来越自信，更有把握。你喜欢自己，你为自己自豪，你是很不错的人，你值得成为最好的你。你受到你的朋友和家人的羡慕和尊敬，你越来越有信心，你的新信息正在发挥作用，而且越来越大。现在让所有积极的感觉和想法深入到你的潜在意识，越来越强烈。然后进入到另一个时刻，让你的思想慢慢返回到你的特别场所，你的平和之地。

2. 受虐待小孩的内心

你有没有曾经靠近某个人然后注意到他的微笑，他的脚步，他的味道——这一切让你想起你二年级的老师？这时候一连串记忆涌上心头——木地板的教室，休息的铃声，学校里嬉戏的孩子。许多事情可能激发你童年的记忆。当你触摸到这些记忆及它们带来的感觉时，你就接触到你内心的小孩。

对于受虐待儿童来说，感觉并没有例子中那样美好。伤害、怒火、害怕和羞耻可能全部进入痛苦而生动的记忆中，尽管痛苦，内心的小孩仍然喜欢玩这个游戏，他也很清楚你生活中想要什么，需要什么。当"我不想那样做"或者"我不听"这样的想法出现时，你就听到你内心小孩的声音。

3. 相遇你的内心小孩

闭上你的眼睛，吸气，放松。让一个小孩的形象出现。他可能是脆弱的婴儿、8 岁调皮小孩或者叛逆的青少年。有时你想象的形象可能不像你小时候的样子。没关系，这个形象就是你内心小孩的特征，他不一定很像你。

治愈你的内心小孩

意念法建议你想象一个特别的地方，在那儿你与你的内心小孩相遇。为你们的相遇想象一个安全与平和的地方。你的内心小孩需要感到安全。在这个特别的地方，你可以问你的内心小孩一些问题，如："我做什么才让你感觉好些？你需要什么？你给我什么信息？"在问每一个问题后，等待。答案不会马上就有。实际上，在你的内心小孩感到有足够的安全感之前，意念法不得不重复几遍。除了倾听内心小孩说的话，注意他脸上的表情和内心小孩的情感变化。注意他的身体语言。你的内心小孩是内向还是外向？

当你和你的内心小孩结束对话后，停留片刻回顾你生活中的爱——你对你自己的小孩、伴侣、朋友，或者宠物的爱。直接向你的内心小孩表示爱意，拥抱他并且让你的内心小孩知道他很重要。意念法建议你让这些美好的感觉把你和你的内心小孩连接在一起，这样内心小孩才有可能治愈。

使用内心小孩意念法

现在想象允许你的内心小孩进入你的特别地方，这个地方是如此平和，如此温馨，如此安全，如此可靠。现在想象你的内心小孩出现在你的面前。

现在注意你的内心小孩的模样。穿什么衣服？内心小孩的面部表情怎样？你的内心小孩高兴还是悲伤？注意内心小孩的身体语言。他是开朗还是内向？和你的内心小孩交朋友。让你的内心小孩知道他是安全的、被需要的和重要的。如果你愿意，问你的内心小孩几个问题，例如，"我怎么办才能让你感觉更好？你需要什么？你想给我什么信息？"耐心等待答案。一定要倾听你的内心小孩。答案可能要等待一会儿才有，没关系。如果你的内心小孩不和你交谈，没关系。在你认为的安全地方度过时间，让自己感到爱和温暖。

随后事宜

坚持一个月，每日使用治愈内心小孩意念法。当你感到有明显的改善时，每星期使用一到两次，同时你必须继续提高你的自尊心和自信心。你可以用提高自尊心意念法来代替内心小孩意念法。

恢复的过程曲折起伏。某天你感觉很好，认为自己已经抛弃了原来的问题，第二天它们可能又出现了。继续使用意念法，你会发现锋利的棱角在磨平，低落的心情更容易把握。

特别提示

一旦开始探讨儿时受虐待的问题，感觉就像打开了的潘多拉盒子。你可能没有做好准备看里面放的是什么，最有效的办法是向一名熟悉儿童虐待问题的资深理疗师咨询。

解除心理阴影 ⟩

由于某种不良环境因素的影响，或者受到某个事件的刺激，或者某种暗示作用，人们往往会背上沉重的负担，巨大的阴影时时笼罩在心理世界的上空，对于整个心理状态、精神面貌产生非常强烈的消极影响。虽然每个人的敏感程度不同，但还是有办法帮助受刺激后有心理阴影的人。

一位举世瞩目的男歌星，他的歌声得到了广大歌迷的喜爱，因此他也得到了极高的报酬。但是他现在陷入了莫名其妙的极端恐惧中，自认为声音非常沙哑，而他的经纪人却说他仍然唱得很好，能够参加演唱会。可是，他却相信自己的声音是非常"令人讨厌"的。他非常担心这种情况，而且认为这种情况竟然已经持续3年了。他非常痛苦。

这位歌星名叫查理，是一个非常配合的受催眠者。他在3年前因病必须割除掉扁桃腺，当时，他就很担心手术是否会影响他的歌喉。心理治疗学家猜测，问题可能就出现在那次手术中。也许是由于某一句话形成了负面的暗示，从心理上导致了他的声音沙哑，不愿意开口歌唱。在催眠状态下，催眠治疗师让他回忆当时的情境。

他说他当时几乎丧失了意识。外科医生在结束手术以后，对身边的护士说："好！这位歌星这样就结束了。"其实，这句话可能是说手术结束了。但是，查理的潜意识却不是这么解释的。他在心里一直担心手术影响到他的歌声，结果医生的话似乎证实了他的不安感。"手术必定对我的歌喉产生了非常严重的损害！"他自己这样解释着。他的声音开始沙哑。在催眠面谈以后，他沙哑的声音竟然就此消失了。苏醒以后，他感到很喜悦，非常安心地回家去。催眠治疗师和他约好必须再做一次详细的检查。一星期之后，他再度来到了诊所，但是声音又恢复了沙哑。他沮丧极了，看起来情绪非常低落。

再次发生声音沙哑的原因很轻易就找出来了。因为他在开车到演唱会场途中，他的妻子对他说："真奇怪，你沙哑的声音怎么这么快就好了？"接着她又说："我可不相信你沙哑的声音真的好了，一定还会变回以前那样的！"他又开始担心了。妻子的话真的应验了，不久他的声音真的又变回来了。

可以看出，查理是一个很容易接受暗示的人。容易治疗，也容易被人影响。当再次接受治疗之后没有几天，查理的声音又沙哑了。沮丧中的查理认为即使接受治疗也没什么用。催眠师认为查理的声音再度沙哑必定有其他的原因。由于症状至少能够暂时排除，那么肯定有什么动机或者需要。也就是说，他的潜意识其实并不想使症状排除。

从以上这个个案中我们至少可以得到这样几点启示。其一，心理阴影是由主体状态折射出来的环境刺激所引起的。其二，这种环境刺激是经由非理性的暗示通道进入主体深处心理世界的。其三，以暗示为基本机理的催眠疗法对于心理阴影的消除确实有非常大的帮助。基于上述认识，以催眠疗法解除心理阴影的具体程序一般是这样的：

首先当然是将受催眠者导入催眠状态，然后，可以令受催眠者回忆，描述产生心理阴影的事件，使"真相"大白。接着，催眠师对这些事件进行详细的分析、解释、说明。还可能运用另外一种方式，比如让受催眠者再度体验、经历当时的事件，在催眠师的暗示诱导下，使受催眠者产生与之前事件不同的、恰当的反应。

这里还需要考虑到另外一种可能的情况：有时，催眠师运用种种方法，还是不能使受催眠者回忆起或描绘出产生心理阴影的刺激。这可能是由于个体差异的缘故，更有可能是因为产生心理阴影的不是某一个特定的事件，而是整个生活环境。对于这种特殊情况，催眠师采用的方法通常是编造一个合情合理的、与受催眠者的生活经历有关的故事，把这个故事告诉受催眠者，说这就是他亲身经历的、导致心理阴影产生的、已经遗忘了的早期的经验和体会。然后，催眠师再对这些故事中的某件事件进行分析、解释、说明，对受催眠者进行指导。通常来讲，只要受催眠者能"确认"该故事实为亲身经历，并且认为确实是该事件导致了其心理阴影的产生，此法就可以收到非常好的效果。不过这种方法的使用必须相当慎重，如果受催眠者的潜意识已经察觉到了催眠师的"欺骗"行为，那么就会对催眠师的催眠暗示进行抵抗，如此一来，治疗获得成功的概率就小很多了。

战胜郁闷

精神健康研究机构的调查表明，美国每年有 1700 万人感到郁闷，男性、女性都有，其中女性数量是男性数量的两倍。特殊的生理结构、生命循环和心理社会因素导致了女性的郁闷感。年龄、生活方式和环境也是人们感到郁闷的重要因素。

轻微的郁闷和严重的郁闷

郁闷不仅仅是恶劣的心情。轻微的郁闷包括缺乏精力、动机和胃口；尽管如此，感到轻微郁闷的人仍能够正常地工作和学习，做好必要的事情。

当郁闷渗透到生活的每一个方面，当每天起床工作成了问题，郁闷就不再是轻微的。根据精神混乱诊断和统计手册，严重的郁闷至少包括下列 9 项症状中的五项，而且这些症状至少已出现两个星期：

几乎每天大多数时候都感到郁闷。

几乎每天对日常的所有活动都缺乏兴趣。

几乎每天都胃口不好，体重有明显的上升，或没节食也明显下降。

几乎每天都失眠或嗜睡（睡得太多）。

几乎每天都感到不正常地慌张或身体活动减少。

几乎每天都感到疲劳或精力不够。

几乎每天都感到没有意义或有过度的和不恰当的罪恶感。

几乎每天都感到思考、精神或决定的能力在减弱。

周期性产生死亡、自杀的想法或企图。

严重的郁闷危害很大，甚至威胁生命，应该及早治疗。如果你有自杀的念头，给当地的自杀预防热线或医生打电话——现在就寻求帮助。无论你现在的感觉是多么的糟糕，郁闷都可以成功地治疗。

郁闷是黑色的滤光器，让你无法辨别现实与幻觉。你开始相信你对未来的不现实想法，如"再也没有人会爱我""我再也找不到工作"或者"我的生活从此改变了"。

无论郁闷的根源是什么，有一点是可以确定的：消极、自我挫败感使郁闷永存。

消除郁闷不需要很长时间，也不困难。这一章给你提供简单有效的催眠办法，让你恢复良好的感觉。催眠意念法和技巧主要侧重于消除导致郁闷产生的消极想法。你还将掌握表现技巧，培养积极的心情和工作态度，过上没有郁闷困扰的快乐生活。

制定积极的目标

在你选择治疗郁闷的方法之前，先看看你治疗计划的预期结果。仔细地阅读下面的目标，在脑海中记下你觉得最重要的。在催眠过程中再返回到这些目标。

晚上睡眠好，早上醒来精力充沛，准备迎接一天的挑战。

感觉充满希望，积极地看待未来。

感到放松，平静和有动力。

在平常的活动中获得享受，如在院子里慢跑或工作。

胃口好，体重适当。

感到健康，强壮。

感到更自信，对自己的成就感到自豪。

能够全神贯注。

以积极的心态体验自己所有的情感方式。

郁　闷

郁闷的症状表现在情感上、身体上和心理上，这些症状可以单独或同时出现。为了理解郁闷的动态机制，有必要理解下面的一般事实。

1. 郁闷的诱发因素

尽管研究者对郁闷这一问题理解得越来越透彻，但是没有人确切地知道郁闷产生的原因。在大多数时候郁闷是由于平衡情感、胃口、睡眠、荷尔蒙和行为的化学物质，神经传递素和边缘系统不平衡而产生的。神经传递素是控制边缘系统的微妙平衡传达网络的一部分。当这些化学物质处于平衡状态时，你会感觉良好，当平衡被打破时，你就感到郁闷。这里有一些打乱这种平衡的具体因素：

压力。由于所爱的人的死亡，失去收入，或离婚而感到伤心、痛苦是很正常的。但是持续的压力会发展成郁闷。

痛苦的事情，如受虐待的童年或伤害也会导致郁闷。

遗传因素和个性。郁闷可能会有家族史。较弱的自尊心和缺乏信心都是导致或促使郁闷产生的因素。

具体的疾病。免疫系统疾病，其他病情，手术和身体疼痛也会产生郁闷。

药物。某些药物有副作用，服用后会产生郁闷；酗酒或吸毒让大脑化学物质不平衡，产生郁闷。

荷尔蒙不平衡。荷尔蒙水平的变化也会导致郁闷产生。女性在分娩或绝经期因为荷尔蒙的不稳定或减少而感到郁闷。产后郁闷症在新妈妈当中相当普遍。

长期的消极思维方式。你的思想也会影响你大脑内的化学物质。长期把自己局限于生活中痛苦的、令人失望的部分会给大脑的化学物质和心情带来有害的影响。

2. 消极的思想

长期的消极思想，如自我指责或不胜任，将通过影响你的大脑内化学物质的不平衡而点燃郁闷之火，而化学物质的不平衡会让消极思想越来越强烈。破坏这种循环似乎不可能，但是改变你的思维方式却可以做到。

一旦你理解了你的思维过程，你就可以采取步骤，改变产生或强化郁闷的消极思维方式。消极思想是你根据自己生活积累的信息把自己、家人或生活想象为悲观事实的不真实的假设。几乎对于每个话题或经历，你都有痛苦的记忆，甚至认为自己"愚蠢，无能，无价值"。

例如，约翰无论取得什么样的成就，都对自己不满意。他认为自己不够优秀，也不够努力；这些想法让他焦虑和郁闷。过去约翰的父亲为他的孩子们设立很高的标准，却很少因为表现出色而表扬他们。约翰同样这样评价自己。

你的意识或潜意识中长期的消极思想会成为一种习惯的思维模式。当模式处于沉默，或者不是很平静，思想产生了，你可能首先觉察到的是情感而不是思想。

例如，劳拉在早上开始上班时，突然感到不安。当她审视自己的情感时，她意识到自己计划完成一项过去一直在努力的任务。她在忐忑不安地做今日的工作，因为她早已认为自己会失败。每次她在开始工作时，她就被这个想法打断："我做不到。我已经知道我不够优秀。"她对形势的理解不仅让她不安，而且阻碍了她在工作上的努力。

改变的原则

认识。你一旦觉察到心情低落、情绪不稳，或者消极的思想，便停下来，深呼吸，认识这一思维过程。你可能发现你在过去的10分钟已陷入这一过程，或者更久。仅仅认识到这一过程本身，你就阻止了它继续发展。

清醒。过去，你认为所有的消极思想都是事实。停止这样的想法，不要承认这些想法，因为它们没有告诉你"你是谁"的事实真相；它们只会让你郁闷。相比这些消极想法还有更多对你和你的经历有意义的事情，而且这些消极的思维模式让你无法积极地看待自己。

打退消极想法。你一旦认识到消极想法，就再次集中精力与它抗争。寻找生活中的积极经历，找出你的实力和成就。想想给你启迪的事情，你真正喜欢的事情。

你在运用这3项原则后，就能更现实地看待事情和形势。

制订你的新计划

战胜郁闷主要有两个意念法。第一个，将战胜郁闷意念法融入改变的原则——认识，清醒和打退消极思想中。表现意念法帮助你集中积极的目标，增强你的积极感觉。这两个意念法共同帮助你实现下面的目标：

改变你的消极思维过程。

把新的反应融入到你的生活中。

成为一个更快乐、更平静和更健康的人。

创造积极的未来。

把快乐带入每一天。

恢复良好的感觉。

具体计划

战胜郁闷意念法是用来取代产生或增强郁闷习惯的消极思想和自我挫败思想的。催眠后的建议让你的潜意识接受积极的思想。

你的潜意识是保护者。你的消极思想和思维模式已经成为习惯，战胜郁闷意念法将打破这些习惯，建议："你的潜意识是你的保护者，作为你的保护者它将提醒你注意消极的思想。你一旦认识到你的消极思维过程在进行时，你立即停止它，做深呼吸。"

改变的原则。这一次意念法强调改变的原则，建议："意识到你的消极想法没有价值。它们不能解决问题，也不能使你感觉良好，它们没有价值。"

指定积极的目标。建议："想象一个积极目标的清单，包括晚上休息好，早上醒来精力充沛，感到充满希望，有动力，对业余活动有心情……"

表现意念法帮助你掌握积极的思维过程，重新建立你的潜意识。表现是一种积极创造你的愿望的能力——你"这里和现在"的愿望，你对"未来"的愿望，以及你的感觉。

对未来树立信任感和信心。建立信任的办法是在脑海中创造积极的未来。意念法建议，你"想象自己在未来的某个时刻……想象在未来的地方，安宁平和的地方"。

插入自己的积极目标。这里，意念法会让你插入你的新的积极目标："现在，创造你的未来，想象你已经实现了你的目标，想象它们的样子，想象每个细节。"

强化积极的目标。积极的情感帮助你实现目标。意念法建议："对未来的形象增加积极的感觉。增加快乐和幸福，想象自己的微笑。"

接受快乐和幸福。你可能很难感到快乐和幸福。你可能觉得其他人都在受苦受难，你不值得快乐。意念法消除这些想法，建议："你的表现帮助实现生命中的积极目标。想象自己的表现让每个人受益。"

把未来呈现在现在。为了感到你的目标是可以实现的，你必须把它们呈现在现在。意念法继续："把未来呈现在现在，把形象、感觉和目标呈现在现在。你拥有这些积极的感觉，它们一直伴随着你。你需要创造空间，把它们带到将来，让自己享受快乐、幸福、平和与安宁。"

灵活性。"关注你的愿望"是一句流行的谚语，这里需要认真考虑。万一你的表现并不是对你最有益的，则允许有所改变。例如，在全力以赴实现事业的成功时，你可能忽略了对你的家人和身体健康所产生的影响。从长远来看，工作操劳，只关注成功并不是你所希望的。要让你的表现最大限度地使你获益。意念法建议："知道你会以最积极的方式表现。当你的表现发展时，它有可能和你想象的不一样。它将比你想象的更好。你认识到你的表现将通过你的感觉而实现，每天你都感觉越来越好。"

设计你的总体意念法

1. 战胜郁闷意念法

越来越放松，当你自由地飘浮时让你的思想放松。放松你的思想过程，现在什么也别想，就想象自己在一个宁静的地方，因为你的思想在休息，你的潜意识准备接受积极的催眠后建议。你的潜意识是你的保护者，作为你的保护者，它将提醒你注意消极的思想。你一旦认识到你的消极思维过程在进行中，你立即停止它，做深呼吸。意识到你的消极想法没有价值，它们不能解决问题，也不能使你感觉良好，让它们走开。记住你是一个有价值的人，你被爱、被关心，你聪明、有创造力。现在，仅仅是越来越放松，集中精神注意你的呼吸，越来越放松，全神贯注想象你的思想和积极目标，实现了积极的美好的目标。想象一个积极目标的清单，包括晚上休息好、早上醒来精力充沛、感到对未来充满希望、感到放松和平静、感到健康和强壮、有动力、对业余活动有心情，如看望朋友，散步，看电影等。全新的每一天，你感到更自信，你对未来有积极的目标，你每天都做出好的选择，你关心你的健康和幸福；你体验快乐、幸福和笑，你拥抱快乐和痛苦的时光；你理解自己，同情自己，允许朋友和家人支持你，你感觉越来越好。

2. 表现意念法

现在越来越放松，在这个非常放松的安静地方，你最好想象自己在未来的某个时刻，它可能是明天，或下个月，总之就是在不远的将来。当你把自己投射在将来时，想象非常顺利地前行，轻柔地、顺利地。没必要匆忙，就是很顺利地前行，让你的潜意识决定未来的时刻，想象未来的地方，安宁平和的地方，在这儿逗留，理所当然地，让自己放松，仅仅感到平和。现在，创造你的未来，想象你已经实现了你的目标，想象它们的样子，想象每个细节，没有必要知道你是如何实现目标的，只是以最积极的方式想象结果。对未来的形象增加积极的感觉。

增加快乐和幸福，想象自己在微笑，想象自己高兴地跳舞，现在真的感觉那些积极的感觉，回忆上一次你笑得前俯后仰的时候，你的全身都在感受，你大笑，感觉到快乐的全部力量。如果你没有体验到所有的快乐，没关系。每一次你表现时你就越来越能体验到积极的感觉，并以最积极的方式创造你的未来表现，你每一次想象时，都增加更多的细节，每一次想象时，增加更积极的感觉。你最好完善你的表现，想象你的表现帮助实现生命中的积极目标，想象你的表现让每个人受益。你的表现给你，给每个人带来快乐和幸福。现在把表现呈现在现在，把形象、感觉和目标呈现在现在。你拥有这些积极的感觉，它们一直伴随着你。你需要创造空间，把它们带到将来，让自己享受快乐、幸福、平和与安宁。现在你的表现是为你而创造，让它顺其自然，知道你会以最积极的方式表现。当你的表现发展时，它有可能和你想象的不一样，它将比你想象的更好。你认识到你的表现通过你的感觉而实现，每天你都感觉越来越好，你感觉更活泼、有动力、快乐和幸福，每天你都在创造你的表现，每一次你想象你的表现时它就越来越强烈，你惊奇自己感觉越来越轻松、越来越自在。你的每一天都在顺利地改变，生活都在顺利地进行，每天越来越好。

克服考试怯场

考试怯场是考生因情绪紧张而不能发挥实际水平的心理失常现象，它以担忧为基本特征，以防御或逃避为行为方式。对于那些参加重要考试的人来说，最为痛苦的事情并不是题目太难不会做，而是由于怯场，本来会做的题目却都做不出来了，或是把非常简单的题目做错了。每年的高考不仅是对考生知识、能力水平的检测，也是对其心理素质的一个总体检测。不难想象，那些由于怯场而名落孙山的考生心情是多么沮丧，对其心理上的打击是多么巨大。

在对中学生进行的心理健康调查中发现，他们紧张、不安的倾向，在一年之中有好几次呈现急剧上升和剧烈下降的趋势。峰值状态的时间是在期中考试和期末考试的时候。对于即将面临高考的学生，这种倾向表现得更为明显。诚然，怯场是在考场上出现的问题，但是，与升学考试有关的心理问题，并不是在考场上才产生的。也就是说，心理上的原因才是引起考生紧张和慌乱的导火线。

当考生为准备考试而开始用功的时候，会因强烈意识到这场考试对于自己的意义，担心、害怕失败而产生不安感。尤其是期望的水平较高，更使得考生产生强烈的紧张感和焦躁不安的心情，以致无法将他的注意力集中在学习活动上。理解力、记忆力也肯定会随之减退，自信心渐渐丧失，学习效率也在不知不觉中下降。自信心和效率的莫名下降更增添了他们的紧张、焦虑与不安。倘若老师、家长的期望和要求很高的话，那么，考生的紧张与不安就更为剧烈。随之而产生一系列生理上的变化，例如头昏脑涨、恶心、呕吐、嗜睡等症状。此外，在消化系统、循环系统以及身体的其他机能方面，也会出现各种各样不适应的感觉。到临考前的几天，这些现象就会愈演愈烈。有些考生，在考试前的几天，精神几乎就已经崩溃了，他们大脑的皮层由于情绪高度紧张而出现了优势兴奋中心，这个优势兴奋中心又因为免诱导规律而使大脑皮层的其他部位产生抑制，所以一上考场，便容易怯场。

另外，许多老师和家长在送考生的路上总是喋喋不休地对考生说："不要紧张！不要紧张！千万不要紧张！"而且在行动上重点保护，准备补脑液、高级饮料……事实上，这种含有消极词语和行为的暗示反而加剧了考生的紧张，进一步诱发了考生怯场的可能性。

那么，到底如何才能彻底消除考生的怯场心理？催眠有助于解决问题，当然，这个问题需要从两个方面着手。

第一，应当明确意识到怯场这一问题的存在及其危害性。要采用科学的、合理的学习方法，做到有张有弛。利用休息、运动、音乐以及心理学家的咨询指导，防止紧张与不安的产生，或消除那些产生的紧张、不安、自信丧失等，只要从平时就做起，这样效果就会非常好。也许有人认为，高考前那么紧张，哪有闲工夫做这些事，这就大错特错了。上述调节只会更利于学习效率的提高。如果一个孩子对怯场能够正确认识，自我调控，懂得劳逸结合，考场上不乱方寸，那么，娱乐和休息不但不会影响成绩，有可能考得比较好。

第二，运用催眠暗示疗法来帮助消除怯场心理。如果怯场的症状较轻，还可以采用自我催眠的方法来应对。这是比较简单易行的，但需要在平时就进行自律训练法的练习，并能进入自我催眠状态。当进入考场，坐在椅子上后，一般离考试开始还有几分钟的时间，就可以实施自律训练，逐步获得沉重感、安静感，特别是额部的凉爽感。然后，再进行自我暗示："我现在心情很平静，非常平静、非常镇定，太镇定了……考试马上就要开始了，我一定能够处于最佳状态……我肯定能……是的，我一定能够发挥出最高的水平……思路很清晰，记忆力也十分好……肯定是这样的、不会错的……我的头脑也越来越清醒……好，考试一定会非常轻松……保持平静……"暗示完毕，睁开眼睛以后，便目不斜视，全身心地投入到考试之中。

如果考生的怯场心理比较严重，在考前就已经出现了严重的紧张与不安感，同时伴有虚脱、焦躁、失眠、做白日梦以及其他身心失调的症状，那么光靠自我催眠法可能是无济于事的。这个时候，就要请职业的催眠师实施催眠法了。为了保证日常生活中工作、学习等活动的顺利进行，人们都是需要维持一定的紧张度，这也会让人更好地投入到工作中去，但是由于外在的物理刺激、社会环境刺激和内部生理刺激的影响，人们往往陷于过度紧张的状态。为了解除这种过度的紧张状态，保持一个比较恰当的紧张水平，我们必须使整个身心都处于一个松弛状态。身心松弛以后，就会产生一种不需要对周围刺激或心理压力直接起反应的分离状态——基本脱离环境或事物的影响，能以客观、坚决的态度，冷静地观察周围的事物。在进入了这种状态后，怯场的现象也就会自行消失，在考场上也就能正常发挥。

无论是在什么样的场合下实施松弛法，首先都要让受催眠者采用最舒适的姿势。接着，要求受催眠者将全身各个关节部分，尤其是颈部、肩部、肘部、手腕、手指、脚踝、腰、足、足趾等关节为中心的肌肉活动一两次，以取得基本的放松感。然后，将受催眠者导入催眠状态，在受催眠者进入催眠状态后，就可以进行各种松弛训练了。通过放松训练后，受催眠者变得十分平静，如此一来，自然不会有紧张和不适的感觉了。

1. 呼吸

此法主要是让受催眠者将呼吸的时间尽量放慢与拉长，并将注意力高度集中于呼吸活动上，随着呼吸不断地深入，受催眠者会慢慢平静下来，渐渐就可以进入到放松状态中。

2. 想象

暗示受催眠者"你的身体现在漂浮在半空中，好像踏在软绵绵的云端上一样"。或是"你全身好像都被溶解掉、消失掉了一样，脑海里一片空白，什么也不去想，什么也不要做，你只是跟着我的引导，很快就会进入很放松、很舒服的状态"。要求受催眠者去想象这样的情境，也会促进受催眠者全身松弛状态的出现。

3. 沉重感的暗示

此法需要让受催眠者的四肢、眼皮、肩部等部位放松，然后给予受催眠者沉重感的暗示，并要求受催眠者反复体验这种沉重感。当受催眠者能够真切地体验这种沉重感时，注意力也就集中起来，进入放松状态了。

在通过一种或数种方式使受催眠者的身心松弛下来之后，就可以用思考预演法将其带入心中的那个"考场"，预演出他在考场中精力集中、精神振奋、思路敏捷的状态。最后再作催眠后暗示，告诉受催眠者，今后只要跨进考场就能够非常轻松、愉悦，而决不会再产生紧张、恐惧等心理。一般说来，经过数次催眠治疗之后，受催眠者的怯场心理就可以得到缓解。

消除学校恐惧症

所谓学校恐惧症是指儿童对上学产生了恐惧心理（多见于 7～12 岁的小学生）。有这种心理的学生经常以呕吐、腹痛、不舒服为理由而请假不去上学，即使勉强来到了学校，也是对学校充满了恐惧。他们总是沉默寡言，郁郁寡欢，学习成绩不佳，对任何事情都缺乏主动性，与老师、同学都不能进行正常、健康的交往。这种情况一般持续的时间比较长。

相关资料显示，1000 名儿童中大约就有 17 名由于过度恐惧而不能上学。这种儿童往往不愿意离开自己的亲人或者干脆就躲在家里不出来，因为教师和同学不仅不能随时满足他们的要求、以他们为中心给予他们特别的照顾，甚至还可能对他们的缺点给予严厉的批评，这就引起了他们强烈的焦虑、不安、害怕与恐惧，致使出现某种躯体上的症状。对于这种学校恐惧症，一般性的思想教育难以收到很好的效果，过于迁就既是不可能的，同时对他们的心理疾病根本无济于事。"学校恐怖症"主要是"心病"，防治要对症、对因下"药"。利用催眠术的方法，可以使他们的症状及其精神面貌得到了较大的改观。

江江是一名初中一年级的小男生，据他的老师介绍，江江孤僻、沉默、学习成绩不佳，老师几乎从来没有听他说过一句话，所以也不知道他到底有什么问题和困难。在催眠师与江江的第一次面谈中，催眠师还请来了与江江相对比较亲近的两位同学林林和杰杰。催眠师并没有告诉他们面谈的真正目的，只是说："我就是想了解学生的情况，所以请你们来谈一谈。"开始的时候，三人都很紧张，催眠师便与他们闲聊了几句，接着他说："既然大家到了图书馆（面谈地点是在图书馆），不如让我们先来翻翻书看吧。"这么做的目的，主要是为了消除江江的紧张感，放松他恐惧不安的心情。

江江稍微犹豫了片刻，看到他的同学已经采取了行动，便模仿着他们，从书架上拿下一本著名的《汤姆·索亚历险记》。虽然他的动作慢吞吞的，但是十分有耐心，看得出来，他并不是一个不喜欢读书的孩子。这种和谐的气氛持续了20分钟以后，催眠师开始与孩子们进行谈话。

谈话不是以单刀直入的方式进行的，而是从比较琐碎、愉快的事情开始，逐渐引出了核心话题。催眠师问道："你们现在都开设了哪些课程？新生训练时对学校生活有什么感想？现在又有什么感想？你们班级的情况是怎么样的，有哪些优点和缺点？与班上的同学相处如何？目前班上都流行什么样的游戏？你也参加吗？你平时都喜欢从事哪些活动？你认为自己怎么样？对将来的前途有什么打算吗？回家后都做些什么？住宅附近的环境如何……"由于林林的踊跃发言，杰杰也开始积极讲话，这使得气氛变得十分热烈。江江开始只是偶尔点点头，表示附和。后来，在谈话进入了最为融洽的自由聊天阶段时，催眠师间或用目光来鼓励江江开口发言。于是，江江终于开口讲话了，并且还露出了难得的笑容。由此可见，江江并不是一言不发的人，只是对环境、气氛的要求比较高而已。江江的讲话内容可以归纳为以下几点：功课方面虽然缺乏自信，但是并非是不喜欢；入学的时候他害怕高年级同学，同时也有点害怕几位老师，主要是老师曾在众目睽睽之下对他厉声责备，所以很恐惧；在班上没有什么特别亲近的同学，但是觉得这并没有什么不好；最厌恶粗暴的行为，喜欢棒球运动；从来没有考虑过自己的前途；回家后喜欢和弟弟以及邻居的孩子玩，在家里不会感到寂寞。经过谈话后，催眠师发现江江的情况还算乐观，只要通过心理疏导，加强自信后便能痊愈。

在第一次面谈结束后，催眠师告诉林林、杰杰和江江："三个人一起来，可能会妨碍个人的发挥，所以下一次希望和你们每一个人单独进行面谈，这样谈话的时间也可以长一些。反正我们就只是看看书、随便聊聊。可能的话，不妨将平常所做的消遣的事，也都和我谈谈。"经观察，他们三人都没有因此而紧张不安。第二次面谈时只有江江一人。催眠师还是先让他自由地翻翻书，然后对他说："现在我们一起来做做体操，放松一下筋骨，也让脑子休息休息，缓和心情，你会感到十分舒畅，精神也很愉快……好的，现在再让我们做深呼吸，慢慢呼气，慢慢吸气，好，你会感到更加舒服，很舒服……"

在这样一次30分钟的朗读与交流之后，催眠师让江江谈一谈在家里玩耍的情况，结果他滔滔不绝，可谓无所不谈。第二天，江江的老师和催眠师见面时，惊喜地说："江江已有了很大的改变，今天早上他面带微笑和我谈了好一阵子。"第三次面谈一开始，催眠师就用呼吸法把江江导入到了浅度催眠状态中。先让江江读书10分钟，然后与其他人一起座谈。这次江江显得非常放松，能轻松地与其他人自由交谈。只要相关各方密切配合，能为孩子树立正确的学习观念，让孩子自信起来，就能减轻孩子的紧张、恐惧的心理。

第三节
用自我催眠术完善自身

催眠减压，收获阳光心情 ⟩

指　令

以下的指令是专门设计用来为你消除日常生活中经常遇到的一些紧张或者焦虑情绪的。

"现在我要将一整天的紧张与焦虑消除殆尽。

"以后我的每一天都会非常放松、舒服，就像现在一样。我要将所有的紧张、焦虑、不安从我的身体和大脑中赶走。每一天，我都会留意自己身体哪一部分会有紧张或者不舒服的感觉，如果有，我就深深地吸一口气，当我吐气的同时，身体中紧张的部位也会得到放松，当我的身体得到放松以后，我整个人都感觉好了很多。在消除了身体疲劳紧张之后，我同样将思想上的焦虑也赶走了，因为人在身体相当舒服放松的状态下很难感受到那些焦虑与紧张。

"从现在开始，我每天都过得很轻松，而且在工作时也十分专心。我每天都可以保持愉快的心情，而且发现生活是如此美好。我与所有的亲戚朋友相处都觉得很融洽，很舒服。由于我使用了明智的方法来激发我身体中的潜能，我变得比从前更加健康了。由于所有的焦虑感就好像大热天里的水分从地面上蒸发掉一样，我对自己的将来充满信心，十分乐观。现在，我更乐于抽出时间去与他人相处，游览各地风景，享受我生活中的每一部分。

　　"我设想着自己每天醒来都会感到完全放松，我心情十分平静、乐观，从容地伸着懒腰，打着哈欠。我感到精力充沛，我发现在没有焦虑的时候自己的感觉如此的好，而且期待着以后每天都可以这样。当我起来，向洗手间走去的时候，准备梳洗的时候，感到自己心里或身体都体会到自己将要去梳洗。内心的东西非常清晰，有条理，我明白自己每天都可以继续保持轻松、认真、积极的状态。在我身体和头脑的每个部分里都渗透着一种潜在的平和、安全的感觉。所有的焦虑与烦恼都被冲刷掉了，在我的每一天里都会感到开心、放松、舒服、宁静。

　　"现在开始，我可以自己选择远离焦虑，感受放松的生活方式。任何时候，当我有焦虑的感受时，唯一要做的事情就是握紧自己的拳头，然后数到3慢慢松开它。当我数到3的时候，我的拳头就慢慢地放松了，所有的焦虑也都消除了，自己也感觉放松多了，很舒服。"

唤 醒

　　"我从1数到5，就会让自己从催眠状态中清醒过来。当我数到5的时候，我将会变回原来的活跃状态，全面清醒。1……开始从催眠中醒过来。2……开始感知到周围的事物，有一种满足感、安全感或舒适感。3……期待着催眠给自己带来满意的结果。4……感到乐观，精神振作。5……现在完全清醒了，又恢复活力了。"

不再做聚会中的"壁花" ▷

指 令

　　以下的暗示语可以教你如何在公共社交场合增加自信。它们会让你在平时的谈话过程中感到很放松、很自如，所有的时光都很愉快。

"我现在会在社交场合中感到更加愉快。

"从现在开始，每次参加聚会，我都会度过一段美好的时光，对于各种节日活动或者谈话，我都能从容面对。我让自己与周围的环境相处融洽。在与朋友或者自己喜欢的人相处时，我不但没有了紧张、焦虑的感觉，反而比以前更加快乐。在我的社交活动中，不论遇到朋友、生意上的伙伴或者陌生人，我都变得比以前更加自信了。

"在社交场合中我可以轻松地与他人交谈，而且很放松、很舒服。在别人面前我可以完全展现自我，我说出自己的想法，与大家分享我的观点，我可以轻松地表达我想要流露的任何东西。在公共场合，我可以和陌生人打招呼，介绍自己，并且主动与其攀谈。

我对于集体讨论十分感兴趣，这样可以倾听他人的意见，从而肯定自己的观点，证明自己的想法是如此地敏锐、有价值。

"在公共场合，我有如此多的东西想要表达出来。我的出现是有价值的，我的参与是让人欣赏的。我知道大家都喜欢我。我总是可以保持自我。从现在开始，我主动选择去参加各种我喜欢的节日活动。我想笑就笑，想跳就跳，想去参加什么有趣的活动就直接去参与，在所有这些过程中，我自然地流露出自己的个人魅力，也让大家慢慢地喜欢上我了。

"我想象着，自己在聚会中与朋友以及其他陌生人相处得非常快乐，当某些人讲一些有意思的事情时，我会哈哈大笑，因为有时它会让我想起其他一些有趣的往事，我也不惜与大家分享它们。我喜欢向别人讲述自己的事情，更喜欢与大家分享它们。

"当我们的讨论进行到比较严肃的话题时，我的肢体语言也变得更加放松、更加自信。我与大家分享我的学识，向他们阐述我的观点，我可以看到周围的人不约而同地向我点点头，表示他们的认同和赞赏。当每一句话从我口中讲出的时候，我才发现自己是如此聪明，就像他们所认为的那样。

"在每次聚会时，我都喜欢与大家打成一片，我会径直朝一个完全陌生的人走过去，面带微笑地主动和他打招呼。而他也会礼貌地回敬我一个微笑，而且会非常赏识我主动与他谈话的自信心。当我发现在聚会中要让自己变得放松、自在原来是如此简单后，就变得更加从容自如了。我体会到了这么多的快乐，以至于我迫切地希望，在以后的日子里可以参加更多的聚会或者公共事务。

"从现在开始，我期待着去参加一些社交活动。我有一种强烈的意愿去参加一些讨论活动以证明自己的观点。在我讲话的时候，自己的嗓音变得很清澈、很自信。现在，要是有一位先生或者女士与我进行某个话题的讨论时，我会觉得自己的话语无论于他于我都是十分有意义的。所以，我认为自己以后在与朋友、生意伙伴或者陌生人交谈时都会自动变得像现在这样轻松自如。当节日来临时，往往会有各种各样的庆祝活动，比如跳舞、做游戏之类的活动。我首先要确定自己是否真的很喜欢这些活动，真的想去参加。

"如果确实是我感兴趣的，那么我会很果断地去参加那些活动，而且会让自己尽情地去享受其中的快乐。完全地投入，感受快乐是一种很美好的体验。我是一个快乐的人，从现在开始，我要释放自己，让自己更加快乐。"

唤 醒

"我从 1 数到 5，就会让自己从催眠状态中清醒过来。当我数到 5 的时候，我将会变回原来的活跃状态，全面清醒。1……开始从催眠中醒过来。2……开始感知到周围的事物，有一种满足感、安全感或舒适感。3……期待着催眠给自己带来满意的结果。4……感到乐观，精神振作。5……现在完全清醒了，又恢复活力了。"

超然自信，应对自如 >

指 令

通过以下的指令，你将会在日常工作中或商务谈判时增加自信心，取得事业上的巨大成功。

"现在，我在处理所有的事情时都会倍加自信。我希望别人能够赏识我的工作，信任我的想法。我提出好的想法，并与我的主管、同事以及商业伙伴一同分享。我正在寻求自己工作中更大的成就。我每天自信而高效地做着自己的工作，对于工作中出现的难题，总是能提出创造性的解决方案。

"我可以非常自信流利地向别人表达自己的观点。我会让自己去从事最好的工作，也会从容面对来自主管和同事的挑战。我对自己的工作有极大的热情，也为之骄傲，通过工作我可以向别人证明自己的能力。

"我喜欢参与各种商务论坛，一旦我有话要讲的时候，我都会不失时机地向大家表明自己的观点。在工作室里我会感到勇敢、很自信，而且对于自己的能力和智商很有信心。我可以从容、快速、灵巧地处理各种紧急事情。周围的人让我觉得自己的存在很有意义。我所做的每件事情都是重要的，我自己也是重要的。我将会获得成功，不断地提升自己。我可以取得更多的成功，我渴望成功。我完全有理由在自己的职业生涯中取得成功。我对自己，对自己的能力很有信心。

"我可以想象自己正满怀自信地坐到会议桌旁，身边还有很多商务伙伴。我很专注地与大家讨论一些问题。我明白，自己的加入会是成功的关键因素，因此在所有的商务场合，我都愿意与人分享自己在商务方面的观点。

"当会议结束后，我会主动走到所有与会人员中最权威的那个人面前，非常自信地与他讨论我的工作和想法。他非常热情地接受了我的想法，也为我执行所有自己的计划打开了通行灯。当我走出会议室，一种巨大的成就感涌上心头。这使我明白，只要对自己有信心，事业就会不断进步，取得成功。

"我看到自己非常明白如何去操作自己的工作，感到十分自豪。我听到别人称赞我工作是如何优秀，现在我要在享受工作中开始自己新的一天。

"从现在开始，在所有的商业领域中，我都很自信。在与其他商人交流观点时，我觉得非常非常放松、自信。任何时候，我与别人分享我的理念与专业知识，我的声音都变得很清澈、很自信。我不是任何人的擦脚布。任何时候，当我在工作或其他商务地点遇到来自同事和上司的挑战时，我都会沉着、理智地应对，用实际行动向他们证明我的观点。日复一日，在我的日常工作中，我变得更加自信。而我的大脑也可以更快地引导自己改进工作表现，提高工作效率。我对自己的背景知识和专业技能非常有信心。从现在开始，我相信自己可以把工作完成得很出色。我比以前更加成功。在所有的与工作相关的领域，我期待成功，也应该成功。

"我下定决心一定要成功，我把自己的精力用于追求成功。我感到这种决心激励着我。它变得越来越来强烈，几乎全部要释放出来。我相信自己，相信自己的观点。我很肯定，我一定会成功的。"

唤醒

"我从 1 数到 5，就会让自己从催眠状态中清醒过来。当我数到 5 的时候，我将会变回原来的活跃状态，全面清醒。1……开始从催眠中醒过来。2……开始感知到周围的事物，有一种满足感、安全感或舒适感。3……期待催眠给自己带来满意的结果。4……感到乐观，精神振作。5……现在完全清醒了，又恢复活力了。"

别怀疑，催眠就是能增强注意力

指令

以下的暗示语是用来帮助你增强日常的注意力，以面对生活中的每一件事情。

"从现在开始，我要集中精力完成自己的工作，对它付出自己全部的注意力。我对于自己所做的每一件事情都高度集中精力，各种资料十分有趣，我的注意力一直停留在自己的工作上。随着我的注意力不断提高，我的大脑也变得十分清晰。我可以记住更多的信息，而且非常有效地完成各项工作。无论我做什么事情，我都可以集中精力，把所有的注意力尽量凝聚在自己的工作上，凝聚在自己想要做的每一件事情上。

"我的大脑可以一直保持专注状态，所有心思都在自己目前的工作上，毫不走神。我能够全神贯注地工作，丝毫没有焦虑、紧张或不安。我能够轻而易举地保持注意力，因为它已经成为我的一种自然习惯了。伴随着注意力的提高，我对自己所从事的每一项工作或者活动都十分欣慰，因为我可以陶醉在那种全神贯注的工作状态中。我现在可以非常方便而轻巧地将自己的全部精力投入到任何工作或者活动中去。我的大脑与身体协同工作，使我可以保持高度专注的状态。

"现在，我想象着自己正在阅读一本书，这是一本专门用来为我传输重要信息的教科书。我的所有注意力全都集中在书中的文字上。我发现其中的信息是如此有趣，而我也能够非常高效地集中精力阅读并吸收其中的信息。我越读越觉得这本书有意思。书中的每个细节深深地吸引着我，我的大脑如此轻易地就能记住它们。在我阅读的同时，我的身体也处于极度合理的状态从而配合我的感知系统来集中我的注意力。我的姿势摆得很好，我的呼吸也很均匀、很有节奏。

"在我翻书时，我发现自己仍能够保持注意力在书上，几乎没有任何干扰。在我决定停止之前，我可以一直保持高度的注意力持续阅读。

　　"现在，我在做每项工作时的注意力都极大地提高了。当我阅读这部分暗示语时，我可以协调自己的能力来增加对每一份工作的注意力。现在只要我愿意去做，我就可以将全部精力投入到任何自己所做的事情中去。我将会一直保持这种高度集中的注意力。我会一直把精力投入到自己的工作上，直到工作完成或者我决定去做另外的工作。我有超凡的注意力。"

唤　醒

　　"我从 1 数到 5，就会让自己从催眠状态中清醒过来。当我数到 5 的时候，我将会变回原来的活跃状态，全面清醒。1……开始从催眠中醒过来。2……开始感知到周围的事物，有一种满足感、安全感或舒适感。3……期待着催眠给自己带来满意的结果。4……感到乐观，精神振作。5……现在完全清醒了，又恢复活力了。"

催眠助你再现梦境 ❯

指　令

　　以下的暗示语是用来帮助你在睡醒后进一步提高回忆梦境的能力的。

　　"当我清晨醒来后，可以清晰地记得自己曾经做过的梦。

　　"我回忆梦境和其他细节的能力在一天天提高。一苏醒来，我可以清晰地记住自己昨晚在梦里经历的场面、声音以及当时的感觉。我可以轻而易举地做到这些。我可以将梦里那些栩栩如生的每个细节牢牢记住。

　　"我十分重视利用自己大脑的潜意识来再现梦境。现在，我将利用催眠这个有效的工具来增强大脑意识与潜意识之间的交流与沟通。同样，我可以通过催眠的手段来构建自己的潜意识，从而使自己能够在睡醒后清晰地想起梦里出现的场景。我的大脑可以深刻地记录和回忆那些对我来说非常重要的梦境。

"每当我能够完整地叙述出梦里的画面和情形时，自己就会有一种极大的满足感。只要我愿意，我就能够回忆起梦里的细节，并且将它们一一写下来。通过回忆梦境，我对自己的生活更加具有洞察力，深信自己必将过得越来越好、越来越富足。

"现在，我想象自己在经历一段甜美梦境之后，在第二天的清晨渐渐醒来，我躺在床上，静静地让自己的大脑去回忆刚才在梦里的那些重要细节。我设想着自己能够将梦里的场景栩栩如生地回忆起来，甚至在我清醒的时候还可以真实地再次经历梦里的情形。梦中场景如此的活灵活现，很多情景在我大脑中鲜活逼真。我伸手从床边拿到一个便签本或日记本，然后头脑清晰地将自己的梦记下来。我可以清楚地记得我的梦是如何开始的，也可以想起它是怎么结束的，甚至它们之间的细节我都一一记得。

"从现在开始，只要我一苏醒来，昨晚的梦境就会非常清晰，简单快速地再现在我面前。

"明天早上，当我从梦中自然醒来，在起床之前我会先停顿一会儿，我慢慢地放松自己，夜晚梦境的回忆功能开始变得异常活跃，我将非常容易地想起前夜的梦境。我将梦中所有的细节都清晰地再现在自己面前。我将拥有惊人的梦境再现能力。"

唤　醒

"我从 1 数到 5，就会让自己从催眠状态中清醒过来。当我数到 5 的时候，我将会变回原来的活跃状态，全面清醒。1……开始从催眠中醒过来。2……开始感知到周围的事物，有一种满足感、安全感或舒适感。3……期待着催眠给自己带来满意的结果。4……感到乐观，精神振作。5……现在完全清醒了，又恢复活力了。"

永别了，坏习惯

指　令

以下的指令专门用来帮助你戒掉生活中自己不喜欢的一些行为，或者用其他相对放松的、安宁的方式来代替那些坏习惯。

特别提示：每个疗程只针对一种习惯，只要你看到暗示语中的空白处，就大声地念出这种坏习惯的名字。

"现在我要停止 ＿＿＿ 行为。

"现在我可以控制自己的行为，从而战胜去 ＿＿＿ 的想法。我再也不会有想要 ＿＿＿ 的想法了，相反，我会觉得更加自由、舒适。我可以原谅自己之前的行为，我更加会给自己改正的机会，不断激励自己停止 ＿＿＿ 行为。

"我的 ＿＿＿ 的行为，只是一种行为模式，它是建立在一定的思维以及思维变更体系中的习惯，它只是我的大脑不断重复的一种行为模式。现在我可以借助催眠，利用自己的潜意识的力量来干扰并改变这种模式。我会发现在潜意识中，自己正慢慢远离 ＿＿＿ 的欲望。

"现在，我要用一种欢快、放松的心态来代替原来固执的想法，远离 ＿＿＿ 的坏习惯。我不再因为 ＿＿＿ 行为而感到害羞或内疚，因为害羞或内疚只能浪费时间。日子一天天地过去，我惊喜地发现自己越来越具有自控力，能够有效地控制自己的行为。＿＿＿ 不再是我的习惯行为。每当我要 ＿＿＿ 时，我就会变得高度警觉。每当我变得高度警觉时，就会做一下深呼吸，然后就会觉得其实我可以自由、轻松地做些别的事情而不是 ＿＿＿。

"每次我刻意不做 ＿＿＿ 时，都有一种非常自信的感觉，觉得自己是如此地具有控制力。我非常喜欢在我要 ＿＿＿ 的时候，自己通过自控而达到放松的那种感觉。我已经失去了 ＿＿＿ 的兴趣，由于我对 ＿＿＿ 兴趣的减退，我也越来越少地去 ＿＿＿。

"现在看来，要戒除 ____ 的习惯比我当初想象得要简单得多。我现在发现自己比当初预期的更加能够控制自己的大脑和身体。如今，我能够十分明了地要求并指挥自己的潜意识来帮助我停止 ____ 的习惯，成功将会来得更快更容易。习惯是建立在思想上的，然而思想是可以改变的。我选择了改变过去的想法，让自己摆脱思想上对 ____ 的依赖。我是一个身强力壮、充满魅力、十分有能力的人。我能够处理生活中的任何困难，而无需借助 ____。在一开始，____ 就没有真正地帮助过我。现在我将它从我的生活中彻底清除出去，选择迎接安全、自信、快乐的生活。"

唤 醒

"我从 1 数到 5，就会让自己从催眠状态中清醒过来。当我数到 5 的时候，我将会变回原来的活跃状态，全面清醒。1······开始从催眠中醒过来。2······开始感知到周围的事物，有一种满足感、安全感或舒适感。3······期待着催眠给自己带来满意的结果。4······感到乐观，精神振作。5······现在完全清醒了，又恢复活力了。"

催眠助你更加果断高效

指 令

以下的指令是用来增强你在工作时的果断性和有效性的，可以让你在做决定时更加自信。

"现在，我变得更加果断，从而极大地提高了我的办事效率。

"我现在要增强自己做决定的能力，将主动权牢牢握在自己手中。我停止怀疑自己，我相信自己能够做出很好的决定。在任何工作中，我都能够十分自信地做出决定。我将会更加有效地提前组织好一天的工作。我将非常从容地做出决定：该做什么事情，以及哪些事情应该在计划之内完成。我不会再花费哪怕几秒钟来猜测自己的决定。我相信我自己。我将迅速地采取行动，并一直坚持下去。

"我对自己的决定非常地放松，并能够轻松简便地执行它们。一旦出现走神或犹豫，我会迅速地做出调整，并马上开始采取自己既定的行动。我对每个预备方案的正面和负面的影响都做了深思熟虑，然后可以做出积极、乐观的决定。我相信我自己的决定是正确的，而且是我自己能够在有限时间内做出的最好的决定。我从容地应对各项工作任务，合理地组织它们，小心细致地将它们先后排序，我十分有能力、十分自信。我选择现在应该做的事情，然后将每件事情按照预先的安排一一展开，直到将它们在指定的时间内完成。我一直专心于自己的工作，直到它们被完成，令我满意为止。我再也不会怀疑自己是否具有做出完美决定的能力。现在，我再也不会走神，我将集中精力在自己想要完成的工作上，专心于自己的工作安排。

"我想着自己正坐在工作台前，手头上有大量的材料和任务。我谨慎地安排这些任务的先后次序，小心细致地整理着手中的材料。

"我决定先从最重要的工作开始，其他的稍后再做。这时我桌子上的电话响了。我十分礼貌地回复了电话，并且让来访者能够理解，我现在很忙，我将会在忙完了手头的工作后再打给他们。我挂上电话后，我的心思又马上回到目前的工作上来。我设想着自己正专心致志地工作着。当我顺利地完成工作后，心里美极了，甚至还奖励自己可以稍微休息一下。我用了几分钟的时间给刚才的来访者回了电话。休息过后，我的精力恢复了，我十分果断地开始了自己的下一项工作。

"从现在开始，我相信自己做决定的能力。我变得非常果断。我从自己的备选方案中精心地挑选各项工作，然后把它们编入计划。我能够非常高效率地面对各种工作。每天在面对各种大小不一的工作任务时，我都能够非常有效地将它们组织、排序，安排得井井有条。"

唤 醒

"我从 1 数到 5，就会让自己从催眠状态中清醒过来。当我数到 5 的时候，我将会变回原来的活跃状态，全面清醒。1……开始从催眠中醒过来。2……开始感知到周围的事物，有一种满足感、安全感或舒适感。3……期待着催眠给自己带来满意的结果。4……感到乐观，精神振作。5……现在完全清醒了，又恢复活力了。"

精力更加充沛 ⟩

指 令

以下的指令可以帮你减少疲惫的感觉，增加日常生活中的体能和激情。

"现在我做每件事情的时候都更加精力充沛，伴随着我的精力和激情的与日俱增，我更加热爱自己生活中的点点滴滴。现在不管我做什么事情，我都变得异常活跃，十分兴奋。我希望自己活得更加充实，可以在每天的活动中得到更多的满足。现在我拥有更多的精力，它可以帮助我实现自己的愿望。

"当我精力更加充沛时，我会觉得更加快乐。随着精力的提升，我会感到更加健康、活跃。当我对生活更加充满激情，更加积极活跃地面对生活时，我对生命的感知力增加了。

"现在，我要将疲惫、冷漠的感觉从身上赶走。这样我会将自己变得更加积极主动，充满活力，充满热情。我将自己快乐、活跃的一面展现出来，这样其他人也会被我的性格和行为所感染，从而喜欢上我。

"清晨醒来，我感到精力充沛。在新的一天里，我将更加具有活力。

"我十分喜欢自己的身体保持高度敏感，头脑保持十分警觉的状态。对于我自己真正想要做的事情，我会一直保持精力、兴趣和热情。当我变得更加精力充沛时，我的情绪也更加愉快，做事情时也更加快乐。

"我想象着，在夜里，我一边睡觉，我的身体就像蓄电池一样在充电。这样当我第二天早上醒来后，我的身体就像充满了电的电池一样保证我能够精力充沛。

"第二天醒来，我感觉自己好像获得重生一般，身体充满的能量向外散发着金灿灿的光芒。这让我感觉如此良好，很有精神。我起来去冲淋浴，水柱打在我的身上，让我倍感舒服，精力充沛。我情绪激动地期待着新的一天来临。

"我开始穿衣服，为了配合我的好心情，我特意挑了一件合适的外套。早餐时，我给自己补充了健康的食物，并喝了足够的纯净水。当我走出家门时，我发现自己正在微笑，觉得自己是如此充满激情，活力四射，这种感觉将会在余下的时间里一直伴随着我。

"每天醒来，我都会比以往更加有能量。我丢掉了懒惰疲惫、冷漠低沉的想法，取而代之是积极的、欢快的、充满朝气的生活态度。我希望能够欣赏到自己充满活力、激情澎湃的一面，我要活泼、快乐地生活。"

唤 醒

"我从 1 数到 5，就会让自己从催眠状态中清醒过来。当我数到 5 的时候，我将会变回原来的活跃状态，全面清醒。

"1……开始从催眠中醒过来。2……开始感知到周围的事物，有一种满足感、安全感或舒适感。3……期待着催眠给自己带来满意的结果。4……感到乐观，精神振作。5……现在完全清醒了，又恢复活力了。"

激发强烈的取胜欲望

指 令

以下的指令可以增强你对既定目标的渴望，或者减少你对失败的惧怕感。

特别提示：每个疗程只选择一个目标，在下面暗示语中的空白处需要你把自己选定目标的名字指出来。

"从现在开始，我变得更加渴望实现 ＿＿＿ 目标。当我完成了自己的 ＿＿＿ 目标后，会更有成就感。当我想要 ＿＿＿ 的动机得到改善后，我将会变得更加快乐。我希望改善自己的生活，而我自己所定的目标将会帮助我实现它。因为心中充满渴望，所以我每天以极大的热情为实现 ＿＿＿ 目标而努力工作，我期待着所有的有利因素都会伴随着目标的实现而一同到来。

"这个目标对我来说十分重要，我会采取一切必要的行动来实现它。我将 100% 地投入到 ＿＿＿ 目标中去。我将所有关于失败的恐惧扔在一边，因为世上就没有失败这么一说，有的只是事情的结果。我能够完成任何自己脑子里想要的东西，就像我现在所做的一样，通过睁着眼睛催眠自己，我增强了自己对 ＿＿＿ 的渴望。我已经证明了自己拥有在内心中一直升腾的想要实现 ＿＿＿ 的强烈渴望。我所有的想法和感触都在 100% 地围绕着 ＿＿＿ 做调整，为之服务。我有 100% 的决心。这种愿望一直在酝酿，现在我要让自己大胆地去追求 ＿＿＿。当任何困难试图阻挡我实现自己的目标时，我就会提醒自己，我将 100% 地投入到 ＿＿＿ 中去。我喜欢这种充满渴望 100% 投入的状态。我实现 ＿＿＿ 的渴望正变得越来越强烈，而这种强烈的渴望在我的体内不断地滋生壮大。那种感觉太好了，正是我想要持续保持的一种精神状态。

"我想象着 100% 的渴望将会是什么样子，而自己正在为了 ＿＿＿ 而努力工作。我设想自己正在按部就班地做着自己应该做的工作，直到把它完成。每朝自己的目标迈进一步，我就会更加有激情、更加有动力。我设想着，自己顺利实现了目标，心中是如此满足，我为自己能够始终保持100%的激情与渴望一直向____目标而努力感到高兴，非常欣慰。现在回想起来，我认为自己所用的时间、所做的努力都是值得的。我的自信心也因为自己能够实现自己的目标而得到极大的改善。

"每天，我想要实现____的渴望都会变得更加强烈。我不再犹豫，不再恐惧，我明白世上没有什么事情可以真正称得上是失败，有的只是结果罢了。所以面对自己的目标，我会非常乐观、非常兴奋。现在我的自信心在不断增强，我坚信自己可以完成任何任务。"

唤 醒

"我从1数到5，就会让自己从催眠状态中清醒过来。当我数到5的时候，我将会变回原来的活跃状态，全面清醒。1……开始从催眠中醒过来。2……开始感知到周围的事物，有一种满足感、安全感或舒适感。3……期待着催眠给自己带来满意的结果。4……感到乐观，精神振作。5……现在完全清醒了，又恢复活力了。"

催眠也能给你动力 〉

指 令

以下指令的目的是为了能激发出你的动力，从而去完成一些平常或是艰巨的任务。

"从现在开始我将非常有效率地完成自己的每项工作。我愿意并且会为我自己设定一个目标，按着时间计划逐步地完成它们。我将会考虑到每一件重要的事情，无论是自己的私事还是工作上的事，我都能肩负起自己的职责。我不再延误自己该完成的任务。我可以做好每一件事情。我不会再耽搁选择从事的任何活动。

"当我觉得有一些事情需要处理时，我会很快地做出反应。不管是处理一些小事还是大的任务，我都感到非常轻松。因为我知道自己能非常有效地去处理好它们。在平常的生活中，我将会做更多的事情。该做的工作，我会去做……一步一步地做好每项工作。我会把一个庞大而艰巨的任务分成若干简单细小的部分，然后在一定的时间内，按计划去完成它们。我现在觉得面对任何的问题都很轻松和信心十足，不再感觉很有压力了。一些东西可能令人不很愉快，但我知道开始得越早，完成得也就越快。我要马上开始行动以便能及时地完成任务。一定要完成任务……这样一来我就可以做下一个自己喜欢的工作了！再也不用回头去想它了。

"我设想自己正在厨房。这里有好多的脏盘子、脏碗等着自己动手去洗。虽然我更想去看会儿书或是电视什么的，但最后还是决定去洗碗，一个一个地洗。起初觉得好像很麻烦，因为有这么多的脏盘子、脏碗。但我发现当自己一个接一个地洗完它们的时候，浑身立刻充满了无比的满足感，因为待洗的盘子和碗已经不是很多了。我越洗就越觉得满足。

"因为我知道马上就要完成全部的活了。这是我需要自己去完成的任务，同时也是我自己的真正幸福所在。我看到现在只剩下一个盘子需要清洗了，当我洗着它的时候，感觉即将要无事一身轻了，这可真是极其美妙呀！这项任务并没有原来设想的那么难，我可以轻而易举地去应对……现在我终于可以去看自己喜欢的书和电视节目了，或者也可以做一些别的事情来给自己一点小小的奖励。

"我现在不再拖延。我可以应对生活中的任何事情。我逐渐地感到有能力去处理好每一件自己该做的事情。我总是及时有效地行动。所以我总是有时间去做自己该做的和自己想要去做的事情。"

唤　醒

　　"我从 1 数到 5，就会让自己从催眠状态中清醒过来。当我数到 5 的时候，我将会变回原来的活跃状态，全面清醒。1……开始从催眠中醒过来。2……开始感知到周围的事物，有一种满足感、安全感或舒适感。3……期待着催眠给自己带来满意的结果。4……感到乐观，精神振作。5……现在完全清醒了，又恢复活力了。"

提高记忆力

指　令

　　以下指令的目的是为了让你能够拥有更加理想的记忆力。

　　"从现在开始，我的记忆力变得极好。我不会再有忘事的感觉。我发现自己可以轻松地想起别人的名字，不管这个人我认识有多久。我非常快地就能想起时间和地点。我不费任何力气就能想起很早以前发生的事情。我当然也对最近发生的事情更为敏感……不管是任何具体、细小的环节。当需要的时候，我相信自己的记忆力能记起所有的事情。

　　"我的思维功能完善，记忆力也是完整无缺。我的大脑就像是一台录像机，能把我看到的、听到的、尝到的、碰到的和感觉到的所有事情都存储下来。同样也能把我以往所有的思想都记忆下来。所有的信息都在我的脑海当中，我可以轻而易举地把它们都找出来，这就是我的思维和大脑。当我寻找和需要找回一些信息的时候，我会毫不犹豫地选择利用它的强大功能。我的短期记忆力是清晰和完美的。而长期性的记忆力就在那里恭候，随时待命，等待着我的召唤。

　　"从现在开始，不管什么时候当我需要记忆起任何的事情时，我都会非常地放松，自己的意识中便会清晰生动地浮现出那些保存完好的信息来。渐渐地，我记忆事件和所有信息的能力变得更强，更快了。这种敏锐的记忆力连同我所知道的这些事情，让我得到了越来越多的信心。我非常聪明，思维非常敏锐。我的记忆力以及自己运用它们的能力非常出色。我现在拥有了非常理想的记忆力。

"我的记忆力就像是一台录像机。它能记下所有我看到的、听到的事情。我想象自己回忆脑海中的往事就好像是按一下家中放像机的播放键那样简单。我可以便捷地回放任何我录下来的东西……

"我的头脑就像是一台非常复杂的拥有无限存储能力的电脑。曾经发生的任何事情都一直保存在储存条中。我需要做的唯一的事情就是想出一个关键字来搜索那些记忆或其他任何相关的信息。我的头脑就像是一台运转非常快的巨型计算机。我可以轻而易举地找回自己所需要的信息。"

唤　醒

"我从 1 数到 5，就会让自己从催眠状态中清醒过来。当我数到 5 的时候，我将会变回原来的活跃状态，全面清醒。1……开始从催眠中醒过来。2……开始感知到周围的事物，有一种满足感、安全感或舒适感。3……期待着催眠给自己带来满意的结果。4……感到乐观，精神振作。5……现在完全清醒了，又恢复活力了。"

增强免疫功能 〉

指　令

以下指令的目的是为了使你能够拥有更加健康的免疫系统。

"我希望自己非常健康和快乐，并可以享受美好的生活。我让自己能够胜任生活的各个方面，包括自己的免疫系统。现在我最大可能地强化了自己的免疫系统，以此来和侵入身体的病菌作战。

"设想自己的身体就是一个王国。我要使自己的王国保持和谐和稳定。我就是自己王国的主人，我需要统率众多的细胞战士来保卫和守护自己的王国不被外敌侵占。我设想自己正统率一支特殊的细胞部队，就好像是古时的武士剑客，搜出入侵者——那些有害的病毒；我的士兵都是非常聪明的。现在我要召唤它们了，我的精锐军队。它们是一支非常特殊的队伍，非常强壮且有战斗力。当前，还有更多的军队正处于组建和训练当中。我现在召集了更多的战士，让它们接受训练来消灭入侵的敌人——那些不请自到的野蛮病菌。我的士兵们可以非常清楚、快速熟练地分辨出哪些是健康的细胞、哪些是坏的入侵者，所以最后我的王国又会重归于安宁。当我的战士们除掉那些侵略者后，我便发出一种特殊的信号让它们能在战斗之后平静下来并带它们回家，在那里它们可以休养生息以备再战。

　　"我的健康是非常重要的，因为我自己本身是非常重要的。我非常能干，我非常欣赏自己。健康的身体和光明的前途是我应得的。我对自己是这样的人而感到很欣慰。因为我的存在让这个世界变得更加精彩。我是一个好人，所以理所当然应该得到好的待遇，大家都应该尊重我。

　　"我也应该对自己好一些，要尊重自己的身体。现在，我允许自己配备一套完善而且健康的免疫系统……一个真正完善和健康的免疫系统。我的免疫功能会非常完善。我的思想知道如何控制自己的潜意识来使身体达到完美的和谐状态。现在，我下意识地让自己的身体达到完全健康和和谐的状态。现在是完全地健康和和谐。"

唤　醒

　　"我从 1 数到 5，就会让自己从催眠状态中清醒过来。当我数到 5 的时候，我将会变回原来的活跃状态，全面清醒。1……开始从催眠中醒来。2……开始感知到周围的事物，有一种满足感、安全感或舒适感。3……期待着催眠给自己带来满意的结果。4……感到乐观，精神振作。5……现在完全清醒了，又恢复活力了。"

快速康复 〉

指 令

以下指令的目的是为了使你的身体能从疾病和伤痛中更快和更彻底地恢复。

"我的思维控制着自己的身体。我的潜意识可以控制自身的从伤病中自我愈合的能力。我的潜意识也可以调节自己身体自我康复的速度。在催眠的作用下，我可以做到控制自己的潜意识来使身体达到非常完美的自我康复……

"我现在委托自己的潜意识使自己的身体能够非常有效地去自我恢复。从现在开始，我将掌控自己的思维，让其更加安全有效地去增强自身战胜疾病的能力。同时我也能够非常及时地消除伤痛所带来的困扰。现在，我命令自己的思维去控制自己的身体，来使其能够非常迅速地制止伤痛，让它能够更快地恢复和重建新的健康细胞。

"我的身体现在可以很快地产生新的健康细胞。而我现在也能够非常迅速地摆脱伤痛和疾病所带来的困扰。从现在开始，都会非常有效。

"我的潜意识利用身体各方面的资源，它就好像是一位生物学家或化学家。我的潜意识是自己身体生物学方面的专家；我的潜意识也是自己身体化学方面的内行。它明确地知道什么样的化学成分和适当的分量是可以用来帮助促进我的身体快速康复的。我可以设想自己的潜意识就像是一位在实验室里工作的科学家。我可以看到这位科学家——一位精通生物学和化学方面的天才。这位科学家有一个非常大的实验室，并有资格使用很多的药剂。我的身体包含了各种自身所需的化学成分和细胞，它也可以随时产生出任何新的自身所需的物质或是细胞。

"我设想自己这位体内的科学家工作非常努力。运用各种科学仪器和设备——它用显微镜仔细地检查着我身体的各个细胞，并且决定选配何种化学试剂添加到实验试管中去……在我看来，好像是这位自己的科学家找到了某种仙丹灵药，把这些有神奇功效的物质放进一根长长的试管……它可以到达我身体的各个部位，使我的身体最终得到迅速有效地治愈。不管是现在还是将来，这个秘方都将会使我不再受到任何疾病和伤痛的困扰……我将能够永远地迅速自我康复——我就是这样的人。

"现在，我的潜意识按照自己的想法去营造了一种状况，并且把我的命令传达给了身体里的每一个细胞，使身体快速完全地恢复健康。"

唤　醒

"我从 1 数到 5，就会让自己从催眠状态中清醒过来。当我数到 5 的时候，我将会变回原来的活跃状态，全面清醒。1……开始从催眠中醒过来。2……开始感知到周围的事物，有一种满足感、安全感或舒适感。3……期待着催眠给自己带来满意的结果。4……感到乐观，精神振作。5……现在完全清醒了，又恢复活力了。"

创造性地解决问题 〉

指　令

以下指令的目的是为了激发出你的创造思维从而去解决一些实际的问题。特别提示：一次只选择一个需要解决的问题。每当看到空格的时候，请说出你自己需要解决的那个问题或是任务。

"我想到了一个创造性的方法去解决 ＿＿＿。

"我非常有创意。我相信自己有足够的能力去解决任何问题。我现在开始开发自己头脑中的所有资源去寻找解决关于 ___ 的方法。万事都有一个解决之道，也许可能不止一个解决办法。我的头脑可以用最原始的方法把自己所有的思绪都组织到一起，最终带我找到解决 ___ 的方法。

"任何的问题实际上都是一种机会。这个机会让我能够去发掘自己更多潜在的智慧，来帮助解决 ___ 这个问题。它是一次挑战也是一次机遇，我期待着从自己大脑和意识中组织出来的具有创意的答案。答案马上就要出来了，慢慢地浮现，就好像是来自一潭深池，破水而出，展现出我需要的答案。我轻而易举地就能得到解决问题之道。

"我设想当我晚上睡觉的时候，我的潜意识将会去寻找问题的解决办法，并会在早晨给我带来一个非常完美的答案。这个答案可能是在自己的一个记忆犹新的梦中找到的，也可能就直接出现在我的脑海中；可能是在晚上也可能是在白天。我知道这是我的潜意识利用了自己内在的资源找到了答案并揭示给我的。

"这让我感到非常高兴，因为我知道了自己的意识和潜意识是能够多么有效地互通协助，能提供给我所需要的任何东西。不管是什么，都非常迅速且轻易。

"我设想，现在自己是一家经营非常有效率的公司的老板，而我的每一位员工都是非常有创造力的天才。他们喜欢在深夜工作——当我睡觉时，他们工作。我的这家由天才组成的公司有一个通宵的传输系统。我下达命令让我的这些天才们去寻找解决问题的办法。我指示他们一旦找到答案，就直接报告给我——用晚间特快专递。这样一来，第二天自己就能拿到它。就是第二天，当我醒来的时候。我醒来感到无比的轻松和自在，精神焕发……我对自己的那些天才员工充满信任……他们已经来向我提交那份非凡的答案了，并且就要马上展示给我。我现在有了解决 ___ 的答案了。"

唤 醒

"我从 1 数到 5，就会让自己从催眠状态中清醒过来。当我数到 5 的时候，我将会变回原来的活跃状态，全面清醒。1……开始从催眠中醒来。2……开始感知到周围的事物，有一种满足感、安全感或舒适感。3……期待着催眠给自己带来满意的结果。4……感到乐观，精神振作。5……现在完全清醒了，又恢复活力了。"

戒烟

如果你吸烟，你就会知道一个习惯会多么持久。你可能已经忘记你开始吸烟的最初缘由，或者你只是发现每天吸烟并没有明显的理由。虽然，现在你想要终止这个习惯，却总发现想要终止它是非常困难的。所有的医学资料和世上的威吓策略都不能影响你改掉它。原因很简单，习惯不是由你思想中的理性部分建立的，它的起因是存在于你的潜意识中的。如果你想要改变行为，你必须首先认识到行为的原因。下面是吸烟的主要原因：

吸烟可以提神。早上起来你觉得呆滞，眼前的工作前景暗淡。你点上烟，快速提提神，精神得到些许提高，感觉为一天准备好了。

香烟的陪伴让你减轻了孤独感。也许，你在家大部分是独自一人，你感觉与外界隔绝。或者，你可能感觉被忽略。如果你的孩子刚去上大学或你正经历生活中的分离，你对香烟这位"朋友"的依赖性更加强烈。在缺乏其他支持的情况下，你就吸烟。

通过吸烟来减少压力或从所进行的活动中休息一下。整天都受到工作的压力。你好像不能释放或想寻求镇静，因此吸一支烟。停止你正做的事，点上烟，深吸一口，有几个目的。

第一，烟能让你从繁忙的工作中得到少许休息。如果你正吸烟，你不能同时做别的事。

第二，深深吸一口烟本身也是一种放松练习。

第三，只为了吸烟能把你带到思想中预想画面的片刻。当你点上烟，你期望享受片刻的愉悦。推开压力，你会焕然一新，让你自己继续进行其他活动。

在感到社会关系不自在时，你会吸烟。你同你不熟悉的人相处感到尴尬。你不知道和他们说些什么，想交谈又手足无措。所以你用烟做道具，甚至当作一种让你在社会关系中感觉更安全的依靠，否则你会觉得非常不舒适。

在宴会上，烟可以作为一种纽带，在你递烟或者接受烟时，你会进入吸烟人群中。你可以把烟作为认识其他人的工具，因为你们共有相同的习惯，能提供一些安全、打破僵局的对话。

最后，因为你感觉吸烟让你看起来更老练、自信和突出，你的自我想象得以增强。你可能十分羡慕吸烟的人，模仿他人的习惯让你与他的行为一致，从而减少疏离感。

吸烟是为了控制体重。吸烟能够抑制胃口，你可能用这种习惯来减少正常的食欲或控制另一种习惯——吃得过多。如果早餐吸一支烟、喝咖啡、中午喝碗汤、吸两支烟，你晚饭会吃得更多——即使你没有真正感到味道有多好。

在弄清楚了吸烟的原因之后，我们下面要做的就是：

戒除习惯时要满足需要

考虑一下以上原因，每个原因都有积极作用。也就是说，要提神、要减少压力、要在社会关系中感到自在或控制体重并没有错，你用烟来满足有一定意义。它只是你所建立用于满足需要的破坏性而非支持性的习惯。

你听到有关烟的副作用不止一次，你也全部了解。能满足相同需要、产生一种新的行为或新的习惯的建议可能有些荒谬。但是事实并非如此，如果你愿意尝试潜意识的力量的话，你的潜意识能为你提供你真正想要的、代替香烟的有益的东西。

查明何时、何地以及为什么吸烟

下面的练习有助于帮你分析吸烟的模式。确定你最容易在何时吸烟、何地吸烟以及为什么吸烟。

下面列表中的每一项中的"是"或"否"做上标记。

		是	否
（何时）我吸烟，当我觉得	寂寞	☐	☐
	孤独	☐	☐
	被忽视	☐	☐
	不开心	☐	☐
	有压力	☐	☐
	不确定	☐	☐
	尴尬	☐	☐
	不舒服	☐	☐
	不重要	☐	☐
	其他：		
（何地）我抽很多烟	在车里	☐	☐
	在电视机前	☐	☐
	吃饭时或饭后	☐	☐
	在书桌前	☐	☐
	在员工休息室	☐	☐
	在上、下班路上	☐	☐
	在鸡尾酒会上或酒吧中	☐	☐
	在社交活动中	☐	☐
	其他：		

（为什么）我吸烟当我需要	同伴	☐	☐
	中断日常事务	☐	☐
	安慰	☐	☐
	放松	☐	☐
	控制食欲	☐	☐
	被注意	☐	☐
	看起来很忙	☐	☐
	其他：		

　　在你已经查明你吸烟的时间、地点和原因之后，你可以开始改变你的行为模式。回头看一下在"何时"一栏中，你在哪栏标明"是"。在下面的表格里何时的标题下，写"当我（孤独、有压力、不舒服等等）时我吸烟"。在何地、为什么栏目中进行同样步骤。现在，你应该有 3 个或更多的对你正确的陈述（如果不是，回去检查你的标记，找出弄错的）。

何时	新选项
何地	
为什么	

　　下面是新选择代替老习惯的替代举例。现在，看右边标明新选项的一栏。不要马上填，让你自己有充分的时间去考虑替代行为。确保这些行为真的能吸引你。你将在催眠中致力于这些活动中，你需要做它们的后盾。

（何 时） 当我感觉孤独的时候我吸烟	新选项 当我觉得孤独的时候，我去拜访朋友、打电话、写信、为别人做些事、看报纸、杂志或书。
当我觉得有压力时我吸烟	当我觉得有压力时，我闭上眼睛，做10次深呼吸；我去散步，和别人谈论引起我直接压力的原因，把我的注意力转换到我喜欢的有建设性的活动上。
（何 地） 当我开车时我吸很多烟	当开车时，我深呼吸并放松，把注意力集中到绷紧、放松的肌肉上，详细计划我接下来的活动（董事会议、报告、参加宴会、打电话、约会）。
当我参加社交活动时我吸烟很多	在社交活动中，我加入到不吸烟的人群中，努力把自己介绍给至少一个不熟悉的人，进行短暂交谈。有机会就参加讨论。
（为什么） 当我需要中断日常事务时我吸烟	当我需要中断日常事务时，并且我进行的是脑力劳动，例如写报告，我转变成体力活动例如伸展、起立和别人聊天；喝茶或水。如果我从事的是体力活动，我转变为脑力活动，例如想想我下一次假期的计划，叙述一下工作中我最感兴趣的方面，给我关心的人写信。
当我需要控制食欲时我吸烟	为控制食欲，停止吃垃圾食品，减少对其他高能量食物的摄入，把水果或蔬菜作为零食。

制订你的无烟计划

现在，你已经有了一套具体的新选项。检查一下列表，确保你的每个选项都很明确，你发自内心想去做。这些选项都有助于你的两个主要目标：

第一个，成为永久不吸烟的人。想象自己是个不吸烟的人是很重要的。不吸烟的人是选择不去吸烟的人。你不能想象自己以前是个吸烟的人，一个强迫自己不吸烟的人。

第二个，把新习惯整合到你的生活中。这些新习惯列在新选项的表中。

正如你所知道的，习惯需要建立在你潜意识上。是潜意识让你培养、支持自己吸烟。为了能真正代替吸烟，你要重新编制潜意识。

为结果来重新编制

通过催眠诱导来实现重新编制，目的是帮你满足特定需要并减少日常环境带来的要求。你需要：

建立自信心以达到目标。诱导暗示："回忆过去你已经取得的所有成功，你已经达到的许多积极的目标，为生活中所有积极的方面骄傲，因为你在过去是成功的，因为你已经达到非常多的积极目标，你会继续成功达成你未来的每个目标，在生活的各个方面继续成功……"

感觉香烟没有吸引力、味道不好。诱导暗示："现在烟味令人厌恶，味道没有吸引力。你的嘴里没有烟，没有任何香烟的味道，感觉清新。"

感觉你自己是个健康、有活力的人。诱导暗示："在你身体里没有循环有毒的、不健康的烟雾。现在，你选择变得健康、强壮，用你干净、清新的肺呼吸清洁的空气。你烟吸得越少，你的感觉越好。很快，你开始发现你生活的各个方面开始得到越来越多的提高。你的呼吸越来越容易，重新获得了全新、健康、重要的能量。"

想象你自己是一个不吸烟的人。诱导暗示："你有理由去做个不吸烟的人。现在你有意识地选择做个不吸烟的人，你感觉很好，脸上带着微笑。你是个不吸烟的人，这感觉好极了，你已经停止吸烟了。想象你自己在社交场合，想象你自己在任何场合享受自己，没有烟感觉好极了。"

根据吸烟的时间、地点、原因把新的行为模式整合到生活中诱导暗示："现在你有对付旧习惯的新方法了。插入全部你列在新选项一栏中的陈述，如果要诱导录音，需要把我换成你。"

要包括你列在何时、何地、为什么栏目中各个条件的新选项。注意不要1次使用所有的新选项。开始时使用一栏（何时、何地、为什么），一旦这3个选项都成了习惯，你可以把其他新选项插入到诱导中。这样不会让新的行为模式使你负担过重。

完整诱导

你已经建立信念，已经做出选择去做个不吸烟的人，感觉很好。你的身体现在抵制吸烟，你的肺不再想要有毒的气体进入，现在它们想重新变得清洁、干净、健康。你的鼻窦想要感觉干净、清新的空气。香烟的味道现在让人恶心，味道不吸引人、让人不感兴趣。你的嘴里没有烟味，没有香烟的痕迹，感觉很清新。你有很多正当理由去做个不吸烟的人。你已经建立信念，现在比以前更主动去继续为自己建立最健康的生活，你现在是个不吸烟的人。你从心里感觉如此。你现在有意识地选择不吸烟，感觉很好。你是个不吸烟的人，积极的感觉会陪伴你一整天，无论你去哪里。想象你的日常工作，你通常所做的事情，想象你自己做这些日常工作时没有吸一支烟，感觉很好。你现在有对付旧习惯的新方法了，这是你对付旧习惯的新方法，一个成功的方法。想象你做日常工作没有吸一支烟，你的脸上带着微笑，你感觉很好。无论你的目的地在哪里，想象你自己如平常一样到那里没有吸一支烟，呼吸干净、清新的空气，喜欢做个不吸烟的人。继续想象你自己进行日常工作，感觉平静。在你的脸上挂着微笑，你是个不吸烟的人，这感觉好极了。你已经停止吸烟，你郑重地决定不再吸烟，你感觉很好。做个不吸烟的人你感觉很好。想象你自己没有吸一支烟度过了一天。很快你开始注意到每日每夜你生活的各个方面都得到越来越多的提升。你继续轻松地呼吸，重新获得全新、健康重要的能量。你是个不吸烟的人，感觉很好。想象你自己现在的情况，想象你自己在各种情况下，享受自己，没有烟感觉好极了，那感觉很好。

期望和加强什么

此催眠诱导产生作用的时间长短因人而异，有的人在第一阶段就停止了吸烟，有的人要反复诱导6个月才能停止，在你达到不吸烟的状态后，不久你可能又很想吸烟。如果这样，立即使用戒烟诱导。不要助长这种情况，不要让吸烟再次成为驻扎在你意识中的习惯。

特别注意事项

大多数人对于接受立即改变（彻底戒除）他们习惯的诱导没有任何困难。也有少数人不愿去尝试这样，害怕潜意识接受得过于剧烈。如果你是这种情况，可以换种方式。你可以同样使用本章中的戒烟诱导，把关键语句"你现在是个不吸烟的人"替换为"你现在比以前吸烟要少"。然后是"你现在吸烟比上周吸得少"。继续用这种渐进的巩固方式，直到实现戒烟。在诱导中把暗示语句改成表达渐进的改变，而不是全面改变。

在你使用催眠的同时，让自己尽可能地处于没有压力的状态。你正进行生命中巨大的改变，你所做的加强新行为的任何事情都使这种转变更加容易。

第四节
其他应用

增强创造力 ＞

一位 5 岁的小艺术家这样描述自己的创作过程："画画很简单，你只需要想你所想，画你所想。"

听起来很简单。但是如果没有想法怎么办？我们有时沉醉于创作中，却发现想象力似乎在逐渐退化，灵感闪现的次数越来越少，或者出现的都是没有意义的想法。更可能是恐惧会逐渐占上风，创作的翅膀飞得越来越慢，甚至似乎完全停止，"似乎"这个词很重要，因为对充满想象力的人来说，创作的翅膀不可能完全折断。创造力来自许多方面，但是如果它完全枯竭，再来激发它将是很困难的事情。

创作的特点及其条件

你如果想要了解自己的创作层次、创造力到底如何，首先就必须知道最大限度创作的特点及其条件。它们是：专心、催眠状态、娱乐、接受、焦虑和混乱、反应、局限性、投入、放松。

它们并不按严格的顺序发生，实际上许多还同时出现。

1. 专心

伍德罗·威尔逊说："创造力仅仅是一双新奇的眼睛。"这句话可能内涵太深，不够精确。但是充分调动自己的感觉，如像第一次看待万事万物，完全感觉事物的外形、味道、声音和气味，毫无疑问是非常有价值的。一般来说，创作力强的人感觉记忆非常强烈，甚至能够回忆起孩提时的生动情景，也可能会忆起微妙的触觉或感觉的特征。你密切关注的——无论是树、虫、朋友手动的方式、小孩玩耍时的吵闹声——都会在你心中产生反应。反应并不是你看、听、尝、闻或触到的复制，它是你心中的感应和重新投射。

当你想象世界是全新的，处处都是新的，你会发现自身全新的感应。一位 37 岁的女作家，在医生错误地通知她只能活 6 个月之后，对自己和自己生命的态度发生了彻底的改变。两个小时前她还是一个正常人，现在她即将离开人世，即使是很平常的一天、很微小的事情，她也全身心地体验。一切和以往不同。每一种形状、每一种颜色、每一个动作都成了上天馈赠的礼物。她这样写道："今天看着柠檬片，我似乎第一次看见浅黄色，简直就是一个奇迹；下午晾衣架上蓝色衬衫自由地摆动，我被这不可思议的美丽打动了。一切都是新鲜的，都有全新的意义。"

你的感知非常重要，它能促使你重新创造你目之所及的情景。

2. 娱乐

为了创造，娱乐必须是你生活中必不可少的一部分。也就是说，你必须学会玩，"玩"材料、概念、视角，引导自己脱离现实、胡思乱想。没有胡思乱想，就没有创造性的工作。

3. 焦虑和混乱

作为创作者你会有焦虑感。有时你会感到空虚、模糊、失去方向。除了少数心理特别紊乱的艺术家，这些感觉是必要的，而且是暂时的。

混乱也有其作用。你感觉到的混乱是新想法出现的重要征兆。这一阶段就如光折射在棱镜上。光射进来，被打破，以一种令人目眩的新形式出现。它随着你的角度而改变。

在酝酿阶段不要强行保持思想和感觉的有序感。创作开始时完全的协调会一无所获。你的意识和潜意识需要斗争。你不必担忧。斗争会产生有利的紧张状态，但不宜过度。

4. 局限性

约束存在于各个方面，它会以不同的形式和程度出现。你能想象在无限的钢琴键盘上创作协奏曲，设计永远也不允许把脚同时放在地上的舞蹈动作或写一本字词含义模糊的书吗？

罗洛·梅说："创造的行为产生于人类与其约束的斗争之中。""人因其格斗的对手而显其身份。"

5. 放松

过于努力，或试图强迫自己创造的思想或行为都是无用的。你的意识停止活动，体验片刻的放松，这是很重要的。研究表明，从意识阶段到放松时刻，创作者希望的想法容易出现。

从所做的工作中解脱出来，创意才有机会呼吸、露面。我们必须认识到创作来自工作中的放松。

6. 催眠状态

和放松紧密相连的是催眠状态。在驾车、慢跑、洗碗、洗澡，或做任何无意识活动时你都会有轻微的催眠状态。然后你的思想漂浮，潜意识开始活跃。大多数创作者知道，此刻灵感开始奇迹般地出现。爱因斯坦曾问："为什么灵感会出现在早上我刮胡子的时候？"答案当然是他当时处于自在之中。

大多数作家都有这样的感觉，整个作品就像从未知处涌现出来的喷泉。一位诗人曾这样说："在听见我说的话之前，我也不知道自己想说什么。"

一首诗的第一行、一部分对话、你的小说令人满意的标题，甚至是整个工作都来自你的催眠状态。对大多数有创作天赋的人来说，思想、词语和形象经常出现于半睡半醒时，也就是当他们正入睡或开始醒时。

7. 接受

正如前面所解释的，你不能强迫自己创作或自己决定什么时候出现灵感和思想的火花，然而你承认自己的新思想是无限的，当它来临时你准备接受。这就需要你对你的所得保持警觉，当灵感来临时能够意识到它的与众不同。保持警觉并不是被动的，而是要求处于意识状态，准备接受的状态。对未知持开放态度，在它经过你的意识时准备承认它，这段经历是令人兴奋的。

8. 反应

一旦收到未知的灵感，自然会产生反应。随着思想的流动开始判断过程。这意味着你开始选择。你问自己："我取什么、舍什么？"你相信你的直觉、你过去的经验。如果你用放松来处理创作问题，你就有了成功的催化剂。你应该熟悉创作的流程。你改进、提高、更新你原来的概念。一切由你把握。

9. 投入

伴随着创作的喜悦，你会变得专注。其实你的自我在你的创作面前也会消失。你眼里只有你的创作，对现实的感觉在某种程度上变得扭曲，因为你把一切都和你的创作联系起来。

受阻的创造力

创造力（还有某些精神的过程）会受到阻碍，或暂时消退，但是它们在那儿，它们也将会表现出来。它们会因为下列中的一个或更多因素受到阻碍（还有更多相关因素）：害怕，自责或创作成型阶段过于集中，害怕时间持续过长。

对未知的害怕在人们生活的每一个转弯处出现。每一次它都阻碍进步。"我不能辞职，我不知道我是否能再找到一份工作。""我不能离婚，因为我无法再找到一个人，我不想一个人度过余生。""我不会参加聚会，因为那儿的人我都不认识，我感觉不自在。"我们身边这样的例子不少，人们总是害怕出现在新的工作场所和社交场合。

在创作时有对未知和失败的害怕。"如果我写完小说，卖不出去怎么办？""如果艺术馆不接受我的作品怎么办？"

谁也无法保证一定会成功，但是不尝试成功肯定不会出现。伍迪·艾伦在编导自己的第一部严肃片后，他总结了自己没有坚持喜剧片的经历："如果你没有失败的经历，那表示你成功的几率也不大。"

所有的创作者都免不了失败。你在创作时，也在尝试、重复、拒绝和选择。也就是说，你开始做某件事时，你在尝试，然后你重复你的努力，放弃对你的目标无用的东西。最后你选择。如果没有人欣赏你的选择，没关系，你已做了你应该做的，也尽了你的努力。你需要把你创作的每一步当作一种成功。

当然，害怕和自责紧密相连。通常认为，害怕是创作起始阶段的阻碍，一旦你开始了创作，自责就发挥其破坏作用。似乎有谁从背后指责："你现在做得不够好，你没有原创性；它是愚蠢的，它太玄了，它不能被理解……为什么不停止呢？"

这个声音还在建议"你要小心"，"你要节制"，"你不要太感性了"，"如果太前卫你会摔倒"，"你没有权利对自己如此满意"。

自责会改变你的观念，削弱你的能量，伤害你的精神。如果自责在与想象力的斗争中占了上风，你会沮丧，并无法发挥潜力。

一旦开始你的创作，专注和投入是必要的。然而，在创作初始阶段，当纠缠于创作问题时，你需要放松片刻。正如前面解释的，你的努力超过了一定范围就会阻碍了进步。全神贯注一段时间，然后放松，改变你活动的强度。

制订计划

现在你知道了最大限度地发挥创造性的特定条件，你也熟悉了阻碍创造性发挥的三大因素。以这些信息作为基础，使用催眠法来实现具体的目标：接受你创作成型阶段的非创造性；消除害怕，减少自责；加强创作过程的创造性和愉悦感。

每一个目标都可以通过提高创造力意念法来实现。

接受你创作成型阶段的非创造性。意念法建议："你专注于你的目的地，你来到十字路口，路灯从绿变红，在等待绿灯时你告诉自己，红灯是暂时的，趁此机会你可以呼吸放松。"你注意到今天天气很好，你开始感觉到全新的健康能量从身体流过。

消除害怕，减少自责。意念法建议："你能感觉到从疑虑、害怕、局限中解脱，你感觉到所有阻碍创作的因素消失了，你自由地创造和发展，现在你是自由自在的，你急切地想找到你的创作能量。"

加强创作过程的创造性和愉悦感。你命令自己的潜意识接受你的创作本能。意念法建议："想象一个特别的地方，让自己感觉舒适，现在你处在最有创造性的地方，让你的思想漂浮，轻声对自己说，'我的新想法能够出现，能够露面，能够演变。这是新想法出现的好时机，最好的机会。我准备接受它们，欢迎它们，使用它们。'"

运用意念法

想象把阻碍你创造的所有疑虑都聚集在一起。想象把它们全都放在一个袋子里。袋子变成了一股能量，你能运用这股能量，你能以积极有利的方式运用。现在你用这股能量来实现目标、来创造、来发明。一种漂亮的颜色，一道美丽的彩虹出现了，充溢整个房间，并在你的体内发展。它是有力的、积极的。

你开始看见新的方向、新的思想。你能感觉到强有力的能量从体内涌现。你的思想清晰，你的思维集中，你感到自信，确定自己的才能，急切地让新想法发展。你控制生命中的能量来激发你的创造力，你轻易地把这些疑虑放在袋子里，把它们变成充满积极能量的彩虹。

现在想象自己被彩色能量包围，并且能量从你的身体涌过。

现在想象自己走过繁忙的街道，充满了能量，专注于到达目的地。非常专注于到达目的地。你来到十字路口，灯从绿变红，你等待绿灯，你告诉自己红灯是暂时的，你用这个机会呼吸并放松，你深呼吸并放松。你注意到周围的环境，街道对面的花园风景如画。你开始注意到今天的天气不错，你感觉到全新的健康能量流过你的身体。现在回想你的计划，以最积极的方式来看待，想象用全新的能量实现你的计划。

全新的能量，令人宽慰和放松。你越感到平静，你就越有激情和创造力，现在你知道灯变绿了。你自由地向前，所有的限制因素消退，所有的阻碍都消失了，你自由地继续。你继续沿着街道走，不一会儿你就来到了目的地，你的创意和发明在那里等待你。你越觉得放松、平静，就越快到达目的地。

现在想象自己已到达目的地，你是放松的，你感觉到新的能量，你感到自信、自由。想象自己来到你的目的地，你的创作场所，你已经到达了，你感到兴奋，你充满了新的能量，你的想象是活跃的。你开始你的计划，深呼吸，闭上眼一会儿，睁开眼感觉自己开始了，毫不费力，非常容易。你完全投入，专注、笑容出现在你的脸上。你开始落实你自己的想法，投入你要做的事情，所有的想法都是新的。你的身体与你的思想都处于和谐中。

尽可能清楚地想象你的积极意象。让这些积极的想法追随你，在下次开始你的计划前能够很轻易地回忆起来，每一次你需要创作时都能很轻易地回忆起来。只要你愿意，这些积极的想法就会再现，就会充满你的大脑，追随你，你可以继续你喜欢的创作历程，你的想法很清楚，所有的方向很明显，所有的问题也很容易解决。

从现在开始，无论你遇到什么阻碍，都把它想象成指示你停下来、休息一会儿的红灯。想象红灯从红变绿，你可以继续你的创作。

你可以把障碍想象成任何东西。变化的红灯、轻易推倒的墙，任何意象都很好。在障碍消失前，想象自己在寻找一个梦想和掌握技能的地方。想象找到了通往美丽森林的神秘小路，想象自己沿着小路走，闻到松树的新鲜气味和清新的空气，现在找一个可以停下来休息的地方。你可以坐下来晒太阳，放松放松，或者可以伸展四肢。想象一个特别的地方，自己非常舒适。现在你在森林的最有创意的部分，让你的思想飘荡。别试着思考，仅让你的思想飘荡，对自己轻声说：我的新想法会出现、会露面、会演变。这是新想法出现的绝好的机会。我等着接受它们、欢迎它们、运用它们。当你飘忽时，你将清楚地看到，你将看到新的方向、新的发明、新的想法。你能感觉到你的想象在游动，你感觉到令人兴奋的能量，当你放松时，你的创造力释放出来，你觉得自信、自在，对自己的才能有把握。

只要你愿意，任何时候你都能回想起你的创造力。你只需要放松，回忆特别的地方，感觉你的创造力，你的想象力开始游动，自由地游动，自由地游动，现在继续飘荡，继续飘荡，继续让你的思想自由地飞翔，让它飘荡。在结束意念法前，你将自由地创作，享受你的创作才能。

每日运用意念法，直到你感觉舒适，自发地从事创作，接受自己的创作表现。一旦感觉有了进步，你就可以减少次数。

年龄倒退与推进

年龄倒退疗法在整个催眠领域内是最具争论性的，同时它也是最为有趣的。年龄倒退有 3 种方式：逐渐的年龄倒退、间断的年龄倒退、跳跃的年龄倒退。年龄倒退疗法的形式很简单，即催眠师将患者导入恍惚状态，然后将他带回到自己的过去。

上述这些技巧的倡导者认为这不仅妙趣横生，而且也可作为强有力的治疗工具。然而，很多专家非常怀疑这些"记忆"的性质。主要是由于这些"记忆"来源的真实性。

年龄倒退

近几年由于发现了所谓的虚假记忆综合征，催眠性恍惚把人们带回到童年受到了公众的质疑。在这些病例中，人们在催眠作用下"重新经历"了在童年时遭受的虐待，但是后来却被发现根本没有被虐待过。这就给利用恍惚诱导出的记忆的精确性打上了大大的问号。特别是当这些记忆有可能要用做刑事审判的证据或用于科学研究时，记忆精确性是极其关键的。如果记忆出现误差，很有可能会导致真凶逍遥法外或者研究无法进行。

但是，催眠师在治疗病人时依然普遍使用年龄倒退疗法。记忆的真实性并不重要，重要的是这些记忆对患者的无意识心灵来说是否是真实的。它们是故事或者隐喻，治疗师并不在字面意义上推敲，而是深入挖掘其内在涵义。我们的无意识心灵储存着无数记忆和强大的想象力，有时候二者会混淆在一起。每个人对这一经历都很熟悉，我们有时候回忆起一件往事，但又不能确定它到底是真的发生过，还是我们只是想象它发生过。不过，无意识心灵不会考虑这些，它权当发生过。这些记忆和想象事件像具有象征性的故事一样，影响着无意识心灵的世界观。催眠师会将这些故事记录下来，然后告诉受催眠者，说这就是你亲身经历的、导致心理阴影产生的、已经遗忘了的早期经验。然后，催眠师再针对故事中的事件进行分析、解释，对受催眠者进行指导。

催眠师认为，直面过去的创伤或者唤起遗失的记忆会使患者受益匪浅。记忆并不从字面意义上来看待，它们是心灵的隐喻，对个体有着特定的意义。关键在于，当患者将他们的烦恼，比如说恐惧症，与童年时的触发原因联系起来时，烦恼症状就会消失。催眠治疗师称这一过程为跨越"情感桥"。当然，这些记忆没有具体特定的一个时间段，通过这种"实践"的方法，催眠师可以帮助受催眠者来驱散心理上的阴影。

年龄倒退疗法可用于消除很多病症，其中包括恐惧症、顽固的情感问题以及人际关系问题。在一个病例中，一位名叫爱丽丝的中年妇女对水有一种莫名其妙的恐惧感。在年龄倒退治疗中，催眠师把她带回第一次经历这种恐惧的时刻。她回忆起当她年幼时，她的一个哥哥把她扔到了游泳池里而使她惊吓过度。催眠师鼓励爱丽丝回想自己在这次事件之前对水的感觉，并且暗示说，她现在其实也是很喜欢水的。她渐渐克服了对水的恐惧感，还开始学习游泳。有时候，一旦发现触发事件是什么，患者就能克服病症；如若不然，催眠师就需要慢慢地和患者一起努力，帮助其学着坦然面对。一般说来，只要受催眠者能"确认"该故事实为亲身经历和导致心理阴影的产生，催眠师就可以根据这一情况来进行年龄倒退法，也能收到良好的效果。

情感桥

所谓的"情感桥"是年龄倒退疗法的一个重要工具。其原理是，催眠师鼓励恍惚中的患者在心灵中建立一种联系，将触发了其某种反应或感觉的很久之前的事件（被称为"初次激活源头"）与一直持续到此刻的后续反应和感觉建立连接。他把自己现在的心理状态比作一座桥，他跨越这座桥回到这种心理状态存在的从前，包括第一次出现的时刻。催眠师鼓励患者发现自己以往的经历属于过去，不属于现在。有时候，一旦找到了这一联系，患者的症状就会得以缓解或消除。通过想象催眠疗法，让受催眠者能够跨越这座桥，忘记过去，回到美好的现实生活中。

年龄推进

催眠师有时使用年龄推进这一技巧，帮助患者想象通过改变自己的某种行为方式而使自己的未来更加美好。例如，如果一个人知道自己应当戒烟，但还没有真正下决心，那么催眠师就可以让他想象两种截然不同的未来。一个是他在 10 年之后还没有戒烟的样子，另一个是他戒了烟的样子。这两种生命的天壤之别会说服患者，坚定他马上戒烟的决心。可以说，催眠年龄推进治疗是独树一帜的。

法庭催眠 >

　　如果你对有关犯罪的电视节目和电影很熟悉的话，你肯定知道执法机关所面对的古老问题是什么：证人经常记不起自己的所见所闻。他们可以提供的细节非常之少，即使他们当时就在犯罪现场，亲眼目睹、亲耳听到了一切。这种情况下法庭催眠有时便能助一臂之力。运用催眠的倒退法帮助证人回忆案发经过，能有效帮助调查人员在调查期间得更多的资料线索，为案件提供重要的依据。

　　法庭催眠历史悠久。早在 1845 年，一名视力超人的女子被导入催眠性恍惚以帮助找到从一个商店偷钱的小偷。她在催眠状态下详细描述了一个 14 岁的男孩，并说出了他跑出商店后逃跑的方向。这个男孩被抓到时非常吃惊，当场承认了自己的偷窃行为。当然，催眠还可以有效帮助受惊过度的证人回复对案件的记忆。

　　然而，从 19 世纪开始，催眠在犯罪调查方面的应用在美国和其他国家都遭到了质疑。问题在于，虽然目击证人和犯罪受害人可以在催眠作用下记起关键细节，但谁又能保证这些细节是真实的呢？这就是我们所称的"虚谈现象"。在这个虚谈过程中，大脑在遗忘的空白处填上适合的信息（有时在提示的辅助下）。这种虚构性的回忆并不是"撒谎"，因为它并不是有意欺骗，但它确实是杜撰的。更雪上加霜的是，调查者也许知道自己想要什么答案，于是便有意或无意的牵引证人或受害人最终说出他们想要的答案。在所谓的虐待儿童案件中也出现了类似情况，即虚假记忆综合征。这导致的结果是，美国各个法庭对待催眠作用下获得的证据和证词持部分怀疑态度。以至于后来在没有足够的反对证据下，便主观地认定它是一种法术，而舍弃这项技巧，这样做不利于科学的进步。

美国各州对催眠作用下所获证据的利用都是各不相同的。而且各州还针对获得证据的前提制定了明确规定：同一名催眠师不应经常受雇于检察当局；催眠师应当是名副其实的专家；所有会面都应被录下来；必须注意不要引导被催眠的证人说出某个特定答案。如此一来就可以保证催眠的真实性，但并非所有额外的数据都有用，这些额外资料必须与调查所搜集的证据相对照。

尽管问题重重，法律程序也极其复杂，催眠仍然在犯罪调查中发挥着重要作用，尤其是在缺乏线索、首要嫌疑犯和进行调查所依据信息的案件中，催眠的作用更加突出。在这种情况下，证人潜意识地给出调查小组希望听到的答案的可能性很小。而此时证人在催眠中记起的回忆就有可能提供重要线索。

虚假记忆综合征

由于所谓的虚假记忆综合征，催眠卷入了一场激烈的争论之中。其中牵涉到的案例是，患者在治疗中会记起早已遗忘的发生在过去的受虐事件。这有时被称作被压抑掉的记忆或恢复的记忆。但事实上，这些"记忆"经常最终被证实是假的，而被指控的肇事者也是冤枉的。并非所有这些案例都与催眠有关，其他形式的疗法也被使用。但是，催眠在很多这类备受争议的案例中的使用使其受到舆论瞩目，而其帮助患者恢复记忆的能力也因此遭到舆论质疑。在验证催眠记忆的时候，受催眠者内心世界的画面与经历现实社会真实性的考证是一个社会的普遍问题，也是人们对催眠疗法暂时还无法理解的。

当患者在此类例案中借助于治疗回忆起的基本事实被证实是虚假的时候，警钟就敲响了。例如，在一个案例中，一名妇女说她曾经在 2 岁时遭到父亲的虐待，但事实上她 2 岁时一直和狱中的母亲一起生活。这种"记忆"的虚假，使得很多人开始认为催眠有"欺骗"行为。

这种争议导致的结果是，美国和其他国家一些明显犯有虐待罪的肇事者都纷纷翻案。虐待案件的唯一真实证据往往是被害人的陈述，而他们却只在治疗中记起相关细节。于是直接后果是，一些患者起诉治疗师，指控后者在他们的大脑里灌输了虚假的记忆。所以才导致自己的口供有误，但问题的关键在于：催眠所诱导出的记忆可靠性到底有多大呢？

1985 年，美国医学学会科学理事会发布了一项声明，警告说："在催眠状态中回忆起的信息有可能属于虚谈或伪记忆，不仅不会更加精确，实际上反而会比非催眠性记忆更加不可靠。"这不得不引起催眠师的思考。

虚谈现象是指人们针对关于过去提出的问题给予虚假或人为虚构的答案，从而填补记忆遗忘所造成的空白，但同时自己却相信这些答案的真实性。1993 年，美国精神病学协会警告说，被压抑掉的记忆可能是虚假的，尤其是当治疗师试图将这些记忆恢复的时候，就会主观或者强制地灌输记忆，让受催眠者被动地去接受。

批评者们指出，这种恢复的"记忆"有时归咎于催眠师，因为他们一味搜索被压抑掉的童年受虐记忆，找不到就不罢手。在这种情况和这种压力下，受暗示和想象力影响的无意识心灵便会提供一些细节以满足盘问者。一旦这些记忆被创造出来，它们便变得和其他记忆一样真实，并且在患者的意识中获得真实记忆的地位。这种受感官、知觉认知上主观意识的偏差而产生错误的证词，致使警方侦查方向很容易误入歧途。

一个更为深入的问题是，一些治疗师诊断出（往往是错误诊断）病人患有多重人格障碍——现在称为分离性身份识别障碍，而他们认为童年的受虐经历是发病原因。这使他们的决心更为坚定，一心要释放患者意识中的这些丢失的记忆。事实上，现在有很多专家认为，真实而严重的童年受虐经历也许被埋藏在了心灵深处，但却很少会被受害者彻底遗忘。所以催眠的记忆仍有可能启动记忆边缘系统的情绪机制，而不是真正意义上的释放。

这并不意味着在催眠作用下回想起的所有记忆都是虚假的，也不表示鼓励患者回到童年的催眠疗法帮不上任何忙。但是这却表示，有关过去犯罪行为的恢复记忆不能作为法律程序的根据，除非还存在着强有力的外部支持证据，双者有效地结合起来，才能更好地为社会服务。

改善学习过程

47岁的比尔是一家银行的借贷员，他决定换工作。他正在为成为股票经纪人努力学习，一旦拿到资格证，一家证券公司就会雇用他。

在学校学习一个星期后，比尔计划星期六"学习一整天"。他一吃完早餐，就在客厅里找了一把舒适的椅子坐下来，开始看书。10分钟后，他的儿子彼特走进来，问他是否能够打开海豚游戏看看得分。15秒钟后，他们俩全神贯注打起了游戏。

过了一会儿，彼特的意志力战胜了他，于是他把书拿到院子中去看，让儿子看电视。翻了几页书以后，他开始走神了。他想到院子里该浇浇水，打开洒水器以后他又进屋拿了一瓶啤酒，然后回到院子的椅子上。总之，他整个星期六只用了40分钟来学习。

比尔的智力并没有问题，但是如果他的学习习惯不改变，他就不可能通过证券资格考试。比尔的学习问题是没有选择合适的学习环境，没有制定完成任务的时间范围，成功的自信心也不够。催眠法有助于解决这些学习问题。

影响因素

有多少人学习，就有多少关于学习（或不学习）的理论。为了清楚你的学习问题，仔细地阅读每一个影响因素，想想哪个与你的学习过程有关。

1. 不良的学习习惯

不良的学习习惯包括内在因素和外在因素。内在因素指你不知如何有效地利用时间、集中精力和付出行动，结果会导致你的精力和情感不必要的浪费。例如，你要参加考试、进展报告会、销售会——任何需要准备和筹划的学习行为——你拖延的话就会成为痛苦的、自我惩罚的过程。反之，你在最后期限之前慢慢地做，任务就会相对容易得多。

时间的有效利用并不是一个复杂的过程。它仅仅是把你的整个任务分成若干可行性部分。这适用于任何学习任务——法律考试的复习、年度报告的研讨、口语考试前的学习，等等。你的学习任务好比冰块，整块放在口里无法吞下，但是分成小块就很容易。

不良的学习习惯的外在因素指你学习环境的物理位置和你与它的关系。研究不良的学习习惯学生的心理学家发现，如果学生遵循以下3点规则，他们的学习效果将得到大大提高：选定一个专门学习场所，并坚持使用；消除任何外在干扰；一旦你无法集中精神马上离开学习场所。

催眠法可以直接帮助解决后面的两点。一些外在干扰很难甚至不可能消除，比如室友聒噪、声音很大的音响，但是你可以学会运用催眠法排除声音的干扰。

当然，如果你的外在干扰因素是你的小孩、你的伴侣，或其他与你关系亲密的人，那么你的计划学习时间要与那个人的日常作息时间错开。

最后一条规则要求当你的注意力减退时离开学习场所。这一点可以通过设定时间范围来调节。这要求你设定的起始及结束时间和你的注意力持续时间保持一致。没有时间限制会让自己精疲力尽。

另一方面，如果你无法集中精神，就不要等到结束时间。当你无法看下去时就应该停下来，离开学习场所。这样你和你的学习场所就会保持一种积极的关系。

2. 记忆力弱

一位教授在同事家吃完饭后夸夸其谈。主人和他妻子听得很厌倦了，而他还在继续讲个不停。最后主人说："唉，时间不早了，我明早还有课，我想我不得不请你回家了。"

"天啊，"心不在焉的教授回答，"我以为你们在我家里，我正要你们回家呢。"

像这位教授记忆力这么差的人很少见。但是如果你发现记忆或回忆学习内容非常困难时，你也存在记忆力问题中的其中一个。

人类有3种记忆力，分别属于大脑的3个部分。第一类是感觉记忆，关于事物的外形、气味或感觉。第二类是动作技巧记忆，关于如何表现身体动作——滑雪、骑自行车、跳水或舞蹈。第三类包括词语、思想和概念。它包括一切你所想到的、听到的和读到的。

前两类比词语、思想或概念的记忆更持久，当然，第三类在学术性学习中发挥着最重要的作用。为了使你的第三类记忆发挥最大的潜力，以下办法可以帮助你记忆和回忆材料内容。

※（1）自我测试

当你在读、在想、在听材料的时候，停下来问自己主要内容是什么，轻声或大声地把要点背诵出来。如果不能背诵，重新回到要点复习。立即回顾比重新阅读全部内容效果更好。

※（2）定期复习

在学习的最后阶段，对学过或记过的内容马上进行总体复习。经常和短时期的复习有助于对内容的长期记忆。长时间的、延长的、含混不清的突击记忆不能有效地保持记忆。

※（3）任务之间的间断

有研究表明，在记忆时，两个任务之间有间断或休息要比没有更容易。理由是原来的学习会干扰新的学习，大脑在接受新的信息之前需要时间来吸收原来的学习内容。例如，你不能复习心理学之后立即背戏剧台词。

※（4）把睡眠当作"封口"

乍一看，这个建议对那些想找借口把头靠在法律书上小睡的人们是一个好消息。事实上，睡觉之前比开始各种日常活动之前记忆力更好。一些理论表明，睡眠和有效记忆之间存在着联系。睡眠就像一个过滤器，会把与主要内容无关的内容过滤掉。

※（5）记忆材料的意义性有助于记忆的过程

研究表明，人们在记忆有实际意义的单词时要比记忆同样数目但无意义的单词效率更高些。同样，如果你赋予任何材料一定的意义你就能很快记住。

在面临一个学习任务时，你做的第一件事就是把学习内容（在脑海中或纸上）组织成一个有意义的整体，这样做起来更容易。例如，如果学木工、汽车修理、制作彩色玻璃或缝纫时，你应该组织下面的信息：需要的工具或材料，学习的基本步骤，希望达到的结果，特别的窍门，等等。如果你开始参加西班牙基本会话的速成班，你可以把你需要了解的内容组织成"生存"技能，如基本的问候、吃、睡、洗手间设备用语和提示。然后，你可以学习社会文娱设施用语，如何表达观点，等等。

※（6）材料以逻辑的形式来组织可以帮助记忆

如果学习英文小说或戏剧，你不要把精力放在每一个细节上而忽略了主题和情节。相反，你应该记住最抽象的概念、主题，然后缩小到情节事件，再转移到其他方面，如人物、对话、背景或象征手法。

3. 缺乏奖励

就奖励来说，学习和其他活动没有差别。如果学习没有任何收获，学习任务就会很难。如果你能预料到奖励，你学习的决心就会加强。因此，如果还没有给自己预期的奖励，现在构想对自己的奖励会大有收获。

你还需要花时间想想自己有了哪些方面进步却没有意识到——提高的市场销售能力、增强的自尊心、另一个领域的技能或改善他人生活的价值。你应该奖励自己。

4. 药物

经常服用处方药会抑制你的学习能力。判断药物是否有助于你的学习的最好办法是和处方医生讨论或向药剂师询问药物生产厂家的书面证明。这些信息有时会和药物自动配在一起，如止痛药。

5. 恐惧

恐惧是无形却强有力的因素，如果发展到极端，它会把你已经成功记忆的内容抹掉。学会放松，体验自信的感觉，暗示自己成功，你就会摆脱恐惧。你的暗示语是给你精神支持的词语或短语。你对自己说"优秀是唯一的可能"。潜意识中有了这些暗示，你就会为成功而努力。

确定阻碍因素并制订计划

为了获得学习的最大效果，你首先要处理自尊心和动机问题。没有自尊心就很难有很强的动机，动机不强学习过程就会受到影响。在准备提高自己的学习效率之前一定要考虑这些因素。

在分析学习不成功的原因时，你可能已经找到妨碍自己学习的因素。改变学习状况的第一步就是确定主要是哪个因素影响了你过去的学习。然后简短地描绘这些因素。例如，你的陈述可以类似于：我的学习不成功是因为我有3个学习场所——我家里的厨房，通勤火车上，兼职的工作场所；我的在岗培训不成功是因为我从过去的经验中了解到我的雇主不允许其他人运用他们所学的技能；我的销售陈述不成功是因为我无法记住我计划所说的内容，我遗漏了重要的数据，忘记描述新产品。

所有这些消极因素写出来后，下一步是把它们转变为积极的建议，例如：我在一个地方进行所有的学习，它就在学校图书馆3楼窗户边的桌子旁；我认识到我在岗培训的奖励是我学到了其他技能，这段经历将使我作为雇员更适应市场；我会记住我的销售陈述因为我时而停下来背诵我的材料，我将花少量的时间复习所有的陈述内容，在陈述前的晚上我先大声地朗读然后再睡觉。

按照上面的例子写下影响你学习过程的因素，并进行简短地描述。接下来，再写下对每一个因素积极的建议。注意例子中的积极建议必须个人化，并且是肯定和命令性的。

你已经确定了导致问题出现的因素，也给出了积极的建议解决这些问题，接下来你需要关注自己的总目标。无论学习困难的具体原因是什么，总目标对每个人是一样的。这就是：把学习过程当作一次机会，并积极地看待它；改变影响学习过程的不良习惯和步骤；增强自信心和自尊心。

重建潜意识

意识法能给你提供积极的、指导性的建议，重建你的潜意识，实现上面列出的目标。

第一，以积极的态度看待学习。对学习的消极态度会妨碍你努力。如果你觉得全部的学习是不必要的，你不一定要成功，那么你就是潜意识中过时的、无用的指令的受害者。为了改变过去的消极想法，总的学习意念法建议："一名运动员必须学会动作的每一步，他在比赛之前必须学会全过程。你是开始学习提高学习技能的运动员，从而实现你的目标。你想象自己每天集中精力学习，全神贯注，你热情又急切地学习因为前途是光明的。"

第二，在潜意识中用新的成功习惯和步骤代替破坏性的不良习惯。你的潜意识喜欢习惯和模式。你可能发现你的潜意识判断力并不是很强。你只要把时间和精力用来再喝一杯咖啡，做做白日梦，你就会朝图书馆早早奔去。具体的意识法可以改变某些行为模式。

例如，不良的学习习惯意识法建议："你在某一刻开始，结束。在这段时间内你完全投入到你手头的工作"。考试恐惧意识法建议："放松你的胃、胸、喉咙和呼吸。现在开始考试，注意力集中，头脑清晰敏锐，你能迅速准确地回忆起你复习的内容。"

第三，增强自信心和自尊心。如果你觉得你自己不值得成功，不是一名好的学习者，或者你不够聪明，你就会在毫无知觉的情况下与成功无缘。即使你可以成功，也是在打一场拉锯战，非常费力和辛苦。你通过加强自尊心、重新树立自我形象，可以轻松地获得成功。总的学习意念法建议："你对自己的能力充满信心，由过去的学习看来，你聪明、接受能力强、才华横溢，想象运动员在完美的表现后，跑得最快、获得最高分时的感觉。想象自己是一名杰出的运动员，成功、快乐，因工作和一贯的表现而受到奖励。你充满自信，感觉良好。"

设计整体意念法

现在你已经清楚意念法的作用形式。你将运用适合你需要的整体意念法。

你运用的意念法是一个连续的整体，每部分之间连接自然，成为一个有效的整体。从改善学习习惯意念法、提高记忆力意念法、奖励意念法和排除考试恐惧意念法中选择一个适合自己需要的意念法，在这个意念法中插入你为自己写下的积极建议，然后运用具体的学习意念法来实现你的积极建议。

在运用中，重复具体意念法中的关键词语，然后再次重复整个意念法。

1. 具体学习意念法

选择最适合解决你学习问题的具体学习意念法。

※(1)改善学习习惯意念法

你将体验完全成功的学习阶段。现在想象自己准备学习的舒适状态。你把材料、论文、书一一摆在面前，吸气，呼气，然后放松。再吸气，呼气，然后放松。你开始着手你面前的工作。在某个时间段里，你完全投入到手头的工作中。你全神贯注，当你沉醉于你的学习中时你身边的所有正常声音都消退了，你感觉平静、放松，没有什么能打扰你，你的工作状态达到顶峰，吸取你需要的所有信息。当时间到了，你的潜意识中有个信号提醒你，告诉你完成了你的工作。你深呼吸、放松，精力充沛地做其他事情。

※（2）提高记忆力意念法

想象自己在特别的地方度过一天。想象自己放松，微笑，感觉舒适，感觉非常舒适。想象你关注的所有事情都远离你，想象自己躺下来，伸展四肢。此刻任何事情都不重要，任何事情都没有影响。你给自己放假，放松自己。你发现一天缓缓流走，你觉得如此懒散、如此放松。这时你发现一张很大的白纸随着微风飘浮过来。这张纸朝你飘过来，停在你旁边，你拿起来读，上面有你需要的所有信息，你学过的所有信息。现在你记住你学过的所有内容。将来你也能记住。你需要的内容将会清楚地印在一张白纸上，每当你需要回忆其内容，你就想象那张白纸，想象白纸上的准确内容。从现在起，无论你什么时候需要你学过的内容，你需要的所有消息都会写在那张很大的白纸上。

※（3）奖励意念法

任何时候你你的学习都是为你自己的个人知识宝库添砖加瓦。你学的任何内容都能储备，并能在你需要的时候供你运用。你可能发现你现在所学的非常有用，非常有价值。最重要的是你学的任何内容都能储备，并能在你需要的时候运用。当你完成这个学习任务，当你完成你的学习任务、你的博士论文、你的护士培训或你的考试时你就奖励自己。当你工作时你意识到你将得到这个奖励，考虑彻底完成你的工作，好好表现，得到这个奖励。考虑完成你的工作，知道你的工作做得非常出色、非常彻底，完全有资格得到奖励。现在想想做完你的任务，记住你学的任何东西都会提升你作为人的意义，增加你的知识、你的价值。

※（4）排除考试恐惧意念法

想象自己在考试前几天或几周，你学习、记忆，获得你需要的所有正确信息。你自信、放松。现在感觉你的胃部、喉咙、胸部，如果感到紧张或心慌，放松。现在再来一遍，想象自己在考试前，想象现在你已经准备好，你学习了，一切就绪，你感觉放松、平静、从容。现在想象自己进入考场，你坐下来，深呼吸几次，给自己一个暗示语，当你轻声重复你的暗示语或词组时，你能感觉到你每一块肌肉都是放松的，你的膝盖、胃、胸、喉咙、呼吸——放松。现在你开始考试，注意力集中，全神贯注，你的思维清晰敏捷，你能迅速回忆起你需要的所有正确内容。你轻松地回忆，你的身体放松，你感觉自在，你富于技巧地、自信地、彻底地完成你的考试。时间充足，你感觉很棒，你觉得自己是一个成功者。现在想象考试的结果非常有利，想象自己成绩出色，感觉舒缓、放松、平静。

2. 总体学习意念法 _____

开始想象自己是一名好学生、优秀的学习者、效率高的学习者、一名接受训练的运动员。一名运动员必须学会动作的每一步，他在比赛之前必须学会全过程。你是开始学习提高学习技能的运动员，你要实现你的目标。现在想象你在自己选择的学习场所。非常舒适，你感觉自己在这里非常舒适。想象你在自己选择的学习时间里开始学习，你的注意力集中到你的工作上。当你的注意力集中到你的工作上时，你忽略了你身边的所有声音。你开始全神贯注，吸收你需要的所有信息。

你记住你吸收的所有信息，无论什么时候需要，你都能又快又容易地回忆起来。当你需要时它就在那儿，能够又快又容易地获取。你对自己的能力充满信心，由过去的学习看，你聪明，接受能力强。你才华横溢，热切地希望实现自己的目标。你想象自己每天集中精力学习，全神贯注，你热情又急切地学习因为前途是光明的。现在想象你已经成功获得了你需要的信息，你感觉自信、从容。你感觉很棒，很精彩，对自己充满信心，感觉良好。

每天在学习前使用整体意念法。在学习习惯得以改进后，你需要减少使用意念法的频率。

提高你的记忆力和学习能力

除了医学和治疗用途之外，催眠还有很多其他实际应用，其中包括帮助人们获得新知识并能够记住细节。很多人都存在学习问题：我们感到烦躁不安，无法全神贯注投入学习，想要到外面去——任何地方都可以——就是不想看书。之后，当我们最终静下心来认真学习的时候，我们却又发现自己刚学到的知识几分钟之后就忘得一干二净。这样一来，就有很多同学常常因记忆力不好影响学习成绩而苦恼不堪。

催眠常常用来解决这一问题，并且方法多种多样。首先，催眠师要使学生拥有学习的心灵状态。他的年龄或学习科目都不重要，重要的是他有学习的渴望。有经验的催眠师会借鉴学生本身的学习风格，然后在此基础上发展。催眠师会在学生处于恍惚状态时告诉他，他会感到心情放松、平静、乐于学习，并且他能够记住并理解学习的新知识，对抽象生硬的知识要点，可以在理解的基础上加以形象化，以增强记忆效果。

下一步就到了学生们不得不参加的考试或测验。最令人头疼的是，学生在面临考试时神经紧张。学生普遍都有这种感觉。他也许埋头苦读了数小时，对考试科目已是倒背如流，可是一面对试卷，大脑就立即变得一片空白。于是他开始恐慌，几乎想不起来任何东西，这样下去，考试结果可想而知。催眠有助于克服这一常见现象。学生在考试前接受几次催眠治疗，催眠师在治疗中暗示他的无意识心灵说："你在考试时会感到平静、放松，能够完全掌控自己的思考过程。你会保持头脑清醒，最重要的是，你能够记得自己所学的点点滴滴。"除此之外的暗示还有："你在考试完毕后会感觉平静满足，认为自己已经尽力而为。"这可以避免考试后恐惧。在考试时正常发挥极为重要，因此任何患有考试神经紧张和恐慌的人都应当考虑尝试催眠疗法，这确实有效。不过要记得，催眠本身不能使你成功通过考试，你必须要付出努力、认真备考。催眠只能够帮助你树立起记忆优良的信心，并时时提醒你要记住必须记住的东西，你自己必须坚信"我能行"！

记忆是过去经验在人脑中的反映，也是人类对客观现实的反映。人的记忆能力，实质上就是向大脑储存信息，以及进行反馈的能力。所以，催眠在一定程度上还可以从心灵深处找回已经遗失的能力。一些观察性证据表明，在年轻时会说一门外语但以后又忘记了的人可以在恍惚中恢复语言能力，并在之后的日子里保持这种语言能力。

催眠的另一用途是帮助人们学习速读。学生使用催眠和速读技巧经常可以使阅读和吸收速度加快，同时还能成功记住信息。也可以对新学知识及时强化，加深理解，从而达到记忆能力在本质上的提高。催眠的一种不太为人所知的用途是作为其他科学领域的研究工具。研究者先使主体进入恍惚状态，然后复制诸如酒精中毒等自然现象，这样他们就可以对这一状态进行研究，然后找到缺口，进行突破。

提高学习的兴趣，增强学习的自信 〉

对于学习的兴趣以及自信，恐怕是学好功课的最重要、最基本的条件。有一些孩子会因为老师或者家长过分严厉、过分管制、学习上的暂时挫折等，一提到学习就反感、烦躁，或者想方设法地要逃避。这样一来，学习的效果自然就不太理想。所以家长要在孩子学习的过程中让孩子有成就感，根据孩子进步的程度给予相应的奖励。通过渐次奖励来巩固孩子的行为，有助于孩子产生自我成功感，不知不觉就会建立起直接兴趣。要注意的是奖励不要过份，不要让孩子产生金钱至上的思想。

催眠首次要做的就是让孩子了解学习目的，间接建立兴趣。如果每一个孩子对学习的个人意义及社会意义有较深刻的理解，那么就会认真学习各门功课，从而对各科的学习发生浓厚的兴趣。比如说，对一个讨厌学外语，对学外语充满畏惧情绪的孩子实行催眠。在催眠状态下给他下达提高学习外语的积极性的暗示指令。可以这样暗示："外语是我们和外国朋友交流信息的一种有力的工具，也是打开知识宝库的一把钥匙，多学习一门语言，就可以为你多打开一个崭新的、奇异的美丽天地。现代社会离不开外语，如果你想要结交外国朋友，使用国外生产制造的产品或者到其他国家欣赏那美丽的异域风光，体会那里的风土人情，你就必须要学会外语，只要你一步一步努力，扎扎实实打牢基础，将来一定会学得很好的。"

在给予暗示性指令之后，可以让孩子在催眠状态下听一段外语，让他背下来，翻译过来，然后就可以暗示他说："你背得很快，翻译得很准确，你有学习外语的天赋和才能。你就高高兴兴地学吧，这样你的单词就记得更快、更准，语法就更熟了，你一定能学好外语的。"接着，还可以让孩子在催眠状态下反复背诵那段外语。因为这是处于催眠状态，孩子会遵从暗示指令，反复进行背诵，专心致志，这在孩子意识清醒的时候是较难做到的。

把孩子唤醒之后，虽然他已经记不起催眠状态下学的那些内容，但是却感到很熟悉，就会很容易地背下来，学习的情绪也就有了越来越好的变化。经过几次这样的催眠，孩子学习外语的兴趣和自信就会有明显的提高，以后也就可以自己积极主动地学习了。

在管理中如何应用催眠

不管是初、中级管理者，还是高级管理者，都会遇到这样的问题：如何让下属更顺利、更有效地执行指令？如何说服下属按照一个最佳方案而不是他自己所认为的方案行事？如何最大限度地避免主观因素对事情的影响？在出现问题、矛盾的时候，如何快速走出问题的旋涡，解决矛盾？许多管理者都认为，为了在行业中树立威信，对待下属一定要严肃。其实不然。

这一系列问题都和上司对下属的管理及沟通有关。一个好的管理者往往既给下属表现他们自己的机会，又能够因势利导将下属的思路引到自己想要的思路上来，最终达成自己所希望的目标，完成自己所希望的结果。管理者必须对下属的情绪有着敏锐的洞察力，从而能够在第一时间进行安抚和激励。下面就是一个非常经典的例子：

某公司准备参加在广州召开的展销会。由于去年展销会业绩出色，销售总监对今年的销售业绩也是信心十足。由于他本人要去华北地区开拓市场，因此他把展销会的事情交给销售副总全权负责，交代完一切后，销售总监放心地离开了。

去年展销会该公司的销售额达到了600万，今年不仅产品线丰富了好几个品种，而且生产能力也扩大了不少，加上品牌效应，稍加努力的话，生产额增加到1000万应该不成问题。不过，为了明年增长幅度的考虑，他还是决定保守一些，将目标定在了800万。当然，他内心希望副总能给自己意外的惊喜。

但是销售总监没想到，半个月以后，当自己出差回来，兴冲冲地找来副总询问展销会成绩的时候，却得到了一个令他十分惊讶的数字——400万。这不仅没达到预期目标，甚至连去年的成绩也不及。这么强烈的反差让销售总监非常生气，他想质问副总，但还是将到了嘴边的话硬生生地吞了回去。总监在这次出差中恰好参加了某兄弟企业举办的管理心理学培训。在课堂上，培训师对类似的情况作了专门的分析，让总监深受启发。因此，他决定尝试从培训课上新学到的办法：用恰当的问题、合理的方式逐步催眠下属，让对方老老实实地承担起自己应尽的责任。当副总为自己说的话构思费神之际，自己也有充足的时间对他的阐述进行剖析，并作好应对的准备。

"具体是怎么回事？请你详细地告诉我。"总监缓和了一下情绪，用尽可能平和的语气问道。他这个时候的态度显然让早已做好准备接受狂风暴雨的副总很是意外。副总愣了片刻，才慢慢地把当时的情况原原本本地说了一遍。当然，其中也刻意提到了不少的客观问题，很明显有为自己开脱、推卸责任的意味。不管副总怎么抱怨、驳斥，总监都仔细倾听，毫无愠色。

在副总陈述完后，总监接着问道："能不能再说得详细一些？还有要补充的地方吗？"

于是，副总只好将整个展会的过程更加详细地讲述了一遍。"嗯，现在已经这样了，"总监若有所思地说道，"那么，我想听一听你对这些问题的看法和意见。"见到上司似乎并没有严厉责怪自己的意思，副总的心情稍微放松了一些，开始说出自己对目前问题的看法以及补救的措施。但是，由于之前他将心思和精力全部放在了寻找借口和应对可能发生的责备上，对于问题的解决之道显然有些准备不足。尽管如此，总监仍然没有一点责怪的意思，反而鼓励道："你的想法很好，不过能不能说得更详细一些？咱们可以一起来商量一下补救的措施。"

不仅没有受到责备，反而还受到上司的鼓励，副总显得有些受宠若惊。情绪的变化让他的思维也变得更加活跃起来，很快就想出了不少补救措施。同时，总监也说出了自己的一些想法。

"好，现在你就去把这几个方法整理一下，做成一个详细的计划，我们下午开会讨论一下，然后尽快地开始运作。"总监说道。

"是，我这就去办。"副总很高兴地回去了，很快便将一份详细实用的报告写了出来。就这样，公司的业绩慢慢得到提升。

从带着防备心理走进办公室到兴冲冲地回去整理计划和报告，副总在短短的时间里所产生的变化，就是总监利用催眠成功管理的结果。

这种催眠当然不是我们所讲的传统意义上的催眠，甚至连之前提到的那些要素都没有用到。总监的行为，仅仅只是通过语言的诱导，让副总主动承担起自己的责任，从而达到了催眠的效果。

犯错的人往往自己都很清楚犯错的后果，为了逃避责任，必然会想方设法地找一些借口推托。面对副总的这种心态，总监选择的不是让他说出借口然后引发那些无谓的争论，而是根本不给他"避险"、"逃难"的机会。他通过自己合理而恰当的问题，引导对方的思想进入自己预设好的道路，然后层层逼近，使副总将注意力集中到问题的解决方法上。

就这样，在总监的诱导下，副总已经全然忘记了之前准备好的推卸言论，促进了问题的解决。

因此，作为企业管理者来说，如果能够恰当地运用语言的力量催眠、诱导下属，那么，很多管理上的麻烦、问题都可以迎刃而解。

对孩子的催眠 ❭

催眠方法对孩子是普遍有效的。从传统意义上讲，孩子是完全不惧怕催眠的，并且对催眠方法表现出一种本能的信任。孩子有着极为丰富而生动的想象力，因此非常易于接受暗示。这就为催眠方法、催眠治疗的应用提供了理想条件，也就很好地解释了为什么 8 ~ 16 岁的孩子是催眠的理想对象。

催眠技术应用于孩子身上，需要以下 4 个必备条件：

第一，催眠师必须得到孩子的充分信任，让孩子有这样一种感觉：临床医生带给孩子的心理感受如同父母带给他的一样。当孩子感觉到催眠师就像父母一样对待他时，二者之间就建立了彼此信任的基础。在这个基础上，孩子会对催眠师的话深信不疑，从而促进了催眠的顺利进行。

第二，孩子必须相信自己能够达到既定的目标。在一些家庭中，常常发生父母打击孩子积极性的不良行为，例如，他们有时会说孩子笨或懒惰。这种行为会严重地打击孩子的自信，伤害孩子的心理健康，阻碍孩子的成长。对孩子不断进行负面强化，无论孩子有多好的天赋，也会有学习障碍。

第三，催眠活动应该是充满乐趣的，是令人感到轻松快乐的。可以将游戏运用于催眠过程中，使其和催眠过程结合起来，这样会使催眠活动成为一个令孩子感到非常愉快的事。孩子从内心深处愿意接受催眠，最后的效果也就不言而喻了。

第四，孩子需要对所寻求的目标有一种强烈的愿望。如果仅仅是父母希望孩子达到某种目标是不够的，必须要使孩子自身对达成目标有强烈的愿望。例如，如果孩子想要消除自己的尿床行为，愿意提高他们的学习成绩，想要提高自己的运动技能。

一般来说，那些有着健康的人际关系的孩子，往往在生活中很多方面都可以做得很好，他们的退缩、冲动、叛逆、反应迟钝等消极的倾向都不会表现得那么强烈。而那些过分退缩、叛逆的孩子常常表现出较弱的自尊心，并且常患有抑郁症，具有成人一般的孤独感。孩子需要在成长早期学会如何处理问题以及如何与其他孩子交流经验，这一点很重要。有能力的孩子往往能够自己解决问题，并且对他人有更好的感受力，可以参照他人的生活，为自己的生活做出更好的选择。所以说，家长不能忽视孩子平时的种种表现，要根据孩子的行为举止或者动作习惯来进行恰当的引导。

过高的期望会给孩子带来太大的压力，这种强大的压力会导致孩子情绪焦虑，降低孩子的想象能力。家长可以通过催眠的方法来帮助孩子提高能力，让孩子学会用健康的方式处理问题。所以每个家长都要学习催眠，来与孩子更好地沟通。

如果孩子学会了自我催眠的方法，就可以实现自己内心世界与外部环境的平衡与和谐，能够体会到自己和他人的内心世界，而不是只知道抱怨他人的错误，或者总是觉得自己获得了与他人不平等的机会，受到了不公正的待遇。这种对自身、对外界的心理感受的平衡可以让生活达到和谐统一。

通过自我催眠练习，孩子可以改变自身的消极态度和不自信的心态，从而消除他们在生活中沮丧和抑郁的倾向。这是确保他们健康成长、最终走向成功的关键。任何毅力都无法战胜失败感，要使自己变得更加强大，孩子绝对有必要建立自尊和自信的感觉。除此之外，孩子还可以进行静心训练、持久力训练、注意力训练、记忆力训练等，训练自己各方面的能力，让自己成为一名全能型人才。

任何消极、负面的想法都可能存在于孩子的潜意识中，使孩子不能冷静分析自己接收到的信息，由此形成了消极、负面的自我形象，而消极、负面的自我形象又在很大程度上决定了他们解决问题时的心态。如果孩子曾经在尝试改变自己行为方式的努力中多次经历失败，那么，他们就可能建立起失败者、无能者的自我形象。所以，在催眠的过程中要让孩子树立乐观的思想——乐观的孩子不是没有痛苦，而是能很快从痛苦中走出来，重新振奋起来。

如果孩子认为自己没有能力逆转这种失败的局面，那么，就必须在孩子的潜意识里把积极的自我形象建立起来，以改变孩子的这种状况。要达到这个目标，可以借助自我催眠。通过催眠治疗，使孩子的思维和情绪协调，对于恢复自信有很大的辅助作用。

如果看到自己希望看到的事物、想要的东西，孩子的潜意识就会重新编码。伴随着这种形象化的潜意识的变化，孩子们会感觉到已经达到了他们的目标，兴奋之情立刻溢于言表。

一旦孩子们在潜意识中达到了自己特定的目标，那么潜意识对这种状态的维持就会毫不费力了。当某些事情企图干扰那已经重新编码的潜意识，那么，这些意图破坏的事情就会被立刻识别出来，并通过人脑的反馈机制加以修正。

在为孩子潜意识重新编码而努力的初期，是需要花费一番心思的。在这个过程中，孩子的意志力不是必需的。因为，如果孩子能够将积极、正面的图像和建议恰当地嵌入到自己的潜意识中，伴随着这种新的潜意识，他们就能自动地改变自己的行为。这种新的行为方式会带给孩子一种健康、积极、完美的新观念，使他们感受到自信、快乐。

如果孩子们愿意通过自我催眠技术放松、改变他们的意识，就能不断地提高、完善自己，健康成长，成为更有能力的人。家长应多给孩子一些正面的赞扬和鼓励，以强化孩子的良好行为，形成良好的习惯。

儿童催眠的方法

就对暗示的感受能力而言，儿童明显要比成人高出许多，他们很容易对催眠暗示发生反应。同时，由于儿童的思维能力、知识水平以及心理状态等均较成人有很大的差异，所以，儿童催眠的方法与一般催眠方法既有共同之处，也有不同点。催眠师应该对此有足够的重视。

将儿童导入催眠状态

这里，我们将介绍在美国催眠治疗实践中比较常用的儿童催眠方法。首先，让儿童舒适地坐在安乐椅上，以便使其心理尽量放松。当然，其他的座椅也可以，只要能让儿童感觉放松而舒服就可以。然后，要求并帮助儿童将全身肌肉放松，这时，可以不时地询问儿童的感觉：是否觉得既温暖又舒服，心里是否很平静，以及对房间里的光线及其他外部的物理环境有什么不合适、不喜欢之处等。总之，要营造一个良好的环境使儿童尽量减少陌生感和紧张感。培养教育儿童按指令做事，促其更好地自控、自律和自尊。

接着，便可以进行暗示诱导。催眠师对儿童说："现在你感到既舒服又轻松，非常安心，我希望你看着手中的手电筒的光。看着这束光，渐渐地，你会觉得体内好像有什么力量慢慢地离开了你，你感到心情非常愉快、非常舒服、非常平静、非常温暖，你是不是想起了许多事情？想起你在和伙伴们快乐地奔跑、玩耍，他们的笑声、说话声是那样快乐，你感到很亲切、很开心、非常舒服……当我和你说这些话的时候，你可能会变得很想睡觉、很疲倦，想舒舒服服地睡一觉，脑子里一片模糊……当你看着灯光的时候，你的眼睛会越来越疲倦，就快要闭上眼睛……好吧！那么，现在你就轻轻地闭上眼睛吧！"如果儿童闭上了眼睛那就继续进行下一步的暗示，若没有闭上，催眠师还需要耐心反复进行诱导暗示，直到儿童疲倦地闭眼为止。

注意，在讲到"好吧"这两个字的时候，一定要特别地加强语气。这时催眠师要站在儿童前面，左手拿着手电筒，右手手掌向外举起，手肘要弯曲。如果在进行过第一次的暗示之后，儿童仍然睁着眼睛望着手电筒的光，那么，催眠师就要再进行暗示："现在，你的眼睛已经非常疲倦了，非常疲惫，很想睡觉，好吧，那就闭上眼睛吧。"在说出"好吧"两个字的时候，将左手的手指稍微弯曲，同时右手的手肘横向放下，如果这时候儿童闭上了眼睛，那么，催眠师就继续进行诱导暗示："你会渐渐地觉得很疲倦，非常疲倦，你会觉得心情很舒坦、很平静……慢慢地，轻轻地，你会觉得越来越想睡觉……现在，你要更用心地听我讲话，朦胧的睡意会使你觉得很轻松、很平静、很舒服，你会觉得很安心，觉得周围的一切都令你很愉快。你的手和脚很舒服、很自在地放着，全身非常放松，你会渐渐地想睡，想要深深地、好好地睡。好吧，我现在要慢慢地数数，我会从 1 数到 5，当我开始数数的时候，你就渐渐地变得更想睡觉……当我数到 1 的时候，你就会完全睡着。好，准备好，我要开始数了，5，你有点困了，想睡就睡吧……4，感觉很舒服，很轻松……"

意识放松法

到底如何进行意识放松练习呢？

让孩子坐下来或者躺下来，闭上眼睛，默默地用头脑扫描全身，然后让孩子静静地留心自己，从自己的呼吸声到胃鸣音，但是不要对这些感觉和声音进行判断。

在全身扫描的过程中，提醒孩子在到达身体的每一个部位或器官时都停留一下。孩子应该可以注意到任何紧张情绪，利用自己的主见来建议放松自己紧张的肌肉。这个练习最少要持续5分钟。

第一周每天进行一次，在第二周时，每天要重复练习几次。如此一来就可以自然地进入自我诱导过程。

当孩子能够轻松自如地放松意识时，就能够很快进入催眠状态，然后就可以用催眠来帮助孩子健康成长了。切不可过于心急，让孩子感觉混沌一片，毫无章法。

消除恐惧症状

让孩子想象自己正坐在电视机前开心地观看有趣的电视节目，想象自己就是那个节目中的明星。然后，看见自己正经历着生活中特殊的一天，在这一天中多次发生让自己恐惧、紧张的事情，不同的是，现在的自己很平静，不再有这样的恐惧感了。片刻，已经可以看见这样的场景，已经脱离了这种不适的困扰，已经快乐起来了。

催眠师再度让孩子感受自己所想象的，很快，孩子的心将会平静下来。醒来后就会不自觉地沉浸在一片喜悦中，每天都能感觉到生活是安宁而美好的。

提高学习成绩

通过 3 周的催眠练习，每天进行 20 分钟，可以达到使孩子集中注意力，从而提高学习成绩的目的。这个练习最适合 8 ~ 16 岁的孩子。平时家长也可以让孩子做个放松训练，具体如下：

"深呼吸，深深地吸气，让空气充满你的胸腔，就这样，坚持一会儿，好，再深深地呼气。现在，我会从 1 数到 5，在我数数时，你将做 5 次深呼吸。随着每一次呼气，你将感到非常放松，越来越放松，你的催眠状态也越来越深了……1，深呼吸，深深地吸气，然后，重重地、深深地呼气，你感觉越来越轻松，完全地放松，越来越深入地放松…2，你变得越来越轻松，进入更加放松的状态……3，深深地吸气，再深深地呼气，你感到更加轻松，更加放松……4，深深地吸气，深深地呼气，你变得更加轻松，深深地放松……5，深深地吸气，深深地呼气，现在你感到非常轻松，完完全全地放松……

"再来一次，深深地吸气，让空气充满你的胸腔，坚持一会儿，然后重重地呼气。现在，你进入更深的放松状态……你感到自己四肢无力，全身松软下来，想要深深地埋进椅子，你感到自己非常轻松，很舒服，你感觉到自己深深地放松，全身都深深地放松，深呼吸……

"现在，在心里默默背诵加法表，从 1+1=2 开始，一直到 1+9=10。然后接着往下背，2+1=3，2+2=4，2+3=5……这样，一直背诵到 9+9=18。将你的注意力完全集中在这一任务上，如果你不小心走神了，请记下你是在背到什么地方走神的，然后回到最初的地方，从 1+1=2 开始，再次开始背诵。成功地背诵完加法表以后，开始转换到乘法表背诵过程，从 1×1=1 开始，一直到 1×10=10，这样，一直背诵下去……

"最后，睁开你的双眼，结束催眠过程……等你醒来以后，你将感觉很舒服，非常轻松，你的注意力会变得十分集中，学习的效率变得更高，你将由此提高你的学习成绩……

"醒来以后，你会感觉非常舒服、非常轻松……同时发现那些复杂的计算和数字变得更容易理解和记忆，学习变得轻松、愉快起来……"

要训练孩子集中注意力还有一个方法，就是先让孩子进入到催眠状态，然后允许他的注意力分散（可以分散到任何事情上）大约一分钟，这里要注意，注意力分散的时间不能超过一分钟。然后，引导他将注意力集中在特定的学习任务上，使其完成最终希望看到的那个结果，从这个过程中获益。然后选择这个学习任务中他最感兴趣的一个方面，以此来引导孩子对这个任务形成更为集中的注意力。

渐渐地，孩子的注意力就能够集中到当前的任务上。此后，随着催眠过程的继续，你可以引导孩子集中注意力于你所设定的目标。让孩子从体验开始逐渐掌握书中的知识，成为课本的好朋友。

考试记忆力增强方法

孩子天生具有形象化思维的能力，利用孩子的这种天分，我们可以通过催眠练习来帮助他们提高记忆力，做起题来事半功倍。

用以下暗示语可以帮助孩子提高记忆力：

"你有着超强的记忆力，你在考试时可以运用自己超强的记忆力取得优异的成绩。在进行这个练习的过程中，你的记忆力越来越好，每天都在稳步提高，你很容易地就能回忆起学习过的、阅读过的一切内容，而且对于重点记得更牢，做起题来也更加轻松。

"当你进入考场时，你非常自信、放松、平静，当你看到试卷上的问题，你的记忆力就会马上变得活跃起来，你的脑子里都是关于正确解答问题的信息。你可以直接从你的潜意识中找到问题的答案。你还会发现，除了解答那些容易的问题，更难的问题你也能在脑海中找出答案，此时下笔有如神助，做题的效率比以前增加了好几倍。

"好，现在想象自己取回自己的答卷，发现你的成绩是 A，老师告诉你，你的表现非常优异，他们为你感到自豪。你现在开始用不同的眼光看待自己了。你对自己和自己的能力有了一个全新的认识……"

去除孩子吮吸拇指的毛病

通常，孩子到 4 岁以后就不会再吮吸拇指了。但是在疲劳、昏昏欲睡、厌倦或者饥饿的时候，为了安慰自己，使这些感觉得到缓解，有一部分孩子会重新出现吮吸拇指的行为，并且有的孩子还会无法克制自己的这一举动。

利用以下的催眠暗示，可以去除孩子吮吸拇指的行为：

"想象自己在教室里面，向着黑板走去，你看到黑板上写着'我是一个喜欢吮吸拇指的人'。好，现在你拿起黑板擦擦掉这句话，慢慢地擦掉，从此以后，你不再吮吸拇指，以后你再也不会吮吸拇指了。对，就这样，再也不会这么做了。"

以下是可以去除吮吸拇指行为的另外一个练习：

"你的父母多么希望你以后再也不吮吸拇指，可是对于你来说这似乎很不公平。我相信我们需要被公平地对待，不是吗？好，为了公平起见，如果你要吮吸拇指，你就必须将所有手指全部吮吸一遍，这样，对于这十根手指才是公平的。

"从现在起，每次你想要吮吸拇指的时候，你就将你的十根手指全部吮吸一遍，而且吮吸每根手指要用相同的时间。你能做到这一点吗？如果你能做到，那你可以尽情地去吸。如果你做不到，你就永远不要再吮吸拇指了，因为这不公平。"

解决孩子尿床的问题

通常，尿床是睡前喝多了水或者是说明孩子有压力、有郁闷的心思，催眠可以帮助孩子快速地消除这个讨厌的坏习惯。可以使用以下催眠暗示语来帮助孩子消除尿床习惯：

"现在，想象自己正在家里，坐在电视机前，你拿起遥控器选择一个自己喜欢的频道……想象自己从吃早餐、去上学、和伙伴们玩耍，到和家人共进晚餐等一整天的生活，想象自己是多么快乐和自信……

"需要注意的是，在睡觉之前你不要喝任何东西，并且记得在睡前一定要先上一趟卫生间，这样你就不用担心早上起来你的床是湿的了……想象自己在半夜感到尿急，醒来去上卫生间，然后回去继续睡觉……想象你在早上醒来的时候发现自己没有再尿床，床上是干干净净的，你的父母和你的爷爷奶奶夸奖了你，这也代表着你长大了，懂事了，家里人都为你感到开心，这是多令人愉快的事啊……现在开始就这样去做吧……"

纠正孩子的逆反心理

其实，对于孩子的逆反心理，我们可以这样解释：不守规矩的一些行为通常只是孩子用于吸引别人注意力的手段。不可否认，发生叛逆行为也确实意味着孩子生气了，而且他们不惧怕受到惩罚甚至失去父母亲的关爱，这是一件令父母头痛不已的非常严重的事情。现在，就让我们通过催眠练习来纠正孩子的逆反心理吧，让孩子变得听话、乖巧、懂事。以下催眠暗示语有助于纠正孩子的逆反心理：

"想象自己正坐在电视机前观看电视节目，好像自己就是节目中的明星，节目的内容和你自己的行为有关，想象一下这是一些会令你父母愤怒的行为。现在就这样开始想象吧……

"接着，想象自己想要做的事情和自己喜欢的好东西，例如参观游乐园、去海滩玩，或者品尝甜甜圈、圣代冰淇淋等……但是你的父母告诉你，由于你的这些令他们愤怒的行为，你将得不到去玩的机会和你想要的东西，然后他们将你关进你的房间并且拿走了你房间里所有的零食和饮料，还搬走了你的电视，并说要你在房间里待一周，以此作为对你的惩罚……

"然后，想象自己去除了这些令父母生气的行为，他们是多么为你高兴和欣慰啊。他们会表扬你、亲你，同时，你的要求也得到了满足，你可以去游乐园，然后吃甜甜圈和圣代冰淇淋，这是多么惬意的事情啊。

"既然如此，为什么不让大家都感到高兴呢？你完全可以做到，好的，现在开始就认真地这么做吧……从此以后，你就表现得像电视节目里那样，总是会给大家带来快乐，再也不会让父母伤心了……"

在对儿童进行催眠的时候，需要注意以下几点：

首先，要在得到儿童充分的信赖的基础上才可以进行催眠，否则催眠本身就可能会成为一次让儿童感到紧张、恐怖的经历。如有焦虑、胆小、孤独等心理症状的儿童，那么催眠师在催眠前需要引导孩子放松下来，与孩子亲近，将准备工作做充分后再进入催眠。

其次，一定要事先让儿童知道催眠师将要做什么，这样可以获得儿童的信任从而得到必不可少的配合，而且还可以消除其紧张与不安的情绪，以便顺利进入催眠状态。

最后，在对儿童心理疾病和偏常行为进行治疗与矫正的过程中，催眠师不要忘记用一半甚至更多的时间来对他们的父母进行指导。因为，如果催眠中的治疗与现实环境严重抵触，既不利于催眠效果的顺利取得，更不利于儿童身心的健康发展。

儿童在催眠状态中的表现

在浅度催眠状态、中度催眠状态和深度催眠状态这3种催眠状态中，儿童的表现以及反应基本上与成人相似，但是同时也会呈现出自己的一些特点，这也是儿童与成人催眠的区别所在。

在浅度催眠状态中，与平时相比，儿童的面部表情会显得呆板，不愿意动弹，不愿意讲话，不愿意思考或活动，仿佛感到极度疲倦，其实又非常舒服。

进入这种状态后，大多数儿童的紧张与不安情绪都会渐渐消失，由于症结比较严重而不能消失的，其症状也会有很大程度的缓和。而成人在这一阶段仍然保持着较高的认识能力与警觉、批判能力，有的还有可能会抵抗。

在中度催眠状态中，儿童的幻觉表现较成人更为明显，因此，催眠师可以以此作为治疗其心理症结的契机。譬如，利用暗示诱导，让儿童充分想象他们平时做不到的或者害怕、恐惧去做的事情带给自己巨大的愉快感；令儿童想象他们平时所喜爱、习惯去做的事情（事实上是他们的偏常行为）带给自己的不愉快的感受。

总之，在中度催眠状态，可以通过一系列的想象，让儿童消除紧张与不安的情绪。而成人进入中度催眠状态以后，其意识场已大为缩小，呈朦胧恍惚状态，认识能力、批判能力和警觉性已显著降低，有的会像机器人一样，几乎是绝对地听从催眠师的指令。

在深度催眠状态中，儿童会出现如梦游一般的状态。其表现为儿童在完全没有感觉的状态下，呈现身体和精神完全分离的情况，感觉身体变得非常轻，甚至有飘浮于空中的感觉。

在此状态中，可以通过暗示使儿童做梦，然后再根据其所做的梦进行心理分析和治疗。而此时成人的意识场已极度缩小，注意力已达到了最高度的集中。除了与催眠师保持有效的感应关系外，对其他刺激毫无反应。

一般来讲，无需将儿童导入深度催眠状态。如果确有这种必要的话，必须由经验丰富、技术熟练的催眠师来进行操作。

儿童期心理问题的主要根源

心理学家发现，虽然儿童期心理障碍的表现形式是多种多样的，但心理障碍一般来自于紧张与不安。例如，在研究儿童多动症时，人们提出了多种诱发原因的假说，前五种是生理以及物理环境方面的原因，即先天体质缺陷、食物过敏、铅中毒、放射作用以及轻度的身体器官异常，第六种原因则是心理方面的，心理上的紧张是诱发多动症的重要因素之一。

这些学者认为，多动症是令孩子感到不安的环境引起孩子精神高度紧张的结果。

相关的调查研究表明，多动症儿童的父母往往经常干涉儿童的活动，例如告知孩子这个能做，那个不能做；这个应该这样做，而不是那样做；在儿童做错事的时候，家长多用批评、指责、怒骂甚至体罚的方式，由此引起的紧张和焦虑会使儿童产生分心、不安、冲动的表现。

如果能够设法减轻孩子的焦虑，那么，这些表现就会有所减轻。

有研究曾对生长在经济和教育条件比较差、亲子关系不良的家庭中的儿童与生长在安宁家庭中未受过伤害的儿童进行比较，结果显示，前者多有以学习困难为主的表现。由此可见，紧张不安的环境也是多动症产生的重要原因。

可见，那些表现为过于活跃、容易冲动的儿童心理障碍，仍然是由于紧张与不安所导致的，更不用说那些本身就已经呈紧张、退缩型的心理障碍了。

如果对儿童心理的紧张与不安的原因作进一步的深入探究，我们还会发现，即使儿童的紧张与不安的原因部分是来自于先天的因素，但是只要其中枢神经系统能够适当地发挥作用，使得儿童基本上能够忍受一般的外在刺激和外在压力，那么，通常孩子防御紧张的能力仍然是很强的。

就如同上面所列举的儿童多动症的根本原因一样，环境因素，尤其是家庭环境，是造成孩子紧张与不安的最重要因素。

缺乏父母的关心、爱护、照料，由于这样或那样的原因，孩子被父母视为负担和多余的人，父母终日不是吵架就是打架，家庭将要破裂……所有的这些都会给孩子幼小的心灵蒙上沉重的阴影。当然，如果走向另一个极端——过分的溺爱，过分的关心与照料，儿童也会因为自己把握世界的能力明显低于其他的同伴而缺乏安全感，心中由此产生紧张与不安。

所以，父母在给孩子关爱的同时还需要营造一份良好的家庭氛围，父母在爱护孩子的同时需要培养孩子独立生活的能力，针对不同年龄安排力所能及的家务劳动，让孩子在轻松愉快中不断成长，不断进步。

第七章

催眠测试

第一节
被暗示性测试

　　暗示指在特殊情境中传递信息，影响他人的生理和心理活动。现在，很多人都已经知道，在进行催眠之前，需要对受催眠者进行被暗示性测试。催眠师可以借助测试受试者的过程来得知受试者的被暗示性程度，这些测试主要分为手指靠拢测试、手纠缠测试、热错觉测试以及印象测试。

手指靠拢测试

　　手指靠拢测试，其具体过程为：

　　催眠师先将手指交叠，接着对接受测试的受催眠者说："将你的手指像我这样交叠在一起。"受催眠者顺从地配合了催眠师。

　　然后，催眠师说："请伸出你的食指……对，就是这样。再伸直一点……是的，做得很好。"催眠师一边说，一边让受催眠者的食指打开2～3厘米宽。并同时暗示受催眠者完全不用想什么，只要按照催眠师的指示做就行了。

　　将手指的动作完成之后，催眠师会用左手轻触受催眠者的手臂及肩膀，然后用右手指着对方突出的食指中间，说："现在，请凝视指间，保持下去，继续凝视。"

　　然后，催眠师捏住对方的食指："当我说'好，松开手指'时，你就将食指互碰，像这样。"

　　催眠师："不要刻意地去做，你可以让它们自然地互相碰……对，很好，放松肩膀……手指渐渐地互相碰触在一起了。更接近一点，让它们碰触在一起。"一边说着，就像是用大拇指和食指紧紧地捏住对方的指尖似的，让它们互相靠拢，慢慢靠在一起。

催眠师："很好，现在完全碰在一起了……已经全部碰在一起了。"以此来暗示，使手指完全地碰在一起。如没有成功可重复这一暗示。

在这个过程中隐藏着被暗示性测试及诱导法的秘诀与原理。第一个秘诀就是，在达到放松的状态后，受催眠者原本就能够做出将手指碰触在一起的动作，但是却在催眠师的暗示下，无意识地对催眠师产生一种信赖感，因此，当受催眠者的手指之间的缝隙逐渐变狭窄时，"你看，碰在一起了"——催眠师说出这句话，被测试的受催眠者就会像被暗示的那样，配合着做出手指互相碰触的动作。

"手指碰在一起了！再也不会分开了！"重复给予这个暗示，就可以巧妙地强化受催眠者的被暗示性。但是，除了给予受催眠者暗示性的言语，催眠师还必须根据受催眠者身体的动作，给予相应的暗示，让受催眠者注意力集中，这是一大重点。如此，接受测试的受催眠者才会被置于容易产生暗示效果的状态中，这种给予暗示的技法，称为伪暗示法。

实际上，第二个秘诀就是，在最后的环节中，在手指碰在一起的瞬间，催眠师还要追加暗示说："你看，完全碰在一起了，想要分开也分不开了，没有办法分开了。"

在催眠诱导中，不需要用特别的声调，但是当受催眠者为能否顺利进行诱导而感觉不安时，催眠师就必须调整语气。如果能够做得很好，依照暗示的原理，改变声调就可以了。在暗示的时候，说话的声调不能太大或者太高亢，要用平静的语音和语调，在受催眠者产生反应时，配合其反应的速度，提高语速，或者用抑扬顿挫的语调，加快受催眠者的反应。接下来的重点是，催眠师要用充满自信的口吻说："你看，手指碰触在一起了，已经完全碰在一起了！"

在这种暗示的原理下，进行被暗示性测试，如果做得不好，催眠师绝对不能怀有"失败"的念头而动摇或者停止，也不可传递给受催眠者这样的想法。在诱导之际，面对受催眠者，要尽量保持自信，对催眠师来说，这是非常重要的。

不管是对自己还是对受催眠者，都必须强调这只是个测试，无须太过紧张和担心。有时候，"很好，心情已经恢复平静了吧？"说着，"再重复一次好了。"同样的测试甚至会重复多次。其实，即使施行同样的测试，也可以使用不同的暗示话语，每进行一次都略微地改变一下，这也是一个很好的方法。此外，"当我数到10，手指就会碰触在一起了……10，9，8，7……1，看，真的碰触在一起了。"在暗示中加入数数的方法，也能使测试顺利进行。另外，催眠师须仔细观察受催眠者的反应，如果发现该测试不适合，就说："好了，很好，你的心情已经平静下来了，现在我们改做其他的练习。"转而进行其他的测试。

手纠缠测试

在开始手纠缠测试之前，首先，接受测试的受催眠者必须摘下自己的戒指、手表、皮带等物。如果受催眠者是女士，也要摘下项链、手环等饰物，然后解开内衣，尽可能让自己轻松起来。

催眠师站在受催眠者的斜前方，对受催眠者说："像这样，双手向前伸出，张开手指。"边说边伸出自己的双手做示范，并要求接受测试的受催眠者跟着做。接着，催眠师将双手手指交叠："请跟我学，像这样，手指深深地交叠。"当然，前提是受催眠者身心放松。

接受测试的受催眠者手指交叠。这个环节的重点是，必须连指根都紧紧地交叠。如果弯曲得不够，便会失败，所以，手指一定要足够弯曲，使指尖尽量贴住手背，并且保持这个姿势。

然后，催眠师用手包住受催眠者的双手，"是的，就是这样，让手掌紧紧地贴合在一起。手指弯曲，手掌才能更紧密地贴合。这样，手指也会紧贴住手背。"一边说着，一边拉住受催眠者的双手，使其手臂向前伸直。催眠师双手从受催眠者的肩部向手的前端抚摸两三次，并说："双手强而有力地紧紧贴合着，手臂伸直变硬。"此时受催眠者手臂所有的肌肉都受到控制了，酸麻胀痛的感觉有部分丧失。

　　"双手紧紧贴合，手臂伸直变硬。"一边说，一边抚摸受催眠者的手臂 2～3 次，使其笔直伸展，再一次让受催眠者的手掌紧紧地贴合，然后再次伸直手臂。催眠师同时可以暗示受催眠者手臂变硬的程度，让其加以想象，效果更佳。

　　为什么务必要使受催眠者的手臂伸直呢？因为要使交叠的手松开，手指必须打开才行，而一旦伸直手臂，手指就很难打开。这就构成了手实际上难以分开的条件，然后再给予"无法离开"的暗示。这时，催眠师不要一直给予受催眠者无法离开的暗示，而是要先用右手食指指着受催眠者拳头的拇指指甲做指示："请仔细看这拇指指甲。"当受催眠者凝视指甲时，催眠师说："看到手指时，手指变硬，手变得更硬了。"这时候，受催眠者的手以及手腕附近伸直的手臂将不能放松。"手已经无法分开了。就算你想把手拉开，也没有办法分开了。"保持这种自信而肯定的气氛，接着说，"是的，真的无法分开了！"受催眠者听后也会坚信不疑。

　　催眠师对受催眠者做出坚定的判断后，然后刻不容缓地，须不断地做出"你越想分开，它们就越紧地贴着""贴合得相当紧密，绝对无法分开"的暗示，然后试着将受催眠者的手左右晃动，结果显示双手处在完全贴合无法分开的状态。在这个环节的暗示过程中，同样关键的是凝视拇指。也就是说，要创造手无法分开的条件，必须凝视拇指，使注意力集中于一点。为了不破坏特意被提高的被暗示性，催眠师会在受催眠者还没想到如何分开之前就解除测试。需要解除测试时，催眠师便轻触受催眠者的手，"现在让两手放松，手指打开，很轻松地就分开了。是的，很轻松地分开了，很好，你的催眠敏感度很不错……"这样，受催眠者的手在催眠师的引导下被分开。

如果受催眠者抵抗暗示，在中途打算松开手，却又无法做到时，说出"已经松开了，但是很难张开"这些话语，将会使被暗示性显著降低。一旦看到受催眠者手指伸直，手即将分开的征兆时，在不容挽回之际，轻拍受催眠者的手："好了，现在已经分开了。"使受催眠者的手自然分开就可以了。如果催眠师能深刻领会暗示运作的奥秘，洞察受催眠者的精神状态，随机应变，给予受催眠者以适当巧妙的暗示，便容易取得成功。

热错觉测试

被暗示性测试能够在一定程度上成为催眠诱导的热身运动，但是这个测试仅仅可以了解受催眠者的被暗示性。热错觉测试与普通的测试有着不同的地方，还必须要有特殊的装置才可以进行，以下方法可以供大家参考：

首先，要在接受测试的受催眠者额头上贴上一个小的加热器，并事先对其说明转动转盘加热器就会变热。然后，让接受测试的受催眠者慢慢地转动转盘，当额头上感觉到热后，立刻取下加热器，这时，让受催眠者记下转盘的刻度。接着，再做同样的实验，但这次要在受催眠者没有察觉的情况下切断电源。然后，当受催眠者转动转盘到接近第一次实验所记下的刻度时，催眠师可以做出这样的暗示："啊，注意了！不久之后就会变热，慢慢变热，好，已经热了，越来越热，你感觉到热得无法承受的时候可以自行取下加热器。"

按理说，没有电流通过，应该感觉不到热，而对于自身被暗示性高或是被暗示性已经被提高的人，他们会感觉到热意。一旦催眠师确定了受催眠者受暗示性的程度，在实施催眠时就需要考虑下指令的分寸了。

印象测试

印象测试可以说是一项综合测试。它是利用印象和手疲劳的方法，了解受催眠者的想象力是否丰富，此外，也可以得知受催眠者对于催眠的抵抗程度。

首先，让接受测试的受催眠者坐在椅子上，闭上眼睛。然后使其深呼吸，全身放松。或者以最舒服的方式站立，保持身体正直，脚后跟并拢，脚掌微微呈"八"字分开，双手自然下垂。催眠师握住受催眠者的双手："手轻轻地向上抬。"一边说着，一边使其两手上抬到与肩同高的位置，然后轻握受催眠者的左手，这时，令其拇指向上扬，"现在请想象你的拇指上绑着一根线，拉着一个大气球。"催眠师也可以描绘得更加仔细，让受催眠者更好地想象到、感受到。

接着，催眠师再让受催眠者右手张开，手掌朝上，"想象你的眼睛凝视着鼻尖，把你的注意力专注在你的鼻尖上，继续保持深呼吸，好，想象你的右手上放着一本又厚又重的电话簿，非常的沉重。"

"请开始想象，拉着气球的左手变得越来越轻了……而拿着电话簿的右手渐渐感到沉重，越来越沉重……你的右手越来越重，越来越往下沉；而你的左手越来越轻，越来越往上升……右手下降，左手上升……右手下降，左手上升……气球正冉冉上升。"

如果受催眠者的左手上升、右手下降，受催眠者的双手已经有明显的差距，就可以告一段落了，表示这个人具有较高的被暗示性。如果相反，左手下降、右手上升，则表示受催眠者对催眠还有抵抗感，必须重新从相互建立信赖的阶段开始。

有时即使受催眠者会做出完全相反的动作，也同样具有某些反应，催眠诱导的可能性仍然很大，所以，催眠师此时不必过于悲观，要耐心观察。

双手不上不下、完全没有任何反应的情况才是比较棘手的。这时，不要再固执地坚持用印象测试，需马上改用其他的被暗示性测试，直到找到适合受催眠者的测试为止。

第二节
催眠敏感度测试

暗示性敏感度测试帮助催眠师了解到受催眠者对催眠的接受度及敏感度，催眠师可以经由暗示性测试来知道受催眠者是否容易进入催眠，也可以让催眠师有个初步的线索来找出催眠方式，确定催眠所需的时间。

在专业的环境情况下，受暗示性测验不见得是必须的。有些受催眠者可能不会喜欢做这方面的测验。与其那样做，催眠师不如多花一点时间建立与受催眠者之间的信任关系。

催眠敏感度的测试，可以非常有效地预测受催眠者接受催眠治疗的效果。例如，从敏感度测试可以得知哪一种引导技巧对受催眠者更有效，知道受催眠者的想象力、专注力如何，知道受催眠者的信赖程度以及受催眠者是否对催眠有不合理的期待，等等。

同时，可用实施敏感度测试视来为正式催眠热身，也可以在正式催眠时植入指令使之更加容易深入，甚至有时在测试之时就到达良好的催眠状态，这样就直接开始治疗了。催眠敏感度测试的方法主要包括雪佛氏钟摆测试、手臂升降测试、柠檬（苹果）观想测试、双手紧握测试及身体后倒测试。

雪佛氏钟摆测试

雪佛氏钟摆测试的名字是从一个早期的法国治疗师而来。这是一个很不错的初步测验，对大部分的受催眠者而言成功率都很高，而对小孩子来说更是一个特别好的测验方法。

自己进行雪佛氏钟摆测试

1. 测试前的准备

  首先，在白纸上画一个直径大约为 15 厘米的圆，然后经过圆心，分别画一条水平和垂直的直线，将圆圈分割为 4 等份，这样就做成了一张雪佛氏图。在水平直线的两端由左向右标注上 A、B，在垂直直径两端由上至下标注上 C、D，圆心标注 O，将这张图平铺在桌面上。接着，取一条长约 20 厘米的细绳，在细绳的下端拴上一个葡萄大小的重物当作测试用的钟摆。催眠师一般用一块木制的马蹄型"磁铁"围绕小铁球运动。最后，找一个安静的环境，关掉手机，去掉身体上的耳环、项链、手环、眼镜等物品，准备开始测试。

2. 测试过程

  站在桌子的前面，先放松一下自己的身心，做几个深呼吸。当你感觉到自己已经放松下来后，用右手（或者左手）的大拇指和食指捏住钟摆细绳的末端，使钟摆悬垂在雪佛氏图的正中央 O 点上方，固定不动，然后固定手肘和手臂的位置。注意手上不要加任何力量，注意力集中于 AB 这条直线，视线由 A 到 B，再由 B 到 A 来回地移动。

  很快，你就会发现钟摆开始沿着 A、B 线在轻轻地摆动。在直线 CD 上重复这个实验，也会出现同样的结果。

  让眼睛按 A→C→B→D 的顺序沿着圆弧循环往复地转动，钟摆也就会晃动一个圆形的轨迹。反方向也是同样如此。

  以上就是著名的雪佛氏钟摆测试，当我们的头脑中只考虑这条线的时候，大脑就进入了潜意识状态。于是，在不知不觉中，潜意识就使自己的手部肌肉产生了细微的运动，继而使钟摆发生了晃动，这就是自我暗示的力量。如果你心里想的是按顺时针方向转动摆锤，而钟摆却按逆时针方向转动摆锤，这就说明你心理产生了抗拒。

为他人进行雪佛氏钟摆测试

测试前的准备同上。下面说明测试的具体步骤：

引导接受测试的受催眠者站在铺好的图上，全身放松，以优势手的大拇指和食指捏住钟摆细绳的末梢，把钟摆悬垂于图的正中央 O 点上方，保持平稳状态。

引导接受测试的受催眠者保持手臂和手肘固定不动，视线在 A、B 两点间来回地移动，此时，钟摆也会跟着在 A、B 间来回移动。如果没有摆动，或者摆动的方向不是在 A、B 两点间，请提示他继续呼吸，继续放松，然后再次开始。

引导受催眠者的目光焦点固定在 O 点上方，让自己（催眠师）的钟摆静止下来。

引导受催眠者继续保持手臂和手肘固定不动，视线在 C、D 两点间来回移动，此时，钟摆也会跟着在 C、D 两点间来回移动。如果没有摆动，或者摆动的方向不是在 C、D 两点间，请提示他继续呼吸，继续放松，然后再次开始。

引导受催眠者的眼神固定在 O 点上方，让自己（催眠师）的钟摆静止下来。

让受催眠者的眼神按着 A→C→B→D 的顺序沿着圆弧反复转动，此时，钟摆也会跟着按 A→C→B→D 的轨迹循环地移动。

引导受催眠者的眼神固定在 O 点上方，让自己（催眠师）的钟摆静止下来，结束测试。

引导示例

下面的引导示例，可供大家参考。

"好，现在让我们来做一个非常有趣的游戏，关掉你的手机，去掉你身体上的所有饰品，包括所有妨碍你放松的物品，一律去掉。

"请站在那张桌子的前面，慢慢地调整你身体的姿势……对，就这样，做得很好……现在，请慢慢调整你的呼吸……你的身体将渐渐地放松下来……好的，就是这样……现在你的身体已经完全放松下来了，请用你右手（或者左手）的大拇指和食指夹住钟摆细绳的末梢，将钟摆悬垂在图的正中央O点上方……对，好的……你做得非常好……现在，手臂和手肘不要动，深呼吸……继续……慢慢地呼吸……慢慢地呼吸……呼吸……好……手臂和手肘继续保持……继续呼吸……视线在A、B两点间来回地移动……来回地移动……对，就是这样……就是这样由A至B，由B至A来回地移动……来回地移动……对，很好，就是这样……全神贯注……全神贯注地来回地移动……来回地移动……好，继续，专注……由A至B，由B至A来回地移动……来回地移动，好，做得真棒……很专注，现在你的钟摆也开始随着你的眼神摆动了……来回地摆动起来了……不要停下来，继续摆动，你的视线也转动得越来越快……好，幅度越来越大……越来越大……好……继续……（这时，多数受催眠者的钟摆都会摆动起来。如果没有摆动，或者摆动的方向不是在A、B两点间，请提示他继续深呼吸，然后放松，再次开始，直到摆动方向正确为止）

"对，就是这样……让钟摆随着你的视线摆动起来………来回地摆动……好，你做得非常好……现在你的视线移动得越来越快……越来越快了……好，非常好……现在你的钟摆也在随着你的视线不停地摆动……更快地摆动了……对，更快了……更快地摆动了……对，非常好……你做得非常好……现在让你的眼神固定在O点上方……好，保持你的手臂和手肘固定不动，让你的钟摆渐渐停下来，好，变慢下来，直到完全静止下来……（这时，多数情况下对方的钟摆都会慢慢地静止下来。如果没有静止，请提示他继续呼吸，全身放松，然后重新开始。）

"好……继续保持你的手臂和手肘固定不动……继续呼吸……让视线在C、D两点间来回地移动……来回地移动……对，就是这样……就这样由C至D，由D至C来回地移动……来回地

移动……对，就是这样……专注……来回地移动……来回地移
动……好，继续专注……由 C 至 D，由 D 至 C 来回地移动……来
回地移动……好，你做得非常好……

"现在你的钟摆也在随着你的视线摆动了……摆动起来了……
对，就是这样……让你的钟摆随着你的眼神摆动着……来回地
摆动着……好，你做得非常好……现在你的视线移动得越来越快
了……越动越快……好，非常好……现在你的钟摆也在随着你的
视线更快地摆动了……更快地摆动了……对，更快地摆动了……
更快了……好，非常好……现在你已经可以随意控制你的钟摆
了……随意控制你的钟摆……随意控制你的钟摆了……

"好，很好，现在将你的目光焦点固定在 O 点上方……让你的
钟摆慢慢地静止下来……现在，让眼睛按着 A → C → B → D 的顺
序沿着圆弧反复地转动……反复地转动……对，就是这样……全
神贯注……全神贯注地反复地转动……反复地转动……好，非常
好……好，让你的钟摆随着你的眼睛转动的方向摆动着……来回
地摆动着……对，你看它摆动起来了……摆动起来了……好，你
做得非常好……现在你的眼睛越转越快……越转越快……你的钟
摆也在随着你的眼神更快地摆动了……更快地摆动了……好，很
好，现在让你的眼神固定在 O 点上方……让你的钟摆慢慢静止下
来……静止下来……好，它停了下来……"

结束测试："好，非常好……你做得很好……很成功……你的
专注力非常好……现在请慢慢地放下钟摆……慢慢地舒展你的身
体……放松你的眼睛……坐下来……"

如果钟摆完全地按照暗示所引导的方向摆动，表明受催眠者
的催眠敏感度高。如果钟摆不摆动，或者沿与所暗示的方向不同
的方向摆动，则说明受催眠者强烈抵抗，遇到这种情况时就要在
沟通中寻找原因，降低受催眠者的抗拒感，以便下次更好地进入
催眠状态。

手臂升降测试

进行手臂升降测试之前，应当先教会接受测试的受催眠者测试用的手势，即双臂向前平伸，左手张开，掌心向上，右手轻轻地握成空拳，拇指向上竖起。这样做的目的是根据受催眠者的反应找出适合引导他进入催眠状态的方法，并且可以初步估计催眠所需要的时间。

在教会受催眠者测试用的手势以后，请受催眠者关掉手机，去掉身体上的饰品、腰带、眼镜等。找一个令其感觉舒服的地方站好，两臂自然地下垂。

手臂升降测试的步骤如下：

引导受催眠者两腿分开自然站立，将身体放松，闭上眼睛，然后双臂向前平伸，左手掌心向上，右手轻轻地握成空拳，拇指向上竖起，也就是让你的大拇指直接指向天花板。

引导受催眠者闭上眼睛，然后想象在自己左手的掌心上被放置了一个重物（可以是书或字典），在右手的拇指上拴上了一个大气球。气球的颜色越醒目越好。

引导受催眠者的左手不断下降，右手不断上升（因为氢气是一种会往上升的气体，所以人手能够感觉到）。

经过一段时间以后，觉得受催眠者的双手已经有明显的位置变化了，就可以引导其睁开眼睛，看一下双手的位置变化。

请受催眠者放下双臂，结束测试。

以下引导示例，可供大家参考。

"好，现在让我们来做一个好玩的游戏吧，请你选择一个觉得最为舒服的姿势站好……好，调整你的呼吸……深呼吸……慢慢地吸气……慢慢地呼气……慢慢地吸气……好，非常好……把你的双臂向前平伸，左手掌心向上，右手轻轻地握成空拳，拇指向上竖起……对……就是这样，现在请慢慢地闭上眼睛……慢慢地闭上眼睛……此刻，你感觉到你的身体放松了……全身放

松……完全地放松……非常好……你做得很好……继续慢慢地深呼
吸……慢慢地、深深地呼吸……现在，充分发挥你的想象力……
想象你的左手放了一本很重很重的书，压得你的左手渐渐地向下
沉……渐渐地向下沉……向下沉……向下沉……而你的右手拇指
上拴着一个很大的氢气球，气球带着你的右手不断地向上飘……
不断地向上飘……向上飘……向上飘……好，你做得很好……你
的左手感觉越来越重……越来越重……在不断地向下沉……不断
地向下沉……向下沉……你右手的气球越飞越高……在牵着你的
右手慢慢地向上飘……慢慢地向上飘……向上飘……向上飘……
你的左手不断地向下沉……不断地向下沉……向下沉……你的右
手不断地向上飘……不断地向上飘……向上飘……好……你做得
非常好……你的左手不断地向下沉……向下沉……向下沉……
右手在不断地向上飘……不断地向上飘……向上飘……你的右
手越来越轻……越飘越高……好，你的左手越来越沉重……越
来越沉重……左手越来越下垂……下垂……体验那种感觉……"

当发现受催眠者的双手位置已经有明显变化的时候，就可以
告一段落，结束测试："好……很好，现在睁开眼睛，看一看你双
手的位置，很好……你做得非常好……你的想象力非常好……现
在请慢慢地放下你的手臂……放下来……慢慢睁开你的眼睛……
睁开眼睛……"

正面反应：受催眠者的双手移动得缓慢而有节奏，表示有很
高的催眠敏感度。负面反应：如果受催眠者的双手移动得太快，
表示其可能有假动作；如果受催眠者的双手没有移动，表示其可
能是在强烈抵抗，那么就请在沟通中寻找原因。

柠檬（苹果）观想测试 〉〉

柠檬或苹果观想测试，测试原理是相同的，只是所借助的道
具有所不同，而且道具还可以换成接受测试的受催眠者所熟悉的

其他水果，只不过常用的是柠檬和苹果。这主要测试受催眠者的视觉、触觉、味觉等想象力。

在进行次测试之前，请受催眠者关掉手机，去掉身体上的饰品、腰带和眼镜等。找一个感觉舒服的地方，全身放松，深呼吸后两腿分开自然站立，两臂自然地下垂。测试步骤如下：

引导受催眠者身体完全放松下来并且慢慢地闭上眼睛，然后慢慢调整呼吸。

引导受催眠者想象面前有一片刚切开特别新鲜的柠檬（或者其他被测试者本人熟悉的水果，例如苹果、梨等）来测试视觉想象。

引导受催眠者想象闻到了柠檬的味道（测试嗅觉想象）。

引导受催眠者想象自己慢慢地拿起了那片切开的柠檬（测试触觉想象）。

引导受催眠者想象用舌头品尝柠檬的味道，观察受催眠者有没有嘴唇和喉咙动的感觉（测试味觉想象）。

引导受催眠者扔掉那片柠檬，唤醒受催眠者，让其一切感觉都恢复正常状态。

结束测试，并且询问受催眠者的感受，一起进行分析总结。

下面的引导示例，可供大家参考。

"好，现在让我们来进行一个非常有趣的游戏，请你舒展一下你的身体，然后找一个舒服的姿势站好……好，做得非常好……全身放松……请慢慢地调整你身体的姿势……把你的身体调整到最舒服的状态……对，非常好……现在请你慢慢地闭上眼睛……对，就是这样……你闭上了眼睛……现在你感觉到你的身体正在渐渐地松弛下来……好，你做得很好……你配合得非常好……现在，请你慢慢地调整你的呼吸……深呼吸……对，就是这样……慢慢地调整呼吸……好，非常好……就是这样……深深地呼吸……均匀地呼吸……呼吸……好，你做得很好……非常好……现在，请发挥你的想象力，想象你的眼前出现了一片刚刚切好的柠檬……好，非常好……就这样均匀地呼吸……深深地呼吸……呼吸……想象你的眼前出现了一片刚刚切好的柠檬……一片刚刚切好的，非常新鲜的柠檬……想象这片刚刚切好的新鲜的柠檬……想象柠檬果皮的颜色……想象柠檬果肉的颜色……对，非常好……就这样均匀地呼吸……就这样放松……想象柠檬果皮的颜色……想象柠檬果肉的颜色……好，做得很好……想象柠檬果皮的颜色……想象柠檬果肉的颜色……好，非常好……想象这片柠檬离你越来越近……离你越来越近……越来越近……你渐渐地可以闻到柠檬清新的味道了……你可以闻到柠檬清新的味道了……好，非常好……你可以闻到柠檬清新的味道了……是那么香甜，那么诱人……好，继续深呼吸……呼吸……"

这个时候，催眠敏感度较高的受催眠者会做出用鼻子嗅味儿的动作。

"好……非常好……你做得非常好……现在试着伸出你的手来……拿起这片柠檬……对，就是这样……伸出手来……拿起这片柠檬……感受你触碰到柠檬的感觉……你的手触碰到柠檬的感觉……凉凉的感觉……表皮还有点光滑……摸着非常舒适……"

这个时候，催眠敏感度较高的受催眠者会慢慢地伸出手来，去拿想象中的柠檬。

"对……拿起这片柠檬……感受你触碰到柠檬的感觉……凉凉的感觉，对……好，你做得非常好……请拿起这片柠檬……非常好……放在你的嘴里……对，就是这样……请把这片新鲜的柠檬放在你的嘴里……品尝它的味道……请把这片新鲜的柠檬放在你的嘴里……对，就是这样……轻轻地咬一口……尝一尝柠檬的味道……好，非常好……仔细地尝一尝柠檬的味道……酸酸的柠檬汁正慢慢地渗向你的舌尖……好，很好……非常好……酸酸的柠檬汁正慢慢地渗向你的舌尖……慢慢地渗向你的舌尖……酸酸的……柠檬汁正慢慢地渗向你的舌尖……你尝到了酸酸的柠檬味……酸酸的……很提神……很清爽……再尝一口，对，很酸……酸得牙疼了……太酸了……"

这个时候，大多数的受催眠者会有明显的吞咽唾液的动作。

结束测试："好，很好……你做得非常好……非常好……现在，请你慢慢地扔掉手里的柠檬……请你慢慢地扔掉手里的柠檬……对……就是这样……请你慢慢地将手里的柠檬扔掉……好，很好……现在柠檬已经扔掉了，你嘴里的味道正常了……你的鼻子中呼吸到的是新鲜的空气……是新鲜的空气……对……好，很好……就是这样……现在请在内心数 1……2……3……当数到 3时睁开眼睛，完全回到现实中来，醒来后精力充沛，好，1，请慢慢地睁开你的眼睛……完完全全地回到现实中来……好，就这样……2，慢慢地睁开你的眼睛……完完全全地回到现实中来……3，好，已经回来了……"

测试之后，应当询问接受测试的受催眠者对柠檬的感官印象，如果较清晰地看到了柠檬，则证明受催眠者的视觉想象较好；如果较清晰地闻到了柠檬的味道，则证明被受催眠者的嗅觉想象较好；如果较清晰地感觉到了柠檬的质感，则证明受催眠者的触觉想象较好；如果有唾液分泌增多的现象，明显感到自己嘴里充满了酸的味道，则证明受催眠者的味觉想象较好。

如果接受测试的受催眠者没有上述的这些反应，并不能证明受催眠者的相应想象能力就不佳，需要继续进行沟通并且更好地建立信任关系来寻找原因，并且要进一步弄清接受测试的受催眠者是否真的愿意接受催眠治疗。

双手紧握测试

如果受催眠者对许可式的测验没有反应，可以试试双手紧握测试。当对一个团体作暗示性测验时，这是一个很好的方法。

在进行双手紧握测试之前，要先请接受测试的受催眠者关掉手机，去掉身体上的饰品、腰带和眼镜等。找一个感觉舒服的地方，全身放松，两腿分开自然站立，两臂自然地下垂。然后，应当教会接受测试的受催眠者测试要采取的姿势，即双臂向前伸直，双手掌心相对，手指张开，十指握在一起，手臂要尽量伸直，两侧肘部要尽量靠近，越近越好。测试步骤如下：

引导接受测试的受催眠者放松下来，深呼吸后轻轻地闭上眼睛。

引导受催眠者将自己的双臂向前伸直，双手掌心相对，手指张开，将十指紧握在一起，越紧越好。

引导受催眠者的双手越握越紧，最后想分都分不开，牢牢地连在了一起。

引导受催眠者停止尝试，手臂渐渐地恢复正常的状态，并且自然下垂。

引导受催眠者的一切感觉都恢复到正常的状态，眼睛睁开，完全回到现实中来。

结束测试，并且询问受催眠者的感受。

此例测试非常重要的是催眠师刚开始时要用平常讲话的语气引导受催眠者，随受催眠者的反应逐渐转变成比较坚定的口气。

下面的引导示例可供大家参考。

"好，现在让我们来进行一项有趣的测试，请你找一个舒服的姿势站好……好，请舒展一下你的身体，让身体放松下来……对，很好……就是这样，现在请慢慢地闭上你的眼睛……让你的身体更加放松……对，就是这样，慢慢地闭上你的眼睛……让你的身体更加放松……对，就是这样，好，很好……你做得非常好……请做几个深呼吸，使你的身体更加放松……好，更加放松……很好……放松……放松……当你觉得你的身体完全放松了，请慢慢地伸直你的双臂，双手掌心相对，手指张开，十指握在一起……对，就是这样……你做得很好……很好……非常好……做得很好……将注意力集中在你的指关节……你做得很好……呼吸时……请将注意力集中在你的指关节……现在，请发挥你的想象力，想象你的双手像磁铁一样互相吸住……你的双手被越吸越紧……越吸越紧……越吸越紧……根本无法分开……想分都分不开……"

此时，引导要有力，语气要坚决，并且注意观察受催眠者的指尖是否因紧握而颜色发白。

"好……你做得很好……非常好……你的双手被越吸越紧……越吸越紧……随着你的每一次呼吸，你的双手都越吸越紧……越吸越紧……越吸越紧……好，你做得非常好……等一下我会从1数到3，每数一个数，你都感觉到你的双手握越紧了，当我数到3的时候，你会发现你没有任何办法让你的双手分开。好，非常好……当我数到3的时候，你就会发现你没有任何办法让你的双手分开……1，你的双手被越吸越紧……越吸越紧……越吸越紧……2，你的双手被完全地吸在一起……完完全全地吸在一起……3，你的双手被完全地吸在一起……完完全全地吸在一起……非常好……你试着打开你的双手，但是发现完全打不开……完全打不开了……你的双手都牢牢地吸住了……就像磁铁一样……没有办法分开……分不开了……"

结束测试："好，你做得非常好……现在请停止尝试……慢慢地放松你的身体……好，你做得很好……很好……现在请停止尝试……慢慢地松开你的双手，好，已经松开了……松开了……慢慢地放松你的身体……慢慢地放松你的身体……好，非常好……你可以自由地活动你的双手……对，非常好，现在慢慢地把你的双臂放下来……对，就是这样……调整你的呼吸……慢慢地放松你的身体……很好，调整你的呼吸，放松身体……你的身体感觉很舒服……很放松……好，就是这样……你的身体感觉很舒服……很放松……好，现在慢慢地睁开眼睛，完完全全地回到现实中来……慢慢地睁开眼睛，完完全全地回到现实中来……好，睁开眼睛……你已经回到了现实中……回来了……"

测试以后要注意与接受测试的受催眠者进行有效地沟通，如果受催眠者表示在测试过程中，双手被吸得很紧，无法分开，则表示受催眠者催眠敏感度很高。询问一下受催眠者对权威式的引导方式的感受，以便决定在下一步的催眠中是否采用这种引导方式。如果受催眠者中间或后来表示有不适的情况，催眠师需要相应做出调整和改变。

身体后倒测试

身体后倒测试主要是测试受催眠者对催眠师的信任程度，因其存在一定的危险性，所以最好由具有丰富操作经验的催眠师指导进行。同时，由于本测试在操作时会触碰对方的身体，所以一定要事先向受催眠者说明，并征求受催眠者的同意。

催眠师在操作这个测试时，要以弓步站在受催眠者的身后，以便在接住受催眠者时还能站得稳，确保受催眠者的安全。而且，还要有一名助手站在受催眠者的侧面，并且同样成弓步的姿势站立，以便随时帮助催眠师接住后倒的受催眠者。

在进行测试之前，请受催眠者关掉手机，去掉身体上的饰品、腰带和眼镜等。找一个感觉舒服的地方，然后双脚并拢站立，脚踝固定，双臂自然地下垂，让自己放松下来，然后保持轻松的状态。测试步骤如下：

引导受催眠者放松下来，并且慢慢地闭上眼睛。双臂自然下垂，固定不动。

催眠师以弓步站在受催眠者的身后，并且把双手放在被测试者的双肩上，同时暗示受催眠者的后背很坚硬。

引导受催眠者想象自己的全身就像一块钢板，非常坚硬，如同钢铁一般。

引导受催眠者想象催眠师的双手就像一块磁铁一样，会把受催眠者的身体向后吸倒，受催眠者慢慢向后倒去。

催眠师在稳稳地接住受催眠者后，将其缓缓地扶起来，并且引导受催眠者的身体恢复正常，回到现实中来。

结束测试，并且询问受催眠者的感受。

下面的引导示例可供大家参考。

"好……现在让我们来做一个有意思的游戏。请你做一个深呼吸……让自己的身体放松下来……好……就是这样……现在请你双脚并拢站立……双手自然下垂……对，就是这样……请将眼睛慢慢地闭起来……很好……当你闭上眼睛就会感到更加放松……更加放松……对，就是这样……在呼吸的时候请把注意力放在你的两肩上……你很放松……很安全……你很放松……很安全……很放松……很安全……好……很好……一会儿，我会把手放在你的两肩上……当我的手接触到你的两肩时，你会感觉你的整个后背非常坚硬……像钢铁般坚硬……你会感觉你的整个后背非常坚硬……非常坚硬……像钢铁般坚硬……无坚不摧……你能感受到……非常坚硬……"

此时，催眠师将双手轻轻地放在受催眠者的双肩上，然后用坚定的语气继续引导："你的整个后背很坚硬……非常坚硬……就像一块钢板般坚硬……是的，很坚硬……非常坚硬……非常坚硬……非常坚硬……就像一块钢板般坚硬……当我的双手离开你的肩膀时，我的双手就像是一块大磁铁，会吸着你的身体慢慢地向后倒……对，会吸引着你的身体慢慢地向后倒……放心，你会很安全……十分安全……我会稳稳地接住你……我会稳稳地接住你……你会很安全……很安全……我会稳稳地接住你……好……我的双手就像是一块大磁铁，会吸引着你的身体慢慢向后倒……对，会吸引着你的身体慢慢向后倒……向后倒……好，就是这样，继续向后倒……放心向后倒……"

这时候，只要催眠师用双手轻轻地拨一下受催眠者的双肩，受催眠者就会向后倒去。这个时候，催眠师的双手顺势滑到受催眠者肩膀下靠近背心的地方稳稳地接住受催眠者，避免受催眠者受伤，然后再将其轻轻地扶起。催眠师此时也应该准备唤醒受催眠者，让其回到现实中来。

结束测试："好……你做得非常好……很好……现在，请深深地呼吸，对……非常好……继续深呼吸……呼吸……好，放松你的身体……对……慢慢地放松你的身体……双臂也松弛下来……全身都放松……好，继续放松……"

这个时候应注意，一定要让受催眠者的肌肉完全松弛下来。

"好……你全身的肌肉都很放松……很好……很柔软……很放松……很柔软……好……非常好……你全身的肌肉都非常放松……对，就是这样……非常柔软……非常放松……非常柔软……好，现在请你慢慢睁开眼睛……完全地回到现实中来……完完全全地回到现实中来……"

因为身体后倒测试是一个互相信任的测验，所以催眠师的口气应该非常坚定。若受催眠者感觉自己的身体很僵硬，随着催眠师的引导向后倒，倾斜非常明显，腿部不会弯曲，表明催眠师成功使受催眠者建立对他的信任。若受催眠者没有向后倒或者虽然向后倒，腿部却弯曲了，表明他并不信任催眠师，催眠师应再重新暗示或引导。

第三节
催眠深度测试

眼皮沉重

催眠是催眠师与受催眠者之间相互作用、相互配合的过程。在实施催眠的过程中，催眠师要对受催眠者的催眠程度和状态进行检测，以确定受催眠者是否已经进入催眠状态以及达到何种催眠程度，由此决定是否继续实施催眠。这主要是通过眼皮沉重、手臂僵直、数字遗忘、痛觉丧失、无中生有、有中变无等来测定的。

眼皮沉重是浅度催眠状态的表现，一般也可以配合深腹式呼吸疗法同时进行。其暗示语如下：

"好……现在，你会觉得随着每一次的呼吸，你进入到更深的放松状态，更深的放松状态……彻底地放松……深深地吸气……深深地呼气……对，就是这样……你正在渐渐地放松……深深地吸气……深深地呼气……你感到越来越放松了……你会感觉更加舒服……慢慢呼气……更加放松了……放松了……让你的头脑安静下来……非常好……现在你进入了一个身心放松的平静状态……身心放松的平静状态……你的心灵和身体将合二为一……好，继续放松……放松……

"等一下我会从 10 数到 1，我每数一个数字，你都会感觉眼皮更加放松……当我数到 1 的时候，你会发现你的眼睛非常非常沉重，想睁都睁不开了……对，最后，当我数到 1 的时候，你会发现你的眼睛像被胶水黏住了一样，想睁都睁不开了……你什么都不必想，也什么都不想了，你只是跟着我的引导，放松就可以了……

"现在我开始数数字了，10……你的眼皮更加放松……9……更加放松，十分地放松……8……7……6……5……4……3……2……现在，你的眼皮非常沉重，非常沉重，像铅一样沉重……你的眼睛想睁都睁不开了……1……你的眼睛已经睁不开了……试一试睁开眼睛，你会发现你的眼睛已经睁不开了……睁不开了……就像被胶水黏住了一样……想睁都睁不开了……"

这个时候，如果受催眠者的眼睛的确睁不开了，就可以继续进行催眠，如果受催眠者的眼睛睁开了则表明其催眠深度还不够，催眠师可以让受催眠者闭上眼睛，继续深化受催眠者的催眠状态，直到受催眠者进入状态为止。

"好……你做得很好，当你一会从催眠中醒来时，你的眼睛可以自由地地张开，非常轻松……睁开眼睛后，一切恢复正常……现在我们继续进行……"

此时，可以继续深化受催眠者的催眠状态，进行第二级催眠深度测试。

手臂僵直 〉

进入到第二级催眠深度后，受催眠者会出现较大范围的肌肉控制现象，例如，如果催眠师暗示受催眠者的手臂越来越僵硬时，受催眠者会感觉到自己的胳膊似乎是僵直的。所以第二级催眠状态称为"手臂僵直"。

以下引导示例可供大家参考。

"好……现在我开始数数，对，我每数一个数字，你都会更加放松……更加放松……现在，我会由 10 数到 1，每数一个数你都会更加放松……更加放松……当我数到 1 的时候……你会进入更深的放松状态……10……你现在更加松了……9……你会感觉更加舒服……全身放松了……放松了……8……现在，你更加平静了……更加放松了……7……慢慢地吸气……更加舒服……慢慢地呼气……现在，你更加放松了……你感觉很平静，很放松……6……更加舒服……慢慢地呼气……越来越放松了……放松了……5……好，你做得很好……慢慢地吸气……深深地呼气……更加放松了……彻底地放松了……4……好，你做得很好……每一次的呼吸都会使你更加放松……放松……3……好，就是这样……现在，你很放松……很舒服……2……现在，你越来越放松……越来越舒服……1……你进入了前所未有的放松状态……完完全全的放松状态……你感觉到非常轻松，非常舒适……全身放松，再放松……渐渐地，你感到整个人很温暖，全身上下也有一股暖流在奔涌……

"好，现在你感觉到你的手臂越来越僵硬、越来越沉重，一会儿我会从3数到1，当我数到1的时候，你会发现你的手臂想举也举不起来了，你会发现你的右手臂想举也举不起来了……是的，当我数到1的时候你会发现你的右手臂想举也举不起来了，你会发现你的右手臂真的想举也举不起来了……3……你的右手臂变得越来越僵硬，越来越沉重……2……你的右手臂变得越来越僵硬，非常僵硬，越来越沉重……越来越沉重……1……试着举一下你的右手臂，你会发现你的手臂怎么也举不起来了……好的，左手现在也感到了沉重……左手臂的沉重感越来越强烈……好像一根铁棒那么坚硬，完全不能弯曲，一点也不能弯曲，越是努力想弯曲自己的手臂，左手臂反倒显得越坚挺……好的，你现在可以试试看，试着举起双手臂……使劲、再使劲……"

这个时候，如果受催眠者的手臂没有抬起，证明受催眠者进入了第二级催眠深度，就可以继续进行下面的操作，但是千万不要忘记解除指令："好……非常好，现在你的手臂越来越放松、越来越舒服……好……对，就是这样……你的手臂越来越放松，越来越舒服……你的手臂可以自由活动……你的手臂可以自由活动了……自由活动……非常放松，非常舒服……"

如诱导后仍未进入这一层催眠状态，催眠师也不必心急，再一步一步地反复暗示，最终就可以将受催眠者诱入理想的催眠状态。然后，可以继续深化受催眠者的催眠状态，进行第三级催眠深度测试。

数字遗忘

进入第三级催眠深度的受催眠者可能会在催眠师的引导下出现记忆增强或者减弱的现象，受催眠者可以在催眠师的引导下遗忘某个数字，所以第三级催眠深度又叫作"数字遗忘"。

下面的引导示例可供大家参考。

"好……你做得很好……现在，让我来引导你进入更深的催眠状态……现在你调整你的呼吸……深呼吸……深深地吸气……慢慢地呼气……深深地吸气……慢慢地呼气……这样，你每一次吸气时都会更加舒服……好，非常好……在呼气时更加放松……好……你做得很好……现在你进入了更深的催眠状态……现在你处在更深的催眠状态……你可以开口说话，但是依然处于更深的催眠状态……对，就是这样……下面我请你开始数数，我会请你从 1 数到 10，你每数一个数字，我都会说放松，那么你就会感到越来越放松……好，现在请你数吧……1……放松……2……放松……3……放松……4……放松……5……放松……6……放松……7……放松……8……放松……9……放松……10……放松……好……现在你进入了更深的催眠状态……"

受催眠者数数的时候要非常有规律，集中精力，保持心灵的敏感、警觉，每个数字都清晰地数，仿佛每数一个数字，就沉浸于更深的意识状态。

"接下来我会请你从 1 数到 10，但是我已经拿掉了数字 5，所以你唯一的数法是 1，2，3，4，6，7，8，9，10……好……现在请你开始数吧……只有 9 个数字，数字里面没有 5……"

接受测试的受催眠者："1，2，3，4，6，7，8，9，10……"

如果受催眠者催眠结束以后还是去掉"5"这个数字，催眠师就应该帮助恢复记忆，以免造成受催眠者的恐慌。受催眠按照指令念出来后，催眠师可以继续进行深化，进入下一级催眠状态。

催眠师："1，2，3，4，5，6，7，8，9，10……好，你做得很好，非常好……现在你可以顺利地从1数到10，不会遗忘任何数字……你的数法是1，2，3，4，5，6，7，8，9，10……好……很好……现在请你开始数吧……按照顺序慢慢来数，从1开始，逐渐到10，好的，开始……"

受催眠者："1，2，3，4，5，6，7，8，9，10……"

催眠师："好……很好，请你再数一次，现在你可以顺利地从1数到10，不会遗忘任何数字……依然是1，2，3，4，5，6，7，8，9，10……很好，现在请你开始数吧……慢慢数，不着急……"

受催眠者："1，2，3，4，5，6，7，8，9，10……"

催眠师："好，你做得很好……现在我们来进入更深的催眠状态……你也不会听到任何不相干的声音，你只能听到我的声音……"

这样，催眠师就可以继续深化受催眠者的催眠状态，引导其进入第四级催眠状态。

痛觉丧失

进入第四级催眠状态的受催眠者会出现明显的痛觉阻断、丧失现象，因此，第四级催眠状态也叫作"痛觉丧失"。

以下引导示例可供大家参考。

"好，现在调整呼吸……你的呼吸越来越均匀……越来越顺畅……你的心情越来越平静……越来越轻松……随着你的每一次呼吸，你感到更加放松……很好……吸气……呼气……更加放松了……对，就是这样……吸气……你会感觉更加舒服……慢慢地吸气……慢慢地呼气……更加放松了……完全地放松了……好，现在你的身心都已进入最深的放松状态……非常好……进入最深的放松状态……现在请你继续把注意力集中在你的呼吸上……把注意力集中在你的呼吸上……请充分发挥你的想象力，想象我正在给你的右手臂注射一种麻醉剂……请想象我正在给你的右手臂注射一种麻醉剂……这是一种有着极强效果的麻醉剂……你的右手臂渐渐失去了感觉……渐渐失去了感觉……你可以尝试着敲打一下……不会有疼痛感了……不痛了……没有知觉了……

"下面我会从5数到1……当我数到1的时候你的右手臂会完完全全地失去感觉……5……放松……你的右手臂在渐渐地失去感觉……4……放松……渐渐失去了感觉……3……放松……当我数到1的时候，你的右手臂会完全地失去感觉……2……放松……你的右手臂会慢慢地失去知觉……慢慢地失去感觉……1……放松……你的右手臂完全地失去感觉……完全地失去感觉了……不要担心，一会就会恢复正常的……好，继续放松……放松……"

这时，催眠师可以一面继续引导，一面用手指轻轻地捏几下受催眠者的右手臂，然后问一问受催眠者有什么感觉。如果受催眠者回答没有感觉，则表示测试成功，可以继续进行下一级测试。如果有感觉，催眠师需要解除指令后重新进行引导，直到成功为止。这里要特别注意，无论测试是否通过，都不要忘记按照下面的方法解除指令，让受催眠者的感觉完全恢复正常。

"好，很好，下面我会从1数到5，当我数到5的时候，你依然在催眠状态中，但是你右手臂的感觉会完完全全地恢复正常……对，很好……1……你的右手臂在渐渐恢复感觉……恢复感觉……2……对，就是这样……你的右手臂正在渐渐恢复感觉……恢复感觉……当我数到5的时候……你右手臂的感觉会完全地恢复正常……3……很好……你的右手臂在渐渐恢复感觉……当我数到5的时候……你右手臂的感觉会完全地恢复正常……4……你感觉到你的右手臂的感觉正在恢复正常……5……你依然在催眠状态中……你的右手臂的感觉完全地恢复正常了……完全地恢复正常了……你可以自由活动一下……活动一下……感觉非常轻松……非常舒适……"

这时，催眠师可以一面继续引导，一面用手指轻轻地捏一捏受催眠者的右手臂，然后问问受催眠者有什么感觉。当确认受催眠者的感觉恢复正常以后，就可以继续引导，进行第五级的催眠深度测试。

无中生有 ▷

进入到第五级的催眠状态时，受催眠者的意识会变得非常模糊，会有类似幻觉的现象产生，当催眠师暗示受催眠者可以看到一些房间里并不存在的东西时，受催眠者睁开眼睛会觉得自己真的看到了这些东西。人们把这一级催眠状态称为"无中生有"，或者"正性幻觉"。

下面的引导示例可供大家参考。

"好，现在你会进入更深的催眠状态……对，进入更深的催眠状态……你会感觉到你的身体更加放松……更加舒服……很好……现在发挥你的想象力，想象你前方的墙壁上挂着一个时钟……想象你前方的墙壁上挂着一个时钟……对，就是这样……下面我会开始数数，我会从3数到1，当我数到1的时候，你慢慢睁开眼睛，看到对面墙上的时钟……当我数到1的时候，你就会睁开眼睛，看到对面墙上的时钟，但是依然在最深的催眠状态中……3……你会看到对面墙上的时钟……2……你依然在最深的催眠状态中，你会看到对面墙上的时钟……1……好，非常好……睁开眼睛，看一看对面墙上的时钟……不用去记时针的走向……看看时钟大概的方位就可以了……继续看看时钟……"

这时，可以给受催眠者一些反应的时间，让受催眠者告诉催眠师自己所"看到"的是什么样的时钟。如果受催眠者描述出了所"看到"的时钟，则表明测试通过了，可以继续深化受催眠者的催眠状态，进行下一级的测试。如果受催眠者什么都没有看到，也描述不出时钟的样子，那么催眠师需要耐心再引导几遍，直到看到为止，才能继续进行接下来的测试。

"好……非常好……现在慢慢地闭上你的眼睛，你依然在很深的催眠状态中……下面我会开始数数，我会从 1 数到 3，当我数到 3 的时候，你就会睁开眼睛，你会发现眼前的时钟完全消失了……完全消失了……1……2……3……你眼前的时钟完全消失了……完全消失了……你怎么也看不见了……看不见了……对面墙上空无一物……什么都没有了……没有了……好，闭上眼睛……下面你会进入最深的催眠状态……"

有中变无 〉

当受催眠者进入到第六级的催眠状态时，会在催眠师的引导下看不到房间中实际存在的物品，也可能会听不见实际存在的声音。所以人们把这一级催眠状态称为"有中变无"，或者"负性幻觉"。一般只有少数人能达到这一级别。

下面的引导示例可供大家参考。

"好……现在你会进入最深的催眠状态……最深的催眠状态……现在，你的身心无比舒服……无比放松……对，就是这样……你进入了前所未有的放松状态……你的身心无比舒服……无比放松……你进入了前所未有的放松状态……非常好……下面，你会感觉到随着你每一次的呼吸，你的身体在不断地向下沉……向下沉……你感到无比舒服……无比放松……一会儿，我会从 3 数到 1，当我数到 1 的时候我会请你睁开眼睛……你会睁开眼睛，但是依然在最深的催眠状态中……你会睁开眼睛……但是依然在最深的催眠状态中……一会儿我会从 3 数到 1，当我数到 1 的时候，我会请你睁开眼睛……你会发现你面前的桌子是空的，你会发现你面前的桌子上原本摆放的水果没有了……你会发现你面前的桌子是空的……你会发现你面前的桌子上原本摆放的水果消失了……3……无比舒服……无比放松……2……你会发现你面前的桌子是空的了……1……好了，睁开眼睛，看一看对面的空桌子……看一看对面的空桌子……什么都没有了……没有了……桌上空无一物……你仔细找找看，真的什么也没有了……"

这时候，催眠师可以问一问受催眠者看到了什么，如果受催眠者真的没有看到催眠师所暗示消失的东西，则表示测试通过了，如果受催眠者看到了催眠师暗示消失了的东西，则表示测试没有通过，需要催眠师重新引导。

"好，慢慢地闭上眼睛，你依然在最深的催眠状态……依然在最深的催眠状态……对，就是这样……下面我会开始数数，我会从 1 数到 3，当我数到 3 的时候，请你睁开眼睛……你会发现你面前桌子上的水果依然在那里……当我数到 3 的时候请你睁开眼睛……你会发现你面前桌子上的水果依然在那里……1……2……3……非常好……请你睁开眼睛……你会发现你面前桌子上的水果依然在那里……好，你已经看到了桌上的水果，你感到非常的轻松和愉快……"

这里要注意，测试全部结束时，在唤醒受催眠者之前，要记得再一次告诉受催眠者他的感觉已经全部恢复正常了，以免受催眠者以为自己出现幻觉而影响正常的生活。

"好……你做得很好……你很棒……现在全部感觉都恢复正常了……全部感觉都恢复正常了……非常好……一会儿，我会从 1 数到 5，当我数到 5 的时候，你就会睁开眼睛，完全地清醒过来……1……对，就是这样……你渐渐地清醒了……渐渐地清醒了……2……很好……在下一次的催眠中你会进入更深的催眠状态……更深的催眠状态……3……越来越清醒了……越来越清醒了……回到现实中来……回到现实中来……全部感觉都恢复正常了……4……很好……你越来越清醒了……动一动你的手指……

全部感觉都恢复正常了……5……对，就是这样……你完全地清醒了……完完全全地清醒了……现在在慢慢地睁开你的眼睛，回到现实中来……完完全全地回到现实中来……全部感觉都恢复正常了……好……很好……你做得很好……慢慢地舒展一下你的身体……你做得很棒……好，睁开眼睛……可以简单地活动一下……"

　　通过上述方法，催眠师可以了解受催眠者进入催眠状态的程度，并可依此来决定是继续深化催眠状态还是直接予以受催眠者所需要的治疗。一般来说，只要达到一、二级的浅度催眠状态，就可以达到放松和缓解压力的效果了。其他身体问题，应当视具体情况来确定需要达到何种程度的催眠状态来进行。

第四节
催眠易感性人格特质测试

催眠易感性与人格特质之间的密切关系 〉

研究表明，能够影响人们的催眠易感性的因素有很多。催眠易感性至少在一定程度上反映出相对稳定的人格特质，或者说，催眠易感性与人格特质之间存在着非常密切的关系。

稳定型外向性格或内向型神经质的催眠易感性通常都是比较强的，而稳定型内向性格或外向型神经质的催眠易感性则是比较弱的。

在实践中，利用《卡特尔 16 种人格因素量表》，我们可以对人格特质进行有效地测查。

卡特尔 16 种人格因素测验，是美国伊利诺伊州立大学人格及能力测验研究所卡特尔教授利用观察法、实验法和多因素分析法确定的以人格结构的 16 种特质为基础的理论构想型测验量表。该测验量表自从 20 世纪 50 年代推出以来，已被世界上多个国家所采用。

卡特尔所确定的 16 种人格特质的名称和符号分别是：乐群性（A）、聪慧性（B）、稳定性（C）、恃强性（E）、兴奋性（F）、有恒性（G）、敢为性（H）、敏感性（I）、怀疑性（L）、幻想性（M）、世故性（N）、忧虑性（O）、试验性（Q_1）、独立性（Q_2）、自律性（Q_3）、紧张性（Q_4）。

因素 A，乐群性

高分者：热情、开朗、随和，很易于建立社会联系，在集体中倾向于承担责任和担任领导角色。推销员、商人、企业经理、会计、社会工作者等大多具有此种特质。在职业生涯发展中更容易得到提升。

低分者：保守、孤僻、严肃、退缩、拘谨、生硬。在职业上倾向于从事富于创造性的工作，如科学家（尤其是物理学家和生物学家）、舞蹈家、音乐家和作家。

因素 B，聪慧性

这是一个智力因素，获得高分数者比较聪明，获得较低分数者则比较迟钝。

因素 C，稳定性

高分者：情绪稳定、思想成熟、遇事冷静，能够理性地面对现实，在集体中较受尊重。具有此类特质的人更善于与别人合作，大多倾向于从事技术性或管理性的工作，如飞行员、空中小姐、医生、护士、研究人员、运动员等。具有此类特质的人不容易患精神疾病。

低分者：情绪不稳定、幼稚、冲动、意气用事。当在事业或爱情中受挫时情绪沮丧，不易恢复。具有此类特质的人多倾向于从事会计、办事员、农工、艺术家、售货员、教授等。易患慢性疾病。婚姻稳定性较差。

因素 E，恃强性

高分者：武断、高傲、盛气凌人、争强好胜、固执己见，有时表现出反传统倾向，不愿循规蹈矩，在集体活动中有时不遵守纪律，特立独行，社会接触较广泛，有时饮酒过量，睡眠较少，在婚后更看重独立性。在校学习期间，学习成绩往往中等或稍差，但在大学期间可能会表现较强的数学能力。创造性和研究能力较强，经商能力稍差。

低分者：谦卑、温顺、随和、惯于服从。职业选择倾向于咨询顾问、农工、教授、医生、护士、家政、办事员。

因素 F，兴奋性

高分者：轻松、愉快、乐观、逍遥、放纵、喜欢表现自己，身体较健康，经济状况较好，社会关系广泛，属于在集体中较引人注目的一类人。在家庭中表现为夫妻之间独立性较强。在职业方面，倾向于从事运动员、商人、演员、飞行员、战士、空中小姐、水手等。此种特质的人不容易患各种精神疾病和冠心病。

低分者：节制、自律、严肃、谨慎、沉默寡言。职业方面倾向于会计、行政人员、艺术家、工程师、化验员、教授、科研人员等。此类人不容易犯罪。在经济生活、道德行为、体育活动等方面都比较谨慎，不喜欢冒险。相对社会活动能力而言，学术能力更强一些。

因素 G，有恒性

高分者：真诚、善良、有毅力、道德感强、稳重、坚强、执着、孝敬父母，对异性比较严谨，容易受到周围人的好评。社会责任感强，工作勤奋，睡眠时间较少，在直接与之接触的小群体中会自然而然地成为领导性人物。在职业选择方面更倾向于会计、飞机驾驶员、空中小姐、百货公司经理等。

低分者：不讲原则、不守规则、不尊重父母、对异性较随便、缺乏社会责任感。

因素 H，敢为性

高分者：冒险、不可遏制、少有顾忌，在社会行为方面胆大妄为。副交感神经占有支配地位。在职业上，倾向于竞技体育运动员、商人、音乐家、机械师等。

低分者：胆怯、害羞、退缩、易受惊吓。交感神经占有支配地位。在职业上，倾向于牧师、编辑、农业人员、工人。

因素 I，敏感性

高分者：敏感、细心、感情用事。通常身体较弱、多病，不太喜欢参加体育锻炼。遇事优柔寡断、缺乏自信。儿童期间多受到家庭的溺爱和过分保护。很少喝酒。一般女性得分高于男性。在职业上倾向于教授、行政人员、生物学家、社会科学家、社会工作者、作家、编辑。在学习上，语文优于数学。

低分者：理智、自立、现实。通常身体较健康，喜欢参加体育活动。遇事果断、自信。职业上倾向于物理学家、工程师、飞行员、电气技师、销售人员、警察等。

因素 L，怀疑性

高分者：多疑、戒备、固执、刚愎、不易受欺骗。易困，多睡眠。在集体中与他人保持距离，缺乏合作精神。职业上倾向于艺术家、管理人员、科学研究人员。

低分者：真诚、合作、宽容、依赖、容易适应环境，在集体中容易与人形成良好关系。职业上倾向于会计、飞行员、空中小姐、炊事员、电气技师、机械师、生物学家、物理学家等。

因素 M，幻想性

高分者：富于想象、生活放荡不羁、对事漫不经心。通常在中学毕业后努力争取继续学习而不是早早就业。在集体中不太引人注目。不修边幅，不爱整洁，粗枝大叶。经常变换工作，不易晋升。

低分者：现实、合乎成规、脚踏实地、处事稳妥，具有忧患意识，办事认真谨慎。

因素 N，世故性

高分者：机敏、圆滑、世故、能干、善于处世。在社会中容易取得较高的地位。善于解决疑难问题，在集体中受到人们的重视。职业上倾向于心理学家、企业家、商人、空中小姐等。

低分者：坦诚、直率、天真、不加掩饰、不留情面，有时显得过于刻板。在社会中不易取得较高地位。职业上倾向于艺术家、汽车修理工、矿工、厨师、警卫。

因素 O，忧虑性

高分者：抑郁、烦恼、焦虑、自责、缺乏安全感、杞人忧天。朋友较少。在集体中既无领袖欲望，亦不被推选为领袖。常对环境进行抱怨，满腹牢骚。害羞、不善言辞、爱哭。职业上倾向于艺术家。

低分者：自信、安详、沉着、心平气和、坦然、宁静，有时自负、自命不凡、自鸣得意，容易适应环境，知足常乐。职业上倾向于飞行员、竞技体育运动员、行政人员、物理学家、机械师、空中小姐、心理学家。

因素 Q_1，试验性

高分者：自由、激进、好奇、喜欢尝试各种新鲜事物。身体较健康。在家庭中较少大男子主义。职业倾向于艺术家、作家、会计、工程师、教授。

低分者：保守、循规蹈矩、尊重传统。职业倾向于运动员、机械师、军官、音乐家、商人、警察、厨师、律师、教师、保姆。

因素 Q_2，独立性

高分者：独立、自信、有主见、足智多谋，遇事勇于自己做主，不依赖他人，不推诿责任。职业上倾向于创造性工作，如艺术家、工程师、科学研究人员、教授、编辑、作家。

低分者：依赖性强，缺乏主见，在集体中经常是一个随波逐流的人，对于权威是一个忠实的追随者。职业上倾向于空中小姐、厨师、保姆、护士、社会工作者。

因素 Q_3，自律性

高分者：自律、严谨、意志坚定、有良好的自我感觉和自我评价，饮酒适度。在集体中可以提出有价值的建议。职业上倾向于大学行政领导、飞行员、科学家、电气技师、警卫、机械师、厨师、物理学家。

低分者：不能自制、不顾大体、不遵守纪律、松懈、随心所欲、为所欲为、漫不经心、不尊重社会规范。饮酒无节制。在职业上倾向于艺术家。

因素 Q_4，紧张性

高分者：紧张、不安、激动、挣扎、有挫折感、经常处于被动地位、神经质、不自然、做作。在集体中很少被选为领导，通常感到不被别人尊重和接受。经常自叹命薄。在压力下容易惊慌失措。职业倾向于农业工人、售货员、作家、记者。

低分者：放松、闲适，有时反应迟钝、不敏感、很少有挫折感、遇事镇静自若。职业倾向于空中小姐、飞行员、海员、地理学家、物理学家。

上述人格特质因素是各自独立的，每一种因素与其他因素的相关度是非常小的。这些因素的不同组合，就构成了一个人不同于其他人的独特个性。

卡特尔 16 种人格因素测验共由 187 个测验题目组成，涵盖这16 种人格特质因素。每一种人格特质因素由 10 ~ 13 个测试题予以确定。16 种因素的测题采取按序轮流排列，以便于计分，并保持受试者作答时的兴趣。每一测试题各有 3 个可能的答案，使受测者有折中的选择。测验的指导语和题目可以采取由受试者自己看或者由主试者读给受试者听的方式。可以个别施测，也可团体施测。测试时，给每个受试者发一份答卷纸，没有时间上的限制，受试者依题序以第一印象作答，无须迟疑。

卡特尔 16 种人格因素测验问卷

卡特尔 16 种人格因素测验包括一些有关个人兴趣与态度的问题。人与人的看法不同，对问题的回答自然也不相同。无所谓"正确"或"错误"之分，请受试者尽量真实地表达自己的意见。

作答时，请注意下列四点：

第一，请不要费时斟酌，应当顺其自然地依照个人的反应进行选答。通常一分钟可做五六题，全部问题通常应当在半小时内完成。

第二，除非在万不得已的情形下，尽量避免如"介于 A 与 C 之间"，或"不甚确定"这样的中性答案。

第三，请不要遗漏任何一个问题，务必对每一个问题作答。

第四，作答时，请坦白表达自己的兴趣与态度，不必顾忌到主试者或其他人的意见与立场。

【 测试题 】

1. 我很明了本测验的说明：

A. 是的

B. 不一定

C. 不是的

2. 我对本测验每一个问题都会按自己的真实情况作答：

A. 是的

B. 不一定

C. 不同意

3. 有度假机会时，我宁愿：

A. 去一个繁华的都市

B. 介乎 A、C 之间

C. 闲居清静而偏僻的郊区

4. 我有能力应对各种困难：

A. 是的

B. 不一定

C. 不是的

5. 即使是关在铁笼里的猛兽，我见了也会感到惴惴不安：

A. 是的

B. 不一定

C. 不是的

6. 我总是不敢大胆批评别人的言行：

A. 是的

B. 有时如此

C. 不是的

7. 我的思想：

A. 比较先进

B. 一般

C. 比较保守

8. 我不擅长说笑话，讲有趣的事：

A. 是的

B. 介于 A、C 之间

C. 不是的

9. 当我见到邻居或朋友争吵时，我总是：

A. 任其自己解决

B. 介于 A、C 之间

C. 予以劝解

10. 在群众集会时，我：

A. 谈吐自如

B. 介于 A、C 之间

C. 保持沉默

11. 我愿意做一个：

A. 建筑工程师

B. 不确定

C. 社会科学研究者

12. 阅读时，我喜欢选读：

A. 自然科学书籍

B. 不确定

C. 政治理论书籍

13. 我认为很多人心理都有些不正常，只是他们不愿承认：

A. 是的

B. 介于 A、C 之间

C. 不是的

14. 我希望我的爱人擅长交际，无需具有文艺才能：

A. 是的

B. 不一定

C. 不是的

15. 对于性情急躁、爱发脾气的人，我仍能以礼相待：

A. 是的

B. 介于 A、C 之间

C. 不是的

16. 受人侍奉时我常常局促不安：

A. 是的

B. 介于 A、C 之间

C. 不是的

17. 在从事体力或脑力劳动之后，我总是需要有比别人更多的休息时间，才能保持工作效率：

A. 是的

B. 介于 A、C 之间

C. 不是的

18. 半夜醒来，我常常因为种种不安而不能入睡：

A. 常常如此

B. 有时如此

C. 极少如此

19. 事情进行得不顺利时，我常常急得涕泪交流：

A. 常常如此

B. 有时如此

C. 极少如此

20. 我以为只要双方同意即可离婚，可以不受传统观念的束缚：

A. 是的

B. 介于 A、C 之间

C. 不是的

21. 我对人或物的兴趣都很容易改变：

A. 是的

B. 介于 A、C 之间

C. 不是的

22. 工作中，我愿意：

A. 和别人合作

B. 不确定

C. 自己单独进行

23. 我常常无缘无故地自言自语：

A. 常常如此

B. 偶尔如此

C. 从不如此

24. 无论是工作、饮食或外出游览，我总是：

A. 匆匆忙忙不能尽兴

B. 介于 A、C 之间

C. 从容不迫

25. 有时我怀疑别人是否对我的言行真正有兴趣：

A. 是的

B. 介于 A、C 之间

C. 不是的

26. 如果我在工厂里工作，我愿做：

A. 技术方面的工作

B. 介于 A、C 之间

C. 宣传方面的工作

27. 在阅读时我愿阅读：

A. 有关太空旅行的书籍

B. 不太确定

C. 有关家庭教育的书籍

28. 下面三个词哪个与其他两个词不同类：

A. 狗

B. 石头

C. 牛

29. 如果我能到一个新的环境，我要：

A. 把生活安排得和从前不一样

B. 不确定

C. 和从前相仿

30. 在一生中，我总觉得我能达到我所预期的目标：

A. 是的

B. 不一定

C. 不是的

31. 当我说谎时总觉得内心羞愧，不敢正视对方：

A. 是的

B. 不一定

C. 不是的

32. 假使我手里拿着一支装着子弹的手枪，我必须把子弹拿出来才能安心：

A. 是的

B. 介于 A、C 之间

C. 不是的

33. 多数人认为我是一个说话风趣的人：

A. 是的

B. 不一定

C. 不是的

34. 如果人们知道我内心的成见，他们会大吃一惊：

A. 是的

B. 不一定

C. 不是的

35. 在公共场合，如果我突然成为大家注意的中心，就会感到局促不安：

A. 是的

B. 介于 A、C 之间

C. 不是的

36. 我总喜欢参加规模庞大的晚会或集会：

A. 是的

B. 介于 A、C 之间

C. 不是的

37. 在学科中，我喜欢：

A. 音乐

B. 不一定

C. 手工劳动

38. 我常常怀疑那些出乎我意料的、对我过于友善的人的动机是否诚实：

A. 是的

B. 介于 A、C 之间

C. 不是的

39. 我愿意把我的生活安排得像一个：

A. 艺术家

B. 不确定

C. 会计师

40. 我认为目前所需要的是：

A. 多出现一些改造世界的理想家

B. 不确定

C. 脚踏实地的实干家

41. 有时候我觉得我需要剧烈的体力劳动：

A. 是的

B. 介于 A、C 之间

C. 不是的

42. 我愿意跟有教养的人来往而不愿意同粗鲁的人交往：

A. 是的

B. 介于 A，C 之间

C. 不是的

43. 在处理一些必须凭借智慧的事务中：

A. 我的亲人表现得比一般人差

B. 普通

C. 我的亲人表现得超人一等

44. 当领导召见我时，我：

A. 觉得可以趁机提出建议

B. 介于 A、C 之间

C. 总怀疑自己做错事

45. 如果待遇优厚，我愿意做护理精神病人的工作：

A. 是的

B. 介于 A、C 之间

C. 不是的

46. 读报时，我喜欢读：

A. 当今世界的基本问题

B. 介于 A、C 之间

C. 地方新闻

47. 在接受艰巨的任务时，我总是：

A. 有独立完成的信心

B. 不确定

C. 希望有别人帮助和指导

48. 在游览时，我宁愿观看一个画家的写生，也不愿听大家的

辩论：

A. 是的

B. 不一定

C. 不是的

49. 我的神经脆弱，稍有点刺激就会战栗：

A. 时常如此

B. 有时如此

C. 从不如此

50. 早晨起来，常常感到疲乏不堪：

A. 是的

B. 介于 A、C 之间

C. 不是的

51. 如果待遇相同，我愿选做：

A. 森林管理员

B. 不一定

C. 中小学教员

52. 每逢过年过节或亲友结婚时，我：

A. 喜欢赠送礼品

B. 不太确定

C. 不愿相互送礼

53. 下面有三个数字，哪个数字与其他两个数字不同类：

A.5

B.2

C.7

54. 猫和鱼就像牛和：

A. 牛奶

B. 木材

C. 盐

55. 我在小学时敬佩的老师，到现在仍然值得我敬佩：

A. 是的

B. 不一定

C. 不是的

56. 我觉得我确实有一些别人所不及的优良品质：

A. 是的

B. 不一定

C. 不是的

57. 根据我的能力，即使让我做一些平凡的工作，我也会安心的：

A. 是的

B. 不太确定

C. 不是的

58. 我喜欢看电影或参加其他娱乐活动的次数：

A. 比一般人多

B. 和一般人相同

C. 比一般人少

59. 我喜欢从事需要精密技术的工作：

A. 是的

B. 介于 A、C 之间

C. 不是的

60. 在有威望、有地位的人面前，我总是较为局促谨慎：

A. 是的

B. 介于 A、C 之间

C. 不是的

61. 对我来说，在大众面前表演是一件难事：

A. 是的

B. 介于 A、C 之间

C. 不是的

62. 我愿意：

A. 指挥几个人工作

B. 不确定

C. 和同事们一起工作

63. 即使我做了一件让别人笑话的事，我也能坦然处之：

A. 是的

B. 介于 A、C 之间

C. 不是的

64. 我认为没有人会幸灾乐祸地希望我遇到困难：

A. 是的

B. 不确定

C. 不是的

65. 一个人应该考虑人生的真正意义：

A. 是的

B. 不确定

C. 不是的

66. 我喜欢处理被别人弄得一塌糊涂的工作：

A. 是的

B. 介于 A、C 之间

C. 不是的

67. 当我非常高兴时，总有一种"好景不长"的感受：

A. 是的

B. 介于 A、C 之间

C. 不是的

68. 在困难的情境中，我总能保持乐观：

A. 是的

B. 不一定

C. 不是的

69. 迁居是一件极不愉快的事：

A. 是的

B. 介于 A、C 之间

C. 不是的

70. 在年轻的时候，当我和父母的意见不同时：

A. 保留自己的意见

B. 介于 A、C 之间

C. 接受父母的意见

71. 我希望把我的家庭：

A. 建设成适合自身活动和娱乐的地方

B. 介于 A、C 之间

C. 成为邻里交往活动的一部分

72. 我解决问题时，多倾向于：

A. 个人独立思考

B. 介于 A、C 之间

C. 和别人互相讨论

73. 在需要当机立断时，我总是：

A. 镇静地运用理智

B. 介于 A、C 之间

C. 常常紧张兴奋

74. 最近在一两件事情上，我觉得我是无辜的：

A. 是的

B. 介于 A、C 之间

C. 不是的

75. 我善于控制我的表情：

A. 是的

B. 介于 A、C 之间

C. 不是的

76. 如果待遇相同，我愿做一个：

A. 化学研究工作者

B. 不确定

C. 旅行社经理

77. 以"惊讶"与"新奇"搭配为例，"惧怕"应与下列哪个词搭配：

A. 勇敢

B. 焦虑

C. 恐怖

78. 下面 3 个分数，哪一个数与其他两个分数不同类：

A.3/7

B.3/9

C.3/11

79. 不知为什么，有些人总是回避或冷落我：

A. 是的

B. 不一定

C. 不是的

80. 我虽然好意待人，但常常得不到好报：

A. 是的

B. 不一定

C. 不是的

81. 我不喜欢争强好胜的人：

A. 是的

B. 介于 A、C 之间

C. 不是的

82. 和一般人相比，我的朋友的确太少：

A. 是的

B. 介于 A、C 之间

C. 不是的

83. 不到万不得已的情况，我总是回避参加应酬性的活动：

A. 是的

B. 不一定

C. 不是的

84. 我认为对领导逢迎得当比工作表现更重要：

A. 是的

B. 介于 A、C 之间

C. 不是的

85. 参加竞赛时，我总是看重竞赛的活动本身，而不计较其成败：

A. 总是如此

B. 一般如此

C. 偶然如此

86. 按照我个人的意愿，我希望做的工作是：

A. 有固定而可靠的工资

B. 介于 A、C 之间

C. 工资高低应随我的工作表现而随时调整

87. 我愿意阅读：

A. 军事与政治的实事记载

B. 不一定

C. 富有情感的幻想作品

88. 我认为有许多人之所以不敢犯罪，其主要原因是怕被惩罚：

A. 是的

B. 介于 A、C 之间

C. 不是的

89. 我的父母从来不要求我事事顺从：

A. 是的

B. 不一定

C. 不是的

90. "百折不挠，再接再厉"的精神常常被人们所忽略：

A. 是的

B. 不一定

C. 不是的

91. 当有人对我发火时，我总是：

A. 设法使他镇静下来

B. 不太确定

C. 自己也会发起火来

92. 我希望人们都友好相处：

A. 是的

B. 不一定

C. 不是的

93. 不论是在极高的屋顶上，还是在极深的隧道中，我很少感到胆怯不安：

A. 是的

B. 介于 A、C 之间

C. 不是的

94. 只要没有过错，不管别人怎么说，我总能心安理得：

A. 是的

B. 不一定

C. 不是的

95. 我认为凡是无法用理智来解决的问题，就不得不靠强权处理：

A. 是的

B. 介于 A、C 之间

C. 不是的

96. 我在年轻的时候，和异性朋友交往：

A. 较多

B. 介于 A、C 之间

C. 较别人少

97. 我在社团活动中是一个活跃分子：

A. 是的

B. 介于 A、C 之间

C. 不是的

98. 在人声嘈杂中，我仍能不受干扰，专心工作：

A. 是的

B. 介于 A、C 之间

C. 不是的

99. 在某些心境下，我常常因为困惑陷入空想而将工作搁置下来：

A. 是的

B. 介于 A、C 之间

C. 不是的

100. 我很少用难堪的语言去刺伤别人：

A. 是的

B. 不太确定

C. 不是的

101. 如果让我选择，我宁愿选做：

A. 列车员

B. 不确定

C. 描图员

102. "理不胜词"的意思是：

A. 理不如词

B. 理多而词少

C. 辞藻华丽而理不足

103. 以"铁锹"与"挖掘"搭配为例，"刀子"应与下列哪个词搭配：

A. 琢磨

B. 切割

C. 铲除

104. 在大街上，我常常避开不愿意打招呼的人：

A. 极少如此

B. 偶然如此

C. 有时如此

105. 当我聚精会神地听音乐时，假使有人在旁边高谈阔论：

A. 我仍能专心听音乐

B. 介于 A、C 之间

C. 不能专心而感到恼怒

106. 在课堂上，如果我的意见与老师不同，我常常：

A. 保持沉默

B. 不一定

C. 表明自己的看法

107. 我单独跟异性谈话时，总显得不自然：

A. 是的

B. 介于 A、C 之间

C. 不是的

108. 我在待人接物方面的确不太成功：

A. 是的

B. 不完全这样

C. 不是的

109. 每当做一份困难的工作时，我总是：

A. 预先做好准备

B. 介于 A、C 之间

C. 相信到时候总会有办法解决的

110. 在我结交的朋友中，男女各占一半：

A. 是的

B. 介于 A、C 之间

C. 不是的

111. 我在结交朋友方面：

A. 结识很多的人

B. 不一定

C. 维持几个深交的朋友

112. 我愿意做一个社会科学家，而不愿做一个机械工程师：

A. 是的

B. 不太确定

C. 不是的

113. 如果我发现别人的缺点，我常常不顾一切地指出来：

A. 是的

B. 介于 A、C 之间

C. 不是的

114. 我喜欢设法影响和我一起工作的同事，使他们能协助我达到计划的目的：

A. 是的

B. 介于 A、C 之间

C. 不是的

115. 我喜欢做音乐、跳舞、新闻采访等工作：

A. 是的

B. 不一定

C. 不是的

116. 当人们表扬我的时候，我总觉得羞愧窘促：

A. 是的

B. 介于 A、C 之间

C. 不是的

117. 我认为一个国家最需要解决的问题是：

A. 政治问题

B. 不太确定

C. 道德问题

118. 有时我会无故地产生一种恐惧：

A. 是的

B. 有时如此

C. 不是的

119. 我在童年时，害怕黑暗的次数：

A. 很多

B. 不太多

C. 几乎没有

120. 在闲暇的时候，我喜欢：

A. 看一部历史性的探险小说

B. 不一定

C. 读一本科学性的幻想小说

121. 当人们批评我古怪、不正常时，我：

A. 非常气恼

B. 有些气恼

C. 无所谓

122. 当来到一个新城市里找地址时，我常常：

A. 找人问路

B. 介于 A、C 之间

C. 参考地图

123. 当朋友声明她要在家休息时，我总是设法怂恿她同我一起到外面去玩：

A. 是的

B. 不一定

C. 不是的

124. 在就寝时，我常常：

A. 不易入睡

B. 介于 A、C 之间

C. 极易入睡

125. 有人烦扰我时，我：

A. 能不露声色

B. 介于 A、C 之间

C. 总要说给别人听，以泄愤怒

126. 如果待遇相同，我愿做一个：

A. 律师

B. 不确定

C. 航海员

127. "时间变成了永恒"这是比喻：

A. 时间过得快

B. 忘了时间

C. 光阴一去不复返

128. 本题后的哪一项应接在 "×0000××00×××" 的后面

A. ×0×

B.00×

C.0××

129. 不论到什么地方，我都能清楚地辨别方向：

A. 是的

B. 介于 A、C 之间

C. 不是的

130. 我热爱我所学的专业和所从事的工作：

A. 是的

B. 不一定

C. 不是的

131. 如果我急于想借朋友的东西，而朋友又不在家时，我认为不告而取也没关系：

A. 是的

B. 介于A、C之间

C. 不是的

132. 我喜欢给朋友讲述一些我个人有趣的经历：

A. 是的

B. 介于A、C之间

C. 不是的

133. 我宁愿做一个：

A. 演员

B. 不确定

C. 建筑师

134. 业余时间，我总是做好安排，不浪费时间：

A. 是的

B. 介于A、C之间

C. 不是的

135. 在和别人交往中，我常常会无缘无故地产生一种自卑感：

A. 是的

B. 介于A、C之间

C. 不是的

136. 和不熟识的人交谈，对我来说：

A. 毫不困难

B. 介于A、C之间

C. 是一件难事

137. 我所喜欢的音乐是：

A. 轻松活泼的

B. 介于 A、C 之间

C. 富有感情的

138. 我爱想入非非：

A. 是的

B. 不一定

C. 不是的

139. 我认为未来 20 年的世界局势定将好转：

A. 是的

B. 不一定

C. 不是的

140. 在童年时，我喜欢阅读：

A. 神话幻想故事

B. 不确定

C. 战争故事

141. 我向来对机械、汽车等感兴趣：

A. 是的

B. 介于 A、C 之间

C. 不是的

142. 即使让我做一个缓刑释放罪犯的管理人，我也会把工作搞得很好：

A. 是的

B. 介于 A、C 之间

C. 不是的

143. 我仅仅被认为是一个能够苦干而稍有成就的人而已：

A. 是的

B. 介于 A、C 之间

C. 不是的

144. 在不顺利的情况下，我仍能保持精神振奋：

A. 是的

B. 介于 A、C 之间

C. 不是的

145. 我认为节制生育是解决经济与和平问题的重要条件：

A. 是的

B. 不太确定

C. 不是的

146. 在工作中，我喜欢独自筹划，不愿受别人干涉：

A. 是的

B. 介于 A、C 之间

C. 不是的

147. 尽管有的同事和我的意见不和，但仍能跟他搞好团结：

A. 是的

B. 介于 A、C 之间

C. 不是的

148. 我在工作和学习上，总是使自己不粗心大意、不忽略细节：

A. 是的

B. 介于 A、C 之间

C. 不是的

149. 在和人争辩或险遭事故后，我常常表现出震颤、筋疲力尽，不能安心工作：

A. 是的

B. 介于 A、C 之间

C. 不是的

150. 未经医生诊治，我从不乱吃药：

A. 是的

B. 介于 A、C 之间

C. 不是的

151. 根据我个人的兴趣，我愿意参加：

A. 摄影组织活动

B. 不确定

C. 文娱队活动

152. 以"星火"与"燎原"搭配为例，"姑息"应与下列哪个词搭配：

A. 同情

B. 养奸

C. 纵容

153. "钟表"与"时间"的关系犹如"裁缝"与：

A. 服装

B. 剪刀

C. 布料

154. 生动的梦境常常干扰我的睡眠：

A. 经常如此

B. 偶然如此

C. 从不如此

155. 我爱打抱不平：

A. 是的

B. 介于 A、C 之间

C. 不是的

156. 如果我要到一个新城市，我将要：

A. 到处闲逛

B. 不确定

C. 避免去不安全的地方

157. 我爱穿朴素的衣服，不愿穿华丽的服装：

A. 是的

B. 不太确定

C. 不是的

158. 我认为安静的娱乐远远胜过热闹的宴会：

A. 是的

B. 不太确定

C. 不是的

159. 我明知自己有缺点，但不愿接受别人的批评：

A. 偶然如此

B. 极少如此

C. 从不如此

160. 我总是把"是非善恶"作为处理问题的原则：

A. 是的

B. 介于 A、C 之间

C. 不是的

161. 当我工作时，我不喜欢有许多人在旁边参观：

A. 是的

B. 介于 A、C 之间

C. 不是的

162. 我认为，侮辱那些即使犯了错误但有文化教养的人，如医生、教师等也是不应该的：

A. 是的

B. 介于 A、C 之间

C. 不是的

163. 在各门课程中，我喜欢：

A. 语文

B. 不确定

C. 数学

164. 那些自以为是、道貌岸然的人使我生气：

A. 是的

B. 介于 A、C 之间

C. 不是的

165. 和循规蹈矩的人交谈：

A. 很有兴趣，并有所收获

B. 介于 A、C 之间

C. 他们的思想简单，使我厌烦

166. 我喜欢：

A. 有几个有时对我很苛求但富有感情的朋友

B. 介于 A、C 之间

C. 不受别人的干扰

167. 如果征求我的意见，我赞同：

A. 切实制止精神病患者和智能低下的人生育

B. 不确定

C. 杀人犯必须判处死刑

168. 有时我会无缘无故地感到沮丧：

A. 是的

B. 介于 A、C 之间

C. 不是的

169. 当和立场相反的人争辩时，我主张：

A. 尽量找出基本概念的差异

B. 不一定

C. 彼此让步

170. 我一向重感情而不重理智，因而我的观点常常动摇不定：

A. 是的

B. 不一定

C. 不是的

171. 我的学习多赖于：

A. 阅读书刊

B. 介于 A、C 之间

C. 参加集体讨论

172. 我宁愿选择一个工资较高的工作，不在乎是否有保障，而不愿做工资低而固定的工作：

A. 是的

B. 不一定

C. 不是的

173. 在参加讨论时，我总是能坚持自己的立场：

A. 经常如此

B. 一般如此

C. 必要时才如此

174. 我常常被一些无所谓的小事所烦扰：

A. 是的

B. 介于 A、C 之间

C. 不是的

175. 我宁愿住在嘈杂的闹市区，而不愿住在僻静的地区：

A. 是的

B. 不太确定

C. 不是的

176. 下列工作如果任我挑选的话，我愿做：

A. 少先队辅导员

B. 不太确定

C. 修表工作

177. 一人（ ）事，人人受累：

A. 债

B. 愤

C. 喷

178. 望子成龙的家长往往（ ）苗助长：

A. 揠

B. 堰

C. 假

179. 气候的变化并不影响我的情绪：

A. 是的

B. 介于 A、C 之间

C. 不是的

180. 因为我对一切问题都有一些见解，所以大家都认为我是一个有头脑的人：

A. 是的

B. 介于 A、C 之间

C. 不是的

181. 我讲话的声音：

A. 洪亮

B. 介于 A、C 之间

C. 低沉

182. 一般人都认为我是一个活跃热情的人：

A. 是的

B. 介于 A、C 之间

C. 不是的

183. 我喜欢做出差机会较多的工作：

A. 是的

B. 介于 A、C 之间

C. 不是的

184. 我做事严格，力求把事情办得尽善尽美：

A. 是的

B. 介于 A、C 之间

C. 不是的

185. 在取回或归还所借的东西时，我总是仔细检查，看是否保持原样：

A. 是的

B. 介于 A、C 之间

C. 不是的

186. 我通常是精力充沛，忙碌多事：

A. 是的

B. 不一定

C. 不是的

187. 我确信我没有遗漏或漫不经心地回答上面的任何问题：

A. 是的

B. 不确定

C. 不是的

卡特尔 16 种人格因素测验的计分规则与结果

卡特尔 16 种人格因素测验中每一题各有 A、B、C 三个答案，分别可得 0 分、1 分或 2 分。

卡特尔 16 种人格因素测验一般是采用计算机程序自动计分或者手动模板计分的方式。如果是手动模板计分，则通常有两张模板，每张可为 8 个量表计分。需要说明的是，我们不能对 16 种人格因素的分数进行孤立地解释，因为 16 种因素分数高低的意义，要结合其他各因素分数或全体因素的组合方式来进行解释。

卡特尔 16 种人格因素测验量表不但能明确描绘出 16 种基本人格，而且还能通过对测验结果作统计分析，推算出许多种可以形容人格类型的次元因素。次元因素共有 8 种，这里列出其中与催眠易感性有关的 3 种计算方法。

$$适应与焦虑性 = 0.2L - 0.2C - 0.2H + 0.3O - 0.2Q3 + 0.4Q4 + 3.8$$

式中的 L、O、Q4、C、H、Q3 分别代表相应量表的标准分数，所得分数即代表焦虑性之强弱。低分者生活顺利，通常感觉心满意足。极端低分者可能缺乏毅力，事事知难而退，不肯奋斗提高。高分者通常易于激动、焦虑，对于自己的境遇常常感到不满意，高度的焦虑不但降低工作的效率，而且也会影响身体的健康。

内向与外向性 =0.2A+0.3E+0.4F+0.5H-0.2Q2-1.1

式中字母 A、E、F、H、Q2 代表相应量表的标准分数，所得分数即代表内向或外向性。低分者内向，通常羞怯而审慎，与人相处拘谨不自在。高分者外向，通常善于交际，不拘小节，不受拘束。内、外向性格无所谓利弊，须以与其工作性质是否匹配为佳。例如，内向者较专心，能从事精确性的工作；外向者适于从事外交和商业方面工作。

感情用事与安详机警性 =0.2C-0.4A+0.2E+0.2F-0.6I+0.2N-0.2M+7.7

所得分数即代表安详机警性。低分者情绪多困扰不安，常感觉挫折气馁，遇到问题需经反复考虑才能决定，但平时较含蓄敏感、温文尔雅，讲究生活艺术。高分者安详警觉，果断刚毅，有进取精神，但常常过分现实，忽视了许多生活的情趣；遇到困难，有时不经考虑，不计后果，便贸然行事。